芯片验证漫游指南

——从系统理论到 UVM 的验证全视界

刘 斌 著

电子工业出版社
Publishing House of Electronics Industry
北京·BEIJING

内 容 简 介

资深验证专家刘斌（路桑）向您全面介绍芯片验证，从验证的理论，到 SystemVerilog 语言和 UVM 验证方法学，再到高级验证项目话题。这本综合性、实用性很强的验证理论和编程方面的图书，针对芯片验证领域不同级别的验证工程师，给出了由浅入深的技术指南：学习验证理论认识验证流程和标准，学习 SystemVerilog 语言和 UVM 验证方法学来掌握目前主流的动态验证技术，了解高级验证话题以在今后遇到相关问题时参考。

本书适用于高校集成电路相关专业学生使用，可以作为芯片验证课程的教材，也适用于验证人员提高自身能力学习之用。

图书在版编目（CIP）数据

芯片验证漫游指南：从系统理论到 UVM 的验证全视界/刘斌著. —北京：电子工业出版社，2018.4
ISBN 978-7-121-33901-1

I. ①芯… II. ①刘… III. ①芯片—验证—指南 IV. ①TN43-62

中国版本图书馆 CIP 数据核字（2018）第 056175 号

策划编辑：窦　昊
责任编辑：窦　昊
印　　刷：北京七彩京通数码快印有限公司
装　　订：北京七彩京通数码快印有限公司
出版发行：电子工业出版社
　　　　　北京市海淀区万寿路 173 信箱　　邮编：100036
开　　本：787×1092　1/16　印张：35　字数：896 千字
版　　次：2018 年 4 月第 1 版
印　　次：2024 年 4 月第 23 次印刷
定　　价：99.00 元

凡所购买电子工业出版社图书有缺损问题，请向购买书店调换。若书店售缺，请与本社发行部联系，联系及邮购电话：（010）88254888，88258888。

质量投诉请发邮件至 zlts@phei.com.cn，盗版侵权举报请发邮件至 dbqq@phei.com.cn。

本书咨询联系方式：（010）88254466，douhao@phei.com.cn。

献给我的爱人石倩

和我的两个女儿大蒙小蒙

是你们的陪伴

让我心生柔软

序（一）

近年来，我国集成电路（IC）产业高速蓬勃发展，与发达国家的技术差距不断缩小。国家集成电路产业基金起到了积极的推动作用。产业基金的第二期将重点投资在集成电路设计领域，预计规模有望达 2000 亿元。设计领域的投入，将会围绕人工智能、物联网、5G 通信、智能汽车、智能电网等国家战略和新兴行业，创造出科技含量更高、能够实现进口替代的高端集成电路芯片。

在这一时代背景下，我国集成电路企业正呈现出数量和规模迅速增长、竞争日趋激烈的态势。在大量资本投入的背景下，企业对 IC 设计工程型专业人才的需求非常迫切，形成了巨大的人才需求缺口。需求差距表现在两个方面，一方面高校每年毕业的 IC 设计人才无法满足数量需求。另一方面，毕业生的专业 IC 技能与企业的实际需求也存在一定欠缺。因此，为了全面推动创新型复合 IC 工程人才的培养，作为人才培养主力军的高校和集成电路企业之间就需要进行资源共享与深度产学合作，共同推动我国 IC 人才培养质量的提升。

在产学合作方面，十多年来西安电子科技大学微电子学院通过与英特尔等行业骨干企业的密切合作，积累了丰富的经验，在合作机制、课程体系、教学方法等方面形成了鲜明的特色，为 IC 创新人才培养奠定了坚实的基础。2015 年，微电子学院与本书作者及其所在的英特尔公司携手开展 IC 教学内容改革与协同育人的产学合作项目，邀请作者到我院客座讲授集成电路芯片验证课程，并在课程结束后优选学生到英特尔和其他众多国内高端 IC 公司参加实习，进行项目实践并完成工程论文。可以说，将企业实践经验引入教学体系，搭建起良好的产学协同育人平台，使得我院学生在知识体系和实践能力方面获得了显著提升，大大提升了我院人才培养的行业适应度和满意度。我院与英特尔公司建立的研究生培养基地被评为 2017年度全国专业学位研究生培养示范基地。

在与作者交流时，得知作者计划将此书作为 IC 验证工程类教材，我感到非常高兴。我校已经和作者达成一致，将这三年以来逐渐打磨完善的芯片验证课程推广至中国大学慕课（MOOC）在线教育平台，将合作多年形成的优秀工程实践课程成果与全国其他高校分享，共同推进我国 IC 专业人才培养质量的提升和教学模式改革创新。

作者一直工作在企业研发的一线，是国际 IC 行业领导者英特尔公司的资深验证专家，具有丰富的工程经验，深知目前 IC 验证人才所需的知识与能力要求。同时，作者在我校和西安交通大学客座讲授芯片验证课程多年，对验证理论有很深的理解。因此，我相信本书将会成为集成电路验证理论与实践高度融合的不可多得的著作。作者能够坚持多年在我校开展芯片验证工程教学，在校企合作培养集成电路工程型人才中起到带头示范作用，在此我对作者长期致力于产学结合推动高校教育事业的奉献精神表示由衷的感谢与敬意。

在本书出版前夕，我应邀为本书作序，感到非常荣幸。希望本书能为我国集成电路行业的创新型工程人才培养发挥重要的促进作用；希望作者进一步将本书和芯片验证课程向全国推广，为中国集成电路人才培养贡献更大的力量。

张进成

教育部长江学者特聘教授

西安电子科技大学微电子学院副院长

序（二）

数字集成系统的验证，是提高设计芯片一次流片成功的关键。验证工作与设计仿真工作不同，仿真的目的是证明设计方案的正确性，用仿真的方法证明设计方案符合拟定的设计规范；验证工作则是证明设计方案中不存在错误。理想情况下，存在任何设计错误的方案都不应该进入流片，换句话说，进入流片环节的设计方案中不应该存在已知错误。验证过程的目标就是找出设计方案中可能存在的错误。

设计错误很容易造成芯片完全不能工作，而修正错误重新流片不但需要投入额外的费用，更会大大推迟将芯片上市时间，这些风险对于芯片产品的开发来说都是不可接受的。随着芯片制造工艺的更加精细，芯片制造费用的不断增加，芯片功能越来越复杂，验证的重要性也日益增加。

本书作者 2010 年在瑞典皇家理工学院毕业后，一直从事芯片验证工作，本书是其多年实际工作经验的结晶。全书的内容涉及验证方法及流程设计，也涉及常用数字单元的验证经验。相信本书的内容有益于高等学校数字集成系统设计的高年级学生和研究生的学习，有益于集成电路领域从事数字系统设计的工程师的工作，更有益于直接从事集成电路验证工作的工程技术人员的工作。

中国集成电路产业的发展，正在进入新的高速发展阶段。相信本书的出版定会给集成电路设计行业带来新的知识、成熟的经验，为行业的发展带来新的动力。

王志华

清华大学教授，IEEE Fellow

2018 年 3 月于清华园

前　言

在我有限的工作生涯中值得我庆幸的是，刚进入工作岗位时的第一任老板给了我选择的权利——设计岗还是验证岗？因为当时我已经在国外学习了芯片验证的相关知识，也了解了验证的相关事务，于是便选择了验证岗并一直从事到现在。与国内多数验证工程师的入职经历不同的是，我当时是有更多选择的，而选择验证岗，并不是被公司指派到了验证岗。这中间的差别在于，一家认可验证工程师贡献的公司是将验证岗位与其他岗位同等看待的，甚至由于依赖验证质量而会给予验证更多的褒奖。从这两年芯片设计行业的招聘数据来看，验证工程师与设计工程师的薪资是看齐的。尽管验证工程师的春天已经到来，不过我们还需要在芯片设计产业链上制定自己的从业标准，提高验证工程师的从业形象，继而才能摆脱多年以来设计为主，验证为辅的陈旧思想。

参考清华大学魏少军教授在 2017 年 SEMICON 大会上的讲稿内容，我国在 2020 年的芯片设计从业人数需求将从现有的 13 万人急速增长到 28 万人，而全国高校每年培养的各类集成电路人才还不到 1 万人。这中间的人才数量差距对于高校人才培养和企业用人单位都已是严峻的问题。在这么大的人才资源挑战面前，2015 年国家教育部发布了关于支持有关高校建设示范性微电子学院的通知，其中包括 9 所高校建设示范性微电子学院，17 所高校筹备建设示范性微电子学院。在提高教学质量、扩充从业人才的同时，该通知要求加快培养集成电路产业急需的工程型人才，建立学院新型用人机制，鼓励教师潜心育人并主动开展产学合作，聘请一定比例的企业专家授课或担任指导教师，引进国外高水平专家，建立一支由专职教师、企业专家和兼职教师组成的师资队伍，推动示范性微电子学院国际化发展。

同样也是在 2015 年春季，我应西安交通大学微电子学院梁峰教授的邀请，为集成电路专业的硕士研究生开设了"SoC 系统验证"英文课程。同年，应西安电子科技大学微电子学院史江义教授的邀请，为集成电路专业的硕士研究生开设了"SystemVerilog 芯片验证"课程，到现在已然度过三个春秋。随着课程内容体系的不断打磨完善，以及每学期上百人的课程反馈，院方和学生都一致认为应该将这门课推广到全国。因此在本书出版的同时，我也在积极同西安电子科技大学微电子学院对接，希望通过结合验证课程和本书的出版，在不久的将来通过中国大学 MOOC（慕课）网可以让更多集成电路相关专业的学生了解验证的知识，扩大产学结合的影响。让更多在校学生能够接触主流的芯片验证知识，同时也使得芯片设计企业可以获得具备相关技能的人才，达到校企双赢的目的。

响应国家集成电路产业战略是 IC 从业者的幸事。在与高校展开校企合作的不久，我于2016 年春季开始计划将验证课程做成精品课程，从高校教育出发来影响芯片行业对验证岗位的认识，并且为企业输送合格的工程类人才。为了配合这一计划，我创办了"路科验证"的技术订阅号。我创办这个订阅号的初衷一方面是为了督促自己能够定期地输出文章，另外一方面也是可以从验证技术文章中早一点获得读者的反馈来修正本书内容。在 2017 年夏季，本书的所有内容完成，有赖于张国强先生的引荐，我得以与电子工业出版社签订著作出版合同。不过与计划有点出入的是，此书原本是计划在 2017 年秋季面市的，这可以为我的学生们提供配套的验证课程教材，也是为了给我的女儿大蒙庆祝生日。结果由于企业项目的压力和对出版过程的乐观估计，一直将此书延迟到了 2018 年的春季，以至于我的二女儿小蒙已然半岁了。

路科验证订阅号在 2017 年秋季校招期间发布了一篇文章——《面对这份 2017 年的 IC 应届薪资表，我真想再毕业一次!》，引起了验证从业人员的广泛评论和转载。这篇文章也让即将从事验证的大学生们认识到国内 IC 行业的朝阳形势。我相信，只有正确引导大学生对验证的认识，才可能在未来让这些从事 IC 行业的精英们将验证的重要性铭记在心，而不论他们将来进入设计岗位、验证岗位又或者是项目管理等其他岗位。

面对日益复杂的芯片系统设计和 IP 的高度集成方式，验证的重要性日益突出。验证工程师们不再仅仅掌握某一种工具或者某一种语言就可以确保芯片的功能正确。他们需要掌握多种工具和多种语言，并且在项目环节中需要选择合适的工具和方法才有可能满足紧张的项目节点和复杂的设计功能要求。同时，功能正确也不再是芯片的唯一指标，在移动化时代，芯片的低功耗和高性能两大要求也被摆在同样重要的地位。可以说，验证工程师即使掌握了十八般武艺，还需要将它们灵活应用，最终才能做好芯片的"守护人"，为高成本流片扫清障碍，降低流片的风险。

验证工程师的经验提高得比较快，这与他们从事于近似软件代码编写的工作性质有关。验证工程师可以通过快速训练、试错并且再纠正来提升经验。基于这一背景，近些年验证方法学一直借鉴软件开发的手段，不断地提升验证效率。这也意味着在接下来的时间，验证行业将因为与芯片设计复杂度不断加大的效率代沟而需要不断推出新的工具、语言和方法学来提升其效率。验证岗位的知识"半衰期"要比同行业的其他岗位更短，验证工程师因此需要保持不断学习的心态来武装自己。同时对于高校毕业生，验证岗位的招聘要求也将不断提高。可以预见到是，将来的芯片设计行业需求矛盾在于，需要数量巨大的验证工程师来为芯片质量保驾护航，但日益提高的岗位技能要求又使得高校无法很好地培养验证人才。相比于设计工程师，验证工程师是更趋近于工程型的人才，因此如何能够促进校企合作、深入产学结合就成为了解决校企之间人才技能需求不对等的根本手段。

在过去的十年中，验证方法学经历了一轮主要的变化。在这期间，SystemVerilog 成为主要的验证语言，UVM 也经过各种动态验证方法学的融合成为主流验证方法学。同时，形式验证方法学也依然有着它的优势和用武之地，模拟（emulation）手段逐渐重回主流，成为与仿真（simulation）并重的芯片验证手段。可以这样说，如果要涵盖目前所有主流的验证技术，恐怕这本书还再需要一年的时间来充实其内容。可是时间不等人，我也希望本书能够早日出版。虽然有一些内容上的缺憾，但本书针对主流验证技术的入门和实用宗旨还是贯穿了下来。本书结合轻量级的仿真学习环境和动态仿真技术，尽可能地使准备入门或者具有初、中级经验的读者都能够得到成长。本书的目的不单单在于验证技术的掌握，还希望将验证世界的全貌以及目前所面临的主要问题一并带给读者。验证技术的不断衍变发展，预示着本书的部分内容将在未来需要逐步更新，而我也希望在下一版中将验证世界新的技术手段和首版未尽的部分添加进去。

本书从结构上分为四个部分，在校学生或者验证从业者可以根据自己的需要选择阅读，它们分别是：

- 验证的通识部分（第 1 章至第 6 章）。具备不同经验的读者都可以从中获取验证世界的全貌。第 1 章是对芯片验证的总览；第 2 章从各个维度来介绍验证的策略；第 3 章描述目前所有的验证方法；第 4 章则从验证计划入手介绍如何量化验证；第 5 章从验证管理的角度来论述其各个要素；而第 6 章则作为进入下一部分（SystemVerilog 语言）的准备来介绍验证环境的结构和组件。

- SystemVerilog 语言部分（第 7 章至第 9 章）。该部分不同于以往的语言类学习书籍，它的重点不在于提供完整的语法要点，而是结合贯穿于本书的设计 MCDF 来展开实践，带领读者思考如何利用 SV 的主要特性去构建一个完整的验证环境。因此，该部分是从验证环境基础要素学习（第 7 章）到基本组件的实现（第 8 章），再到最后的环境集成（第 9 章）。这一部分对于缺少 SV 语言基础的读者会有帮助，同时建议参考对照 SV 语言的标准手册一同学习。对于具备 SV 经验的读者，阅读这一部分也会帮助其梳理以往容易出错的知识点。

- UVM 验证方法学部分（第 10 章至第 14 章）。通过 SV 语言部分的学习，读者可以利用 MCDF 的 SV 轻量级环境来理解验证环境的共性，包括环境的组织、构建、通信和运行。当进入到 UVM 部分时，建议读者逐章阅读，以此达到循序渐进的效果。第 10 章带领读者游览 UVM 世界，了解其重要的各个特性；第 11 章则仿照 SV 的学习步骤，给读者介绍 UVM 的各个组件和环境构成；第 12 章是 UVM 的 TLM 通信部分；第 13 章是 UVM 的运行部分，即介绍序列的各种用法；第 14 章是平行于 UVM 结构的部分但又不可或缺，即寄存器模型部分。从 SV 部分过渡到 UVM 部分的读者会在这部分的各章节中有似曾相似识的感觉，因为 UVM 的主要特性和结构已经在 SV 部分中有类似的实现，这种连续性有助于将 SV 与 UVM 进行特性对比和学习。

- 高级应用部分（第 15 章至第 18 章）。该部分结合了实际项目和验证潮流，对中高级验证工程师有启示作用。我也希望读者可以从这些部分了解到，语言和方法学是验证的技能基础，但要解决项目的实际需求、提高整体的验证效率和一致性、实现跨平台、跨研发部分的验证平台，还需要做出更多的定制化解决方案。而对于目前还没有令人满意的解决方案的验证难题，我们还需要时间去构想推动新的验证方法和工具。第 15 章给出了如何实现验证平台自动化和测试标准化的方案，适用于大中型公司的验证效率提升；第 16 章着眼于目前在标准制定过程中的便携激励标准，介绍了已有的便携激励工具和跨平台的验证结构；第 17 章针对 SV 与 UVM 同其他语言的接口给予实践指导；第 18 章则将一些分散的高级话题给出行业的解决方案。读者可以将这一部分作为工作的指导手册，在将来遇到相关问题时参考。

尽管试图给出动态验证的全貌，但我也不得不遗憾地指出，几个重要内容暂未在本书首版中囊括，包括：从验证计划到功能覆盖率的量化手段和标准，功能覆盖率驱动的智能化收敛验证，断言的应用场景和复用实践，验证 IP 的开发模式和推广等，未尽的地方只能寄希望于在下一版中补缺，而在那时，验证世界风起云涌，又将出现什么新的技术还未尽可知，且让我们拭目以待吧。

对于本书的出版，需要感谢的人很多，他们包括但不限于我的家人，督促我出版的人以及帮助我出版的人。谢谢我的妻子支持我在周末外出写作而不认为那是逃避带孩子的行为；谢谢我的女儿们大蒙和小蒙，在我创作力缺乏的时候，你俩就是我快乐的源泉；谢谢我的父亲在获知我打算写书的时候收回了对我从小不会写作文的工科生看法。那些我告知要写书出版的同事朋友们都是督促我出版的人，在这里感谢王凛、樊狄、王昊、安晓辉、马凤翔，刘昭，你们在我写书的前后都给了我力量，让我能够将自己的想法坚持下来并最终得以实现。帮助我出版的人也在不同的方面给予我支持，在这里感谢邵海波、乔金浩、任文强、王东瑞、王卫凯、石轩、蒋心祝、郭宇、张石，是你们帮我进行资源对接，也让我能够从紧张的项目中抽身出来日复一日地写作。还有很多的人需要致谢，尽管名字没有一一列出，但我心存感激。此外，还需要感谢给予我安静环境的婕妮花咖啡馆和言几又书店，还有在夜深人静时陪我写作的威士忌。

本书中的全部源代码，读者可以从路科验证订阅号（微信公众号搜索"路科验证"，或者扫描本书的路科验证二维码），或者从我的个人网站 www.rockeric.com 下载。读者可以通过邮箱 rocker.ic@vip.163.com 与我联系，或者在路科验证订阅号后台留言。我在客座讲授验证的时候就告诉每一位学生，语言和方法学的核心不在于语法和细碎的知识点，而在于实践和全局的认识。结合本书内容，读者也可以从订阅号和个人网站下载我讲授的验证课程课件和配套实验材料。另外，我也会不定期地举办路科验证的线下与线上验证培训，帮助那些有意进入验证领域、精进验证技能的在校学生和工程师一同领略验证世界的新奇壮丽。

著　者

2018 年 3 月 3 日于西安

行业人士评语

自 2015 年起，本书作者刘斌先生受西安交通大学微电子学院的邀请，与我院梁峰副教授共同开设"SoC 验证"研究生课程，该课程把工业界最新的 SoC 验证方法和工具引入到高校课堂中，讲授了从传统教科书上学不到的业界先进的 SoC 验证流程和方法。该课程对我院研究生在集成电路 SoC 验证方面的系统性及创新性上的培养贡献很大。现在刘斌先生把他在 SoC 验证方法上的长期实际工作和教学经验整理成书，是一本集理论和实际应用为一体的实用性很强的教材。相信这本书能够帮助高校培养人才，满足工业界的人才需求，也使得学生能够更快、更好地学以致用。

耿莉　西安交通大学微电子学院　副院长、教授/博导

2014 年，西安交通大学微电子学院准备为研究生建设一门新的关于 SoC 验证的课程，我当时了解到刘斌在为 Intel 公司内部做 SoC 验证的培训，遂向刘斌发出邀请，共同建设该门课程，把业界领先公司的集成电路验证方法引入到高校课堂。通过该课程的建设，我院的研究生第一次领略到了先进的验证思想和方法，受益匪浅。现在刘斌将多年实践和教学经验整理成书。刘斌在 Intel 公司的工作经历和团队管理经验为这本书注入了不同于传统教材的特色，无论在校学生还是已经入职的工程师都会从这本书中获益。希望本书的发行能为中国培养出更多优秀的验证工程师，适应国家对集成电路产业人才的迫切需求。

梁峰　西安交通大学微电子学院　副教授/博导

这本书为从事集成电路验证的工程师们提供了由浅入深、从概念到实例的详细介绍，总结了作者长期验证工作的项目经验，能够帮助读者快速入门，继而掌握复杂系统的验证平台搭建。即使从业多年如我者，阅读本书时依旧感佩于作者对验证方法的深入理解和深厚功底。本书必将成为芯片功能验证领域的一部经典之作。

史江一　西安电子科技大学微电子学院　副教授

这是一本非常适合集成电路相关专业学生以及验证从业人员认真阅读的好书。本书内容充实、结构完整、条理清晰，书中详细地介绍了验证所需要掌握的理论知识，还从实际应用的角度向读者展示了验证的方法，并将作者在工作中多年积累的经验总结传授给读者。本书能够帮助初学者快速入门，并能够使具有一定基础的学习者在能力上有大幅度的提升。在书中，读者不仅能够学习到验证的相关知识，还能感受到作者对验证工作的热情与投入，相信

这种精神会对读者的学习与生活起到积极的作用。各位读者读过此书后一定会受益匪浅。

常玉春　大连理工大学微电子学院　教授/博导

随着超大规模集成电路功能的日趋丰富，尤其在当前的热点方向诸如 5G、AI、工业 4.0 等，更多性能，更快速度，更低功耗成为芯片设计制造商的追求目标。在整个芯片的设计制造链路上，硅前（pre-silicon）验证的重要性，从成本和产品化的意义上来说，已越来越引起芯片设计者的重视。本书就是从这个角度出发，涵盖了全面的芯片设计验证，尤其是硅前验证的各个阶段，各个方面的内容，是一部内容丰富、结构紧凑、着眼大局又关注细节的指南，无论是初学者还是有一定经验的从业者，都可以从中获益。我有幸和作者共事多年，从他身上看到了一位执着于芯片设计验证的工程师的可贵品质，那就是认真细致、责任心强、追求完美。他在英特尔高强度的工作节奏下，依然利用大量自有时间，总结很多实际项目执行的经验和教训，体现在了这本指南中，希望对读者有所帮助。在此我也预祝作者在这个领域有更进一步的发展和成功。

王凛　英特尔（Intel）西安　设计总监

本书详细描写了验证相关的主要技术，内容翔实、新颖、全面。尤其是后半部分，汇集了作者多年来从事项目开发的经验，可供集成电路的验证人员、老师和学生阅读，是一本优秀的指导书籍。

邵海波　英特尔（Intel）西安　高级验证经理

集成电路是电子产业的基础，是信息时代的基础，甚至可以说是现代文明社会的基础。这个产业正从欧美日韩转移到中国来，而且由于中国电子整机的逐渐强大、各种资本的重视，以及政府的高度支持（列为实体经济第一位），集成电路产业在中国将迎来十年以上的高速增长。这样一个巨大的朝阳行业，需要更多的优秀芯片人才加入。芯片人才的成长，只靠高校的师资与教材根本不够，还需要产业里有丰富实战经验的技术高手愿意分享自己的积累与智慧。很高兴看到本书作者刘斌先生把自己多年的芯片验证实践总结分享出来，供学生们学习。老胡也期待产业中更多经验丰富的技术专家写出更多好书或到高校兼职任教，为加快中国芯片人才的培养做出更大的贡献！感谢你们！

胡运旺　IC 咖啡

随着先进工艺节点不断演进，芯片系统设计日趋复杂，验证环节在芯片设计流程中的重要性不断提高；然而，芯片验证领域的专业人才相对短缺，亟需产业界和学术界的专家共同努力，从源头上解决人才问题。这本书的独到之处在于，著者在验证技术领域深耕多年，因此能够以产品和工业级的视角来提炼验证技术全貌，既注重理论体系又强调实战经验。希望本书能给予读者启发，帮助培养出更多优秀的验证人才。

张竞扬　摩尔精英　创始人兼 CEO

这本书写出了很多我想写却一直没时间写的东西。在很多人的眼里，验证是很简单的事情。本书中，作者从浅到深，把验证的难度逐一呈现给大家，在此基础上又从深到浅，把验证的难度逐一分解。它让读者对验证的理解实现了从易到难，又从难到易的跨越！读完此书，验证再无难事。

张强　《UVM 实战》作者

作者刘斌是 EETOP 知名博主（博客地址：http://www.eetop.cn/blog/?rockeric），常年在 EETOP 分享众多高质量的验证相关博文，让我以及广大 EETOP 网友受益匪浅！与国内多数 IC 验证工程师的入职经历不同的是，作者当年是主动选择了验证岗，并不是被公司指派去做的验证。因此他对芯片验证有着浓厚的兴趣，在该领域深耕多年，总结出了不少宝贵的项目实践经验！作者文笔诙谐幽默，富有文艺范，同时这本专著覆盖芯片验证的方方面面，包含了很多前沿验证技术。我相信验证工程师们也能够从书中获得对验证的更大兴趣，更快地提升验证技能。

毕杰（jackzhang）　EETOP 创始人

随着芯片设计复杂度的提高，验证的比重在芯片设计中占得越来越大。加上最近几年政府加大了芯片行业的投入，目前行业面临着验证人才紧缺的问题。这是一本非常好的可以用于芯片验证方面培训的专著，介绍了各种设计抽象级别和各阶段所涉及的验证方法及工具。本书以系统芯片为例，各章节有结合实际的代码和脚本可供读者参考，以帮助读者进一步深入理解。本书内容全面、翔实，可作为从事系统芯片设计的工程人员、研究者和高等院校相关专业师生的参考材料，对从事集成电路设计和验证的人员有较高的指导和借鉴价值。

石贤帅　亚创中国（Altran）半导体事业部总监

本书内容清晰、全面，是一本相当棒的芯片验证领域综合性的教科书。它与时俱进地囊括了时下主流的验证技术和方法学，为正在进入该领域的在校学生和验证工程师提供了广泛的视角和基础知识，同时也为深耕于验证技术的团队提供实践参考。无比钦佩作者能在繁忙工作之余完成这部了不起的著作，也殷切盼望本书能够助力本土验证工程师的快速成长，并成为芯片验证领域书籍的经典之作。

王定（Roman Wang）　超威半导体（AMD）上海　验证顾问

我有幸在 DVCon China 上认识作者。他的论文"Best Practices over Enhancing SoC Verification Efficiency"获得 2017 年 China DVCon 的 Best paper。而这本书之所以能吸引我，

在于这本书不仅仅讲解了基本的验证语言、验证方法，更在于它聚集了作者在实际项目中积累的很多实战经验，譬如如何提高验证的效率和完备性，如何进行验证项目的管理，如何针对不同的验证对象选择最合适、最高效的验证方法。作者在英特尔多年的验证经历和管理经验的总结和分享，无疑是这本书的最大精华。希望这本书能给予验证工作者启发和帮助，帮助国内培养出更多优秀的验证工程师。

郑先刚　高通（Qualcomm）上海　高级验证经理

刘斌的书让作为同行的我不禁汗颜，程序猿大都不爱写文档，这无疑影响了经验的传承。IC 行业的发展离不开一支优秀的验证工程师队伍，这样一本来自一线专家的精心之作一定可以帮助很多验证工程师，以及希望成为验证工程师的同学们。

刘沛宇　高通（Qualcomm）上海　验证经理

最吸引我的是这本书中提炼出来的实践指导思想，里面汇聚了众多资深验证工程师的经验，不仅有关键的技术知识点和验证视角，更从工程项目的角度把验证流程和验证工程师所具备的优秀品质提炼出来，引导我们如何成为一个验证技术领域的高手。

刘辉辉　海思半导体　芯片验证经理

本书自顶向下，从验证在芯片开发流程中所处的位置和目标，到芯片验证的流程和管理方法，再到具体的实现手段，给读者展示了目前主流芯片验证的生态环境和一位验证老司机的心路历程，以及芯片验证的未来发展方向。相信不论你是刚踏入验证大门的新手，还是已经在验证领域沉浸多年的专家，都能够在阅读这本书的过程中有所收获。

刘佶　海思半导体　高级验证工程师

这可能是国内首本系统介绍芯片验证理论、验证方法学及实践经验的书籍，帮助补齐了长久以来高校教育与企业需求之间缺失的一环。相信本书会成为每一位芯片验证工程师的必读书目，并将促进国内企业芯片验证水平的整体提升。

王宗静　联发博动科技（MediaTek）北京　资深部门经理

我觉得这是一部全面、深入而且"潮流"的芯片验证著作。经典的 SystemVerilog 和 UVM 介绍深入浅出，富有新意。验证计划和验证管理的阐述在同类书籍中很少有过，我相信这是作者多年工作实践经验的无私分享。近年热门的 Portable Stimulus 在书中竟然也有介绍，真是一个"福利"。不论是验证领域的新手还是老鸟，我认为都值得阅读本书。

王晓东　联发博动科技（MediaTek）北京　资深验证工程师

这是一本全面专业介绍芯片验证技术和管理的书籍。书中结合实例循序渐进介绍 SV 和 UVM 知识要点，可以使初学者快速掌握、搭建 UVM 环境。高级应用部分更是作者对多年实际项目验证经验的总结，相信很多同行在项目中遇到的疑难问题在此可以找到答案。我强烈推荐微电子专业学生、芯片验证工程师仔细阅读这本书，一定会受益匪浅。

张修钦　西安紫光国芯半导体有限公司　验证经理

验证是一个复杂的系统工程。验证团队需要在特定的质量、进度压力下，解决软硬件系统的各种问题，并得出置信的结论。验证团队不但需要熟悉验证方法学，更需要学会在复杂的场景中如何将验证方法学与项目实践相结合。本书是验证领域少有的理论方法与项目实践紧密结合的指导手册，是非常适合验证团队借鉴学习的读物。

吴杉　中兴微电子　芯片系统专家级工程师

很荣幸能提前读到刘斌的专著。刘斌是验证领域的资深专家，我和他相识于第一届中国 IC 功能设计与验证大会及展览（DVCon China 2017），刘斌在会上分享了提高 SoC 验证效率的技术和亲身经验，拿到了最佳论文奖。这本专著覆盖芯片验证的方方面面，还包含很多前沿技术，是集成电路设计验证课程的优秀教材，验证工程师们也能够从中获得启发。

黄劲楠　新思科技（Synopsys）上海工程主管、DVCon China 2018 年大会主席

刘斌撰写了一本符合中国认证教育需求的书。验证是 IC 设计发展最快的领域，中国对培养更多验证工程师有着巨大的需求。对于验证工程师，这本书是一本很好的概论，而且书中的 SystemVerilog 和 UVM 部分也是很好的实践参考。凭借在英特尔的经验，作者还撰写了一些验证高级应用，这将有助于负责验证方法学的工程师去优化其公司的验证流程。我很高兴作者用了大量的时间整理出这本对中国 IC 验证领域有贡献的书。

惠国瑜　明导（Mentor Graphics）上海　亚太区应用工程部资深总监

本书问世之前，市面上还没有一本能够将验证的概念、策略、流程、方法、语言和环境搭建等系统而清晰讲述的书籍。这些纷繁的知识被散落在各种书籍里面，这对验证工程师从全局上认识芯片验证造成了困难，而且这类书籍的知识理念比较陈旧。本书把验证工作需要了解的全部知识集中起来综合讲述，总结了作者多年的项目验证经验，包含了目前最新的验证方法。本书对验证初学者和有经验的验证工程师都具有非常好的参考价值。开玩笑地说，以往需要买五本书来参考对比，现在只需要一本就够了。

赵治心（猴哥）　辰芯科技　验证经理

目 录

## 第 1 章

芯片验证全视

无论你是刚开始接触验证的新手，还是已经在验证领域深耕多年的高手，你都需要清楚，验证不只与某种语言、某种方法学或者某种工具有关，它也跟计划管理和团队合作相关。在一个几十人的验证团队中，你需要出色的队友给你传球让你最终完成临门一脚，你也需要所有人都能够朝着共同的目标迈进。本章将使验证新手能够认识功能验证和验证的处境，由此树立完善的验证能力目标从而努力前进；同时，本章也将项目验证周期中的主要事务罗列出来，帮助读者整理回顾要达到"没有漏洞"的美好彼岸需要翻越多少座高山。

1.1 功能验证简介

如果你在设计一款计算器，除了加减乘除的基本功能以外，在科学计算层面上，你需要注意到三角函数、取模、阶乘、幂运算、开根号等复杂运算；如果你在设计一款处理器，你需要考虑将其拆分成为运算器（算术逻辑运算单元，ALU, Arithmetic Logic Unit）、高速缓冲存储器（Cache）和连接它们的总线（Bus）；如果你在设计一款系统集成芯片（SoC、System-on-Chip），那么它可能包括的子系统包括处理器、片上网络（NoC, Network-on-Chip）、存储器、I/O 控制器（例如 USB，PCIe）等。你会发现，随着系统集成度的提高，系统自身的复杂性增加，而且结合实际工程项目来看，系统复杂度的提高对于功能验证的要求是首当其冲的。

由于功能验证在芯片全流程中占据关键位置，验证工程师需要充分理解系统验证的全过程，这个过程就是功能验证的生命周期。功能验证在项目的延续中（目前芯片迭代周期越来越短的一个重要原因，就是依靠剪裁以前项目来做快速的芯片设计）得到不断的提升，而这要求验证工程师考虑如何完善验证流程和环境。在本书一开始，路桑将带领读者从芯片开发流程进入，检视芯片验证在整个项目中的作用（见图 1.1）。

一般而言，新的芯片项目首先从市场人员与客户沟通开始。市场人员收集客户对芯片的要求（主要包括功能、尺寸、功耗、性能），这些指标被记录在设计结构和产品文档中。随后，客户关心的系统层面功能被系统设计人员按照功能进一步划分为各个独立的子系统。这些子系统如果本身过于庞大，则被划分为功能模块，直到被划分出来的尺寸可以被小的设计团队进行硬件实现。硬件设计人员按照芯片的功能模块划分成不同的小组，同时系统设计人员的数目随系统复杂度的升高而增加。在硬件设计过程中，硬件设计工程师将具体的功能描述文本通过逻辑翻译成为硬件描述语言（HDL, Hardware Description Language 模型），目前广泛使用的 HDL 语言 VHDL 和 Verilog 均被各大 EDA（Electronic Design Automation）公司的软件支持。由于 SystemVerilog 囊括了 Verilog 语法和更多高级设计属性，其也被用做一种设计语言。

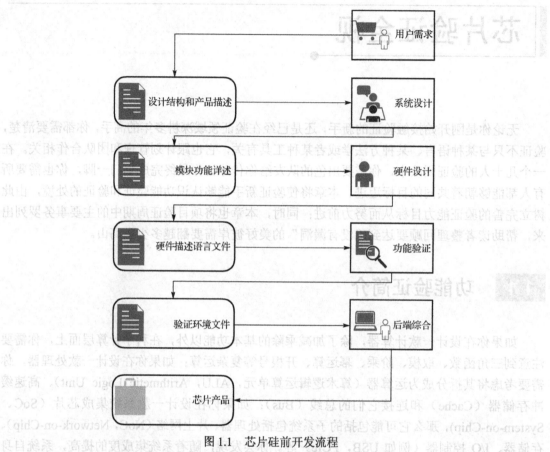

图 1.1　芯片硅前开发流程

当细分的模块初步完成 RTL 级（寄存器级别，Register Transistor Level）的设计之后，验证人员要做几项工作来检查设计：

- 设计文件是否正确地按照功能描述文档实施了？
- 硬件设计人员是否有遗漏掉的边界情况（corner case）？
- 硬件设计是否足够稳定以处理一些错误情况（error response）？

在实际项目中，硬件设计人员和功能验证人员的合作是紧密的，具体表现在：

- 系统设计团队将功能需求（抽象指标）翻译为功能描述（自然语言）之后，硬件设计团队和功能验证团队要围绕功能描述文档分别展开各自的工作。
- 在设计团队初步实现设计以后，验证团队要搭建验证环境展开各功能点的验证。
- 当验证环境测试出的结果与预期不符合时，需根据情况区别对待。如果设计与功能描述存在明显不符，验证人员应报告出设计缺陷，同时设计人员应修复设计，这样从验证到设计再转回到验证即完成一个缺陷检测和修正周期；当结果和预期有模糊边界时（例如时序问题、状态机跳转问题），验证人员和设计人员对功能描述的理解可能存在分歧，此时他们应做初步讨论，确定哪一方的理解有偏差。当讨论未决时，双方应找系统设计人员进行"裁决"，以明确设计思想，统一对功能的理解。

因此，硬件设计的完成度和缺陷率在设计人员和验证人员的迭代周期中不断得到完善，最终可以达到目标。关于功能验证目标的定义，我们会在 1.4 节详细讲述。芯片硬件和软件的开发集成过程在图 1.2 中给出。

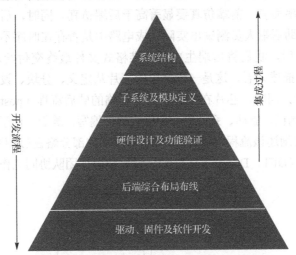

图 1.2　芯片硬件和软件的开发集成过程

功能验证完成后，后端人员（backend）将 RTL 文件综合生成门级网表（gate netlist），同时进行布局布线，最终使物理电路可以在设定的时钟频率上工作。在后端的各种流程中，与验证人员联系紧密的当属标准延时格式（SDF，Standard Delay Format）文件，该文件包含门级网表中各个门单元之间的延时信息，它们被用来准确描述物理电路的时序和检查要求。对于功能验证流程，我们所说的仿真可以根据项目的实施流程将其划分为前端仿真和后端仿真：

- 前端仿真指的是进行 RTL 仿真，在这种仿真中是没有真实延时情况的。对于一个寄存器（register），它的输出端（Q port）相对时钟输入端（Clk port）的延时为零延时（delta delay）。
- 后端仿真指的是进行门级（gate level）仿真。在实际项目中，由于后端 SDF 文件本身需要不断迭代（直至满足时钟频率要求），我们进一步将门级仿真划分为零延时（zero delay）仿真、单位延时（unit delay）仿真和 SDF 仿真。
- 零延时仿真只有门级网表参与仿真，没有 SDF 文件来具体反向标注（back annotation）门延时情况，所以门之间的延时仍然为零延时。这时门级零延时仿真与 RTL 仿真的区别仅在于前者是后者的逻辑映射，从寄存器级别到门级的逻辑转译，这一步是由后端的综合工具（synthesis tooling）完成的。
- 单位延时仿真类似于零延时仿真，也没有 SDF 输入，而是将各个单元门之间的路径延时和门内的延时都以单位延时计算，以此模拟时序的叠加，但并不准确，依然无法反映实际物理时序。此仿真同零延时仿真一样，只可用作逻辑实现检查，无法检查物理时序。
- 后端产生出 SDF 文件时，我们将门级网表反向标注上 SDF 文件中包含的时序信息，最终进行真实延时电路的仿真。

从验证完整性而言，前端仿真和后端仿真均需要在项目中实施，但它们侧重的目标有所不同。前端仿真是为了检测出功能逻辑的缺陷，而后端仿真是为了检测出门级电路由延迟导致采样失败所产生的功能缺陷。因此，验证人员不能将前端仿真的功能缺陷检测任务下移到后端仿真阶段。就效率而言，前端仿真要显著高于后端仿真。同时，后端仿真之所以不能忽略，是因为它可以协助后端人员测试出实际生成电路中是否存在时序不满足的问题。

完成后端仿真以后，我们将后端生成的标准格式文件最终交付给芯片生产商进行流片（tape out）。从上面的描述来看，这是一颗完整的芯片从定义、分块、设计、验证和后端的硅前（pre-silicon）流程。同时，芯片在流片以后所面临的硅后流程（post-silicon）也是一个完整的周期，包括组件测试、驱动、系统固件和应用软件编写，等等。由于功能验证处在硅前流程中，我们在这里主要阐述该流程，同时将一些相对独立的部分略去（这并不代表它们不重要），例如，可测试性设计（DFT，Design For Test）。设计和验证团队协同工作示意于图 1.3 中。

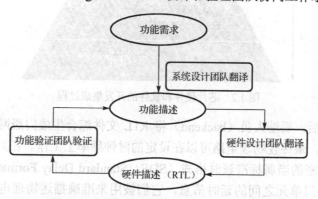

图 1.3 设计和验证团队的协同工作示意图

1.2 验证的处境

1.2.1 验证语言的发展

简单而言，验证的目标就是在一定的时间内尽可能多地测试硬件设计，发现设计缺陷并报告出来。同时，验证本身也是一项棘手的挑战，这一点可以从语言发展和各种快速发展的 EDA 工具上得到佐证。我们从 VHDL 的语言发展线路来看，它的标准 IEEE Std 1076-1987 逐步经历了 1076-1993，1076-2002 再到 1076-2008，这中间的年份从 1987 年逐步发展到 2008 年，可是我们真正在使用的设计标准是哪一部分呢？可能超过 90%以上的设计都基于 1076-1987 和 1076-1993，这是将近 20 年之前的标准，可是设计人员用它来描述电路已经足够了。因为设计面临的问题不是语言自身的局限，更多的是设计人员的经验和思想。同样，我们看看 Verilog 语言的发展从 IEEE Std 1364-1995 到 1364-2001 再到 1364-2005。目前我们所使用的 Verilog 代码基本是在遵循 1364-2001 的标准，EDA 工具商也主要在支持这一年份标准。

再来看看目前的主流验证语言 SystemVerilog 的发展情况，如果不考虑它之前在 Accellera

坐板凳的日子，它正式被认定位 IEEE Std 1800-2005 是从 2005 年才开始的！可我们看看它在这 10 年中便经历了 1800-2009 和 1800-2012，更重要的是，它的每一次更新都得到了工具商的及时支持。为什么呢？因为实际验证的需要，绝对需要。

1.2.2　验证面临的挑战

随着芯片自身复杂度的日渐提高，以及一直存在的项目进度压力，如何实现验证的完整性和高效性成一个大家都关注的话题。概括来讲，验证目前面临的两大挑战[1]是：

- 如何穷尽所有可能的情况给设计产生激励。
- 如何在各种可能的激励情况下判断出不符合硬件描述的行为并报告出来。

这两个挑战都很大！

我们先看看第一个挑战——如何穷尽所有可能的情况。在这里以手机屏幕显示为例，假设手机屏幕分辨率是 1920×1080，像素点的色彩值是 2^{32}，同时，每个像素点之间的状态是独立的，那么屏幕可能分布的状态应该是：

$$2^{32}×(1920×1080) = 8\ 906\ 044\ 184\ 985\ 600$$

如果再考虑到像素点色彩值的变化，那么在连续两个时钟下，像素点可能发生的状态跳转空间是：

$$2^{32}×(1920×1080)×2^{32}×(1920×1080) = 7.9×10^{31}$$

这仅仅是屏幕色彩的一个基本功能，而可以预见到的状态空间数目足以让人抓狂。

所以，面对这样的挑战，我们需要作出一些平衡，这种平衡来自于状态空间本身的庞大和项目实施中的进度压力。**如何划分出有效的测试空间、如何给出随机约束激励是验证人员需要具备的职业素质。**

接下来我们看看第二个挑战，如何在各种可能的激励下判断出硬件设计的缺陷。首先把常见的硬件设计划分为如表 1.1 所示的几类，同时再看看针对**不同设计的激励输入类型和结果判断的方法。**

表 1.1　不同设计的激励输入类型和结果比对方法

设 计 类 型	激 励 类 型	结 果 对 比 方 法
处理器	预先被存入到存储单元的指令和数据	每个指令执行以后寄存器的值是否符合预期
存储控制器	数据的读写操作并且尽可能覆盖所有可访问范围	数据的存储和读取是否正确
IO 模块	数据包的传输，包括定义包的头部、长度、数据和地址	数据从 IO 的输入到输出是否得到正确的转换打包，数据是否有丢失的情况
音频视频组件	数据流的编码解码	数据流在输出端相对输入端来讲的完整性是否符合预期，音频是否失真，视频是否完好
片上网络（NoC）	通过列出主从单元的访问矩阵来穷举所有可能的访问路径	各个可能访问的路径是否都可以通过；同时，被禁止的路径是否按照预期无法访问
系统模块（时钟、复位、电源）	逻辑开关测试，顶层连线设计	通过寄存器的配置，各个控制信号是否正确更新；同时，顶层的连线是否将系统模块的输出连接到目标子系统端

从表 1.1 可以发现，不同类型的设计需要产生的激励类型和结果比对方法是不一样的。针对不同类型、不同复杂度、不同集成度的设计，应采用不同的验证方法。从验证工具的分类看，可以将其分为仿真验证和形式验证；从复杂度出发，可以划分为黑盒验证、白盒验证以及灰盒验证。关于验证的方式以及合适的运用场景，我们也会在第 2 章里面展开详细讨论。

1.3　验证能力的 5 个维度

面对日益更新的验证技术，作为芯片功能安全的第一道防火墙，验证人员的能力值得重视。对公司而言，能力优秀的验证团队是一笔宝贵财富；对验证人员而言，验证能力是一种软实力的体现。这里列出验证人员需要具备的 5 个能力维度（见图 1.4），依次详细解释如下。

▶▶ 1.3.1　完备性

完备性要求验证的充分。无论项目经理、系统人员、设计人员还是验证人员，大家谈验证首先提到的就是要"充分"。然而，充分一词对于验证而言边界是模糊的，很难量化到什么时候才可以达到完成验证的标准。所以，作为一名验证经理，需要引入各种数据来综合量化出验证的进度，其中包括验证功能

图 1.4　验证能力的 5 个维度

点的覆盖率、代码覆盖率、是否经过效能验证流程（power aware verification）、是否经过跨时钟域（clock domain crossing）检查等。通过数据量化，验证人员和验证经理更有信心来宣布在某一个项目节点中，设计已经得到"充分"的验证。当然，对于功能覆盖率部分，如何将功能描述文档充分理解，进而列出要测试的功能点并尽可能地细分出来，这需要系统人员、设计人员和验证人员的共同努力。同时，将抽象的验证计划转换到功能覆盖率要求验证人员具备这样的能力。

▶▶ 1.3.2　复用性

从项目的实际运用角度看，复用性和完备性是同等重要的。没有人愿意在下一个项目中将以前的验证环境做较大的更新，因为这意味着额外的资源消耗，包括时间、人力和项目进度的考虑。在硬件设计角度而言，通过标准总线协议，可以最大限度地在模块之间实现相对独立和快速集成。对于目前项目周期不断缩短的现状来看，一方面是市场的瞬息万变导致的，一方面也是由于 SoC 自身趋向于软件的周期迭代方式而形成的。对于一个系列芯片而言，后续芯片的性能提高、功耗优化都是建立在前一代的基础上的。而这些不断的提高和优化具体到每一个硬件子系统而言，可能就是它们的存储大小、时钟快慢、动态电源开关、总线宽度、缓存深度来综合决定的，并且下一代硬件设计自身一般不会有第一代芯片的艰难历程（否则也就称不上是系列芯片了）。那么从硬件设计的角度看，这些更新如果不在逻辑上面有大的变动，那么带来的工作量是可以估计的。而从验证角度看，我们很自然地希望验证的工作量不要太大——可事实并不一定是这样的。首先从芯片项目的人员安排看，验证人员相比于设计人员流动性更高。那么当一个验证人员在尝试维护和修改上一个项目的验证代码时，就要看他的"运气"，而他的运气与上一个验证人员的代码风格有直接关系。因此，如何标准化验证环境和测试规范，成为验证复用性的一个重要考量。同时，验证人员在处理一些总线协议时要有意识引入参数来为日后的复用做好准备。不断融合的验证方法学走到今天，UVM（Universal Verification Methodology）之所以划分出不同的功能组件，实现小的颗粒度，提供快速插拔式的环境集成能力，也是从复用性考虑的。

1.3.3　高效性

高效性指的是用尽可能少的工作量完成验证工作。在保证验证完备性的考虑下，实际上复用性和高效性会有存在冲突的可能。例如，验证人员会考虑如何"短平快"地在一个紧张周期内完成验证工作，但他可能不会采用 UVM 等方法学框架，也有可能不会考虑将参数引入到验证环境中。因为这些"额外"的因素虽然对复用性有帮助，但与高效性冲突（费时）。所以，**验证人员需要针对不同的情况在维度之间做好平衡**，至少需要保持一种意识，那就是工程学的执行阶段本身就是一种平衡。对于验证人员来讲，他需要做出的判断就是在每一个项目的验证任务中做好取舍，给出合适的验证考量综合维度。对于同一项验证任务而言，采取不同的验证策略有不同的验证效果。例如，一开始考虑采用随机约束的验证方法，那么单单就约束而言，它的约束一开始是比较窄合适，还是一开始比较宽合适？

这里我们给出图 1.5 来说明高效性在一项验证任务的不同周期需要有相应的变化。在开始阶段，考虑到设计不够完备且尚未经历过验证，我们将其称为**基本功能验证阶段**。这个阶段，我们将随机约束域降低到基本范围，尽可能少地触碰到边界情况，把重点放到如何先将各项基本功能都验证到。第二个阶段是在已经完成基本功能验证以后开始的**完备功能验证阶段**，这时可以逐渐放开随机约束域，而开放的域范围需要验证人员考虑到各种合理的情形再做限定。到了功能覆盖率一般上升到 80%附近时，就处于最后的**爬坡阶段**。这时，再沿用之前广泛的约束域就会产生很多无效的随机种子，这些"无效"的随机种子对于剩下的验证覆盖率几乎没有什么帮助。这时，验证人员需要通过理解设计本身和随机约束两方面来考虑具体贡献覆盖率的测试序列，再进一步缩窄随机约束域，**偏置（biasing）**产生一些激励。对于最后这一阶段，一种极端的情况就是将随机约束域缩到尽可能地窄，甚至和定向测试（directed test）没有什么区别。

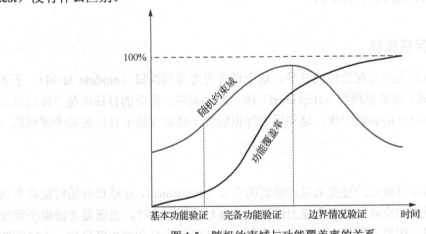

图 1.5　随机约束域与功能覆盖率的关系

1.3.4　高产出

高产出指的是在一定的时间，能够调试、报告、帮助修正出多少设计缺陷，以及如何建立完整的验证环境。多年来，数字设计（RTL 级别）的基础并没有发生太多变化，同时 EDA 厂商提供的自动化工具又进一步提高了设计的可靠性。但这一情况却并不适用于数字验证，因为 EDA 工具目前仍然只能作为辅助手段（例如提供更多的调试功能和接口），却不能帮助自动化建立复杂的验证环境。这也就不难解释 2017 年 IC 行业功能验证领域的调查数据[2]显示，当前在设计和验证领域面临着最大的挑战之一就是为快速的芯片产品迭代和员工数量增长之间找到一个平衡点，实现单位产出的提高。

▶▶ 1.3.5 代码性能

代码性能似乎也跟高效性、高产出有冲突的地方。因为验证代码的整洁性、复用性甚至一点点的美感都与验证完备性没有直接联系。这也包括你的验证经理可能有好长时间都不会注意到你写的验证代码，除非有一天你验证的那个设计出了一个缺陷，而且是一个显而易见的缺陷却没有被发现，才会引起验证经理的注意并专门来回顾可能是一团糟的代码结构。每一位验证人员需要记住一句台词"出来混，迟早是要还的"。不管是别人的验证代码中存在着没有注释、没有缩进、超长函数等不良问题，还是你因为项目紧张，在快速搭建验证环境和编写测试用例时没有考虑到"后来阅读者"和"你后来阅读"而偷的各种懒。相信我，时间会让你为此买单的。所以，**作为一名验证人员，请你在写每一行代码时把它当做你日后行业名声的荣誉墙**。尽管你迫于项目的压力需要快速建立环境疲于完成验证计划，但等到你闲时会去改善那些代码吗？不要再相信这些鬼话了，现在就去做吧！

从上面的 5 个维度来看，做一名合格的验证人员实属不易，更不要说考虑到每一项验证任务量体裁衣制定出合适的 5 个维度指数。虽然项目执行没有尽善尽美，但针对验证人员自身，如果可以意识到这 5 个维度的存在，并且能够在实际工作中综合考量它们，那你就是有意识地在培养自己成为一名优秀的验证师了。

1.4   验证的任务和目标

▶▶ 1.4.1 按时保质低耗

验证师的工作就是完成分配给他的任务，这个任务可能是模块级（module level）、子系统级（subsystem level）或者系统级（chip level）的。准确来讲，验证的目标就是"按时保质低耗完成"目标硬件设计的验证工作，这句话实际也包含了要完成验证目标需要考虑到的三个方面。

按时

验证师需要按照项目预先的进度来考虑验证的节点（milestone），在项目开始时就将节点记挂在心上。之前提到的验证师的 5 个能力维度，在面对项目进度时，也需要考虑哪个维度为主、哪个维度为辅。例如，硬件设计的验证计划、验证环境的复杂度和复用性、大概需要用多少测试用例来尽快达到验证工作量的 80%，这些都是要与项目进度一同考虑的。要知道"一个都不能少"在芯片流程中的重要性，没有一款芯片可以因为其中一个模块的验证延迟而有信心去流片。所以，整支验证队伍自上到下，覆盖到各个模块的验证师都应该有这种意识：即，无论何时，时间总是第一位的，时间就意味着客户的耐心和市场的窗口。

保质

保质指的是尽可能少地将缺陷暴露在流片以后，至少要尽可能少地暴露在客户和市场面前。因为从成本的角度看，缺陷暴露在不同的阶段造成的损失有指数级的差别。如果芯片交付给客户以后才被反馈出一些大的缺陷，那么芯片设计方就会背负很大的压力，除了要同客户一起进行高密度的对话、联调外，整个产品链都要为这个缺陷付出更大的人力、物力成本；如果芯片是在客户方通过测试却被市场发现自身性能不如预期的话，那么会对芯片设计公司和客户双方都造成消极的影响，无论是在市场反馈还是用户对品牌的认知度上，都是如此。

低耗

低消耗有两方面，用更短的时间、更少的人力来完成芯片设计任务，这是一笔前期看得见的可以预期控制的成本；同时，也有一些成本是突发的，其中一个就是缺陷的暴露问题。从图 1.6 可以看出，暴露在不同研发阶段的缺陷对芯片项目造成的额外成本是随着项目进程指数级递增的。

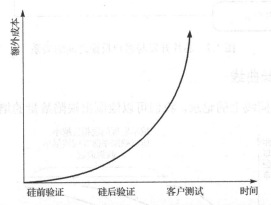

图 1.6　在不同阶段发现设计缺陷所导致的额外成本曲线

硅前验证中 RTL 验证发现的缺陷带来的影响要明显小于 Gate 验证中带来的影响。因为 RTL 阶段发现的缺陷，只需要修改 RTL 代码，而 Gate 验证发现的缺陷除了需要同时做 RTL 修改和网表修改，更是要后端一系列流程的反复。如果在硅后测试中发现了缺陷，就需要考虑这个缺陷是不是致命的。所谓致命的，就是它无法使用一些重要功能，甚至本身会导致一些重要功能的失效和错误行为，且没有办法通过软件层面来做修复。这样的致命性缺陷就意味着芯片要做第二次流片，要针对致命缺陷做出修复、功能验证、后端流程，这样的过程通常耗时三个月以上。如果一个致命缺陷等到被交付给客户以后才发现，那么造成的损失则是双方的。对于客户来讲，他们需要为这个致命缺陷吞下产品延迟上市的苦酒；而对于芯片公司来讲，恐怕这可能是双方最后一次合作了。

1.4.2　芯片研发与客户反馈

进一步来看，如果我们将硅前流程、硅后流程同客户反馈联系在一起（见图 1.7），就能对芯片流程有一个更清晰的认识。

从图 1.7 可以发现，芯片在出片以后被检测出的严重缺陷会直接导致芯片的二次流片，这对成本控制而言是一种额外的损失，同时将时间和人力资源消耗在本可以避免的二次流片上。所以，功能验证是唯一可以用低成本在硅前流程将上述目标"按时、保质、低耗"达成的方法。也正因如此，对于功能验证而言，验证经理通过量化的方式来衡量验证产出的进度。用来衡量的两个标准，一个是时间，一个是发现的缺陷数量。

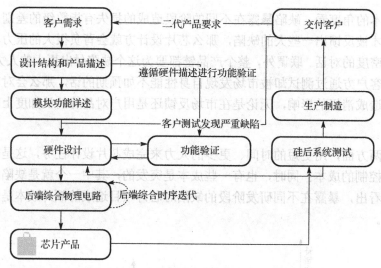

图 1.7   芯片开发与客户反馈之间的关系

1.4.3   缺陷增长曲线

通过缺陷数量在时间线上的记录，我们可以绘制出缺陷数量的增长曲线，如图 1.8 所示。

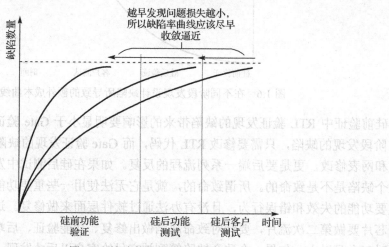

图 1.8   缺陷数量的增长曲线

一般来讲，缺陷数量的增长曲线是逐渐逼近趋于缓慢的。功能验证需要保证的是将缺陷数量的增值（至少是致命缺陷数量）保证在硅前阶段，不应该让其发生在硅后测试阶段[1]。针对缺陷的类型，我们一般遵循先易后难的验证方法，这表现在两个方面：

● 我们给出的激励向量应该是先易后难，先从简单的激励向量测试设计的基本功能，这一点我们在 1.3 节提到随机约束域的宽窄设定和验证阶段之间的关系。当验证将基本功能测试完毕后，我们再朝着更复杂的情景着手去测试其他功能。

● 我们查找出的缺陷也应该是先基本后高级。这么做有两方面的好处，当开始的激励向量是基本形态的时，有助于设计本身在缺陷报告反馈中逐步稳定，同时留出一定的时间用来帮助设计师和验证师针对设计细节交换意见，在硬件描述上面统一理解。这种缓冲会使得在其后的复杂测试中，设计师和验证师双方就复杂情形中的硬件输出结果快速达成一致，因为之前已经就功能描述达成一致了。对于验证师而言，这么做也符合验证的曲线，也就是前期的缺陷曲线斜率较高，是因为设计本身容易被发现一些基本设计问题；随着验证周期的进展，缺陷曲线率慢慢减小，说明设计自身的稳定和功能完备情况趋于最终的设计目标。

对于验证经理，如果有追踪缺陷率曲线的习惯，那么一般建议检查两个地方：

● 缺陷率曲线是否在收敛，或者斜率是否在变小，这一定程度上可以说明验证的状态是否在收敛和趋于完备。

● 需要注意验证过程中发现的缺陷种类，应从基本缺陷再到高级缺陷。假如到了后期，尽管缺陷率收敛，却发现了基本缺陷，这时应对整个验证质量打一个问号。有必要的话，同验证师一起回顾验证计划、验证环境和测试序列。因为越到后期越不应该发现基本类型的缺陷，否则验证经理无法对于整个验证任务的完成有足够的信心。

1.5 验证的周期

1.5.1 验证周期中的检查点

功能验证有着一整套完备的流程，从硬件系统定义贯穿到硅后测试部分。一般来讲，验证团队会基于时间差同时进行多个项目，多个项目之间自然也存在着借鉴、更新的关系，所以验证的环境和复用性也是在不断提高的。每一个项目在进行瀑布模式开发时，验证团队也会在细分的流程中完成任务，同时在展开下一项任务之前进行一些重要检查点（checkpoint）的回顾工作。验证人员不断地在新项目中完善验证环境，验证的周期因而也是不断往复、螺旋上升的过程。

图 1.9 将功能验证的各个关键节点罗列并使之成为一个周期。验证周期[1]的起始点从创建验证计划开始，验证计划需要参照系统工程师给出的功能详述文档。接着验证人员**开发验证环境**，在创建验证环境的过程中，验证人员一般会邀请设计人员和系统人员一同回顾验证计划，确保验证计划没有明显的遗漏，所以**验证计划的回顾是第一个检查点**。

验证环境准备完毕且有一些可供测试的激励时，验证人员会比对设计的输出结果。如果发现有比对错误，验证人员首先要自己去**调试环境**，定位到硬件 HDL 文件存在缺陷的大致位置。如果验证人员有充分的经验，他还可以进一步给设计人员修改代码的建议。

硬件设计经过一定数量的激励测试，验证人员就可以准备**回归（regression）测试**了。回归测试就是将已有的所有测试序列都执行一次。一般来讲，随机序列的回归测试覆盖率贡献要大于直接序列的回归测试，不过这种优势会随着验证率曲线的增长而变得不那么明显，具体的原因就是随机激励无法给出定向激励来填补剩余的验证空间，而定向测试则可以被有经验的验证人员运用，用来验证边界情况。在完成回归测试之前，我们需要进行**第二个检查点——验证代码检查**，这一检查点的作用是通过回顾验证代码从而发现可能遗漏的测试激励、不恰当的随机约束、代码结构的缺陷等。

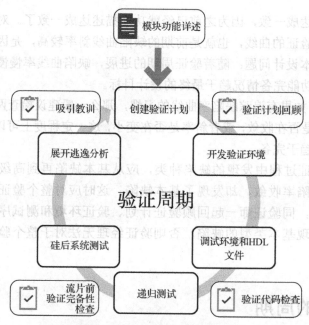

图 1.9　功能验证的完备周期

完成回归测试后进行**第三个重要的检查点——流片前验证完备性检查**。一般这项检查是验证经理最后签字的。验证经理根据一份检查清单来将验证进度做量化的综合评定，最后判读是否完成验证的任务。当然，这一过程并非只有在流片前才会评估，而是发生在这一期间内若干阶段，包括模块验证阶段、子系统验证阶段、芯片系统验证阶段和最后的网表验证阶段。每一个阶段验证经理都有相应的通过标准和检查清单，判定模块、子系统和最终的芯片系统是否达到验证的目标。

即使在最终流片以后，验证团队也需要和**硅后系统测试**团队完成对接。这是由于，硅后系统测试阶段才是真正能够判定小到每一个功能模块大到整个芯片系统的各项功能能否正常工作的标准。通常，系统测试团队参考功能验证团队的验证计划，从底部测试每个模块的功能，逐步向上层走，最终测试整个芯片的联合功能。在系统测试环节中，如果发生了功能测试失败，系统测试人员与验证人员协作，最终定位到是硬件自身缺陷还是测试中的环境配置，或者是寄存器设置问题。如果最终测试发现了硬件缺陷，那么硬件团队和软件团队也会一起评估该缺陷是否是不可修复的。针对硅后测试发现缺陷的情况，一般首先考虑是否有软件修复的可能，接下来才考虑硬件上有无变通的办法。当两方面都无法解决时，我们只能宣告，一个无法硅后修复的缺陷在测试阶段发现了。当然，更糟糕的情况是，这个缺陷竟然是一个致命缺陷。

经过系统测试后，验证团队最终被硅后测试发现的缺陷**展开逃逸分析**，来检讨为什么漏洞会在硅后测试环节中被发现（而不是在硅前验证环节）。可能引起漏洞在硅前验证阶段逃逸的情况包括：

● 验证计划制定不充分，没有完全覆盖功能验证点。

● 激励序列生成不完全，没有覆盖全部的有效激励场景。

● 验证环境不完备，例如比较器（checker/scoreboard）没有足够完善去比对输出结果。

展开逃逸分析之后，要进行验证周期的**最后一项检查——吸取教训**。吸取教训是一种被动的方式，我们在完成的项目中犯了一些错误，如果不想被同一块石头绊倒两次（没有人会愿意吧），就需要吸取教训。这种被动的方式和主动提高验证效率没有冲突，恰恰是在我们没有考虑到的地方吸取教训，在我们考虑到的地方主动完善，使之成为一种内外结合提高验证质量的方式。关于吸取教训，在这里我们给出一些建议：

- **请在整个验证周期内保持收集与验证完善相关信息，比如，突发状况以及如何克服，陷阱从哪里来，有哪些遗憾，等等**。之所以这么做，是因为我们通常在项目结束以后会懈怠下来，我们的记忆无法保存事发当时的一些细节，也容易忘掉当时一些心理上的痛苦。所以就像做一份验证记录一样，保持着这样一份完整记录，将来我们可以从中很快地回溯起来我们一路是如何走过的。
- 除了一些个别情况，验证缺陷的暴露与整个模块验证团队都有关系。因为可能我们一起制定的验证计划不够充分，一起回顾测试序列的时候也不够仔细……要思考团队整体的疏忽在什么地方。每个人都需要考虑到自己在验证周期的不同阶段应该充分履行的责任是什么。
- **尽量从一些教训中量化今后可以加强的地方**。比如，如果功能覆盖率和代码覆盖率的指标是硬性的，那么验证人员就不应该妥协，应想办法达到这个标准；又比如，一些跨时钟域的问题没有被发现或者在网表仿真时才被发现，以后就应该将跨时钟域检查、同步单元检查作为标准在验证过程中执行下去。

1.5.2 功能详述

对于一个芯片，大到芯片自身，小到可以细分的模块，都需要系统工程师给出功能详述文档。这里以较小颗粒度的模块功能文档为例，看看一个基本大小的模块如何依靠功能文档来实现硬件设计和功能验证。一份功能文档，通常包含如下几方面的信息：

- **接口信息**。是不是标准接口、是标准接口的哪一个版本。如果接口是标准接口，那么功能详述中不需要详尽列出接口的时序信息、命令、数据传输等，而只需给出基本的时钟、复位、接口信号名。对于标准接口，设计人员和验证人员可以下载标准接口文档来更详尽地了解接口信息。如果接口是公司内部定义的接口，则需要参照内部定义的接口文档；如果是自定义接口，由于这种接口没有被规范化，功能文档中应尽可能周全地描述需要给出的信息，以方便日后设计人员和验证人员双方参考。
- **结构信息**。结构信息将模块进一步细分为各个功能组件，以及包含组件之间的逻辑关系。各功能组件对设计人员而言可以匹配出对应的 RTL 文件，其后可以自底向上进行集成；对于验证人员而言，为了尽可能与设计保持同步，验证环境的开发可以同设计组件同步展开。从设计组件 A 和验证环境 VA，再到组件 B 和验证环境 VB，再到组件 C 和验证环境 VC，最后集成出模块 M（A+B+C）和验证环境 V（VA+VB+VC），就可以完成模块 M 的集成验证了。
- **交互信息**。由于模块稍后会被集成到更高一级的子系统当中，所以功能详述文档中包含模块 M 同外界模块交互的示意图。必要时，这些交互信号之间也会给出准确的时序信息，确保集成后两个模块之间的交互按照预期定义的时序发生。比如一对握手（handshake）信号，需要指明输入信号的频率、是否需要考虑同步、是电平信号还是脉冲信号、大致维持几个时钟周期，相应的输出信号也要有类似的考量，以满足输出信号接收方的要求。

功能详述文档是硬件设计和功能验证的基础部分，也是共同参考依照的标准。设计人员通过自己的理解将其实现成 RTL 文件，而验证人员也按照自己的理解为设计构建出验证环境。尽管看起来验证人员重复了一次功能上的理解，但正也是因为这样，确保了功能描述文件可以被设计和验证双方理解一致。验证人员自己设计的参考模型（reference model）才也会按照功能详述文档做出正确的行为和数据输出。参考模型对应硬件设计，通过结果比对检查是否有不符合预期结果的情况。这种方式可以让功能文档变得易读清晰，降低设计人员误解功能描述和实现错误硬件的可能性。

▶▶ 1.5.3　制定验证计划

验证计划是为了完成验证目标的，因此它本身要回答两个问题——验证对象是谁、如何验证。制定验证计划的主体在不同公司可能不同，例如，公司 A 是由系统人员制定验证计划的，而公司 B 是由验证人员制定验证计划的。不过可以肯定的一点是，最后回顾验证计划时，会将系统人员、设计人员和验证人员组织到一起来回顾，检查可能存在的验证漏洞。验证计划也存在颗粒度，与模块大小、处在系统的层次相关。这里我们仍然以模块 M 为例，考虑验证计划中的检查事项：

- **验证方法**：是采用直接验证、随机约束验证、形式验证还是其他的方式。
- **验证工具**：选择需要的验证工具来支持验证方法。
- **验证完备标准**：量化出一些参数以衡量验证任务是否完成。
- **验证资源**：包括人力、时间、硬件、软件等所有与项目预算有关的内容。
- **验证的功能点**：需要给出验证的功能点以及在什么层次去验证它，更具体的包括生成何种激励、检查设计的何种状态和数据输出。

▶▶ 1.5.4　开发验证环境

验证环境的开发是验证人员花费时间较多的部分。验证人员从搭建环境开始，实现激励产生器（stimulus generator）、参考模型（reference model）和数据比较器（data comparator）。验证环境的运行需要软件工具的支持，目前的主流仿真工具均可以对仿真验证提供广泛支持。当然，制定验证计划时需要考虑采取何种验证方法，之后才开发验证环境。不同的验证方法决定不同验证环境的结构和所用的软件。伴随着设计缺陷的发现和修正，验证环境也需要保持更新，最终同硬件设计一样趋于稳定，进入验证的下一个阶段。

▶▶ 1.5.5　调试环境和 HDL 文件

从 Mentor 公司 2017 年的 IC 行业调查数据[2]中（见图 1.10）可以看到，验证人员在调试方面的时间投入最多。环境的建立在验证早期投入较多，设计的功能调试却是一步步向前推进的。验证刚开始时，验证人员调试的对象主要集中在环境的协调整合上；环境稳定后，验证人员递交测试，进行仿真验证。针对每一个功能点的验证均需要给出一个或者多个激励向量，在激励给入后，将参考模型和实际输出进行比较，发现比较错误时需要进一步定位问题的源头：

- 环境是否有瑕疵；
- 测试序列是否合理；

- 参考模型是否遵循功能详述文档；
- 硬件设计本身是否存在功能缺陷。

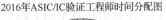
2016年ASIC/IC验证工程师时间分配图

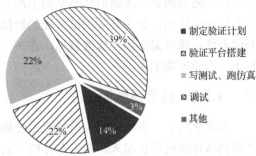

图例：
- 制定验证计划
- 验证平台搭建
- 写测试、跑仿真
- 调试
- 其他

图 1.10　验证工程师的人力资源各项投入比重

定位问题时，一般建议验证人员先从环境着手，试图去稳定环境部分，因为这一部分是我们可以控制的。让环境趋于稳定后，我们再去定位问题是否来源于硬件设计。判定设计存在缺陷时，验证人员需要了解设计、定位到缺陷的位置，提交给设计人员并得到反馈。设计缺陷被修复后，应重复递交同一个测试用例，用例中产生的测试向量也不应该改变。如果使用的是随机约束方式，应记住上一次仿真出错的时间位置和随机种子（random seed），在后面重新递交时采用同一个随机种子以产生同样的测试向量，确保外部激励的场景是一致的。这种方式背后的逻辑是，在调试过程中应尽量减少变量的数量，理想情况下只有一个变量。对于上面的场景，这个变量就是设计缺陷在修复前和修复后的功能表现。至于如何设定随机种子，在仿真器的用户使用文档中可以找到相应的使用方法和仿真选项。

1.5.6　回归测试

回归测试指的是验证硬件在某个缺陷修复或添加了某项新功能后，仍然可以通过以前的所有测试用例（test case）和可能添加的新的测试用例。可能存在的环境变化包括硬件设计自身的改进、缺陷修复、功能添加和验证环境的更新。在每次的回归测试中都可能发现新的缺陷、添加新的测试用例或者更新验证环境。每次回归测试都会帮助完成两个目标：

- 确保这次改动没有引入新的缺陷，并修复了之前的漏洞，或者按照预定目标实现了新的功能。
- 随机验证在每次递交时默认的随机种子不同，这对重复递交一套回归测试表也是有意义的。伴随着功能覆盖率，可以通过往复的回归测试和补充的定向测试来将逐步提高验证完备性。

当代的回归测试逐步趋向自动化，需要一种合适的回归测试工具协助完成回归测试表的提交、分配到不同的服务器上面以计算量来换取时间的缩短、自动识别仿真的结果、到最后给出验证报告。这种回归测试工具，可以从 EDA 公司的工具表中找到商业化的产品，同时大中型公司也有适合自己团队工作流程和需求的定制工具。回归测试是实现验证完备性的一项重要手段，因为只有通过将大量测试用例并行提交到服务器群，才可能完成覆盖率的快速上升，满足项目进度的要求。

1.5.7　芯片生产

经历过回归测试阶段（RTL 回归和门级网表回归），意味着芯片的逻辑和物理数据都经过各项检查了。在将芯片最后送交给半导体生产商（fabrication facility）之前，项目经理与设计经理、验证经理、后端经理一起回顾整个检查表（checklist），确保所有的标准都已经通过。芯片的数据提交给生产商后，最终制造出来，我们称之为流片（tape-out）。

值得注意的是，此时功能验证的流程并没有全部走完，仍然需要提交回归测试，通过保持不停的随机测试，在新的状态空间上测试，可能发现新的问题。如果在递交给厂商生产以后发现新的缺陷，要像硅后测试发现的缺陷一样对待。通过分析这些缺陷，考虑是否有软件补救办法，或者提交设计修改意见，在下一次流片前准备好设计方案和验证方案，将其计划到下一次验证周期内。

▶▶ 1.5.8 硅后系统测试

芯片返回后，系统测试人员依照系统集成的顺序从底层模块开始测试。测试前，需将芯片同测试开发板结合起来，或将芯片植入到待开发的系统上。随后硅前人员（设计人员、验证人员、系统人员）和硅后人员（测试人员）保持频繁的沟通，一旦测试出了问题，第一时间判断是测试的方法不恰当还是硬件自身的问题。之所以要求硅前人员参与，是因为我们不期望硅后测试出现太多的问题，尤其是致命的缺陷。当一个硬件缺陷被发现之后，硅前人员需要讨论这个缺陷的严重性，从软件层面上讨论可行的补救办法，再从硬件层面看是否有其他办法使能这项功能，或者不使这项缺陷扩大影响面导致重要功能失败。如果最终无法避免这个缺陷，且该缺陷严重影响系统功能，就需要在下个芯片设计周期内去修改和验证这项功能。

▶▶ 1.5.9 逃逸分析

有时，我们难以避免个别的验证漏洞一直被忽视，导致它们可以从硅前验证阶段"逃走"，到硅后测试才被发现。遇到这样的情况，硬件设计人员和验证人员都要与测试人员沟通，尝试在硅前的仿真环境中重现遇到的测试失败场景。如果可以复现，设计人员和验证人员要再次思考这个漏洞逃脱的原因；如果无法复现，则仍旧无法保证硬件做出的更改可以在下次流片后修复这次测试的问题。这种硅后测试失败要求硅前验证重现的难度，相较于在交给客户之后遇到的应用失败场景还是容易很多的。因为一旦从硬件级别向上堆叠经过驱动层、固件层再到客户的应用层，更加难以在硅前验证环境中重现客户应用失败的场景。作为验证人员，如果你有幸遇到过这样的场景重现和失效点定位的问题，那么想必你会深深记住它的。当逃逸分析完成以后，这一过程会对下一个芯片周期中，设计人员如何规避设计陷阱、验证人员如何完善验证方案、产生尽可能多的有效测试序列都是很有意义的。在整个芯片过程中都贯穿着"吸取教训"四个字，因为要完成芯片从硅前到硅后的过程本身就很漫长（相比软件的迭代开发而言）。要积累尽可能多的经验，芯片工程师应该在每一个关键节点养成总结的习惯，并在下一个阶段有意识地去完善，保持一种不断成长的态度。

1.6 本章结束语

在刚进入职场时，我每天都在公司工作到很晚，倒不是工作太多、效率不高导致的，而是给自己设定了目标，需要在更短的时间熟悉公司的流程。我翻阅了公司内部和外部的很多文档，一天从早到晚除了睡觉以外，手边都放着各种文档。如果将这些文档分类，那么一部分是技术文档，我大致用了三年的时间掌握了主流验证技术；而另外一部分是验证流程的相关文档，这部分文档是常读常新的，我总可以在不懂时翻阅文档，或者请教更有经验的同事。

　　有句话说，"自己知道得越多，知道自己不知道的也就越多"。在 IC 验证这条道路上我们面对的不仅仅是更新很快的验证知识，也包括一些"常识"。所谓常识，就同前辈教的道理一样，往往在遇到挫折时才想得起来，对此我也深有体会。之所以将这一章作为本书的开头，就是为了让读者能够清楚：在通往专业化的验证道路上，需要经历不少的磨炼。接下来，我们将从验证通识的各个方面分别展开论述。当然，你也可以跳过验证通识的内容部分，转而阅读 SystemVerilog 和 UVM 的知识。但请不要忘记一点，验证通识对于你提升自己的专业化素质会有很大的帮助。

## 第 2 章

验证的策略

人往往会在不熟悉的领域犹豫或者退却,也会对发生在那些陌生领域的第一次记忆犹新。比如笔者还记得第一次蹦极的刺激,第一次滑雪的疼痛,第一次马拉松的虚脱,当然还记得我第一个孩子降生时的喜悦。对于未知的领域,你需要勇气接受挑战,也需要信心相信自己一定可以完成。不过,如果有个老师可以指导你,那么你不但可以少犯错,还可以学习到不少金钱买不来的知识。

可以回顾或者想象你在遇到第一个硬件模块时是如何对它展开验证的。验证工作首先需要制定策略,这关系到整体的验证效率和后续的可维护性。从这一章,你可以从更高的系统层面了解设计流程,也可以认识验证的层次和透明度。同时,单独论述激励,是因为它关系到激励是否合理易用,而对检查方法和验证环境的论述会帮助读者建立关于验证结构的基本概念。

2.1 设计的流程

我们在第 1 章给出了芯片产品开发的流程图,在描述中我们将开发流程分为两条主线:
- 芯片功能的细分;
- 不同人员的任务分配。

也就是说,不同人员需要在硅前不同阶段实现和测试芯片的模块功能。如果我们从另外一个角度看,芯片的开发即是将抽象级别逐次降低的过程,从一开始的抽象自然语言描述到硬件 HDL 语言描述再到最后的门级网表。在我们介绍过 RTL 设计和门级网表后,这里需要引入一个更高抽象级的描述方式 TLM(事务级模型,Transaction Level Model)。TLM 一般在早期用于模拟硬件的行为,侧重于它的功能描述,而不在于严格的时序。同时各个 TLM 模型也会被集成为一个系统,用来评估系统的整体性能和模块之间的交互。TLM 模型在早期的设计和验证中,如果足够准确的话,可以替代验证人员的参考模型,一方面为硬件设计提供了可以参考的设计(来源于系统描述),一方面也加速了验证(无须再构建参考模型,而且TLM 模型足够准确反映硬件描述)。

2.1.1 TLM 模型的需求和 ESL 开发

早期的芯片开发模式是遵循从系统结构设计到芯片设计制造,再到上层软件开发的。随着产品开发的进展,需要让系统人员、硬件人员和软件人员保持充沛的工作量,同时对于一个芯片项目而言，我们也希望硬件人员和软件人员可以尽可能地同时进行开发。这听起来怎么可能？毕竟芯片还没有制造出来，没有开发板怎么去构建软件呢？在这里，系统结构人员会在早期构建一个高抽象级的系统，该系统具备相应的的基本功能，且各模块的接口保持数据交互。通过将功能描述变成可运行的系统，让硬件人员和软件人员在早期利用该系统进行硬件参照和软件开发。这种可以为复杂系统建立模型、让多个流程分支可以并行开发的方式称为 ESL（电子系统级，electronic system-level）开发。

2.1.2　传统的系统设计流程

传统的系统设计流程如图 2.1 所示，是瀑布形式（waterfall）开发的，这种顺序开发的方式存在明显的边界：

- 时间边界：不同的开发子过程之间顺序执行，几乎没有交叠的空间来缩短整体的项目交付时间。
- 组织边界：开发小组之间的交流发生在上一个过程结束、下一个过程开始时，这引入了额外的沟通成本。

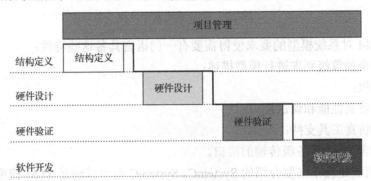

图 2.1　传统的设计流程

2.1.3　ESL 系统设计流程

图 2.2 为 ESL 系统设计流程。为了模糊或者融合这种边界，ESL 开发流程通过建立虚拟原型（virtual prototype），又称 TLM 模型，使参与到系统开发的各小组做并行开发。之所以有这种魔力，是因为 TLM 模型不再是一种无法被硬件开发和软件开发利用的抽象描述，而是一种更早期开发的软件模型。在 ESL 开发的协助下，其余的开发流程可以更早地与系统设计一块进行开发，从整体上看，这种方式有助于缩短芯片开发的时间。除此之外，ESL 在前期产品定义的阶段有相对可量化的模型，有助于早期评估产品的功能、性能是否满足客户要求，也能减轻一些低配置性能的风险以及降低过多设计的成本。这是为什么呢？原因有以下几点：

- 在早期定义产品时，市场部门将产品功能和性能要求从客户那里收集回来，交由系统结构人员来定义芯片结构。这中间存在一些问题，例如，系统结构人员无法深入到局部功能，更无从列举出所有的用例来判断功能是否满足需求，而在性能测试方面也只能通过一些表格化数据做出静态估算。这时，TLM 模型可以帮助在系统级别完成模型搭建和系统集成，甚至测算系统的性能。这样，系统结构人员有更多的信心给出合理的结构配置。

- 正由于可以在芯片结构的定义阶段快速做出性能评估，系统结构人员才可以及时地做出资源调整来满足用户的需求。否则，尽管芯片可能是低缺陷率的，但如果它的执行速度不够快、功耗过高，那么仍然无法满足客户的要求。
- 过度设计的结构就像给一只袜子缀上水钻一样没有必要。客户给的报价摆在那里，你的设计过度，不但意味着成本的增长，也意味着更高的复杂度和风险。

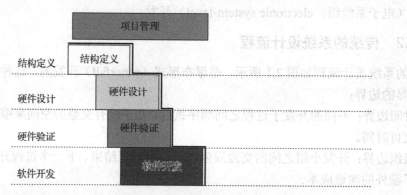

图 2.2　ESL 系统设计流程

ESL 和 TLM 对系统模型的要求使得需要有一门语言具备这些特性：

- 纵深多个抽象级别来进行模型描述；
- 标准开放；
- 高效的仿真性能和调试接口；
- 被主流仿真工具支持；
- 本身包含 TLM 事务级传输的接口。

这样的语言就是接下来要介绍的 SystemC。SystemC 是可以满足 TLM 模型开发的一种语言。严格来讲，它本身不是一种语言，而是建立在 C++ 之上的一种类库（class library）。SystemC语言可以用来描述系统级别的硬件行为，而这一点恰是其他语言无法满足的。2006 年，SystemC 被 IEEE 收入 IEEE 1666 标准，它本身也易于学习，具有 C++/Java 基础和硬件设计概念的人使用起来都不需要太多的学习成本。

2.1.4　语言的抽象级比较

不同的硬件领域使用到的建模语言都有它们各自适合的抽象级[3]，图 2.3 指出了各个语言擅长的抽象级领域。从左至右，VHDL 和 Verilog 主要用做 RTL 仿真和数字电路的综合，也用来在早期搭建一些验证平台。SystemVerilog/Vera/e 是用来做功能验证语言的，其中包括了它们的随机约束重要特性，同时可以发现，SystemVerilog 本身可以用来描述硬件做 RTL仿真和门级综合。在此之上，SystemC 更偏向于系统层，它在结构层面上可以做更高抽象级的描述，虽然本身无法描述电路的综合网表，但它能够作为虚拟平台为上层软件开发做准备。MATLAB 在信号处理上面被用来作为描述和算法验证。

2.1.5　传统的系统集成视角

前面已经提到，传统的瀑布开发模型（见图 2.4）无法让硬件人员和软件人员在系统结构定义早期参与其中。硬件的设计和验证人员需等待系统定义完成之后，才能将功能描述文档分别翻译出来，建立可综合模型和参考模型。软件人员只有在硬件流片以后才真正开始进行软件开发，尽管目前的 FPGA 有着比硬件更快的仿真优势，但无论从时间还是从速度来看，它仍然不是理想的软件开发平台。虽然 FPGA 等硬件加速工具对硅后系统测试有积极意义，但因介入较晚，加上基于速度层面的考量，其对软件系统层开发的贡献依然存在局限性。

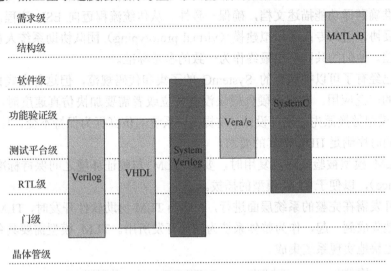

图 2.3　不同硬件相关语言的抽象级比较

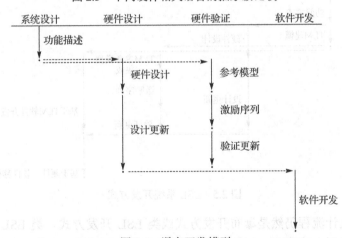

图 2.4　瀑布开发模型

2.1.6　ESL 系统集成视角

新型的 ESL 系统开发方式（见图 2.5）在系统定义阶段建立 TLM 模型。这一模型的建立对系统人员、硬件设计人员、验证人员和软件开发人员有显著帮助：

- 系统人员在 TLM 模型集成系统上更易评估系统性能。
- 硬件设计人员同时利用功能描述文档和 TLM 模型，更准确地翻译为可综合的 RTL 设计。
- 验证人员可以直接将 TLM 模型作为参考模型集成到验证环境中，省去额外开发参考模型的时间。
- 软件开发人员可以在 TLM 集成后的虚拟系统上进行软件开发，在芯片真正出片后，则只需做一些基于实际硬件的软件移植；这可以把软件开发的起点大大提前。

TLM 建模有很多优点。然而，在真正考虑施行 ESL 系统集成流程时，需要考虑一些实际的问题：

- TLM 建模对系统人员有更高的技能要求。不但要求他们掌握 SystemC 开发，同时要求有硬件描述的基础。他们的工作量同时包括功能描述文档和 TLM 模型，且 TLM 需要准确翻译功能描述文档，确保一致性。从传统流程迈向 ESL 流程，可能需要做一些妥协，引入专门的虚拟建模（virtual prototyping）团队协助系统人员翻译功能描述文档。他们的共同产出最终作为一致的参考标准。
- 尽管已经有了可以被综合的 SystemC 的子集和代码规范，但这种方式目前仍未得到业界的广泛应用。在某个硬件模块没有就位或者需要加快仿真速度时，可以临时用 TLM 模型替换原先的硬件设计。前提是，系统的仿真行为保持不变，且 TLM 模型接口上的时序满足 HDL 仿真的要求。
- 当 TLM 模型被验证环境复用时，要求 TLM 与验证环境之间保持标准接口（TLM interface），以便于 TLM 模型的插拔。
- 软件开发需在完整的系统层面进行，因此当 TLM 协助软件开发时，TLM 子模块要被尽早地集成到一起，作为整体系统为软件开发所用。TLM 模型需要具备标准接口，以便更快地实现系统集成。

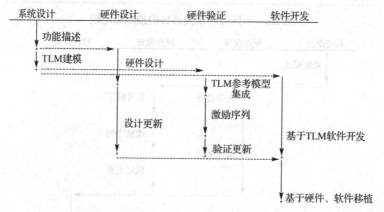

图 2.5 ESL 系统开发方式

目前常见的设计流程仍然是瀑布开发方式或类 ESL 开发方式。类 ESL 开发指的是开发流程并没有完全遵循上述流程，而是在一些地方引入 TLM 建模。在图 2.6 中，由于系统人员的技能限制，项目开发需要额外引入虚拟建模团队。虚拟建模团队服务的主要对象是软件开发一方，他们与硬件设计、验证团队的沟通会较少。这种类 ESL 的开发可能有多种组合，但需要警惕的是，在方便软件开发早期进入项目时，TLM 模型应该与系统定义保持绝对的一致性，从而为硬件和软件方提供模型和代码参考。

从图 2.6 来看，这种类 ESL 的方式是存在风险的，因为虚拟建模团队从系统定义到 TLM 模型的过程存在二次翻译。如果翻译不准确、存在疏漏，可以想象，基于 TLM 模型的软件开发不会那么容易被移植到真正的硬件系统上，因为硬件本身也是二次翻译的。所以，理想的合作边界应该如图 2.7 所示，虚拟建模首先和系统定义保持原义的一致性，硬件和软件则可以将 TLM 模型视为功能描述的一致性翻译，然后各自在 TLM 模型上进行开发。

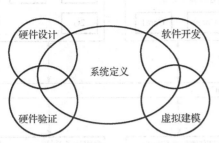

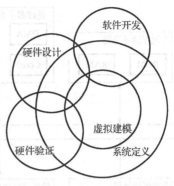

图 2.6 ESL 开发方式的沟通不充分问题   图 2.7 ESL 开发方式的充分沟通

2.2 验证的层次

从系统定义阶段开始，我们将芯片系统划分为子系统，进而将每个子系统划分为不同的功能模块，直到划分为复杂度合适的模块[4]。到设计阶段，按照自底向上的方式开始做硬件设计和集成。从定义阶段到设计阶段，再到后端部分，整个硅前的流程都是将芯片按照层次划分的，一般称为芯片系统级（chip level / system level）、子系统级（sub-system level）和模块级（module level / unit level）。这种层次划分的方式对于芯片开发有哪些好处呢？

● 便于拆解功能模块，实现人员的并行工作协同。这一点是从项目执行效率出发的。
● 对于系统定义而言，这是从主要的功能、性能要求量化为系统不同模块定义的方法。
● 从设计和验证角度出发，合适的复杂度模块有助于估计工作量和人员分配。设计最终是通过模块化来集成的，而验证环境在模块化后可方便地在更高层的环境中复用。
● 对于后端，在进行了合理的区域划分后，模块和芯片系统可以并行进行后续的物理设计流程。设计模块在每个阶段进行相关的设计检查，集成后的芯片系统最终进行设计检查并通过流片要求。

如果我们是在为一款手机设计通信芯片，如图 2.8 显示，一开始的系统定义阶段可能要规划出这么多的功能模块，还需考虑模块的性能因素。每一款芯片都包括多个子系统，每个子系统包含多个功能模块。从图 1.3 中的这款手机通信芯片结构来看，它包括的子系统有：

● 处理器子系统；
● 协处理器子系统；
● 本地存储子系统；
● 外部存储控制器系统；
● 数据接口系统；
● 系统模块外设；
● 多媒体子系统；
● 调制解调子系统。

核心模块调制解调子系统中的 2G/3G/4G 由于自身的复杂性提高，可以进一步作为独立的系统来对待，进而细分下去。至于如何划分层次，我们一般从如下几个角度考虑：

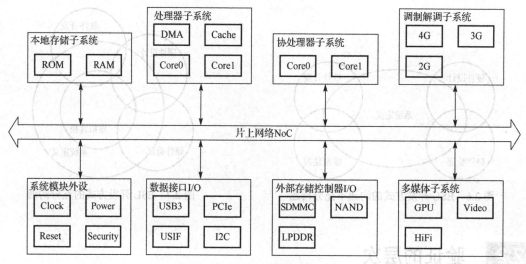

图 2.8　手机通信芯片结构示例

- 系统的复杂性：如果系统相对独立，自身就有作为子系统的条件；如果本身仍过于复杂，则可以进一步细分。
- 芯片集成的便利性：对于顶层芯片集成而言，一个合适的子系统应与外界有清晰的功能边界，如系统信号边界、标准总线边界、与其他子系统交互的边界，同时这些信号边界也尽可能保持稳定和精简。这是从顶层集成的工作量和后端布局布线的角度出发的。
- 验证的阶段：验证人员需要清楚，哪些功能点在模块级验证、哪些在子系统级验证和芯片系统级验证、是否有必要在不同级别重复验证、各个层次是否会保证验证完备性。
- 后端的流程：如果一个子系统占芯片整体面积的 10% 以上，那么后端就有理由考虑将其单独综合，因为合理的划分子系统且并行综合有助于后期整个芯片综合的收敛。

接下来主要从验证的角度来考虑，如何选择合适的验证层次和对应的验证环境：

- 模块级（block level / unit level）；
- 子系统级（sub-system level）；
- 芯片系统级（chip level）；
- 硅后系统级（post-silicon system level）。

2.2.1　模块级

如果是图 2.8 中的处理器子系统，考虑先将 DMA（Direct Memory Access）、Cache 缓存和 Core0/Core1 分别展开模块验证。每个模块验证首先要考虑的是，哪些功能点可以在模块一级完全验证。决策基于如下因素：

- 内部功能如状态机验证；
- 内部数据存储验证；
- 数据打包功能、编解码功能；
- 指令执行；
- 寄存器配置。

同时需要考虑哪些功能无法在模块一级被验证到：

- 与其他相邻模块的互动信号；

- 与其他子系统的互动信号；
- 与芯片外部的互动信号；
- 与电源开关的验证。

我们需要考虑在更高的层次来验证这些部分。

2.2.2　子系统级

一个成熟的子系统，既拥有完备的功能可以执行专门的任务，也有足够稳定的接口用来在更高层做集成。与模块相比，子系统更稳定也更封闭，这对顶层集成是有好处的。也正是这种便于集成和相对封闭的特征，使得我们可以从公司外部或内部得到不同的子系统。合格交付的子系统应该包含：

- 设计包；
- 验证包；
- 回归测试表；
- 覆盖率收集脚本和数据；
- 完整的文档（设计、验证、集成、后端）。

完备的交付可以增强顶层集成的信心，同时减少在集成过程中发生的一些接口理解分歧和参数化配置问题。单就验证而言，除了充分验证内部功能，如果对子系统的外部接口需要进行参数或编译预处理（compiler directive），验证人员则需要就这些参数和不同的编译选项（可能因此产生不同的硬件结构功能）给出完备验证。从子系统的封闭性和复用性来看，它们会在多个芯片项目中被使用，这对设计复用来讲是一件好事，而验证也需要将验证环境参数化以适应硬件的参数化配置。只有充分验证了参数化的子系统，才可能让它在不同的芯片项目中实现预期的功能。对验证管理而言，子系统验证是一个理想的可以切分的单元。这一层下面的模块之间互动很多，而这一层本身趋于封闭，与外围的接口有限，所以便于在子系统层设置独立的验证小组——"包产到组"。

2.2.3　芯片系统级

在芯片系统级，我们的验证平台的复用性较高，这主要是因为：

- 外围的验证组件不需要像模块级、子系统级的组件那样，数量多且需经常更新。它们主要侧重于验证芯片的输入输出。
- 芯片内部的子系统之间的交互、协作检查主要交给处理器和子系统，从寄存器检查和数据检查入手，实现定向测试（directed test）用例。

芯片系统级的验证侧重于不同子系统之间的信号交互以及实现更贴近实际场景的用例。这里的实际用例并非在系统软件层面，而是将系统软件层面的场景进一步拆分为多个模块互动情景后，再分开测试。

2.2.4　硅后系统级

尽管硅前验证部分与硅后系统软件开发联系较少，但尽早将硅后软件开发的实际用例用在硅前测试，能够发现一些实际使用中的问题。实际上，系统软件用例和硅前的随机测试具有互补的特性，功能验证中的缺陷如果没有在硅后测试、软件开发、用户使用中发现，那么隐藏的缺陷会静静地躺在那里，也许永远不会被发现（没有零缺陷的芯片，却有用户未发现缺陷的芯片）。所以，将硅后的驱动、固件和系统软件尽早在硅前引入验证过程，则可以与硅前的验证方法形成互补，使验证更加完善。

前面介绍了验证的 4 个阶段，给出了它们各自使用的测试场景。这里再给出可以遵循的几点原则，帮助大家在验证时选择适合的级别：

- 能够在更低的级别完成某一项功能验证，就不要在更高层次上去验证。小的验证环境更有利于控制激励场景的产生，能更加全面地覆盖功能点。
- 低层次已经充分验证过某一项功能，高层次就不要重复验证。低层次无法完全覆盖功能点验证时，应在高层次完全覆盖。
- 在低层次的验证阶段应适当考虑高层次的测试用例，并在低层次创造一些条件模拟发生的条件和场景。
- 在高层次的验证阶段，验证环境中的参考模型、数据比对、监视器等模块应首先考虑从低层次环境复用，无法满足时再考虑重新构建。
- 对于新的模块或者新的功能，应投入更多精力、给于更高优先级，在不同层次充分验证。

最后，我们通过表 2.1 来更好地理解不同验证层次的侧重、性能和使用方法。

表 2.1   不同验证层次的侧重、性能和使用方法

验证层次	验证侧重	仿真性能	使用方法
模块级	内部功能	快	随机约束、形式验证
子系统级	模块间交互	中	随机约束、定向激励
芯片系统级	子系统间交互	慢	随机约束、定向激励
硅后系统级	实际软件用例	慢	定向激励

选择一个合适的验证层次，通过在不同层次分配不同的功能验证点，是最终迈向验证完备性的一项必备技能。

2.3   验证的透明度

可以按照激励的生成方式和检查的功能点分布将验证划分为三种基本方式：

- 黑盒验证；
- 白盒验证；
- 灰盒验证。

接下来，我们逐一解释这三种不同透明度的验证特征。

2.3.1   黑盒验证

如果验证人员对设计的细节缺乏认识，那么黑盒验证是一种合适的方式。因为验证环境只需要将激励给入设计的外部接口，检查设计的另一侧输出就足够了。测试成功与否只是根据一个输入是否得到一个正确的输出去判断，验证环境本身不会关注设计的内部。图 2.9 是黑盒验证的结构。

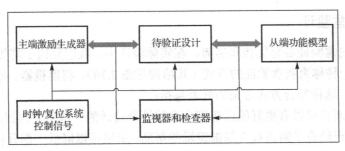

图 2.9　黑盒验证结构

从图 2.9 可以看到，激励生成器（stimulator）只负责给设计灌入激励，监视器（monitor）和检查器（checker）只查看和比较输出信号。黑盒验证的一个缺点是缺少设计的透明度和激励的可控性，由此带来的问题包括：

- **测试失败时无法更深层次地定位问题**。验证人员只能判断测试是否成功，无法进一步定位到缺陷所在的位置进而与设计人员完成深度协作。
- **难以发现一些较深的缺陷**。因为验证人员无法根据设计本身给出更窄的随机约束定向地生成一些激励，同时，这对设计内部功能点的功能覆盖率收敛没有太多的帮助。

设计的接口采用标准接口时，图 2.9 中的激励生成器或总线功能模型可以使用成熟度高的验证 IP。这些验证 IP 一般由第三方公司提供，有时公司内部也有这样的 IP，它们的特点是像标准接口一样易于在验证环境中插拔和控制，且接口时序严格按照总线文档定义。监测器也来自于验证 IP，这减少了验证人员底层开发的工作量。所以，当模块的接口是标准接口时，验证环境可以复用一些验证 IP。

由于黑盒验证本身不包含设计的内部逻辑信息，所以当设计因缺陷而更新或添加新的特性时，原有的测试列表仍然较稳定，验证人员只需要对新添加的特性考虑新的测试场景。黑盒验证有利于保持测试环境的稳定，当后续项目中更新了设计时，新的验证人员也只需要很少的力气来维护继承的验证环境。

2.3.2　白盒验证

白盒验证可以弥补黑盒验证的一些不足。验证人员了解设计的内部工作逻辑、层次、信号等，他们因而可以对更底层的设计细节进行测试。这种验证方式检查设计是否严格遵循功能描述文档，测试发生失败时可以更快速地定位到缺陷。对于白盒验证的环境，我们的参考模型逻辑非常简略，甚至不需要参考模型，只需要植入监视器和断言来检查各个内部逻辑。这种环境配置背后的原则是，充分检查各个逻辑驱动和结构以后，就不需要测试它的整体功能了。不过，使用白盒验证也面临一些方法学上的缺陷：

- 由于本身专注于设计内部逻辑检查而忽略整体功能的测试，**设计本身违反规范时，白盒验证难以发现缺陷**。
- 在数据一致性检查方面，白盒验证难以从整体入手给出实际测试用例。
- 白盒验证的测试用例很多是从设计细节入手的，所以，**设计发生更新时，验证环境的维护成本偏高**。这一点在项目间复用方面带来的影响更多，新接手验证环境的人要付出很大的成本去理解设计细节和验证环境的细节；这时候白盒验证环境的低复用性缺点就暴露出来了。

2.3.3 灰盒验证

黑盒验证和白盒验证各有优势和劣势。在实际验证中，我们倾向于将黑盒和白盒两种方法结合起来，以一种称为灰盒验证的方式（其结构见图 2.10），将监视器、断言、参考模型一同用来完善验证。这种糅合方式带来的好处包括：

- 监视器和断言可以有更好的透明度来着重检查设计的一些重要内部逻辑。
- 参考模型已经有了断言检查局部逻辑的帮助，所以可以降低一部分精确度，而主要专注在输入和输出数据的比较上。

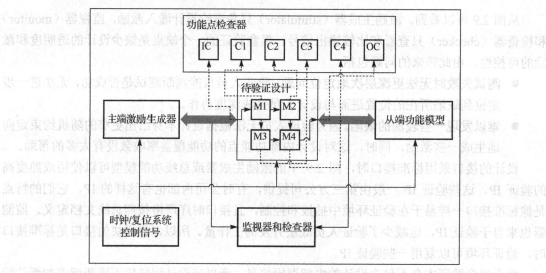

图 2.10 灰盒验证结构

从复用性角度考虑，灰盒验证也有灵活的变动方式：

- 对于新的设计，我们的验证人员需要更深入地理解设计本身。采用灰盒验证一开始通过监视器和断言来进行局部验证，待设计初步完善和趋于稳定时，验证人员就有了对设计更全局性的理解来构建参考模型。又因为前期监视器和断言保证局部逻辑的正确，参考模型的构建不需要完全精确，只需要较少的精力来实现。
- 该设计移植到别的项目时，设计难免需要进行局部修改，这时，灰盒验证的复用性优势相对于验证环境就体现出来了。哪怕是新的验证人员接手这个验证环境，好的灰盒环境也可以清晰地将黑盒和白盒的部分划分开。在设计复用的项目中，建议首先打开黑盒开关，这对新的验证人员来讲测试成本较低，也不需要对设计和验证环境了解太多。同时，这么做也可以第一时间保证原有功能的稳定性，并反馈给设计人员新的改动造成的影响。紧接着，验证人员可以针对新的特性创建特定的黑盒测试序列，新的黑盒测试序列因设计本身的稳定而不需要关注设计内部的太多细节。
- 完成黑盒验证环节后，可以在时间允许的情况下有序引入白盒的开关。首先应考虑创建新的白盒断言点或功能检查点，关注新的功能部分；其次，完成新的功能点白盒覆盖后，考虑逐个打开原有的白盒功能检查开关。打开白盒检查开关时，我们也遵循着每次添加较少的开关来跑回归测试的策略，便于发现问题后快速定位到新打开的开关一侧；另外，白盒检查点的开关有优先级，如果验证人员足够专业，在他的代码或者文档中会对这些白盒开关给出说明和重要性排列。文档说明有助于新的验证人员按照优先级的高低来打开不同的开关。

所以，灰盒验证不但可以继承黑盒验证和白盒验证的优势，而且对验证环境在新项目中的复用有明显优势。

最后，我们通过表 2.2 来总结黑盒验证、白盒验证和灰盒验证的特点。可以看出，灰盒验证可以最好地平衡设计增量和验证复用。在设计阶段，如果验证人员有充分的经验来实现灰盒验证环境，清晰划分黑盒部分和白盒部分，那么在后续的项目中，灰盒验证的良好复用性和灵活性会给模块的集成带来便利。在高度集成化的今天，我们对设计复用性的考量，是从整个设计交付包（design delivery package）出发的，包括之前提到的设计包、验证包、文档包、回归测试包和覆盖率包等。

表 2.2 黑盒、白盒和灰盒的验证特点

验证环境构建的作业量	验证的方式		
	黑盒验证	白盒验证	灰盒验证
建立参考模型	高	无	中
监视器和断言	低	高	低
调试定位错误	高	低	低
验证设计内部	高	低	低
环境复用性	低	高	低

无论设计人员还是验证人员，都需要从各自的角度考虑复用性，全盘考虑设计的整个流程。设计交付只有能带来更好的"用户体验"，缩短集成时间（设计和验证），这才是好的设计和验证方式。

2.4 激励的原则

激励的原则实际上就是为了解决一个问题，即如何保证激励源最大的自由度。只有从环境结构上保证了激励源最大的自由度，才能在输入一侧提供更丰富的组合，有条件地穷历一些测试序列。

按照这个核心原则，我们可以按下面这些因素评估激励的自由度：

- 接口类型；
- 序列颗粒度；
- 可控性；
- 组件独立性；
- 组合自由度。

下面我们具体了解激励在这些方面的表现和评估方法。

2.4.1 接口类型

面对一个设计的输入接口，我们可以先判断接口的类型（interface type）。如果设计的接口类型复杂多样，可以通过接口类型的划分，化繁为简地找到从哪里下手给出激励。常见的接口类型可以分为：

- **系统控制接口**（system control interface）。例如，时钟、复位、安全、电源开关等，以及这些系统控制信号旁生出的控制信号，如时钟门控信号（clock gating signal）。
- **标准总线接口**（standard bus interface）。公开的行业标准总线协议，例如常见的 AMBA 系列协议、OCP、MIPI 系列协议等，其文档详细，同时有丰富的验证 IP 提供服务。
- **非标准总线接口**（non-standard bus interface）。公司内部定义的接口，或者根据模块功能需求定义的接口。接口时序相对简单，文档也较粗略。公司内部即使有可复用的验证 IP，验证 IP 本身也可能未经过充分测试，而且在非标准协议定制的背景下，验证 IP 的复用性较低。
- **测试接口**（test interface）。该测试接口主要留给可测性（DFT，Design For Test）功能使用，在功能验证中禁用即可。
- **其他控制接口**（miscellaneous control interface）。如果被测设计是处于子系统中的功能模块且与相邻多个模块交互，那么该控制接口的信号数量较多、功能较分散；如果该设计是子系统，则该类型的控制接口数量较少且功能较集中。

有了清晰的分类，验证人员就可根据不同的接口类型选择验证 IP，或者自己着手搭建激励组件（verification component）了。

2.4.2　序列颗粒度

对不同的接口我们会引入不同的验证组件。激励生成器（stimulus generator/driver）是接口验证组件的重要部分，它提供一些基本的功能方法用来生成小颗粒度的激励（sequence granularity）。用户也可以进一步做上层封装，从更高抽象级的角度生成大颗粒度或宏颗粒度的激励序列。我们按照软件层概念将激励序列颗粒度划分为下面的层级：

- 基本颗粒层；
- 高级颗粒层；
- 宏颗粒层；
- 用户自定义颗粒层。

从激励生成器提供的方法继承和封装入手，可以将这些颗粒层的关系表现为，基本颗粒层提供基本颗粒生成方法，而在其上，高级颗粒层和宏颗粒层做了深入的封装，帮助建立数据包（packet）和帧（frame）的概念。用户也可以依赖基本颗粒层，根据实际场景的需要实现自定义颗粒层，以方便特定场景的激励控制。序列的颗粒层次如图 2.11 所示。

我们以一个商业总线验证 IP 为例。该验证 IP 包具有基本颗粒层和高级颗粒层来生成不同级别的测试序列，在一些情况下，验证 IP 也提供宏颗粒层的定义来满足更高规模的数据传输。这里的抽象级指的是从时序和数据量传输的角度出发，越高的抽象级越不关注底层的时序而更重视数据的传输量，也是 TLM（Transaction Level Model）含义的延伸。当验证人员不能从已有的各

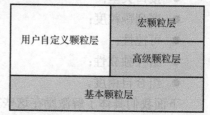

图 2.11　序列的颗粒层次

种颗粒层中生成自己期望的测试序列时，便可以利用已有的基本颗粒层和高级颗粒层来构建自己的颗粒层。

2.4.3　可控性

可控性（controllability）是从对不同颗粒层的控制角度出发的。按照序列颗粒度的划分，对应的可控性评估如表 2.3 所示。

在功能验证周期的初期阶段，应从基本颗粒层中选择激励方法，这有利于我们在接口的基本功能中调节测试不同的总线传输情况，这里的验证点侧重于协议功能和时序检查。随着设计趋于稳定，我们逐渐选择高级颗粒层和宏颗粒层，将验证精力转移到数据量的一致性传

表 2.3　序列颗粒度的可控性

序列颗粒度	可 控 性
基本颗粒层	高
高级颗粒层	中
宏颗粒层	低

输和性能评估上，而这两层的颗粒控制性没有像基本颗粒层那样细致到可以调节每一个参数变量，它们会同验证重点保持一致，主要提供跟数据量有关的可约束参数。

2.4.4　组件独立性

将一个设计的边界信号划分为不同的接口类型，并创建出对应的接口验证组件之后，我们就应该考虑各个组件之间的独立性了。组件的独立性（component independency）实际上也是协调性的基本保障，因为有了独立性，各个组件之间才会最大程度地不受其他组件的制约，同时又可以通过有效的通信机制实现组件之间的同步协调。我们接下来看看实现组件独立性需要考虑的因素：

● 必须按照接口类型来划分组件。
● 对于系统控制信号组件，尽可能将信号的关系按照实际集成关系做控制，例如，多个时钟是不是同步关系，多个复位信号是否可以单独控制等。
● 对于总线接口（标准或者非标准），实现一对一的控制关系。例如，若有两组相同的总线，则应引入两个总线组件分别控制，而非建立一个总线组件却拥有两套总线接口；后者有悖于可控性和复用性的要求。
● 对于其他控制接口，应从实际相邻设计那里准确了解各信号的使能极性、脉冲有效还是电平有效、是否存在握手关系、时序等真实的设计信息，来模拟高层集成环境中的控制场景。同时由于这部分信号偏于杂乱，在尽可能梳理信号的不同来源和功能后，需要在接口组件中通过封装好的方法来实现灵活驱动。
● 验证环境中的系统控制信号组件会与其他接口组件发生连接，例如提供必要的时钟和复位信息，那么这些连接也应遵循实际集成的情况，确保组件驱动端的时钟输入与设计的时钟输入端同步。

2.4.5　组合自由度

最后一个衡量因素——组合自由度（combination space）是对上述因素的整体评估。只有通过底层的精细划分，建立抽象级更高的颗粒度，通过独立组件之间的协调来给出激励，才能提供较高的组合自由度。在这里，除了组件的独立性外，需要考虑组件之间的协调方式。一般将协调方式分为两种：

● 中心统筹式（centrally organized）。通过中心化的调遣，将不同的任务统一分派给各个接口组件，产生不同的激励组合场景。

● 分布事件驱动式（distributed event driven）。将激励控制权交给各个接口组件，通过接口组件之间的通信来实现分布式的事件驱动模式，即组件之间的通信通过事件（event）、信箱（mailbox）、接口信号（interface signal）等方式实现同步通信。

通过上述因素，我们可以评定出一个验证环境中各个接口组件之间的组合，是否可以提供足够的自由度，最终有可能穷历出预定的激励序列。

2.5　检查的方法

懂得了如何实现和评估激励自由度的方法后，需要考虑在各种可能的激励组合下如何选择适当的检查，以完成验证环境的另外一项核心要素——检查。检查就是查看设计是否按照功能描述做出期望的行为，识别所有错误的输出，发现设计缺陷。我们是按照接口类型来划分激励的；对于检查，类型的划分方式则基于被检查逻辑的层次，这些层次包括：

● 模块的内部设计细节；
● 模块的输入输出；
● 模块与相邻模块的互动信号；
● 模块在芯片系统级的应用角色。

不同的检查层次，可以考虑采用不同的检查方法，如表 2.4 所示。

表 2.4　不同层次的检查方法

检查层次	检查方法
模块内部设计细节	监测器、断言、形式验证
模块输入输出	监测器、参考模型、比较器
模块与相邻模块的互动	监测器、断言、形式验证
模块在芯片系统级的应用角色	定向测试、监测器、断言

从表 2.4 可以看出，经常使用的方法有监测器（monitor）、断言（assertion）、参考模型（reference model）、比较器（comparator/scoreboard）、定向测试和形式验证等。接下来，我们简要分析不同检查方法的要点，关于这些方法的更多介绍，读者可以在 8.6 节详细了解。

一般而言，监测器（monitor）是必备的组件，它便于我们观察硬件信号。所以，在各个层次都可以找到监测器的身影。查看设计内部信号另外一个可行办法是使用 SystemVerilog 绑定（bind）的特性。由于监测器可能被置入到各种方法中，我们需要从复用的角度，在构建监测器的时候考虑如下因素：

● 监测器一般跟激励发生器的作用域一致。这指的是，如果该激励发生器对应一组总线，那么应该有一个对应的监视器负责监视总线的传输。
● 监测器应根据检查的层次将信号监测分为模块内部和模块边界。

对于断言（assertion），我们主要依靠它检查模块的内部逻辑细节和时序信息。利用断言，我们可以通过仿真或形式验证来完成测试。是否选用仿真或形式验证的方式，这里给的建议是：

- 如果是模块级别, 断言通过形式验证完全覆盖设计的多数功能点从效率和完备性来看是可靠的。同时建议在子系统或芯片一级创建基本的测试用例进行仿真, 以作为形式验证的补充。
- 如果断言验证的功能点较分散或主要关切于模块的核心逻辑、时序, 则倾向于使用仿真验证, 采取灰盒模式, 而用断言来验证重要设计细节。
- 如果断言总体可以覆盖模块的所有设计功能部分, 采取形式验证或者白盒仿真验证两种方法都是可取的。

除了待测设计本身的尺寸、复杂度以外, 参考模型 (reference model) 的构建也与验证方法有关。从 2.3 节来看, 白盒验证对参考模型的要求最低, 而黑盒验证却将最大的压力交给如何实现准确的参考模型。

比较器 (comparator) 的结构相对简单, 一般依靠足够稳定的监测器和准确的参考模型, 比较器只需要将监测的硬件输出和参考模型的输出做比较, 给出充分的比较信息。测试用例结束时, 给出自定义的测试报告即可。

当模块完成了模块测试、子系统测试, 迁入到芯片系统级测试后, 我们在系统一级复用监测器和断言。这些从低层次复用来的监测器和断言, 在高层测试中主要用于覆盖目标模块与其他模块互动的功能点。在系统测试中, 从实际应用场景出发, 我们一般采用定向测试即 C/C++ 代码, 编译后由系统中的处理器来执行。定向测试的一个好处是为硅后测试提供可复用的测试代码。

2.6　集成的环境

分析完激励的原则和检查的方法后, 验证平台 (testbench) 的核心要素就大致齐备了。接下来将进一步分析验证环境的集成需要考虑的因素, 并梳理各部分之间的关系。从图 2.12 可以看出, 验证集成环境分为:

- 验证平台 (verification platform);
- 待验设计 (design under verification);
- 运行环境 (runtime environment);
- 验证管理 (verification management)。

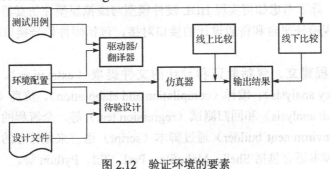

图 2.12　验证环境的要素

2.6.1　验证平台

验证平台是验证人员日常工作的对象。在建立或复用验证框架时, 主要考虑激励分类和检查方法两部分，这两部分直接影响验证平台的框架。

激励分为如下两类：

- 定向激励。一般通过文本激励、C 代码激励、预先生成激励码等形式给入。
- 随机激励。通过随机约束给入激励，这里的随机方式不局限于 SV，也包括其他随机验证语言，或者利用脚本语言来产生随机激励。

检查一般分为如下三类：

- **线上检查（online check）**。在仿真的过程中动态比对数据，并给出比较结果。
- **线下检查（offline check）**。在仿真结束后比对仿真中收集的数据，给出比较结果。
- **断言检查（assertion check）**。通过仿真或形式验证的方式利用断言检查设计的功能点。

2.6.2　待验设计

根据功能描述的建模方式，硬件设计可以分为两类：

- **HDL 硬件模型**。即，使用 HDL 语言描述的硬件模型，按照硬件层次可以分为 RTL 和网表。该模型的特点是与硬件设计师距离最近，也是最贴合硬件逻辑行为的模型。
- **虚拟原型（virtual prototype）**。在硬件定义的早期阶段，引入虚拟原型对硬件的框架和性能进行评估。在数字信号处理模块中需要复杂的算法参与，所以在硬件实现之前，可以采用软件算法模型来代替硬件的功能（不考虑时序替代）。常用的虚拟原型语言包括 SystemC、C/C++、MATLAB 等。

仿真过程中可以将 HDL 硬件模型与虚拟原型混合，进行联合仿真。这时，需要考虑虚拟原型的接口是否可以在硬件仿真环境中较为方便地集成，以及是否有对虚拟原型的接口时序的要求。

2.6.3　运行环境

运行环境的主要职责是将验证平台和待验设计进行融合（软件激励端和硬件模型端的互动）。根据前面对验证平台和待验设计的分类，运行环境需要考虑的因素有：

- **验证平台**。运行环境需要传入参数，根据测试场景选择测试序列、随机种子数值、参数化的环境结构和实例化验证平台。
- **待验模型**。除了考虑如何实现 HDL 硬件模型与虚拟原型在仿真器中协同仿真之外，还需要实现验证平台和待验设计的接口对接，包括硬件信号接口连接和内部信号的接口监测。
- **仿真全流程建立**。包括验证和设计的文件提取（extraction）、文件依赖度分析（dependency analysis）、编译（compilation and elaboration）、仿真（simulation）、结果分析（result analysis）和回归测试（regression test）等。全流程的建立一般是由环境建设者（environment builder）通过脚本（script）语言来做管理的，用于仿真流程建立的常见脚本语言包括 Shell、Makefile、Perl、Tcl、Python 等。

2.6.4　验证管理

无论芯片的尺寸有多大，验证人员和验证经理都需要对自己负责的模块或芯片做量化的验证管理。除常见的 Excel 表格管理外，也可使用其他验证管理工具进行管理。这些验证管理工具需要考虑的因素有：

- **验证计划和进度管理**（verification plan and progress management）。验证计划需要将抽象内容与量化后的测试用例、功能覆盖率相对应，进而给出可视化的验证进度。

- **文件版本控制管理**（file version control management）。文件版本控制在团队协作中几乎是必需品，常见的工具有 SVN、Git、Clearcase 等。

- **项目环境配置管理**（project environment configuration management）。项目环境的配置文件不但包括项目中使用的各种工具的版本、单元库的版本、验证 IP 的版本，也包括验证环境的顶层配置。通过这些环境配置管理，每一个参与项目的人都可以很快地实现环境配置，省去同步验证环境的工作。

- **缺陷率跟踪管理**（defect tracking management）。之前提到的缺陷率曲线，需要验证人员和验证经理保持记录的习惯，除了通过缺陷率曲线衡量验证的进度，还需要通过记录跟踪缺陷的修复、后续验证的工作。

足够稳定的验证平台，能够在更早期利用不同抽象级别的待验模型展开验证环境的搭建和验证工作。通过模块化和自动化的运行方式，实现环境的从建立到检查，一个完善的验证环境能够给验证人员助力不少。从项目管理的角度，也需要一个完善的工具（可能是几个工具共同协助）帮助我们完成验证管理，最终达到验证目标。

2.7　本章结束语

笔者还记得接手的第一个验证环境是 Specman eRM 结构，当时苦于缺少合适的文档，很多代码和工具的使用让我吃了不少的苦头。经历了 OVM 的验证阶段后，再回头思考 eRM，发现验证的思想有很多是可以借鉴和优化的。就是说，尽管我们验证者（Verifier）需要用更多的时间去适应变化更快的验证技术和工具，但在这背后都是逐步继承的关系。你学习到的知识，多年以后有一部分将被替代，而核心的部分还将被保留下来。本章关于验证策略的通识，就是属于那些不会被替代的部分。你会在任何一种验证语言或者验证方法学中捕捉到与验证策略有关的信息，因为它是验证作为一种综合技术能力的基础。

第 3 章

验证的方法

从本章开始，我们将系统介绍验证的各种方法。之所以用一章的篇幅介绍验证的方法和工具，一方面是因为目前验证方法的分支及其工具种类繁多，另一方面是希望读者在系统了解验证方法和工具后，可以在开展验证时有一整套工具箱，根据设计的特点选用不同的验证方法，最终取得满意的效果。

从 Mentor 公司 2017 年的 IC 行业调查数据[2]（见图 3.1）看，验证占用了主要的人力资源，同时是设计能实现低缺陷率的核心保障。从 2007 年到 2016 年的发展趋势看，设计的复杂度逐年攀升，带来的验证压力和实际人力资源配置相应提高。除了人力的投入，设计自动化（DA，Design Automation）工具在验证的方法、特性、性能方面的提高，都在协助验证人员面对新的验证挑战。

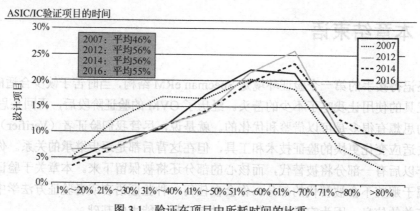

图 3.1　验证在项目中所耗时间的比重

到了目前的阶段，已经无法依赖单一的工具、语言或方法来达到验证的完备性。在实际的验证工作中，需要综合使用多种语言、方法、工具实现此目的。不同的语言、方法、脚本和工具之间没有绝对的优劣之分。比如，仿真验证协同形式验证一起完善功能覆盖率，也可以通过语言和脚本之间的整合完成一项验证流程。总而言之，作为一名有经验的工程师，需要掌握现有的各种方法和工具，通过合理的选择，"保质、高效、低耗"地完成验证任务。所以，我们在这里将验证方法分为若干类，梳理目前主流的验证方法和工具。主要的验证方法包括：

- 动态仿真（dynamic simulation）；
- 静态检查（formal check）；
- 虚拟模型（virtual prototype）；

- 硬件加速（hardware acceleration）；
- 电源功耗（power consumption）；
- 性能评估（performance evaluation）。

基于此，我们引入一节"开发环境"，介绍日常的编码环境。所谓"工欲善其事，必先利其器"，一个应手的开发环境，是迈向高效的一步。

3.1　动态仿真

本节介绍最常见的验证方式——动态仿真（dynamic simulation），该方式是通过测试序列和激励生成器给入待验设计适当的激励，随着仿真进程的推进，判断输出是否符合预期。简而言之，我们需要仿真器来配合这一项工作，验证人员也需要查看比较结果和仿真波形，最终判定测试用例是否通过。按激励生成方式和检查方式，可以将动态仿真进一步划分为：

- 定向测试（directed test）；
- 随机测试（random test）；
- 参考模型检查（reference model check）；
- 断言检查（assertion check）。

参考模型一般伴随着定向测试或随机测试，所以我们接下来着重了解定向测试、随机测试和断言检查。

3.1.1　定向测试

定向测试指的是激励内容在仿真之前已经决定下来，测试用例给出的激励序列不会在下一次提交任务时改变。我们日常通过 C/C++代码来实现子系统级或芯片系统级的测试，这是因为待验设计往往包含处理器，而且从硅后测试复用的角度来看，我们也倾向于运用 C 代码来编写高层次的测试用例。从图 3.2 可以看出，测试用例经过编译，转换为硬件存储器可以读入的文件（一般为二进制格式，主要包含地址和数据两部分）。待验设计经过上电复位（power up and reset），从存储器中读取二进制文件，处理器将二进制数据译码（decoding）为指令和数据，进行运算或存储访问。定向测试最终的数据比较分为两种情况：

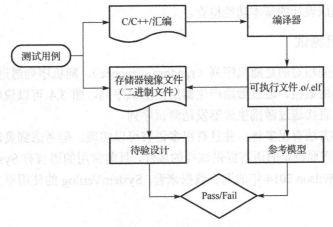

图 3.2　定向测试流程

- 通过内置的 C 代码进行数据正确性检查；
- 通过外置的参考模型或者其他检查器来进行信号一致性检查。

有时我们考虑直接将第三方提供的可执行文件或二进制文件作为激励源交给存储器，这就省略了 C 代码编译的步骤，但这需要相应的运行环境兼容。

将上述定向测试流程与实际项目进行对比，如图 3.3 所示，测试用例可以通过 C 代码交给处理器进行硬件行为的仿真检查。如果模块验证环境中缺少处理器，如何在这一级实现 C 代码的垂直复用（从模块级到芯片系统级）呢？可以考虑下面的步骤：

- 将 C 代码交给转换器将其转换为文本命令格式；
- 文本命令格式可以被总线翻译器识别进而转换为总线上的读写操作。

上面的步骤中需要引入转换器实现复用，也可以考虑将转换器和总线翻译器通过标准的 SystermVerilog C-DPI 接口，从而实现良好的复用性。关于如何应用 C-DPI 接口，读者可以在 17.1 节获取更多的进行转换细节。

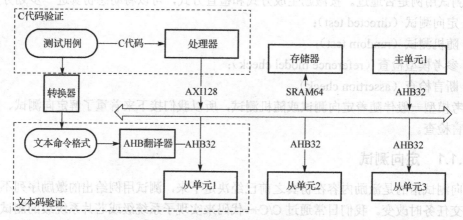

图 3.3   C 代码的垂直复用方案

定向测试一般应用在模块测试的早期或者在系统级芯片测试场景中，它适合于测试设计的基本功能，能直接翻译出验证人员想要的场景。它的缺陷也很明显，就是每一个定向测试用例在通过之后的重复仿真是冗余的，因为这样无法产生新的测试序列，也不会带来更多的覆盖率。不过，正因为它的激励序列确定性（determinacy），定向测试可以用来构成基本测试表，在验证前期完成设计的基本功能检查。

3.1.2   随机测试

与定向测试序列相对的是随机序列（random sequence）。随机序列通过预先定义的约束，每次随机产生合理的数值，通过激励产生器给出测试序列。图 3.4 可以说明，与定向测试相比，随机测试可以直接通过激励生成器发送测试序列。

产生随机数的方法有很多种，并且有很多语言可以实现。但考虑到灵活地给随机绑定一些约束时，我们就需要特定的语言提供这样的属性，目前常用的语言有 SystemVerilog 和 e 语言。从图 3.5 来自 Wilson 2014 年的调查数据来看，SystemVerilog 的使用率大致已经上升到了 75%左右。

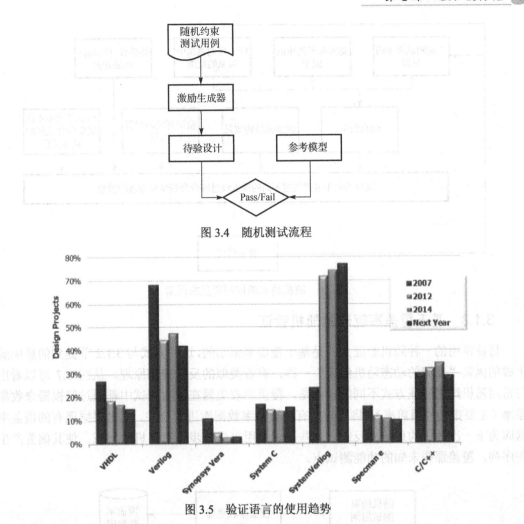

图 3.4　随机测试流程

图 3.5　验证语言的使用趋势

　　约束实际上是决定随机激励能否符合接口协议的关键，也是朝向验证合理状态空间的关键。随机约束生成器一般通过静态约束或动态反馈约束给出每一轮的激励。从图 3.6 可以看出，在实际的验证环境中，往往有很多对随机约束起控制和反馈作用的因素，它们分别是：

● 静态随机约束。即默认的约束，一般与激励一起定义，不随测试而变化。

● 反馈的动态随机约束。在测试过程中通过上一轮的结果来对下一轮随机序列给予反馈，通过额外的偏置约束（biasing constraint）给出更小的随机域（random region）。

● 待验设计的功能验证开关。待验设计的功能点有时可以通过测试序列来关联，进而从该序列是否要验证某一项功能来决定某一组随机约束是否生效。

● 激励的结构成员。随机激励的成员一般分为接口成员（与设计进行交互）和成员间的逻辑变量（决定成员之间数值关系的变量）。

● 验证环境的配置参数。如果验证环境是可配置的，那么这些配置参数也可能会影响序列的产生。

● 验证环境中不同激励组件之间的同步通信。如果验证环境中包含多个激励组件，那么要实现这些随机组件之间的协同，就需要考虑通过同步通信（synchronization communication）来实现。

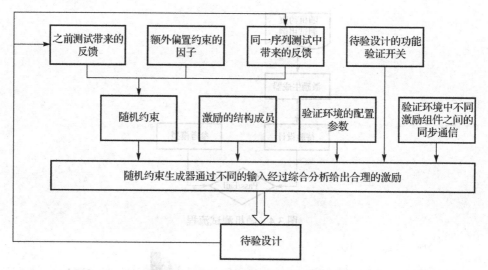

图 3.6　随机约束的控制和反馈因素

▶▶ 3.1.3　基于覆盖率驱动的随机验证

目前常用的一种随机验证方式是基于覆盖率驱动的,这种方式与 3.1.2 节提到的影响随机生成的因素"反馈的动态随机约束"一样,有着类似的反馈控制原理。从图 3.7 可以看出,与常用随机约束验证方式不同的一点是,覆盖率收集器在每次测试中都通过监视器来收集覆盖率(主要指功能覆盖率),将其与已有的覆盖率数据库进行合并,同时根据现有的覆盖率数据库为下一次随机约束给出反馈。这些反馈被用来进一步缩窄随机约束域,使其偏置产生一些序列,覆盖那些未知的功能测试点。

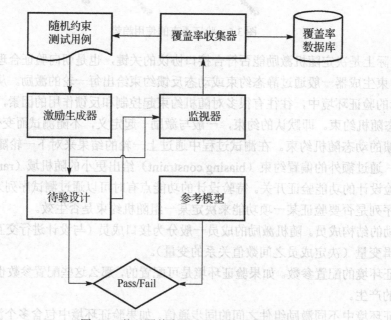

图 3.7　基于覆盖率驱动的随机验证流程

3.1.4　基于 TLM 的随机验证

测试用例可以指定每一次激励的数据内容，也可以在较高层次上指定每一次激励数据包（data packet）的内容。我们在 2.1 节中介绍了通过 TLM 在产品定义早期对设计建立模型。在抽象层次上，TLM 比硬件时序行为更高一级，被用来描述设计或验证环境。基于 TLM 的随机验证方式，指的是在随机环境中使用的最小颗粒是 TLM 级别的数据包。该激励数据包不止包含一个时钟周期给出的激励，而是在更长的时间范围内（一般为一次完整的数据操作，例如完整的数据读写或数据包传输）定义更多且有内在联系的数据。

TLM 验证带来的好处是，验证人员可以更便捷地描述一些测试场景，更贴近真实的用例。比如硅后系统测试和固件开发，是基于系统级别的，它们专注的并非单一模块的某一项功能，而是子系统或整个系统的复杂工作模式。从图 3.8 可以看到，TLM 测试抽象级较高，需要由 TLM2RTL 激励生成器做进一步的转换。将 TLM 激励生成器进一步放大，可以看到它内部的一些转换模块，包括读写操作、复位操作、中断操作和其他操作。这些方法一般是根据 TLM 操作命令经过转换去调用的，我们将这样的激励生成器称为总线功能模型（BFM，Bus Functional Model）。BFM 的作用是将高抽象级的 TLM 命令转换为低抽象级的硬件端口时序。进一步看，在高抽象级到低抽象级的转换中，除了数据抽象度在降低外，激励所用的时间也在转换中被施加到待测接口上。因此，要完成一项 TLM 命令的转换，经常需要数十个甚至数百个时钟周期。

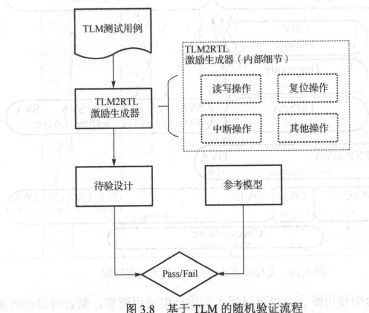

图 3.8　基于 TLM 的随机验证流程

3.1.5　断言检查

影响验证产出的一个重要因素是如何准确地描述功能。如图 3.9 所示，清晰的描述可以帮助设计人员更方便地实现设计功能，验证人员也需要检查各种可能的行为是否符合预期。断言（assertion）提供了这样的特性，它善于针对某一特定的逻辑或时序进行预设，一旦设计的实际行为不符合断言的描述，则给出检查报告。

断言本身不限定于某一种语言或者工具，它的特性可以准确地描述出设计的预期行为。所以有多种实现断言的方法和工具，在过去的 20 年间，这些被业界支持的基于断言的验证方法和工具如图 3.10 所示。在这里，我们按照断言方法不同的运用将它们分为如下几类：

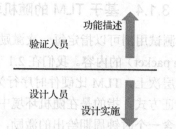

图 3.9 设计和验证关于功能的不同关注角度

- 商业开发的断言 IP，可用来插入到 HDL 中做检查，例如 CheckWare（0-In/Mentor）。
- 专门开发的断言语言，例如 PSL（Property Specification Language）。
- 广义的验证模块，不依赖于特定的语言或工具，例如 OVL（Open Verification Language/Accellera），这些验证库中含有多个常用的验证模块，可用来在设计中例化。
- 根据广义的验证语言描述而使用其他语言实现的验证库，例如按照 OVL 实现的 QVL（Questa Verification Library/Mentor）和 OVA（OpenVera Assertion checker library/Synopsys）。
- 扩展某一种语言的特性，延伸出断言的功能，例如 SVA（SystemVerilog Assertion）。

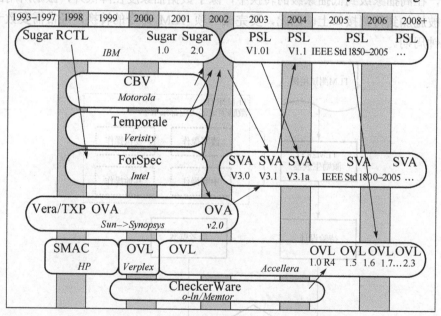

图 3.10 支持断言的语言和工具的发展历程

可以在验证平台中使用断言，也可以插入到设计中使用断言。断言可以同时为验证人员和设计人员所用。使用断言的优势在于以下几个方面：

- 由于断言的位置更贴近于不同功能点的源码位置，这使得相应检查的功能点发生错误时能更快、更清晰地定位出错误源。
- 断言自身可以表达更长的时序，覆盖任意长度的功能时序，这使得它可以在更高的抽象级别描述设计行为。
- 断言也有覆盖率的功能，通过断言覆盖率可以建立量化数据来衡量验证进度。
- 断言可以被直接置入到设计中（无论是设计人员置入还是验证人员置入），这使得断言可以在不同的层次上得到复用，使得它有更久的生命周期和验证延展。

这里谈到了断言的复用性，实际上断言的应用场景非常多，且它便捷的即插即用特性使得有多种商业断言 IP 可供植入到验证环境中。下面通过图 3.11 说明断言应用的场景及其垂直复用的特性。从应用场景来看，典型的断言场景包括：

- 集成连接。例如，片上网络多个发起端和目标端之间的访问路径检查，或者系统集成中各个模块之间的连接关系。
- 总线协议。针对工业标准总线，有商业验证 IP 可以协助验证设计是否按照总线协议实施。
- 仲裁机制。仲裁机制中的各种模式通过检查来保证仲裁执行的合理。
- 数据一致性。对于存储单元，数据的一致性检查可以通过检查端口读写来预期数据的一致性。
- 数据进出。对于队列设计，也可以建立模型来检查断言。
- 状态机。检查状态机的跳转是否正常。
- 输入限定。基于假设的输入限定可以通过断言来判断输入是否符合预期，这对错误源排查也有帮助。
- 自定义断言。用来检查各个设计的细节，通常这些细节属于设计人员和验证人员关注的功能焦点。

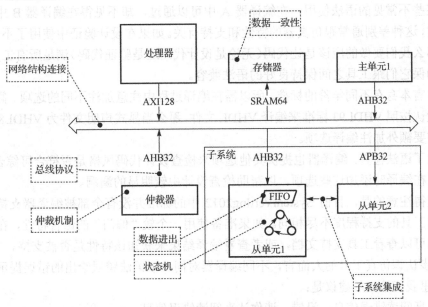

图 3.11 断言的应用场景

从复用性来看，断言可以实现从模块级到子系统级再到芯片系统级的垂直复用。从图 3.11 可以看出，从单元 1 在模块级验证时插入的断言"数据进出"和"状态机"，在子系统级和芯片系统级两个环境都可以保持监测检查状态。这一点要归功于断言可以作为非综合模块被植入到设计中，或者通过绑定的形式嵌入到设计中（不影响设计结构）。在子系统中，新的断言部分"子系统集成"又可以用来检查从单元 1 与从单元 2 之间的集成关系，该检查在芯片系统中也可以保留下来。

3.2　静态检查

与动态仿真相对应的是静态检查，它本身不需要仿真、波形激励，验证人员通过工具的辅助即可以发现设计中存在的问题。静态检查可细分出更多种类，它们关注的领域各不相同，我们将这些方法概括为：

- 语法检查（syntax check）；
- 语义检查（linting check）；
- 跨时钟域检查（CDC，Cross-clock Domain Check）；
- 形式验证（formal verification）。

▶▶ 3.2.1　语法检查

如大多数编译器（compiler）自带的功能一样，验证工具一旦需要建立模型（无论是针对动态仿真还是静态检查的模型），都需要编译器对目标语言提供语法检查。仿真编译器会帮助检查语法错误，例如拼写、声明、引用、例化、连接、定义等常见的语法错误。不同仿真工具对语言标准的解释也可能存在偏差，所以使用不同厂商工具提供的编译器时需注意以下几点：

- 某些不常见的语法使用，在编译器 A 中可以通过，却不见得在编译器 B 中也可以通过，这种差别通常跟仿真器的特性和支持有关。如果在设计验证中使用了不同的工具，那么我们要做的应该是让代码（无论是设计代码还是验证代码）满足所有工具的要求，确保它们跟工具之间保持良好的语法兼容。
- 语言本身有不同年份的标准，所以需在编译过程中注意加注不同的选项。假如编译器默认按照 VHDL93 标准来编译 VHDL 文件，那么当显式声明文件为 VHDL87 格式时，需要额外加注编译选项。
- 除了语法检查，编译器也提供其他选项来检查设计代码风格是否符合可综合规范。建议在编译时添加这些选项，以帮助检查设计中较明显的漏洞。
- 值得注意的是，目前 SystemVerilog2012 中的标准并没有全部被编译器支持，而且不同工具的支持程度不尽相同。如果准备使用一个较"偏门"的语言特性，在实现它之前可以查看工具支持文档，或者查看编译结果来获知该特性是否被支持。

对初步认识仿真工具的人而言，不同编译器对同一项语法错误给出的错误提示可能也不相同。这里我们给出的建议是：

- 认真阅读错误信息。没错，请你认真阅读错误信息。
- 在认真阅读无果的情况下，可以根据错误信息的代码，通过工具命令结合错误代码来查看错误信息的具体解释。
- 如果经过前两个步骤仍然无法解决，请找一位有经验的工程师帮你一起检查错误，并且给你一些如何理解错误、查找语法错误点的方法。

▶▶ 3.2.2　语义检查

和语法检查相比，语义检查是在设计可行性上做深入检查的（当然前提也是首先通过了语法检查）。语义检查是通过专用的工具来协助完成的，如 0-In（Mentor）和 Spyglass。语义检查的范围包括：

- 常见的设计错误；
- 影响覆盖率收敛的问题；
- 可能会产生 X 值以及受其影响的设计部分。

进一步细化这些检查项，它们会具体检查以下设计方面：

- 验证收敛性检查
  - 无法达到的逻辑部分
  - 无法跳转到的状态机状态
  - 无法完成的状态机跳转逻辑
- 硅效用检查
  - 寄存器被固定赋值
  - 寄存器未初始化
  - X 值的传播
- 功能问题检查
  - 状态机检查
  - 总线检查
  - case 语句检查
  - 数学逻辑检查

这些静态检查最大的便捷性在于，可以在早期发现一些功能实现以外的设计问题，而且也有助于完善设计代码，提高有效覆盖率以及 RTL 与网表的逻辑一致性（例如寄存器未初始化或者固定赋值）。语义检查最显著的两个优势在于：

- 不需要验证环境。设计人员可以在发布设计版本前用语义工具检查修改设计中的问题，这对在仿真之前扫清基本障碍、保证设计质量很有帮助。
- 不需要写断言。这与接下来介绍的形式验证有关；语义检查无关乎设计从功能描述到实现的翻译准确度，所以不需要断言参与进来。

3.2.3　跨时钟域检查

大多数复杂的设计都拥有不止一个时钟，多个时钟之间也常表现为异步的关系。设计中的不同功能模块如果被不同的时钟驱动，就会形成不同的时钟域（clock domain）。单一时钟域模块的设计方式和验证环境较为简单，而拥有多时钟域的硬件，其跨时钟域的逻辑通信就需要考虑同步问题。在这里，用来验证这些设计要求的过程称为跨时钟域检查。需要同步是因为考虑到不同时钟域的信号采样问题，当时钟域 A 的信号进入时钟域 B 被采样时，每个周期都有相对时钟 B 不同的延迟，这种随机性可能导致建立时间或保持时间无法满足，进而导致不可预期的功能失败。

这种跨时钟域问题无法通过常规的验证方法来分析，例如动态仿真，也不能被静态时序分析（static timing analysis）判断出来。而这里通过静态的跨时钟域检查就可以分析这一问题。如图 3.12 所示，通过该方法，可以在早期的 RTL 阶段识别出跨时钟域的通信电路上是否有合适的同步处理，所以，跨时钟域检查（CDC）是为了保证所有信号都能得到正确的同步。目前支持 CDC 检查的商业工具有 Spyglass 和 0-In（Mentor）等。

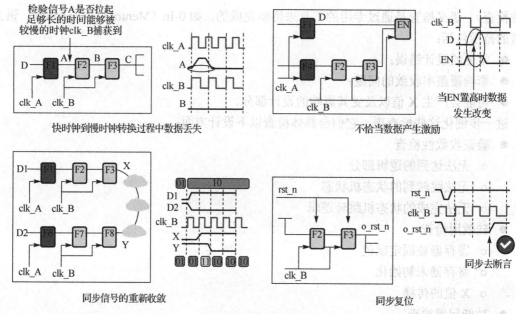

图 3.12　跨时钟域检查

3.2.4　形式验证

形式验证分为两种方式：

- **等价检查**（EC，Equivalence Check）。用来保证两个电路的行为是等价的，可用来检查不同抽象级的电路是否一致，例如 RTL 级和网表。
- **属性检查**（PC，Property Check），又称为**模型检查**（MC，Model Check）。电路的行为通过验证语言来描述其属性（property），随后通过静态方式证明在所有状态空间下都满足该条件，否则举出反例（counter example）证明设计行为不符合属性描述（property description）。

我们这里介绍属性检查，即通过验证语言（PSL、SVA）来描述设计行为，用断言（assertion）结合静态工具进行空间穷举，证明设计行为同属性描述保持一致。属性检查的流程通常如图 3.13 所示。

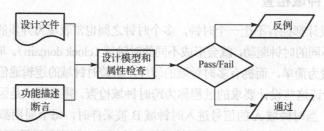

图 3.13　属性检查流程

在动态仿真验证中，我们是通过生成各种测试序列来访问设计中的状态（state）的，在理论上，所有可以跳转的设计状态总和被称为可及状态空间（reachable state space）。遍历可及状态空间的所有状态对动态仿真而言是非常大的挑战，这种通过访问状态、检查结果的方式，需要覆盖率反馈来衡量可及状态空间还有多少状态没有被访问。动态仿真验证的方式实际上很难穷举所有可能的序列去完全覆盖可及状态空间，而形式验证可以通过数学方式来穷举出所有的状态空间，彻底验证设计。从图 3.14 可以看到，在仿真过程中，通过随机和覆盖率反馈的形式，可以产生不同的测试序列来访问状态空间，直到发现新的缺陷。这是一种实用的测试办法，但另一方面，动态仿真验证无法确定设计中不存在缺陷，因为图中其他隐藏缺陷依然存在尚未被探索到的状态空间内。

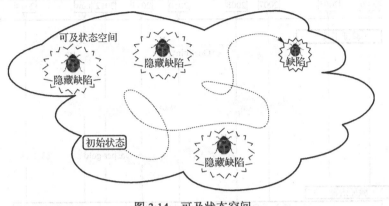

图 3.14　可及状态空间

形式验证可以通过数学的方法遍历状态空间，进而证明设计行为符合属性描述。在遍历过程中，一旦遇到反例，形式验证工具便会停下来，报出反例情景，让用户核对错误是否属实，再考虑修改设计或者进一步约束属性使其更精确地描述设计行为。从图 3.15 中可以看到，在大量的状态空间中，形式验证工具只需要针对某一项属性描述举出反例，即可报告给验证人员，而并不需要穷举所有的反例。待设计缺陷被确认、修正之后，验证人员可以继续通过工具来对设计属性进行检查。

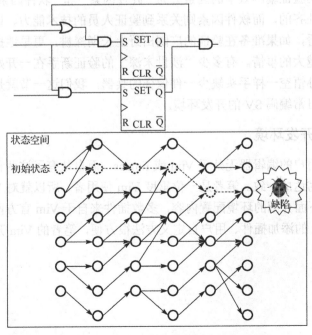

图 3.15　形式验证在状态空间中寻找反例

像上面所讲的将属性描述（由断言构成）与设计结合进行一致性检查的方法，自提出到现在已超过 20 年了，期间有不同的商业工具提供支持，如 OneSpin、0-In 和 Jasper 等。图 3.16 概括了这些工具的发展历程。

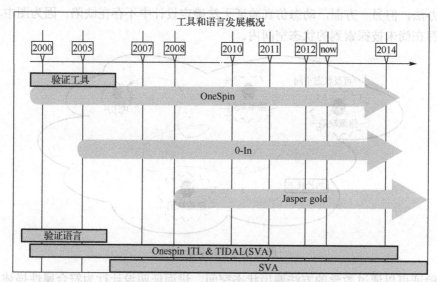

图 3.16　形式验证的工具和语言的发展历程

3.3　开发环境

如果我们将影响验证编码效率的因素分为"硬件因素"和"软件因素"，那么硬件因素的配置在短期是可以补齐的，而软件因素则关系到验证人员的技术能力、调试能力和其他软实力。从实用的角度看，如果准备在验证的广阔田野上长期深耕，更早地提高硬件环境配置是一笔投入越早收益越大的事情。有多少"涉世未深"的验证新手在一开始编码 SV 时手足无措，像占山为王的孙悟空一样手头缺少一件像样的兵器。我们这一节就是送"装备"来了，介绍一下验证人员日常编码 SV 的开发环境。

3.3.1　Vim 开发环境

大多数 UNIX 用户的编辑器无外乎 Vim 或 Emacs，而自从有了这两种编辑器，各自的支持者从未就孰优孰劣达成一致。笔者是一位重度 Vim 使用者，所以就对 Vim 开发 SV 的环境配置做一些介绍。下面介绍的环境配置内容，多数插件来自于 Vim 官方网站，少部分是用户自定义的设置。Vim 的添加插件、用户自定义方法很方便，笔者的 Vim 开发环境包括的特性主要有：

- 浏览方式；
- 版本控制；
- 代码编辑；
- 语法高亮。

1．浏览方式

衡量浏览效率的一个简单办法，就是阅读编码的时候手在键盘和鼠标之间的切换频率，切换得越频繁越影响效率（其实也影响你的手部肌腱健康）。所以，建议初学者首先配置好浏览文件的环境。笔者是这样配置浏览文件环境的：

- 内嵌的文件浏览窗口。文件浏览窗口是下载的插件，用来浏览文件，方便切换。
- 懂得如何切分窗口（所以需要一个大显示器更好地支持多个切分窗口），也知道切分窗口的快捷键。
- 通过快捷键在不同子窗口之间实现跳转，而不是转用鼠标去点击。

2．版本控制

对文件版本有严格控制的项目，需要文件在编辑之前签出（checkout），在文件编辑完成之后签入（check-in），通过这种方式实现团队内部文件资源的协作。由于版本控制软件（如SVN、Git 和 Clearcase）需要在签出签入时敲入相应的命令，引入了额外的操作。在这里，建议通过 Vim 官网下载相应的文件版本控制的插件，实现版本控制命令同 Vim 的绑定。比如，笔者在使用 Clearcase 版本控制工具，通过 Clearcase 的插件添加新工具栏，实现文件版本操作也嵌入了 Vim，不需要二次切换环境。

3．代码编辑

代码编辑阶段是投入时间最多的阶段。在这一过程中，需要考虑的与 SV 编辑相关的部分有：

- 实现 FILE.svh 和 FILE.sv 之间的自由切换。在一些项目中，验证人员习惯将类的方法声明同方法实现分别放入.svh 和.sv 两份文件中，使用快捷命令可实现这两份文件之间的切换。
- 通过 ctags 和 taglist 的插件实现 SV 的标识符跳转。这项功能对快速浏览 SV 类的方法、编辑很有帮助。
- 自动补全功能。通过插件实现自动补全，减轻编码压力和出错概率。
- 文本高亮和跳转。通过插件实现在数千行的代码中作高亮标记，实现编辑位置的跳转。
- 学会使用折叠。对大文本的文件，折叠会给你带来清爽的感觉。
- 学会使用语法的域跳转。例如，实现 module 到 endmodule、task 到 endtask、begin 到 end 的快速跳转，帮你快速认清域的起始边界。
- 学会使用录制（record）和宏（macro）操作。这对批量操作文本有明显效果，省时省力。

4．语法高亮

语法高亮是减少编码错误的有效方式。Vim 默认安装包中没有 SV/OVM/UVM 的语法高亮，用户需要自己到 Vim 网站下载这些插件。

实际上，有效武装 Vim 的插件还有很多。有些小而美的插件在上面的介绍中没有提到，但它们可以帮你的大忙。笔者相信，高效的验证人员一定有自己习惯的 Vim/Emacs 环境配置，不同的环境配置实际上都是朝向高效解决问题而去的。

3.3.2　商业 SV 开发环境——DVT

DVT（Design and Verification Tools）是面向 e、SystemVerilog、Verilog 和 VHDL 的集成开发环境，与 Visual Studio、NetBeans 一样拥有完善的开发特性。DVT 是在 Eclipse 的开放框架基础上开发的，所以如果你熟悉如何在 Eclipse 环境中建立项目、编译、运行和调试，那么 DVT 对你来讲也一定不陌生。DVT 帮助改善了设计验证编码中缺少便捷开发工具的现状，它包含的主要特性[5]有：

- 加快新代码开发的速度和质量：通过完善的编辑环境。
- 简化调试和仿真分析：自动进行语法检查和 OVM/UVM 框架检查，同时与 NCSim、Specman、VCS 和 Questa 仿真器有良好的接口，从而实现在 DVT 的窗口通过智能记录来分析仿真结果。
- 使分析复杂源代码变得更为容易：提取类的 UML 图、继承关系、成员变量和方法、验证框架的结构图（在未编译的情况下就可以分析得出）、层次组成和连接、驱动和负载分析，这些分析都是动态的方式，而且无须仿真器的介入即可完成。
- 简化维护旧有代码和可复用库：通过项目的管理方式维护代码。
- 加快语言和方法学的学习：环境中的快速链接可以直接跳转到目标类定义、方法定义，实现应用层和框架层（OVM/UVM 源包）之间的跳转，方便学习。
- 提高为代码编辑文档的体验：自带的文档生成工具可以帮助提取文本的注释，从而生成可读性更好的 HTML 文档。
- 缩短项目进程：DVT 本身可以与 Clearcase、SVN、Git 等版本控制插件以及同缺陷跟踪系统（如 Bugzilla）集成，所以对项目而言它是一个中心化的项目实施平台。

此外，DVT 的调试器是开发环境的高级功能，它使我们能够在 DVT 上直接调试代码，不需要再转换到仿真器展开调试，这种方式降低了调试的复杂度。用户可以通过 DVT 调试器进行以下操作：

- 设置断点：设置、使能、关闭断点或者条件断点。
- 查看变量：可以在断点停止的当前时刻查看局部变量、对象成员和模块信号，也可以修改变量。
- 表达式窗口：用户可以自定义表达式，并观察表达式的值变化。
- 输出窗口：观察仿真输出，允许用户敲入命令与仿真器互动。

在语言编辑和调试的基础上，DVT 的测试平台语义检查器（testbench linter）可以通过静态代码分析，发现不合适的语句、代码风格、无用语句、性能问题以及与 OVM/UVM 相悖的使用方式。它可以通过改进验证代码的可靠性和可维护性来协助验证人员更好地完成验证任务。与之相比，普通的编译器往往只会检查代码是否符合语言规范，不会给出代码可靠性和可维护性的报告，也无法进一步给出建议以使代码与方法学保持一致。此外，DVT 自带的文档生成器可以用来从代码中的注释自动生成 HTML 文档。这种方式使得设计验证人员花费更少的精力便可得到一份结构良好的设计和验证文档，文档的内容包含类和成员介绍、继承树、设计结构、UML 类图和验证框架等。

3.4　虚拟模型

虚拟模型即高抽象级的硬件模型，软件模型可依赖虚拟模型在早期开发，并将反馈交给硬件设计。这种反馈在以往的瀑布模式开发周期中是无法实现的，因为软件的开发往往需要等到硬件设计制造完成之后才能展开。通过虚拟模型，硬件可以更早地获取软件反馈而对设计进行修改。这种硬件和软件更紧密的协作方式，可以体现更多的优势，比如利用虚拟模型获取的性能数据可以对硬件早期结构提供参考意见，或者判断硬件和软件的协同任务是否满足功耗目标。在目前多核的手机移动平台上，将不同的任务合理分配到多核上以取得更好性能的需求日益增长，这种软件层面的评估就可以在虚拟建模阶段完成。目前，我们通过多项虚拟建模的技术例如协同设计、协同仿真和验证，试图在早期发现设计缺陷，以便在相对容易实施的阶段完成这些缺陷的修改。如图 3.17 所示，通过这种将设计问题更早暴露出来的方式，可以达到芯片成功流片的目标，满足市场越来越紧迫的窗口需求。

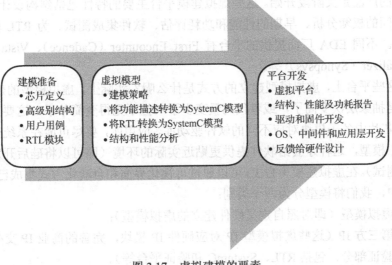

图 3.17　虚拟建模的要素

广义的虚拟建模包括一系列的验证技术，如仿真（simulation）、模拟（emulation）和 FPGA，而目前的现状是，验证人员往往综合使用这些方法获得更好的效果。在这里，我们将虚拟模型限定于仿真（simulation），而将模拟和 FPGA 归类为硬件加速技术，我们将在 3.5 节详细介绍硬件加速技术。那么，虚拟建模的优点有哪些呢？

- 在早期通过软件测试发现硬件和软件的问题。这种方式可以提前进行软件开发，更早暴露软件和硬件之间的协作问题或功能边界定义不清晰的问题，在模块 RTL 阶段就发现和修改缺陷。
- 软件反馈进入硅前开发周期。软件和硬件的紧密协作使得软件也参与到了硬件结构定义和实现的工作中。
- 减少硬件协同软件的验证工作。虚拟模型使得硬件设计有源可寻，同时软件的早期进入也可以帮助硬件完成一些难以通过仿真完成的系统测试。

● 为用户建立硅前平台模型。早期的系统模型一旦经过软件测试，就可以为用户提供上层开发的环境。

● 硅后平台的参照模型。硅前平台模型有更多可见的内部结构，这些细节在物理芯片上是观察不到的。

虚拟建模是一项不断完善和发展的技术，正被广泛运用到芯片设计验证领域。那么，主要的虚拟建模平台有哪些呢？目前工业界一致推广利用 TLM（Transaction Level Models）建立抽象模型，而 TLM 也已经发展到了 TLM 2.0 标准。主要的 EDA 建模仿真工具支持基于 TLM 2.0 的 SystemC 和 UVM，我们将支持 SystemC 建模的仿真工具分为下面两种：

● 仿真器（simulator）。它们支持 SystemC 的编译和仿真。由于 SystemC 可以纵深硬件抽象度，所以模型既可以拥有 TLM 端口，也可以拥有硬件信号端口。如果模型在边界上规定了信号时序，那么可以将端口信号添加到波形窗口中查看，也可以通过断点的方式来调试 SystemC 模型。

● 专用的虚拟建模平台（virtual prototyping platforms）。这些平台专门服务于虚拟建模和仿真。从抽象级来看，它们的视野显著高于 RTL 仿真；从开发链来看，它们从更早期的产品定义阶段开始。这些虚拟建模平台主要的特性包括结构设计和评测、软硬件之间的权衡分析、早期的性能和功耗评估、软件集成测试、为 RTL 验证提供参考模型。不同 EDA 厂商提供的平台有 First Encounter（Cadence）、Vista（Mentor）和 Virtualizer（Synopsys）等。

那么在这些平台上，虚拟模型建立的方式是什么呢？实际上，虚拟模型的建立与 RTL 建模类似，只是抽象层次变高了，或者代码量变少了（但不见得变简单了，这要看逻辑实现的细节程度）。芯片中各子模块对应不同的软件驱动库、应用库，要尽可能在系统建模中囊括各子模块 TLM 模型，这样才会给软件提供更贴近实际的环境（即可以将硅后开发的软件先在虚拟平台上测试）。在虚拟建模平台上，可以通过可视化界面和自动化方式集成已备好的模块。在集成过程中，我们将模型分为两个类别：

● 自建虚拟模型（即对照自定义硬件建立的虚拟模型）；

● 商业第三方 IP（这些虚拟模型 IP 对应硬件 IP 模块，完善的商业 IP 交付包囊括多个设计验证部分，包括 RTL、SystemC 和验证平台等）。

此外，虚拟模型可以作为参考模型参与到 RTL 仿真中，这种 SystemC 同 RTL 的协同仿真模式包括：

● 协同设计（co-design）。将 SystemC 模型集成到现有的设计当中，作为暂时替代设计的一部分。对此种设计的要求是，虚拟模型的边界接口应有合适的时序与相邻模块完成信号交互。

● 协同验证（co-verification）。将虚拟模型作为参考模型集成在验证环境中，该方法也减轻了验证人员的负担。

越来越多的公司应用虚拟建模来尽可能地提前软件开发时间，同时此种方法对现有工作方式提出了挑战，比如团队学习，如何在硬件设计流程引入该方法，如何衡量虚拟建模的长远价值和人力额外投入，如何将虚拟模型团队同设计验证团队整合，等等。这需要团队整体看到它的优势并愿意为之改变，将它的优势更好地发挥出来。

3.5　硬件加速

动态仿真和静态检查方法各自具有优势，然而它们都不具备的一个优势是速度。尤其是在 SoC 的设计体量越来越大时，仿真速度成为制约验证进度的重要障碍。由于仿真速度的限制，一些真实的用例无法在 RTL 级仿真很快地呈现结果，这种困难在硅后软件测试发现问题反馈给硬件团队时更加明显，因为通常这意味着硬件团队需要将耗时（仿真时间）很长的软件进行分析，找到可能的问题点，拆分软件场景，进而在硬件仿真上尝试重现问题。仿真速度的限制使得无法通过仿真在早期测试软件，这一任务一般交给其他两种方法：

- 虚拟模型平台（virtual prototype platform）；
- 硬件加速（hardware acceleration）。

虚拟模型平台的一项优势是可以在硬件设计之前建立硬件模型，并通过集成来生成虚拟模型平台，当然，这也意味着新的工作量和技能学习。那么，硬件加速的流程是什么呢？一般需要等到硬件设计初步稳定，进而将其映射到可配置的平台上。设计的数字电路部分可以通过更高的时钟频率（受限的，无法达到真实芯片频率）来仿真，这种方式比 RTL 仿真速度已有质的提升，稍后我们比较速度的提升优势。目前，业界主要的硬件加速方式分为两种，即 FPGA 和专用的模拟器（emulator）。实际上，专用模拟器仍然是基于 FPGA 的定制产品，只不过比起商用的 FGPA（Xilinx、Altera）在硬件加速方面还有其他显著的优点：

- 内部可编程单元网络的连接方式不同于商用 FPGA，这使得它在综合布线效率上面显著优于 FPGA，而且对内部可编程单元的利用率也高于 FPGA。
- 外部连接的方式不同于 FPGA，这使得它可以通过多路复用技术实现片上存储共享，而不再像 FPGA 一样需要定制的存储器。同时，通过扩大 I/O 引脚数目扩展器件之间的通信带宽，确保模拟器之间的通信速度不成为瓶颈。
- 智能的数据采集和内置追踪存储器的特性，使被映射到模拟器平台的所有逻辑单元在理论上都是可见的。这种采集方式在一开始建立平台时就可以通过定义采集信号列表来修改内部走线，同时不降低模拟速度。

模拟器的这些特点与 FPGA 可以显著地区分开，在实际工作中，FPGA 和模拟器使用的场景也有所不同。FPGA 原型验证主要是针对小型设计或单独的 IP，而模拟器则用来面向更大、更复杂的 SoC 设计。FPGA 主要为软件开发提供平台，而模拟器则是为了硬件和软件协同验证和整个系统的测试。最近 10 年，模拟平台技术日趋完善，使用便利性越来越好，从而越来越多的公司开始考虑使用模拟器。这主要是基于以下因素：

- 更快的平台建立时间；
- 更快的编译综合时间（从 RTL 到仿真运行）；
- 良好的调试条件，如信号可追踪、波形可保存、设置断点等；
- 模拟器的高存储量、资源可裁剪，同时支持多任务；
- 通过云端购买使用流量使用远程服务，而不再像 FPGA 需要一次性购买，降低了开发投入成本；
- 易于操作。

FPGA 与模拟器在各方面的对比展示于表 3.1 中。

表 3.1　FPGA 与模拟器的比较

	FPGA	模　拟　器
优势	● 高性能 ● 可连接物理组件	● 硬件加速，与 RTL 仿真相比提速显著 ● 与 RTL 保持兼容，改动较少 ● 优异的调试性能，信号可见性与 RTL 仿真相差无几 ● 验证平台可支持 SV/System C/C++
劣势	● 综合耗时长 ● 调试困难	与 FPGA 速度相比较慢
人力投入	● 需要专门人力投入 ● 需要划分设计到分散的 FPGA 中，同时实施板间连接 ● 时序收敛耗时长	● 所需投入较少 ● 无须划分设计 ● 时序收敛快
与设计的兼容性	● 兼容性高 ● 时钟树可以简化和优化	● 兼容性非常高 ● 所有的可综合单元均映射到可编程单元中
运行性能	性能好，一般高于 30 MHz	性能较好，一般为 100 kHz~1 MHz
调试难易度	难以调试	便于调试，同 RTL 仿真类似
选用场景	● 子系统验证或者 IP 验证 ● 驱动和固件开发	● 芯片系统级验证 ● 固件和驱动开发

目前业界的硬件加速标准并未达成一致，主流的三家公司实现硬件加速的具体技术也各有特点。我们在上面提到的模拟器（emulator），通过将设计逻辑映射到可编程单元的方式，主要有 Veloce（Mentor）和 ZeBu（Synopsys）。Veloce 通过定制的可编程单元（非常类似于FPGA）、不同的内部连接网络结构以及透明的可调试电路实现其模拟器功能。平台上的每一块模拟器芯片都可用来模拟一部分的设计逻辑，而整个芯片的功能则通过集成各个模拟器芯片实现片间快速通信。ZeBu 不一样的地方在于它直接采用 FPGA，而且将透明的可调式电路技术和其他特性实现到 FPGA 中，多个 FPGA 进一步组成完整的模拟器功能。Cadence 公司的仿真加速器（simulation accelerator）Palladium 显得与众不同，作为独立的加速器平台，其内部包含数量巨大的简单处理器，每一块处理器又可以仿真一部分设计逻辑，将运算结果在它们之间传递。看起来，这些处理器的运算速度低于我们的桌面处理器，但由于成千上万个小的处理器并行工作，实际的仿真速率远超独立处理器的表现。同时，这些独立的小型处理器支持透明化的调试方式。

模拟器的高速性能使得其有望同真实世界中的电路交流，但需要注意速率差异的问题。假设我们要设计一个 USB 器件，可能会将物理层的 USB 与模拟器相连，进而与计算机或其他器件相连。这时候，我们将模拟器与真实世界的应用器件连接，随之而来的问题是，真实世界的频率高于模拟器的频率。我们需要为它们之间的频率差异搭建降速同步的桥接（speed bridge），通过主动降低快速端的速度并缓存快速端的数据，适配两端的数据交换。

如果要将 RTL 验证平台移植到模拟平台上，可以将硬件部分迁移到模拟平台，同时将验证环境继续运行在仿真平台一侧，这种方式称为联合仿真（co-simulation）。硬件的激励由仿真平台或真实世界的接口给入。硬件加速受到的限制是，它们没有办法像 RTL 仿真一样透明地观察硬件信号和内部逻辑，也无法随时设置断点调试硬件。在联合仿真平台中，加速因子最大的受限因素在于仿真平台的运行速度，以及它与模拟平台之间通信的频率。因此，在构建一个联合加速平台时，需要考虑的是：

- 尽可能地将验证平台实现为可综合的，这样有助于它们被移植到模拟平台上，从而减少模拟平台与仿真平台的通信需求。
- 如果仍然有一些验证组件无法被移植到模拟平台上，那么需要考虑如何使仿真平台与模拟平台之间的通信速度变得更快，或者使通信次数更少。通过 TLM 通信方式提高每次通信的信息量从而减少它们之间需要同步的次数，是值得采用的加速方法。

3.6　效能验证

在 PC 时代，少有人将处理器功耗提上验证的日程，因为大家对处理器性能的关注多于对功耗的考虑。我们十多前年使用 2G 的功能手机，"超长待机"一词渐渐作为广告主打语进入用户的视线，这得益于硬件本身的低功耗（对性能本身的要求不太突出）和大容量的电池。到了智能手机时代，随着对桌面办公和娱乐的移动化的需求增加，手持设备（手机）需要提供桌面机的性能，这催生了智能手机市场过去几年的蓬勃发展。软件对硬件性能日趋增长的要求，以及移动网络数据传输性能的不断提高，都在促进着硬件性能的革新。在移动时代，硬件提升性能的方式主要表现为以下几种：

- 提升原有处理器性能、存储器空间、数据总线带宽或者采取多核处理方式。
- 增加额外的协处理单元或新的功能模块（如 Video/GPU 单元）。
- 在后端允许的情况下提高工作时钟频率。
- 提升工艺制程。

总体上看，随着性能的提升，能耗也会逐步提高，这在过去的 PC 时代不是一个显著问题，但移动时代越发要求硬件的性能提升，同时要求能耗也可以接受。本节以移动芯片为例，讨论目前对性能（performance）和效能（power consumption）的权衡。

在图 3.18 中，无线通信技术被标注上了 1G、2G、3G 和 4G。香农定律预测，传输性能每 8 个月提升一倍；摩尔定律指出，晶体管的单位密度每 18 个月提升一倍，处理器的性能也因此大约提升一倍。预测指出，电池生产商每 10 年左右将能源密度提升一倍，而存储器的性能大约每 12 年提升一倍。那么，从不同器件的性能增长差异来看，这也揭示了移动硬件的技术缺口：

- 处理器和存储器之间的带宽缺口。即处理器的性能同存储器的带宽缺口的差距逐步增大，进而存储性能无法满足运算性能。
- 效能缺口。传输和运算速率双双大幅提升，使得功耗迅速增长，但由于电池技术受限，使得功耗成为了瓶颈之一。
- 算法复杂度缺口。传输速率超过运算速率的涨幅，需要更多的处理器来并行完成越来越复杂的算法。

上面讲述的技术缺口与目前硬件提升性能的方式大致保持吻合，接下来主要就如何解决效能缺口入手，讨论目前主流的效能验证方式。

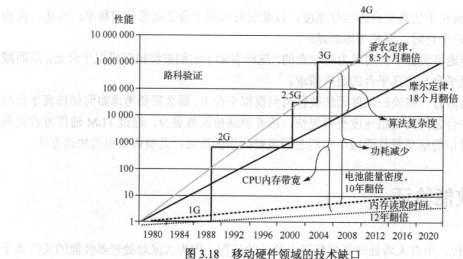

图 3.18 移动硬件领域的技术缺口

3.6.1 功率和能量

首先我们引入基本的概念，功率和能量在日常器件效能讨论中经常会提起，它们是两个关联的术语。

$$功率 = 能量/时间 （单位：瓦）$$
$$能量 = 功率×时间 （单位：焦）$$

有时候，我们设法降低功率，能耗随之降低，但这不是绝对的，有些任务在高速高功率情况下可以用更短时间完成，而且实际功耗要比在低速低功率情况下更少。例如，如果静态功耗可以忽略，一个任务需要固定的时钟周期数完成，那么无论时钟快慢，它消耗的能量是一样的；当静态功耗无法忽略时（例如目前最先进的工艺制程已大致在 7nm），反倒是时钟更快、功率更高的情况下完成这项任务更高效。所以，效能的验证和评估实际上就是对能量利用效率的优化途径。

3.6.2 静态功耗和动态功耗

从上面的例子我们知道，如果要考虑功耗，需要考虑两部分即静态功耗和动态功耗，总功耗如下：

$$总功耗 = 开关功耗 + 短路功耗 + 静态功耗$$

这里开关功耗和短路功耗构成了动态功耗的部分。

$$开关功耗 = C \cdot V^2 \cdot F$$

其中，C 是负载电容，V 是电压，F 是频率。

$$短路功耗 = V \cdot I（短路）$$

I（短路）为在开关切换过程中 N 极和 P 极同时有效时发生的短路电流。

$$静态功耗 = V \cdot I（漏电）$$

静态功耗（或漏电功耗）则是晶体管在电路稳定时出现的漏电造成的功耗。

3.6.3 节能技术

移动芯片节能（省电）技术是全方位的改进流程，从工艺制程到电路、封装到模块设计、

SoC 设计、系统和应用软件开发，等等，整个环节都需要有效利用能量。表 3.2 是从芯片硬件和软件方面所采用的节能技术（省去工艺制程）。

表 3.2 硬件和软件采用的节能技术

	节能技术			
硬件	多核与聚合结构	多电压域	电源门控 时钟门控	保持寄存器
电源管理	稳压调节	提升屏显 功耗方案	智能电源管理	
软件	开发工具	动态电源 时钟调节	算法程序优化	

与之前介绍过的硬件设计流程类似，节能的设计流程（见图 3.19）也是从规划到实施最后到集成的。面对越来越复杂的系统，实用的方式还是从系统设计开始，逐步分解到电路设计，我们先从硬件层面考虑如何实现低功耗设计。

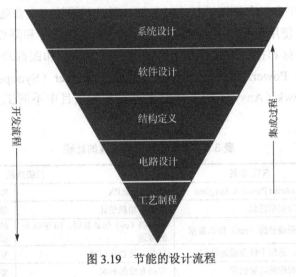

图 3.19 节能的设计流程

3.6.4 效能验证

这里主要针对硅前设计阶段进行效能验证，涉及的流程分为两部分：

- 功能验证。主要采用 PA（Power Aware）方式，包括 UPF（Unified Power Format）和 CPF（Comment Power Format）。通过与仿真器结合，模拟电源域的开关进行设计检查。
- 功耗预测与优化。使用第三方功耗分析工具，结合仿真数据（FSDB/VCD/SAIF），进行功耗预测并给出分析结果。

PA（Power Aware）效能设计流程

UPF/CPF 这两种功耗格式较为类似，可以将它们的应用阶段分为 4 个部分：

- 规定功耗格式文件，指定电源掉电、触发隔离和状态保持等行为，以及它们的控制信号。
- RTL 仿真（门级仿真也可以支持）除了要保证功能正确，还要进行低功耗逻辑和断电控制功能验证，检查状态丢失、分离和保持。

- 逻辑功能检查和等价性检查（带有 UPF/CPF 插入的单元）。
- 逻辑综合和 DFT（带有 UPF/CPF 插入的单元）。

对于硅前验证阶段，验证人员接触到的主要是 RTL 仿真。我们一般采取的策略是：

- 进行非效能的 RTL 仿真（不带 PA）。
- 在 RTL 功能仿真通过的情况下，进行 PA 仿真。
- 在门级仿真阶段，如果时间允许，可以在后期进行门级 PA 仿真。

▶▶ 3.6.5　功耗预测与优化

一般我们期望尽早获取功耗的估测信息，而这一期望与芯片开发过程相悖，因为往往在流片以后的软件开发阶段测量出来的功耗是更准确的。但是，等到流片之后才去测量功耗，低功耗设计的成本就很大了，这是因为一方面这使我们试错的成本增加，另一方面产品效能优化迭代的周期也变长了。所以，我们希望在硅前设计阶段甚至规划阶段（TLM 虚拟模型）估测出芯片功耗，分析出可以降低功耗的设计方法。这里，我们将目光落在 RTL 和门级阶段，通过现有的功耗设计平台，在早期进行功耗估算、低功耗设计、电源效率提升等事务。

简而言之，目前使用这些工具都是为了查看、估算、分析和降低功耗，通过在 RTL 级和门级功耗数据指标和报告，为设计和验证人员提供计算和跟踪功耗的方法。现有的功耗预测分析工具包括 PowerArtist（Ansys）、Spyglass Power（Synopsys）、PrimeTime PX（Synopsys）和 Redhawk（Ansys）等。我们通过对实际项目中不同工具的比较，提供如表 3.3 所示的建议。

表 3.3　不同功耗分析工具的比较

	RTL 功耗	门级功耗	
工具	PowerArtist Power & Spyglass	PrimeTime PX	Redhawk
目的	为设计提供建议	准确的功耗估计	静态和动态分析
可分析的仿真时间	可分析毫秒级（ms）仿真数据	微秒级（us）仿真数据，10 倍以上的慢速	纳秒级（ns）仿真数据，100 倍以上的慢速
使用难度	易用，适用于硅前验证早期	复杂，适合在门级	复杂，适合在门级
专注领域	功耗管理的功能优化	布局布线的影响	能耗一致性问题调试

在硅前验证阶段，目前相对容易做到的是运用 PA 设计流程进行相应的 RTL 仿真和后端流程。通过仿真器进行 PA 仿真，在保证原有功能实现的情况下，进一步检查低功耗逻辑和断电控制功能。对于功耗预测与优化，有几点因素值得考虑：

- 工具的评估和选择：不同的工具有不同的适应场景和性能。
- 如何将功耗分析与优化纳入项目流程：对于低功耗芯片设计，功耗分析的方向值得提上项目日程。
- 如何量化功耗优化成果：一方面需要考虑如何选取合适的测试场景来模拟芯片的实际应用，另一方面也需要选择合适的仿真时间窗口作为分析的数据来源。
- 对比分析不同代芯片的功耗，并给出节省功耗的建议：基于前几代芯片的实际功耗数据，利用功耗估测协助低功耗设计，再通过实际芯片的数据给出反馈，进一步修正估测数据。这种收敛方式有助于更准确的功耗预测。

3.7　性能验证

在了解效能验证之后，我们来了解性能（performance）验证。性能验证中离不开大量的运算和数据传输。之前提到，硅前 RTL 验证的瓶颈之一在于仿真速度，且这一因素到了芯片级仿真阶段被进一步放大。在产品定义过程中，对系统的运算和数据传输都有要求，在产品实现阶段尽早地得出一些性能有关数据，不但可以帮助提前验证硬件性能是否满足要求，还可以在进度允许的情况下修改硬件设计完善其性能。这种将性能测试提前的方式也使硅前验证与硅后测试采用一致的测试用例，从而得出可比对的性能数据。

性能验证用来衡量一个系统在特定工作负载下的响应能力和稳定性，同时性能报告也可以用来分析和优化系统的质量标准，例如可靠性和资源使用能力。性能验证是实用的计算机科学工程方法，在软件工程测试中分类较多，如负载测试（load testing）、压力测试（stress testing）、浸泡测试（soak testing）、尖峰冲击测试（spike testing）、配置测试（configuration testing）和隔断测试（isolation testing）等。在硅前验证阶段，目前性能验证还是一个新颖的概念，一方面是因为业界对这一测试还没有形成统一标准，另一方面是因为性能验证更多地是在衡量指标，与验证（判断设计是否与功能描述一致）本身的聚焦不太重合。但对一些性能要求严格的硬件设计，我们确实希望在更早期就得出一些数据，最好能够赶上给设计做出反馈并加以完善，以此降低开发成本。所以，这要求我们能够自己先定义出硅前性能验证的目标、环境和方法。

3.7.1　设定目标

目前我们对性能验证的考虑主要侧重在负载测试和压力测试方面，完成下面的目标：

- 证明系统（或者子系统）的性能是否符合产品要求。
- 衡量哪一部分的子系统会成为整个系统或者某些特性要求的瓶颈。

开始性能测试之前，首先问一问自己"为什么要进行性能验证"，因为只有朝着明确的性能目标前进，才能得出下面的关键测试数据：

- 数据并发量（concurrency）/吞吐量（throughput）。测试数据并发量是系统整体性能的考量，因为在某一个时间段，多个子系统会并行工作，共享一些网络和内存资源；测试吞吐量是围绕一条完整的数据通路测算出它的最大吞吐量或传输速率，例如测试 USB 的传输速率。
- 响应时间。这集中体现在处理器访问寄存器和存储器的读写回路延迟，也适用于其他协处理器或者 DMA（Direct Memory Access）。

在性能验证计划中描述测试方式和场景是一个难点，性能指标应出现在功能描述文档中。在实际项目中，虽然我们不能很好地知道软件使用硬件的场景以及软件如何调度各个硬件模块，但可以先着眼于单个子系统的性能测试，或者通过测试单一的数据链路找到最薄弱的节点，这种方式可以将问题的复杂性降低到可理解并且可描述测试场景的难度。

3.7.2 测试环境

如果测试环境贴近用户实际使用的情况，我们得出的数据会更加真实有意义。然而在硅前硬件实现阶段，我们与用户之间存在不小的距离。退而求其次，我们希望和固件开发团队合作，找到一些典型的子系统应用场景，通过仿真来观察子系统的性能。为了将测试的成本降低，尽可能选择原有的验证环境，以动态的环境配置嵌入监视系统性能的组件。这些组件根据其特征分为：

- 在线监视（online monitoring）。一般将监视器（monitor）绑定到目标模块或总线上，动态监测目标的运算处理量或数据传输速度。
- 线下分析（offline analysis）。将监视到的数据记录下来，通过线下的脚本分析，绘制出性能的波动曲线。

3.7.3 验证方法

从性能验证流程来看，我们可以考虑参照微软的性能测试方法学流程[8]（见图 3.20），它包括以下步骤：

（1）构建验证环境：一般利用现有的功能验证环境，通过更新使其能够完成性能检测和分析的任务。

（2）决定性能验收标准：在测试前限定反馈时间、吞吐量、资源利用率等验收标准。一般而言，对于硅前测试，我们可以测出反馈时间和吞吐量，而资源利用率是一个系统概念，较难测试。

（3）制定计划和测试用例：需要与系统人员、固件人员一起列出重要的测试场景，同时建立可以衡量性能的标准。

（4）配置测试环境：如果环境足够灵活，可以在回归测试（regression test）中打开或关闭性能检测功能，以此平衡性能测试可能带来的仿真效率降低。

（5）开发用例和测试：开发测试用例，检测带验模块，收集性能检测数据。

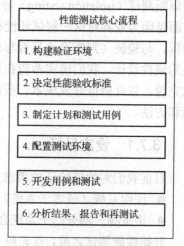

图 3.20　性能测试方法学流程

（6）分析结果、报告和再测试：分析测试数据，提交性能报告，如果硬件性能与计划的性能之间有缺口，做出硬件修改。再次测试，直到硬件性能符合预期、满足验收标准。

如前面提到的，实际项目中的性能测试除了不规范和较难实现以外，还缺少明确的验收标准。这使得不同验证人员编写的测试用例与实际应用各有不同，检查性能的标准也不同。目前，我们通过下面一些形式实现性能验证：

- 在芯片网络结构的端点处（network terminal）绑定总线协议的监测器，以此在网络核心处检测芯片整体的通信情况，计算网络的实时吞吐量，以及单个挂接的子系统的数据传输速率。
- 将一些 RTL 仿真较为耗时的测试用例迁移到硬件加速平台，利用模拟器来完成性能测试。

● 为测试用例提供一些宏定义，实现高密度数据传输，以此保证有足够的数据吞吐，来
测试数据传输的峰值。

3.8　趋势展望

目前主要的验证方法包括动态仿真、形式验证和硬件加速。如何选择验证方法，是否可
以构建一个可复用的验证平台实现不同验证方法的跨越，是接下来我们关心的问题。设计的
尺寸和复杂度的不断增长，即使可以利用 IP 缩短设计时间，但是更多模块之间的互动场景也
要求更充分地验证这些状态空间。目前仿真技术的瓶颈在于速度，总结这几年项目的切身感
受，笔者认为在仿真中，除了需要 EDA 厂商提供加速方式以外，也需要项目自身结合实际
情况使仿真实现轻量化，以进一步为仿真提速。

形式验证可以穷尽检验一些设计属性。对于合适尺寸的 IP，只需要一些时间和运算资源，
就可以穷尽检验出设计属性是否满足。例如一个 32 位的乘法器，动态验证可能需要几年的时
间穷举出所有可能的情况，形式验证往往几分钟到数小时的时间就可以了。形式验证随着系
统的复杂度提高、状态空间的急剧增长，运行速度也在不断下降。相比较而言，IP 是适合形
式验证的设计尺寸。

学术和工业领域对形式验证的算法研究非常活跃，但还需解决的问题是，使用者对形式
验证语言依旧不精通。使用者需要保证属性描述精确地反映了设计的功能，同时属性描述的
总和能够对应一个设计的所有功能，只有满足了这两点，才有足够信心确信形式验证的完备
性。目前，我们可以通过 EDA 厂商提供的可复用的断言库来实现高层次的属性描述，弥补
我们对断言描述本身的知识缺乏。此外，形式验证让我们"不那么放心"的一点是，它无法
像仿真一样为我们提供一个动态的行为，而验证人员又需要"眼见为实"来亲自判断设计的
实际行为是否正确。所以，如果采取形式验证，那么建议的一种方式是以动态仿真作为辅助
手段完成基本的功能检查。

硬件加速的历史更悠久，可以回溯到 20 世纪 80 年代中期到 90 年代中后期。在 RTL 仿
真还未被推出和广泛使用之前，占据验证市场的还是门级硬件模拟技术。随着 Verilog 和
VHDL 语言的推出及自动逻辑综合技术的应用，RTL 仿真就逐渐取代了硬件加速技术。这一
技术更迭的背后，关键因素还是速度，因为那一时期的设计还不足以复杂到仿真器性能无法
满足的情况。而在 20 年后的今天，硬件加速技术显然又有着收复失地的趋势，三大主流工具
商都提供各自的硬件加速解决方案。硬件加速的速度优势还是相当明显的。动态仿真的性能
平均保持在 1kHz，硬件模拟技术大致在 1MHz，而 FPGA 在 10MHz 左右。无论硬件模拟还
是 FPGA，都比动态仿真的速度提高不少。通过更快速的验证技术，我们才有可能抵消设计
的复杂度增长和测试代码不断增大的体量。那么，硬件加速技术是不是未来的主流呢？仍然
不是绝对的。目前硬件加速技术也有自己的不足，比如：

● 编译时间较长。硬件加速需要额外的逻辑综合和硬件映射的时间，然而综合、布局、
布线和映射在动态仿真中是不必要的环节。

● 调试手段少且慢。最新的硬件加速技术可实现记录、修改或等待信号等常用的调试手
段，然而由于技术限制，添加或修改新的信号仍然需要再次编译，消耗大量时间。此

外，受限于可用的存储量，我们无法记录所有层次的信号，只能选择性地记录某些信号在某一段时间内的行为。从调试流程上来看，硬件加速技术仍然无法达到动态仿真的易调试程度。

这么看来，尽管在速度上硬件加速有显著的优势，但动态仿真和形式验证在调试层也有其优点。那么，实际工作中我们如何选择这些技术呢？一般地，我们倾向于以下方式：

- 在模块级或 IP 级验证中，更多使用动态仿真和形式验证，尽量将缺陷率曲线更快、更多地收敛在这一层次。
- 在芯片系统级验证过程中，使用动态仿真测试模块之间的集成关系。
- 对于耗时长的测试用例，如固件启动测试、性能测试、大规模数据存储测试等，在系统测试阶段使用硬件加速以更快地得到结果。

从验证平台搭建和复用的角度出发，需要考虑如何实现一个可以横跨这三种技术的可复用平台。通过一个统一平台，自如地在这三种技术之间实现横向跨越，完成从模块级到子系统级再到芯片级验证的纵向复用，将是接下来实现技术融合和验证复用的方向。为探讨这一方向，我们就下面两个问题展开论述：

- 不同技术之间的验证平台横向跨越；
- 不同层次之间的验证平台纵向复用。

3.8.1　技术之间的横向跨越

在解决横向跨越问题之前，需要理解为什么有这样的需求。从图 3.21 可以看到，这三种技术之间有着共通的技术桥接、共同的一些核心基础技术[6]：

- 我们的核心基础技术有验证 IP、覆盖率、调试和软件驱动测试。三种验证方法构建于这些基础上，如它们都需要提供调试接口，也需要提供各自的覆盖率来完成验证。
- 形式验证和动态仿真之间，可以通过断言和 X-prop 技术来桥接，这两种验证方法都可以利用这些技术实施验证。
- 在动态仿真和硬件加速之间，可以通过软硬件协同验证的方式实现这两种技术的桥接。
- 对于断言 VIP，可以利用它完成形式验证，或者植入到动态仿真环境中。一些可以综合的断言 VIP，也可以移植到硬件加速平台中继续完成验证任务。

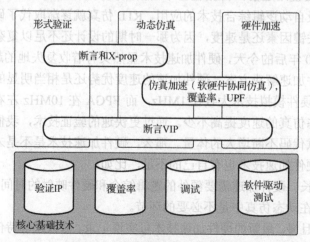

图 3.21　不同验证方法之间的联系

那么，如何基于这些项目实际中的桥接设计出可以合并的数据库和通用的验证平台就成为了关键。但对于这两点，目前三大工具厂商还缺乏一种完整的解决方案。例如，验证的覆盖率数据库如何在三种技术中实现互通和合并？如何定义出合理的结构完成形式验证平台到动态仿真平台的复用？什么样的动态仿真平台才可以顺利移植到硬件加速平台上？这些都还是有待解决的问题。

3.8.2　层次之间的纵向复用

在不同验证层次之间进行复用，我们也会遇到实际的痛点。例如，随机约束的仿真方法（SystemVerilog，UVM/OVM 或 Specman/e）适合于模块级和子系统级验证，而定向测试方法（C/C++）则适用于子系统级和芯片系统级的验证过程。在这里，我们看到子系统级验证有两种可能的验证方法，我们需要考虑是选择其中一种还是两者兼具？如何实现模块级随机测试到子系统级随机测试的复用？如何实现子系统级定向测试到芯片系统级的定向测试复用？又比如，通过何种方式实现从随机约束测试到定向测试的复用？只有完成层次之间的垂直复用，验证的时间成本和人力成本才会降低，验证效率才会进一步提高。

面对目前这三种主流验证技术，我们需要从验证效率出发，合理选择使用这些技术，实现技术之间的横向跨越和层次之间的垂直复用，在不断提速的 SoC 集成设计过程中保持加速，与设计实现共同飞跃。

3.9　本章结束语

关于验证方法，其实在笔者多年的技术世界观中，曾一度认为只有随机测试和形式验证才能拯救设计漏洞。但后来发现，每一种验证方法都有其在各自领域、特定验证场景中的优势。尤其是，SoC 在最近几年已经完美地翻越了 10 亿门的篱笆，让传统的仿真在这样大的庞然大物面前如临大敌。如何解决验证的完备性与速度之间的冲突，已经成为选择验证方法的重要考量标准。项目进度的不断压缩，对硬件和软件联合仿真提出更严格的要求，也为虚拟模型和硬件加速等新兴技术开拓了市场。

本书的主要内容着眼于动态仿真技术。这项技术在过去的 20 年一直是验证领域的主流，也是读者在验证领域亲密接触的对象。在本书出版的同时，硬件加速技术正以更快的步伐走入验证世界，读者需要对这些验证方法做好准备。

第 4 章

验证的计划

大多数工程师不喜欢写文档。并不是他们不会写文档，而是他们认为与代码相比文档显得不那么重要。正是这种想法使得工程师在与项目经理沟通时出现困难；工程师希望项目经理回顾他的代码，而项目经理需要的是一份文档来总结工程师的工作。验证计划在验证领域同样处于这样的尴尬境地。不少验证师在接手一个硬件设计时，第一件事情是开始写代码结构而不是准备验证计划。代码固然重要，它构成了验证师 80% 的日常工作，但千万不要因此而小觑验证计划的重要性。只有一份完备的验证计划，才能够帮助自己和项目经理共同评估验证的难度和进度。随着验证周期的进展，验证计划的内容也要一步步地完善。验证完成之后，验证师的代码不一定能够让项目经理和其他人读懂，但一份验证计划将成为珍贵的材料。

4.1 计划概述

在选择验证方法和构建验证环境之前，需要搞清楚验证计划是什么。在展开设计之前，设计人员和验证人员会阅读功能描述文档，以理解设计的各项功能为前提，考虑如何实现或验证各项功能。如果功能描述本身不清晰，则需要与系统人员沟通来修改功能描述文档；如果设计和验证双方人员对某一项功能理解有分歧，也需要与系统人员的解释保持统一。完成验证计划后，还需要对其进行修改吗？答案是肯定的。因为在实际项目执行过程中功能描述文档和设计不断更新，直到流片前都有可能在进行更新，验证人员需要做好相应的验证计划更新。所以，验证计划的生命在设计被构建之前就诞生了，伴随着设计的周期，直到流片。验证计划从创建到执行分为以下几个阶段[11]：

（1）创建验证计划；

（2）选择验证方法；

（3）人力资源调配；

（4）构建验证平台和环境组件；

（5）开发测试用例。

创建一份验证计划是首要的任务，通过收集下列材料可以更好地组织出有价值的计划：

- 结构功能描述；
- 设计的各种操作使用模式；
- 在正常输入和错误输入情形下设计的行为；
- 设计的接口；

- 在一些边界情况下设计的行为；
- 设计在实际使用中的场景描述。

这些资料通常可以从硬件功能描述和系统文档中找到。同时，也可以从硅后测试、固件开发人员那里得到设计的实际使用配置情况。合理的验证计划可以为芯片开发带来很多好处：

- 使得设计和验证人员对功能描述文档的理解和翻译保持一致。
- 将自然语言描述的功能通过可测试的语言来描述。
- 可以更合理地评估出工作量、人力安排和进度节点。
- 为验证人员提供清晰的验证目标、任务和进度安排。
- 为功能文档提供反馈，修改文档中不明确、有歧义的描述。

从更宽泛的意义上来看，一份验证计划几乎囊括所有与验证相关的东西，其中不只包括要验证的设计功能，还包括验证方法、人力安排、进度评估，等等。验证计划的生命期很长，在实际环境中，很多因素会不断影响计划的更新，这些可能的因素包括：

- 会有不同人员更新验证计划。一份充分的验证计划，需要系统、设计、验证、软件人员给出意见，共同参与制定。
- 需要更新上百上千的测试用例，并与计划中的待测功能映射。
- 考虑选择不同的验证方法。针对不同的设计，需要考虑选择动态仿真、形式验证或者硬件加速方法。如果采用两种以上的方法，还需要考虑如何实现技术平台上的兼容和跨越式复用。
- 如果有新的设计要求，需要更新计划，同时设法把对人力和进度的影响降低到最小。设计人员在设计的过程中仍然可能收到新的功能需求，一旦确定要添加新的功能，就需要考虑额外的人力和进度受到的影响。
- 如果有多个组参与验证，则需要考虑如何协调。对于大型的 SoC 项目，一般会有多个功能组参与，甚至他们可能工作在不同的城市，这时，协调组与组之间的工作并综合出整体进度结果就很重要了。

在早期制定一份验证计划，随着设计更新和验证进度跟踪，提高验证的质量，降低项目的风险。同时，验证计划对人力和时间进度的合理估计，也使得验证的流程和进度更加透明。

4.2　计划的内容

在制定验证计划的具体过程中，我们将技术部分和项目部分都考虑进来。从技术角度而言，需要考虑的有验证的功能点、验证的层次、测试用例、验证方法和覆盖率要求。从项目管理角度，也需要考虑使用的工具、人力安排、进度安排和风险评估。

4.2.1　技术的视角

1. 验证的功能

需要验证的功能点来自于功能描述文档，设计和验证人员在阅读文档的过程中，会将设计的功能、参数、性能从自然语言拆分转化为一个个可以单独验证的功能点，并用定性定量的语言描述这些功能。我们将功能点按照优先级分为：

- 基本功能：通常包括时钟、电源、复位、寄存器访问和基本特性，这些可以在模块级完成验证。
- 互动功能：一些需要同其他模块互动的特性，需要在更高层次的子系统级或芯片级完成验证。
- 次要功能：通常这些功能在项目后期完成验证，如性能验证、效能验证。即使它们没有通过验证要求，也不会对芯片造成致命影响。

2．验证的层次

结合验证的功能点，需要清楚该功能点是否可以在较低的层次完成验证。从验证效率和激励自由度来看，我们应该尽量在较低的层次验证更多的功能点。在较高的层次，如芯片级，应该侧重于系统集成测试。

3．验证方法

需要考虑采取何种验证方法，动态仿真、形式验证还是硬件加速？采取什么样的透明度，黑盒、白盒还是灰盒？采用定向测试还是随机约束激励？在第 3 章，我们对比了不同方法适用的场景。

4．测试用例

有了验证的目标，选择合适的层次和方法，在完成了验证平台搭建以后，我们就需要考虑如何利用验证平台给出适当的激励，检查测试结果。

5．覆盖率要求

覆盖率是衡量激励生成种类和功能点验证的量化指标。无论通过何种验证方法，都需要采用覆盖率来确保给出了足够多的激励类型，并且设计的边界和内部穷历了可能的状态。除了给出合法的激励之外，也需要考虑给出一些错误的激励，测试设计的稳定性和纠错能力。

4.2.2　项目的视角

1．工具选择

对项目而言，需要通过验证计划中选择的方法考虑选择相应的工具，包括：

- 仿真工具；
- 形式验证工具；
- 验证 IP；
- 断言 IP；
- 调试器；
- 硬件加速器；
- 高层次验证语言（HVL，High-level Verification Language）。

选定验证方法和工具后，接下来需要考虑安排具备合适技能的验证人员完成工作。

2．人力安排

在确定验证方法后，验证经理就可以考虑该投入的人力了。不同验证方法存在显著差别，除了考虑个人的实际经验外，也要考虑他们是否熟悉该模块。验证人员的知识和技术背景越贴合，越可能胜任验证工作。一般在一个完整项目周期内，我们让固定的人员跟踪同一个设计模块，从搭建环境开始，经历模块级、子系统级和芯片系统级验证过程。这样做，项目的风险较低，人员的成长也更快。

3. 进度安排

在安排人力的过程中，我们同时也将进度考虑进来。一般而言，进度是从上向下传达的，验证经理事先会有一个大致的时间表，通过简单的计算：

$$工作量 = 人力×时间$$

来安排合适的人力投入到验证中。而验证经理往往会陷入的境地是，人力不够充分，或者时间不够宽裕。面对这样的困难，时间是没有弹性的，更多地需要在人力角度考虑如何恰当地安排，做好动态的人力分配，实现高效的资源配置。对于验证经理而言，进度是不是不可修改的、必须严格遵循呢？这样的问题可能难以给出简单的是或否的答案。但是，如果可以在计划中将设计的交付时间、验证的验收时间、不同模块的集成时间等重要信息拆分开，做到更细致的量化和评估，那么项目执行中的风险就可以在早期发现，同时朝着按时交付的目标迈进。

4. 风险评估

在项目执行中，无论是设计人员、验证人员还是项目经理，都面临诸多不确定的因素：

● 芯片结构不稳定因素。在项目执行后期，如果突然面临结构的变化，肯定给相关设计带来很大影响，而验证任务量和时间也需要改变。

● 工具的不稳定因素。在新的项目中，我们倾向于使用新的工具版本，因为它们会带来新的性能提升和特性；而新版本工具的使用需要适应期，并非一帆风顺。替换工具时面临的工具替换成本、环境流程更新、技术培训都要更大一些。

● 人力的不稳定因素。我们希望在项目中人员结构可以稳定，这样就不会出现模块的验证人员被临时替换、加大验证风险的问题。同时，如果一个人投入到两个以上的项目，那么他在不同项目中的精力分配也需要考虑进来。

● 模块交付时间的不稳定因素。验证的展开与设计的交付时间密不可分，HDL 设计的交付时间对验证进度的影响非常大。所以，在计划初期，验证经理应从设计团队那里获取清晰的交付时间，在此基础上做进度和人力安排。

在清楚了一份验证计划中需要包含的各项因素之后，接下来就要考虑如何在项目初期准备这样一份关键计划，以及在项目执行过程中怎样针对不确定因素相应地更新计划，确保项目的进度受到的影响最小。

4.3 计划的实现

一份细致的验证计划包括项目动向、更新内容和工程进度，面对人力资源总是紧张的窘境，只有清晰的计划才能够合理运用人力资源，保证时间和人力的平衡。在 4.2 节，我们列举了项目中诸多不稳定因素，它们使得验证计划需要时常保持更新，给出合理的安排，这样的过程就蕴含着从计划到实践再到反馈，最后到修改计划的周期。计划变更的周期在不断地发生，如图 4.1 所示。

图 4.1　验证计划的周期

在对设计进行验证以后，我们需要衡量验证的完备性，这时需要对覆盖率进行分析。当发现覆盖率无法满足要求时，要针对覆盖率漏洞更改验证计划并添加新的测试用例。通过这样的反馈环路，循序渐进地逼近功能验证的收敛目标。那么如何制定验证计划呢？通常按照如下步骤：

（1）邀请相关人员参加会议；

（2）开会讨论；

（3）确定测试场景；

（4）创建验证环境。

4.3.1　邀请相关人员

邀请与系统设计和功能模块相关的人员参加会议，共同讨论。参加会议的人员一般包括：

- 设计人员；
- 验证人员；
- 硅后测试人员；
- 软件开发人员；
- 系统人员；
- 验证经理（或项目经理）。

这些人员在看待如何验证一个模块的问题上各有不同的角度。例如，系统人员关注功能描述是否被实现，测试场景是否可以覆盖到这些功能点；设计人员考虑具体的设计细节是否会被测试到；软件开发人员关心如何配置寄存器来使用某一项功能。我们将这些利益相关者看待验证模块的不同角度总结在表 4.1。

表 4.1　验证计划的相关人员

项目角色	关注角度	期望的验证点
设计人员	设计实践	设计内部的时序、状态机、逻辑被测试
硅后测试人员	硅后模块功能测试	硅前功能测试用例移植到硅后测试
软件人员	模块在系统中的应用	软件正确的配置序列被测试
系统人员	结构和性能要求	设计框架符合要求，性能和效能可以在早期测试
验证经理	进度、人力和优先级	给出合理安排，定期更新计划
验证人员	验证方法和环境	综合衡量其他相关角色的意见，给出统一的解决方案

在实际工作中，我们不一定可以面面俱到地同时邀请到这么多的项目角色，而且，这么

多不同的角色一起开会，沟通起来难免存在一些障碍和分歧。所以，实际的建议可以变成分阶段进行：

（1）验证经理、设计人员和验证人员一起开会，确定大致需要验证的功能点、进度和人力安排。

（2）系统人员、设计人员和验证人员一起沟通对功能描述文档存在的分歧，确保理解一致。

（3）设计人员、验证人员、硅后测试人员和软件人员一起为模块应用的实际场景添加测试用例。

4.3.2　开会讨论

在开会讨论前，作为会议的组织者，需要搞清楚开会的目的和议题分别是什么。

- 验证计划的内容组成；
- 需要确定的验证功能点。

同时，需要一份合适的验证计划模板指导会议讨论的内容。验证计划的模板（或组织结构）应包括下面的内容：

- 设计功能简要描述；
- 硬件实现框图；
- 待验证的功能点；
- 验证环境搭建；
- 测试用例构成；
- 编译脚本和回归测试；
- 覆盖率分析。

在计划模板中，会议前需要了解的是功能描述和硬件实现方案；开会中只需要讨论和确定哪些功能点是要验证的、哪些是不需要验证的。至于验证环境搭建和测试用例构成，则是验证工作展开以后更新到计划中。面对不同背景的项目人员，我们在会议中需要注意几个方面，以使会议最终可以取得预期的结果。这些值得注意的方面包括：

- 由于与会人员具有不同的背景，在讨论中遇到分歧时，应换位思考，从对方的角度看待这个问题，给予理解。
- 需要覆盖设计在实际过程中软件的使用情况和在系统中的角色扮演，探明真实运用场景。
- 弄明白哪些功能是核心功能、哪些功能是次要功能。
- 确定所有需要验证的功能点，以及声明哪些功能点不需要验证、哪些场景是伪场景（不实际的运用）。

只有不同系统层面的人相互沟通，充分交流不同视角和观点，我们对验证功能点及其在系统运用中的认识才会更加清晰。

4.3.3　确定测试场景

经过细致的讨论，可以确定哪些功能点需要测试，继而模拟实际场景给出激励。在考虑如何生成测试场景时，我们需要思考下面几个地方：

- 针对某些功能点，我们如何给出特定的测试场景。这些场景是否同实际情况一致或者类似，比如我们给出的时钟信号频率是否同设计要求的频率一致，不同时钟之间的同步异步关系是否参照系统要求。

- 需要测试的场景，需要待验设计的哪些功能模块参与。这种情况一般在模块级测试中，往往需要较多的子模块参与进来，而随着测试的层次升高，我们需要唤醒使能的模块数量就逐渐减少了。我们在构建测试用例前，心中已经模拟出测试序列，明确了参与进来的模块，以及如何配置寄存器、等待某些状态信号完成下一步功能设置，直到最后完成整个功能测试。
- 如果一些场景涉及电源开关，要考虑是否在 PA（Power Aware）场景中完成测试。
- 如果一些场景与性能有关，要考虑如何发送大规模的数据量实现压力数据传输场景。
- 针对不同的功能点，要考虑选择合适的验证层次，以及对应的验证方法。

4.3.4 创建验证环境

确定测试场景和验证方法后，要**构建验证环境产生激励来实现场景**。构建环境时，针对设计模块的接口信号需要实现对应的激励发生组件，通过控制协调不同的激励组件来构建场景。在实现激励发生组件中，需要考虑接口信号是标准总线还是系统控制信号。如果有可以复用的验证资源，那么会节省构建平台的时间。有些时候，如果接口是标准总线，且没有可复用的验证资源，就需要自己实现总线激励模型。从成本的角度来看，只需要实现设计中所纳入的总线特性即可。例如，如果设计实现的是 AHB 总线协议，但是只支持单次的读写访问，那么我们在实现 AHB 激励组件时，不必要实现 AHB 协议的全部，而只需要实现单次读写协议，满足设计接口的协议要求即可。

同时要考虑**收集数据和对比结果**，这就需要监视信号组件和检查组件的实现。监视信号组件的主要任务是监视设计的接口信号以及内部信号。如果是总线接口，那么需要在解析总线的情况下将观察到的数据打包整理；如果是控制信号或者其他信号，要按照信号的定义，在特定事件下捕捉有效信号。监视信号组件最终将分析整理好的数据发送给检查组件，由检查组件进行数据比较，给出比较信息和报告，最终判定测试是否成功。

4.4 计划的进程评估

在验证过程中需要不断地更新验证进度，从各项参数综合评估验证的完备性。通过收集以下信息来评估验证计划的实施进程[7]：

- 回归测试通过率（regression pass rate）；
- 代码覆盖率（code coverage）；
- 断言覆盖率（assertion coverage）；
- 功能覆盖率（function coverage）；
- 缺陷曲线（bug curve）。

接下来分别介绍这些信息的收集和分析过程。

4.4.1 回归测试通过率

回归测试表是将测试设计所有功能点的用例合并为一个测试集。回归测试表的主要功能是在设计经过缺陷修复或性能提高后测试原有的所有功能点，确保设计正常工作。这种往复的测试方式不仅在于确保新的设计变化不影响之前的功能，也可以用来避免修改后的设计对别的模块造成的功能失效。所以，设计的维护不仅按照设计需求提供新的功能，也要保证新功能不影响原有的功能。不同的公司和团队之间，往往有着不同的回归测试工具和方法。这里需要注意的是工具和脚本的版本可能会对回归测试造成影响。例如，如果切换了仿真器的版本，那么可能出现新的问题需要调试，所以在项目后期阶段设计趋于稳定时，不建议切换工具或脚本的版本。

另外一个重要的地方是，回归测试表中的测试用例需确保是可以重现激励场景的。这一点对于定向测试方法（例如 C/C++）是容易实现的，而对随机约束测试而言，要在测试中显示出每次测试使用的随机种子（random seed），只有通过这个特定的种子，才可以重新产生之前的激励，跟踪调试失败的用例。

我们将回归测试的流程归纳为图 4.2。值得注意的是，在某一个层次的回归测试通过，接下来可以向上迁移到新的验证层次，展开新的回归测试流程；或者在设计需求发生变化时，重新从模块级开始递交测试表。

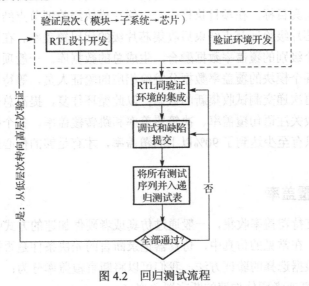

图 4.2　回归测试流程

不同层次的回归测试表，每个测试用例的仿真时间消耗也不一样。一般而言，模块级是最快的，到了芯片级，一个回归测试表如果包含数千规模的测试用例，往往需要若干天时间才能最终运行完毕得出结果。所以，不同层次、不同设计规模、不同测试场景复杂度，都会影响测试用例的仿真时间。递交测试表的重要因素就是仿真速度，由于考虑到递交测试表主要依靠计算资源和验证结构的性能表现，我们对验证平台的优化和运算资源都会在此时提出更高的要求。因为只有更快速地往复递交和得出结果，才能更快得知新的设计变动是否可靠。

4.4.2　代码覆盖率

代码覆盖率是用来衡量 RTL 代码是否被充分运行的指标，目前的仿真器也都提供方法来收集代码覆盖率，并且进行合并和分析。通过回归测试表，我们可以产生基于测试用例的代码覆盖数据，并且在回归测试完成后，通过合并数据，生成总的数据来分析各个模块的覆盖率情况。常见的代码覆盖率包括：

- 语句覆盖率（statement coverage）：指的是程序的每一行代码是否被执行过。
- 条件覆盖率（condition coverage）：指的是每个条件中的逻辑操作数被覆盖的情况。
- 决策覆盖率（branch coverage）：指的是在 if, case, while, repeat, forever, for 和 loop 语句中各个分支执行的情况。
- 事件覆盖率（event coverage）：用来记录某一个事件被触发的次数。
- 跳转覆盖率（toggle coverage）：用来记录某个设计边界信号数据位的 0/1 跳转情况，如从 0 到 1，或从 1 到 0 的跳转。
- 状态机覆盖率（finite stage machine coverage）：仿真器的覆盖率功能可以识别出设计中的状态机部分，记录各种状态被进入的次数，以及状态之间的跳转情况。

值得注意的一点是，仿真器在收集覆盖率数据的时候会牺牲一些运行效率，这是因为它需要对代码保持"更多的关注"，所以资源消耗要更多一些。我们建议只在需要收集覆盖率时传入一些仿真命令触发覆盖率收集，而更多情况下不需要传入这些命令，也不需要编译带有支持覆盖率收集的仿真目标。在项目执行中，一般在模块级验证节点结束后开始收集模块级的代码覆盖率，在芯片级验证节点结束后收集芯片级的代码覆盖率。在两部分的数据收集都完成后，进行这两个级别的覆盖率数据融合，生成总的数据库。一般项目中有专人来负责收集和分析覆盖率，各个模块的覆盖率数据分发给相应的验证人员，等待他们分析、过滤或添加新的测试用例，再次递交测试收集新的数据；以此循环往复，提高总体的覆盖率。

通常，我们比较关注语句覆盖率、决策覆盖率和跳转覆盖率，各个模块在这三项覆盖率上有相应的指标。只有至少达到了 90%以上的覆盖率，才有足够的信心来分析下面的两类覆盖率。

▶▶ 4.4.3　断言覆盖率

断言描述本身支持覆盖率收集，一般通过仿真或者硬件加速的方式收集，也可以通过形式验证的工具收集。在常见的仿真中，仿真器记录断言的先决条件是否被触发，以及判断语句成功还是失败。根据选择的验证方法，我们可以将断言覆盖率分为：

- 基于动态仿真或者硬件加速的断言覆盖率；
- 基于形式验证的静态断言覆盖率。

▶▶ 4.4.4　功能覆盖率

功能覆盖率衡量是否实现设计的各项功能，且是否按预想的行为执行。功能覆盖率关注设计的输入、输出和内部状态，通常以如下方式描述信号采样要求：

- 对于输入，它检测数据端的输入和命令组合类型，以及控制信号与数据传输的组合情况。
- 对于输出，它检测是否有完整的数据传输类别，以及各种情况的反馈时序。
- 对于设计内部，需要检查的信号与验证计划中需要覆盖的功能点相对应。通过对信号的单一覆盖、交叉覆盖或时序覆盖来检查功能是否被触发，以及执行是否正确。

4.4.5 缺陷曲线

验证过程中会不断发现新的设计缺陷，使用缺陷记录表或已有的商业工具将这些缺陷记录下来，提交给设计人员。设计人员在分析缺陷、修复缺陷后，也会修改缺陷记录，并通知验证人员。验证人员递交原有的回归测试，必要时添加新的测试用例，直到所有的测试通过，才能宣布新修复的缺陷是成功的。在缺陷被记录的过程中，我们通过时间坐标和特定时段的缺陷数量绘制出缺陷率曲线。在 1.4 节中，我们指出了缺陷曲线对验证计划的影响。从图 1.8 我们看到，尽早地将缺陷曲线收敛，意味着后期发现缺陷的数量和可能性越小。有时要当心的是，如果到了验证后期发现了一个基本功能存在重大缺陷，那就是一个危险信号：意味着很可能在之前验证过程中遗漏了一些重要的测试场景。实际项目的经验重复告诉我们，一份详尽准确、不断更新维护的验证计划是迈向成功验证的基石。

4.5 本章结束语

验证计划的制定不只是需要验证师，还需要其他相关领域的同事共同参与。验证师与验证经理对同一份验证计划的关注角度也不相同。在验证前期，整理好的验证功能测试点会便于验证的回顾；在验证中期，验证环境的结构框图让代码变得更加清晰易懂；在验证尾期，验证师需要收集回归测试通过率、代码覆盖率、断言覆盖率、功能覆盖率和缺陷曲线。这些内容将综合构成验证的量化指标，也让验证经理更容易评估验证的完备性。

## 第 5 章

验证的管理

管理距离一个工程师有多远？不在管理岗位是不是就不需要考虑与工程管理相关的问题呢？笔者认为，一个工程师，只要在执行项目、与团队中的其他人合作，就避免不了工程管理。小到对自身的管理，大到对组织和整个项目的管理，无论身处什么角色，团队中如果每一个人都能够看得长远，朝着同一个目标迈进，那么在遇到一些利益冲突时，就会从整体利益出发，做出更有远见的选择。本章并未打算谈一些抽象的项目管理内容，而是就与验证师联系紧密的验证周期管理展开讨论，并介绍验证收敛和漏洞跟踪的方法；同时针对目前国内 IC 行业处于上升期、芯片验证需要专业化的现状，提出了如何建设团队和培养验证师的意见。

5.1　验证周期的检查清单

从这一章开始我们进入到了验证的管理，也许读者会有疑问，验证管理不是验证经理关心的事情吗？和验证人员有什么关系呢？在进入本章的正题之前，笔者想讲讲自己刚进入第一家公司、作为一个验证菜鸟在第一个月的经历。

刚进公司时，我只知道自己要验证的模块是什么，花时间了解它的功能，跟设计人员交流，进行模块验证，可以说完全专注在一个点——那一个模块上。验证经理给我安排的验证时间也很紧张，我只知道一件事情，就是尽可能又快又多地发现漏洞，在项目节点前完成验证。而对模块验证完成之后要做什么，我知道的几乎很少，所以感觉挺被动的。那个时候，我就在想，如果我能很清晰地知道一份验证周期的检查清单，那么对每一个项目节点需要做什么、上一个节点跟下一个节点有什么联系、不同节点在整个项目周期有什么作用，就有一个全面的认识。这样，作为验证新手，相信会更好地扮演验证角色。

后来，随着个人经验的增长，项目赋予我更多的责任。从负责一个模块到负责一个子系统，再到负责整个芯片系统的验证，遇到更有挑战性的任务或芯片功能更复杂时，担负的压力自然也更大。这种压力不仅来源于要面对更多的技术问题、更大的验证团队，也来源于对未知部分的焦虑。在这里，未知的部分包括验证流程的执行和每天出现的新的风险。风险不可避免，但要尽可能降低。如果每位验证人员都能充分了解各个验证环节，那么就可以更好地贯彻各项验证任务、保持信息通畅，项目整体的风险毫无疑问降低了。执行验证任务的动力来源于整个团队，验证经理背负的压力也由所有验证人员共同分担了。

所以，无论你担任什么样的验证角色，在执行日常事务时，如果心中已经有一幅通往流片大门的地图，那么整个团队的目标会更加清晰，验证人员同验证经理之间的沟通会更顺畅。

接下来，我们一起看一看，验证周期各个关键节点的划分和每个节点需要完成的事情有哪些（见图 5.1）。

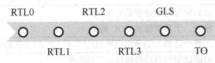

图 5.1　验证周期的各个节点

从项目的启动阶段开始，历经 RTL 验证、门级验证（GLS，Gate Level Simulation）到最终的流片（TO, TapeOut），我们将各个环节分为如下几个环节，各环节的验证任务清单见表 5.1～表 5.6。

- RTL0：芯片框架和模块功能定义完成，制定验证的策略。
- RTL1：模块和子系统的功能信号定义完成，定制需要的存储模型。
- RTL2：完成所有模块的设计，以及 80%以上的模块和子系统的验证，核心功能全部完成验证。
- RTL3：完成芯片系统的连线集成和验证，覆盖所有的功能验证点。
- GLS：完成门级网表的验证。
- TO：回顾验证的各项检查清单，最终流片。

在这里，我们指出几个需要注意的前提：

- 实际的芯片项目周期跨度要超过上面提到的验证周期，因为它往往会包含 RTL0 之前的产品可行性调查、项目立项和启动的过程。同时在 TO 后，仍然需要对硅后测试阶段提供支持，也需要对客户的集成使用提供支持，可能也要准备功能改进后的下一次流片（新的周期）。
- 不同公司的芯片项目对验证周期的划分和定义可能存在差别，但就芯片验证的一般流程来看，我们上面提到的各个环节是有普适性的。所以，通过进一步详细列举出上面各个环节需要完成的事项，我们对验证的生命周期会有一个全局的认识。
- 在上面列出的各个环节中，我们主要将注意力放在验证方面，系统定义、设计和后端的事项并没有在这里列出。

表 5.1　RTL0 的验证任务清单

任　务	内　容
团队验证环境准备	项目的工作目录，采取的验证进度跟踪方法
验证人力和进度安排	模块、子系统和芯片需要的人力和进度安排
验证工具和方法选择	领导工具和形式验证工具的版本、验证方法学
验证文档	记录验证策略，验证平台环境、方法学

表 5.2　RTL1 的验证任务清单

任　务	内　容
搭建模块验证环境	按照设计接口搭建模块验证环境
生成寄存器模型	由设计 XML 文件生成 UVM 寄存器模型
验证文档	模块验证环境、寄存器模型、环境编译
验证计划回顾	模块级验证计划的回顾

表 5.3　RTL2 的验证任务清单

任　务	内　容
语义检查（linting）	检查常见的设计规范问题
跨时钟域检查（CDC）	模块、子系统级的 CDC 检查
仿真验证、形式验证	选择合适的方法学完成模块/子系统 80%以上的验证
创建测试用例	将测试用例用功能验证点完成匹配
验证环境和用例回顾	验证环境、用例和功能覆盖点回顾
递归测试	创建和更新模块/子系统的递归测试表
漏洞修正和跟踪	记录发现的漏洞、完成修复后的递归测试

表 5.4　RTL3 的验证任务清单

任　务	内　容
跨时钟域检查（CDC）	完成芯片级的 CDC 检查
能效仿真（PA）	完成芯片级的 PA 仿真
仿真验证、形式验证	完成芯片级的验证
创建测试用例	芯片级测试用例
创建芯片验证环境	完成整体的芯片级验证环境设计、搭建、集成测试
测试用例回顾	芯片级测试用例和功能验证点回顾
漏洞修正和跟踪	修复芯片级测试发现的漏洞、将漏洞提交到跟踪系统
递归测试	集中提交所有模块的芯片测试用例，评估整体进度
代码/功能覆盖率收集	合并模块/芯片覆盖率，创建新的用例完备覆盖率

表 5.5　GLS 的验证任务清单

任　务	内　容
门级验证环境准备	需要从 RTL 芯片验证环境做更新从而适应门级仿真
网表仿真验证	从 RTL 级选择测试用例，在网表环境测试逻辑一致性
网表+SDF 仿真验证	伴随门级延时仿真，完成程序验证
漏洞修正和验证	伴随设计 ECO 流程，完成 RTL 和门级验证

表 5.6　TO 的验证任务清单

任　务	内　容
验证功能点回顾	确保所有待验功能点全被测试用例覆盖
测试用例回顾	检查最终递归测试表结果，检查用例是否全部通过
覆盖率回顾	检查最终合并的覆盖率，保证覆盖率在 90%以上
门级仿真用例回顾	所有的时序违例均被修正或者过滤，功能全部通过

　　也许表 5.1 到表 5.6 的这一列验证任务清单对你而言还不是那么迫切，但要相信，随着经验和责任的增加，你会越来越意识到一幅验证周期的全视野地图多么重要。如果你需要管理一个验证项目，那么将这些任务清单放在枕边，可以让你在新的挑战面前睡得安稳一些。正所谓不打无准备之仗，"凡事预则立，不预则废"，多一些未雨绸缪，懂得一点"套路"，对一个新人来说不是什么坏事。

5.2　验证管理的三要素

　　有一句关于项目成功或失败的话，比较受用，在这里与读者分享："每个项目的失败都各有各的问题，而成功项目之间却有共同之处"。对于一名验证经理和一个验证团队，将验证的三要素——时间、人力资源和任务做好恰当安排，项目的成功就完成了一半。接下来我们结合项目的实际经验，介绍如何规划时间、安排人力和做好任务的优先级划分[10]。

5.2.1 时间管理

1. 早行动

在项目还在备案策划的时候，先进入项目的是什么角色？系统工程师。因为他们需要完成模块的功能描述和性能参数定义。此外，验证人员也需要尽早参与进来。原因在于，继承性的项目一方面在系统结构上有相似性，另一方面新项目的验证环境（无论是模块还是系统层面）有可继承性。各个模块和系统验证人员尽早参与到项目的前期定义环节，可尽早了解设计的改动，基于此考虑如何对原有的环境做出更新。在选用 IP 和定义新模块的过程中，验证人员也可以更早地考虑选用什么验证 IP、验证方法和相应的工具。

在实际项目中，验证人员可能会等待设计实现或者 IP 的选择，这种等待时间是有可缩短空间的。例如，如果设计在原有设计的基础上更新，那么验证环境可以先行（通过复用）验证原有的功能部分；如果是新的设计，验证人员可协助系统工程师在早期功能定义时实现虚拟模型（virtual prototype），并创建验证环境来实现基本测试。待后期设计实现以后，将虚拟模型替换为真实设计，并将虚拟模型作为可参考模型来进行数据比对；确定 IP 的特性参数之前，可以提前熟悉 IP 验证套件的文档和环境。早期熟悉环境，在 IP 参数确定之后可以实现快速配置环境，开展验证工作。

有经验的验证团队，在项目开始时甚至更早就考虑更新验证环境、流程、工具选择、方法学、技能训练、自主工具开发等。只有将这些可以提前的工作提前了，才能在项目运行的时候投入更多的时间进行相关的功能验证。类似的有效资源利用方式还包括，将验证环境搭建工作和测试用例创建工作分开，也就是让少数人搭建维护验证环境（本身需要全面的系统知识和验证经验），让剩下的绝大部分人专心创建测试用例，通过这种让验证人员更专注地进行功能验证的模式来提高产出效率。

2. 少依赖

一旦有了充分的意识，懂得验证过程并非是在设计完备之后开始的道理，那么验证人员就应该想出各种办法来减轻或者消除对设计进度的依赖性。尤其对于验证经理而言，让团队因为依赖一些未完成的事情而白白浪费时间，是项目执行的大忌。验证团队往往需要在多个项目中一边开展新项目一边维护老项目，这更需要做好人力协调安排，避免出现项目之间的人力冲突。目前用来降低依赖性的方法，比如，在一些 IP 模块没有准备好之前，可以通过原有的设计或者创建行为模型来暂时替代；又比如，无法在低速的仿真环境下进行前期软件开发时，可以利用硬件加速器来提前进行软件开发。

3. 大局观

在实际项目中，我们往往将不同的模块分派给不同的设计人员和验证人员。每个小组首先照顾的是分给他们的"一亩三分地"，但同时我们还要求所有的验证人员都清楚共同的关键节点，以及各个模块之间的依赖性。如果模块 A 依赖于模块 B，那么假定关键节点在 4 周之后，那么模块 B 的验证人员不单单要考虑在 4 周内完成验证任务，更需要有大局观——应该将模块 B 在 2 周或者 3 周左右完成验证交付给模块 A，或者采取分阶段交付设计和验证的方式，尽可能减少模块 A 对模块 B 的依赖性。

在选择验证方法和工具时，需要考虑的不单单是方法或工具本身可以提高多少仿真速度或者覆盖率，还要考虑人员的技能培训投入、学习曲线、新工具的整合、新环境的维护等与项目进度密切相关的因素。

5.2.2　人力资源安排

1. 团队建设

由于验证技术的趋势变化加快，新的方法、工具层出不穷，验证团队的成员组成往往需要有不同的技术背景。对于这种整体的需求，我们在招聘或培养人员时会考虑要具备的基本技能，和在某些技术领域拥有的丰富经验。例如软件编程、验证环境搭建、形式验证、硬件加速等。在一个经验丰富的验证团队中，成员之间的技能一般存在重叠和差异，这可以保证在人员任务选派时有多种选择，同时团队在协同工作时也可实现技能互补。

不同经验层次的梯队既可以保证技术的传承、梯队的培养，在任务分派时也可以考虑将新的任务交给老员工、将老的任务交给新员工，满足老员工新技能培养、接受新的挑战的需求，也可使新员工快速适应项目环境。

2. 技术和管理

关于技术和管理之间孰轻孰重的争论恐怕会长期延续下去，尤其在研发团队中，这一分歧也更加明显。我们通常见到的情景是，技术功底深厚的人很少具有出色的管理能力；善于在不同部门、技术组之间进行沟通、协调、计划和监督的人，又无法很好地兼顾技术层面。目前，在多数公司的研发团队中，技术优秀的工程师会被委以团队和项目管理的责任，但这种选择不见得最优。

验证项目越来越复杂，芯片公司越来越需要有经验的项目管理者。因为这样的管理者对整个项目组起到组织和推动作用。好的验证组织既需要有技术良好的梯队，也需要具备贯彻执行验证计划的执行力。一个验证团队需要不同技术专长的验证人员，更需要能统观全局的验证经理。

5.2.3　任务拆分和重组

在项目立项和启动初期，摆在眼前的往往是一团迷雾，因为系统结构和设计功能描述可能还未完全确定下来，相邻模块的不确定性也影响到自身模块。这时，往往考验验证经理的经验，他需要在不确定环境当中找到确定因素，安排验证进度、估算所需的验证资源。验证人员也需要开展可以实施的行动。

任务拆分指的是将一件用时较长或较复杂的任务拆分为相对独立的小任务。拆分任务的好处表现在：

- 更容易清楚要做的任务的技术难易和时间长短；
- 帮助分辨不同的小的任务之间的依赖性；
- 发现哪些部分是核心，哪些部分存在风险；
- 在有多人参与的情况下，可以帮助更合理的分配任务；
- 细分的任务有助于进度跟踪和工作量化。

任务重组指的是验证经理在统筹各个模块、不同验证节点之间任务时，可以合理地对不同任务进行合并、转接、排序等，目的是更有效地利用整体的验证资源。常见的任务重组场景包括：

- 发现各个模块验证中共同的可利用资源，指派专人维护这些资源（验证 IP、回归工具、环境、脚本、仿真工具等）。
- 当模块 A 和模块 B 都需要创建一个类似环境或组件时，考虑两个组之间共同规划同一个环境或参数化的组件，以便减少整体工作量，提高模块复用性。
- 在发现不同模块之间有依赖性时，需要安排优先级，消除依赖路径，尽可能使全员行动起来。

上述验证管理三要素，无论对验证经理还是对普通的验证人员，都有参考意义。在日常工作中，我们要将如何提高验证效率记在心上，尽早为验证做安排、早行动，在愈加快速的芯片开发中保持团队的节奏感。

5.3 验证的收敛

随机验证的方式使回归（regression）测试更加有意义。一般地，我们基于两种目的提交回归测试表：

- 随机验证环境每次仿真产生的激励序列不同，使得每次仿真均对覆盖率做出贡献，往复递交同样的测试变得有意义。
- 设计缺陷被发现后，回归测试序列需再次提交，以确保之前的功能点测试无误，同时设计缺陷也被修复。

通常，回归测试指的是每次将所有测试用例提交到服务器上运行，并且检查测试结果。这种方法在时间和计算资源上对模块级的回归测试也许是可行的，而对于芯片级，这种方式每次消耗的时间和资源恐怕需要重新考虑。在实际项目中进行回归测试，需要考虑下面的因素：

- 回归流程；
- 回归质量；
- 回归效率。

5.3.1 回归流程

在芯片的开发周期中，通常是从模块级到子系统级再到芯片级，设计、集成和验证都按照这样的步骤。那么采取瀑布集成的方式是否可以完成快速的 SoC 芯片周期呢？恐怕很难。虽然我们之前列举了不同项目节点的内容，方便项目过程中参考，但实际的窘境是，由于紧张的节点安排，往往是"一波未平，一波又起"。例如，本应该在 RTL2 之前完成模块级验证工作、在 RTL3 完成芯片级验证，但实际情况往往是，在 RTL2 节点上可能只完成 80% 左右的模块验证工作，其余模块验证工作需和芯片验证工作一同完成。一方面，作为验证经理，需要顶着压力，在 RTL2 结束后开展芯片验证工作；另一方面需要同时追踪各个模块的验证进度。所以，回归流程没有一致的标准，更多的是要符合实际的项目需求，同时又要在节节落后的情况下保证最终流片能够按时完成。这看起来是一种与项目进度的妥协，但更多地需要验证经理清楚哪些任务是必须在节点前完成、哪些任务可以适当延迟，总体控制风险，如同走钢丝一样，平衡一词始终需要牢记心间。

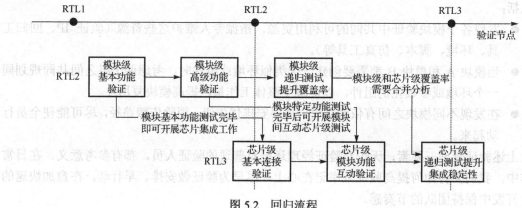

图 5.2　回归流程

如图 5.2 所示，接下来让我们看看如何在快速的项目周期中做出合理的回归流程。

● 在模块设计阶段，除了准备验证环境，在验证的基本功能完备之时就应创建一些基本测试用例，并形成一份基本功能回归列表。该列表在 RTL2（模块周期）前必须全部通过。

● 同时，在保证基本功能回归列表时，一些高级、附加功能仍要尽可能多地在 RTL2 前完成验证。但这些功能可能有部分需要在 RTL2 和 RTL3 之间完成验证，所以按照优先级划分的高级功能回归列表也要作为模块验证完成的检查项。

● 由于在 RTL2 节点时可以保证基本功能的正常工作，这一份回归测试表单也使得在 RTL3 开始时进行的芯片集成工作得到保证。完成集成后，各个模块之间的互动也可以初步完成测试。此时，各个模块同其他模块的通话依赖于这些基本功能的测试表单。

● 在 RTL2 与 RTL3 之间，完成模块级的高级功能验证后要反复提交回归测试列表，通过大规模的随机测试来检验设计的稳定性，并完成覆盖率收集。

● 模块功能验证必须在 RTL3 之前完成，芯片级验证则要在门级仿真之前完成，并尽可能减小落后于节点的差距。这样才会留给后端部门稳定的设计（出现更少新的缺陷）来做物理实现，为门级仿真尽早提供网表和时序反标文件（timing back-annotation）以便开展门级仿真。

那么在以上流程中出现了缺陷该怎么办呢？应该遵循的原则是：

● 选择更小的验证环境、给出更少的变量，实现更容易调试的环境。具体而言，在芯片级遇到缺陷，可以在模块级验证则优先在模块级验证，同时尽量缩小配置的变量数目，以此重现错误场景。这种方式更有利于错误定位和缺陷修正。缺陷修复后，可以在更小的验证环境中重复之前的测试，确保之前出错的场景通过。

● 缺陷完成修复后，仍要分别进行模块级验证和芯片级验证的回归测试表。确保除了缺陷修复之外不引入新的缺陷，所有之前测试通过的功能仍然可以正常工作。

5.3.2　回归质量

在软件的迭代开发中，除了保证测试质量还要通过单元测试保证设计在每次提交之后（版本更新或缺陷修复）完成设计的自我检查，以便在提交给验证人员之前保证基本功能通过，减少明显设计错误带来的设计与验证人员之间的额外沟通和时间消耗。这种有效的方式越来越广泛地运用到芯片验证过程中。提高回归质量的策略在图 5.3 中给出。

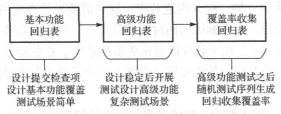

图 5.3　提高回归质量的策略

　　每次完成芯片设计后，可以通过回归测试工具将设计、验证环境的编译、仿真、结果检查集成为一体，也可以通过一些简单的命令由设计者先查看基本功能是否正常工作。只有在保证基本功能回归列表测试完成以后，我们的版本管理工具才会允许设计文本的签入（check-in），同时通知验证人员设计的更新，由验证人员展开其他高级功能或者更高层次的验证工作。

　　之前提到，如果验证人员发现了缺陷，在缺陷修复后，设计人员应先通过基本功能测试再递交给验证人员。验证人员需要做的是，检查之前错误的场景是否可以通过，同时创建专门针对该缺陷的基本测试来更有目的地完成验证。在这些激励确定性（determinacy）较明显的测试完成之后，我们也会给出更宽松的激励，对设计产生更丰富的测试场景。通过随机回归测试，我们可以在每次回归测试完成之后收集覆盖率，分析一些功能点覆盖漏洞，在下一次回归测试开始之前，有意地偏置（biasing）调整随机约束，使产生的激励更有可能填补那些功能点漏洞。

　　除了随机测试以外，我们也会通过形式验证的方式来完成验证。我们提供的多种属性检查分为基本功能属性和高级功能属性，这种简单的分类可以保证设计每次提交以后首先保证基本功能属性，而高级功能属性的验证由验证人员完成。同时，覆盖率也可以在形式验证中收集，并且和其他动态仿真的覆盖率数据实现合并和分析。

　　随机测试的回归序列若要实现更高的覆盖率，就要运行多次。这种方式使得覆盖率收敛曲线随着回归往复的次数而提高，但是该方式非常消耗运算资源和时间。在通过回归方式完善功能覆盖率和检查设计功能时，建议将它们区别开来。比较合理的方式如下：

- 在前期设计不稳定的情况下，主要定向提交一些测试用例来快速检查功能是否通过。
- 在设计比较稳定后，可以规划用时较短、测试场景较简单的用例，检查核心功能点是否通过。
- 在设计后期，应一方面实现复杂场景，另一方面大量提交回归测试表来完善功能覆盖率。

▶▶ 5.3.3　回归效率

　　回归测试是一种确保设计功能通过的稳妥手段，方便操作管理，也可以提升覆盖率。在追求验证完备性的同时，回归测试的效率问题越来越受到重视。回归效率的现状考量基于以下几个方面：

- 在模块验证阶段，随机测试方式使得倾向于反复提交测试表来产生各种可能场景，到了后期，覆盖率难以更多提升。那么如何精细控制随机约束，使每次回归测试总有新增覆盖率的收获，是要深入解决的问题。

● 在设计缺陷得到修复后，如何快速检查设计基本功能，保证设计版本提交的质量，进而转移到验证人员一侧，提升沟通效率，这也需要设计合适的回归表。

● 在芯片级验证阶段，由于测试用例时间明显加长，每次回归整个测试表（数以千计的测试用例）耗时极长。由于芯片级测试更多地是基于 C 的验证，在项目后期集成改动较小的情况下，反复回归的收益明显降低，而验证管理又需要这样的数据，这种矛盾也需要化解。

基于以上考虑，在日常工作中，建议采取以下办法提升回归效率：

● 在可实现的情况下，考虑切分测试场景，将一个长的测试序列切分为多个序列，并为其创建多个测试用例。这么做的好处是避免过于冗长复杂的测试，划分为多个用例可以实现并行提交测试，用计算资源换来时间的节省。

● 对一些较难切分测试向量的场景，例如芯片级仿真需要首先完成上电、复位、时钟使能，同时芯片处理器需要完成初始化、搬运执行代码的过程，可以考虑通过快速跳转到特定状态来实现缩短测试时间的要求。

● 针对第二条所描述的特定状态，即一些需要通过长时间运行来到达某一状态的测试，我们建议分为两个阶段。第一阶段检查跳转到该状态的条件是否满足，进而检查状态跳转。一旦第一阶段被验证通过，我们就可以让其余用例省略第一阶段，即通过直接初始化到该特定状态来节省时间，例如强行置位硬件寄存器、状态位等方式，使设计快速跳转到某一状态，缩短验证时间。

● 尽可能给予充分的计算资源。目前用于仿真的普遍方式是，中心化的服务器群提供计算和数据存储资源，通过资源分配管理实现充足的并行运算资源，使回归测试表尽快执行完毕。

从对回归测试的流程、质量和效率的论述可以发现，智慧合理的回归测试方式有利于设计的发布质量和快速稳定。

5.4　让漏洞无处可逃

5.3 节提到如何快速有效地进行验证收敛，即利用回归测试表产生更多复杂场景和提高验证的覆盖率。在验证收敛的过程中，无论你是验证人员、设计人员还是系统人员，都不可避免地会遇到一个问题，那就是——检测出了漏洞，应该怎么办？

设计漏洞较易理解，因为一旦验证环境的参考模型与硬件设计的结果产出不一致，且最终分析得出设计并未完全遵循硬件功能描述时，那么设计漏洞便被发现了；而在验证的过程中，如果发现了硬件的问题，且最终回溯到硬件设计有遗漏并不完善的时候，硬件设计描述便产生了一个漏洞；容易被人忽视的是，发现验证环境的漏洞以后，经常是由发现者提交问题邮件、由环境构建者检查并最终确认和修改漏洞，这种局部的方式可能造成更多不知情的验证人员被该问题阻碍，或者新的项目仍然会重复之前的陷阱。所以，验证环境的漏洞（一般属于芯片级验证环境）也需要被记录；后期门级仿真中因综合时序不满足采样条件导致的门级验证失败，也需要将时序问题予以追踪，这种方式会提醒后期项目着重关注一些较长的或较难处理的时序路径，进行有针对性的优化。验证过程中还会遇到别的问题，如仿真工具问题、标准单元设计库问题、第三方 IP 问题，等等。

我们可以总结出，发现问题后进行跟踪的基本依据是：如果该问题明显影响项目进度，或者影响大范围的群体，或者对后续项目造成影响，就要记录这些问题并跟踪它们的解决情况。如果在项目实施中（这里专注在硅前验证阶段）发现了满足上述情况的问题，也要记录下来。在这里，我们将问题追踪分为下面的几种类型：

- 系统功能定义问题；
- 硬件设计问题；
- 芯片验证环境问题；
- 综合时序问题；
- 硅前工具问题；
- 引用库和 IP 问题。

对硅前问题进行分类后，接下来要将它们记录到合适的数据库中。该数据库不但要**记录**问题，还要起到**分类**、**派发**、**查找**、**追溯**、**报告**的作用。芯片设计项目除了在执行过程中参考软件项目的构建、分块、依赖路径、决策的方法，也在问题追踪上借鉴软件开发的方式。软件开发更早地使用标准化的问题追踪工具来执行项目，随着芯片开发的进度逐渐加快，一些商业的或免费的问题跟踪工具进入了芯片开发的视野，例如以下这些问题追踪工具：

- **商业工具**：Team Foundation Server （Microsoft），JIRA，Rational ClearQuest （IBM），HP Quality Center （Hewlett-Packard）。
- **开源工具**：Bugzilla （Mozilla），Redmine，Trac （Edgewall），Mantis。

这些问题追踪工具一般具备下面的功能：

- **记录**：需要记录的内容有问题标题、内容、出错场景、背景描述、发布版本、测试用例和相关文件等。
- **分类**：归属于哪个项目、哪个环节（系统、设计、验证还是其他）、哪个模块以及问题严重性（致命、重要、中级、改进）。
- **派发**：在跟踪系统中，问题一旦提交，它的生命周期即开始。接下来由管理层指定问题回顾和修复的人员，再转由下一位问题持有者完成所需做的环节，继续指定问题的下一位持有者。在后面的问题跟踪流程中将详细介绍这一问题。
- **查找**：遇到漏洞时，除了与漏洞相关人员沟通之外，在提交问题之前还要利用问题追踪工具数据库提供的查询功能判断，该问题以前是否发生过、有无解决方法；我们可以很方便地利用问题独一无二的 ID 编码在工具搜索栏中快速调出该问题的背景和进度。
- **追溯**：问题从被提出到被派发、解决、验证和最终关闭，在一个项目中走完它的生命周期，但不排除它可能在下一个项目中"复活"。造成问题复活的可能因素有很多，比如问题重新发现、原解决方案不再满足、新项目继承上一个项目时一些问题修复没有被集成进来仍然需要再次修复，等等。所以，问题追溯的好处在于，可以看到同一个"顽固"的问题是如何在不同的项目之间（尤其是多个并行项目中）产生的。
- **报告**：谁最喜欢看报告？当然是管理层！他们时间有限，若不能深入前线听到枪响、嗅到火药味，那么对他们而言，看到一份数据健全、有内容的报告必不可少。问题追踪工具从项目周期开始统计出多个维度的数据，如常见的设计问题提交、修复、验证和关闭趋势图，从这张图可以看出项目执行的健康状况；又如硬件设计缺陷提交曲线图，若曲率到项目后期仍居高不下，可能意味着结构性的严重错误，由此进一步导致项目延期乃至调整硬件结构。

了解问题追踪工具基本的功能之后，还要清楚如果在项目工作中发现问题，如何使用工具来提交、跟踪、修改和验证这个问题，状态之间的跳转通常在什么情况下发生。图 5.4 是针对硅前芯片开发流程的，实际上，问题跟踪周期要比这个状态更长，还包括了硅后测试周期。在这里我们集中在硅前芯片开发阶段，来依次解释各个状态的表征以及状态之间的跳转条件。

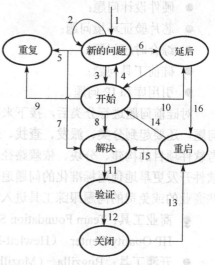

图 5.4　问题追踪流程

新的问题：在项目执行中发现一个新的问题，当它带来的影响满足提交的基本依据时，就要在问题追踪工具中提交这个问题，填写相应的内容，这对应步骤 1。接下来，提交者将问题派发给需要解决问题的所有者。如果所有者发现该问题不属于他的模块，那么他应将该问题派发给真正的问题所有者，即步骤 2。问题所有者进行研究，确定属于系统结构、设计或者验证问题，然后他可能进入开始状态，修复问题，即步骤 3；如果问题所有者分析发现他的模块并不会导致该问题，问题是由其他模块引起的，那么他可以将状态重新修改为新的问题，即步骤 4。该问题之前已经被发现过，则将状态修改为重复状态，即步骤 5，同时需要备注已经提交相同问题的 ID 号，用来追溯该问题。该问题如果不严重影响项目进度且不是致命问题时，要同管理层商讨。假如最终确定有软件方法或其他修补方法时，可考虑修改为延后状态，即步骤 6，待后续项目进行时，可以重启该问题。如果问题所有者发现该问题实际上已经在新的发布版本中修正，他可以将状态修改为解决状态，即步骤 7。

开始：当问题开始进入修复过程时，问题所有者经过研究并做出修正，同时将问题修改为解决状态，即步骤 8。在这一状态中，问题所有者仍然有可能将状态修改为重复或者延后，即步骤 9 和步骤 10。

解决：问题修复后，问题所有者将该问题派发给验证人员。例如，设计人员派发给验证人员要求测试漏洞是否修复成功，系统人员派发给设计人员要求检查功能描述是否与设计相符等，这一过程即是图 5.4 的步骤 11。

验证：问题得到修复和验证后，问题再次派发给当初的问题提交者或管理人员，由他们将状态修改为**关闭**状态，即步骤 12。

关闭：问题关闭之后，问题的提交者如果在回顾问题时发现问题没有完全解决或者再次遇到此问题时，他可以**重启**问题，即步骤 13。

重启：问题得到重启后，问题所有者需再次进入问题，检查新的问题场景，经过研究后

- 如果问题仍然需要再次修复，则进入开始状态，即步骤 14。
- 如果问题的场景需要另外的软件配置，或者已经修复，则可转入解决状态，即步骤 15。

● 如果问题受限于实际，暂时无法修复需要延迟，则需要步骤 16。

以上各个状态以及状态之间的跳转，符合一般芯片开发中的问题追踪流程。从流程的细节中可以发现，问题追踪管理的特点是：

● 符合实际工程应用，状态之间的跳转合理。
● 问题一旦提交即有两方——提交者和所有者，且这种状态一直持续到问题的生命周期结束，即关闭状态。
● 追踪工具可以满足工程师和管理者的需求，让双方共同参与，深入记录第一线的资料（问题描述、解决方法、验证方案），同时提供整个项目的执行状态。
● 管理者并不需要在问题的生命周期内全程参与，他可以随时介入，但更多的状态跳转只需要由工程师执行。这样减轻了管理者的负担，为他们留出时间统揽全局。

至此，我们将问题追踪的需求、分类、工具和流程介绍完毕。有了团队间的协作，接下来我们将进入"人"的环节，看一看如何在长、中、短期建设验证团队，使验证团队成为公司的宝贵财富。

5.5 团队建设

在工程技术领域找出比芯片验证更考验团队合作的项目类型可能很难，之所以这样讲，是因为验证质量只有在流片之后经过测试、用户反馈才能得到最终结果，而且，验证非常依赖于团队的整体协作，100 人的验证协作如果其中有一个人疏忽了，那么我们只能心里默默祈祷，希望他疏漏的模块功能作用没有那么广，影响没那么大。我们在验证工作中，面临紧张的进度，除了加班加点赶任务，有时候也需要停下来回顾一下走过的路，检讨是否走过弯路、遗漏了探寻的地方。我们不但要尽量实现验证的完备性，也要考虑如何利用现有的人力资源实现最大化的验证收益。

除了越来越完备的各种验证方法、工具和流程，我们还需要注意到，人始终是项目顺利进行的至关重要的因素。招聘到合适的人，融入一个优秀的验证团队，是公司和个人都要关注的地方。本节将"以人为本"，讲一讲如何建设一个具有优秀文化的验证团队。

在加入一家公司之前，我们要了解他们的企业文化；而一旦加入一家公司，团队文化对我们的影响较之我们对公司团队文化的影响更胜一筹。因为人日常工作中要在自己的团队中工作，或接触其他团队，受到团队文化的影响。接下来我们介绍的 7 个好习惯[4]，有的是广泛意义上的团队习惯，有的则是专门针对验证团队的建议。这些习惯尽管并不会列在我们执行项目的检查清单中，但对保持整个团队的健康和活力有着积极的作用。

1. 习惯 1：从全局入手

在处理同一件日常事务时，专家的考量角度总会比新手更高、更广、更丰富，解决问题的方案也因此有高下之分。无论你是专家水平还是新手入行，都有更高、更全面的视角等待挖掘。对一个团队而言，项目启动时，如果团队负责人能对项目的周期、难点、人力估计、环境建设作出响应，与团队分享他的视野，保证团队清楚接下来如何作战、清晰了解每个阶段的作战目标，那么团队中的每一个人会因此在思考问题时多一种全局观。从全局入手解决问题，往往更有利于项目的中长期运行，综合下来，也只需要更少的资源去实现。

2．习惯 2：追求百分百

如果一个问题从硅前 RTL 隐藏到门级仿真，那么代价将是数倍的增长；如果被隐藏到了硅后测试，那么代价是数十倍的。问题带来的影响随着时间不断放大，所以，如果你遇到了问题，马上就去解决。不要说什么"这个问题放到下周去处理""这个节点结束以后再做"的推脱之辞，要知道下周有下周的问题，这个节点结束了还有下一个节点。这里我们要强调的是，"立即着手去做"。如果你发现了一个可能影响团队的问题，更应该主动修复，避免影响到更多的人。也许，由于追赶节点你放缓了一些问题的处理进度，但请一直将它们记录到你的待处理事项清单上，直到你真地做完。

3．习惯 3：保持面向对象的开发习惯

对硬件设计者而言，面向对象的开发方式不一定需要熟悉，而对验证工程师来说，面向对象的开发的重要性尤为明显。无论你使用 SV、SC、C++还是 Python，如果需要开发一个长期维护的工具，请首先考虑面向对象的方式。笔者曾参与过一些芯片验证工具的开发，在早期功能简单的阶段，由于没有对日后软件的结构有充分的认识（缺少习惯 1），使用了过程语言的方式构建了软件工具的框架；等到需要大幅扩容软件功能时，在后续的开发中承受了诸多痛苦，而首当其冲的就是当时缺少面向对象构建的思想。最后的结果可想而知：我们不得不在后期软件功能越来越多、维护越来越吃力的情况下重新设计框架，采用面向对象的方式去实现。

4．习惯 4：合理复用

复用一词是高效验证的核心理念之一，无论是方法学的推陈出新还是验证环境的搭建维护，都需要始终考虑复用。复用所涉及的范围也很广，在设计模块复用、验证环境复用、测试用例复用之外，还包括项目环境复用、脚本复用等。验证目前占到整个芯片前端开发 60%以上的工作量，提高复用性可以加快验证速度，同时减少维护成本（对于一些专用 IP 模块尤甚）。所以在验证工作中，可以考虑通过验证环境参数化、脚本自动化、提交文档等方式，使验证环境便于维护和使用。

5．习惯 5：保持创新

除了书本上的知识，更多的磨炼来自于项目执行。在从新手逐渐转变为"老司机"以后，往往会有一段倦怠期或者自满期，因为验证人员可能觉得对所属的模块已经足够了解，验证环境也熟练了，似乎没有那么多再需要埋头深挖的地方了。这个时候，建议你不妨争取新的模块和任务，我们看重的是熟练的"新人"在接手新任务后提出的问题和改善措施。我们相信验证总有需要不断完善的地方，在新的领域你的思想可能会保持一段活跃时间，促使你提出一些新的改善方法。同时，如何让大脑保持不断创新的状态呢？除了不断学习、不断交流之外，那就是永远对验证效率的不满足。实际工作中的创新，一旦被证明它对整个团队的价值，那么不单单是它的作用逐渐放大，你也可以感染和吸引更多的人加入到你们的创新队伍。

6．习惯 6：高效沟通

验证团队不断扩大，人员一旦超出 10 个人，整体的沟通效率会随人员的增多而下降。对此，我们提出几个建议来有效提高团队的沟通效率。首先，可以考虑将团队拆分为 5 人以内的小组，平行执行任务，保持各组之间的独立；其次，团队中成员之间的沟通优先考虑面对

面谈话，次者打电话，再次写邮件，我们相信当面沟通是最高效的方式；再者，尽量少开会、开短会，只邀请必要的人参加，节省他人时间，也节省自己的时间；最后，如果条件许可，在一些关键项目节点前将团队成员聚集在一起办公作战，减少沟通成本。

7. 习惯 7：突破责任边界

可以通过定义模块层次和结构实现设计的边界划分，而验证工作中则无法清晰地划分边界，因为模块之间往往有互动功能。一般情况下，遵循主从端、上下行数据传输和功能实现工作量大小的方式来确定互动功能由哪一方验证。例如，如果模块 A 是主端，模块 B 是从端，在集成验证中，模块 A 的验证人员需要验证从模块 A 发起的访问经过模块 B，再回到模块 A 的数据通路；又例如，如果模块 A 实现了互动功能更多的逻辑部分，那么应该由模块 A 的验证人员来发起集成验证。尽管我们希望合理划分验证边界，但仍然难免有一些边界不清晰的功能交互部分。这时候，如果模块 A、B 双方可以突破责任边界，积极承担各自的部分，或者从项目整体出发定义验证的完整方案，其后再考虑工作的承担问题，毫无疑问这对于整体验证质量是大有裨益的。

通过上述的验证团队的 7 个好习惯不难看出，优秀的验证团队需要从职业技能和工作态度两方面来培养。关于公司和团队如何着眼于个人，培养他们的职业技能，以及个人如何不断塑造自己的工作态度，将在 5.6 节中进一步详细阐述。

5.6　验证师的培养

之前针对验证师的"自我修养"提出了与技术和项目有关的要素，明白了验证师需要得到多方面的锻炼。在这些因素背后，通过日常的观察，我们可以发现优秀验证师共同具有的能力。这些能力不完全是与生俱来的，如果你愿意下工夫，也可以通过平时的积累养成出色验证师的 6 种能力。

5.6.1　全硅能力

目前，软件开发领域炙手可热的人才之一是全栈工程师（full-stack engineer），他们往往通晓前台后台数据库的垂直开发，对系统构建的理解也更开阔。我们验证领域也急需类似的人才，笔者称之为"全硅工程师"（full-silicon engineer）。相比于对软件领域全栈工程师的要求，对芯片验证的全硅能力的分析，我们着眼于技能和视野两方面。

在技能方面，需要掌握主流的验证方法、工具，并能结合实际构建合理的验证环境；同时他硬件、软件两方面都要精通，可以随时切换服务硬件调试和软件开发。硅前验证完成后，他也能在硅后测试过程中配合测试人员，给出可调试的方法或创建测试用例。目前的验证方法和理念都在不断更新，工具的特性也越来越复杂，在技能方面需要的是不断学习的习惯。

同时，在日常工作中，由于全硅验证师有更远、更广阔的视角，无论是团队技术积累还是项目的整体收益，他都能够提前做出部署，早一步展开准备工作。团队里面有这样的人，往往如同定海神针，指引整个团队的项目工作和未来的技术储备。

5.6.2 不做假设

不做假设（no assumption）的能力往往与日常工作的习惯相违背，因为工程师往往喜欢做假设。他们在奇怪的现象面前容易做假设，或者在暂时解决不了的问题上习惯做假设。这些假设很多时候并非问题的根本原因，工程师只是通过观察问题体现的各方面表征猜测问题的根源。更多的时候，一旦由于时间、精力无法当时深究原因，而所做假设看起来能暂时解决问题，这些假设就会被逐渐忘记它们原来只是一种假设，被当做事实而堂而皇之地发布到正式的环境或产品中。

这种有意或无意的行为，很有可能产生新的问题。因此，没有弄清楚原因的解决办法都只是暂时的替代办法，而无法保证永久修复问题。在这里，我们将常见的一些工作场景和建议改善列举出来，希望读者可以完善自己的习惯：

- 在进入新项目时，假设该项目继承于之前的项目，于是所有的工作都参照以前的项目。这种做法背后隐藏的风险是，可能老的项目自身也不是百分百的完善，也有需要修改的地方。这里我们建议做更多的背景了解，从经历过之前项目的人员那里得到第一手的资料。
- 在搭建验证环境时，你可能会假设硬件的行为、时钟、复位、数据输入的方式等。这种做法背后的风险在于限制了激励的种类形式，同时也可能与设计思想有出入。我们建议与设计师多沟通，了解设计的行为，同时也将更多的激励组合方式考虑到验证环境中。
- 在验证过程中，由于设计、环境、集成等各方面的因素，暂时需要对设计中的信号或者功能通过强行置位的方式，或者需要对验证环境做出暂时的改变才可以让验证继续进行。这里隐藏的风险在于，一旦忘记将这些临时的做法擦除，那么功能验证结果的可信度就会下降。我们建议将所有临时的做法在一些项目节点上做集体回顾检查，消除这方面的隐患。

5.6.3 专注力

在一件事情上专注一天、一周或一个月不难，而很多年始终如一的坚守一件事情，无论对什么行业、什么职位来讲都是一个挑战。对验证师的综合能力要求越来越高，培养一名验证师所花费的时间和精力也不允许验证师轻易换岗。所以，我们对验证师长期深耕验证技术领域的建议是：

- 验证过程中会遇到各种困难，需要用专注力（concentration）去克服。
- 验证完备性要求高覆盖率，这需要专注力来不断完善环境，有足够的耐心创建多样的测试。
- 验证技术发展很快，要求验证师关注验证领域的最新动态，将新技术新想法应用到实际项目中。

5.6.4 逻辑性

逻辑性（logic）可以运用到工作的各个角落，无论是解决问题的思路、安排任务的先后顺序还是沟通对话，都需要有良好的逻辑性。严密的逻辑性这一能力也直接决定一个人工作效率的高低。我们将验证工作中有关的逻辑性进一步划分为以下几点：

- 环扣思维：无论个人日常思考还是与人交流，工程技术问题都强调严谨的逻辑，环环相扣的证明。请尽量避免跳跃式的沟通方式，不过这一点在开展头脑风暴会议中可以忽略。
- 优先级划分：在同时处理很多事情时，有的人往往会乱了方寸，或者对整体的进度没有准确评估而影响到别人。事务优先级的划分可以让人在一段时间内优先解决更迫切的问题，同时这种专注的方法也可避免因不断切换问题而分散注意力。
- 分工协作：验证师在芯片级验证阶段需要更多的合作。如果整个团队的协作良好，那么大家都会清楚自己和其他模块验证师之间的验证依赖路径，从而一同朝着整体验证目标迈进。
- 结构化复用：这是针对环境的一项具体要求。验证师只有清楚模块自身和集成的细节，才能设计出可以更容易复用的验证结构。

5.6.5　"战鼓光环"

优秀的验证师除了自身工作高效、经验丰富之外，也要将自己的经验尽可能多地输出给团队。一个验证团队需要几位身经百战的"大牛"指导工作，同时鼓励大家，提高整体的士气，及时帮助团队解决难题，笔者这种积极的能力辐射称为"战鼓光环"（war-drum aura）。团队中的"大牛"除技术精进之外，应具有以下的能力：

- 激励（driver）。在团队完成一项任务时及时鼓励大家，凝聚人心。
- 督导（monitor）。关注团队的项目进度，及时发现并帮助解决问题，或者指导调整工作的方向和重心。
- 评估（scoreboard）。对团队中的个人表现作出公正客观的评价，为优秀验证师提供更多的机会。

5.6.6　降低复杂度

这是一种特殊的能力（但并非无规律可循），应用这种能力最多的场景就是调试古怪的问题。人们在遇到一种超出自己能力和经验范畴的问题时，往往要尝试不同的方法来解决问题。没有人在爱迪生发明灯泡之前知道钨丝是电灯最合适的材料。在一个前所未见的问题面前，首先要考虑的是通过降低问题的复杂度（complexity reduction）来逐一突破。试图一步到位地解决问题，走的弯路恐怕不见得比一步一步解决少。降低复杂度的技巧一般包括：

- 拆分问题：将问题尽可能拆分为多个子问题，找到依赖关系和难点，逐一攻克。
- 引入最少变量：针对问题做各种尝试之前，将问题的变量数目减少到最少。最快的方式反而是逐个调节变量，而不是对多个变量的复杂组合作出尝试。
- 搜索资料：无论是通过同事间谈话、查阅文档还是网络资源的方式，正确提出问题，将问题拆分为别人听得懂的、熟悉的形式，有利于得到有价值的建议。

看到上面这些优秀验证师的能力，你不妨结合自身思考一下，自己还有哪些地方需要日常的修炼。无论在什么工作岗位，不进则退，如果你不想在多年以后对所从事的工作产生厌倦，那就趁现在还年轻，在阅读这些验证知识时，开始这 6 项验证能力的修炼吧！

5.7   验证的专业化

人们对一个行业持有偏见多半是因为没有亲身体验。在芯片领域，验证职业受到的偏见丝毫不少于其他行业。每年与本专业新入学的学生交流时，发现他们对验证的理解仍停留在学习 VHDL 或 Verilog 的阶段。比如，通过一个简易包装的测试盒子，发送固定时序和内容的激励来测试设计，让他们用眼睛比对数据结果。当笔者在第一堂课将十多种验证方法列举出来时，从学生的表情就能知道，他们之前对此一无所知。这么看来，象牙塔里的职业教育要落后工程界很多年！要知道，那些老套的验证教育方法十多年来一直都是那样，从未有什么变化。

▶▶ 5.7.1   对验证的偏见

让我们将目光再切回到企业。在企业中，从执行层到管理层，对验证的偏见也一样不见得少。下面这些情形经常听到、看到，读者可以对照自己的所见所闻，看看言中了几点：

（1）公司 A 目前的设计复杂度低，而且有来自市场的压力，所以他们更愿意在设计做完后经简单测试直接通过 FPGA 实现和测试原型，至于 RTL 验证的投入，少得可怜。

（2）公司 B 的验证平台已经有很多年没有更新了。设计越来越复杂，但一直缺少经验丰富的验证师来更换升级公司的验证平台，所以，在新的项目开始时尽管能听到越来越多对验证平台老旧不便使用的抱怨，项目管理者还是以缺少合适的人力为理由，让大家通过加班来弥补验证平台的效率缺失。

（3）公司 C 没有专门的验证团队。验证的工作几乎是公司内部的设计人员之间互相合作验收的，在缺少验证标准、计划、环境和文档的情况下，设计师同时兼任验证师的角色。如果问设计师实施验证是否困难，他们会回答，不就是添加激励、观察行为是否异常吗？看来，他们认为，只有设计工作才应受到公司更多的关注……

（4）公司 D 的验证师团队整体实力与设计团队有不小的差距。通过分析我们可以发现，该公司的验证团队是由公司不合格的设计师和新进公司的新手拼凑组成的。公司的管理层认为，验证的好处不单单是可以发现一些漏洞，还可以让那些做不好设计、暂时没经验的人先到验证环境去熟悉情况，至少不会因为一些简单的错误给设计留下一些严重的漏洞。看起来公司 D 的验证团队受到的是隐形的"二等公民"待遇。

（5）公司 E 的设计团队和验证团队比较健全，但他们之间的沟通经常不顺利。验证人员在项目前期发现一些漏洞时，可以跟设计人员探讨修复漏洞的问题；而到了项目后期，如果发现什么严重漏洞，设计人员就表现得没那么愉快了，他们不停地抱怨为什么到了后期才发现漏洞。项目后期发现的漏洞，设计团队要做更多的修补工作才有可能不影响项目节点，这无形中增加了设计团队修复漏洞的难度。

我们可能找不到对验证持有偏见的历史根源在哪里。但有一点较为明白，初期的设计复杂度低，验证也较为简单，对验证职业技术含量低的错误认识多年以来慢慢积累，以至于相关的教科书、工程应用/学术论文等都传达了这样的信息，公司管理、技术晋升等方面也没有让验证这一工作得到应有的重视和尊重。这些问题积累下来，最直接的就是影响公司芯片的质量。回过头来看看上面列举的几家公司，它们的认识具体错在什么地方：

（1）公司 A 虽然看起来在用 FPGA 快速得到测试结果，但是更多地是将设计作为黑盒验证，缺少内部信号的检测调试，同时也缺少随机激励的场景来达到验证的完备性。

（2）公司 B 为什么缺少合适的人？恐怕与对验证不重视有很大关系。如果一开始从验证人员招聘和对验证贡献的充分肯定上入手，那么验证人员的培养就不会比设计人员滞后那么多。

（3）公司 C 只是充分"信任"设计师的验证能力，并没有把验证看作一项需要单独培养的技能。验证确实不是一项技能，但是一种需要综合许多知识的技能。

（4）公司 D 看起来倒是通过这种小聪明避免了那些麻烦的员工给公司造成无法挽回的损失，但除了让员工感到不被信任外，公司如何保证他们做好自己的验证工作，发现应该发现的漏洞呢？要知道，设计埋下的漏洞如果没有被发现，在追究过错方之前，公司的损失已然无法挽回，这难道是公司期望看到的吗？

（5）公司 E 的设计师越到后期越不情愿看到自己的设计被发现漏洞，也越发不愿意与验证人员进行畅快的沟通。除了要理清设计和验证的关系，公司还要多鼓励验证团队，让他们在关键时刻顶住压力，应该报告的设计漏洞要义无反顾地提交；公司应为此打开香槟庆祝。当然不是庆祝他们为了漏洞修复而加班一个夜晚，而是庆祝又一个漏洞在流片之前被发现，为公司避免潜在的损失。

5.7.2 验证面临的现状

芯片业对验证的偏见不仅来源于公司和业界的成见，教育行业对偏见的产生和持续存在也不无责任。近十年来，高校的教育与芯片行业的脱节越来越严重。有一次在课堂上，当笔者问同学们是否学习过面向对象编程语言时，在场的近百位同学只有两位举手。有的同学问我，为什么要学习一门软件编程语言？软件编程语言和芯片设计有什么关系呢？集成电路专业的研究生在本科期间缺失的软件教育由此可见一斑。

笔者在为同学们选择教科书时实在是捉襟见肘。最大的限制是：国内严重缺少芯片验证领域的图书，国外优秀的相关图书又没有被及时引进和翻译。对从事验证职业的工程师，业界优秀的图书内容本身与实际工作联系不够紧密，大多数人缺少时间和条件查阅验证领域最新的相关论文。同时，国内缺少验证行业广泛交流的会议，这些都使验证工程师在经验积累和技术突破上缺少有效交流的途径。

然而，验证师不能因为缺少这些资源而不发声、不呐喊，而应从幕后走到台前，在公司内部、在业界、在教育领域，推动芯片验证的职业化。同时，积极参加与验证技术有关的会议，发表论文，针对各种复杂的芯片验证问题展开交流。实际上，设计之间的交流可能有泄露公司秘密的风险，而验证则没有这方面的担忧，完全可以在表述问题时简化设计的功能属性，将问题主要聚焦于解决验证复杂性方面。随着社交网络、移动互联网的发展，个人知识传播的渠道越发广泛和顺畅，我们可以借助验证技术订阅号、网络直播开展更深入的问题讨论，传播验证的知识和项目经验。

在公司层面，需要在验证师的职业发展路径上给出明确的信号和导向。不仅要做出及时的赞赏和认可，还应给出验证职业发展清晰的职业生涯发展路线图，让新员工和有经验的验证人员深刻体会到，在验证领域长期深耕可以做出与设计师一样重要的贡献，甚至做出更多的贡献。验证经理也应在公司内部合适的场合大力推广验证的理念，宣扬验证的价值和重要性；项目经理应具备基本的验证知识，尤其在分派验证工作、评估验证工作量、回顾验证质量时，表现出应有的客观、公正和专业。

5.7.3　验证标准化

如果想让验证技术呈现出清晰的理念，首先要标准化和量化验证的流程，就像软件测试环节一样。一个验证团队或一名验证师如何表明自己足够优秀呢？衡量一个团队时，我们可能在项目难易度、执行时间长短、是否延期、有无重大缺陷等方面看他们以往的成绩。如何衡量个人呢？对不足五年经验的工程师，主要看他在技能和经验两方面是否具备要求的水准，但这仍然不足以完整地评估验证水平，还需要一份综合的评估表格。与计分板（scoreboard）一样，对每个节点需做的工作、完成度、完备性、效率、复用等各维度作出评估，对验证的功能覆盖率、性能、能耗检查等进行量化。无论对团队还是对个人，只有标准化、量化的验证才能更稳健地推进项目，做到"心里清楚，手中不慌"。

除了需要优秀的验证师，验证团队还需要经验丰富的验证经理。这一要求的着眼点并不只在于日常管理，还在于针对芯片整体验证去规划验证框架、环境、流程，制定验证计划、评估人力、时间节点等。设计经理通常不要求设计符合一定的代码规范（大公司尽管有设计代码规范的指导，但遵循的人少，也缺乏代码检查工具去审视代码风格）；与设计不同，验证经理会综合考虑所在项目、之前的项目和未来的项目之间的验证环境的复用和优化，要求模块、子系统和芯片级验证环境满足垂直复用和水平复用的要求。同时，验证经理还要考虑采用的验证方法、适合人员的选派等。可以这么说，正是因为验证环境对复用度和剪裁度的高要求，我们才更需要合格的验证经理给出整体的规划，所以他的职责不仅体现在日常管理，更体现在对整体验证相关事务的全面掌握。

5.7.4　验证经验的积累和突破

经验分享是需要长期贯彻的事情，包括公司内部的分享和公司外部的分享两方面。验证的事务做久了容易让人产生倦怠，原因主要在于验证师对验证环境逐渐熟悉，倾向于按现有环境的框架思考问题，也容易满足于现有环境的效率，很难主动突破现有框架、做出改善甚至验证环境换代的举措。

公司内部交流值得推荐。内部交流沟通成本小，沟通范围广泛，不同验证团队、不同事业部或分公司之间都可以交流验证技术。没有哪一个验证团队做的环境和技术是完美的，这种交流经常能碰撞出火花，带来进一步合作、分享、成果复用的可能性，这对提高一个验证团队整体影响力大有裨益。

此外，我们也建议验证团队与外面的公司分享现有的技术改进措施、成体系的验证思想和框架。毕竟验证环境还不能算公司的机密，也很少存在代码外泄的情况。例如，通过在验证技术会议发表文章或做会议演讲，分享公司拥有的技术和验证思想，同时获取其他公司的新动态、新进展。这种在更大的验证生态环境中经常"走动"的方式，能带来不小的收获。自己在技术和管理上的困惑和疑难，可能早已是其他公司正在运用的技术。当然，你分享的验证技术也会给其他公司带来启发和帮助。

5.8　本章结束语

　　我们所处的时代对中国的 IC 行业而言可谓是黄金时代。在国家战略和市场需求的双重引导下，中国集成电路的产业规模持续扩大，发展质量不断提高，基础更加坚实。与快速发展的行业形势相比，国内的集成电路人才培养不容乐观。据估计，如果 2020 年芯片设计业达到 4000 亿元人民币产业规模，那么设计业的从业人数要从 2017 年的 13 万增长到 2020 年的 28 万，这中间存在着巨大的技术人才需求缺口。同时我们还要考虑到，"十年树木，百年树人"，人才培养并非朝夕之功。目前高校的集成电路类教育，面临着象牙塔教育与企业需求脱节的问题，给企业带来额外的时间和金钱上的培训成本。

　　笔者认为，结合目前国内的高等教育现状，较为可行的方式是将 IC 验证教育从研究生教育扩展到本科生教育。以本书的内容为例，它将验证的核心内容与虚拟的项目案例相结合，既有基础知识也有高阶知识，以培养人才的动手能力为目标，最终满足企业的用人需求。将芯片验证教育拓展到本科生教育，也可以减少本科生毕业后因就业不顺利而不得不放弃专业的尴尬现状。笔者相信，只要我们不断提升高校的 IC 教育质量，芯片验证的本科化教育一定能够为企业输送更多合格的 IC 人才，这也是本书希望推动的一件事情。

第 6 章

验证的结构

从本章开始，我们将进入验证师的日常工作，即认识设计、搭建平台、创建测试场景和设计检查。为了让读者对验证平台有直观的认识，我们将从简单的设计开始概述验证平台，由浅入深贯穿第二部分（SystemVerilog 实践）和第三部分（UVM 应用）。

从第二部分和第三部分开始，我们将基于设计实例，借助代码、框图、测试输出结果介绍语言和方法学特性。目的在于帮助读者学习 SystemVerilog 和 UVM 的同时，通过比较 SystemVerilog 构建验证环境和 UVM 方法学的异同，进一步认识通用的验证理念和新的设计模式。在开始 SV 和 UVM 的章节之前，有必要单独给出一章来模拟实际的情景，结合硬件设计考虑如何构建一个模块验证环境，同时对不同验证组件的功能进行描述。在介绍完单一组件之后，还会介绍组件之间的连接和互动，以及整个验证平台的结构。

6.1 测试平台概述

测试平台（testbench）是整个验证系统的总称，包括验证结构中的各组件、组件之间的连接关系、测试平台的配置和控制[11]；从更系统的意义来讲，还包括编译仿真的流程、结果分析报告和覆盖率检查等。狭义上我们主要关注验证平台的结构和组件，它们产生设计所需的各种输入，并在此基础上进行设计功能的检查。我们首先给出经典的测试平台结构，如图 6.1 所示。可以看到：

- 各个组件之间是相互独立的；
- 验证组件与设计之间需要连接；
- 验证组件之间需要进行通信；
- 验证环境需要时钟和复位信号的驱动。

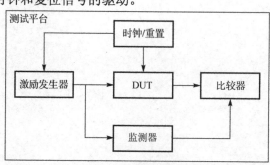

图 6.1　测试平台结构图

从**实现语言**看，验证平台经过多年的需求变化，常用的语言有 VHDL、Verilog、Open Vera、e、System C、C/C++、SystemVerilog 等。测试平台对不同语言的使用趋势可以从图 3.5 看到，近年来 SystemVerilog 的使用比例明显占据主导地位，我们会在日后的 SystemVerilog 部分介绍它的主要特性，通过对比不同的语言，体现它在验证领域的优势。此外，对 SystemC 和 C/C++在验证部分的应用，我们也会在验证方法的高级应用部分进行介绍。对于验证师而言，构建一个验证平台，除了对设计有充分了解之外，还要考虑在平台上给出更丰富完备的测试场景，并使验证组件针对丰富的激励可以做出细致的判断，最终分析设计的功能是否符合硬件描述。

接下来，我们将围绕设计实例 MCDF 进行介绍，包括它的结构、功能、时序描述。作为验证工作展开的第一步，我们有理由相信只有对设计结构足够了解，才能进行验证结构的规划和搭建。

6.2　硬件设计描述

为了模拟实际情景，我们给出贯穿于 SystemVerilog 和 UVM 章节的硬件设计 MCDF，并且遵循硬件设计描述的方式，介绍它的结构、功能、寄存器和时序。在以后的 SV 和 UVM 部分中，我们也将围绕这个硬件设计来考虑测试平台的构成。日后对测试平台的构建论述，需要经常引用 MCDF 的功能描述，请读者注意这一点。同时，熟悉硬件描述的方式是进入验证领域的一项基本技能。那么，我们就从这个规模适中的设计开始了解。

6.2.1　功能描述

我们称该设计为多通道数据整形器（MCDF，Multi-Channel Data Formatter），它可以将多个通道的上行（uplink）数据经过内部的 FIFO 以数据包（data packet）的形式送出。

上行数据和下行数据的接口协议不同，我们将在后面的接口描述和时序部分进一步讲解。多通道数据整形器有寄存器的读写接口，可以支持更多的控制功能。

6.2.2　设计结构

图 6.2 所示为 MCDF 的设计结构，主要分为如下几部分：
- 上行数据的通道从端（Channel Slave）：负责接收上行数据，并存储到其 FIFO 中。
- 仲裁器（Arbiter）：选择从不同的 FIFO 中读取数据，将数据进一步传送至整形器（Formatter）。
- 整形器（Formatter）：将数据按照一定的接口时序送至下行接收端。
- 控制寄存器（Control Registers）：有专用的寄存器读写接口，负责接收命令并修改 MCDF 的功能。

6.2.3　接口描述

1. 系统信号接口
- CLK（0）：时钟信号。

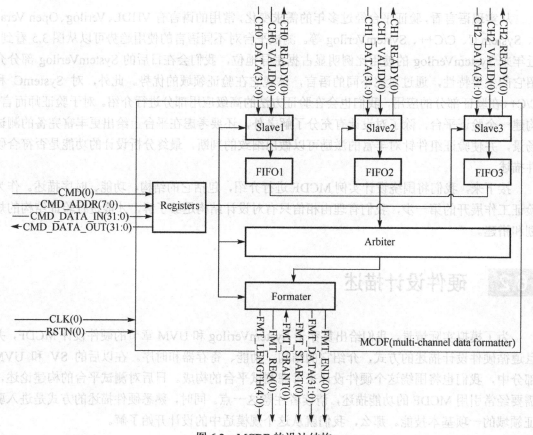

图 6.2　MCDF 的设计结构

- RSTN（0）：复位信号，低位有效。

2．通道从端接口

- CHx_DATA（31:0）：通道数据输入。
- CHx_VALID（0）：通道数据有效标志信号，高位有效。
- CHx_READY（0）：通道数据接收信号，高位表示接收成功。

3．整形器接口

- FMT_CHID（1:0）：整形数据包的通道 ID 号。
- FMT_LENGTH（4:0）：整形数据包长度信号。
- FMT_REQ（0）：整形数据包发送请求。
- FMT_GRANT（0）：整形数据包被允许发送的接收标识。
- FMT_DATA（31:0）：数据输出端口。
- FMT_START（0）：数据包起始标识。
- FMT_END（0）：数据包结束标识。

4．控制寄存器接口

- CMD（1:0）：寄存器读写命令。
- CMD_ADDR（7:0）：寄存器地址。

- CMD_DATA_IN（31:0）：寄存器写入数据。
- CMD_DATA_OUT（31:0）：寄存器读出数据。

6.2.4　接口时序

通道从端接口时序见图 6.3。当 valid 为高时，表示写入数据。该时钟周期 ready 为高，表示已经将数据写入；该时钟周期 ready 为低，需等到 ready 为高的时钟周期才可以将数据写入。

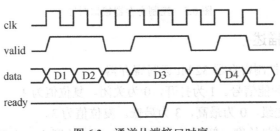

图 6.3　通道从端接口时序

整形器接口时序见图 6.4。整形器是按照数据包的形式发送数据的，数据包的可选长度有 4、8、16 和 32。整形器必须完整发送某一个通道的数据包后，才可以转而准备发送下一个数据包，在发送数据包期间，fmt_chid 和 fmt_length 应保持不变，直到数据包发送完毕。

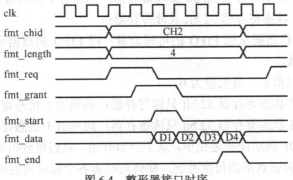

图 6.4　整形器接口时序

整形器准备发送数据包时，首先应该将 fmt_req 置为高，同时等待接收端的 fmt_grant。当 fmt_grant 变为高时，应在下一个周期将 fmt_req 置为低。fmt_start 也必须在接收到 fmt_grant 高有效的下一个时钟被置为高，且维持一个时钟周期。在 fmt_start 被置为高有效的同一个周期，数据开始传送，数据之间不允许有空闲周期，即应连续发送数据，直到发送完最后一个数据，fmt_end 也应被置为高并保持一个时钟周期。

相邻数据包之间应至少有一个时钟周期的空闲，即 fmt_end 从高位被拉低以后，至少需经一个时钟周期 fmt_req 才可以被再次置为高。

控制寄存器接口时序见图 6.5。在控制寄存器接口上，需要在每一个时钟解析 cmd。当 cmd 为写指令时，需要把数据 cmd_data_in 写入到 cmd_addr 对应的寄存器中；当 cmd 为读指令时，即需要从 cmd_addr 对应的寄存器中读取数据，并在下一个周期，将数据驱动至 cmd_data_out 接口。

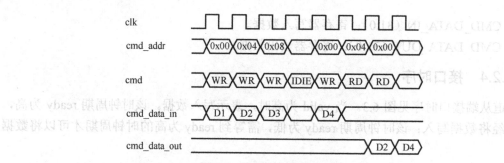

图 6.5   控制寄存器接口时序

6.2.5   寄存器描述

地址 0x00   通道 1 控制寄存器 32 bit 读写寄存器：

- bit（0）：通道使能信号。1 为打开，0 为关闭。复位值为 1。
- bit（2:1）：优先级。0 为最高，3 为最低。复位值为 3。
- bit（5:3）：数据包长度，解码对应表为，0 对应长度 4，1 对应长度 8，2 对应长度 16，3 对应长度 32，其他数值（4~7）均暂时对应长度 32。复位值为 0。
- bit（31:6）：保留位，无法写入。复位值为 0。

地址 0x04 通道 2 控制寄存器 32 bit 读写寄存器：同通道 1 控制寄存器描述。

地址 0x08 通道 3 控制寄存器 32 bit 读写寄存器：同通道 1 控制寄存器描述。

地址 0x10 通道 1 状态寄存器 32 bit 只读寄存器：

- bit（7:0）：上行数据从端 FIFO 的可写余量，同 FIFO 的数据余量保持同步变化。复位值为 FIFO 的深度数。
- bit（31:8）：保留位，复位值为 0。

地址 0x14   通道 2 状态寄存器 32 bit 只读寄存器：同通道 1 状态寄存器描述。

地址 0x18   通道 3 状态寄存器 32 bit 只读寄存器：同通道 1 状态寄存器描述。

至此我们将 MCDF 的功能描述完毕，从下一节开始，我们将分析如何给出激励、检测以及比较数据，同时从验证效率的角度考虑，如何同时为各个模块构建模块验证平台，并最终组合为一个子系统验证平台，来完成 MCDF 的验证。

6.3   激励发生器

Stimulator（激励发生器）是验证环境的重要部件，在一些场合中也被称为 driver（驱动器）、BFM（Bus Function Model，总线功能模型）、behavioral（行为模型）或 generator（发生器）。激励发生器的主要职责是模拟与 DUT 相邻设计的接口协议。与真正的相邻设计相比，激励发生器（Simulator）只关注如何模拟接口信号，使其能够以真实的接口协议来发送激励给 DUT。激励发生器并不需要模拟相邻设计内部的功能细节，这使得实现一个激励发生器的工作相对设计而言更容易，也更方便维护。

从模拟接口协议的角度来看，激励发生器不应该违反协议，但不拘束于真实的硬件行为，还可以给出更多丰富的协议允许的激励场景。比真实硬件行为更丰富的激励，会使模块级的验证更加充分，因为不但验证了硬件普通的接口协议情景，还模拟出更多复杂的、在更高系统级别无法产生的场景，而这些场景只有在模块级验证中才能产生和检查。这些复杂的边界场景（corner scenario）往往有可能有触发到由于考虑不充分导致的设计缺陷。对于边界情景所触发的设计缺陷，我们一般遵循即修正的原则，即便该场景可能在系统集成后很难触碰到，但无法保证它在这个项目或下个项目中不会被系统触发。在构建激励发生器时，核心的准备工作就是熟读并正确理解接口协议。如果激励发生器无法完全实现协议，那么可以想象，我们利用激励发生器生成的场景是不完备的，这直接导致接口覆盖率的不完整，存在较大的验证风险隐患。

如果接口协议是成熟的商业协议，建议使用第三方的商用接口 IP，这很大程度上节省了二次开发的成本和对激励发生器调校的精力。如果是较复杂的协议，我们可能面对激励发生器协议实现上的缺陷，或者未完全实现协议，而这对验证的成功和效率都有消极的影响。即便出于节约经济成本的考虑，仍然不建议使用不成熟的激励发生器，至少接口的激励发生器应经过足够的时间来开发、自我验证（仍然利用第三方商用接口 IP 来进行自我验证）。

如果接口协议较为简单，或者是内部设计之间规定的非标准接口，那么应该查阅相邻设计的硬件描述文档，如 6.2 节中展现的一样，充分理解接口的时序。如果你不幸遇到了一个没有接口时序的设计，恐怕你要与 DUT 和相邻设计的设计者沟通，从他们那里获得相关信息来理解接口协议；这样做也可以帮助双方在项目前期排除有关接口协议的实现分歧。需要注意的是，对接口的理解不能完全遵循设计者的描述，更不能看设计接口的实现代码，因为这违反了设计参照的来源应从系统定义中来的原则。验证者需要做的是调查、收集有用信息，但不完全采纳设计者关于接口的设定。

激励发生器的接口主要是与 DUT 之间的连接，此外，也应该有时钟和复位的输入，确保生成的数据与 DUT 的接口侧是同步的关系。较精细的激励发生器还可以有其他的配置接口用来控制接口的数据生成。最后，激励发生器具有存储接口数据生成历史的功能，用来在仿真运行时或结束后查看接口数据，方便统计和调试。

从激励发生器与 DUT 的连接关系来看，可以将其进一步分为两种：initiator（发起器）和 responder（响应器）。就我们要验证的 MCDF 来看，与下行通道从端（channel slave）的连接或寄存器接口的连接，这两部分的激励发生器都属于 initiator，它们的功能是主动发起接口数据传输；而与 MCDF formatter 接口的连接，该激励发生器则属于 responder，它的职责是对接口的数据发送请求做出响应，本身并不主动发送数据。

接下来，我们从 MCDF 的接口协议和时序分析图 6.6 中三种激励发生器需要考虑的因素。

1. Channel initiator

- Channel 从端接口协议上有握手信号，我们要遵照接口时序，确保 chx_ready 为低时，chx_data 和 chx_valid 保持不变。
- 相邻数据之间没有数据包的限制，所以相邻数据之间的关系较弱。但也应考虑数据之间是否有空闲周期，以及整体数据的传输速率设定。
- 由于每一个数据从端都有对应的 FIFO 缓存数据，所以要考虑如何使 FIFO 的状态可遍历。例如，典型的 FIFO 状态分为 empty、full 和中间状态（即有数据存储但未写满）。要使 FIFO 触发这些状态，就应该控制 channel initiator 的传输速率。

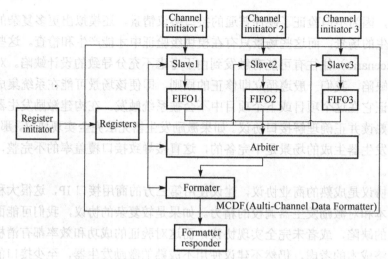

图 6.6　MCDF 验证环境的激励发生器结构

2. Register initiator

- 寄存器接口上 cmd 的默认状态应该为 idle，但 cmd_addr、cmd_data_in 并未指出默认值应为何值，所以可以考虑给出随机数值测试 DUT 的接口协议稳定性。
- 在寄存器读写传输上，可以考虑连续的写、读或读写交叉的方式测试寄存器模块的读写功能。
- 测试应覆盖读写寄存器的所有比特位。
- 需要测试只读状态寄存器的设定是否为不可写入，同时要测试读出的数值是否为真实的硬件状态。

3. Formatter responder

- 作为三种接口协议中相对复杂的一个，首先要侧重 formatter 接口协议是否充分遍历。
- 需要详细理解协议的要求，除了按照协议给出 fmt_grant 的响应以外，还要检查协议的时序。
- fmt_grant 的置高，代表 formatter 的从端有足够的存储空间，可以容纳 formatter 要传输的长度为 fmt_length 的数据包。为了模拟真实场景，可以考虑让 fmt_grant 采取立即拉高或延时拉高，测试 formatter 接口的响应时序。

至此，我们结合实际的 MCDF，给出了激励发生器的连接关系以及实现时要注意的地方，在 SystemVerilog 和 UVM 的章节为大家提供可参考的代码实现。接下来，我们将进入 Monitor（监测器），看一看如何放置监测器较为合理，它们的优劣势分别是什么？

6.4　监测器

Monitor（监测器）的主要功能是观察 DUT 的边界或内部信号，并将它们打包整理再传送给其他验证平台的组件如 Checker（比较器）。从监测信号的角度来划分 Monitor 的功能，可以分为：

- 观察 DUT 边界信号。对于系统信号如时钟，可以监测其频率变化；对于总线信号，可以监测总线的传输类型和数据内容，以及检查总线时序是否符合协议。
- 观察 DUT 内部信号。灰盒验证往往需要探视 DUT 内部信号，以指导激励发生器的激励发送，或者完成覆盖率收集，或者完成内部功能的检查。

结合 6.3 节激励发生器的验证结构图布置，我们有如图 6.7 和图 6.8 所示的两种 Monitor 结构框图。

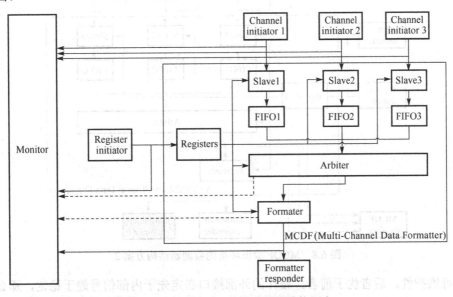

图 6.7　MCDF 验证环境的监测器结构方案 1

从图 6.7 可以看出，在验证平台中置入一个全局性的 Monitor，监视整个环境中的信号，包括：

- 寄存器配置接口。
- 3 个通道从端数据接口。
- Formatter 输出接口。
- MCDF 内部信号，包括 Register、Arbiter 和 Formatter 的关键信号。

我们再看图 6.8 中分布式的 monitor 是如何实现的。可以发现，每一个 monitor 对应一个激励发生器，所以，我们需要如下的 Monitor：

- 3 个 Channel Monitor 分别用来监测对应的 channel initiator 的接口。
- Register monitor 监测寄存器配置接口。
- Formatter monitor 监测 formatter 输出接口。
- MCDF monitor 监测 register、arbiter 和 formatter 的内部信号。

从功能的角度来看，无论是集为一体的 monitor，还是相互分离、各司其职的 monitor 群，都可以完成监测全局的任务。那么，采用哪种方式好呢？我们试着从如下几个方面进行对比：

- **独立性**。我们倾向于采用后者，即将不同接口信号的采集交给相应的 monitor。因为各接口的功能之间没有相关性，易于切割。
- **复用性**。仍然采用后者。如果 MCDF 的接口可能运用到别的验证环境中，那么相对独立的 monitor 可以更好地作为验证 IP 被其他验证环境所复用。基于这个考虑，我

们将通道从端数据接口的采集分别对应到 3 个 channel monitor，每一个 monitor 只需
要负责监视一组总线。

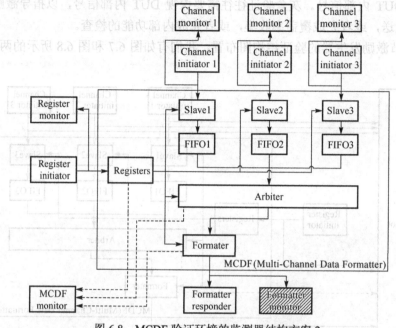

图 6.8　MCDF 验证环境的监测器结构方案 2

- **可维护性。** 后者优于前者。设计的外部接口必定先于内部信号趋于稳定，那么，平行
  的 monitor 组更有利于验证者在验证后期定向维护 MCDF monitor，而不需考虑其他
  monitor。同样到了后期项目或者设计遇到修改时，更有可能修改的是内部逻辑，而非
  接口信号；这种情况下也只需更新 MCDF monitor，而不必更新其余接口类型的 monitor。
- **封装性。** 后者的优势在于与各激励发生器一一对应，形成验证环境的小单位，这些小
  单位之间的通信按照统一的方式实现，可以保持各自的独立性。这样，就可以各小单
  位（即一个激励发生器对应一个 monitor）封装为独立的组件，使其提供激励和监测
  的功能。

从上面的分析可以得出，无论是 monitor 还是激励发生器，我们都倾向于将验证环境中
的组件尽量做到功能单一，而非大而全，这种方式带来的好处，可以在以后的验证环境集成
和垂直复用中得到印证。对于 monitor 的监测功能实现，我们遵循与激励发生器一样的要求，
即验证人员应深入理解协议。这样，无论是按照协议采集数据还是检查 DUT 的接口是否按
照协议实施，都是必需的。对于监测 MCDF 内部信号的要求，我们给出如下建议：

- 若无特殊需要，应采取灰盒（而非白盒）验证的策略。
- 观察的内部信号应尽量少，且应是表示状态的信号。不建议采集中间变量信号的原因
  在于，这些信号的时序、逻辑甚至留存性都不稳定，这种不稳定对验证环境的收敛是
  有害的。
- 能够通过接口信息计算的，尽量少去监测内部信号，因为这种方式有悖于假定设计有
  缺陷的验证思想。我们观测到的内部信号，有必要在被环境采纳之前确认它们的逻辑
  正确性，这一要求可以通过动态检查或断言触发的方式来实现。

在**数据监测、覆盖率收集、协议检查**之外，在高级的验证环境中，monitor 也可以通过对覆盖率加以分析，来反馈指导激励发生器的激励数据生成，这种方式称之为**功能覆盖率驱动验证**（function coverage driven verification）。接下来，我们将介绍验证组件的最后一个成员——checker（比较器），看一看 checker 的功能和一些需要注意的问题。

6.5　比较器

无论是从实现难度还是从维护人力上看，checker（比较器）都是最需要时间投入的验证组件。之所以这么说，是因为 checker 肩负了模拟设计行为和功能检查的任务。更细致地看，checker 的功能包括：

- 缓存从各个 monitor 收集到的数据。
- 将 DUT 输入接口侧的数据汇集给内置的 reference model（参考模型）。reference model 在这里扮演了模拟硬件功能的角色，也是需要较多精力维护的部分，因为验证者要在熟悉硬件功能的情况下实现该模型，同时不参考真实硬件的逻辑。
- 通过数据比较的方法，检查实际收集到的 DUT 输出端接口数据是否与 reference model 产生的期望数据一致。
- 对于设计内部的关键功能模块，也有相对应的线程进行独立的检查。
- 在检查过程中，可以将检查成功的信息统一纳入到检查报告中，便于仿真后的追溯。如果检查失败，可以采取暂停仿真同时报告错误信息的方式进行在线调试。

关于 checker 细分的功能，我们需要记住几个关键词：**数据缓存、参考模型和检查报告**。我们在后期的代码实例中围绕这几个部分进行梳理。在实际项目中，各种 checker 的实现方式迥异，大致分为两类：

- **线上比较（online check）**：在仿真时收集数据和在线比较，并实时报告。
- **线下比较（offline check）**：将仿真时收集到的数据记录在文件中，仿真结束后通过脚本或其他手段进行数据比较。

在硬件设计发展初期，DUT 的功能较为简单，采取定向测试（directed test）和线下比较的方式就不足为奇了。甚至，验证者没有数据处理脚本或参考模型，进行人为比较（manual check）的古老方式也是存在的。设计的功能愈加复杂，靠验证者每次进行烦琐检查的方式可靠性愈差。于是，我们将 checker 添加到验证环境中，用它分析 DUT 的边界激励，理解数据的输入，并按硬件功能来预测输出的数据内容。这种**预测（prediction）**的过程发生在 reference model 中，有时我们也将其称为 predictor。从 MCDF 的 checker 来看，对于数据的整形（formatter），寄存器模块可以控制数据包的长度，reference model 也需要 register monitor 的观察数值进行数据包内容的预测。一般而言，reference model 会内置一些缓存，分别存放从 DUT 输入端观察到的数据，以及经过功能转换的数据。同时，checker 也有其他缓存来存放从输出端采集到的数据，即图 6.9 由 formatter monitor 存放到 MCDF checker 的 formatter FIFO。

由于 MCDF 有数据通路的功能，我们认为 reference model 存储的数据内容顺序和 formatter FIFO 中数据的顺序是一致的。这种顺序一致性有利于我们做前后的数据比较，一旦 data checker 发现两者的 FIFO 都有数据，就从两侧读出等量数据来做比较。如果数据比较成功，则将数据信息和比较信息打印到仿真窗口和记录文件中；如果数据比较失败，则暂停仿真，将比较失败的数据信息提供给验证人员。

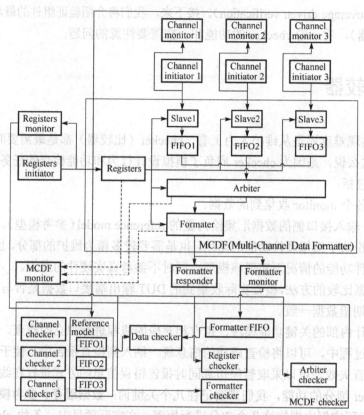

图 6.9　MCDF 验证环境的比较器结构

在前面介绍的 reference model、formatter FIFO（output data buffer）和 data checker 之外，我们考虑引入更多细致的检查功能，这些功能和各个模块相对应，分别是：

- channel checker；
- arbiter checker；
- register checker；
- formatter checker。

回顾上一节讲到的 monitor 的分布不难发现，checker、monitor 和 stimulator 与 MCDF 内部的各模块有一一对应的关系。我们之前建议将 monitor 和 stimulator 各自对应组成一个个的小单元，那么 checker 是否也适合与其对应呢？应该怎么放置呢？在回答这些问题之前不妨考虑一下，对 checker 进行分散搁置与集群搁置的特点是什么？

分散搁置的特点包括：

- 各自检查对应模块的功能；
- checker 之间通信需要特殊连接；
- 报告信息较难统一；
- 对各个 checker 的使能控制因其分散变得复杂。

集群搁置的特点包括：

- 各自检查对应模块的功能；
- checker 各自相邻，可以共享 monitor 的输入，减少复杂的连接关系；
- 可以按照统一的报告形式，写入记录文件中；
- 集中管理各个 checker，例如在前期使能各个模块的 checker，在后期可以将其作为黑盒验证，只使能 data checker。

对于复杂的系统验证，我们倾向于集中管理 stimulator 和 checker，因为它们都需要主动给出激励或判断结果，需要较多的协调处理。Monitor 则相对独立，它只是作为监测方，将自己兢兢业业观察到的数据一字不落地交给 checker 即可；至于 checker 怎么使用这些数据，monitor 并不需要关心。我们接下来将再次分析 DUT MCDF 的结构，以及一个项目如何高效地完成实际的验证工作。这其中涉及验证师之间如何协作、验证进度与设计进度的关系。你也可以放开思路，考虑如果自己负责这个设计时将会如何展开验证工作。

6.6　验证结构

本节将模拟实际的工作，抛出一系列的问题，启迪你的思考。这里给出的建议不是最好的，但至少从工程项目的观点来看是合理的。如果你有更棒的主意，欢迎在路科验证的微信订阅号留言。

6.6.1　项目背景

现在，你是这个设计模块的负责人，需要考虑分配设计人员和验证人员。而笔者作为验证的老司机，对下面这些模块的实现难度做出了评估。

对 MCDF 设计的评估：

- channel slave（slave interface + FIFO）　需要 7 个工作日；
- arbiter　需要 10 个工作日；
- formatter　需要 5 个工作日；
- registers　需要 4 个工作日；
- MCDF integration（模块集成）　需要 2 个工作日。

目前共有 3 位设计师：肖、吕、高，你需要安排他们在最短的时间内完成设计工作。你考虑的人力安排是什么呢？由于 MCDF 模块之间有独立性，我们可以同时安排 3 名设计师展开工作。一种较为合理的建议是：

- 肖：channel slave 7 天 + MCDF integration 2 天 = 9 天；
- 吕：arbiter 10 天 = 10 天；
- 高：formatter 5 天 + registers 4 天 = 9 天。

从设计完成的周期来看，一共需要 10 天（取设计者所用的最长时间）。那么，针对这份设计的进度安排，你又该怎么安排验证工作呢？

6.6.2　MCDF 验证进度安排

在开展验证之前，首先恭喜你，运气还不错，你被分配了 4 位验证师：梅、尤、娄、董，比设计师还多呢。是啊，作为你的项目经理，笔者也知道验证的工作量要更重一些。那么，如果按照简单的人力比例，即验证人力与设计人力之比大致为 1.5∶1 的话，上述各个模块的验证人力需求大致如下：

- channel slave：11 个工作日；
- arbiter：15 个工作日；
- formatter：8 个工作日；
- registers：6 个工作日；
- MCDF integration 的验证人力有待商榷，因为它不单单需要 2×1.5 个工作日，而是在 MCDF 集成以后，还需要各个模块在子系统完成集成验证。我们暂时按照 30 个工作日计算。

　　接下来，如果将验证师按照上述的人力估计进行分配，就更加有趣了，我们来看一看只有三名设计师，意味着在 formatter 完成的前 5 天，我们只有 3 个模块在设计中。接下来，我们可以等待设计师高将 registers 模块完成，再递交给相应的验证师。这些计划都是按照天数计算的，我们将这个时间进度表绘制成图，如图 6.10 所示。

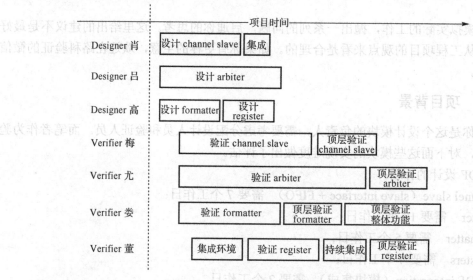

图 6.10　MCDF 的设计和验证进度计划表

我们来分析一下这张项目计划表：

- 从设计人力利用上来看，尽力做到了从各个模块设计开始到交付用了最短的时间。
- 从验证一侧看，验证师梅、尤、娄的验证开展时间要略晚于设计部分。这是因为只有在设计的边界和功能有初步版本时，验证才可以开始进入。
- 在验证师梅、尤、娄开始搭建验证环境的过程中，验证师董看似没有事情可以安排，因为设计师高的另外一个设计 register 还没有开始准备，那么验证师需要等待吗？相信我，验证师一旦闲置下来，在任何一个项目中都会引起项目经理的疑问。验证师董可以在其余三位验证师搭建模块验证环境一段时间以后着手准备顶层验证环境。
- 完成初步验证环境集成后，验证师董可以在适当的时间开始验证模块 register。在完成模块验证后，验证师董可以进行最后阶段的验证环境持续集成。

- 在验证师董进行验证环境的持续集成前后，验证师梅、尤、娄可以在完成模块验证之后进入顶层验证，检查各自的模块是否工作，而所用到的 checker 均来自于他们的模块验证环境。同时，验证师董也应该进行最后的顶层验证，检查模块 register 的功能。

- 最后值得注意的是，MCDF 作为一个整体子系统，我们不能忽视各个模块的协调使用。这项工作我们交给验证师娄，因为他还有一定的时间来完成这项任务。完成 MCDF 整体验证的任务包括协调 stimulator 和 checker 来创建激励场景和检查数据。数据检查用到的 reference model、formatter FIFO 和 data checker 需要由验证师娄来实现。

在项目执行部分，我们围绕 4 位验证师如何从模块级验证环境开始搭建到顶层环境的集成。接下来 SystemVerilog 基础和应用部分将讲述这些内容，而 MCDF 模块的设计源代码，读者可以通过扫描二维码下载。从第 7 章开始，我们将进入 SystemVerilog 语言的基础部分，笔者将提炼语言的重要特性，同时结合实际应用，将 SystemVerilog 语言在验证环境中所需的知识点展示出来。也请读者在接下来的 SV 语言和 UVM 方法学中理解本书的指导方法，即，语言知识点为辅助，项目实际应用和思想为我们贯穿全书的核心基调。

6.7　本章结束语

无论接下来是学习 SV 还是学习 UVM，在展开验证之前都需要仔细阅读硬件的设计描述，并要考虑验证结构的实施。对于子系统级别，还需要考虑如何划分模块和对应的模块验证环境，然后考虑如何复用模块验证环境，最终在子系统级别完成验证环境的集成和复用。在动态仿真领域，读者需要了解的是，无论什么验证语言或方法学，都需要有激励发生器、监测器和比较器，也都需要有顶层的验证环境来封装它们。对于小组规模的验证场景，验证师之间还需要考虑整体验证进度的平稳推进、验证环境的统一化和系统层面的验证协作等。

## 第 7 章

SV 环境构建

从本章开始我们将进入 SystemVerilog 语言的学习和应用。在进入 SV 之前，如果读者已经学习过 Verilog 语言，那么从 Verilog 到 SV 过渡会容易一些；如果读者没有接触过 Verilog 语言，也不需要担心，我们将带你在学习完 SV 的章节之后学习如何搭建测试平台、掌握 SV 的核心语法，以及产生测试场景和完成数据比对。

在 Verilog 的基础上扩展出新的语言 SV，目的是构建一种专用的验证语言。硬件设计描述语言 Verilog 和 VHDL 并不具备 SV 在验证方面的语言特性优势，这些优势包括：

- 抽象的数据结构描述可满足更高层面的验证需要。
- 面向对象的软件编程方式提供了更好的模块性、封装性和复用性。
- 将用于验证部分的语言属性完全基于软件化的构建方式实现，使得验证一侧独立于设计。
- 约束化随机激励可提高回归测试的收益。
- 功能覆盖率收集可量化功能验证点使得验证进度更易于反映。
- 为属性检查提供专用分支语言属性。

我们将在接下来的 SystemVerilog 中围绕 MCDF 的验证实例，展开介绍上述几点。

- SV 的环境构建；
- SV 的组件实现；
- SV 的系统集成。

在构思如何介绍 SV 语言的过程中，笔者认真翻阅了相关的中英文资料和教材，发现相关图书在介绍语言时，主要是将编程语言作为一门学科，着重语法上的分类。这种方式有助于初学者的入门，但无法给读者一个全面的轮廓和一种循序渐进的直观感受。所以，本书对 SV 的介绍一直围绕着验证环境的建立和实现的具体问题，将核心语言与具体场景相结合，让读者边学边掌握语法特性的运用场景。这样，学习 SV 之后，可以利用所学的语言知识独自构建出基本的验证平台。

介绍语言时，语言的语法特性仅是一部分，更重要的在于使读者理解语言特性被应用的场景，实际疑难点在什么地方。"入门容易精通难"，如果你手头有一本好用的 SV 学习入门资料[12]，可以将本书关于 SV 的部分作为 SV 的进阶应用资料。

7.1 数据类型

相应于 Verilog 将变量类型（如 reg）和线网类型（如 wire）区分得如此清楚，在 SV 中新引入了一个数据类型 logic。它们的区别和联系在于：

- Verilog 作为硬件描述语言，倾向于认为设计人员自身懂得所描述的电路中哪些变量应被实现为寄存器，哪些变量应被实现为线网类型。这不但有利于后端综合工具，更便于阅读和理解。
- SV 作为侧重于验证的语言，并不十分关心 logic 类型对应的逻辑应被综合为寄存器还是综合为线网，因为如果 logic 类型被使用的场景是验证环境，那么它只会作为单纯的变量进行赋值操作，而这些变量只属于软件环境构建。
- 推出 logic 类型的另一个原因是方便验证人员驱动和连接硬件模块而省去考虑使用 reg 还是使用 wire 的精力。这既节省了时间，也避免了出错的可能。

与 logic 类型对应的数据类型是 bit 类型，它们均可用来构建矢量类型（vector），区别在于：

- logic 为四值逻辑，即可以表示 0、1、X、Z。
- bit 为二值逻辑，只可以表示 0 和 1。

SV 为什么在已有四值逻辑的基础上再引入二值逻辑呢？这是因为，SV 在一开始设计时就期望将硬件的世界与软件的世界分离开。在这里，硬件的世界指的就是硬件设计，所以四值逻辑属于这个世界；而软件的世界即验证环境，这里更多的是二值逻辑。所以，有了二值逻辑，验证环境在进行数据运算时不但能提高效率，还能省去其他不必要考虑的问题。

在这里，我们将四值逻辑的类型和二值逻辑的类型分别摘列出来，请读者在使用时务必注意：

- 四值逻辑类型：integer、reg、logic、net-type（如 wire、tri）；
- 二值逻辑类型：byte、shortint、int、longint、bit。

通过 logic 和 bit 声明的矢量均为无符号（unsigned）变量，例如：

```
logic [7:0] logic_vec = 8'b1000_0000;
bit [7:0] bit_vec = 8'b1000_0000;
byte signed_vec = 8'b1000_0000;
initial begin
    $display("logic_vec = %d", logic_vec);
    $display("bit_vec = %d", bit_vec);
    $display("signed_vec = %d", signed_vec);
end
```

从仿真器得到的结果是：

```
# logic_vec = 128
# bit_vec = 128
# signed_vec = -128
```

如果按照有符号和无符号的类型划分，那么可以将常见的变量类型划分为：

- 有符号类型：byte、shortint、int、longint、integer。
- 无符号类型：bit、logic、reg、net-type（如 wire、tri）。

遇到这些变量类型时，要注意它们的逻辑类型和符号类型。在变量运算中，应尽量避免对两种不一致的变量进行操作而导致意外的错误。比如，从下面的例子中可以看到有符号变量和无符号变量混用的运算结果会出乎意料：

```
bit [8:0] result_vec;
initial begin
    result_vec = signed_vec;
    $display("@1 result_vec = 'h%x", result_vec);
    result_vec = unsigned'(signed_vec);
    $display("@2 result_vec = 'h%x", result_vec);
end
```

仿真输出结果为:

```
# @1 result_vec = 'h180
# @2 result_vec = 'h080
```

我们这里分析一下:

(1) 开始时, signed_vec 被赋值为 8'b1000_0000, 表达为有符号十进制数值为−128。

(2) 在第一次赋值操作时 result_vec = signed_vec, 右侧的有符号数值−128 被赋值到左侧, 并且需要从 8 位扩展为 9 位, 保证有符号数值不变的情况下, 首先需要将 8'h80 扩展为 9'h180 (均为−128), 进而再赋值到左侧。

(3) 在第二次赋值操作时, 我们首先进行了类型转换操作 unsigned'(signed_vec), 则转换结果应为十进制数值 128, 所以在赋值操作以后 result_vec = unsigned'(signed_vec), result_vec 同 signed_vec 就比特位的数值没有发生变化, 但是实际表达的十进制数值则从−128 被赋值为 128。

通过上面的例子我们可以发现, 编码时一定要注意操作符左右两侧的符号类型是否一致, 如果不一致, 要将其转换为同一类型再进行运算。

对于转换方式, 我们在上面展示了一种转换方式——静态转换, 即在转换的表达式前加上单引号即可, 而该方式并不对转换值做检查。如果发生转换失败, 我们无从得知, 所以与之对应的动态转换$cast(tgt, src)也经常运用到转换操作中。静态转换和动态转换均需要操作符号或者系统函数介入, 我们统称为显式转换。关于动态转换的具体使用方法, 将在随后类和对象的章节中介绍。

不需要进行转换的一些操作我们称之为隐式转换。例如下面的例子:

```
logic [3:0] x_vec = 'b111x;
bit [2:0] b_vec;
// implicit conversion
initial begin
    $display("@1 x_vec = 'b%b", x_vec);
    b_vec = x_vec;
    $display("@2 b_vec = 'b%b", b_vec);
end
```

仿真结果为:

```
# @1 x_vec = 'b111x
# @2 b_vec = 'b110
```

不难发现, 这里有两个问题:

- 被转换的变量为四值逻辑矢量，而被赋值的变量为二值逻辑矢量，且位宽不同。
- 在隐式转换中，x_vec[2:0]被保留下来，x_vec[3]则被丢弃，同时 x_vec[0]的值'x'在转换过程中被转换为 0 值，即赋值的最终结果为 b_vec = 'b110。

从上面的示例我们总结出，在操作不同的数据类型时，应该注意变量的

- 逻辑数值类型；
- 符号类型；
- 矢量位宽。

7.2　模块定义与例化

在展开介绍验证环境的构建之前，要先了解模块的端口定义以及在 SV 中的例化。在这里，我们以 MCDF（Multi-Channel Data Formatter）的寄存器模块 ctrl_regs 为例，看看常见的模块定义方式有哪些。

7.2.1　模块定义

1. Verilog 模块定义 1

```
module ctrl_regs1(clk_i,rstn_i,
                  cmd_i,cmd_addr_i,cmd_data_i,cmd_data_o,
                  slv0_len_o,slv1_len_o,slv2_len_o,
                  slv0_prio_o,slv1_prio_o,slv2_prio_o,
                  slv0_avail_i,slv1_avail_i,slv2_avail_i,
                  slv0_en_i,slv1_en_i,slv2_en_i);
    input clk_i,rstn_i;
    input [1:0] cmd_i;
    input [7:0]cmd_addr_i;
    input [31:0] cmd_data_i;
    output [31:0] cmd_data_o;
    input [7:0] slv0_avail_i,slv1_avail_i,slv2_avail_i;
    output [2:0] slv0_len_o,slv1_len_o,slv2_len_o;
    output [1:0] slv0_prio_o,slv1_prio_o,slv2_prio_o;
    output slv0_en_o,slv1_en_o,slv2_en_o;
endmodule
```

2. Verilog 模块定义 2

```
module ctrl_regs2(
    input clk_i,
    input rstn_i,
    input [1:0] cmd_i,
    input [7:0]cmd_addr_i,
    input [31:0] cmd_data_i,
    output [31:0] cmd_data_o,
    input [7:0] slv0_avail_i,
```

```
    input [7:0] slv1_avail_i,
    input [7:0] slv2_avail_i,
    output [2:0] slv0_len_o,
    output [2:0] slv1_len_o,
    output [2:0] slv2_len_o,
    output [1:0] slv0_prio_o,
    output [1:0] slv1_prio_o,
    output [1:0] slv2_prio_o,
    output slv0_en_o,
    output slv1_en_o,
    output slv2_en_o
);
endmodule
```

上面两种定义方式是 Verilog 设计常见的做法，区别在于端口的方向是在端口声明时定义还是在端口声明完毕后再定义。我们再来看一看如何用 VHDL 定义 ctrl_regs 的接口。

3. VHDL 模块定义 1

```
entity ctrl_regs3 is
  port(
  clk_i        : in  std_logic;
  rstn_i       : in  std_logic;
  cmd_i        : in  std_logic_vector(1  downto 0);
  cmd_addr_i   : in  std_logic_vector(7  downto 0);
  cmd_data_i   : in  std_logic_vector(31 downto 0);
  cmd_data_o   : out std_logic_vector(31 downto 0);
  slv0_avail_i : in  std_logic_vector(7  downto 0);
  slv1_avail_i : in  std_logic_vector(7  downto 0);
  slv2_avail_i : in  std_logic_vector(7  downto 0);
  slv0_len_o   : out std_logic_vector(2  downto 0);
  slv1_len_o   : out std_logic_vector(2  downto 0);
  slv2_len_o   : out std_logic_vector(2  downto 0);
  slv0_prio_o  : out std_logic_vector(1  downto 0);
  slv1_prio_o  : out std_logic_vector(1  downto 0);
  slv2_prio_o  : out std_logic_vector(1  downto 0);
  slv0_en_o    : out std_logic;
  slv1_en_o    : out std_logic;
  slv2_en_o    : out std_logic
);
  end ctrl_regs3;
```

4. VHDL 模块定义 2

```
package mcdf_pkg is
type reg2arb_t is record
   slv0_prio  : std_logic_vector(1 downto 0);
   slv1_prio  : std_logic_vector(1 downto 0);
   slv2_prio  : std_logic_vector(1 downto 0);
```

```
    end record;
    type reg2fmt_t is record
        slv0_len    : std_logic_vector(2 downto 0);
        slv1_len    : std_logic_vector(2 downto 0);
        slv2_len    : std_logic_vector(2 downto 0);
    end record;
    end mcdf_pkg;
    entity ctrl_regs4 is
        port(
        clk_i       : in  std_logic;
        rstn_i      : in  std_logic;
        cmd_i       : in  std_logic_vector(1  downto 0);
        cmd_addr_i  : in  std_logic_vector(7  downto 0);
        cmd_data_i  : in  std_logic_vector(31 downto 0);
        cmd_data_o  : out std_logic_vector(31 downto 0);
        slv0_avail_i: in  std_logic_vector(7  downto 0);
        slv1_avail_i: in  std_logic_vector(7  downto 0);
        slv2_avail_i: in  std_logic_vector(7  downto 0);
        reg2fmt_o   : out reg2fmt_t;
        reg2arb_o   : out reg2arb_t;
        slv0_en_o   : out std_logic;
        slv1_en_o   : out std_logic;
        slv2_en_o   : out std_logic
    );
    end ctrl_regs4;
```

从上面两种 VHDL 端口定义的方式来看，第一种 VHDL 定义方式与之前的 Verilog 定义方式一致，而第二种定义方式需要特别说明。由于 VHDL 的数据类型中有 record 类型，该类型作为硬件定义的初衷是为了做硬件信号集束（signal collection）的。例如，上面首先定义了一个包 mcdf_pkg，而在其中定义了两种数据类型：reg2fmt_t 和 reg2arb_t。随后，在 ctrl_regs 端口定义时，使用了这两种数据端口类型，进而使得 ctrl_regs 模块送给 formatter 模块的信号被集束在一个新定义的数据类型中。

稍后我们会讲到模块例化，如果 MCDF 的各个模块均为 VHDL 定义描述的，那么接口类型是 record 定义的模块与其他相邻模块连接时，可以通过相同的 record 类型做信号对接，也可以通过信号分散赋值的形式进行连接。需要额外注意的是，如果遇到 Verilog 模块与 VHDL 模块的连接，或者 Verilog 模块中例化了 VHDL，则需要对 VHDL record 类型进行特别处理。

我们接下来进入模块例化部分。这里，我们将 ctrl_regs 的 Testbench 称为 ctrl_regs_tb。首先，我们对 ctrl_regs 进行例化。

7.2.2　模块例化

对 Verilog ctrl_reg2 的例化：

```
    logic           clk_s;
```

```
logic                    rstn_s;
logic  [ 1:0]            cmd_s;
logic  [ 7:0]            cmd_addr_is;
logic  [31:0]            cmd_data_i_s;
logic  [31:0]            cmd_data_o_s;
logic  [ 7:0]            slv0_avail_s;
logic  [ 7:0]            slv1_avail_s;
logic  [ 7:0]            slv2_avail_s;
logic  [ 2:0]            slv0_len_s;
logic  [ 2:0]            slv1_len_s;
logic  [ 2:0]            slv2_len_s;
logic  [ 1:0]            slv0_prio_s;
logic  [ 1:0]            slv1_prio_s;
logic  [ 1:0]            slv2_prio_s;
logic                    slv0_en_s;
logic                    slv1_en_s;
logic                    slv2_en_s;

ctrl_regs2 regs2_inst(
  .clk_i          (clk_s         ),
  .rstn_i         (rstn_s        ),
  .cmd_i          (cmd_s         ),
  .cmd_addr_i     (cmd_addr_is   ),
  .cmd_data_i     (cmd_data_i_s  ),
  .cmd_data_o     (cmd_data_o_s  ),
  .slv0_avail_i   (slv0_avail_s  ),
  .slv1_avail_i   (slv1_avail_s  ),
  .slv2_avail_i   (slv2_avail_s  ),
  .slv0_len_o     (slv0_len_s    ),
  .slv1_len_o     (slv1_len_s    ),
  .slv2_len_o     (slv2_len_s    ),
  .slv0_prio_o    (slv0_prio_s   ),
  .slv1_prio_o    (slv1_prio_s   ),
  .slv2_prio_o    (slv2_prio_s   ),
  .slv0_en_o      (slv0_en_s     ),
  .slv1_en_o      (slv1_en_s     ),
  .slv2_en_o      (slv2_en_s     )
);
```

对 VHDL 的 ctrl_reg3 的例化与上面对 ctrl_regs2 的例化相同。需要注意的是，在 SV 或 Verilog 作为顶层例化含有 record 类型接口时，建议的通用方法是，验证人员首先新建立一个 VHDL wrapper 作为盒子将 ctrl_regs4 的两种 record 类型接口（reg2fmt_o 和 reg2arb_o）进一步转化为通用的 std_logic_vector 类型，即 ctrl_reg3 的接口形式。否则，如果在 SV 或 Verilog 内部直接例化含有 record 类型的接口，经常出现接口类型无法匹配的编译问题。

对于 VHDL record 接口类型在 Verilog 中例化的问题，一些工具厂商如 Mentor 的仿真工具 QuestaSim 提出了 Verilog/VHDL/SV 数据定义包混用的编译选项-mixedsvvh，用来做工具一侧的支持，而有些工具商则没有提出类似方案。所以从测试平台的移植性来看，我们依然建议先改造 VHDL record 接口，再进行验证平台内 DUT 的实例化。

7.2.3　参数使用

在 IP 设计中经常遇到参数化的模块。例如，可以将 ctrl_regs 模块的地址宽度和数据宽度参数化，得到这样的参数化端口定义：

```
module ctrl_regs5
#(parameter int addr_width = 8,
  parameter int data_width = 32)
(
    ...
    input [addr_width-1:0]cmd_addr_i,
    input [data_width-1:0]  cmd_data_i,
    output [data_width:0] cmd_data_o,
    ...
);
endmodule
```

对此，可以在模块例化时再决定端口的宽度，例如：

```
ctrl_regs5 #(.addr_width(16)) regs5_inst( ... );
```

上面的例子在模块例化时将地址宽度addr_width修改为16，而保持了数据宽度data_width的默认值32。

7.2.4　参数修改

对设计和验证环境引入参数的优点在于，通过参数可以更方便地调整结构和数据类型，而不需要修改对象内部的定义。除了上面提到的模块参数可以在例化时修改以外，还可以在什么时候修改参数呢？在讨论之前，首先阐述关于目前主流 HDL 仿真器编译代码的过程。通过对比不同的仿真器（simulator），统一将代码编译运行的过程分为三个部分：

- **编译阶段**（compilation）：工具通过阅读目标代码，进行语法和语义分析，将每个模块分别编入库中（library）。
- **建模阶段**（elaboration）：工具将各模块按照设计集成关系最终组成顶层模块。这一过程包括各模块（module）的例化、接口（interface）例化、程序（program）例化、层次集成、计算参数、解决层次信号引用、建立模块连接等。这一过程发生在编译阶段之后、仿真阶段之前，类似于软件编译的 link 阶段。
- **仿真阶段**（simulation）：通过读取建模阶段的对象文件，建立硬件 RTL 模型和验证环境，以周期驱动（cycle-driven）或事件驱动（event-driven）的方式进行仿真。

从数据修改的手段上来看，参数修改可以发生在编译阶段，即通过模块例化时参数传入的方式进行，也可以在建模阶段通过工具提供的参数修改的命令选项进行修改。参数无法在仿真运行阶段进行修改。不同仿真器对这三个阶段的执行方式不同，例如，QuestaSim 首先执行 compilation 将各模块编译到库中，而接下来的仿真阶段，实际上先进行内置的 elaboration

环节，所以参数可以在仿真阶段通过命令行修改。VCS 则将上述三个阶段独立开来，使 compilation 与 elaboration 可以通过仿真前的命令行单独执行，而 simulation 阶段则直接运行已经建立好的模型。事先清楚不同仿真器对上述阶段的处理，就明白了针对不同的仿真器何时可以修改参数。QuestaSim 可以在仿真阶段（后台事先会执行 elaboration 阶段）修改，而 VCS 需要在独立的 elaboration 阶段修改。

7.2.5　宏定义

除了 parameter 的方式，还可以通过宏定义的方式进行参数化设计。例如，在上面的例子中，ctrl_regs5 可以修改为宏定义的方式：

```
'define ADDR_WIDTH 6
'define DATA_WIDTH 32
module ctrl_regs6
(
    ...
    input ['ADDR_WIDTH-1:0] cmd_addr_i,
    input ['DATA_WIDTH-1:0] cmd_data_i,
    output ['DATA_WIDTH:0] cmd_data_o,
    ...
);
endmodule
```

针对宏定义的形式，用户要修改上面端口的宽度，必须在 compilation 阶段完成。通常针对宏定义的方式，我们将公共使用的宏存放在公共空间作为头文件（header file），在编译之前通过修改宏的定义或者调用不同的头文件来决定端口宽度，或者别的设计和环境参数。通过认识如何进行模块的例化，我们已经可以将 DUT 置入到测试平台中，7.3 节将对 SV 的重要特性——接口（interface）进行讨论，掌握如何通过接口让硬件部分 DUT 与随后的验证环境相连接。

7.3　接口

在认识了 DUT ctrl_regs 的接口定义以及如何进行例化后，接下来考虑如何在 testbench 中给 ctrl_regs 添加所需的激励。从图 7.1 可以看到，ctrl_regs 在 MCDF 的集成中需要与多个模块进行连接，这些模块包括：

- 外部的时钟复位模块（Clock & Reset）；
- 外部的控制模块（Controller）；
- 内部的 Slaves、FIFO、Arbiter 以及 Formatter。

要完成充分的验证，就需要给上述连接以激励。在发生激励之前，我们采用接口（interface）进行 stimulator 与 DUT 的连接。interface 的基本作用是对各个模块做清晰有序的连接，因此 interface 可以看做一捆智能的集束线（collector）。如果将 interface 作为一个路由器（router），那么意味着只要同 interface 的接口类型一致，多个模块都可以使用这个 interface，将其与

interface 进行连接也不需要担心信号的驱动方向、连接性问题。可见，interface 不但可以方便多个模块之间的连线，也能将 DUT 同 testbench 的连接隔离开。至于 DUT 与 testbench 隔离的好处，我们将在后续关于 stimulator、monitor 的实现中进一步介绍。

有了 interface，如何声明这样的接口、需要几个接口呢？下面是常见的两种实现方式。

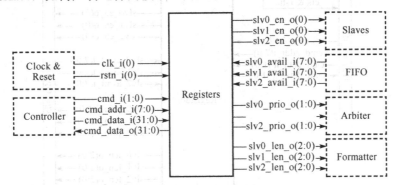

图 7.1　寄存器模块的接口连接

7.3.1　接口连接方式 1

如图 7.2 所示，该连接方式只定义了一个 interface: regs_if，其将所有需要与 ctrl_regs 相连的信号定义在 regs_if 中，与 ctrl_regs 在 testbench 中进行连接。

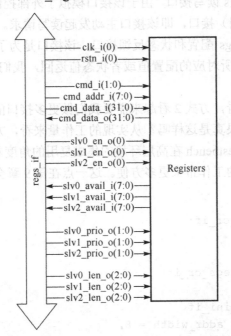

图 7.2　寄存器接口连接方式 1

7.3.2　接口连接方式 2

如图 7.3 所示，该方式则定义了三个接口: regs_cf_if、regs_ini_if 和 regs_rsp_if。三个接口的功能划分更加明确：

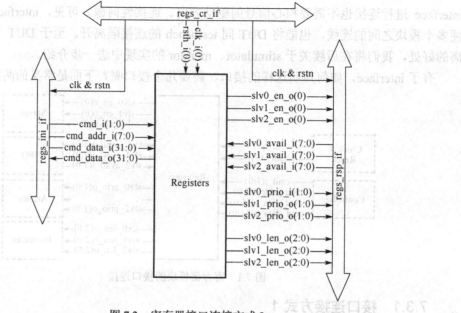

图 7.3　寄存器接口连接方式 2

- **regs_cr_if**: 时钟和复位的接口，用来供给 ctrl_regs 和其他两个接口。
- **regs_ini_if**: ctrl_regs 读写接口，由于该接口模拟了外部控制器的作用，我们将其称之为 initiator（发起端）接口，即该接口主动发起读写请求。
- **regs_rsp_if**: ctrl_regs 配置和状态反馈接口，该接口是为了能够及时响应 ctrl_regs 在寄存器读写以后，所对应的配置值或者状态值返回，我们将其称为 responder（响应端）接口。

从这两种实现方式来看，方式 2 看起来需要我们做更多接口的定义，而且似乎将连接环境的事情变得更复杂了。果真是这样吗？从实现的工作量来看，方式 2 确实会引入更多的工作，但从日后 ctrl_regs 的 testbench 在高层环境的集成复用的角度看，按照 ctrl_regs 边界信号进行有效的划分能给日后的工作带来更多方便。这一点在第 9 章会得到体现。下面是上述三个接口的定义：

```
interface regs_cr_if;
    logic clk;
    logic rstn;
endinterface: regs_cr_if

interface regs_ini_if
#(parameter int addr_width = 8,
    parameter int data_width = 32);
    logic                    clk;
    logic                    rstn;
    logic [ 1:0]             cmd;
    logic [addr_width-1:0]   cmd_addr;
    logic [data_width-1:0]   cmd_data_w;
    logic [data_width-1:0]   cmd_data_r;
```

```
endinterface: regs_ini_if

interface regs_rsp_if;
    logic         clk;
    logic         rstn;
    logic [ 7:0] slv0_avail;
    logic [ 7:0] slv1_avail;
    logic [ 7:0] slv2_avail;
    logic [ 2:0] slv0_len;
    logic [ 2:0] slv1_len;
    logic [ 2:0] slv2_len;
    logic [ 1:0] slv0_prio;
    logic [ 1:0] slv1_prio;
    logic [ 1:0] slv2_prio;
    logic         slv0_en;
    logic         slv1_en;
    logic         slv2_en;
endinterface:    regs_rsp_if
```

在上述接口定义中，需要注意以下几点：

● Interface 可以定义 input/output/inout 端口。如果这些接口对不同连接模块的方向不同，可以将这些端口定义在 interface modport 中。

● 我们建议将接口的信号数据类型定义为 logic，而不是 wire 或 reg。因为 SV 的 logic 类型本身扩展了传统的 reg 类型，也可以像 wire 那样进行连线。值得注意的是，唯一不能使用 logic 变量的是含有多驱动（multi-drive）的场景，这时必须使用连线类型（如 wire）。

● 此外要再次强调，如果用 interface 中的信号与 DUT 相连接，那么应该是四值逻辑，即 logic/reg/wire 等，而不是二值逻辑（bit/int/byte 等）。这么做的考虑是，要确保在今后的 stimulator 到 DUT 的驱动场景或者 DUT 到 monitor 的数据采集场景中，硬件部分的 X 或 Z 信号不会被默认转换以至于丢失。

● 接口中也可以定义参数以方便扩展复用。

➤➤ 7.3.3　接口的其他应用

在实现了接口的端口定义后，我们进一步深入接口的其他应用。我们提到了 regs_cr_if 的功能是提供时钟和复位信号，这里我们可以在 regs_cr_if 中产生时钟和复位信号。

```
interface regs_cr_if;
    logic clk;
    logic rstn;
    initial begin
        clk <= 0;
        forever begin
            #5ns clk <= !clk;
        end
    end
```

```
        initial begin
            #20ns;
            rstn <= 1;
            #40ns;
            rstn <= 0;
            #40ns;
            rstn <= 1;
        end
    endinterface: regs_cr_if
```

　　从上面的例子可以看出，接口可以包含过程语句（always 和 initial）和连续赋值语句，这对更高层级的建模和 testbench 应用都有好处。从上面的 regs_cr_if 中可以看到，用两个简单的 initial 过程语句可以在接口内部产生时钟和复位信号。接下来我们看看三个接口与 DUT 的实际连接关系：

```
    // interface 例化
    regs_cr_if        cr_if();
    regs_ini_if       ini_if();
    regs_rsp_if       rsp_if();
    // 时钟和复位信号
    assign ini_if.clk = cr_if.clk;
    assign ini_if.rstn = cr_if.rstn;
    assign rsp_if.clk  = cr_if.clk;
    assign rsp_if.rstn = cr_if.rstn;

    // ctrl_regs 例化及同 interface 连接
    ctrl_regs regs(
        .clk_i          (cr_if.clk       ),
        .rstn_i         (cr_if.rstn      ),
        .cmd_i          (ini_if.cmd      ),
        .cmd_addr_i     (ini_if.cmd_addr ),
        .cmd_data_i     (ini_if.cmd_data_w ),
        .cmd_data_o     (ini_if.cmd_data_r ),
        .slv0_avail_i   (rsp_if.slv0_avail ),
        .slv1_avail_i   (rsp_if.slv1_avail ),
        .slv2_avail_i   (rsp_if.slv2_avail ),
        .slv0_len_o     (rsp_if.slv0_len ),
        .slv1_len_o     (rsp_if.slv1_len ),
        .slv2_len_o     (rsp_if.slv2_len ),
        .slv0_prio_o    (rsp_if.slv0_prio ),
        .slv1_prio_o    (rsp_if.slv1_prio ),
        .slv2_prio_o    (rsp_if.slv2_prio ),
        .slv0_en_o      (rsp_if.slv0_en ),
        .slv1_en_o      (rsp_if.slv1_en ),
        .slv2_en_o      (rsp_if.slv2_en )
    );
```

　　接口本身既要与 DUT 连接，也要与 stimulator 和 monitor 连接，不同对象的连接信号方向也是不同的。接口中声明的信号本身没有方向，这就使得同一个信号可能会产生连接错误或反向驱动的问题。为了限制不同对象对其信号的访问权限和方向，接口通过 modport 做进一步的声明，以确立信号连接的方向。这里，我们以 regs_ini_if 为例：

```
interface regs_ini_if;
    ... // 省略了接口信号声明
    modport dut(
        input  cmd, cmd_addr, cmd_data_w,
        output cmd_data_r
    );

    modport stim(
        input  cmd_data_r,
        output cmd, cmd_addr, cmd_data_w
    );

    modport mon(
        input cmd, cmd_addr, cmd_data_w, cmd_data_r
    );

endinterface: regs_ini_if
```

在 regs_ini_if 实体中，进一步定义了 3 个 modport：dut，stim 和 mon。它们分别用来作为 DUT，stimulator 和 mon 的"插座"，这样一方面澄清了各个对象可以连接的 interface 信号，一方面通过限制方向避免了反向驱动的问题。如果形象地来解释 modport 的作用，可以将 interface 看作为一个插排，而各个 modport 看作为针对不同对象的插槽，这可使复杂的连线问题得到简化，如图 7.4 所示。

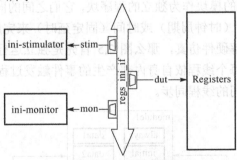

图 7.4　接口的 modport 与外部的连接

如果 regs_ini_if 通过 modport 进一步约束信号的连接，那么对 DUT 的连接就转换为下面的部分：

```
ctrl_regs2 regs(
    .clk_i       (cr_if.clk           ),
    .rstn_i      (cr_if.rstn          ),
    .cmd_i       (ini_if.dut.cmd      ),
    .cmd_addr_i  (ini_if.dut.cmd_addr ),
    .cmd_data_i  (ini_if.dut.cmd_data_w ),
    .cmd_data_o  (ini_if.dut.cmd_data_r ),
    .slv0_avail_i (rsp_if.dut.slv0_avail ),
```

```
            .slv1_avail_i  (rsp_if.dut.slv1_avail  ),
            .slv2_avail_i  (rsp_if.dut.slv2_avail  ),
            .slv0_len_o    (rsp_if.dut.slv0_len    ),
            .slv1_len_o    (rsp_if.dut.slv1_len    ),
            .slv2_len_o    (rsp_if.dut.slv2_len    ),
            .slv0_prio_o   (rsp_if.dut.slv0_prio   ),
            .slv1_prio_o   (rsp_if.dut.slv1_prio   ),
            .slv2_prio_o   (rsp_if.dut.slv2_prio   ),
            .slv0_en_o     (rsp_if.dut.slv0_en     ),
            .slv1_en_o     (rsp_if.dut.slv1_en     ),
            .slv2_en_o     (rsp_if.dut.slv2_en     )
        );
```

可以看到，除了时钟和复位信号外，其他信号与 ini_if 和 rsp_if 内部信号连接时要进一步通过 modport dut 来连接。与之前的点对点连接方式相比，modport 将所有相关的信号集中在同一个地方描述，减小出错的概率，但需额外地对不同信号进行分类集合。

在介绍完接口主要的应用情况后，我们在 7.4 节介绍测试平台的"外包装"——程序块（program），看一看程序与模块（module）的比较，以及它们之间可能存在的信号竞争问题。

7.4 程序和模块

模块（module）作为 SV 从 Verilog 继承来的概念，自然地保持了它的特点，除了作为 RTL 模型的外壳包装和实现硬件行为，在更高的集成层面，模块之间也需要通信和同步。从硬件实现的角度来看，Verilog 通过 always，initial 过程语句块和信号数据连接实现进程间通信。由此，我们可以将不同的模块作为独立的程序块，它们之间的同步通过信号的变化（event 触发）、对特定事件的等待（时钟周期）或时间（固定延时）来完成。

如果以软件的思维理解硬件仿真，那么图 7.5 首先是独立运行的线程（thread），它们在仿真一开始便并行执行。每个线程依自身内部产生的事件触发过程语句块，同时依靠相邻模块间的信号变化完成模块间的线程同步。

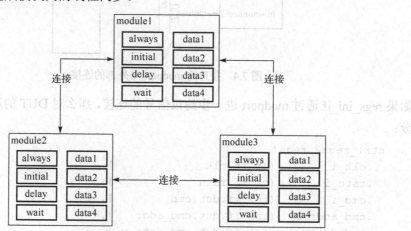

图 7.5 硬件模型的软件视角

▶▶ 7.4.1　Verilog 设计竞争问题

为了避免 RTL 仿真行为中发生的信号竞争问题，我们建议通过非阻塞赋值或特定的信号延迟来解决同步的问题。例如，从下面的例子可以看到，采用阻塞赋值可能引起竞争问题：

```
module design_race;
logic clk;
logic rstn;
logic [3:0] a;
logic [3:0] b;
... //省略了时钟和复位产生代码

    always @ (posedge clk or negedge rstn) begin
        if(rstn == 0) begin
            a = 0;
            b = 0;
        end
        else begin
            a = a + 1;
            b = a;
            $display("@%0t a=%0d, b=%0d", $time, a, b);
        end
    end
endmodule
```

从仿真结果来看，在每个时钟计数以后寄存器 a 的值被当前时钟内的 b 采集到，所以，每个时钟周期内 a 和 b 的值是一致的。但是，这种仿真行为并不符合真实的硬件行为，因为 b 如果要采样 a 的值，必须有一个周期的延迟。也就是说，b 采样的应该是 a 变化前的数值。

```
# @5  a = x, b = x
# @15 a = x, b = x
# @35 a = 1, b = 1
# @45 a = 2, b = 2
# @55 a = 3, b = 3
```

所以，可以通过非阻塞赋值的形式来避免这种情况。

```
always @ (posedge clk or negedge rstn) begin
    if(rstn == 0) begin
        a <= 0;
        b <= 0;
    end
    else begin
        a <= a + 1;
        b <= a;
        $display("@%0t a=%0d, b=%0d", $time, a, b);
    end
end
```

输出结果为

```
#  @5  a=x, b=x
#  @15 a=x, b=x
#  @35 a=0, b=0
#  @45 a=1, b=0
#  @55 a=2, b=1
```

非阻塞赋值和信号输出的延迟赋值都可以有效避免设计层面的竞争问题。那么当 testbench 与 DUT 连接时，这种方式是否还行之有效呢？在讨论之前，我们首先从 SV 的仿真调度入手。

7.4.2　SV 的仿真调度机制

SV 的仿真调度完全支持 Verilog 的仿真调度，同时又扩展出来支持新的 SV 结构体，如程序（program）和断言（assertion）[13]。充分理解 SV 的不同结构体在仿真中执行的先后顺序，有利于理解 testbench 中对 DUT 的驱动和采样的顺序，进而避免不合理的驱动和采样方式。仿真器一般基于 event 驱动方式执行，对各类型 event 的发生做出合理安排，就可以保证设计与验证环境之间有清晰的事件发生顺序，避免两者间的竞争问题。

这里，时间片（**time-slot**）是仿真时间中的一个抽象单位 Ts，该单位内所有的线程（always，initial，assertion 等）和数据对象的赋值（阻塞赋值和非阻塞赋值）被赋予相应的优先级，依次被执行。这种优先级即图 7.6 显示的 scheduling regions（调度区域）。除了 observed 和 reactive 区域，其他区域均是继承于 Verilog 调度区域。preponed 区域是从上一个 Ts 进入本时间单位的入口，而 postponed 区域则是所有 event 触发完毕、所有数据也被赋值后该 Ts 的出口。上述不同调度区域的功能表示在表 7.1 中。

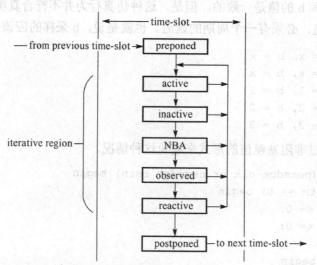

图 7.6　SV 的仿真调度机制

接下来我们对这些调度区域做简单的介绍。

Active 区域：从 preponed region 进入 active region 之后，将执行所有处于该调度阶段的线程（如 always、assign、initial 等）。其中，与非阻塞赋值有关的操作执行完毕后，对应的线程进入 NBA，而带有"#0"延时操作的线程直接进入 inactive 区域。

表 7.1　SV 不同调度区域的作用

区 域 名	作 用
active/inactive/NBA	仿真模块中的设计代码
Observed	SV 中的 property/sequence
Reactive	执行 testbench 代码
Postponed	testbench 采样信号

Inactive 区域：所有被进行零延时操作的线程在 inactive 区域被激活，在被执行之前迁往 active 区域。所以，零延时的操作会延缓线程的执行时间。

NBA 区域：该区域是在所有 active 区域和 inactive 区域均没有其他线程之后所到达的调度区，到达该区域后，之前在 active 区域的非阻塞赋值生效。如果这些非阻塞触发了别的线程，那么被触发的线程要被迁移到 active 区域。

Observed 区域：当之前 active/inactive/NBA 区域均全部执行完毕之后，即表示设计部分的线程执行完毕，接下来的区域是 SV 为验证一侧准备的。进入 observed 区域后，这一区域是为了属性断言（property assertion）准备的，由于属性中需要监测设计中的变量，且必须等到所有数据对象被赋予最终的数值，所以该区域处在设计区域之后。这样做的好处是，避免因采集的变量不稳定导致的属性检查错误。该区域同样适用接口（interface）和程序块（program）中的采样操作，使得采集到的数据是该 Ts 的最终值。

Reactive 区域：经历了数据采样后，断言语句需进行属性判断，同时，如果该区域再次对设计区域中的线网和变量赋值，则使被激活的线程再次迁移到 active 区域。经历信号采样之后，处于 testbench 区域中的线程也在该区域执行。

Postpone 区域：在分别经历了与设计、testbench 有关的区域之后，当前 Ts 进入 postponed 区域。该区域内的值保持稳定，且与下一个 Tspreponed 的值一致。同时，该区域也作为 SV PLI/DPI 的回调函数（callback）点，使得在 SV 外部的调用语言（例如 C）在使用 SV 变量时仍然可以用到最新的数值，无论是设计部分还是验证部分。

在对上面各区域做了介绍以后，我们结合之前阻塞赋值和非阻塞赋值的例子进行分析。在上面阻塞赋值时：

```
...
a = a + 1;        // a 在 Ts active 区域被赋值，且赋值立即生效
b = a;            // b 在同一个 Ts 区域被赋值，同时使用被立即赋值后的 a (a = a+1)
...
```

再来看看非阻塞赋值的仿真调度安排

```
...
a <= a + 1;       // a 在 Ts active 区域被赋值，而赋值在 NBA 区域生效
b <= a;           // b 在同一个 Ts 区域被赋值，且使用被赋值前的 a 值
...
```

所以非阻塞赋值可以用来避免一些设计中的竞争情况，而这种方式也针对于组合和同步时序逻辑的设计场景。但这种设计技巧在验证领域中仍然受到了不少的挑战：

● 验证人员在 testbench 实现中更多地采用软件编程方式，即连续性赋值（continuous assignment）而不是阻塞/非阻塞赋值的形式。

- 验证人员并不关心设计行为中可能出现的竞争场景，对他们而言首要的是采集到正确且稳定的数值。
- SV 中的断言属性（assertion property）需要在特定的仿真调度区域采集数据和执行属性检查。

对此，我们可以从下面两个例子观察 testbench 区域中对数据的采样和执行。

7.4.3 module 数据采样示例 1

```
module counter(input clk);
    bit [3:0] cnt;
    always @(posedge clk) begin
        cnt <= cnt + 1;
        $display("@%0t DUT cnt = %0d", $time, cnt);
    end
endmodule
module tb1;
bit clk1;
bit [3:0] cnt;
  initial begin
        forever #5ns clk1 <= !clk1;
    end
counter dut(clk1);
    always @(posedge clk1) begin
        $display("@%0t TB cnt = %0d", $time, dut.cnt);
    end
endmodule
```

仿真结果：

```
# @5 DUT cnt = 0
# @5 TB cnt = 0
# @15 DUT cnt = 1
# @15 TB cnt = 1
# @25 DUT cnt = 2
# @25 TB cnt = 2
```

可以看到，DUT 与 TB 的采样均发生在 clk1 的上升沿，且均采样到了 dut.cnt 变化前的数值。用仿真调度时序图来表达，则如图 7.7 所示。DUT 和 TB 对 dut.cnt 的采样都发生在 active 区域，所以两者都采样到了 dut.cnt 变化前的数值。

7.4.4 module 数据采样示例 2

```
module tb2;
bit clk1;
bit clk2;
bit [3:0] cnt;
    initial begin
        forever #5ns clk1 <= !clk1;
    end
```

```
    always @(clk1) begin
        clk2 <= clk1;
    end
    counter dut(clk1);
    always @(posedge clk2) begin
        $display("@%0t TB cnt = %0d", $time, dut.cnt);
    end
endmodule
```

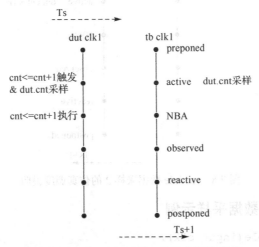

图 7.7　module 数据采样 1 的仿真调度说明

在 DUT 和 testbench 的数据采样结果不一致：

```
# @5  DUT cnt = 0
# @5  TB cnt = 1
# @15 DUT cnt = 1
# @15 TB cnt = 2
# @25 DUT cnt = 2
# @25 TB cnt = 3
```

数据采集不一致的原因在于 DUT 和 TB 采样所用时钟不同，DUT 使用 clk1，而 TB 使用 clk2。乍看起来，clk1 与 clk2 没有延迟，但因非阻塞赋值而使 clk2 较 clk1 有从 active 区到 NBA 区的延迟。简单而言，clk2 的沿变化比 clk1 晚，由此带来的变化造成数据采样的竞争问题，用时序图描述可以表达为图 7.8 的形式。dut 与 tb 使用的时钟存在一个 active 到 NBA 的延迟周期，这使得 testbench 在使用 clk2 对 dut 进行采样时，已经采集到了该 Ts 中 DUT 在第一个 NBA 已经生效的非阻塞赋值。

通过上面的两个采样示例可以看到，如果 TB 中的数据采样在 module 内部执行，则可能产生不同的采样结果。在这里我们关心的不只是采样 Ts 处 dut.cnt 变化前或变化后的数值，还应保证采样的结果按预期执行。也就是说，如果通过一些方法可以使得采样的数据按照预期，发生在 dut.cnt 变化前或者变化后都是可以接受的。我们之前提到，可以采用 SV 的 property 中的 sequence 采样特性、interface 采样以及 program 采样三种方法；这里，我们先介绍 program 采样方式。对上面的例子进行简单改造，可以使 program 内部发生的采样是我们预期的结果。

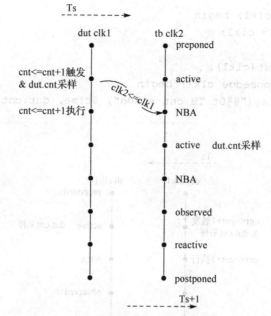

图 7.8　module 数据采样 2 的仿真调度说明

▶▶ 7.4.5　program 数据采样示例

```
program dsample(input clk);
    initial begin
        forever begin
            @(posedge clk);
            $display("@%0t TB cnt = %0d", $time, dut.cnt);
        end
    end
endprogram
module tb;
bit clk1;
bit [3:0] cnt;
    initial begin
        forever #5ns clk1 <= !clk1;
    end
    counter dut(clk1);
    dsample spl(clk1);
endmodule
```

仿真结果为：

```
# @5 DUT cnt = 0
# @5 TB cnt = 1
# @15 DUT cnt = 1
# @15 TB cnt = 2
# @25 DUT cnt = 2
# @25 TB cnt = 3
```

可以看到仿真结果同"module 数据采样示例 2"保持一致，而且通过在 program 内部，进行数据采样的结果是可以预期的。我们通过图 7.9 来理解这种采样方式。

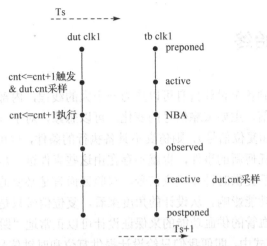

图 7.9　program 数据采样的仿真调度说明

如果从通用角度来解释 program 执行的情况，上面的示例遵循下面的进度安排原则：

● 在 program 执行之前，先进行设计代码相关的仿真调度区域即 active、inactive 和 NBA。
● 设计调度区域执行完后，会通过 observed 区域，最后至 reactive 区域。而 program 会在 reactive 区域执行。所以 program 会采用之前已经被阻塞/非阻塞赋值后的稳定值进行计算。
● 在 program 执行过程中，如果有内部变量发生变化，且影响到该 Ts 中设计调度区相关的变量，则对应设计的调度区会被再次迁移到 active 区域，而该 program 会被挂起，直到整个调度阶段再次进入 reactive 区域。

由此看来，SV 介绍 program 的一个重要部分就是为了将设计和验证的调度区域通过显式的方式来安排。因此，建议将设计部分放置在 module 中，而将测试采样部分放置在 program 中。下面是关于 program 实现的更多要求和建议：

● 读者可以将 program 看作是软件的"领地"，所以 program 中不可以出现和硬件行为相关的过程语句和实例，例如 always、module、interface，也不应该出现其他 program 例化语句。
● 为了使 program 按类软件方式的顺序执行，可以在 program 内部定义变量，以及发起多个 initial 块。
● program 内部定义的变量赋值的方式应该采用阻塞赋值（软件方式）。
● program 内部在驱动外部的硬件信号时应该使用非阻塞赋值（硬件方式）。
● program 中的 initial 块（类软件的执行方式）会在 reactive 区域被执行，而 program 之外的 initial 块（module 内部）则在 active 区域被执行，这一点值得注意。

SV 通过 program 将 DUT 与 TB 的领地做了清晰的划分，而硬件区域和软件区域的执行顺序，则是从不同调度区域的执行顺序来解决的。在第 8 章，我们会介绍如何通过 interface clocking 给出第二种解决时序采样和驱动信号的方法。在清楚了硬件信号采样可能出现的竞争问题、如何通过 program 解决这一问题之后，我们可以通过合适的连接和采样方式将验证组件和 DUT 连接。在连接之后，一旦有了激励，如何结束仿真、结束仿真的方式有哪些，我们将在 7.5 节为大家介绍。

7.5 测试的始终

在 7.4 节中我们提到各个设计自身可以作为一个大的线程，内部包含多个并行的线程，而模块之间即线程的通信，主要依靠信号的变化。可以想象，对于一个设计，如果在仿真开始无任何激励（如时钟和复位信号），则仿真不具备执行的条件，也可以认为已经结束。因为对设计内部并没有产生任何新的事件，也就不存在由这些事件进一步触发组合逻辑和时序逻辑。那么，在仿真开始后提供时钟和复位信号，对验证而言是必要的步骤，但是它本身不对设计的功能产生实质的功能影响。从设计的角度来看，复位信号只是为了让设计进入确定的状态，而时钟信号如同血管的供血功能的来保证设计可以正常地"跳动"。

在 Verilog 的测试方式中，即便我们只给设计提供复位和时钟信号，整个仿真也会一直持续下去，并不会主动结束。即使 DUT 的输入激励已经执行完毕，仿真也会一直进行下去，这时就需要通过 Verilog 系统函数主动结束仿真。

7.5.1 系统函数调用方式结束

在 Verilog 测试中，需要通过 Verilog 提供的系统函数来结束仿真。下面的例子即在仿真 500 ns 时通过系统函数$finish 结束了仿真，也可以考虑使用$stop 来暂停仿真。这两者的区别在于，$finish 使得仿真退出，将控制权交回给操作系统，仿真无法继续；$stop 使得仿真暂停，用户还有机会让仿真继续运行。

```
module tb;
bit clk;
    initial begin
        forever #5ns clk <= !clk;
    end
    counter dut(clk);
    initial begin
        #500ns;
      $finish();
    end
endmodule
```

7.5.2 program 隐式结束

在 SV 推出 program 将验证部分与设计部分进行有效隔离以后，SV 也将每一个 program 作为一个独立的测试。如果 testbench 中只有一个 program，则会在执行完该 program 中最后一个 initial 过程块后自动结束仿真。如果 testbench 中有多个 program，那么需要等待所有 program 中最后一个 initial 过程块完成后，才能结束仿真。

```
program pgm1;
    initial begin: proc1
        #100ns;
        $display("@%0t p1.proc1 finished", $time);
    end
    initial begin: proc2
        #400ns;
        $display("@%0t p1.proc2 finished", $time);
    end
endprogram
program pgm2;
    initial begin: proc1
        #200ns;
        $display("@%0t p2.proc1 finished", $time);
    end
    initial begin: proc2
        #300ns;
        $display("@%0t p2.proc2 finished", $time);
    end
endprogram
module tb;
bit clk;
    initial begin
        forever #5ns clk <= !clk;
    end
    counter dut(clk);
    pgm1 p1();
    pgm2 p2();
endmodule
```

执行结果为：

```
# @100 p1.proc1 finished
# @200 p2.proc1 finished
# @300 p2.proc2 finished
# @400 p1.proc2 finished
```

从上面这个例子可以看到，仿真会在 p1.proc2 执行完毕后自动结束。

7.5.3　program 显式结束

从上面的第二种结束方式来看，仿真自动结束的前提是所有 program 的 initial 块都在一定时间内完成，而实际上，有些 program 内的 initial 语句块会一直运行下去，这就使仿真无法等到所有 program 都执行完毕，也就无法自动结束。这时，可以在目标 program 内置入系统函数$exit 来强制结束 program 的运行。在该 program 结束之后，仿真器等待其他 program 执行完毕，然后结束仿真。

```
program pgm1;
    initial begin: proc1
```

```
            #100ns;
            $display("@%0t p1.proc1 finished", $time);
        end
        initial begin: proc2
            #200ns;
            $display("@%0t p1.proc2 finished", $time);
        end
    endprogram
program pgm2;
    initial begin: proc1
        #700ns;
        $display("@%0t p2.proc1 finished", $time);
        $exit();
    end
    initial begin: proc2
        forever begin
            #300ns;
            $display("@%0t p2.proc2 loop", $time);
        end
    end
endprogram
module tb;
bit clk;
    initial begin
        forever #5ns clk <= !clk;
    end
    counter dut(clk);
    pgm1 p1();
    pgm2 p2();
endmodule
```

执行结果为：

```
# @100 p1.proc1 finished
# @200 p1.proc2 finished
# @300 p2.proc2 loop
# @600 p2.proc2 loop
# @700 p2.proc1 finished
```

　　从上面的例子可以看到，p2 因 forever loop proc2 而无法正常结束，所以仿真也无法自动结束。这时，可以在 p2 内的 proc1（或者任何一个 initial 块）置入一个系统函数$exit()解决这一问题。该系统函数的作用是可以强制结束它所在的 program，这使得在 proc1 在 700 ns 结束之后 p2 就结束了，而仿真器仍然会等待其余的 program（p1）。当系统发现所有的 program 均执行完后，自动结束仿真。

　　通过上面三种在 SV 中结束仿真的方式，我们掌握了仿真结束的机制。学习本章之后，读者在开始搭建"测试房子"之前,掌握如何与设计做恰当的连接、模块的例化、验证与设计部分的隔离和结束测试的方式。

7.6　本章结束语

大多数初学验证的工程师有一定的 Verilog 或 VHDL 语言基础。这对他们而言是一种优势,也可能是一个包袱。优势在于他们熟悉硬件实现的编码风格,不过正由于习惯了硬件编码方式,这可能会成为阻碍他们适应软件编码方式的包袱。验证师需要明确的是,在验证环境当中,哪些是顶层的测试平台,哪些是硬件部分即例化的硬件 DUT,哪些是软件部分即稍后例化的验证环境,而哪些又是鉴于硬件和软件之间扮演信号驱动采样的角色即接口。这样的基本概念对于日后将硬件编码和软件编码实现在不同的世界非常重要。同时,深入学习 SV 的仿真调度机制,也是为了确保验证环境一侧可以正确地对硬件信号进行驱动或采样。只有确保这一点,接下来实现验证环境一侧的软件部分,才会没有后顾之忧。

第 8 章

SV 组件实现

从这一章开始，我们将进入验证各个组件的实现部分。对各组件的介绍顺序将遵循"验证的结构"一章，从激励器、到监测器再到比较器，涉及的知识点则以各验证师实现的方式来介绍，这样做是为了告诉读者 SV 的特性在什么地方出色，以及思考如何从 0 到 1 的过程。本章旨在通过对比不同的实现方式，判断应用场景及其优劣，从而梳理 SV 语言的各种特性。

在组件实现的讨论中，主要基于 SV 基本特性，深入浅出地介绍这些特性的应用。例如，对于类的介绍，我们不会陷入类本身的各种语法参考，而是对比用类封装组件和用模块实现组件的异同和优劣，从根本上认识和思考类。又比如，对组件之间的通信，我们介绍进程间通信的主要方式，这些通信特性的方法不是本书的重点，而它们的具体应用场景则会得到细致的说明。

通过对 SV 各种语言特性的思辨性探讨，为大家展开的不是一间"武器库"，而是一架"钢琴"。因为笔者相信，任何一门语言的特性不是与生俱来的，而是为了实现各种目的而和谐奏鸣的，所以我们期待读者可以弹好这架钢琴，而不是从武器库里挑选一门新式的大炮用来打苍蝇。

8.1 激励发生器的驱动

Stimulator（激励发生器）作为生成激励的源，究竟应该以一种什么方式来运作？试想一下，之前在 Verilog 或者 VHDL 中的 testbench，也可以产生出合适的激励，那为什么另辟蹊径，单独细说 stimulator 的实现呢？为了解释这个问题，我们首先看看老式 stimulator 的不足：

● 如果激励接口复杂，那么各项激励之间的协调就较为困难，而激励自身也可能因设计时钟输入采样存在竞争的问题。
● 激励时序难以调整，因为测试方式是以顺序的方式在进程中执行的。
● 激励向量固定，因为是定向测试方式。

从这一节开始要分别解决上述问题，即通过合理的驱动、数据的封装以及激励的随机化，解决老式 stimulator 的不足。在之前我们通过介绍 interface 来认识，利用它来做验证组件与 DUT 之间的联系，而连接好以后，激励也会通过接口向 DUT 传递。同时，为了给出符合接口协议的激励，我们需要遵循接口的时序关系。对于验证师董来说，他是这么安排他的 stimulator 和 interface 的。在 7.3 节中，验证师董准备利用接口与 stimulator 连接，我们接下依照图 7.3 看他如何实现 stimulator stm_ini 以及同 interface ini_if 在 testbench 中的连线的。

8.1.1 激励驱动的方法

与 regs_ini_if 相连接的 stimulator ini_stim，验证师董将其声明为 module。

```
module stm_ini(
  input          clk,
  input          rstn,
  output [ 1:0] cmd,
  output [ 7:0] cmd_addr,
  output [31:0] cmd_data_w,
  input  [31:0] cmd_data_r
);
localparam IDLE = 2'b00;
localparam RD   = 2'b01;
localparam WR   = 2'b10;
logic [ 1:0] v_cmd;
logic [ 7:0] v_cmd_addr;
logic [31:0] v_cmd_data_w;
assign cmd = v_cmd;
assign cmd_addr = v_cmd_addr;
assign cmd_data_w = v_cmd_data_w;
typedef struct{ // trans 数据类型定义
  bit [ 1:0] cmd;
  bit [ 7:0] cmd_addr;
  bit [31:0] cmd_data_w;
  bit [31:0] cmd_data_r;
} trans;
trans ts[3]; // trans 固定数组声明和初始化
task op_wr(trans t);   // 写指令定义
...
task op_rd(trans t);   // 读指令定义
...
task op_idle();  // 空闲指令定义
...
task op_parse(trans t); // 指令类型解析
... // 指令分发即产生激励
endmodule
```

由于 stm_ini 在内部声明了多个方法（methods），即 op_wr、op_rd、op_idle 和 op_parse，且它们驱动硬件信号。在深入这些方法之前，需要先声明几个变量 v_cmd、v_cmd_addr、v_cmd_data_w，这是因为方法内部的非阻塞赋值只能引用 logic 类型或者 reg 类型，而无法直接对 stm_ini 的端口（wire 类型）赋值。为了使激励上的数据清晰易读，我们对总线数据类型 trans_t 做如下定义：

```
typedef struct{
  bit [ 1:0] cmd;
  bit [ 7:0] cmd_addr;
  bit [31:0] cmd_data_w;
```

```
  bit [31:0] cmd_data_r;
} trans;
```

这么做的好处在于，将每次发送激励的数据集合为一个数据体，对数据发送和后续 monitor 的数据采集都有帮助。定义新的数据类型之后，要声明一个数组并初始化。

```
trans ts[3];
initial begin
  ts[0].cmd        = WR;
  ts[0].cmd_addr   = 0;
  ts[0].cmd_data_w = 32'hFFFF_FFFF;
  ts[1].cmd        = RD;
  ts[1].cmd_addr   = 0;
  ts[2].cmd        = IDLE;
end
```

上面声明了一个数组 ts，其有三个成员，接下来的 initial 块将在仿真开始时对 ts 进行初始化。ts[0]是写操作，要为其中三个成员赋初值；ts[1]是读操作，只需为两个成员赋初值；作为第三个成员的 ts[2]是空闲操作，只需为其成员 cmd 赋初值。对这里的操作命令值，我们将其声明为局部参数（localparam），如之前介绍的，还可以通过宏（macro）、枚举（enum）或常量（const）做类似的声明。

接下来对各激励方法做出说明。首先，方法 op_wr 有一个参数 trans t，若未标明传递方向，则默认为输入端（input trans t）。从名字可以分辨出该方法是写操作的命令，即在时钟的上升沿将变量 t 中的 t.cmd、t.cmd_addr 和 t.cmd_data_w 分别写入硬件信号中，最终触发一次写操作。

```
task op_wr(trans t);
  @(posedge clk);
  v_cmd <= t.cmd;
  v_cmd_addr <= t.cmd_addr;
  v_cmd_data_w <= t.cmd_data_w;
endtask
```

读方法也是在时钟上升沿将 t 中的 t.cmd 和 t.cmd_addr 写入硬件信号。

```
task op_rd(trans t);
  @(posedge clk);
  v_cmd <= t.cmd;
  v_cmd_addr <= t.cmd_addr;
endtask
```

空闲操作则无须参数，只要将 v_cmd 置为 IDLE，其余信号赋值为 0。

```
task op_idle();
  @(posedge clk);
  v_cmd <= IDLE;
  v_cmd_addr <= 0;
  v_cmd_data_w <= 0;
endtask
```

上面的三种方法分别对应写操作、读操作与空闲操作。在调用这些方法前，要对之前声明的数组 ts 中的每个成员类型做出解析，根据其成员的操作类型选择调用的操作方法。这里，要再声明一个方法 op_parse()，它可以根据参数的命令类型决断调用哪种指令操作方法。如果是无效指令，则通过系统函数$error(message)报告错误。

```
task op_parse(trans t);
  case(t.cmd)
    WR: op_wr(t);
    RD: op_rd(t);
    IDLE: op_idle();
    default: $error("Invalid CMD!");
  endcase
endtask
```

通过上面定义的方法，验证师董就可以对其定义的 trans 数组 ts 逐个解析，并且将数据转换为硬件信号加以驱动。在 stm_ini 模块的最后，又声明了一个 initial 块来产生最终的激励：

```
initial begin: stmgen
  @(posedge rstn); // 等待复位释放
  foreach(ts[i]) begin // 解析 ts 数组中每个成员，从 ts[0]至 ts[2]
    op_parse(ts[i]); // 调用解析方法
  end
  repeat(5) @(posedge clk); // 保证激励发送完毕且 DUT 做出反馈
  $finish(); // 主动结束仿真
end
```

▶▶▶ 8.1.2　任务和函数

在上面 stm_ini 中定义了若干种方法：op_wr、op_rd、op_idle 和 op_parse，它们在定义时均被声明为 task（任务）而非 function（函数）。相较于软件编程语言定义的方法均为函数类型而非任务类型，我们有必要比较这两种方法类型的异同，以便用户清楚在何种场合对其定义和调用。

Task 与 function 的参数列表中均可以声明多个 input（输入）、output（输出）、inout（输入输出）和 ref（引用）类型。input 是从外部复制传入的形式参数，output 是由被调用方法产生并复制传递给外部的形式参数，inout 表示进入方法和退出方法时分别被复制两次，ref 则类似于软件中的指针，在调用方式时不会有任何复制行为，而是直接引用或修改外部传入的数据对象。inout 和 ref 类型均可以使得形式参数在方法中被调用，并且将结果输出给外部。它们之间的不同是，inout 只有在方法结束之后才传递到外部，而 ref 可以在方法执行过程中直接修改数据对象无须等到方法执行结束。

在 SV 中，为了使用数据对象"指针"的便捷，并不会有像 C 语言中指针使用"*"寻址的方法。下面的例子声明了复制函数 op_copy，有两个参数，函数将把 s 中的数据复制给 t。在这里，t 被声明为 ref 类型，在函数中使用 t = s，表明引用的数据被直接赋值，而用户不需要考虑何时使用像 C 语言中的"*"来寻址，op_copy 因此可以对外部传递进来的参数 t 本身操作。这里需要注意的是，ref 一般是对非句柄（类指针）类型的数据使用，而在介绍了类和句柄后，方法调用时只需要传递句柄，无须 ref 类型声明。

```
function automatic void op_copy(ref trans t, input trans s);
    t = s;
endfunction
initial begin
    trans s;
    trans t;
    s.cmd = WR;
    s.cmd_addr = 'h10;
    s.cmd_data_w = 'h_3F;
    op_copy(t, s);
    $display(" t.cmd='h%0x \n t.cmd_addr='h%0x \n t.cmd_data_w='h%0x",
            t.cmd, t.cmd_addr, t.cmd_data_w);
end
```

输出结果为：

```
#    t.cmd='h2
#    t.cmd_addr='h10
#    t.cmd_data_w='h3f
```

除此之外，function 还有以下属性：

- 默认的数据类型是 logic，例如 input [7:0] addr。
- 数组可以作为形式参数传递。
- function 可以返回也可以不返回结果。返回，则需用关键词 return；不返回，则应在声明 function 时采用 void function()。
- 只有数据变量可以在形式参数列表中被声明为 ref 类型，而线网类型则不能被声明为 ref 类型，这是为了防止通过 ref 的方式来修改线网信号值，也可以理解为，只可以通过输入类型来采样线网数值，而不能通过 ref 类型来直接修改线网数值。修改线网信号的方法在 8.1.4 节 stimulator 通过 interface 输出激励的方式来介绍。
- 在使用 ref 时，有时候为了保护数据对象只被读取不被写入，可以通过 const 的方式来限定 ref 声明的参数。
- 在声明参数时可以给入默认数值，如 input [7:0] addr = 0，如果在调用时省略该参数的传递，默认值即被传递给 function。

与 function 相比，task 有以下几点不同：

- task 无法通过 return 返回结果，因此只能通过 output、inout 或 ref 的参数来返回。
- task 内可以置入耗时语句，而 function 则不能。常见的耗时语句包括 @event、wait event、# delay 等。

通过上面的比较，我们对 function 和 task 建议的使用方式是：

- 初学者使用傻瓜式用法，即全部采用 task 来定义方法，因为它可以内置常用的耗时语句。
- 有经验的使用者请对这两种方法类型加以区别，在非耗时方法定义时使用 function，在内置耗时语句时使用 task。这么做的好处是在遇到了这两种方法定义时，就知道

function 只能运用于纯粹的数字或逻辑运算，而 task 则可能会被运用于需要耗时的信号采样或驱动场景。

● 调用 function 时，用 function 和 task 均可对其调用；而调用 task 时，建议使用 task，因为若被调用的 task 内置有耗时语句，则外部调用它的方法类型必须为 task。

8.1.3　数据生命周期

在 SV 中，我们将数据的生命周期分为两类：

● automatic（动态）；

● static（静态）。

如果数据变量被声明为 automatic，那么在进入该进程/方法后，automatic 变量会被创建，而在离开该进程/方法后，automatic 变量会被销毁。这与 C 语言的变量及其作用域的使用方式一致。而 static 变量在仿真开始时即会被创建，在进程/方法执行过程中自身不会被销毁，且可以被多个进程/方法共享。所以，automatic 与 static 两种生命周期的数据类型，最直观的区别是 static 在仿真过程中的任何时刻都可以被共享，且不会被销毁，直到仿真结束；而 automatic 变量则与软件的局部变量一样，在它的作用域生命结束时被销毁回收存储空间。我们来看下面这个例子：

```
function automatic int auto_cnt(input a);
  int cnt = 0;
  cnt += a;
  return cnt;
endfunction
function static int static_cnt(input a);
  static int cnt = 0;
  cnt += a;
  return cnt;
endfunction
function int def_cnt(input a);
  static int cnt = 0;
  cnt += a;
  return cnt;
endfunction
initial begin
  $display("@1 auto_cnt = %0d", auto_cnt(1));
  $display("@2 auto_cnt = %0d", auto_cnt(1));
  $display("@1 static_cnt = %0d", static_cnt(1));
  $display("@2 static_cnt = %0d", static_cnt(1));
  $display("@1 def_cnt = %0d", def_cnt(1));
  $display("@2 def_cnt = %0d", def_cnt(1));
end
```

输出结果为：

```
# @1 auto_cnt = 1
# @2 auto_cnt = 1
```

```
# @1 static_cnt = 1
# @2 static_cnt = 2
# @1 def_cnt = 1
# @2 def_cnt = 2
```

上面的三个 function 被定义在 module，分别声明为 automatic、static 和默认类型。automatic 方法的内部的所有变量默认也是 automatic，即，随 automatic 方法的生命周期建立和销毁。static 方法的内部所有变量默认也是 static 类型。对于 automatic 和 static 方法，用户可以对其内部定义的变量做单个声明，使其类型被显式声明为 automatic 或 static。对于 static 变量，用户在声明变量时应同时对其做初始化，而初始化只在其生命周期中发生一次，并不随方法调用而被多次初始化。上面第三种方法 def_cnt 的默认类型是 static，这是因为 SV 规定：

- 在 module、program、interface、task 和 function 之外声明的变量拥有静态的生命周期，即存在于整个仿真阶段，这同 C 定义的静态变量一致。
- 在 module、interface 和 program 内部声明，且在 task、process 或 function 外部声明的变量也是 static 变量，作用域在该块中。
- 在 module、program 和 interface 中定义的 task、function 默认都是 static 类型。
- 在过程块中（task、function、process）定义的变量均跟随它的作用域，即过程块的类型。如果过程块为 static，则它们也默认为 static，反之亦然。这些变量也可以由用户显式声明为 automatic 或 static。
- 为了使在过程块中声明的变量有统一默认的生命周期，可以在定义 module、interface、package 或 program 时，通过限定词 automatic 或 static 来区分。上述程序块默认的生命周期类型为 static。

例如，下面的代码通过显式声明 test，改变其内部过程块 task t 的形式参数和内部变量类型为 automatic。

```
program automatic test ;
int i; // 不在过程块中，因此仍然为 static 类型
task t ( int a ); // t 的参数和变量默认类型为 automatic
...
endtask
endprogram
```

▶▶ 8.1.4　通过接口驱动

在激励驱动的方法中可以看到，激励可以通过 module 内置的方法来生产，通过 module 端口输出给外部，而在 TB 中则依赖 interface 连接 DUT 与 stimulator。这是一种将 stimulator 与 DUT 连接的常见方法，此外，也可以通过 virtual interface（虚接口）在 stimulator 内部直接做采样或者驱动。我们将之前的 stimulator stm_ini 加以修改，使用 virtual interface 来实现激励的驱动：

```
module stm_ini;
virtual interface regs_ini_if vif;
trans ts[]; // trans 动态数组声明
```

```
...
initial begin: stmgen // 指令分发即产生激励
  wait(vif != null);
  @(posedge vif.rstn);
  foreach(ts[i]) begin
    op_parse(ts[i]);
  end
  repeat(5) @(posedge vif.clk);
  $finish();
end
endmodule
module tb;
regs_cr_if  crif();
regs_ini_if iniif();
...
ctrl_regs dut(...);
stm_ini ini();
initial begin: arrini
  ini.ts = new[3];
  ini.ts[0].cmd        = WR;
  ini.ts[0].cmd_addr   = 0;
  ini.ts[0].cmd_data_w = 32'hFFFF_FFFF;
  ini.ts[1].cmd        = RD;
  ini.ts[1].cmd_addr   = 0;
  ini.ts[2].cmd        = IDLE;
end
initial begin: setif // 传递接口
  ini.vif = iniif;
end
endmodule
```

在上面的代码示例中，与之前相比，可以看到下面几处不同：

- stm_ini module 没有声明任何端口，即激励并不通过端口传递。
- stm_ini 内部声明了 virtual interface 类型，即 interface 的"指针"。这一点很有趣，因为 interface 就内部构建和应用场景来看都更贴近于硬件的"世界"，比如它内部可以声明过程语句块（always/initial），而只有硬件部分才可以对 interface 做例化。同时，interface 又可以被软件世界引用，这里就依靠"指针"virtual interface。在声明时，stm_ini 并不知道最终例化的 regs_ini_if 在何处，而它先假定 regs_ini_if 在仿真开始时可以被传递到 virtual interface vif。
- 信号驱动的方法例如 op_wr 直接引用 vif，进而驱动 regs_ini_if 中的各个变量。
- 在 TB 中，需要在 setif initial 块中传递 iniif 给 ini.vif，最终完成实体接口 tb.iniif 到虚接口 ini.vif 的指针传递。只有完成了这一传递，才可以保证信号驱动任务在被调用前，虚接口已被赋值，继而可以寻址到实体接口。
- 在 stm_ini 的 stmgen initial 块中一开始需要等待 stm_ini.vif 接口得到赋值传递，而不是 null 值。这可以保证在后期调用驱动方法时，不会因为 tb.ini.vif 悬空无法引用 tb.iniif

中的变量而发生运行错误。当然，用户也可以使用"#1ps"给入固定的延时，保证 tb.setif
在 tb.ini.stmgen 执行之前完成。

8.1.5　测试向量产生

在上面的示例代码中，与之前通过 stm_ini 模块端口驱动的例子的另一个不同点是，这次
在 stm_ini 中声明的 trans 数组不是固定数组，而是动态数组 ts[]，在声明时并没有规定其容
量大小。这么做的好处是数组的大小可以调整，并将这一任务交给更高层的 tb.arrini。在
tb.arrini 中，首先指定 tb.ini.ts 的大小为 3，其次对其中的单元做初始化。这里，动态数组的
使用和外部初始化使得 TB 将 stimulator 的驱动功能和 test vector（测试向量）生成这两个任
务清晰地剥离开，这么做可以尽量保证 stm_ini 只完成驱动功能，有一定的封装性。而面对
不同的测试场景，用户只需要关心如何生成测试向量。那么可以将这种处理方式抽象地理解
为，将每个 test case（测试用例）包装为一个方法，用户就可以很方便地在 TB 中调用这些测
试场景。这种方法使得最终 stimulator、test vector 和 testbench 可以很好地分开。我们再来看
下面这个实例：

```
module tests;
task test_wr;
  tb.ini.ts = new[2];
  tb.ini.ts[0].cmd        = WR;
  tb.ini.ts[0].cmd_addr     = 0;
  tb.ini.ts[0].cmd_data_w  = 32'h0000_FFFF;
  tb.ini.ts[1].cmd        = RD;
  tb.ini.ts[1].cmd_addr     = 0;
endtask
task test_rd;
  tb.ini.ts = new[2];
  tb.ini.ts[0].cmd        = RD;
  tb.ini.ts[0].cmd_addr     = 'h10;
  tb.ini.ts[1].cmd        = RD;
  tb.ini.ts[1].cmd_addr     = 'h14;
endtask
endmodule
module tb;
... // interface 例化和连接
ctrl_regs dut(...); // dut 例化
stm_ini ini();
tests tts();
initial begin: vecgen
  string t;
  if($value$plusargs("TEST=%s", t)) begin
    $display("+TEST=%s is passed as a test vector", t);
    if(t == "test_wr") tts.test_wr();
    else if(t == "test_rd") tts.test_rd();
    else $warning("+TEST=%s is not a valid test vector", t);
  end
```

```
    else
      $warning("+TEST= not found");
    #100ns $finish();
  end
  initial begin:setif
    ini.vif = iniif;
  end
endmodule
```

仿真结果的：

```
sim +TEST=test_wr
# +TEST=test_wr is passed as a test vector
```

除了之前已经将 stimulator stm_ini 分开之外，这个例子也将 tests 和 tb 分开。在 tests 中将不同的 test vector 以 task 的形式来定义，在其内部初始化 tb.ini.ts 动态数组，这里通过绝对路径的引用方式可以在仿真时寻址到该数组。在 tb.vecgen initial 块中通过 SV 的系统函数 $value$plusargs(user_string, variable) 得到仿真时外部传递的 test vector 指令。例如，如果仿真时传递参数 +TEST = test_wr，则会通过 tb.vecgen 字符串比较，最终选择 tb.tts.test_wr() 来初始化生成测试向量；如果传递参数没有被识别，或者没有传递 +TEST = 参数，那么仿真会利用系统函数 $error() 来报告错误。通过上面这种方式，我们便可以将维护的力量主要投入到 module tests 中，而 stm_ini 和 tb 则有了较好的复用性。

8.1.6　仿真结束控制

在之前的例子中可以发现，无论 stimulator、test vector 还是 tb，都有结束仿真的权利，那么究竟让谁来结束仿真比较合适呢？我们倾向于让 test vector 结束仿真，这是由于测试场景可以更具体地控制何时产生激励，也应该知道何时结束仿真。无论是仿真的开始、激励的生成，还是最终仿真的结束，都应该完整地属于测试向量的一部分，这样就可以让整个测试场景完全交付于独立的测试向量。我们可以通过修改上面的代码实现这一功能：

```
module tests;
  int fin;
  task test_wr;
    ...
    fin = 150;
  endtask
  task test_rd;
    ...
    fin = 200;
  endtask
endmodule
module tb;
  ...
  initial begin: vecgen
    string t;
    if($value$plusargs("TEST=%s", t)) begin
      ...
```

```
    #tts.fin $finish();
end
...
endmodule
```

可以通过在 tests 中定义用来结束仿真的时间（或者其他事件），进而在不同的任务中赋予不同的数值。而在 tb 中，结束仿真的行为也依赖于 tb.tts.fin 的数值。需要注意，在这里由于仿真默认的时间单位是 1ns，所以我们没有再次声明`timescale。如果时间单位需要是其他单位，则需要在 module 定义之外声明`timescale。

通过这一节，我们已经掌握如何利用既有的激励发生器产生测试向量，并将 stimulator、tests 和 dut 最终分开，保持各自的独立性。这么做的好处是使复用和维护的效果更显著，而通过将不同功能隶属于不同模块，引申出下一节的内容，即如何将这种功能隔离、封装模块的方式带入到激励发生器的封装，来介绍类（class）和 stimulator 的应用场景。

8.2　激励发生器的封装

在 8.1 节我们讲到 module stm_ini 自身可以通过定义方法，使 stimulator、tests 和 tb 隔离开，实现初步的封装。这种封装是通过有形的 module 这个硬件"盒子"来实现的。现在看看如何通过软件"包裹"的方式实现封装，并比较软件封装相对于硬件封装的优点。

8.2.1　类的封装

封装是类（class）的一大特性，SV 中类的概念主要借鉴软件语言的定义方式，并在此基础上进行简化，以使用户更专注于类的使用而不是软件层面上内存的开销和回收。关于这一点，我们也将在本节有所展开。这里，我们比较类与结构体（struct）和模块（module）。首先比较类与结构体的异同：

- 二者都可以定义数据成员。
- 类变量在声明之后需要构造（construction）才会构建对象（object）实体，而 struct 在变量声明时已经开辟内存。
- 类除了可以声明数据变量成员，还可以声明方法（function/task），而 struct 则不能。
- 从根本上讲，struct 仍然是一种数据结构，而 class 则包含了数据成员以及针对这些成员的操作方法。

再来看类与模块（module）的异同：

- 从数据和方法定义而言，二者均可以作为封闭的容器来定义和存储。
- 从例化来看，模块必须在仿真一开始就确定是否应该被例化，这可以通过 generate 来实现设计结构的变化；而对于类而言，它的变量在仿真的任何时段都可以被构造（开辟内存）创建新的对象。这一重要区别，按照硬件世界和软件世界区分的观点来看，硬件部分必须在仿真一开始就确定下来，即 module 和其内部过程块、变量都应该是静态的（static）；而软件部分，即类的部分可以在仿真任何阶段声明并动态创建出新的对象，这正是软件操作更为灵活的地方。

- 从封装性（encapsulation）来看，模块内的变量和方法是对外部公共（public）开放的，而类则可以根据需要来确定外部访问的权限是否是默认的公共类型或受保护类型（protected）或私有类型（local）。

- 从继承性（inheritance）来看，模块没有任何的继承性可言，即无法在原有 module 的基础上进行新 module 功能的扩展，唯一可支持的方式恐怕只有简单地复制以及在复制的 module 上修改；而继承性正是类的一大特点。

接下来，我们将之前定义的 module stm_ini 和 struct trans 改造为 class stm_ini 和 class trans，看看封装性的优点。

```
class trans;
  bit [ 1:0] cmd;
  bit [ 7:0] cmd_addr;
  bit [31:0] cmd_data_w;
  bit [31:0] cmd_data_r;
endclass
class stm_ini;
virtual interface regs_ini_if vif;
trans ts[];
task op_wr(trans t);
...
task op_rd(trans t);
...
task op_idle();
...

task op_parse(trans t);
...
task stmgen();
  wait(vif != null);
  @(posedge vif.rstn);
  foreach(ts[i]) begin
    op_parse(ts[i]);
  end
endtask
endclass
```

从这个例子来看，class trans 定义了内部的成员，而 class stm_ini 则定义了成员变量和成员方法。默认情况下，这些变量和方法都是公共（public）可访问的。需要注意的是，之前 module stm_ini 的 initial stmgen 块在 class stm_ini 的改造中，必须改为 task stmgen，这是因为类内部的方法必须是 task 或 function，不能使用 module 中的硬件过程块 always 或 initial。同时，task stmgen 自身也无法像 initial stmgen 一样在仿真开始时自动执行，必须由外部来调用，使其在相应时刻执行。

这样，我们就可以顺利地将 struct trans 和 module stm_ini 改造为 class trans 和 class stm_ini。改造的过程中应注意，不可以出现硬件过程块（process block）。上面的两个类在定义过程中默认定义了构造函数 new()，这是由于当没有任何额外的初始化动作需要在构造函数中定义时，可以省略构造函数的定义；但这并不代表它们没有构造函数，而是使用系统默认的构造函数（空函数)。

》 8.2.2　类的继承

接下来，我们将继续改造另一个 module tests，使其变为类，且将不同的测试向量尽可能封装到不同的类中。这里我们遵循一个简单的原则，即如果两个测试向量分属于不同的测试场景，则应该将其隔离开。从更广义的层面来看，如果一个类的功能过于复杂，不够集中，应该想办法让更多的类承担不同的工作。这符合软件开发的"单一职责原则"（SRP）；即，就一个类而言，应该仅有一个引起它变化的原因。如果一个类承担了多余的职责，引起它变化的原因就有多个。如果一个类承担的职责过多，就等于把这些职责耦合在了一起；一个职责的变化可能削弱或抑制这个类完成其他职责的能力。这种耦合会导致脆弱的（fragile）设计，当设计发生变化时，设计会遭受到意想不到的破坏[14]。所以，我们将之前的 module tests 拆分为三个类，即 class basic_test、class test_wr 和 class_rd：

```
class basic_test;
int def = 100; // 成员变量赋予默认值
int fin;
task test(stm_ini ini);
  $display("basic_test::test");
endtask
function new(int val);
  $display("basic_test::new");
  $display("basic_test::def = %0d", def);
  fin = val; // 变量初始化
  $display("basic_test::fin = %0d", fin);
endfunction
endclass
class test_wr extends basic_test;
function new();
  super.new(def);
  $display("test_wr::new");
endfunction
task test(stm_ini ini);
  super.test(ini);
  $display("test_wr::test");
  ini.ts = new[3];
  foreach(ini.ts[i])
  ini.ts[i] = new();
  ini.ts[0].cmd      = WR;
  ini.ts[0].cmd_addr   = 0;
  ini.ts[0].cmd_data_w = 32'h0000_FFFF;
  ini.ts[0].cmd      = RD;
  ini.ts[0].cmd_addr   = 0;
  fin = 150;
endtask
endclass
```

```
class test_rd extends basic_test;
function new();
  super.new(def);
  $display("test_rd::new");
endfunction
task test(stm_ini ini);
  super.test(ini);
  $display("test_rd::test");
  ini.ts = new[2];
  foreach(ini.ts[i])
  ini.ts[i] = new();
  ini.ts[0].cmd        = RD;
  ini.ts[0].cmd_addr   = 'h10;
  ini.ts[1].cmd        = RD;
  ini.ts[1].cmd_addr   = 'h14;
  fin = 200;
endtask
endclass
```

　　上述的类 test_wr 和 test_rd 为 basic_test 的子类（派生类），basic_test 称为 test_wr 和 test_rd 的父类（基类）。test_wr 和 test_rd 继承了 basic_test 的成员变量 int fin，也继承了它的成员方法 virtual test。所以，从继承的角度看，类的继承包括继承父类的成员变量和成员方法。

　　构造函数 new 的继承不同于其他普通成员方法，所以这里单独列出来进行解释。就 class basic_test 的构造函数而言，它对 fin 做了初始化，但是并没有返回任何值。实际上，构造函数也不允许显式地返回数值，因为系统会固定返回例化的对象句柄本身，这一点值得注意。此外，new 函数是 function，不能包含延时语句，即立刻执行返回。默认的构造函数没有任何参数，且函数体为空，上面三个类的构造函数均不为空。像之前解释的一样，如果一个类没有定义 new 函数，那么默认的 new 函数会被自动定义。子类在定义 new 函数时，首先调用父类的 new 函数即 super.new()。如果父类的 new 函数没有参数，子类也可以省略该调用，而系统会在编译时自动添加 super.new()。

　　关于对象创建时初始化的顺序，用户应该注意如下规则：

- 子类的实例对象在初始化时首先调用父类的构造函数。
- 当父类构造函数完成时，将子类实例对象中各成员变量按照它们定义时显式的默认值初始化，无默认值则不被初始化。
- 在成员变量默认值赋予后（声明的同时即赋值），才会进入用户定义的 new 函数中执行剩余的初始化代码。

　　上面的例子在实际执行中，如果先执行 test_wr 测试向量，那么输出结果为：

```
# +TEST=test_wr is passed as a test vector
# basic_test::new
# basic_test::def = 100
# basic_test::fin = 0
# test_wr::new
```

　　从 new 函数执行的顺序来看，是先执行 basic_test::new 再执行 test_wr::new，而结合上述对象创建时初始化顺序的规则，也就可以解释，为什么在 test_wr::new 中调用父类 basic_test::new(def)时未传递 def 默认值。这是由于，在调用 basic_test::new(def)时，def 并没有被额外赋值（默认值为 0），所以调用时的形式参数 new::val 复制为 0。在进入 basic_test::new 之后，由于 def 默认值定义在 basic_test 中，所以在执行 new 函数前，def 默认值 100 已经被赋予。于是，打印出的结果是 basic_test::def = 100，而 basic_test::fin = 0。

8.2.3 成员覆盖

在父类和子类中，可以定义相同名称的成员变量和方法（形式参数和返回类型也应该相同），引用时也将按照句柄类型确定作用域。例如，上面的例子，经过代码更新改为下面的部分，用来说明成员覆盖：

```
class test_wr extends basic_test;
int def = 200;
function new();
  super.new(def);
  $display("test_wr::new");
  $display("test_wr::super.def = %0d", super.def);
  $display("test_wr::this.def = %0d", this.def);
endfunction
...
endclass
module tb;
...
basic_test t;
test_wr wr;
initial begin
  wr = new();
  t = wr;
  $display("wr.def = %0d", wr.def);
  $display("t.def = %0d", t.def);
end
task test(stm_ini ini);
  super.test(ini);
  $display("test_wr::test");
endtask
endmodule
```

输出结果为：

```
# basic_test::new
# basic_test::def = 100
# basic_test::fin = 0
# test_wr::new
# test_wr::super.def = 100
# test_wr::this.def = 200
# wr.def = 200
# t.def = 100
```

　　test_wr 类新定义的成员变量 test_wr::def 与 basic_test::def 有冲突，是同名的，但是在类定义中，允许父类和子类有同名的变量和方法。如果子类作用域中出现与父类相同的变量名或方法名，则以子类作用域为准。同时，我们也提供方法（super）来调用父类的变量或方法。在上面的输出结果中，首先 test_wr 类的对象 wr 调用构造函数 new，而在构造函数执行序列中，也是先执行 basic_test::new 再执行 test_wr::new。在 tes_wr::new 中，可以通过 super.def 以及 this.def 来区分父类域的 def 或子类域的 def。默认情况下，如果没有 super 或 this 来指示作用域，则依照从近到远的原则来引用变量，即：

- 首先看变量是否是函数内部定义的局部变量。
- 其次看变量是否是当前类定义的成员变量。
- 最后再看变量是否是父类或更底层类的变量。

　　test_wr::super.def 以及 test_wr::this.def 在进入 test_wr::new 之后便完成了默认值赋值，所以打印出来的结果是：

```
# test_wr::super.def = 100
# test_wr::this.def = 200
```

　　最后在调用 wr.def 和 t.def 时，可以发现 wr.def 毫无疑问地指向了 test_wr::def，而 t.def 则指向了 basic_test::def。虽然 t 本身也指向了对象 wr，但在索引成员变量时，t 只能索引其声明类型 basic_test 的成员变量 basic_test::def，而不会指向 test_wr::def。

　　从图 8.1 可以看到，句柄 wr 在索引 def 时会首先在 test_wr 作用域中搜索变量 def，一旦找到 test_wr::def 则使用该变量，找不到则向上追溯到父类搜索该变量；而句柄 t 是 basic_test 类型，遵循的逻辑是首先指向 basic_test 作用域中搜索 def，在上面例子中也找到了 basic_test::def。如果没有找到，继续向上追溯它的父类（如果有的话），但是它肯定不会追溯其子类 test_wr 是否有成员 def。关于通过不同类型句柄来追溯成员变量的原则，需要与下面追溯成员方法的原则区别开，通过虚方法的定义可以实现仿真时动态查找，实现父类句柄调用子类的方法，但是依然无法通过父类句柄完成调用子类成员变量。只有通过句柄的转换，才可以实现这一点；关于句柄的转换，8.2.5 节中将详细介绍。

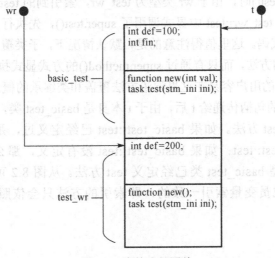

图 8.1　类的成员覆盖

8.2.4 虚方法

类的继承有继承成员变量和成员方法两个方面，从例码中可以看到 test_wr 类和 test_rd 类分别继承了 basic_test 类的成员变量以及 new 函数。 除了介绍的类的封装和继承，关于类的多态性（polymorphism）也是必须关注的。类的多态性使用户在设计和实现类时不需要担心句柄指向的对象类型是父类还是子类，只要通过虚方法就可以实现动态绑定（dynamic binding），或者 SV 中称为动态方法查找（dynamic method lookup）。首先看看在上述例子中，如果未将 basic_test::test 声明为虚方法，下面的测试代码的结果如何：

```
basic_test t;
test_wr wr;
initial begin
  wr = new();
  t = wr;
  $display("wr test starts");
  wr.test(ini);
  $display("wr test ends");
  $display("t test starts");
  t.test(ini);
  $display("t test ends");
end
```

输出结果为：

```
# wr test starts
# basic_test::test
# test_wr::test
# wr test ends
# t test starts
# basic_test::test
# t test ends
```

首先，在执行 wr.test()时，由于 wr 类型为 test_wr，索引到的 test()应该为 test_wr 类的方法 test。同时，由于在 test_wr::test 中显式调用了 super.test()，先执行 basic_test::test，再执行 test_wr::test 中其余的代码。这里值得注意的是，默认情况下，子类覆盖（overridden）的方法并不会继承父类同名的方法，而只有通过 super.method()的方式显式执行，才会达到继承父类方法的效果，初学 SV 的用户容易在这里混淆方法覆盖和类继承的概念。

然而，当 wr 对象的句柄传递给 t 后，由于 t 本身是 basic_test 类，所以，在执行 t.test 时，t 只会搜寻 basic_test::test 方法。如果 basic_test::test 已经定义过，那么就如上面输出结果所示，只执行 basic_test::test；如果 basic_test::test 没有定义，那么在编译时会报错，因为首先要确保 t 的类型 basic_test 类已经定义 test 方法。从图 8.2 可以发现这种方法索引是与 8.2.3 节中关于成员变量索引一致的，即索引的方法只会依照 t 的类型 basic_test 类来索引。

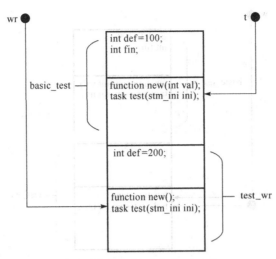

图 8.2　子类句柄索引子类方法

从输出结果可以看到，t.test 并没有执行 test_wr::test，而是执行了 basic_test::test。这种执行结果使得我们不得不小心句柄传递时的类型，而这种限制又与类的多态性支持是违背的。父类的句柄可以指向子类对象，但如果无法通过父类句柄调用子类方法，那么这种句柄的传递也就失去了多半的意义。在实际编码过程中，父类句柄在调用方法时应可以在运行时确定自身指向对象的类型，进而再调用正确的方法。这里，我们将上面在编译阶段就确定调用方法所处作用域的方式称为静态绑定（static binding），对应的是动态绑定。动态绑定指的是，在调用方法时，在运行时确定句柄指向对象的类型，再动态指向应该调用的方法。为了实现动态绑定，我们将 basic_test::test 定义为虚方法：

```
class basic_test;
...
virtual task test(stm_ini ini);
    $display("basic_test::test");
endtask
...
endclass
```

只做了这么一个改动以后，我们重复运行之前的测试代码，可以看到运行结果变为：

```
# wr test starts
# basic_test::test
# test_wr::test
# wr test ends
# t test starts
# basic_test::test
# test_wr::test
# t test ends
```

从图 8.3 可以发现，由于声明了 basic_test::test 为虚方法，系统在执行 t.test 时检查 t 所指向对象的类型为 test_wr 类，进而调用 test_wr::test。于是，输出结果与调用 wr.test 一致。

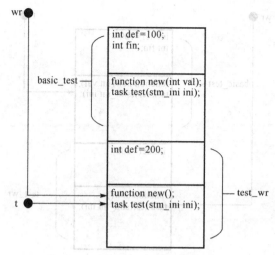

图 8.3　父类句柄索引子类方法

这样，我们就可以通过虚方法的使用来实现类成员方法调用时的动态查找，无须担心使用的是父类句柄还是子类句柄，因为最终都会实现动态方法查找，执行正确的方法。

这里，我们列出定义虚方法的一些建议供读者参考：

- 在为父类定义方法时，如果该方法日后可能会被覆盖或继承，那么应该声明为虚方法。
- 要定义虚方法，应尽量定义在底层父类中。这是因为，如果 virtual 是声明在类继承关系的中间层类中，那么只有从该中间类到其子类的调用链中会遵循动态查找，而最底层类到该中间类的方法调用仍然会遵循静态查找。
- 虚方法通过 virtual 声明，只需要声明一次即可。例如上面代码中，只需要将 basic_test::test 声明为 virtual，而其子类则无须再次声明，当然再次声明来表明该方法的特性也是可以的。
- 虚方法的继承也需要遵循相同的参数和返回类型，否则，子类定义的方法须归为同名不同参的其他方法。

8.2.5　句柄使用

在 8.2.4 节中可以看到，通过虚方法的声明使得在父类句柄索引子类方法时，可以通过动态绑定的形式在仿真过程中来调用正确的方法。然而，仍然有一些类成员无法通过这种方法来解决索引，包括：

- 父类没有定义，只在子类中定义了的方法；
- 父类没有声明，只在子类中声明了的变量；
- 父类和子类同时声明了的变量。

对于前两种情形，父类在引用成员时会遇到编译错误，因为静态绑定会检查句柄类型，而父类没有定义这些成员。对于后一种情况，父类句柄只会索引到父类声明的变量，而不会索引到子类中同名的变量。在句柄使用时，我们经常会遇到下列几种问题：

- 句柄悬空；
- 句柄类型转化；
- 对象复制。

对于句柄悬空的问题，从软件层面来看有两种可能。一种是句柄原先指向的对象已经被析构（deallocation）进而销毁，另一种是句柄在声明之后未被指向一个有效的对象，即为 null 值。由于 SV 的对象空间回收机制简单，用户无须定义析构函数，所以上述第一种可能不会存在。关于对象的垃圾回收话题，将在 8.2.7 节中单独解释。第二种可能则极容易出现在新手的代码中，对于悬空的句柄或悬空的虚接口（virtual interface），同样需要首先被赋值，进而索引对象成员。在之前的代码 stm_ini 类的定义中：

```
class stm_ini;
virtual interface regs_ini_if vif;
...
task stmgen();
  wait(vif != null);
  @(posedge vif.rstn);
  foreach(ts[i]) begin
    op_parse(ts[i]);
  end
endtask
endclass
```

无论是声明了句柄还是虚接口，在引用它们指向对象成员之前，都需要为其赋值。在上面的 stm_ini::stmgen 中，通过 wait(vif != null) 来确保在使用 vif 变量之前，vif 已经通过外部的赋值指向一个实例化的接口。避免悬空的其他方式，例如，在引用前检查句柄是否悬空。如下面的例子，在引用之前判断 t 是否悬空，通过这种措施使得运行时的调试更为方便。

```
initial begin
  wr = new();
  t = wr;
  if(t == null)
    $error("invalid handle t and wr");
  $display("wr.def = %0d", wr.def);
  $display("t.def = %0d", t.def);
  ...
end
```

句柄类型的转化也是新手容易出错的地方。上面提到，虚方法仍然无法实现一些父类句柄访问子类成员的情况，就使得有时需要将父类句柄转化为子类句柄。我们知道，子类句柄给父类句柄赋值时可以直接赋值，因为我们说 test_wr 是一种 basic_test 是没有错的。然而，将父类句柄赋值给子类句柄则可能会出错，因为上述的句柄 t 指向的是 basic_test 的子类 test_wr 而不是另外的子类 test_rd。所以，要将父类句柄赋值给子类句柄，应该做一些额外的措施保障这一转化没有问题。我们再来看上面的例子经过改造变为：

```
basic_test t;
test_wr wr;
test_wr hwr;
test_rd hrd;
initial begin
  wr = new();
```

```
        t = wr;
        hwr = t;
        hrd = t;
    end
```

对于 t = wr 的赋值我们不会有疑问，对 hwr = t 和 hrd = t 呢？虽然我们知道 t 实际指向的是 test_wr 对象，那么将 t 赋值给一个 test_wr 句柄 hwr，看起来应该是允许的吧？而将 t 赋值给一个 test_rd 句柄应该是非法的，因为它是另一种子类句柄，不可以指向 test_wr 对象。是这样分析的，对吗？实际上，编译器可没我们这么"聪明"，如果像上面那样将父类句柄赋值给任何子类句柄，无论实际上是不是正确的类型，编译器都会报错。因为编译器在编译时遇到上述赋值时只做静态检查，即检查右侧的句柄类型是否与左侧的句柄类型兼容，而静态检查只允许子类句柄赋值于父类句柄。所以，上述两种赋值都是错误的。那么，既然静态检查不允许做这样的赋值，我们只能寄希望于动态检查和转化了。这里，我们要感谢$cast()系统函数，正是有了它，解决了父类句柄赋值给子类句柄这一大烦恼。我们再来看看，经过$cast()的帮忙，上述代码的更新为：

```
    initial begin
        wr = new();
        t = wr;
        if(!$cast(hwr, t))
            $error("cannot assign t to hwr");
        if(!$cast(hrd, t))
            $error("cannot assign t to hrd");
    end
```

输出结果为：

```
    # ** Error: cannot assign t to hrd
```

通过动态检查的方式使得在仿真时检查，t 是否指向了一个 test_wr 对象或 test_rd 对象，进而确定将句柄 t 赋值给 hwr 或 hrd 是否正确。由于 t 实际指向了一个 test_wr 对象，所以通过$cast(hwr, t)返回了 1，即转化成功；而$cast(hrd, t)返回了 0，表示这一转化是失败的。一旦将父类句柄成功赋值给子类句柄，我们就可以通过子类句柄来正常访问子类对象中的成员和方法了。如果要通过子类句柄来访问父类成员，则可以使用 super 来实现。

8.2.6　对象复制

对于复制（copy），对象的复制比其他 SV 的变量类型都让人"当心"。SV 普通的变量复制只需通过赋值操作符"="就足够了，而对象的复制无法通过"="实现，因为这一操作是句柄的赋值而不是对象的复制。为此，我们再看下面这段示例代码：

```
    test_wr wr;
    test_wr h;
    initial begin
        wr = new();
        h = wr;
        $display("wr.def = %0d", wr.def);
        $display("h.def = %0d", h.def);
        h.def = 300;
```

```
      $display("wr.def = %0d", wr.def);
      $display("h.def = %0d", h.def);
   end
```

输出结果为：

```
# wr.def = 200
# h.def = 200
# wr.def = 300
# h.def = 300
```

在 h = wr 之后，由于是句柄的赋值，所以 h.def = 300 的操作实际上是对这两个句柄指向的共同对象做成员变量赋值（见图 8.4）。所以，从最终打印的结果可以看出，wr.def 与 t.def 的值相同。

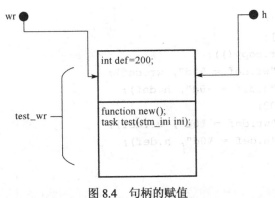

图 8.4　句柄的赋值

复制对象，指的是首先创建一个新的对象（开辟新的空间），再将目标对象的成员变量值复制给新对象的成员，使新对象与目标对象的成员变量数值一致。我们在本书中不过多介绍对象复制的方法，这里的介绍为的是帮读者理清常见的句柄复制与对象复制的区别。

```
class basic_test;
...
virtual function void copy_data(basic_test t);
   t.def = def;
   t.fin = fin;
endfunction
virtual function basic_test copy();
   basic_test t = new(0);
   copy_data(t);
   return t;
endfunction
endclass
class test_wr extends basic_test;
...
function void copy_data(basic_test t);
   test_wr h;
   super.copy_data(t);
   $cast(h, t);
```

```
        h.def = def;
    endfunction
    function basic_test copy();
        test_wr t = new();
        copy_data(t);
        return t;
    endfunction
endclass
module tb;
...
    test_wr wr;
    test_wr h;

    initial begin
        wr = new();
        $cast(h,wr.copy());
        $display("wr.def = %0d", wr.def);
        $display("h.def = %0d", h.def);
        h.def = 300;
        $display("wr.def = %0d", wr.def);
        $display("h.def = %0d", h.def);
    end
...
endmodule
```

输出结果为：

```
# wr.def = 200
# h.def = 200
# wr.def = 200
# h.def = 300
```

从这个例子可以看到，实现对象的复制时需要注意：

● 将成员复制函数 copy_data() 和新对象生成函数 copy() 分为两个方法，这样可以使子类继承和方法复用较为容易。

● 为了保证父类和子类的成员均可以完成复制，将复制方法声明为虚方法，且遵循只复制该类的域成员的原则，父类的成员复制应由父类的复制方法完成。

● 在实现 copy_data() 过程中应该注意句柄的类型转换，保证转换后的句柄可以访问类成员变量。

8.2.7 对象回收

与 C/C++ 相比，SV 对内存的回收要容易得多。以 C++ 对象的析构（destructor）函数为例，不再需要动态分配的对象时，需要在释放对象的内存之前运行析构函数来清除对象。在 C++ 的对象回收中，这一步骤是手动执行的，忘记手动释放对象则可能造成内存泄漏[15]。在对象回收封面，SV 的回收机制更像 Java，例如下面这个例子：

```
basic_test t1, t2;
initial begin
  t1 = new(); // 创建对象 obj1, t1 指向 obj1
  t2 = t1; // t2 指向 obj1
  t1 = new(); // 创建对象 obj2, t1 指向 obj2
  t1 = null; // 设置 t1 为空句柄，回收 obj2
  t2 = null; // 设置 t2 为空句柄，回收 obj1
end
```

在 SV 中，只要需要，由 new 创建的对象会一直保留下去；这一点与 C++ 不同。C++ 不仅要确保对象的保留时间与需要这些对象的时间一样，而且还必须在使用完之后将其销毁。与 Java 类似，SV 也有自己的垃圾回收器，来监视用 new 创建的所有对象，并辨别哪些不会再被引用。从上面的例子可以看到，当 t1 = null 时，没有任何句柄指向 obj2，所以 SV 先释放 obj2 的空间，待 t2 = null 时，没有任何句柄指向 obj1，SV 释放 obj1 的空间。所以， SV 用户不需要额外担忧对象的回收，只需创建对象，一旦不需要它们，它们就会自行消失。于是，这种"傻瓜式"的处理消除了内存泄漏的顾虑。SV 借鉴了 Java 的这一优点，这是初次学习面向对象编程小白们的福音啊！

从这一节的内容可以发现，与 module 的"硬封装"相比，类的"软封装"提供了诸多好处。如果将硬封装与软封装做类比，那么硬封装更像是面向过程（procedure oriented）的编程方式，而软封装则是面向对象（object oriented）的方式。

8.3　激励发生器的随机化

约束随机化的仿真解决了传统测试平台的两个问题：

● 使验证有条件趋于量化流程。
● 让可激励空间的测试向量变得易于枚举。

这两个优点分别对验证的量化和高效提供支持。因为传统的测试平台，无论是测试用例还是覆盖率，都是较为抽象的验证计划，而将这些抽象的要求转化为测试向量的，正是约束随机化的向量生成。同时，依赖定向测试覆盖大量的可激励空间极为困难，耗时且易于出错。而约束随机化的测试向量将测试场景上移到更高的抽象级，使得用户不再拘泥于底层硬件信号级的激励，可以用更抽象的数据包传输简化测试场景。为了让用户在通读本节后对约束随机化有一个全面的认知，我们将从这几个方面来介绍：

● 可随机的激励种类（types of random stimulus）；
● 约束求解器（constraint solver）；
● 随机变量和数组（random variable and array）；
● 约束块（constraint block）；
● 随机化控制（randomization control）；
● 随机化稳定性（randomization stability）；
● 随机化流程（randomization flow）；
● 随机化系统函数（system function for randomization）。

本节不仅带领读者统览 SV 随机化的知识点，更是让读者认识到如何在限定随机变量时尽可能使约束空间达到最大的"合法空间"[9]。从图 8.5 可以观察到，如果约束随机化空间得当，那么给出的激励都是合法的空间。然而，相当多的验证者在限定随机变量时出现以下情况：

- 约束随机空间过小（小于合法空间）：这种情况使得激励向量不能遍历所有可能的情况。
- 约束随机空间过大（大于合法空间）：这种情况产生一些非法的测试向量。

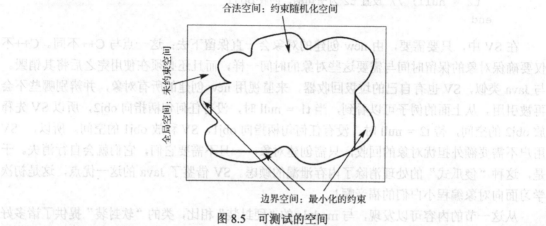

图 8.5 可测试的空间

除了确定约束边界的难题之外，在一些边界情况测试时如何通过顶层配置实现最小化的约束、模拟一些定向测试，也是我们关心的情况，因为这种方式也正好打通了随机测试与定向测试之间的壁垒。

8.3.1 可随机的激励种类

我们拥有了随机化这一特性，就要充分利用这一点，首先需要思考，在整个验证过程中应该在哪一过程中应用随机化。这里依然将 MCDF 验证作为话题，从图 6.6 来考虑 MCDF 的激励来源、各激励之间的关系，以及这些激励对 MCDF 整体功能验证可能存在的影响。从之前关于激励发生器的部分来看，这四部分激励的作用在于：

- 时钟和复位激励；
- 寄存器配置激励；
- 从端通道数据输入；
- 整形器响应端的反馈。

一般地，我们给出的激励按照下面的顺序生成：

- 产生时钟和复位信号；
- 配置寄存器；
- 预先设置整形器响应端；
- 给从端通道写入数据。

上面这些激励都是可随机化的。如果将这些激励分类，那么可以分为：

- 场景随机
  - 环境配置：MCDF 集成环境的各个组件配置，例如，三个从端通道数据的下行速率和整形器响应端内置 FIFO 深度和吞吐率。

○ 器件配置：MCDF 自身的功能配置，例如不同的优先级和从端使能情况。

- 接口随机
  - 输入数据：无论是抽象的事务级还是底层的信号级，最终都将反映到总线接口上。这些激励数据如果按照时序进行整合，它们的内容、数据间的关系、速率都可以随机化。
  - 协议：理想的接口协议不会生成错误，然而，总线的握手信号有错误的反馈标志，就表示总会有"意想不到"的情况。我们难以预测何种情形导致了错误的产生，但如果 DUT 有稳定的设计结构来处理错误情况，则是再好不过的。所以，随机激励应该考虑什么情况下给入正确的协议，并随时能够模拟错误的协议，这对于设计的稳定性有很大的"养成"作用。
  - 延时：延时有助于消除总线协议中的采样竞争，在一些特殊信号上插入延时和"抖动"（jitter），有利于在 RTL 仿真中发现一些只有在门级仿真才可以发现的异步时钟域采样问题。如果你的输出激励可以对时钟或数据接口信号做出可随机延时的变化，那么就充分运用它吧。

将随机激励分为两大类，与测试场景的控制分层有关：

- 对于场景随机，一般与测试平台的连接、配置有关，因此，我们在更高层的测试层实现环境和器件的配置。
- 接口随机将随机数据、协议和延时等较为底层的随机参数用可随机化的测试向量来封装和随机化生成。
- 典型的测试由上述两种随机激励组合而成。即，首先通过高层的场景确定一个随机场景，确定 DUT 的测试环境结构和功能配置后进行接口数据的随机化。

▶▶ 8.3.2　约束求解器

在不同的 EDA 工具中有不同种类的随机生成引擎（random generation engine），这些随机生成引擎都伴随着核心的约束求解器（constraint solver）。比如，我们用同样的随机种子交给不同的仿真器，生成的随机数各不相同。约束求解器是解决约束满足问题（CSP，Constraint Satisfaction Problem）的，一个约束满足问题通常包括：

- 一些变量；
- 变量都有非空的值域（value domain）；
- 一些约束用来限制这些变量的随机取值。

通常用来衡量约束求解器性能的标准包括：

- 是否有能力找出满足约束的各个变量值域；
- 在已解决的值域范围中按照分布（distribution）要求产生均匀的变化值；
- 可以多快地解决约束满足问题。

对于使用者，一般并不需要深入到约束求解器来了解它解决约束满足的方法（而且这也并不在普通验证者的关注范围之内），但是要更有效地使用它，则需对下列问题有更好的理解：

- 如何理解约束；
- 随机数是如何被赋值的；
- 关于随机范围约束的作用；

- 关于随机分布约束的作用；
- 关于显示和隐式的约束解决顺序；
- 如何控制随机的生成。

接下来我们将逐一击破约束随机化的知识堡垒。

8.3.3 随机变量和数组

首先，我们将之前用于激励的数据类 trans 改造为内置随机成员变量的类：

```
class trans;
  rand bit [ 1:0] cmd = WR;
  rand logic [ 7:0] cmd_addr;
  rand bit [31:0] cmd_data_w;
  bit [31:0] cmd_data_r;
  constraint c1 {cmd inside {IDLE, RD, WR};};
  constraint c2 {cmd_addr inside {'h0, 'h4, 'h8, 'h10, 'h14, 'h18};};
  constraint c3 {cmd_data_w[31:6] == 0;};
  function void print();
    $display("cmd = 'h%0x", cmd);
    $display("cmd_addr = 'h%0x", cmd_addr);
    $display("cmd_data_w = 'h%0x", cmd_data_w);
    $display("cmd_data_r = 'h%0x", cmd_data_r);
  endfunction
endclass
```

对于其中的成员，我们将 cmd、cmd_addr 和 cmd_data_w 通过关键字 rand 声明为随机成员。这里关于随机变量声明以及对应类的例化，有以下几点需要注意：

- 随机成员应带有关键字 rand，且只能在类中声明。这种规定使得它们可以与约束块一起被声明在类中，一起完成类的继承和复用。
- 随机成员可以通过 randc 轮转的方式完成随机化。即，在一个有效随机周期中，每次生成的数据均与之前生成的数不同，可用固定的周期遍历一次该变量可能的值域。
- 被标记为 randc 的成员先于被标记为 rand 的成员完成随机化。
- 含有随机成员的类在例化之后，各成员变量的数值均采用默认值或在构造函数中初始化的值。
- 随机成员如果要随机化，必须由被例化的对象显式调用系统随机函数 randomize()。
- 只有位矢量（bit vector）可以被随机化，即随机化生成二值逻辑。随机成员可以声明为 bit vector 或 logic vector，但 logic vector 的每一 bit 只按照二值而不是四值随机。这里，我们建议用 bit vector 来声明。
- 成员类句柄也可以被声明为 rand。在随机时，该类句柄指向的对象随机成员也将会被随机化；如果该句柄没有被声明为 rand，那么在随机化时将忽略对其指向对象随机成员的随机化，即使它的成员被声明为 rand 或 randc。
- 一个悬空的成员类句柄即使被声明为 rand，在随机过程中被忽略，而不是"随机地"指向一个对象。
- string 和 real 无法被随机化。

- 对于没有在类中用 rand 声明的成员变量也可以被外部随机化。

在定义了新的类以后，修改 test_wr 的定义，用来测试每次生成的 trans 对象数据内容：

```
class test_wr extends basic_test;
task test(stm_ini ini);
  super.test(ini);
  $display("test_wr::test");
  ini.ts = new[3];
  foreach(ini.ts[i]) begin
    ini.ts[i] = new();
    $display("ini.ts[%0d] members before randomization", i);
    ini.ts[i].print();
    assert(ini.ts[i].randomize());
    $display("ini.ts[%0d] members after randomization", i);
    ini.ts[i].print();
  end
endtask
  endclass
```

输出结果为：

```
# test_wr::test
# ini.ts[0] members before randomization
# cmd = 'h2
# cmd_addr = 'hx
# cmd_data_w = 'h0
# cmd_data_r = 'h0
# ini.ts[0] members after randomization
# cmd = 'h1
# cmd_addr = 'h8
# cmd_data_w = 'h24
# cmd_data_r = 'h0
# ini.ts[1] members before randomization
# ...
```

从输出结果可以印证上述关于声明随机成员变量的规则：

- 在对象调用 randomize()函数之前，对象只执行构造函数即完成初始化，各成员变量均遵循默认值或初始值。
- 没有被声明为随机成员的变量不会被随机化。如何指定随机化一些成员变量，我们将在后面的约束块控制中介绍。

在介绍了随机化位矢量（bit vector）后，我们再看看如何随机化数组。与随机化单个变量不同的是，数组经常包含多个成员。这里，我们将上面的类 trans 整合为信息更丰富、更抽象的类 incacc，它含有更多的 trans 成员。

```
class incacc;
  rand trans arr[];
  int arrsize;
  constraint c1 {foreach(arr[i]) (i < arr.size()-1) -> arr[i].cmd_addr <
```

```
      arr[i+1].cmd_addr;};
    constraint c2 {arr[0].cmd_addr < 'h10;};
    function new();
      std::randomize(arrsize) with {arrsize >= 2 && arrsize <=4;};
      arr = new[arrsize];
      foreach(arr[i]) arr[i] = new();
    endfunction
  endclass
  class test_wr extends basic_test;
  incacc acc;
  task test(stm_ini ini);
    super.test(ini);
    acc = new();
    assert(acc.randomize());
    $display("test_wr::test");
    ini.ts = new[acc.arr.size()];
    ini.ts = acc.arr;
    foreach(ini.ts[i]) begin
      $display("ini.ts[%0d] members after randomization", i);
      ini.ts[i].print();
    end
  endtask
  endclass
```

上面的例子新定义了一个类 incacc，该类中包含一个动态数组 arr，该数组中每个元素为 trans 句柄。约束块 c1 要求元素的成员 cmd_addr 遵循由小到大的原则，约束块 c2 要求 arr[0].cmd_addr < 'h10。这里需要注意的是，必须在 incacc 对象执行 randomize() 之前对成员 arr 数组中每一个元素赋予对象句柄。这是因为，对于随机化句柄类型数组，随机化时并不为其创建对象，所以，要随机化这些成员句柄指向的对象，必须在 incacc 对象随机化之前创建 trans 对象，并将其句柄赋值于 arr 句柄成员。因此，需要在 incacc::new() 函数中首先完成 arr 数组大小的随机化，并为 arr 的句柄成员创建对象。同时要考虑改造 test_wr 类，test_wr::test() 中将例化 incacc 对象 acc 并将其随机化。在 acc 对象完成其内部成员随机化后，我们将 acc.arr 数组复制到 ini.ts，这样 ini.ts 的动态数组即可以指向 acc.arr 生成的 trans 对象数组，并且该数组指向的对象也已经在之前的 acc.randomize() 中完成随机化。

输出结果为：

```
# test_wr::test
# ini.ts[0] members after randomization
# cmd = 'h1
# cmd_addr = 'h0
# cmd_data_w = 'h2a
# cmd_data_r = 'h0
# ini.ts[1] members after randomization
# cmd = 'h1
# cmd_addr = 'h18
# cmd_data_w = 'h2c
```

```
# cmd_data_r = 'h0
```

细心的读者会发现，上面的 incacc 类中由于含有了 trans 类句柄数组，要保证 incacc 对象 acc 在随机化之前，其中的句柄元素都有指向的对象可以"随机化"。这也使得 acc.arr 数组大小的随机化需要提前在 incacc::new()中实现。那么有没有其他办法让随机化在同一过程即 randomize()中实现呢？当然有！只不过要考虑不使用"类包含类句柄成员"的方法。我们将 trans 和 incacc 转变为前者为结构体后者为类，以此更方便地实现动态数组的随机化。看看下面这段经过修改的代码：

```
typedef struct packed{
  bit [ 1:0] cmd;
  bit [ 7:0] cmd_addr;
  bit [31:0] cmd_data_w;
  bit [31:0] cmd_data_r;
} trans;
class incacc;
  rand trans arr[];
  constraint c1 {foreach(arr[i]) arr[i].cmd inside {IDLE, RD, WR};};
  constraint c2 {foreach(arr[i]) arr[i].cmd_addr inside {'h0, 'h4, 'h8,
    'h10, 'h14, 'h18};};
  constraint c3 {foreach(arr[i]) arr[i].cmd_data_w[31:6] == 0;};
  constraint c4 {foreach(arr[i]) arr[i].cmd_data_r == 0;};
  constraint c5 {arr.size() >= 2 && arr.size() <= 4;};
  constraint c6 {foreach(arr[i]) (i < arr.size()-1) -> arr[i].cmd_addr <
    arr[i+1].cmd_addr;};
  constraint c7 {arr[0].cmd_addr < 'h10;};
  function void print();
    foreach(arr[i]) begin
    $display("arr[%0d].cmd = 'h%0x", i, arr[i].cmd);
    $display("arr[%0d].cmd_addr = 'h%0x", i, arr[i].cmd_addr);
    $display("arr[%0d].cmd_data_w = 'h%0x", i, arr[i].cmd_data_w);
    $display("arr[%0d].cmd_data_r = 'h%0x", i, arr[i].cmd_data_r);
    end
  endfunction
endclass
class test_wr extends basic_test;
incacc acc;
task test(stm_ini ini);
  super.test(ini);
  acc = new();
  assert(acc.randomize());
  $display("test_wr::test");
  ini.ts = new[acc.arr.size()];
  ini.ts = acc.arr;
  acc.print();
endtask
endclass
```

为了避免"类包含类句柄成员"的随机化需求，我们将 trans 从类"降级"为结构体，而将 trans 中的约束块 c1/c2/c3 和方法 print() 移至类 incacc 类中。这样，在声明了随机结构体数组之后，incacc 中的约束块从之前的 3 个（c1/c2 和 new() 函数对 arrsize 的随机化）增加到了 7 个，同时为 incacc 新添加了打印函数来显示其中的所有成员。在 test_wr::test 方法中，一旦创建了对象 acc，即可以对 acc.arr 数组大小和其中每一个元素同时做随机化，而不需要担心如果数组元素是类句柄需要提前为其创建对象的情况。

输出结果为：

```
# test_wr::test
# arr[0].cmd = 'h1
# arr[0].cmd_addr = 'h0
# arr[0].cmd_data_w = 'h2c
# arr[0].cmd_data_r = 'h0
# arr[1].cmd = 'h0
# arr[1].cmd_addr = 'h4
# arr[1].cmd_data_w = 'h1c
# arr[1].cmd_data_r = 'h0
...
```

这里需要读者额外注意的是，我们在定义结构体 trans 时将其限定为了 packed（合并）类型。与之相对的是默认类型，即 unpacked（非合并）类型。关于 packed 与 unpacked 类型的比较，从数据存储空间的角度来看：

- packed 类型是按照连续比特集合的方式存放数据的，数据成员之间没有空闲空间。
- unpacked 类型是按照字存放数据的，数据成员之间存在空闲空间。
- packed 类型比 unpacked 类型节省存储空间。
- packed 类型的效率更高，因为复制的空间更小。
- 从访问效率来看，如果结构的元素不按照字节对齐或位宽与字节不匹配，用 unpacked 类型的读写效率更高。

那么上面的结构体是否可以不使用 packed 来标记类型呢？有兴趣的读者可以试着将其删除，看看随机化是否受影响。实际上，约束求解器并不支持 unpacked struct 类型。因此读者需要注意的是，可以被随机化的变量类型只限于：bit vector（例如 int），logic vector（例如 integer），enum 和 packed struct。

8.3.4 约束块

约束块的存在就是为了限制验证时的激励，给出合理的边界。约束块包含一些表达式，用来限制随机成员的取值范围或多个成员之间的关系。约束块可以与其他成员一样通过类来继承，这也使得通过类的继承实现约束的分层。通常，我们将约束块定义在类中。如果一个类的随机成员没有其相应的约束块，那么这个随机成员就"无法无天"了吗？其实，除了类自身可以提供约束块（内部约束块），我们在随机化对象时仍然有机会提供额外的约束（外部约束块），可以通过这两种约束块灵活地控制成员的随机化。我们将约束块分为以下几种：

- 集合成员约束：通过 inside 操作符产生一个值的集合，集合中各个值的选取机会是相等的。

- 权重分布约束：通过 dist 操作符产生权重分布，使得不同值选取机会按照权重值分布。
- 唯一性约束：通过 unique 操作符使得组内成员在随机化之后各不相同。
- 条件约束：通过->和 if-else 的关系操作符使得只在某些条件下约束成立。
- 迭代约束：通过 foreach 使得数组成员通过索引表达式和循环变量完成约束。

在这里，我们将省略具体约束块的语法使用情况，读者可以参考 SV 的标准手册或语言入门参考书来学习和回顾约束块的部分。我们需要另外点明的是，关于使用约束块的一些注意事项：

- 求解器对于所有的约束块是同时分析并且求解的，并非按照从前到后的定义顺序。
- 约束块内关于变量之间的关系限定是双向的，比如 constraint c1 {foreach(arr[i]) arr[i].cmd == WR -> arr[i].cmd_addr < 'h10;}的限定中，指明了 arr 的每个成员，如果其 cmd 是 WR，那么 cmd_addr 应该小于'h10。但是 cmd_addr 的随机值并不依赖于 cmd 的随机值，而是两个变量会同时随机并且满足约束。
- 约束块最后综合的结果不能过约束（over-constrained，没有任何可以满足约束块的数值组合），否则求解器无法找到合适的解，即最终随机化会失败。
- 约束块只支持 2 值的随机，4 值逻辑无法参与到约束块的限定中，同时 4 值逻辑的操作符例如===和!==也不能参与到约束块定义中。
- 通过 solve...before 可以引导随机值概率的分布。不过我们不建议使用 solve...before，除非你对某些值出现的概率不满意，而且你也需要知道 solve...before 可以影响随机概率和最终结果。
- 如果一些约束块内实现较复杂的约束，可以通过方法调用来实现复杂约束的计算。

介绍了约束块使用的注意事项以后，我们将约束块的使用进行如下分类并举例说明：

- 内部约束和外部约束；
- 硬约束和软约束；
- 类约束和系统约束。

1. 内部约束和外部约束

类中定义的约束块（内部约束）也叫做内嵌约束（in-line constraint），与之对应的是外部约束。我们将之前的类 test_wr 做了如下的修改。在对 acc 进行随机化时，用 randomize() with 语句添加额外的约束，我们称之为外部约束（相对于在类内部定义的约束），由此 acc.arr 的动态数组会被随机化为包含 3 个元素。

```
class test_wr extends basic_test;
incacc acc;
task test(stm_ini ini);
  super.test(ini);
  acc = new();
  assert(acc.randomize() with {arr.size() == 3;});
  $display("test_wr::test");
  ini.ts = new[acc.arr.size()];
  ini.ts = acc.arr;
  acc.print();
endtask
```

```
    endclass
```

2. 硬约束和软约束

如果我们再将上述的例子进行细微修改：

```
class test_wr extends basic_test;
incacc acc;
task test(stm_ini ini);
    ...
    assert(acc.randomize() with {arr.size() == 5;});
    ...
endtask
endclass
```

要求 acc.arr 数组大小为 5，但是这一外部限定与原先的约束 incacc::c5 {arr.size() >= 2 && arr.size() <= 4;}是冲突的。默认情况下，内部约束的定义均为"硬约束"，这种约束遇到外部约束或其他约束，与之发生相悖时，约束求解器认为约束之间冲突且没有优先级的差异，无法找出满足条件的解。为了建立约束之间的"优先级"，避免可能的约束冲突，我们引入"软约束"的概念。可以通过关键字 soft 来标记一些约束，后来的约束与这些软约束发生冲突时，则以硬约束优先于软约束的方式求解，如果没有发生冲突，那么求解器寻找一组满足硬约束和软约束的解。所以，我们将 incacc::c5 修改为软约束，这样可以通过随后的外部约束生成一个大小为 5 的 acc.arr 数组。

```
class incacc;
    ...
    constraint c5 {soft arr.size() >= 2 && arr.size() <= 4;};
    ...
endclass
```

3. 类约束和系统约束

与在类中定义约束并通过对象调用随机化函数 randomize()对应的是，一些细碎的场景并不需要像类那样全面支持随机约束的方式，只需要一种更简单的机制来随机化一些类之外的变量。于是，系统随机化函数 std::randomize()（或称之为域随机函数，scope randomization function）让用户在当前的作用域中无须定义类和例化对象就可以完成变量的随机化。例如下面这个例子，我们可以将模块 tb 中定义的变量 arrsize 通过系统随机约束的方式来完成随机化：

```
module tb;
    ...
    initial begin
        int arrsize;
        $display("arrsize = %0d before system randomization", arrsize);
        std::randomize(arrsize) with {arrsize >= 2 && arrsize <= 4;};
        $display("arrsize = %0d after system randomization", arrsize);
    end
endmodule
```

输出结果为：

```
# arrsize = 0 before system randomization
# arrsize = 3 after system randomization
```

8.3.5 随机化控制

在对对象进行随机化时，我们可以通过下面几种方法来实现随机化的控制：

● 随机化个别变量；

● 打开或关闭随机属性；

● 打开或关闭约束块。

1．随机化个别变量

用户可以在对象调用 randomize() 时传递一些变量的子集，这样只在子集中的变量才被随机化，而不在其中的则不被随机化，同时，在类中定义的约束块仍然起作用。比如，下面通过 acc.randomize(null) 来告诉不对 acc 中所有的变量（即 acc.arr）随机化，所以在 acc 随机化之后，其内的 acc.arr 并没有被随机化，仍然保持空的状态，没有任何一个元素。

```
class test_wr extends basic_test;
incacc acc;
task test(stm_ini ini);
  ...
  assert(acc.randomize(null));
  ...
endtask
endclass
```

2．打开或关闭随机属性

如果不想对 acc.arr 随机化，可以整体关闭对象的随机属性，或者关闭对象中某些变量的随机属性。当然，可以关闭也就可以再次打开。

```
class test_wr extends basic_test;
incacc acc;
task test(stm_ini ini);
  ...
  // acc.rand_mode(0); // 关闭对象 acc 内所有变量的随机属性
  acc.arr.rand_mode(0); // 关闭对象 acc 的成员 arr 的随机属性
  assert(acc.randomize());
  ...
endtask

endclass
```

这样通过 rand_mode() 可以灵活控制整个对象或其个别成员的随机属性。上面的例子使得 acc.arr 在执行完随机化函数之后没有被随机化，因为其随机属性被关闭了。

3．打开或关闭约束块

与打开或关闭随机属性相似的是，SV 也可以整体关闭对象的约束块，或关闭对象中某些约束块。

```
class test_wr extends basic_test;
incacc acc;
task test(stm_ini ini);
  ...
 acc.c6.constraint_mode(0);
 assert(acc.randomize());
  ...
endtask
endclass
```

上面的例子在 acc 随机化之前关闭了 acc.c6 这个约束块，使得关于 acc.arr 内每个元素的 **cmd_addr** 递增的约束被关闭。这样从输出结果来看，acc.arr 中各个元素的地址之间已经没有递增关系了：

```
# test_wr::test
# arr[0].cmd_addr = 'h8
# arr[1].cmd_addr = 'h18
# arr[2].cmd_addr = 'h4
# arr[3].cmd_addr = 'h18
```

8.3.6　随机化的稳定性

对于随机化，最重要的要求之一是，在多次仿真中同一个程序通过同一个随机种子（seed）可以产生相同的随机序列。如果这一要求无法得到保证，那么在某次随机序列导致设计检查报告错误时再次重现该测试序列将非常困难。同时，我们在日常工作中也可能会修改局部代码，但我们希望小幅度的代码修改不会大范围地影响生成的随机向量，而是尽可能地保持它的随机行为。对于 SV 而言，每次产生的随机数实际上都是通过 RNG（随机数生成器，random number generator）实现的。RNG 每次通过一个随机种子（seed）生成随机数，而 RGN 生成随机数是确定性的、可预测的。如果 RNG 在连续两次随机过程中采取相同的种子，那么生成的随机序列也是相同的。同时要考虑的是，在测试平台中，多个线程和多个对象可能有各自的随机产生过程，随机的稳定性就是要保证这些线程和对象的整体稳定性。SV 从下面这些方面满足这一要求：

- 初始 RNG；
- 线程稳定性；
- 对象稳定性；
- 人工随机。

1. 初始 RNG

每一个模块（module）实例、接口（interface）实例、程序（program）实例和包（package）都有自己的初始 RNG，每个初始 RNG 接收被传入仿真的初始种子，进而创建必要的线程。也就是说，每一个独立的模块、接口等，都有自己的初始 RNG，而且这些 RNG 采用共同的初始种子。

例如，下面的代码：

```
module m1;
```

```
initial $display("m1::proc1 randnum %0d", $urandom_range(0, 100));
initial $display("m1::proc2 randnum %0d", $urandom_range(0, 100));
endmodule
module m2;
initial $display("m2::proc1 randnum %0d", $urandom_range(0, 100));
initial $display("m2::proc2 randnum %0d", $urandom_range(0, 100));
endmodule
module top;
m1 i1();
m2 i2();
endmodule
```

如果在仿真时使用默认的种子即 seed = 0，则输出结果是：

```
# m1::proc1 randnum 2
# m1::proc2 randnum 67
# m2::proc1 randnum 2
# m2::proc2 randnum 67
```

如果我们在仿真时将种子值修改为 seed = 1，则输出结果是：

```
# m1::proc1 randnum 4
# m1::proc2 randnum 16
# m2::proc1 randnum 4
# m2::proc2 randnum 16
```

从这个例子可以看到，实例 m1 和实例 m2 使用的种子都是相同的，而且它们有着各自的初始 RNG，通过相同的初始 RNG，结合相同的种子，就产生了稳定一致的随机数序列。

2. 线程稳定性

对于上面提到的每一个独立的拥有初始 RNG 的容器（module，interface，program 和 package），其内产生多个动态的线程，而父线程又产生子线程。对于这些层次化的线程，它们遵循的原则是：

● 子线程 RNG 的种子来源于父线程。

● 并处于一个父线程下的子线程之间，按照创建（而非执行）的先后顺序依次从父线程得到 RNG 种子。

再看看下面这个例子：

```
module m1;
//initial begin: proc1
//  $display("m1::proc1 randnum %0d", $urandom_range(0, 100));
//end
initial begin: proc2
//$display("m1::proc2.sub1 randnum %0d", $urandom_range(0, 100));
  $display("m1::proc2.sub2 randnum %0d", $urandom_range(0, 100));
//$display("m1::proc2.sub3 randnum %0d", $urandom_range(0, 100));
end
//initial begin: proc3
//  $display("m1::proc3 randnum %0d", $urandom_range(0, 100));
```

```
//end
endmodule
```

执行的结果是：

```
# m1::proc2.sub2 randnum 2
```

如果我们打开 m1::proc3，那么输出的结果是：

```
# m1::proc2.sub2 randnum 2
# m1::proc3 randnum 67
```

如果再将 m1::proc1 打开，那么输出的结果是：

```
# m1::proc1 randnum 2
# m1::proc2.sub2 randnum 67
# m1::proc3 randnum 0
```

之所以产生这样的结果，是因为首先 proc1/proc2/proc3 三个线程都并处于父线程即 m1 的初始 RNG 下，先打开 proc3 时，由于 proc2 先于 proc3 创建，所以依旧是最先从父线程拿到 RNG 的种子，proc2.sub2 的输出结果因种子未变而依然没有变化。但是，当把 proc1 打开时，proc1 将先于 proc2 创建和取得 RNG 种子，proc1 的输出结果则变为之前 proc2.sub2 的输出结果（因为取得本属于 proc2.sub2 的种子），而 proc2.sub2 取得了本应属于 proc3 的种子，等到 proc3 时只能依次取得初始 RNG 产生的第三个种子。所以，这种对于同一个父类线程下，子线程取得种子的方式和生成随机数的结果是稳定一致的。

接下来，我们将上面的 proc1 和 proc3 关闭，再单独来看 proc2 中的三个子句 sub1/sub2/sub3。这三个子句的随机数产生也类似于 proc1/proc2/proc3 创建和获取 RNG 种子的方式。如果只留下 proc2.sub2，那么执行的结果依然是：

```
# m1::proc2.sub2 randnum 2
```

而当打开 proc2.sub3 时，输出的结果则是：

```
# m1::proc2.sub2 randnum 2
# m1::proc2.sub3 randnum 88
```

由于 proc2.sub3 于 proc2.sub2 之后创建，proc2.sub2 的随机结果依然没有变化。当打开 proc2.sub1 时，随机数产生的结果发生改变：

```
# m1::proc2.sub1 randnum 2
# m1::proc2.sub2 randnum 88
# m1::proc2.sub3 randnum 2
```

pro2.sub1 先于 proc2.sub2 得到 RNG 种子，即产生了本应由 proc2.sub2 产生的数；这个情况也同样适用于 proc2.sub2 先于 proc2.sub3 得到种子；最后，proc2.sub3 只能得到父线程 proc2 的 RNG 产生的第三个种子。

3. 对象稳定性

与父线程产生子线程并按照创建顺序给予随机种子类似的是，父线程也可以创建子对象，而子对象的种子也由父线程给予。它们遵循的规则是：

● 子对象的 RNG 的种子来源于父线程。
● 并处于同一父线程的子对象，将按照其创建的先后顺序依次从父线程得到 RNG 种子。
再来看看下面这个例子：

```
module m1;
 //initial begin: proc1
 //  $display("m1::proc1 randnum %0d", $urandom_range(0, 100));
 //end
 initial begin: proc2
 c1 i1;
 //$display("m1::proc2.sub1 randnum %0d", $urandom_range(0, 100));
 i1 = new();
 assert(i1.randomize());
 $display("m1::proc2.i1 randnum %0d", i1.randnum);
 end
endmodule
```

无论是打开 proc1，还是打开 proc2.sub1，都将使得 proc2.i1 对象得到不同的 RNG 种子。
对此，我们的建议是尽量将新创建的对象置于之前创建的对象之后，或者将新的线程置于之
前已经创建的线程之后。只有通过这种方式，才可以尽量保证之前创建的线程和对象得到没
有变化的种子，进而产生没有变化的随机向量。

人工随机

尽管我们可以小心地将新添加的代码放置到原有代码线程或对象的后面，但这仍然不是
一种确保万无一失的方法。如果确实需要保证每次产生的向量一致，那么我们可以通过
srandom() 的方法人工设置某个线程或某个对象的 RNG 种子，进而确保它们前后产生的随机
向量是相同的。例如下面这段代码，无论是 proc1 还是 proc2.i1，都可以通过 srandom 的设置，
来使得它们产生的值是确定的：

```
class c1;
rand int randnum;
constraint cstr {randnum inside {[0:100]};};
function new(int seed);
  srandom(seed);
endfunction
endclass
module m1;
initial begin: proc1
  process::self.srandom(10);
  $display("m1::proc1 randnum %0d", $urandom_range(0, 100));
end
initial begin: proc2
c1 i1;
i1 = new(10);
assert(i1.randomize());
$display("m1::proc2.i1 randnum %0d", i1.randnum);
end
```

```
endmodule
```

从这段代码可以看到，在线程内部或在对象内部设置随机种子，可以确保产生的激励向量是稳定的。需要注意的是，对象的种子可以自己设定或由其他线程设定，而线程的种子必须在线程内部设定，例如上面的代码中，proc1 中通过调用 process::self.srandom() 为自己设定随机种子。

8.3.7　随机化的流程控制

在对某一个对象通过 randomize() 进行随机化时，我们发现，随机化产生的数据对覆盖整个可取值域的贡献随着随机化的次数增加而逐渐下降，这是因为每次的随机化过程之间都是各自独立的。为了让这种随机数生成对于值域覆盖的贡献维持在高效率，我们期望后面随机化的生成可以从之前的结果中得到"启示"，指导接下来的随机生成。于是，将每次随机化后生成的随机数装入一个历史"容器"中，让接下来的随机化有新的镜子可以对照，再考虑该生成那些有意义的数据。对于上面的这个案例，我们就可以在对象的随机前（pre_randomize()）函数和随机后（post_randomize()）函数中做一些处理。从执行顺序来看，是 pre_randomize() 先于 randomize()，而 randomize() 先于 post_randomize()。在每次调用 randomize() 函数时，对象自动先后调用 pre_randomize() 和 post_randomize()。我们来看下面这个例子：

```
class c1;
rand int randnum;
int hist[$];
constraint cstr1 {randnum inside {[0:10]};};
constraint cstr2 {!(randnum inside {hist});};
function void post_randomize();
  hist.push_back(randnum);
endfunction
endclass
module m1;
initial begin
c1 i1;
i1 = new();
  repeat(10) begin
    assert(i1.randomize());
    $display("m1::proc2.i1 randnum %0d", i1.randnum);
  end
end
endmodule
```

c1::post_randomize() 的定义保证每次生成的 c1::randnum 都记录在历史容器 c1::hist 中，而在后续新的随机化过程中，c1::cstr2 的限制使得每次生成的 c1::randnum 均不同于之前生成的数字。所以，上述代码的输出结果为：

```
# m1::proc2.i1 randnum 5
# m1::proc2.i1 randnum 9
# m1::proc2.i1 randnum 2
# m1::proc2.i1 randnum 1
```

```
# m1::proc2.i1 randnum 7
# m1::proc2.i1 randnum 10
# m1::proc2.i1 randnum 4
# m1::proc2.i1 randnum 8
# m1::proc2.i1 randnum 6
# m1::proc2.i1 randnum 0
```

类似地，可以通过 pre_randomize() 函数在对象随机化之前做一些预处理。SV 之所以为类预定义了 pre_randomize() 和 post_randomize()，是因为这两个函数使得与每个类随机化有关的前后处理过程被定义在了类中，而不是独立在类的外部进行处理，这不但有利于类的封装，也便于维护。另外要注意，pre_randomize() 与 post_randomize() 都是函数（function），无参数且不返回任何值（void），所以不能在其中做耗时处理或返回数值，但可以通过声明类成员完成逻辑运算。

8.3.8　随机化的系统函数

前面我们提到了 SV 可以很方便地随机化对象或变量，而有时我们只需要随机化出一些数值。下面这些系统随机函数可以满足日常需要：

- $random(int seed)：返回 32 位有符号随机数，参数种子值是可选的，用来决定产生的数值。
- $urandom(int seed)：返回 32 位无符号随机数，参数种子值是可选的。
- $urandom_range(int unsigned MAX, int unsigned MIN=0)：在指定范围内产生无符号随机数。MAX 和 MIN 可以对调参数的传入顺序，也可以省略 MIN 的传入，默认 MIN 取 0 值。

至此，我们已经将 SV 的核心特性之一——随机约束梳理完毕，接下来我们将进入 monitor 的实现部分，看一看另外一位初入职场的菜鸟验证师梅如何实现她的 channel slave 验证环境。

8.4　监测器的采样

验证师梅在实现 slave channel 验证环境时绘制了一幅 slave channel 验证结构图，如图 8.6 所示。验证师梅借鉴了验证师董在验证模块 registers 时使用的方法，为 DUT slave channel 创建了 2 个 stimulator，即上行发送数据的 initiator 和下行接收数据的 responder。在实现这两个组件后，由 initiator 发送的激励经过 slave 的数据通路最终送出至 responder。在 stimulator 实现之后，就要将所需的信号采集下来，以用作 checker 的数据比较。

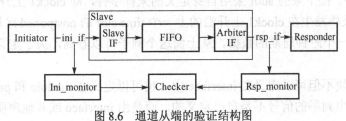

图 8.6　通道从端的验证结构图

slave 的 initiator 和 responder 应该采取各自的 interface，即 ini_if 和 rsp_if，而在不同接口上可以分别采集送入 slave 的数据和 slave 送出的数据。因此，我们倾向于分别实现两个内部结构类似的 monitor，即 ini_monitor 和 rsp_monitor（别怕麻烦，将 monitor 按照接口和功能分离为两个的优势，在后面的验证集成中会显现）。待 monitor 采集完数据之后，我们也准备将其进一步发送至 checker。monitor 的功能核心就是从 interface 做数据采样（sampling）和打包（packaging）送给 checker。我们在 7.4 节中提到，设计部分（硬件）和验证部分（软件）之间可能存在竞争现象，除了 program 可以消除竞争之外，也可以通过 interface 的 clocking 块来消除竞争。所以，我们先进入 interface clocking 块的介绍，再利用 clocking 实现 monitor 的数据采样功能。

8.4.1 Interface clocking 简介

在 7.3 节中可以看到，硬件世界和软件世界的连接可以通过灵活的 interface 来实现，也可以通过 modport 进一步限定信号传输的方向，避免端口连接的错误。同时可以在接口中声明 clocking（时序块）和采样的时钟信号，用来做信号的同步和采样。clocking 块基于时钟周期对信号进行驱动或采样的方式，使得测试平台不再苦恼于如何准确及时地对信号驱动或采样，消除了信号竞争的问题。测试平台可以利用 interface clocking 进行：

- 事件的同步；
- 输入的采样；
- 输出的驱动。

我们来看一个典型的 clocking 定义：

```
clocking bus @(posedge clock1);
  default input #10ns output #2ns;
  input data, ready, enable = top.mem1.enable;
  output negedge ack;
  input #1step addr;
endclocking
```

在上面的例子中，第一行定义了一个 clocking 块 bus，由 clock1 的上升沿来驱动和采样。第二行指出，clocking 块中所有信号默认情况下在 clocking 事件（clock1 上升沿）的前 10 ns 对其进行输入采样，在事件的后 2 ns 对其进行输出驱动。第三行声明了要对其采样的三个输入信号——data，ready 和指向 top.mem1.enable 的 enable 信号。这三个信号作为输入，它们的采样事件即采用了默认输入事件（clock1 上升沿前的 10 ns）。第四行声明了要驱动的 ack 信号，而驱动该信号的事件是时钟 clock1 的下降沿，即覆盖了原有的默认输出事件（clock1 上升沿后的 2 ns）。接下来的 addr 采用自身定义的采样事件，即 clock1 上升沿前的 1step。这里的 1step 使得采样发生在 clock1 上升沿的上一个 time slot 的 postponed 区域，即可以保证采样到的数据是上一个时钟周期的数据。从上面这个例子可以看到，关于定义 clocking 块需要注意的几个地方：

- clocking 块不但可以定义在 interface 中，也可以定义在 module 和 program 中。
- clocking 中列举的信号不是自己定义的，而是由 interface 或其他声明 clocking 的模块定义的。

- clocking 在声明完名字之后，应该伴随着定义默认的采样事件，即"default input/output event"。如果没有定义，则默认在 clocking 采样事件前的 1step 对输入进行采样，在采样事件后的#0 对输出进行驱动。
- 除了定义默认的采样和驱动事件，也可以在定义信号方向时，用新的采样事件对默认事件做覆盖。

这里我们再深入一些，讨论关于所谓定义采样和驱动事件的规定。例如，上面例子中第二行，其对应的采样事件是如何定义的呢？从这张关于 clocking 事件的说明图可以得知，输入信号的采样，会在时钟事件（clock1 上升沿）前的 10 ns 采样。所以，规定的"input clocking_skew"中 clocking skew（时钟偏移量）采取的是负值，即相对 clocking 事件的前 10 ns；而输出驱动采用的是正值，会在 clocking 事件后的 2 ns 时刻输出驱动。从图 8.7 可以发现，这种在时钟事件前后的采样驱动方式可以有效地避免竞争的情况，因为可以在不同的 time slot 中做信号的采样驱动。例如 input #1step，可以使得在上一个时钟 postponed 区域做时钟采样，而#1ps，利用一个很小的输出延迟，使得输出可以在 clocking 事件（时钟变化沿）后的 time slot 内发生变化。这样就使得对 clocking 块中声明的信号进行采样或驱动时，不会造成竞争的情况。

```
default input #10ns output #2ns;
```

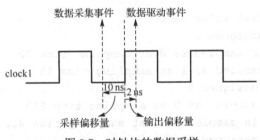

图 8.7 时钟块的数据采样

8.4.2 利用 clocking 事件同步

clocking 功能的第一特性使用起来与一般@或 wait 事件方式没有明显差别，只是需要注意添加信号时要注明其所在的 clocking 块名称。为了使读者对包括 clocking 事件同步在内的三个功能特性有更好的体会，我们拿出下面这个例子。无论是利用@ck（即@(posedge clk)）还是对 ck.vld 进行采样，这些事件发生的时刻都是在 clk 的上升沿。因为无论是 clocking 块本身，还是通过 ck 采样的 vld 或驱动的 grant，都是基于时钟上升沿的，所以，我们仍然可以通过使用@或 wait 等耗时的操作符来基于信号变化的事件进行同步。

```
module clocking1;
  bit vld;
  bit grt;
  bit clk;
  clocking ck @(posedge clk);
    default input #3ns output #3ns;
    input vld;
    output grt;
  endclocking
```

```
            initial forever #5ns clk <= !clk;
            initial begin: drv_vld
                $display("$%0t vld initial value is %d", $time, vld);
                #3ns  vld = 1; $display("$%0t vld is assigned %d", $time, vld);
                #10ns vld = 0; $display("$%0t vld is assigned %d", $time, vld);
                #8ns  vld = 1; $display("$%0t vld is assigned %d", $time, vld);
            end
            initial forever
                @ck $display("$%0t vld is sampled as %d at sampling time $%0t", $time,
                    vld, $time);
            initial forever
                @ck $display("$%0t ck.vld is sampled as %d at sampling time $%0t", $time,
                    ck.vld, $time-3);
            endmodule
```

》》 8.4.3 利用 clocking 采样数据

在上面 clocking1 的例子中，虽然 clocking1::drv_vld 并没有在 clk 时钟沿驱动 vld，但采样 ck.vld 时仍然基于时钟沿和采样偏移量进行数据采样；如果没有利用 clocking 块进行采样，那么采样只基于时钟沿（没有叠加采样偏移量）进行。从上面的例子输出结果可以看到：

```
# $0 vld initial value is 0
# $3 vld is assigned 1
# $5 ck.vld is sampled as 0 at sampling time $2
# $5 vld is sampled as 1 at sampling time $5
# $13 vld is assigned 0
# $15 vld is sampled as 0 at sampling time $15
# $15 ck.vld is sampled as 1 at sampling time $12
# $21 vld is assigned 1
# $25 ck.vld is sampled as 1 at sampling time $22
# $25 vld is sampled as 1 at sampling time $25
```

vld 的驱动和采样，也可以从图 8.8 中得到更直观的体现。如果只是基于 clk 上升沿，那么采样的结果与基于 clk 上升沿叠加采样偏移量的结果不同。如果将采样偏移量抽象为物理中的建立时间（setup time），则要求时钟上升沿之前的某一段时间内数据没有变化，否则数据采样会有不一样的结果；如果只是基于时钟上升沿采样，那么图 8.8 中的"采样 vld"表示了采样结果。无论是"采样 ck.vld"还是"采样 vld"，值的变化均发生在时钟上升沿，只是背后的采样点不同。

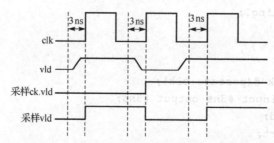

图 8.8　利用时钟块和非时钟块的采样比较

8.4.4 利用 clocking 产生激励

同样，利用 clocking 块通过一种类似于"物理保持时间"的驱动方式，可以实现时钟沿叠加偏移量的延迟驱动效果。例如下面的例子，ck 块中的 grt 赋值是通过 clocking 块 ck.grt 进行的。虽然赋值的时间点都是在 clk 上升沿触发的，然而 grt 值发生变化的时刻是在 clk 上升沿叠加偏移量的时间点。这一点从输出结果以及驱动时序波形图中可以得到印证。

```
module clocking2;
  bit vld;
  bit grt;
  bit clk;
  clocking ck @(posedge clk);
    default input #3ns output #3ns;
    input vld;
    output grt;
  endclocking
  initial forever #5ns clk <= !clk;
  initial begin: drv_grt
    $display("$%0t grt initial value is %d", $time, grt);
    @ck  ck.grt <= 1; $display("$%0t grt is assigned 1", $time);
    @ck  ck.grt <= 0; $display("$%0t grt is assigned 0", $time);
    @ck  ck.grt <= 1; $display("$%0t grt is assigned 1", $time);
  end
  initial forever
    @grt $display("$%0t grt is driven as %d", $time, grt);
endmodule
```

上面的例子中，输出结果为：

```
# $0 grt initial value is 0
# $5 grt is assigned 1
# $8 grt is driven as 1
# $15 grt is assigned 0
# $18 grt is driven as 0
# $25 grt is assigned 1
# $28 grt is driven as 1
```

驱动时序如图 8.9 所示。

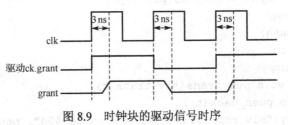

图 8.9 时钟块的驱动信号时序

8.4.5 monitor 的采样功能

介绍了 clocking 块的三种属性之后，验证师梅准备利用 clocking 实现 slave monitor 的数据采样。由于 slave 的输入输出端数据协议简单，因此，我们准备将采集到的数据都存入到一个统一的数据格式中：

```
class slv_trans; // 数据包定义
  logic [31:0] data;
endclass
```

接下来，我们引入连接 stimulator 与 monitor 的 interface，slv_ini_if 和 slv_rsp_if：

```
interface slv_ini_if(
  input rstn,
  input clk
);
  logic valid;
  logic [31:0] data;
  logic ready;
  slv_trans mon_fifo[$]; // 数据存储 FIFO
  clocking ck_mon @(posedge clk); // 采样 clocking
    default input #1step output #1ps;
    input valid;
    input data;
    input ready;
  endclocking
  function void put_trans(slv_trans t); // 写入 FIFO
    mon_fifo.push_back(t);
    $display("slv_ini_if::mon_fifo size is %0d", mon_fifo.size());
  endfunction
endinterface
interface slv_rsp_if(
  input rstn,
  input clk
);
  logic req;
  logic [31:0] data;
  logic ack;
  slv_trans mon_fifo[$];
  clocking ck_mon @(posedge clk);
    default input #1step output #1ps;
    input req;
    input data;
    input ack;
  endclocking
  function void put_trans(slv_trans t);
    mon_fifo.push_back(t);
    $display("slv_rsp_if::mon_fifo size is %0d", mon_fifo.size());
  endfunction
endinterface
```

从上面定义的两个接口看，验证师梅利用了 **clocking** 块的采样特性，在接口中声明了对应的 clocking 和采样信号列表。同时，它们各自提供一个方法 put_trans() 和 FIFO（用队列来实现）用来存储采集的数据。再来看两个 monitor——slv_ini_mon 和 slv_rsp_mon 是如何定义的：

```
class slv_ini_mon;
  slv_trans trans;
  virtual interface slv_ini_if vif;

  task run(); // 运转方法
    forever begin
      mon_trans();
      put_trans();
    end
  endtask
  task mon_trans(); // 采集有效数据
    forever begin
      @(posedge vif.clk iff vif.rstn);
      if(vif.ck_mon.valid === 1 && vif.ck_mon.ready === 1) begin
        trans = new();
        trans.data = vif.ck_mon.data;
        break;
      end
    end
  endtask
  function void put_trans(); // 将数据写入接口中的 FIFO
    vif.put_trans(trans);
  endfunction
endclass
class slv_rsp_mon;
  slv_trans trans;
  virtual interface slv_rsp_if vif;
  task run();
    forever begin
      mon_trans();
      put_trans();
    end
  endtask
  task mon_trans();
    forever begin
      @(posedge vif.clk iff vif.rstn);
      if(vif.ck_mon.req === 1 && vif.ck_mon.ack === 1) begin
        trans = new();
        trans.data = vif.ck_mon.data;
        break;
      end
    end
  endtask
  function void put_trans();
    vif.put_trans(trans);
```

```
        endfunction
      endclass
```

上述两个 monitor 提供的方法相同，均为：

- run：让 monitor 运转起来，保持时刻监视和采样数据。
- mon_trans：每次收集一个有效数据。
- put_trans：将有效数据通过虚接口 vif 存入接口中的 FIFO。

再来看看两个 monitor 提供的成员变量，分别是对应的虚接口和一个只有声明并没有在构建函数 new() 中例化的句柄 trans。成员方法 mon_trans 在采集一次有效的数据写入后，通过 clocking 块准确地将采样数据写入"临时创建"的对象，该对象的句柄为 trans，随后通过 break 退出。接下来，monitor 将 trans 的值（新创建对象的句柄）通过成员方法 put_trans() 写入到接口的 FIFO 中，如此往复。这里要注意的是，通过每次触发有效的数据写入事件创建新的对象 trans = new()，进而将有效数据写入到 trans 指向的新对象中，随后通过 vif.put_trans(trans) 将每次句柄的值写入接口的 FIFO 中，在这整个过程中，两个 monitor 都在不断地创建对象，那么在每次更改 trans 句柄值时（从旧对象指向了新对象），之前的对象是否还存在呢？毕竟，读者可能对此疑惑，trans 不再指向旧对象了。

答案是，之前创建的对象仍然存在，因为 FIFO 中的每个元素仍在引用之前创建的对象。根据 SV 的空间自动回收机制，仅在销毁了 FIFO 即这个队列之后，环境中再没有其他句柄引用之前创建的对象，所有之前创建的对象才被回收。例如，可以通过队列的 delete() 删除队列的所有元素，进而销毁其元素指向的对象。

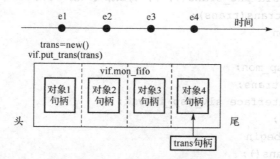

图 8.10 采样数据的缓存

从图 8.10 来看，随着有效数据的采样发生 e1→e2→e3→e4→……，每次都创建新的对象，且 trans 指向最新的对象，同时之前创建的所有对象的句柄都存入 vif.mon_fifo 中。注意，这里存入的是对象的句柄而不是对象本身。以后，其他的组件例如 checker，也可以通过接口内 FIFO 的句柄元素索引到各自指向的对象。这个数据打包写入的方式，是将 interface 内定义的队列作为数据缓存的中间站。而后，一旦 checker 创建好，也可以将 interface 的指针传递给 checker，进而为 checker 提供 get_trans() 的方法。这样，checker 即可以从各个 interface 中得到采集的数据。

采样的数据还可以缓存到什么地方呢？有很多选择，除了可以存放在 interface 中，也可以考虑存放在 monitor 或 checker 内部，而后通过 monitor 与 checker 之间的通信实现数据传输。这就是下一节我们讨论的组件之间的对话方式，或者进程之间同步的方法。最后我们来看，上面定义的 interface 和 monitor 在顶层 testbench 中的例化：

```
module slave_tb;
  logic rstn;
  logic clk;
  logic ch_valid;
  logic [31:0] ch_data;
  logic ch_ready;
  logic req;
  logic [31:0] data;
  logic ack;
  slave dut(...); // DUT slave 例化
  // 接口例化
  slv_ini_if ini_if(.rstn(rstn), .clk(clk));
  slv_rsp_if rsp_if(.rstn(rstn), .clk(clk));
  // monitor
  slv_ini_mon ini_mon;
  slv_rsp_mon rsp_mon;
  // 接口连接
  assign ini_if.valid = ch_valid;
  assign ini_if.data = ch_data;
  assign ini_if.ready = ch_ready;
  assign rsp_if.req = req;
  assign rsp_if.ack = ack;
  assign rsp_if.data = data;
  initial begin
    // 创建 monitor 对象
    ini_mon = new();
    rsp_mon = new();
    // 连接虚接口
    ini_mon.vif = ini_if;
    rsp_mon.vif = rsp_if;
    // 令 monitor 对象开始工作
    fork
      ini_mon.run();
      rsp_mon.run();
    join
  end
  ... // test 场景创建和激励生成
endmodule
```

至此，monitor 通过 clocking 块做数据采样并打包写入缓存的方式就介绍完了，我们已经可以将数据写入接口内的缓存。在接下来学习 8.5 节之后，就可以用进程间通信的三种类型实现更灵活的通信方式了。

8.5　组件间的通信

如果将硬件模块各个 module 理解为多个并行运行的进程，那么它们内部的各个过程语句块（always 块）就是多个从 0 时刻开始运行的线程（thread），而这些线程是并发执行的，并且不会结束。硬件的过程块之间的通信可理解为不同逻辑/时序块之间的通信或同步，是通过信号的变化来完成的。那么对于软件而言，如果有多个线程同时执行，那么如何对这些软件线程进行通信和同步呢？如果将多个对象抽象为多个线程，那么如何实现对象之间的通信呢？

本节将 SV 关于线程通信的"三宝"展示给读者，之后对比朴素的通信方式和 SV 原生的通信方式，看看 SV 自带的通信"三宝"有什么优点。最后，我们将对组件间通信的实际场景给出一些利用进程通信的解决办法。关于打开本节内容的最佳方式，我们将围绕进程间通信的需求展开，看一看进程之间究竟有什么悄悄话要讲。了解了这些根本需求，我们在日后的具体问题面前就会将其分类，分析是哪一种需求类型，再用适当的方式去解决。

8.5.1 通知的需求

不同的线程之间有时有互相告知的需求。比如，我们要开一辆车，在踩油门行驶之前，要检查一下汽车是不是启动了。那么，这辆车子可能是这样设计的：

```
class car;
  bit start = 0;
  task launch();
    start = 1;
    $display("car is launched");
  endtask
  task move();
    wait(start == 1);
    $display("car is moving");
  endtask
  task drive();
    fork
      this.launch();
      this.move();
    join
  endtask
endclass
module road;
initial begin
  automatic car byd = new();
  byd.drive();
end
endmodule
```

输出结果为：

```
# car is launched
# car is moving
```

从这个例子可以看到，在 car::drive()中同时启动了两个线程 car::launch()和 car::move()，car::move()通过两个线程之间共享的信号 car::start 判断什么时候可以行驶，即利用 wait 语句完成了线程 launch 通知线程 move。如果将上面的公共变量 car::start 修改为 event（事件），那么通过事件的触发和判断事件是否被触发，也可以实现同样的需求：

```
class car;
  event e_start;
  task launch();
    -> e_start;
    $display("car is launched");
  endtask
  task move();
    wait(e_start.triggered);
    $display("car is moving");
  endtask
  task drive();
    fork
      this.launch();
      this.move();
    join
  endtask
endclass
```

注意在 car::move 中，使用 wait(start.triggered)判断车是否已启动，因为有时使用"@"操作符时可能已经错过了汽车发动的事件，但是可以通过 start.triggered 来判断 event 是否已被触发。从之前的例子来看，利用公共变量可以解决线程互相通知的需求，不过也只是一部分可以用公共变量来解决的。例如下面这个例子，汽车加速时速度仪表盘的信息是如何显示的呢？

```
class car;
  event e_start;
  event e_speedup;
  int speed = 0;
  ...
  task speedup();
    #10ns;
    -> e_speedup;
  endtask
  task display();
    forever begin
      @e_speedup;
      speed++;
      $display("speed is %0d", speed);
    end
  endtask
  task drive();
    fork
      this.launch();
      this.move();
      this.display();
    join_none
  endtask
endclass
module road;
initial begin
```

```
    automatic car byd = new();
    byd.drive();
    byd.speedup();
    byd.speedup();
    byd.speedup();
  end
  endmodule
```

输出结果为:

```
# car is launched
# car is moving
# speed is 1
# speed is 2
# speed is 3
```

从这个汽车加速的例子看,如果一直踩着油门不放,这个加速的 event 必定被不断触发,而线程 A 给线程 B 传递超过一次的事件时,利用公共变量就不再是个好的选择。上面依然可以通过 event 的触发多次通知另一个线程。注意,对于线程多次通知的需求,应使用 "@" 而无法使用 wait(event.triggered)。这是由于,当一个 event 被触发时,它的状态使 event.triggered 一直保持为 true(1'b1)。不过,event 没有方法清除 event.triggered 的状态,这一点是 event 应用属性的一个遗憾。我们将在第 12 章就不同于 SV event 的新属性介绍 uvm_event 这个类。

▶▶ 8.5.2　资源共享的需求

线程之间除了"发球"和"接球"这样的打乒乓以外,还有更深入的友谊,比如共用一些资源。线程间共享资源的使用方式应遵循互斥访问(mutex access)原则。控制共享资源的原因在于,如果不对其访问做控制,可能出现多个线程对同一资源的访问,导致不可预期的数据损坏和线程的异常,这种现象称为"线程不安全"。还是以这辆 BYD 为主角,如果丈夫和妻子都要开这辆车,而这辆车只有一把钥匙的话,只能以一定的顺序先后使用,才可以解决开车的问题。在 SV 中,可以通过 semaphore(旗语)解决这个问题,我们来看看下面的例子:

```
class car;
  semaphore key;
  function new();
    key = new(1);
  endfunction
  task get_on(string p);
    $display("%s is waiting for the key", p);
    key.get();
    #1ns;
    $display("%s got on the car", p);
  endtask
  task get_off(string p);
    $display("%s got off the car", p);
    key.put();
    #1ns;
    $display("%s returned the key", p);
```

```
      endtask
    endclass
    module family;
    car byd = new();
    string p1 = "husband";
    string p2 = "wife";
    initial begin
      fork
        begin
          byd.get_on(p1);
          byd.get_off(p1);
        end
        begin
          byd.get_on(p2);
          byd.get_off(p2);
        end
      join
    end
    endmodule
```

输出结果为：

```
# husband is waiting for the key
# wife is waiting for the key
# husband got on the car
# husband got off the car
# husband returned the key
# wife got on the car
# wife got off the car
# wife returned the key
```

　　如果丈夫和妻子同时要使用只有一把钥匙的车，需要遵循先到先得的原则。用车时，一把钥匙（semaphore key）只能交给他们中的一位，另一位需等待，钥匙被归还之后才可以使用。从上面的输出结果能看出，虽然丈夫和妻子在同一时间想开这辆车，然而也只能允许一位家庭成员来驾驶。直到丈夫从车上下来，归还了钥匙以后，妻子才可以上车。我们用这个生动的例子来解释 semaphore 对于控制访问共享资源的帮助，从上面对于 semaphore key 的使用来看，key 在使用前必须要做初始化，就要告诉用户它原生自带几把钥匙。从例子来看，它只有 1 把钥匙，而丈夫和妻子在等待和归还钥匙时，没有在 semaphore::get()/put() 函数中传递参数，即默认他们等待和归还的钥匙数量是 1。semaphore 可以被初始化为多个钥匙，也可以支持每次支取和归还多把钥匙用来控制资源访问，这种复杂的场景不在本书的讨论范畴之内。如果上面的 semaphore 用自定义的类来实现，该怎么做呢？

```
    class carkeep;
      int key = 1;
      string q[$];
      string user;
      task keep_car();
        fork
```

```verilog
    forever begin
      wait(q.size() != 0 && key != 0);
      user = q.pop_front();
      key--;
    end
  join_none;
endtask
task get_key(string p);
  q.push_back(p);
  wait(user == p);
endtask
task put_key(string p);
  if(user == p) begin
    user = "none";
    key++;
  end
endtask
endclass
class car;
  carkeep keep;
  function new();
    keep = new();
  endfunction
  task drive();
    keep.keep_car();
  endtask
  task get_on(string p);
    $display("%s is waiting for the key", p);
    keep.get_key(p);
    #1ns;
    $display("%s got on the car", p);
  endtask
  task get_off(string p);
    $display("%s got off the car", p);
    keep.put_key(p);
    #1ns;
    $display("%s returned the key", p);
  endtask
endclass
module family;
car byd = new();
string p1 = "husband";
string p2 = "wife";
initial begin
  byd.drive();
  fork
    begin
```

```
        byd.get_on(p1);
        byd.get_off(p1);
      end
      begin
        byd.get_on(p2);
        byd.get_off(p2);
      end
    join
  end
endmodule
```

输出结果为：

```
# husband is waiting for the key
# wife is waiting for the key
# husband got on the car
# husband got off the car
# husband returned the key
# wife got on the car
# wife got off the car
# wife returned the key
```

在上面这个例子中，这对夫妻除了有一辆车之外，还新添了一个智能车管家 carkeep。车管家的作用是让夫妻不再因为车到底该给谁开而不开心，它公平地保管、分发和收回钥匙。目前这个车管家能力有限，只能保管一把钥匙，不过对于一辆车的实际用途来看，已经足够，而且实际执行结果也不错。也许今后的某一天，妻子会要求 carkeep 开发人员把自己的优先级提高那么一点点，以便与丈夫同时等车钥匙时有多一点的胜算。所以，如果这位妻子想要更"贴心"一点的车管家，恐怕 semaphore 还不够，定制一个更智能的 carkeep 是好的选择。

》 8.5.3 数据通信的需求

实时显示一辆车子的状态需要多个仪表。显示的参数包括车速、油量、发动机的转速和温度等，这些参数涉及各传感器到汽车控制中枢的通信。如果我们继续通过上面这辆 BYD 模拟不同传感器（线程）到车的中央显示的通信，可以利用 SV 的 mailbox（信箱）来满足多个线程之间的数据通信。

```
class car;
  mailbox tmp_mb;
  mailbox spd_mb;
  mailbox fuel_mb;
  int sample_period;
  function new();
    sample_period = 10;
    tmp_mb = new();
    spd_mb = new();
    fuel_mb = new();
  endfunction
```

```
    task sensor_tmp;
      int tmp;
      forever begin
        std::randomize(tmp) with {tmp >= 80 && tmp <= 100;};
        tmp_mb.put(tmp);
        #sample_period;
      end
    endtask
    task sensor_spd;
      int spd;
      forever begin
        std::randomize(spd) with {spd>= 50 && spd <= 60;};
        spd_mb.put(spd);
        #sample_period;
      end
    endtask
    task sensor_fuel;
      int fuel;
      forever begin
        std::randomize(fuel) with {fuel>= 30 && fuel <= 35;};
        fuel_mb.put(fuel);
        #sample_period;
      end
    endtask
    task drive();
      fork
        sensor_tmp();
        sensor_spd();
        sensor_fuel();
        display(tmp_mb, "temperature");
        display(spd_mb, "speed");
        display(fuel_mb, "feul");
      join_none
    endtask
    task display(mailbox mb, string name="mb");
      int val;
      forever begin
        mb.get(val);
        $display("car::%s is %0d", name, val);
      end
    endtask
  endclass
  module road;
  car byd = new();
  initial begin
    byd.drive();
  end
```

```
endmodule
```

输出结果为:

```
# car::temperature is 100
# car::speed is 50
# car::feul is 30
# car::temperature is 96
# car::speed is 55
# car::feul is 33
# car::temperature is 89
# car::speed is 57
# car::feul is 31
...
```

mailbox 的用法与 FIFO 的相似。将上面的 mailbox 用队列替代,则修改为:

```
class car;
  int tmp_q[$];
  int spd_q[$];
  int fuel_q[$];
  int sample_period;
  function new();
    sample_period = 10;
  endfunction
  task sensor_tmp;
    int tmp;
    forever begin
      std::randomize(tmp) with {tmp >= 80 && tmp <= 100;};
      tmp_q.push_back(tmp);
      #sample_period;
    end
  endtask
  task sensor_spd;
    int spd;
    forever begin
      std::randomize(spd) with {spd>= 50 && spd <= 60;};
      spd_q.push_back(spd);
      #sample_period;
    end
  endtask
  task sensor_fuel;
    int fuel;
    forever begin
      std::randomize(fuel) with {fuel>= 30 && fuel <= 35;};
      fuel_q.push_back(fuel);
      #sample_period;
    end
  endtask
```

```
    task drive();
      fork
        sensor_tmp();
        sensor_spd();
        sensor_fuel();
        display("temperature", tmp_q);
        display("speed", spd_q);
        display("feul", fuel_q);
      join_none
    endtask
    task display(string name, ref int q[$]);
      int val;
      forever begin
        wait(q.size() > 0);
        val = q.pop_front();
        $display("car::%s is %0d", name, val);
      end
    endtask
  endclass
```

从这个改造队列完成进程间通信的例子，可以找出 mailbox 与队列（queue）在使用时的差别：

- mailbox 必须通过 new()例化，队列只需要声明。
- mailbox 同时存储不同的数据类型，不过不建议这么做；队列内部存储的元素类型必须一致。
- mailbox 的存取方法 put()和 get()是阻塞方法（blocking method），即，使用它们时方法不一定立即返回，而队列对应的存取方式 push_back()和 pop_front()方法是非阻塞的，立即返回。因此，使用队列取数时需额外填写 wait(queue.size() > 0)才可以在其后对非空的队列做取数的操作。此外应注意，只可以在 task 中调用阻塞方法，因为阻塞方法是耗时的；而调用非阻塞方法，例如队列的 push_back()和 pop_front()，则既可以在 task 中又可以在 function 中调用。
- mailbox 只能够以 FIFO 的方式使用，而队列除了 FIFO 还有其他应用方式，如 LIFO（Last In First Out）。
- 对于 mailbox 变量的操作，在传递形式参数时，实际传递并复制的是 mailbox 的指针；而在第二个例子中的 task display()，关于队列的形式参数声明是 ref 方向，因为如果采用默认的 input 方向，那么传递过程中发生的是数组的复制，以至于方法内部对队列的操作并不会影响外部的队列本身。因此在传递数组时，读者需要考虑到，对数组做的是引用还是复制，进而考虑端口声明的方向。

此外，也要了解 mailbox 的其他特性：

- 在 mailbox 例化时，通过 new(N)的方式可以使其变为定长（fixed length）容器。这样在负载到长度 N 以后，无法再对其写入。如果用 new()的方式，则表示信箱容量不限大小。

- 除了 put()/get()/peek()这样的阻塞方法,用户也可以考虑使用 try_put()/try_get()/try_peek() 等非阻塞方法。
- 如果要显式地限定 mailbox 中元素的类型,可以通过 mailbox #(type = T)的方式来声明。例如上面三个 mailbox 存储的是 int,则可以在声明时进一步限定其类型为 mailbox #(int)。

8.5.4　进程同步的需求

除了上面的三种常见需求,有时进程之间也需要同步。这里我们来考虑,如果要将这辆车熄火(stall),需检查车是否挂挡在 P(park),熄火后再拔出车钥匙。可以将 stall 和 park 两个线程的同步视为先由 stall 发起同步请求,再等待 park 线程完成并响应同步请求,由 stall 线程继续其余的程序,最终结束熄火的过程。我们不妨用之前掌握的 SV 三种进程通信的方式 event、semaphore 和 mailbox 来解决进程间的同步问题。

1. event 同步

```
class car;
  event e_stall;
  event e_park;
  task stall;
    $display("car::stall started");
    #1ns;
    -> e_stall;
    @e_park;
    $display("car::stall finished");
  endtask
  task park;
    @e_stall;
    $display("car::park started");
    #1ns;
    -> e_park;
    $display("car::park finished");
  endtask
  task drive();
    fork
      this.stall();
      this.park();
    join_none
  endtask
endclass
```

2. semaphore 同步

```
class car;
  semaphore key;
  function new();
    key = new(0);
  endfunction
  task stall;
```

```
        $display("car::stall started");
        #1ns;
        key.put();
        key.get();
        $display("car::stall finished");
      endtask
      task park;
      key.get();
      $display("car::park started");
        #1ns;
        key.put();
        $display("car::park finished");
      endtask
      task drive();
        fork
          this.stall();
          this.park();
        join_none
      endtask
    endclass
```

3. mailbox 同步

```
    class car;
      mailbox mb;
      function new();
        mb = new(1);
      endfunction
      task stall;
        int val = 0;
        $display("car::stall started");
        #1ns;
        mb.put(val);
        mb.get(val);
        $display("car::stall finished");
      endtask
      task park;
        int val = 0;
        mb.get(val);
        $display("car::park started");
        #1ns;
        mb.put(val);
        $display("car::park finished");
      endtask
      task drive();
        fork
          this.stall();
          this.park();
```

```
        join_none
    endtask
endclass
```

上面三种用来实现线程 A 请求同步线程 B、线程 B 再响应线程 A 的同步方式，输出结果保持一致。

```
# car::stall started
# car::park started
# car::park finished
# car::stall finished
```

从这三段代码可以看出，用来做线程同步的选择也有多种。要在同步（事件）的同时完成一些数据传输，那么更合适的是 mailbox，因为它可以存储一些数据；而 event 和 semaphore 更偏向于小信息量的同步，即不包含更多的数据信息。

8.5.5　进程通信要素的比较和应用

在介绍了 SV 进程通信的三要素之后，有必要就这三个要素的特性做出比较，并列出运用它们的一般场景。

- **event**：最小信息量的触发，即单一的通知功能。可以用来做事件的触发，也可以组合多个 event 做线程之间的同步。
- **semaphore**：共享资源的安全卫士。多个线程访问某一公共资源时可以使用这个要素。
- **mailbox**：精小的 SV 原生 FIFO。在线程之间做数据通信或内部数据缓存时可以考虑使用此元素。

monitor 到 checker 的通信方式

最后我们来观察，另外一位验证师尤在验证 MCDF 模块 arbiter 时如何实现 monitor 到 checker 的通信。首先看看他的 arbiter 验证环境，如图 8.11 所示。

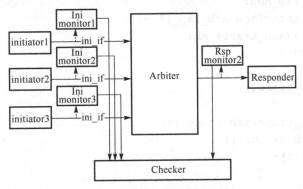

图 8.11　仲裁器的验证结构

从验证框架的连接来看，monitor 到 checker 的通信是为了将 monitor 观察到的数据输送给 checker。我们在 8.4 节中给出了另一种解决方式，即将 interface 作为 monitor 与 checker 通信的数据中转站。monitor 将观察到的数据写入 interface 的缓存，checker 则同样通过虚接口从 interface 的缓存得到监测数据。这种方式必须依赖 interface，而实际上 checker 对 interface

的依赖程度远远没有 monitor 那么大，这么做的代价是，checker 必须绑定 interface，否则没有监测数据可以获取。

在上面验证框架的例子中，monitor 直接将数据写入到 checker 中。在本节开始就提到，不同对象之间的通信也类似于线程之间的通信。在之前 BYD 汽车的例子中，都是一个对象中各个线程之间的通信；而我们接下来要应用的是不同对象之间（各个 monitor 到 checker）的数据通信。在这个例子中，我们选取 mailbox 作为 checker 内的数据缓存，存储从 4 个 monitor 传送来的数据。

```
class arb_trans;  // arbiter 传输数据包定义
  rand bit [31:0] data;
  rand bit [ 1:0] id;
endclass
interface arb_ini_if;  // 接口定义
...
interface arb_rsp_if;  // 接口定义
...
class arb_ini_mon;
  virtual interface arb_ini_if vif;
  mailbox #(arb_trans) mb;
  task run();
  ...
  task mon_trans();
  ...
  task put_trans(arb_trans t);
    wait(mb != null);
    mb.put(t);
  endtask
endclass
class arb_rsp_mon;
  virtual interface arb_rsp_if vif;
  mailbox #(arb_trans) mb;
  task run();
  ...
  task mon_trans();
  ...
  task put_trans(arb_trans t);
    wait(mb != null);
    mb.put(t);
  endtask
endclass
class arb_checker;
  mailbox #(arb_trans) ini1_mb;
  mailbox #(arb_trans) ini2_mb;
  mailbox #(arb_trans) ini3_mb;
  mailbox #(arb_trans) rsp_mb;
  function new();
```

```
      ini1_mb = new();
      ini2_mb = new();
      ini3_mb = new();
      rsp_mb  = new();
    endfunction
    task run();
    endtask
  endclass
module arb_tb;
  ... // DUT 和 stimulator 例化
  arb_ini_mon ini1_mon = new();
  arb_ini_mon ini2_mon = new();
  arb_ini_mon ini3_mon = new();
  arb_rsp_mon rsp_mon  = new();
  arb_checker chk      = new();
  arb_ini_if ini1_if();
  arb_ini_if ini2_if();
  arb_ini_if ini3_if();
  arb_rsp_if rsp_if();
  // 组件同 interface 以及组件之间的连接
  initial begin: connection
    ini1_mon.vif = ini1_if;
    ini2_mon.vif = ini2_if;
    ini3_mon.vif = ini3_if;
    rsp_mon.vif  = rsp_if;
    ini1_mon.mb  = chk.ini1_mb;
    ini2_mon.mb  = chk.ini2_mb;
    ini3_mon.mb  = chk.ini3_mb;
    rsp_mon.mb   = chk.rsp_mb;
    ...
  end
  // 让环境中各个组件运转起来
  initial begin: run
    #1ps; // wait proc::connection finished
    fork
      ... // stimulator run
      ini1_mon.run();
      ini2_mon.run();
      ini3_mon.run();
      rsp_mon.run();
      chk.run();
    join_none
  end
endmodule
```

从这个例子可以看到，对象 chk 例化了 4 个 mailbox，这些 mailbox 被用来存储从 monitor
送来的监测数据包。注意，这些 mailbox 在声明时已经做了限定 mailbox #(arb_trans)，只能用
来存储 arb_trans 的句柄（而不是对象）。对于 arb_ini_mon 和 arb_rsp_mon 而言，它们定义的

方法 put_trans() 会将每次监测到的数据包交给 checker，但在传送之前检查成员 mb 是否为空，即是否已经与外部 arb_checker 的 mailbox 相连接。连接完成之后才可以进行数据传输，否则数据传输必定是失败的，因为 mb 这一 mailbox 的指针依旧是"悬空"的。

接下来，进入顶层环境 arb_tb 的例化和连接部分。在对各个对象进行了例化之后，进入连接阶段，即 arb_tb::connection 过程。这一过程需要将接口连接至各个对象内，同时要将 chk 对象内各个 mailbox 指针传递至 monitor 内的 mb。这一过程为接下来从各个 monitor 到 checker 的数据通信铺好了道路。

最后，我们需要让各个组件运转起来，在调用各个组件的方法 run() 之前，需要先等待一点时间，这是为了保证 arb_tb::connection 阶段先完成。只有连接阶段完成了，才可以没有后顾之忧地让各个组件转动起来，保持组件之间的通信状态。当然，除了使用 #1ps 固定延迟方法以外，也可以通过本节介绍的 event，由 arb_tb::connection 来触发事件，arb_tb::run 在等待到这个事件之后才进行下一步的工作。

至此，我们就将进程间的通信方法及其在实际中的应用为大家介绍完了。我们已经建立了验证组件通过接口对 DUT 的驱动，组件通过接口的采样，以及这一节中组件之间的通信，对于验证结构整体的连接有了基本的概念。下一节将进入比较器的实现部分。作为检查设计的关键组件，比较器需要对比数据给出报告，读者接下来可以学习到实现比较器的常用手段。

8.6　比较器和参考模型

在验证师梅、尤、董完成了 slave、arbiter 和 registers 的模块验证之后，我们看看最后一位——验证师娄是如何完成 formatter 验证的。验证师娄也依照之前的验证步骤，给出了 formatter 的验证结构，如图 8.12 所示。

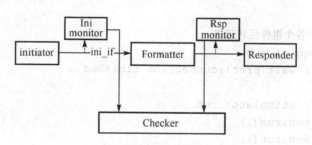

图 8.12　整形器的验证结构

实现 stimulator 和 monitor 之后，进入数据比对和功能检查的环节。考虑实现 checker 之前，先看看完成 formatter 的功能验证需要考虑的功能点检查，即验证计划是什么？

● 复位检查。检查在复位以后 formatter 各个输出信号的值。验证师娄考虑到自己是新手，他尽量将 formatter 作为一个黑盒去检查，很少关注内部的信号状态。

● 数据完整性。formatter 数据从输入到输出过程中没有数据丢失，而且数据按照协议进行传输。

- 功能配置情况。在寄存器功能配置下，formatter 可以将来自不同 slave 的数据打包为不同长度的数据包。
- 协议检查。从 arbiter 到 formatter，以及 formatter 到外部下行数据端的接口时序应该符合协议要求。

上面的验证计划，从列出的功能点，到考虑给出的激励场景是互相对应的。而当我们面对更复杂的设计时，要列出的功能点检查项更多呢！那么我们就上面要检查的功能点，来看看验证师娄准备如何实现 checker。在实际中，我们可以将检查的场景，分为异常检查、常规检查和协议检查：

- 异常检查：某一异常事件触发而使设计做出的响应。
- 常规检查：设计在正常工作状态下的表现，一般伴随长时间的稳定工作。
- 时序检查：检查 DUT 的内部或外部信号之间的时序是否符合设计要求。

对比上面功能点检查与三种检查的类属关系发现，复位检查由于是复位信号的事件使得设计发生相应的变化，我们可以视为异常检查；数据完整性和功能配置情况都是在 formatter 稳定工作时的检查，可以归类为常规检查；协议检查则因特别注重时序性的要求而归类为时序检查。就这些检查场景而言，实现功能检查的方式也不相同：异常检查主要就事件触发检查设计的响应，常规检查通过查看设计的配置判断设计的工作状态是否符合预期，时序检查则通过捕捉信号间的时序关系进行检查。本文将依次详细论述这三种检查方式。

8.6.1　异常检查

在设计发生异常时，我们可以通过设计外部或内部的信号检查设计的响应（也分为内部和外部）是否正确。要做更细致的检查，还应考虑：

- 异常事件的触发是否合理且符合设计要求。
- 异常事件的处理是否正确。
- 异常事件的恢复条件在满足后，设计是否能够再次回到稳定的工作状态。

下面的示例代码是用来检查"设计复位"的。通过这个例子，读者可以知道，如何定义一些事件、如何针对事件做出响应以及如何对事件的检查功能做出控制。

```
class fmt_ini_mon;
  event reset_e;
  task run();
    fork
      mon_reset();
    join_none
  endtask
  task mon_reset();
    forever begin
      @(negedge vif.rstn);
      -> reset_e;
    end
  endtask
endclass
```

首先看 fmt_ini_mon 在其内部定义了成员事件 reset_e，通过方法 mon_reset() 来捕捉复位事件，进而触发 reset_e。那么这个 reset_e 用来通知谁呢？我们在以下代码中可以看到，这个事件用来通知比较器 fmt_checker。在 fmt_checker 中，它时刻关注 reset_e 这个事件，一旦事件被触发，它便会执行功能检查 chk_rst()。在下面的代码中，fmt_checker 声明的事件 reset_e 与 fmt_ini_mon::reset_e 是同一个事件，这两个事件的指针传递发生在顶层的 testbench 中。与之类似，虚拟接口在 chk_rst() 中的引用也要首先保证，它们在顶层环境被链接到真正的物理接口上。在事件检查方法 chk_rst() 中，会检查 formatter 的所有输出接口，要求在复位触发时，输出信号被置为期望的值，否则通过系统函数$error()报错。

```
class fmt_checker;
  bit en_chk_rst=1;
  event reset_e;
  virtual interface fmt_ini_if ini_vif;
  virtual interface fmt_rsp_if rsp_vif;
  task run();
    fork
      chk_rst();
    join_none
  endtask
  task chk_rst();
    forever begin
      @reset_e;
      if(en_chk_rst == 1) begin
        if(ini_vif.f2a_ack !== 0
          || rsp_vif.fmt_chid !== 0
          || rsp_vif.fmt_length !== 0
          || rsp_vif.fmt_req !== 0
          || rsp_vif.fmt_data !== 0
          || rsp_vif.fmt_start !== 0
          || rsp_vif.fmt_end !== 0)
          $error("fmt_checker:: reset value is not correct!");
      end
    end
  endtask
endclass
```

8.6.2 常规检查

常规检查是一个长期监测并时刻检查的行为，这就要求观察 DUT 的三个方面：

- 配置情况；
- 输入数据；
- 输出数据。

对于这三个方面的数据监视和最终比较，这里提出两种可行的解决方式：

- 拆分检查：将 DUT 检查的功能点有机剥离，并对每个功能点做独立的检查。
- 整体检查：将 DUT 的配置和接口数据作为参考模型的输入，参考模型会模拟设计功能并输出期望数据，再将其与监测的 DUT 输出数据做比较。

下面是两种检查方式的具体实现代码。

1. 拆分检查

```
class fmt_ini_trans;
  bit [ 1:0] id;
  bit [31:0] data;
  int        length;
  static function int dec_length(int l);
    int len;
    case(l)
      0: len = 4;
      1: len = 8;
      2: len = 16;
      3: len = 32;
      default len = 32;
    endcase
    return len;
  endfunction
endclass
class fmt_ini_mon;
  fmt_ini_trans trans;
  mailbox #(fmt_ini_trans) ini_mb;
  virtual interface fmt_ini_if vif;
  task run();
    fork
      forever begin
        mon_trans();
        put_trans();
      end
    join_none
  endtask
  task mon_trans();
    forever begin
      @(posedge vif.clk iff vif.rstn);
      if(vif.mon.a2f_val === 1 && vif.mon.f2a_ack === 1) begin
        trans = new();
        case(vif.mon.a2f_id)
          0: trans.length = trans.dec_length(vif.mon.slv0_len);
          1: trans.length = trans.dec_length(vif.mon.slv1_len);
          2: trans.length = trans.dec_length(vif.mon.slv2_len);
          3: $error("fmt_ini_mon:: a2f_id value is not as expected");
        endcase
        trans.id = vif.mon.a2f_id;
        trans.data = vif.mon.a2f_dat;
        break;
      end
    end
  endtask
  task put_trans();
```

```
        ini_mb.put(trans);
    endtask
  endclass
```

上面的 fmt_ini_mon 在每次有效的数据输入时采集数据，装入数据对象 trans，这里我们要求每次创建新的对象来装入新的数据。fmt_ini_mon 通过 mon_trans()和 put_trans()两个成员方法可以时刻监视和传输有效数据。由于输入数据没有包的首和尾，因此定义的数据传输类 fmt_ini_trans 的数据成员也只装载一个时钟周期的采样。需要注意的是，由于从寄存器 register 到 formatter 传递的包长配置信号 slvX_len 需要解码，因此我们在 fmt_ini_trans 中定义了解码的方法，该方法 dec_length()被声明为静态方法是由于类的外部也需要单独调用该方法（而并不需要例化对象）。

```
class fmt_rsp_trans;
  bit [ 1:0] id;
  bit [31:0] data_q[$];
  int        length;
  function bit compare(fmt_rsp_trans t);
    if(id != t.id
      || length != t.length
      || data_q.size() != t.data_q.size())
      return 0;
    foreach(data_q[i]) begin
      if(data_q[i] != t.data_q[i])
        return 0;
    end
    return 1;
  endfunction
endclass
class fmt_rsp_mon;
  fmt_rsp_trans trans;
  event req_trans_e;
  mailbox #(fmt_rsp_trans) rsp_mb;
  virtual interface fmt_rsp_if vif;
  task run();
  fork
    forever begin
      mon_trans();
      put_trans();
    end
    mon_req_trans();
  join_none
  endtask
  task mon_trans();
    forever begin
      @(posedge vif.clk iff vif.rstn);
      if(vif.mon.fmt_start === 1) begin
        trans = new();
```

```
      trans.length = vif.mon.fmt_length;
      trans.id = vif.mon.fmt_chid;
      repeat(trans.length) begin
        trans.data_q.push_back(vif.mon.fmt_data);
        @(posedge vif.clk);
      end
      break;
    end
  end
endtask
task put_trans();
  rsp_mb.put(trans);
endtask
task mon_req_trans();
  forever begin
    @(posedge vif.mon.fmt_req iff vif.rstn);
      -> req_trans_e;
  end
endtask
endclass
```

从 fmt_rsp_mon 的定义看，它主要做了两件事情。首先，与 fmt_ini_mon 类似的是，它捕捉了输出数据，即通过观察 vif.mon.fmt_start 信号捕捉包首，进而逐次采样数据。在这里，因为 formatter 输出协议有包的含义，所以我们将输出数据包 fmt_rsp_trans 定义为内部包含多个数据的类，这方便于 fmt_rsp_mon 可以将一个完整的数据包存入其中。其次，fmt_rsp_mon 单独捕捉了一个事件，即数据包要发送时的请求事件。当 vif.mon_fmt_req 从 0 跳转到 1 时，我们将这个数据包请求发送的事件捕捉下来，触发事件 req_trans_e。该事件与 fmt_checker::req_trans_e 指向同一个事件，因此 fmt_checker 将利用这个触发事件，检查设计的功能配置是否生效。

有些读者在参考上面 fmt_rsp_mon::mon_trans() 时，对数据采样直接从 vif.mon.fmt_start 上升沿开始而不是从 vif.mon.fmt_req 开始可能有疑虑。按照协议的要求，fmt_req 需先等待 fmt_grant 才能出发 fmt_start。那么这个时序部分的检查，在 fmt_rsp_mon::mon_trans() 采集数据包时可以省略吗？为什么？答案是，我们当然很关注边界信号协议时序的检查，而这部分的检查则交给第三种检查，即"时序检查"，这在接下来的示例代码中读者可以看到。所以我们在 fmt_rsp_mon::mon_trans() 中省略了时序检查，使得代码变得更为清爽。此外，对于 formatter 输出端数据类型 fmt_rsp_trans 定义中，添加了用来做数据比较的方法 fmt_rsp_trans::compare(fmt_rsp_trans t)。这个方法会在后面被 fmt_checker 用来比较两部分的数据，即实际采样的输出数据和期望的输出数据，两个数据对象相同则返回 1，否则返回 0。

在定义了两个 monitor 即 fmt_ini_mon 和 fmt_rsp_mon 之后，将由 fmt_checker 做最终的功能检查：

```
class fmt_checker;
  bit en_chk_data=1;
  bit en_chk_len=1;
```

```verilog
    virtual interface fmt_ini_if ini_vif;
    virtual interface fmt_rsp_if rsp_vif;
    event req_trans_e;
    mailbox #(fmt_ini_trans) ini_mb;
    mailbox #(fmt_rsp_trans) rsp_mb;
    mailbox #(fmt_rsp_trans) exp_mb;
    function new();
      ini_mb = new();
      rsp_mb = new();
      exp_mb = new();
    endfunction
    task run();
      fork
        ini2rsp_fmt();
        chk_data();
        chk_len();
      join_none
    endtask
    task chk_data();
      fmt_rsp_trans exp, rsp;
      forever begin
        wait(en_chk_data == 1);
        fork
          rsp_mb.get(rsp);
          exp_mb.get(exp);
        join
        if(rsp.compare(exp) == 1)
          $display("fmt_checker:: data compared succeeded!");
        else
          $error("fmt_checker:: data compared failed!");
      end
    endtask
    task ini2rsp_fmt();
      fmt_ini_trans s;
      fmt_rsp_trans t;
      forever begin
        ini_mb.get(s);
        t = new();
        t.id = s.id;
        t.length = s.length;
        t.data_q.push_back(s.data);
        repeat(t.length - 1) begin
          ini_mb.get(s);
          if(t.id != s.id)
            $error("fmt_checker:: data input id is changed!");
          t.data_q.push_back(s.data);
        end
```

```
            exp_mb.put(t);
        end
    endtask
    task chk_len();
        int length;
        forever begin
            @req_trans_e;
            if(en_chk_len == 1) begin
                case(rsp_vif.mon.fmt_chid)
                    0: length = fmt_ini_trans::dec_length(ini_vif.mon.slv0_len);
                    1: length = fmt_ini_trans::dec_length(ini_vif.mon.slv1_len);
                    2: length = fmt_ini_trans::dec_length(ini_vif.mon.slv2_len);
                    default: $error("fmt_checker:: id value is unexpected");
                endcase
                if(length != rsp_vif.mon.fmt_length)
                    $error("fmt_checker:: output length is not as the value configured");
            end
        end
    endtask
endclass
```

在 fmt_checker 中声明了用来使能检查功能的控制信号 en_chk_data 和 en_chk_len，这便于后期在顶层环境的集中控制。除了声明虚接口 ini_vif 和 rsp_vif 以外，fmt_checker 还声明并且例化了三个用来装载数据的 mailbox：ini_mb、rsp_mb 和 exp_mb。从 ini_mb 收集到的数据类型是从 formatter 输入端采集的 fmt_ini_trans 类型，而 rsp_mb 是从 formatter 输出端采集的数据类型 fmt_rsp_trans。这两种数据类有不小的差别，前者存储单周期的数据，后者存储多个周期的数据。对这两种数据类做比较，需要将它们统一到相同的格式。这里 fmt_checker 利用 fmt_checker::ini2rsp_fmt()方法，将从 ini_mb 得到的数据利用其所含的信息转换为 fmt_rsp_trans 类型，再存储到第三个 mailbox exp_mb。

我们认为 exp_mb 存储的数据是期望得到的数据，因为其内部的数据是我们通过 formatter 数据打包的逻辑组装而成的，并非直接采样得到的数据。rsp_mb 中存储的输出采样数据，同 exp_mb 的数据成员均为 fmt_rsp_trans 类型，这就使得比较这两个 FIFO 中的数据变得容易多了。fmt_checker::chk_data()做的就是先从这两个 mailbox 中取到数据对象，进而利用 fmt_rsp_trans::compare()做数据比较，将数据比对结果报告出来。

所以，对功能检查点"数据完整性"的检查可以通过 fmt_checker::chk_data()和 fmt_checker::ini2rsp_fmt()完成。那么，如何检查"功能配置情况"呢？fmt_checker::chk_len()通过等待事件 req_trans_e 观察 formatter 在何时发起一个新的数据包。而检查 registers 到 formatter 配置是否成功就在于，formatter 输入端 slvX_len 的配置是否可以控制输出包的长度。因此，通过比对 slvX_len 与 fmt_length 是否匹配，就可以完成功能配置的检查。上面的检查方式将两个不同的功能点检查独立到不同的检查方法中，互相不影响且有独立的使能信号 en_chk_data 和 en_chk_len 控制这两种检查。

2. 整体检查（参考模型）

除了独立拆分的检查方法之外，也可以按照硬件设计描述建立一个参考模型（reference

model）。模型的细致程度依赖于 checker 的要求，检查得越细致，对参考模型的准确度要求越高。在日常工作中，除了验证师自己实现参考模型之外，有时候从系统工程师那里可以得到虚拟原型（virtual prototype）或算法模型（algorithm model），这些模型也可以用作参考模型。对于虚拟原型和算法模型在验证环境的嵌入，我们将在 17.2 节和 17.3 介绍。在这里先讨论如何实现一个便于复用和维护的参考模型。

```
class fmt_refmod;
  mailbox #(fmt_ini_trans) ini_mb;
  mailbox #(fmt_rsp_trans) exp_mb;
  event req_trans_e;
  virtual interface fmt_ini_if ini_vif;
  virtual interface fmt_rsp_if rsp_vif;
  function new();
    ini_mb = new();
    exp_mb = new();
  endfunction
  task run();
    fork
    ini2rsp_fmt();
    join_none
  endtask
  task ini2rsp_fmt();
    fmt_ini_trans s;
    fmt_rsp_trans t;
    int len;
    forever begin
      @(req_trans_e);
      ini_mb.get(s);
      t = new();
      t.id = s.id;
      case(rsp_vif.mon.fmt_chid)
        0: len = fmt_ini_trans::dec_length(ini_vif.mon.slv0_len);
        1: len = fmt_ini_trans::dec_length(ini_vif.mon.slv1_len);
        2: len = fmt_ini_trans::dec_length(ini_vif.mon.slv2_len);
        default: $error("fmt_checker:: id value is unexpected");
      endcase
      t.length = len;
      repeat(len - 1) begin
        ini_mb.get(s);
        if(t.id != s.id)
          $error("fmt_checker:: data input id is changed!");
        t.data_q.push_back(s.data);
      end
      exp_mb.put(t);
    end
  endtask
endclass
```

在 fmt_checker 中，我们用了两级错误检查的方法，第一级是针对 en_clk_data 的检查，即第二级验证都未能在 exp 的全部数据比较结束。通过对 fmt_checker 及其基类 base_checker 的分析，并且例化了三个用来装载数据的 mailbox：ini_mb、rsp_mb 和 exp_mb。对于 ini_mb 收集数据类型是从 formatter 输入端收集类型 fmt_ini_trans 类型，而 rsp_mb 则是从 formatter 输出端收集的数据类型 fmt_rsp_trans，这两种数据类型各不相同意思。简单来说，打包后的类型是 ini_mb 收集数据类型，对这两种数据类型比较，需要将它们分别进行。由于 fmt_checker 利用 fmt_checker::ini2rsp_fmt()方法，将从 ini_mb 得到的相同 id 的数据整合到 fmt_rsp_trans 类型，再存储到一个 mailbox exp_mb。

我们以为 exp_mb 存储的数据和以后即将从 formatter 输出端收集到的数据比较，那么该如何比较呢？因为从 formatter 输出端收集到来判断 exp 数据类型是否正确了，而后进行数据的比较，那么我们可以将 exp 数据和实际获得的数据比较。

7．用 fmt_rsp_trans::compare()做数据比较，将数据组织以对应关系等比较。除此，对于数据的自底向上，变数据完善的"。例如，当前获得验证数据(en_chk_data)和 fmt_checker::ini2rsp_fmt()完成，那么各自比较"，进行 fmt_checker::chk_len()判断正确时再 req_trans_e。只有正确"。通过等待事件 req_trans_e 来索取 formatter 作出比较，不单是要分步用到检查 register 列。formatter 配置是否有规律在于，formatter 输入端 slvX_len 解析出来输出的均长度。因此，通过比对 slvX_len 与 fmt_length 长度，无输变方法进行长度比较"。比较两个不同的功能总线各种建立实现不同的应答的验证方法，它和不灭影响数据的独立使用依靠 en_chk_data 与 en_chk_len 来相应完成两项检查。

2．整体检查（参考模型）

除了建立分段的检查方法之外，也可以从整体上建立一个参考模型 reference

```
class fmt_checker;
  bit en_chk_rst=1;
  bit en_chk_data=1;
  fmt_refmod refmod;
  virtual interface fmt_ini_if ini_vif;
  virtual interface fmt_rsp_if rsp_vif;
  event reset_e;
  event req_trans_e;
  mailbox #(fmt_ini_trans) ini_mb;
  mailbox #(fmt_rsp_trans) rsp_mb;
  mailbox #(fmt_rsp_trans) exp_mb;
  function new();
    rsp_mb = new();
    refmod = new();
  endfunction
  task run();
    fork
      chk_data();
      refmod.run();
    join_none
  endtask
  task chk_data();
    fmt_rsp_trans exp, rsp;
    forever begin
      wait(en_chk_data == 1);
      fork
        rsp_mb.get(rsp);
        refmod.exp_mb.get(exp);
      join
      if(rsp.compare(exp) == 1)
        $display("fmt_checker:: data compared succeeded!");
      else
        $error("fmt_checker:: data compared failed!");
    end
  endtask
  task connect();
    refmod.ini_vif = ini_vif;
    refmod.rsp_vif = rsp_vif;
    refmod.req_trans_e = req_trans_e;
    ini_mb = refmod.ini_mb;
    exp_mb = refmod.exp_mb;
  endtask
endclass
```

在整体检查的这段代码中，首先将参考模型定义为 fmt_refmod 类，它承担的任务就是将 fmt_ini_mon 监测的 fmt_ini_trans 数据通过自定义的逻辑转换为 fmt_rsp_trans，它内部例化了两个 mailbox ini_mb 和 exp_mb。可以发现，做数据打包的成员方法 fmt_refmod::ini2rsp_fmt()

实际上是之前 fmt_checker::ini2rsp_fmt()和 fmt_checker::chk_len()的集成版本。它用来做数据打包的长度依据变为寄存器配置的数值，而不是从 fmt_ini_trans::length 得来的，这就将数据包长度检查同打包功能检查合并在一起。

参考模型 fmt_refmod 一旦完成，就可以方便地集成到 fmt_checker 中。在上面的 fmt_checker 中，除了例化 fmt_checker::refmod，还添加了新的连接方法 fmt_checker::connect()。这一方法是用来将 fmt_checker 内部的组件同自身相连接的，而该方法的调用需要在稍后展示的外部 formatter_tb 中完成。通过这一方法使得 fmt_checker::refmod 中的虚接口和事件得到赋值，同时也将 fmt_checker::refmod 的 mailbox 赋值给 fmt_checker 中声明的 mailbox 指针。在更新过的 fmt_checker::chk_data()方法中，可以看到 fmt_checker 一方面从自身的 rsp_mb 得到来自于 fmt_rsp_mon 监测到的数据，另一方面也从 refmod.exp_mb 中得到期望的数据，这样便可以进行数据比对了。

通过上面两个实现 fmt_checker 的不同例子，我们可以发现拆分检查和整体检查的特点：

- 拆分检查更加独立，且可以由不同的检查使能变量独立控制；整体检查通过参考模型将设计功能融合为一个整体，但各功能检查的独立控制能力较弱。
- 拆分检查是用若干个方法实现以及互相调用；整体检查则是将软件化的功能包装为一个独立的类，即参考模型（reference model）。
- 拆分检查中，checker 担任了模拟硬件功能的角色，也承担了数据比较和报告的责任；在整体检查中，我们倾向于将硬件模拟的任务交给参考模型，而 checker 只需要取得实际数据和期望数据，做数据比较和报告即可。
- 拆分检查的难点在于，需要确认多个功能检查点足够涵盖设计整体的功能；而整体检查的难点在于，需要考虑参考模型的精细程度和维护成本。

▶▶ 8.6.3　时序检查

让我们将目光再聚焦在时序检查，读者可以回顾之前 fmt_rsp_mon::mon_trans()方法，在采集数据时，只需要在 vif.mon_fmt_start 从 0 跳转为 1 时开始采集数据，无须检查 formatter 其他输出信号是否满足协议要求。我们将协议检查的任务独立开来，让数据采集部分更干净一些。之前的检查方式有如下特点：

- 事件触发端或数据收集端均在 monitor 一侧。
- 根据事件触发或传输数据进行比较的任务在 checker 一侧。

那么，我们是否需要将时序检查放置在 monitor 内呢？这里，我们倾向于将时序检查即协议检查部分放置在 interface 中。其中的好处在于，一旦协议检查与 interface 绑定，那么 interface 的作用除了 DUT 与 TB 的连接、数据驱动和信号采样外，又添加了时序检查的功能。有时只需时序检查的功能，那么通过 SV 绑定（bind）的功能可以让 interface 承担时序检查的任务，这也扩展了 interface 的作用。下面是两个 interface fmt_ini_if 和 fmt_rsp_if 扩展后的示例代码：

```
interface fmt_ini_if(input clk, input rstn);
    ... // 信号声明
    bit en_chk_prot=1; // 协议检查控制信号
    .. // clocking 块定义
```

```
      initial begin: chk_val_ack // 检查 valid 同 ack 的时序
        forever begin
          @(posedge clk iff rstn && en_chk_prot);
          if(mon.f2a_ack === 1 && mon.a2f_val === 0)
            $error("fmt_ini_mon::[protocol error] valid is not 1 when ack is 1!");
        end
      end
  endinterface
  interface fmt_rsp_if(input clk, input rstn);
    ... // 信号声明
    bit en_chk_prot = 1; // 协议检查控制信号
    .. // clocking 块定义
      initial begin: chk_req_grant // 检查 req 同 grant 时序
        forever begin
          @(posedge clk iff rstn && en_chk_prot);
          if($rose(mon.fmt_grant, @(posedge clk))) begin
            @(posedge clk);
            if(mon.fmt_req !== 0)
              $error("fmt_rsp_mon::[protocol error] req should be 0 after 1 cycle
                  when grant rose to 1");
          end
        end
      end
      initial begin: chk_stable_id_length // 检查 id 和 length 的保持时间
        int id, len;
        forever begin
          @(posedge clk iff rstn && en_chk_prot);
          if($rose(mon.fmt_req, @(posedge clk))) begin
            id = mon.fmt_chid;
            len = mon.fmt_length;
            @(posedge clk iff $rose(mon.fmt_end, @(posedge clk)));
            if(id != mon.fmt_chid || len != mon.fmt_length)
              $error("fmt_rsp_mon::[protocol error] id and length is not valud
                  within a packet transaction");
          end
        end
      end
      initial begin: chk_grant_start // 检查 grant 和 start 的时序
        forever begin
          @(posedge clk iff rstn && en_chk_prot);
          if($rose(mon.fmt_grant, @(posedge clk))) begin
            @(posedge clk);
            if(mon.fmt_start !== 1)
              $error("fmt_rsp_mon::[protocol error] start should be 1 after 1
                  cycle when grant rose to 1");
          end
        end
```

```
      end
    initial begin: chk_start_pulse // 检查 start 脉冲信号宽度
      forever begin
        @(posedge clk iff rstn && en_chk_prot);
        if($rose(mon.fmt_start, @(posedge clk))) begin
          @(posedge clk);
          if(mon.fmt_start !== 0)
            $error("fmt_rsp_mon::[protocol error] start should be raised as
                1 cycle pulse");
        end
      end
    end
    initial begin: chk_end_pulse // 检查 end 脉冲信号的宽度
      forever begin
        @(posedge clk iff rstn && en_chk_prot);
        if($rose(mon.fmt_end, @(posedge clk))) begin
          @(posedge clk);
          if(mon.fmt_end !== 0)
            $error("fmt_rsp_mon::[protocol error] end should be raised as 1
                cycle pulse");
        end
      end
    end
    initial begin: chk_packet_len // 检查数据包的发送长度
      int len;
      forever begin
        @(posedge clk iff rstn && en_chk_prot);
        if($rose(mon.fmt_start, @(posedge clk))) begin
          len = mon.fmt_length;
          repeat(len - 1) @(posedge clk);
          if(!$rose(mon.fmt_end, @(posedge clk)))
            $error("fmt_rsp_mon::[protocol error] number of transferred data
                not equals to length ");
        end
      end
    end
  endinterface
```

在这两个接口中定义了控制检查协议的变量 en_chk_prot，便于顶层控制。在接口中定义的若干时序检查的功能如下，通过这些时序检查，可以将协议中的完整时序要求细分为若干个需要检查的时序而分别对它们采用独立的方法进行检查。

- fmt_ini_if::chk_val_ack　要求 ack 为高时，valid 也应该保持为高。
- fmt_rsp_if::chk_req_grant　要求在 grant 置为高之后的下一周期，req 应该拉低。
- fmt_rsp_if::chk_stable_id_length　要求自 req 拉高之后到 end 拉高的时间内，chid 和 length 都应该保持不变。
- fmt_rsp_if::chk_grant_start　要求 grant 置为高之后的下一周，start 应该拉高。

- fmt_rsp_if::chk_start_pulse 要求 start 信号为高的保持时间为一个时钟周期。
- fmt_rsp_if::chk_end_pulse 要求 end 信号为高的保持时间为一个时钟周期。
- fmt_rsp_if::chk_packet_len 要求从 start 拉高到 end 拉高的周期内，发送数据的个数与 length 数值相同。

在介绍完三个常见的检查分类——异常检查、常规检查和时序检查之后，可以发现，异常检查和时序检查相同的地方在于，触发它们执行检查任务的是一些事件。异常检查的事件触发频率较低，而时序检查的事件触发频率较高，还可以通过 SV 断言方式实现事件触发的检查。

8.6.4 组件连接

最后我们来看，要完成 interface、monitor 和 checker 之间的连接和整体运转，在顶层应该如何连接。下面的示例代码是 formatter_tb 的一部分，用来说明组件之间的建立和连接。

```
module formatter_tb;
... // 信号声明
event build_end_e; // 组件创建完成事件
event connect_end_e; // 组件连接完成事件
formater dut(...); // formatter DUT 例化
... // 产生时钟和复位
... // stimulator 的例化和连接
// monitor 和 checker
fmt_ini_mon ini_mon;
fmt_rsp_mon rsp_mon;
fmt_checker chk;
// interface 例化
fmt_ini_if ini_if(clk, rstn);
fmt_rsp_if rsp_if(clk, rstn);
... // interface 信号同 DUT 的连接
initial begin: build // 组件建立阶段
  // 组件例化
  ini_mon = new();
  rsp_mon = new();
  chk = new();
  // 组件配置
  chk.en_chk_rst = 0;
  chk.en_chk_len = 0;
  chk.en_chk_data = 0;
  ini_if.en_chk_prot = 0;
  rsp_if.en_chk_prot = 1;
  // 组件建立阶段完成
  -> build_end_e;
end
initial begin: connect // 组件连接阶段
  // 等待组件建立阶段完成
  wait(build_end_e.triggered());
```

```
        // 虚接口的连接
        ini_mon.vif = ini_if;
        rsp_mon.vif = rsp_if;
        chk.ini_vif = ini_if;
        chk.rsp_vif = rsp_if;
        // 事件的赋值
        chk.reset_e = ini_mon.reset_e;
        chk.req_trans_e = rsp_mon.req_trans_e;
        chk.connect(); // checker 内部的连接
        // 信箱的连接
        ini_mon.ini_mb = chk.ini_mb;
        rsp_mon.rsp_mb = chk.rsp_mb;
        // 组件连接阶段完成
        ->connect_end_e;
      end
      initial begin: run // 组件运行阶段
        wait(connect_end_e.triggered());
        fork // 各个组件同时运行
          ini_mon.run();
          rsp_mon.run();
          chk.run();
        join_none
      end
    endmodule
```

从上面 formatter_tb 的实现来看,它通过事件 build_end_e 和 connect_end_e 将组件的建立、连接和运行分为了三个阶段,即三个 initial 过程语句块 build、connect 和 run。这三个过程之间有执行的先后顺序:

- 先需要等待 build 过程执行完,保证各个组件例化完成并且做完相应的配置(这里指功能检查的控制开关)。
- 然后再进入 connect 过程,该过程完成了虚接口、事件和信箱的连接,保证各个组件都可以正确地指向接口,并且通过事件和信箱通知其他组件和进行数据传输。
- 最后进入 run 过程,在该过程中各个组件在同一时间开始运行,各自执行任务。例如 monitor 需要时刻监测有效数据,而 checker 则需要等待数据的到来并且进行数据比较。

将上面的过程执行绘制为更容易理解的流程框图,则从图 8.13 可以看到,连接阶段完成了各个组件和接口的连接,这一步骤极为重要,关系到后面的运行阶段能否正常工作。

细心的读者可能注意到,上面的过程划分针对于软件世界的各个对象。这是因为只有软件对象的创建是从仿真开始之后才执行的,这一点并不像硬件中的实例,它们的例化和连接则是在仿真开始前就已经建立好了。从生命周期来看,硬件的实例生命贯穿整个仿真阶段,可以看做是静态的"对象";而软件对象则是在仿真开始后不同的时间点创建、连接和销毁的,是一种"动态"的存在。软件对象的这一特点,要求我们对软件对象的建立、连接和引用要格外注意,避免对象句柄的悬空(空指针索引)。要避免这一点,最好的方式就是将上面各个阶段有条不紊地贯穿下去,不单单是 formatter_tb 要完成三个阶段(connection、build 和 run),

对于其内部对象自身有子对象例化嵌套的时候，也需要完成这三个阶段。要实现这样一种层次化的过程执行顺序，我们会在第 9 章中详细探讨。

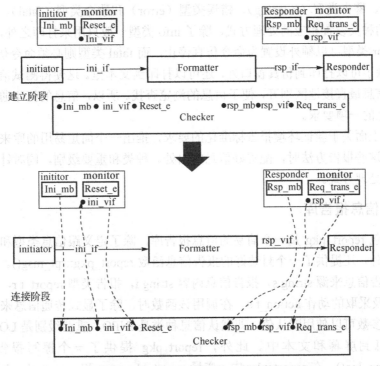

图 8.13 验证组件和接口的连接

至此，关于 checker 如何实现以及常见的三种检查类型就介绍完了。下一节将作为本章的收尾，带领读者思考验证环境中的报告如何实现有条理的组织，并且易于信息的输出控制和阅读。

8.7 **测试环境的报告规范**

通过之前的介绍，读者从四位验证师的验证组件实现中懂得了通过类的封装和数据随机化来实现 stimulator、monitor 和 checker，而这三个组件的信息输出也是无时不在的。随着验证组件的增多（横向的）和验证层次的加深（纵向的），验证环境对信息报告的要求趋于规范。为什么会有这样的要求呢？读者可以试想一下这几种场景：

- 随着组件的增多，任何组件都有可能打印信息，同一组件的不同例化对象也会打印信息。那么我们需要区分的是，这些打印信息是从什么组件、什么对象中出来的。这是关于信息标准化的打印方法，信息需要包含"出处"和"内容"。
- 在一开始验证环境需要调试时，除了直接设置断点进行单步调试激励的产生之外，更直观的方式就是插入一些"琐碎"的打印信息来告诉验证师代码执行过的痕迹。而到了后期，stimulator 的激励稳定之后，这些用于调试的打印信息变得不那么重要了，甚至稍显"多余"。这时反而要关闭这些烦琐的信息，只保留一些重要的信息。不同信息之间要有一个重要的区分,即信息的重要级别(severity level)。

- 信息之间的区分除了重要级别,另外一种常见的区分是信息种类,包括信息类型(info)、警告类型(warning)、错误类型(error)和致命类型(fatal)。可以针对这些不同的种类设置相应的处理方式,除了 info 类型一般只用来打印之外,warning 类型和 error 类型可以额外设置为命令仿真停止,而 fatal 类型则必须命令仿真结束。
- 信息除了可以打印到仿真窗口外,还可以打印到文本里。这使得测试信息可以同其他仿真信息最直接地区别开,便于信息的浏览查找。所以,信息的打印通道是也是报告规范化的一项要求。

接下来就上面关于验证环境报告标准化的要求,推出一个简短易用的库来封装这些报告要求,在调用这些报告方法时,配置好信息的出处、种类和重要级别,同时针对不同信息种类做出不同的处理方式。

8.7.1 信息报告库

下面这个包 report_pkg 是一个简易的信息报告库,除了定义跟信息类型和重要级别相关的枚举类型之外,还提供了一个封装好的报告信息函数 report_pkg::rpt_msg()。这个函数的参数分别是,报告信息来源 string s,报告信息内容 string i,报告类型 report_t r,信息重要级别 severity_t s 以及采取的动作 action_t a。在调用该函数时,除了显式传递信息来源和信息内容外,剩余三个参数可以使用默认值,即默认信息种类是 INFO,重要级别是 LOW,采取的行动是打印信息到屏幕和文本中。此外,report_pkg 提供了一个擦写报告文本的函数 report_pkg::clean_log()。在 report_pkg 中,变量 report_pkg::svrt 和 report_pkg::logname 被定义为静态变量,是为了外部可以更好地控制信息过滤的重要级别和信息报告的文件名称。

```
package report_pkg;
    typedef enum {INFO, WARNING, ERROR, FATAL} report_t;
    typedef enum {LOW, MEDIUM, HIGH, TOP} severity_t;
    typedef enum {LOG, STOP, EXIT} action_t;
    static severity_t svrt = LOW;
    static string logname = "report.log";
    function void rpt_msg(string src, string i, report_t r=INFO, severity_t
        s=LOW, action_t a=LOG);
    integer logf;
    string msg;
    if(s >= svrt) begin
        msg = $sformatf("@%0t [%s] %s : %s", $time, r, src, i);
        logf = $fopen(logname, "a+");
        $display(msg);
        $fwrite(logf, $sformatf("%s\n", msg));
        $fclose(logf);
        if(a == STOP) begin
            $stop();
        end
        else if(a == EXIT) begin
            $finish();
```

```
      end
    end
  endfunction
  function void clean_log();
    integer logf;
    logf = $fopen(logname, "w");
    $fclose(logf);
  endfunction
endpackage
```

8.7.2 信息库使用场景

在拥有一个信息报告库以后,我们模拟一个简单的层次化验证场景来说明这样一个信息标准化库带来的好处。下面的代码是一个模拟化的 stimulator、monitor、checker、environment 和 tb,这些组件的共同之处在于它们都调用了 report_pkg 包中的报告方法 report_pkg::rpt_msg()。

```
class rpt_stm; // stimulator 定义
  string id;
  function new(string name = "rpt_stm");
    id = name;
    rpt_msg(id, "build phase");
  endfunction
  task run();
    int i=1;
    rpt_msg(id, "run phase");
    forever begin
      #100;
      rpt_msg(id, $sformatf("NO.%0d trans generated!",i));
      i++;
    end
  endtask
endclass
class rpt_mon; // monitor 定义
  string id;
  function new(string name = "rpt_mon");
    id = name;
    rpt_msg(id, "build phase");
  endfunction
  task run();
    int i=1;
    rpt_msg(id, "run phase");
    #30;
    forever begin
      #80;
      rpt_msg(id, $sformatf("NO.%0d input trans monitored!",i));
      #20;
      rpt_msg(id, $sformatf("NO.%0d ouput trans monitored!",i));
```

```
        i++;
      end
    endtask
  endclass
  class rpt_chk; // checker 定义
    string id;
    function new(string name = "rpt_chk");
      id = name;
      rpt_msg(id, "build phase");
    endfunction
    task run();
      int i=1;
      bit cmp;
      rpt_msg(id, "run phase");
      #40;
      forever begin
        #100;
        std::randomize(cmp) with {cmp dist {1 :=3, 0:= 1};};
        if(cmp)
        rpt_msg(id, $sformatf("NO.%0d trans was compared with success",i), , HIGH);
        else
          rpt_msg(id, $sformatf("NO.%0d trans was compared with failure",i),
            ERROR, HIGH, STOP);
        i++;
      end
    endtask
  endclass
  class rpt_env; // environment 定义
    string id;
    rpt_stm stm;
    rpt_mon mon;
    rpt_chk chk;
    function new(string name = "rpt_env");
      id = name;
      rpt_msg(id, "build phase");
      stm = new("stm");
      mon = new("mon");
      chk = new("chk");
    endfunction
    task run();
      rpt_msg(id, "run phase");
      fork
        stm.run();
        mon.run();
        chk.run();
      join_none
    endtask
```

```
    endclass
module rpt_tb; // testbench 定义
  rpt_env env;
  initial begin: build
    rpt_msg("tb", "build phase");
    env = new("env");
    clean_log();
  end
  initial begin: run
    #0;
    rpt_msg("tb", "run phase");
    env.run();
  end
endmodule
```

这个 testbench 的结构也很简单，即例化了一个顶层环境组件 rpt_env，而在 rpt_env 中又进一步例化了三个必要的组件 rpt_stm、rpt_mon 和 rpt_chk。在这段模拟验证环境的代码中，每个组件都使用了标准化报告函数 report_pkg::rpt_msg()，在仿真开始后打印出的结果如下：

```
# @0 [INFO] tb : build phase
# @0 [INFO] env : build phase
# @0 [INFO] stm : build phase
# @0 [INFO] mon : build phase
# @0 [INFO] chk : build phase
# @0 [INFO] tb : run phase
# @0 [INFO] env : run phase
# @0 [INFO] stm : run phase
# @0 [INFO] mon : run phase
# @0 [INFO] chk : run phase
# @100 [INFO] stm : NO.1 trans generated!
# @110 [INFO] mon : NO.1 input trans monitored!
# @130 [INFO] mon : NO.1 ouput trans monitored!
# @140 [INFO] chk : NO.1 trans was compared with success
# @200 [INFO] stm : NO.2 trans generated!
# @210 [INFO] mon : NO.2 input trans monitored!
# @230 [INFO] mon : NO.2 ouput trans monitored!
# @240 [INFO] chk : NO.2 trans was compared with success
# @300 [INFO] stm : NO.3 trans generated!
# @310 [INFO] mon : NO.3 input trans monitored!
# @330 [INFO] mon : NO.3 ouput trans monitored!
# @340 [INFO] chk : NO.3 trans was compared with success
# @400 [INFO] stm : NO.4 trans generated!
# @410 [INFO] mon : NO.4 input trans monitored!
# @430 [INFO] mon : NO.4 ouput trans monitored!
# @440 [ERROR] chk : NO.4 trans was compared with failure
```

从上面的报告结果可以看出：

● 在仿真一开始，软件环境（验证部分）的建立（build）是自顶向下的，而运行（run）也是自顶向下的。

- 在特定的时间点，所有组件都可以通过 report_pkg::rpt_msg()函数打印出包含信息源和信息内容的报告。
- 在可能出现错误的语句分支，可以打印出错误信息并停止仿真。

上面的输出结果是在仿真器窗口中输出的，同时这些信息也被一并打印到报告日志 report.log 中。从输出结果的最后一行显示可以发现，rpt_chk 比较数据发生错误，因此报告了 ERROR 信息，同时让仿真停止，以便于验证师在发生错误的时间点附近调试数据比较错误的原因。正如本节一开始谈到的，这个精简的规范报告包 report_pkg 可以满足日常报告的基本需求：

- 信息包括报告出处和内容。
- 具备信息类型。
- 具备信息重要级别。
- 可控的仿真行为和打印通道。

可以再进一步考虑实际中信息重要级别的一个应用，即随着环境的日趋稳定，我们只需要一些重要的信息，而舍弃一些关于验证结构搭建、运行顺序和细节的报告。在顶层 rpt_tb 中的 build 阶段做出简单配置就可以对报告的内容做出过滤：

```
module rpt_tb;
  rpt_env env;
  initial begin: build
    report_pkg::svrt = HIGH;  // 修改可以打印的最低信息重要级别
    report_pkg::logname = "test.log";  // 设置打印的报告日志名称
    rpt_msg("tb", "build phase");
    env = new("env");
    clean_log();
  end
  initial begin: run
    #0;
    rpt_msg("tb", "run phase");
    env.run();
  end
endmodule
```

在 rpt_tb 的 build 阶段，首先修改 report_pkg 的两个静态变量 svrt 和 logname，这样可以过滤一些低级别的信息，同时也可以重定向报告日志的输出文件。于是在仿真器和新的报告日志 test.log 中，只出现了在 HIGH 级别以上的重要信息：

```
# @140 [INFO] chk : NO.1 trans was compared with success
# @240 [INFO] chk : NO.2 trans was compared with success
# @340 [INFO] chk : NO.3 trans was compared with success
# @440 [ERROR] chk : NO.4 trans was compared with failure
```

通过上面的精简报告库 report_pkg，用户可以体验到报告标准化的魅力。随着方法学的发展和验证环境的复杂化，UVM 方法学提供的报告机制更加完善（体量也更庞大）。同时，通过这个例子可以得到另外的提示，即在简单的 SV 验证组件实现过程中，可以考虑将日常用到的公共方法加以标准化，做成一些可以共享的公共库，在公司内部甚至验证行业大的生态中形成开源的公共库，这也是软件世界中常见的快速构建上层结构、避免"重复制造轮子"的有益做法。

8.8　本章结束语

本章围绕如何实现 MCDF 的核心组件介绍了 SV 的几项主要特性：类、随机约束和进程通信。这种学习语言的方式，可能与读者之前接触的图书不一样。笔者希望采取这种以实用为目的介绍语言的方式，使读者理解 SV 有这么多特性的原因和日常使用这些特性的场景。下一章可以看到之前独立作业的验证师——梅、尤、娄和董要开始相互协作了，因为他们要把自己的验证环境与其他人的验证环境进行适当的集成和最大化的复用，在 MCDF 子系统级别展开环境集成和验证。

## 第 9 章

SV 系统集成

在第 8 章，梅、尤、娄和董四位验证师完成了模块验证，转向子系统验证环境的集成和测试。由于验证师董负责验证环境的持续集成，路桑跟他做了一次交谈，问了问这位新手面临哪些困境。

路桑：董亲，大家的模块验证环境都已经准备好了是吗？

验证师董：是啊。准备倒是准备好了，不过每个人的组件名称都有不小的区别，模块环境也是"各抒己见"。

路桑：那你准备怎么整合一下它们呢？

验证师董：我打算先用 package 将各个模块的验证环境收纳起来，通过 package 来区分不同的模块。

路桑：这看起来是在装修大房子之前的清洁步骤，先把各种材料都放整齐啊。

验证师董：是啊，接下来就是从不同的材料包里挑拣有用的出来，布置这个大的验证房间了。

路桑：看起来，你也发现有些材料用不到是吗？

验证师董：那当然，比如 arbiter 的 stimulator 就用不到啊，因为它已经在 MCDF 集成中了，它的上行数据是从 slave 流出来的。

路桑：恩，有见解。这么多不同的材料你打算一股脑儿地堆在一起，亲自料理，还是它们事先已经有了封装好的环境，你可以做更高层的集成？

验证师董：我倒希望是这样的，不过其他验证师有的喜欢将 stimulator、monitor 和 checker 放在一个环境 environment 里然后在 testbench 中例化，有的喜欢直接在 testbench 中对这三个对象进行例化。

路桑：那从你的观点来看，你更喜欢其他人给你提供哪一种呢？

验证师董：我倾向于第一种，就是给我一个整合好的环境，我只需要做顶层集成，那要轻松一些。对于有的子环境，如果不需要 stimulator，那我可以通过顶层的配置，忽略它的例化。

路桑：董亲，你提到的"配置"是想做什么？

验证师董：哦，就是在顶部环境做出合适的配置，来决定验证环境的层次啊。这样，我就不需要修改模块 environment 中的代码，保持它们的封闭性，而只需要在顶层的环境中做出新的配置，就可以简单地修改验证结构了。

路桑：蛮有想法的。那你一旦对环境做出了合适的配置，你还需要考虑什么吗？

验证师董：应该就剩下如何产生激励了吧。除了我们需要考虑 MCDF 在子系统级别的验证功能点之外，就需要考虑怎么产生合适的激励。有了贴合的场景，才能用来检查是否有相应的测试向量产生啊。

路桑：不过想想你要面对 register、三个 slave 还有一个 formatter 这些子环境的 stimulator，怎么能把这个"小乐队"指挥好，还是考验你的协调能力啊。

验证师董：没错。我认为，验证计划就同一个琴谱，只有心中有谱，才能组织这么多的 stimulator 奏出动听的音乐啊。

路桑：看起来你已经胸有成竹了呢。

验证师董：别这么说，路桑，实际上我对于生成的激励能不能测试到相应的功能点还是心中打鼓呢……

路桑：哦，看起来，你需要一个可以量化的东西来增强你对验证质量的信心啊。

从上面的谈话看得出来验证师董对如何集成验证环境已经有了初步的想法，他在对话中也已经点明了验证环境集成需要注意的几个问题：

- 相关类的集合；
- 验证环境的组装；
- 环境结构的配置；
- 激励场景的调度生成。

这几个问题我们将在接下来的章节中一一论述，带领大家跟随验证师董的步伐，看看他一步步实现验证环境的思路和如何克服遇到的问题。

9.1　包的意义

SV 语言提供了一种在多个 module、interface 和 program 中共享 parameter、data、type、task、function 和 class 等的方法，即利用 package（包）的方式来实现。从装修大房子（MCDF testbench）的角度看，我们喜欢将不同模块的类定义归整到不同的 package 中。这么做的好处在于将一簇相关的类组织在单一的命名空间（namespace）下，使得分属于不同模块验证环境的类来自于不同的 package，这样便可以通过 package 解决类的归属问题。我们来看看这样一个实际的问题吧，register 和 arbiter 的 verifier 给各自的 package 定义是这样的。

```
package regs_pkg;
    `include "stimulator.sv"
    `include "monitor.sv"
    `include "chker.sv"
    `include "env.sv"
endpackage
package arb_pkg;
    `include "stimulator.sv"
    `include "monitor.sv"
    `include "chker.sv"
    `include "env.sv"
endpackage
```

两位验证师在各自的 package regs_pkg 和 arb_pkg 中都定义了 4 个与模块验证相关的类即 stimulator、monitor、checker 和 env。而这两个 package 中同名类的内容不同，实现不同的功能。将这些重名的类归属到不同的 package 中编译有没有问题呢？会不会发生重名的编译冲突？不要担心，package 是将命名空间分隔开的，这样使用不同 package 中的同名类时只要注明使用哪一个 package 中的即可。比如下面的例子：

```
module mcdf_tb;
  regs_pkg::monitor mon1 = new();
  arb_pkg::monitor mon2 = new();
endmodule
```

在 regs_pkg 和 arb_pkg 中有一个名字为 monitor 的类，我们可以在引用类名时通过域名索引"::"操作符的方式，显式指出所引用的 monitor 类具体来自哪一个 package，这样就能很好地通过不同名的 package 管理同名的类。从这个简单的例子来看，package 这个容器可以对类名起到隔离作用。那么，有的读者可能会混淆 package（包）和 library（库），我们来看它们的联系和区别：

- package 更多的意义在于将软件（类、类型、方法等）封装在不同的命名空间中，以此来与全局的命名空间进行隔离。package 可以容纳各种数据、方法和类的定义。
- library 是编译的产物，在没有介绍软件之前，硬件（module、interface、program）都会编译到库中，不指定编译库则被编译进默认的库中。从容纳的类型看，库既可以容纳硬件类型也可以容纳软件类型，例如类和方法，包括 package。
- 从上面的联系来看，不同 package 之间可能存在同名的类，不同 library 之间也可能存在同名的 module（硬件）或 package（软件）。如果上面的例子在不同 package 中遇到同名的类，可以通过"::"显式调用具体的类；如果遇到的是不同 library 中的同名的 module 或 package 等，怎么解决呢？常见的方式是通过 HDL 语言的 config 文件（VHDL、Verilog、SV 均有该特性）指定具体模块从哪个 library 中选取。默认情况下采取"就近原则"，即调用该重名模块的上层模块位于哪个 library，仿真器优先从该 library 中寻找调用模块。这个原则也适用于 package，即使用该重名 package 的 module 或 interface 优先寻找它们所在的 library。如果想让其优先搜寻其他的库，要在 config 文件中指定要寻找的库名和顺序。
- 编译的 module、interface 和 package 这些硬件和软件进入哪一个 library 呢？如果没有额外的指定，它们被编译到默认 library（work）中。默认库的各 module 是互相识别的，当然 module 也识别同一个 library 中的 package。如果要使用其他 library 中的 module 或 package，那么 config 文件是一项好的选择。
- 编译 package 时要注意的是，不应有同名的 package。那么，当类和方法并没有被封装在某个 package 时，它们会被编译到哪里去呢？实际上，仿真器仍然将它们编译到默认的 package 中。但是只有与该文件放置在一起的 module 才能识别和引用它，该文件之外的 module 要引用到这些类和方法，则没有什么好的办法。所以，如果想让你的类和方法被更多的人使用和共享，一个基本方式就是将它们组织到一个 package 中。

接下来是关于定义 package 的一些建议：

● 创建 package 时，已经在指定包名称时隐含指定了包的默认路径，即包文件所在的路径。如果有其他要被包含在包内的文件在默认路径之外，需在编译包时加上额外指定的搜寻路径选项 "+incdir+PATH"。

● 遵循 package 的命名习惯，不但定义的 package 名称要独一无二，其内部定义的类也应尽可能地独一无二。例如，上面的例子中，regs_pkg 和 arb_pkg 中有同名的类，这些类如果携带类名的前缀，那么后面的处理会变得更容易一些。从下面这个例子可以发现，不同 package 中定义的类名不相同时，在顶层的引用可以通过 "import pkg_name::*" 的形式，表示在 module mcdf_tb 中引用的类不在当前域（mcdf 内部）中没有定义时，搜寻 regs_pkg 和 arb_pkg 中定义的类。它们各自包含的类名不相同，因此不需担心下面的搜寻会遇到同名类发生冲突的问题。

```
package regs_pkg;
  `include "regs_stm.sv"
  `include "regs_mon.sv"
  `include "regs_chk.sv"
  `include "regs_env.sv"
endpackage
package arb_pkg;
  `include "arb_stm.sv"
  `include "arb_mon.sv"
  `include "arb_chk.sv"
  `include "arb_env.sv"
endpackage
module mcdf_tb;
import regs_pkg::*;
import arb_pkg::*;
regs_mon mon1= new();
arb_mon mon2 = new();
endmodule
```

本节最后的部分是关于使用 package 的一些注意事项：

● 用户可以在 module、interface 或 program 等容器中通过 import 引用 package。

● 如果是 "import pkg_name::*"，则代表该 package 中定义的类型可能会在容器内部有效可见。只在容器无法在内部索引到所需的类型时，才转而在 package 中搜寻；如果索引到，那么 package 中的这个类型则变得在容器中可见。

```
package a_pkg;
  class mon;
  endclass
endpackage
module module1;
  class mon;
  endclass
  import a_pkg::*;
```

```
    mon mon1 = new(); // 已经有内部 mon 定义，因此不会搜寻 a_pkg
  endmodule
```

- 如果用户使用了"import pkg_name::type_name"，则表示直接让 package_name::type_name 类型在容器内部变为可见。此时要注意的是，容器内部不应再有其他同名的类型定义，以避免发生同名类型定义的冲突。

```
  package a_pkg;
    class mon;
    endclass
  endpackage
  module module1;
    class mon;
    endclass
    import a_pkg::mon;
    mon mon1 = new(); // 同时有内部 mon 定义和引入 a_pkg::mon，发生同名类型冲突
  endmodule
```

- 如果在 package a_pkg 中 import 了 package b_pkg::type_b，那么在 module1 中 import a_pkg::*时，无法引用到 type_b。因为 a_pkg 只是使 b_pkg::type_b 在 a_pkg 域中可见并加以使用，并未定义在 a_pkg 中。所以，要牢记的一点是，import 操作使类型可见的域只调用该 import 当前的域。例如在下面的例子中，a_pkg 中可见 b_pkg::b_mon，但是 module1 无法识别 a_pkg::b_mon。

```
  package b_pkg;
    class b_mon;
    endclass
  endpackage
  package a_pkg;
    import b_pkg::b_mon;
    class a_mon;
    endclass
  endpackage
  module module1;
    import a_pkg::*;
    a_mon mon1 = new(); // a_mon 可见
    b_mon mon2 = new(); // b_mon 不可见
  endmodule
```

- 要解决上面的问题，可以使用 export 让 b_mon 在 a_pkg 中得到二次定义。从下面这个例子可以发现，a_pkg 中需要额外使用 export 来让 b_pkg::b_mon 在 a_pkg 得到定义。因此，在 module1 中 import a_pkg::*，可以搜寻到 a_pkg 中的 a_mon 和 b_mon 两种类型。

```
  package b_pkg;
    class b_mon;
    endclass
  endpackage
  package a_pkg;
    import b_pkg::b_mon;
    export b_pkg::b_mon;
```

```
    class a_mon;
    endclass
  endpackage
module module1;
    import a_pkg::*;
    a_mon mon1 = new();
    b_mon mon2 = new();
  endmodule
```

● 用户使用系统方法时，例如$stop()、$randomize()等是通过带有"$"符号的方式，另
  一种调用方式是 std::method，例如 std::randomize()。SV 所有的系统方法都是预定义
  在一个称为 std 包中的。用户只能使用这些包内的方法和类型，而无法二次对 std 包
  做出修改和添加。

　　至此，验证师董已经将建筑材料归纳到不同的 package 中，前期准备看起来有条不紊在
9.2 节，验证师董将考虑如何搭建 MCDF 的子系统验证环境，我们一起再来看看他会遇到哪
些问题，又是如何解决的。

9.2　验证环境的组装

　　验证师董在将建筑材料打包（package）好运进施工场地以后，准备着手开始搭建环境。
搭建之前，他给我抛出几个问题："我应该使用硬件的方式（module）封装环境还是软件的方
式（class）来实现呢？""从复用的角度来看，我使用模块验证的哪一级环境更易于集成同时
又保持子模块 package 的封装性（不做源代码修改）呢？""到了 checker 部分，我是否还需
要复用模块级的 checker？如果复用，那么我还需要另外创建一个 MCDF checker 检查整体的
功能吗？"很棒的问题！

9.2.1　封装验证环境的方式

　　我们先回答第一个问题——用硬件的方式还是软件的方式来封装验证环境。

　　8.2 节对比了 module 和 class 在数据和方法封装方面的异同，同时建议用类来实现组件的
验证，以更多地利用面向对象编程的便利。那么，在顶层 testbench 中如何装载这些组件呢？
一种合适的方式是，用容器将验证组件组织到一起，将 interface 作为清晰的界限隔离软件
世界（验证环境）和硬件世界（DUT）。这个用来组织软件组件的容器可以选择 module 或 class，
选择哪一种更为合适呢，也许我们从图 9.1 中暂时无法得出清晰的答案。然而，如果验证师董
将下面若干个子模块环境集成在一起，那么试想一下，采用 module 还是 class 更合适呢？

　　如果环境容器选择 module，意味着嵌套子环境的容器也必须是 module，因为"只有硬件
可以嵌套硬件"。这种选择使得在验证环境组件建立阶段失去了更多的自由度，读者在之前的
学习中已经懂得，module 的例化无法做任何延时和仿真时的动态选择，也因此失去了通过顶
层的配置来选择合适环境结构的可能性。如果选择了 class，那么可以看到，整个软件世界的
部分全部由类构成，所以之前介绍的验证组件从"建立"到"连接"再到"运行"的阶段就
可以很好地咬合在一起了。

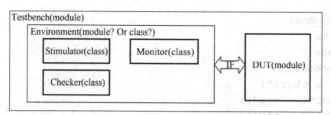

图 9.1　模块验证环境的封装

9.2.2　模块环境的复用考量

再来看第二个问题——模块验证环境的层次应该到哪一级才适合顶层的集成复用。首先，我们考虑验证师董需要的环境组件包括：

- Stimulator，他并不需要每个子环境的 stimulator。
- Monitor，他并不需要每个子环境的 monitor。
- Checker，验证师准备自己动手写一个 MCDF checker，而抛开之前模块验证时各个模块的 checker。

可以看出，模块环境中的 checker 并不是子系统集成的必要组件，而 stimulator 和 monitor 需要优先考虑。那么按照这个要求对模块验证环境进行组织，就变为如图 9.2 所示的结构，该结构是根据第 8 章对各个组件进行的层次化设计。可以发现，除了原先的顶层环境 environment，以及 initiator 一侧的 ini_stim 和 ini_mon 组件、responder 一侧的 rsp_stim 和 rsp_mon 组件之外，还有验证环境中需要的 checker。

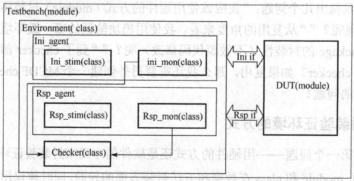

图 9.2　模块验证环境的复用考量

上面的组件层次中新加了一层，称为 agent（单元）。之所以添加这样一层，将 ini_stim 和 ini_mon 组织到 ini_agent，以及将 rsp_stim 和 rsp_mon 组织到 rsp_agent，就是为了更好地服务于日后的顶层集成。例如，对于 MCDF 的验证环境组织，我们大致需要如下 agent：

- Registers 的 ini_agent；
- Slave 的 ini_agent；
- Formatter 的 rsp_agent。

其余的 agent 并不会存在于验证环境中。从这一项处理中，可以发现我们首先做的是将可复用的部分"单元化"，这里的单元即 agent，它包含一个 stimulator 和一个 monitor。

9.2.3　比较器的复用考量

最后来看验证师董的第三个问题——从之前 MCDF 验证环境的比较器结构图 6.9 来

看,是否还需要复用模块级的 checker;如果复用了,是不是还要另外创建子系统的 checker。

首先看验证工作展开时验证师董对 checker 复用的设想。从图 6.9 可以看到,MCDF checker 是复用了模块级的 checker,因此需要模块级别的 ini_mon 和 rsp_mon 监测数据,另外实现了 MCDF 的 reference model(参考模型),最终进行了整体 MCDF 的数据比对。从上面的设想来看,验证师董计划做的是:

● 在验证环境集成前期,主要依靠复用模块级 checker 保证各模块的功能正常工作。

● 待设计集成稳定、各功能模块 checker 稳定工作无错误报出时,考虑实现 MCDF 的 reference model 和 data checker 部分。

从这个计划来看,前期的模块 checker 复用有益于快速检查设计集成和模块之间的接口时序,这使得集成工作可以主要着眼于验证的结构组织和快速的测试场景生成。待到后期,伴随更复杂的测试场景,验证师董就有较宽裕的时间来实现 MCDF 级别的 reference model 和 data checker。读到这里,有些读者可能在考虑,我们是否还有必要额外创建一个 MCDF 级别的 reference model 呢?这其中的理论依据在于,模块级的 checker(c1,c2,c3 ... cN)即使对每个模块自身功能检查都正确,它们的集合{c1,c2,c3 ... cN}依然无法绝对保证集成后子系统的功能正常运转。因为最大的问题可能性就出现在模块之间的连线和时序上。这也可以从实际验证工作中得到佐证,为什么有时我们在两个子系统的验证充分之后,到芯片级验证开始时仍不断出现这样那样的问题?因为我们仍然需要扫雷,扫的是集成验证的雷。

这时在验证师梅、尤、娄和董对四个功能模块的验证非常充分的情况下,验证师董提出了新的验证环境构想,如图 9.3 所示。

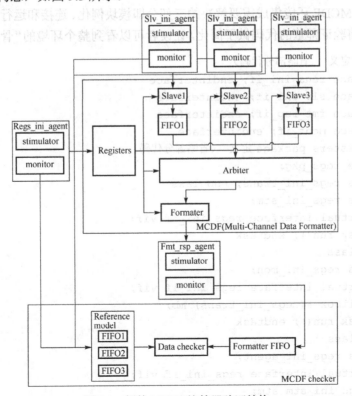

图 9.3　新的 MCDF 比较器验证结构

新的验证环境构想与之前的结构相比有如下不同：

- 在新的环境中，模块 package 中的 agent 为复用单元，可供进行选择和例化。
- 不再复用模块验证环境中的 checker，而是直接实现 MCDF checker 中的 reference model 和 data checker。这就让环境顿时变得清爽起来，因为不再需要为了复用模块级的 checker 而不得不引入更多的 agent 和 monitor 来做 MCDF 内部各个模块接口的数据收集。新的 MCDF checker 可以直接利用 regs_ini_mon、slv_ini_mon 和 fmt_rsp_mon 来做数据收集。

环境看起来清爽了不少，而验证师董也需要为干净的环境做更多的功课：

- 在前期集成验证时，除了要考虑验证结构、测试场景，还要实现 MCDF checker，这使得短时间的验证压力增大。
- 验证师董也要考虑 MCDF checker 的实现的精细程度。MCDF 级别的测试集中在系统集成测试方面，对模块内部的功能检查不会涉及太多，所以 MCDF reference model 在实现时也会从黑盒或灰盒的角度来模拟 MCDF 的功能。
- 如果发生了数据比对错误，那么调试部分相比之前复用模块级 checker 的方案耗时更长。因为验证师首先要确定哪个子模块发生了功能错误，再进一步去检查设计内部，而复用模块级 checker 时，各 checker 原有的详尽检查给验证师节省不少时间。

在回答了验证师董的这三个问题之后，我们来看验证师董所做的顶层环境的实现。

▶▶ 9.2.4　顶层环境的实现

为了将整个 MCDF 环境集成需要解决的三部分即模块例化、连接和运行更直观地呈现给大家，我们已经将验证师董的代码做了简化，让读者可以看到整个环境的"骨架"（backbone）：

```
// 接口定义 （省略部分代码）
interface regs_ini_if; endinterface
interface slv_ini_if; endinterface
interface fmt_rsp_if; endinterface
interface mcdf_if; endinterface
// registers package 定义 （省略部分代码）
package regs_pkg;
  class regs_ini_trans; endclass
  class regs_ini_stm;
    virtual interface regs_ini_if vif;
    task run(); endtask
  endclass
  class regs_ini_mon;
    virtual interface regs_ini_if vif;
    mailbox #(regs_ini_trans) mb;
    task run(); endtask
  endclass
  class regs_ini_agent;
    virtual interface regs_ini_if vif;
    regs_ini_stm stm;
    regs_ini_mon mon;
```

```
    function new();
      stm = new();
      mon = new();
    endfunction
    task run(); endtask
    function void assign_vi(virtual interface regs_ini_if intf);
      vif = intf;
      stm.vif = intf;
      mon.vif = intf;
    endfunction
  endclass
endpackage
// slave package 定义 （省略部分代码）
package slv_pkg;
  class slv_ini_trans; endclass
  class slv_ini_stm;
    virtual interface slv_ini_if vif;
    task run(); endtask
  endclass
  class slv_ini_mon;
    virtual interface slv_ini_if vif;
    mailbox #(slv_ini_trans) mb;
    task run(); endtask
  endclass
  class slv_ini_agent;
    virtual interface slv_ini_if vif;
    slv_ini_stm stm;
    slv_ini_mon mon;
    function new();
      stm = new();
      mon = new();
    endfunction
    task run(); endtask
    function void assign_vi(virtual interface slv_ini_if intf);
      vif = intf;
      stm.vif = intf;
      mon.vif = intf;
    endfunction
  endclass
endpackage
// formatter package 定义 （省略部分代码）
package fmt_pkg;
  class fmt_rsp_trans; endclass
  class fmt_rsp_stm;
    virtual interface fmt_rsp_if vif;
    task run(); endtask
  endclass
```

```
class fmt_rsp_mon;
  virtual interface fmt_rsp_if vif;
  mailbox #(fmt_rsp_trans) mb;
  task run(); endtask
endclass
class fmt_rsp_agent;
  virtual interface fmt_rsp_if vif;
  fmt_rsp_stm stm;
  fmt_rsp_mon mon;
  function new();
    stm = new();
    mon = new();
  endfunction
  task run(); endtask
  function void assign_vi(virtual interface fmt_rsp_if intf);
    vif = intf;
    stm.vif = intf;
    mon.vif = intf;
  endfunction
endclass
endpackage
```

上面的代码摘于各模块验证环境，为了给代码减重、便于读者理解验证环境的结构，我们省略了部分代码。从上面的代码可以发现：

- 每个 package 都拥有单元化的 agent，每个 agent 都拥有一个 stimulator 和一个 monitor。
- 每个 agent 同时也要传递虚接口到内部的 stimulator 和 monitor。
- 每个 monitor 都预留一个 mailbox 句柄，最终与目标 checker 相连接。

再来看看验证师董构建的 package mcdf_pkg：

```
package mcdf_pkg;
  import regs_pkg::*;
  import slv_pkg::*;
  import fmt_pkg::*;
  class mcdf_refmod;
    mailbox #(regs_ini_trans) regs_ini_mb;
    mailbox #(slv_ini_trans) slv_ini_mb[3];
    mailbox #(fmt_rsp_trans) exp_mb;
    function new();
      regs_ini_mb = new();
      foreach(slv_ini_mb[i]) slv_ini_mb[i] = new();
      exp_mb = new();
    endfunction
    task run(); endtask
  endclass
  class mcdf_checker;
    mcdf_refmod refmod;
    virtual interface mcdf_if vif;
```

```
      mailbox #(regs_ini_trans) regs_ini_mb;
      mailbox #(slv_ini_trans) slv_ini_mb[3];
      mailbox #(fmt_rsp_trans) exp_mb;
      mailbox #(fmt_rsp_trans) rsp_mb;
      function new();
        refmod = new();
        rsp_mb = new();
      endfunction
      function void connect();
        regs_ini_mb = refmod.regs_ini_mb;
        foreach(slv_ini_mb[i]) slv_ini_mb[i] = refmod.slv_ini_mb[i];
        exp_mb = refmod.exp_mb;
      endfunction
      task run(); endtask
    endclass
    class mcdf_env;
      regs_ini_agent regs_ini_agt;
      slv_ini_agent slv_ini_agt[3];
      fmt_rsp_agent fmt_rsp_agt;
      mcdf_checker chk;
      virtual interface mcdf_if vif;
      function new();
        regs_ini_agt = new();
        foreach(slv_ini_agt[i]) slv_ini_agt[i] = new();
        fmt_rsp_agt = new();
        chk = new();
      endfunction
      function void connect(); // 内部组件的连接
        chk.connect();
        regs_ini_agt.mon.mb = chk.regs_ini_mb;
        foreach(slv_ini_agt[i]) slv_ini_agt[i].mon.mb = chk.slv_ini_mb[i];
        fmt_rsp_agt.mon.mb = chk.rsp_mb;
      endfunction
      task run(); // 内部组件的并行运行
        fork
          regs_ini_agt.run();
          foreach(slv_ini_agt[i]) slv_ini_agt[i].run();
          fmt_rsp_agt.run();
          chk.run();
        join_none
      endtask
      function void assign_vi(virtual interface mcdf_if intf);
        vif = intf;
        chk.vif = intf;
      endfunction
    endclass
  endpackage
```

同样，为了呈现出简洁的结构，我们对 mcdf_pkg 做了大量修剪，只保留必要的框架。从上面的框架可以发现：

- 验证师董实现了参考模型 mcdf_refmod 和数据比较器 mcdf_checker，通过嵌套 mcdf_refmod 到 mcdf_checker，确立了 checker 比较数据的方式，即通过参考模型进行数据的预测，最终将数据送出至 mcdf_checker，与另一侧 formatter responder monitor 监测到的数据进行比对。因此，mcdf_refmod 和 mcdf_checker 之间存在着数据缓存通道 mailbox 的创建和连接关系，这一点可以从 mcdf_checker::connect()中观察到。

- MCDF 顶层环境 mcdf_env 容纳了一个 regs_ini_agent、三个 slv_ini_agent、一个 fmt_rsp_agent 和一个 mcdf_checker。在例化之外，mcdf_env 还进行了各个 monitor 同 checker 的数据缓存通道的连接，这一点可以从 mcdf_env::connect()中观察到。

最后，我们来看顶层的 MCDF testbench 如何例化和连接验证环境、接口和 DUT。

```
module mcdf_tb;
import mcdf_pkg::*;
event build_end_e;
event connect_end_e;
// 信号声明
// 接口例化
regs_ini_if regs_ini_intf();
slv_ini_if slv_ini_intf0();
slv_ini_if slv_ini_intf1();
slv_ini_if slv_ini_intf2();
fmt_rsp_if fmt_rsp_intf();
mcdf_if mcdf_intf();
... // 省略了接口的连接
... // 省略了 DUT 的例化
// 验证环境（软件）的创建、连接和运行
mcdf_env env;
initial begin: build // 创建阶段
    env = new();
    -> build_end_e; // 触发连接阶段
end
initial begin: connect // 连接阶段
    wait(build_end_e.triggered());
    // 虚接口的连接
    env.assign_vi(mcdf_intf);
    env.regs_ini_agt.assign_vi(regs_ini_intf);
    env.slv_ini_agt[0].assign_vi(slv_ini_intf0);
    env.slv_ini_agt[1].assign_vi(slv_ini_intf1);
    env.slv_ini_agt[2].assign_vi(slv_ini_intf2);
    env.fmt_rsp_agt.assign_vi(fmt_rsp_intf);
    // env 内部组件的连接
    env.connect();
    ->connect_end_e; // 触发运行阶段
end
initial begin: run // 运行阶段
```

```
    wait(connect_end_e.triggered());
    fork
      env.run(); // 运行整个验证环境
    join_none
  end
  endmodule
```

在这个顶层 TB 中，除了例化 DUT（硬件）、interface（硬件软件的中介）之外，就剩下 mcdf_env（软件）的创建、连接和运行了。在第 8 章简单介绍过，软件部分的创建、连接和运行应按顺序进行，以确保句柄的正确传递，避免句柄悬空的问题。我们看看验证师董是如何保证软件环境正常运行的：

- 首先，与其他子模块环境一样，实现三个独立的有先后顺序的创建、连接和运行过程语句块，这些阶段的顺序通过 event 得以在进程间进行触发通信。
- 在创建阶段，组件的层次化可以通过一层层的 new() 构建函数来保证，所以层次化的确定是自顶向下的。
- 在连接阶段，需要考虑的是组件之间的通信（这个例子使 mailbox 通信方式）和虚接口的连接。因此要确保层层传递过程中从源端（source point）传递句柄到目标端（target point）。这里要注意的是，connect() 连接方法从调用顺序来看是自顶向下的，但是句柄的传递方向则不一定是自顶向下的。用户可以看到句柄的传递方向，或者组件之间的连接方向，实际上与组件之间数据传输的方向一致。
- 在运行阶段，组件的运行顺序也是自顶向下的。例如，上面的 mcdf_tb::run 的过程块，通过 env.run() 的调用，进一步调用其内部各个子组件的 run() 方法。因此通过层层调用，达到让整个环境中组件全部运转的目标。

这么看起来，验证师董这个顶层建筑师通过上面三个步骤完成验证环境的组装：

- 整理归纳子环境的 package。
- 组织集合顶层环境 environment 和 checker，构成顶层环境的 package。
- 实现顶层的 testbench，例化 DUT 和 interface，并且完成软件验证环境的三个阶段——build、connect 和 run。

哇哦，房子已经搭建好了，然而……没有水、没有电、没有天然气，还是没法使用啊。要实现水、电、天然气的三通，在 9.3 节我们掌握如何实现测试场景的生成和激励数据的流动，只有让房子"动"起来，才能为验证提供真正的帮助！

9.3 测试场景的生成

在 8.2 节和 8.3 节看到，通过将 stimulator 与特定的 test 区分，可以实现测试向量（test vector）的生成与 stimulator 的剥离。为什么要这么做呢？因为 stimulator 是作为验证环境的组件放置到不同测试平台上的，可以看作软件世界的"不动资产"。而测试向量呢？通过不同的 test 类生成不同测试场景的向量进而为不同功能点测试服务。我们再来梳理一下之前对激励发生器的封装和随机化，如何随机化测试向量数组，以使 stimulator 有数据可以发送呢？

- 第一种方式，可以在 stimulator 中内置一个数据类 trans 的动态数组 ts[]。然后在 test 中随机化 ts 的数据内容，包括 ts 的长度和元素的内容。这种方式的特点是，test 类只用来随机化 stimulator 内置的激励向量数组，本身不产生数据。
- 第二种方式，在各个 test 中内置随机向量数据源。在仿真刚开始的阶段通过随机化预先生成所有的测试向量，接着将所有测试向量复制到 stimulator 中 trans 的动态数组 ts[]。

上面两种方式是为了较清晰地说明 test 类与 stimulator 类之间的联系和区别：

- test 类的任务是负责产生与测试对应的随机向量；stimulator 是验证环境的"不动资产"，它本身不产生向量，只使用消化测试向量。
- 从验证的复用性来看，对于一个标准测试单元 agent，我们可以定义多个 test 类，但只需定义一个 stimulator 类。这对应不同的验证功能点（由 test 生成）和不变的接口时序（由 stimulator 生成）。

然而，对于验证的灵活性和复用性，上面的两种方式都有一些"硬伤"：

- 测试向量的生成都是在仿真刚开始便生成的，这使得无法根据测试向量生成的轨迹调整后续向量的内容。
- 从模块级到子系统的集成中，无法直接复用来自各模块的 test 类。这是由于模块验证的 test 类直接包裹了模块验证环境类 env，在其内部进行测试向量随机化的任务，这种处理方式使得模块级的 test 类无法便捷地移植到子系统级环境。

上面提到的一点，如果在 test 内部直接执行向量随机化的任务，可能出现从底层到高层复用的难题。从图 9.4 可以观察到，模块级的验证环境 env1 和 env2，可以在 env_top 通过对象的嵌套完成验证结构的重新组织。而之前测试向量的生成是通过 test1 和 test2 内置的任务来实现的，那么这两个任务能否很好地嵌入 test_top 呢？首先 test_top 是新的类，无法继承这两个任务。那么 test_top 是否可以像 env_top 集成 env1 和 env2 一样来集成这两个任务呢？也没有可行性，毕竟任务与对象不同，无法进行例化。同时要注意，test_top 一方面无法集成 task1 和 task2，另外也无法集成 task1 和 task2 所使用到的随机测试向量数据源。

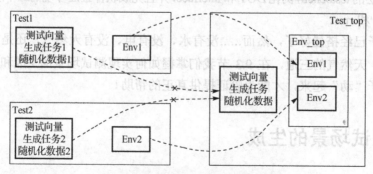

图 9.4　测试向量垂直复用的问题

也就是说，如果 test_top 要进行集成，最好可以有载体容纳上面的 task1、task2 和随机数据。这是什么呢？显然是一个类！如果对上面的随机数据和随机数据生成 task 进行封装，可以新添加一个中间的类即 vector 类，其作用是生成随机数据，并将随机数据传递给 env 中的 stimulator。因此，新的模块级验证结构和子系统集成的流程图变为如图 9.5 所示。

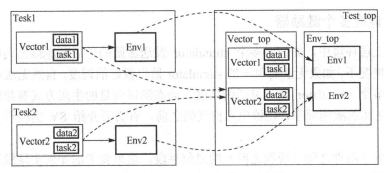

图 9.5 测试向量的封装和复用

从这个"升级"了的验证环境复用结构可以发现，更新的部分是：

- 原定义在 test 内部的数据和数据随机任务被进一步封装到 vector 类。该类的任务就是生成随机数据，而与其对应的 test 类则只需装载对应的 vector 对象和"不动资产"env。
- 另外的变化是，数据被封装到 vector 类中，无法直接暴露给 test 和 env，因此 vector 对象和 env 对象之间应建立起通信。

上面指出了升级的意图之一在于建立 vector 与 env 之间的通信。那么，通信预先生成好数据再进行一次数据搬迁，还是保持动态的生成和不间断的数据通信呢？选择的根据是什么？让我们考虑下面两种情况。

9.3.1 动态控制激励

如何在数据包的传输过程中对激励进行控制？如果只进行一次数据搬迁，那么在短时间内产生多个对象（即峰值内存的极度消耗），这些大量占用的内存逐渐释放。从图 9.6 可以发现，前期建立验证环境消耗一些内存空间（少量的），紧接着一次性生成大量的随机数据消耗可观的内存；并且，仅当这些随机数据对象被 stimulator 消化丢弃之后这些对象才被逐个回收，这种方式使仿真的性能降低很多。

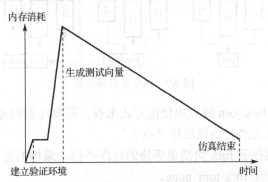

图 9.6 大量随机数据生成的内存消耗

另外，一旦数据被生成送给 stimulator，无论 vector 类还是 test 类都无法方便地控制 stimulator 是否继续发送数据（使能）、发送数据之间的间隔（数据间隔信息已经全部生成在随机数据中）。相较于之前预先全部生成数据的方式，如果通过持续的动态数据生成方式，上面的问题就能得解决，因为这种"小步快走"的方式不会短时间生成大量对象消耗太多空间，而且后续生成数据可以进一步用来使能 stimulator 以及控制数据之间的时序。

▶▶▶ 9.3.2 调度多个激励器

在集成的上层环境中，如何对多个 stimulator 发送激励的先后顺序做出调度？在预先生成测试向量的情况下，如果无法对单一的 stimulator 做出很好的调度，自然无法对后期 MCDF 集成环境中的多个 stimulator 做出灵活的调度。动态测试向量的生成方式有帮助吗？如何控制 stimulator 之间的激励顺序？在给出实例代码之前，有必要介绍 SV 的线程并行调度特性 fork-join。

第 8 章提到了组件之间（线程之间）的通信手段，这里要考虑如何实现线程之间的并行运行。比如上面的 vector 类，通过并行执行的方式可以实现真实的硬件场景，即多个激励在同一时间被发送到 DUT 端口。那么为什么并行的线程才是真实的硬件场景呢？因为硬件的行为和处理方式都是"并行"的，所以软件的激励为了模拟硬件的行为也应该是并发的。下面我们梳理一下 fork-join 常见的几种使用方式。

在图 9.7 中，t1、t2 和 t3 是耗时不同的三个线程，耗时从长到短依次为 t2、t1、t3。在这三种不同的 fork-join 模式下，执行的细节是：

- fork-join：fork 线程块（包含三个子线程 t1、t2、t3）等待三个子线程都执行完毕之后才结束，即需要等待最长的 t2 执行完毕，才能执行接下来的程序。
- fork-join_any：fork 线程块只需等待 t1、t2、t3 中任何一个子线程执行完毕就可执行后面的任务。这里，fork 块只需等待 t3 执行完毕就可以完成等待动作，转而执行后面的任务。
- fork-join_none：fork 线程块无须等待任何子线程完成，没有任何延迟即可执行后面的任务。这里 fork-join_none 的线程块起到触发子线程运行的"点火"作用，但并不等待这些线程结束。

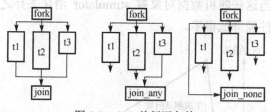

图 9.7　fork 并行语句块

从上面回顾的三种 fork-join 线程块使用方式来看，需要注意的是：

- 三种方式都可以用来对线程进行"点火"。
- 三种方式的不同在于 fork 块结束等待的时序不同。最慢的是 fork-join，fork-join_any 次之，最快的则是 fork-join_none。
- 对 fork-join_any 和 fork-join_none 而言，尽管 fork 块结束等待后继续进行后面的任务，但是已经被"点火"的线程还在后台持续运行直到结束，这一点请读者务必注意。

fork-join 的特点在于 fork 线程块结束等待之时，就是各子线程全部执行完毕之时。那么对于 fork-join_any 和 fork-join_none，如何得知各子线程的执行状况呢？毕竟，如果不做特殊处理，子线程的结束不会再额外"敲门"告诉验证师，"嗨，快来瞧瞧我，我得走了（执行完毕）！"可以设置一些在子线程外部的共享变量来满足上面的需求。比如下面这个例子：

```
module fork_case1;
  event e1, e2, e3;
  task t1;
    #15ns;
    $display("t1 is leaving");
    -> e1;
  endtask
  task t2;
    #20ns;
    $display("t2 is leaving");
    -> e2;
  endtask
  task t3;
    #10ns;
    $display("t3 is leaving");
    -> e3;
  endtask
  initial begin
    $display("fork:thread_trigger start");
    fork: thread_trigger
      t1();
      t2();
      t3();
    join_none
    $display("fork:thread_trigger finish");
    $display("fork:thread_monitor start");
    fork: thread_monitor
      @e1 $display("bye to t1");
      @e2 $display("bye to t2");
      @e3 $display("bye to t3");
    join
    $display("fork:thread_monitor finish");
  end
endmodule
```

输出结果为：

```
# fork:thread_trigger start
# fork:thread_trigger finish
# fork:thread_monitor start
# t3 is leaving
# bye to t3
# t1 is leaving
# bye to t1
# t2 is leaving
# bye to t2
# fork:thread_monitor finish
```

首先看 fork 块 thread_trigger，由于是 join_none 的时序要求，所以只管"点火"，点完就执行到下面的 fork 块 thread_monitor，该块的作用是监测 thread_trigger 中的三个子程序 t1、t2、t3，等待它们各自执行完毕时触发的事件 e1、e2 和 e3。由于 e1、e2 和 e3 在 thread_trigger 和 thread_monitor 之间是共享的，thread_monitor 可以通过这三个 event 监测各个子线程何时结束。待所有子进程都执行完毕，thread_monitor 的三个子线程的监测任务才会结束。

9.3.3 线程的精细控制

除了知道各个子线程什么时候结束之外，是否可以停止、暂停以及恢复各个线程呢？首先我们来看停止线程的用法。第一种方式是，给线程起个名字，如"孙行者"或"行者孙"，然后通过关键词 disable 停止线程的运行。看下面这个例子：

```
module fork_case2;
  task t1();
    #15ns;
    $display("t1 is leaving");
  endtask
  task tkill();
    #10ns;
    $display("@%0t kill thread_trigger", $time);
    disable thread_trigger;
    $display("I am still alive");
  endtask
  initial begin
    $display("fork:thread_trigger start");
    fork: thread_trigger
      t1();
      tkill();
    join_none
    $display("fork:thread_trigger finish");
  end
endmodule
```

输出结果为：

```
# fork:thread_trigger start
# fork:thread_trigger finish
# @10 kill thread_trigger
```

thread_trigger 的子线程 tkill() 会在 10 ns 之后停止线程 thread_trigger。这里，disable 的作用在于停止线程 thread_trigger 以及它的所有子线程即 t1() 和 tkill()。因此在 10 ns 时，thread_trigger 线程被直接结束了，输出结果没有打印 t1::"t1 is leaving"，也没有打印 tkill::"I am still alive"。然而，在按照线程名字停止线程时，需要注意避免出现多个同名的线程，因为 disable 一旦停止该名字的线程，即会停止所有同名的线程。来看下面这个例子：

```
module fork_case3;
  int i;
  int id = 0;
  task t1();
```

```
      $display("t1[%0d] start", id);
      id++;
      #15ns;
      $display("t1[%0d] finish", id);
    endtask
    task tkill();
      #10ns;
      $display("@%0t kill thread_trigger", $time);
      disable thread_trigger;
    endtask
    initial begin
      for(i=0; i<3; i++) begin
        fork: thread_trigger
          t1();
        join_none
      end
      tkill();
    end
  endmodule
```

输出结果为：

```
# t1[0] start
# t1[1] start
# t1[2] start
# @10 kill thread_trigger
```

上面这个例子中，在 for 循环语句中先后调用了三次 t1()任务，而在稍后的 tkill()中停止了 thread_trigger 线程，实际上是停止了三个同名的 thread_trigger，这一停止的行为是不做任何区别的。

再来看停止线程的另一种方式 "disable fork"。从下面这个例子可以看到，在 initial 过程语句块中有三个并行的 fork 线程，每一个 fork 线程又开辟了子线程分别取调用 t1、t2、t3。与这三个 fork 线程平行的语句 "disable fork" 会在仿真时间 12 ns 时，停止其可见域以内所有的 fork 线程和由这些 fork 线程开辟的所有子线程。这个例子中，disable fork 可见的域是 initial 过程块中的三个 fork 线程。

```
module fork_case4;
  task t1();
    $display("t1 start");
    #15ns;
    $display("@%0t t1 finish", $time);
  endtask
  task t2();
    $display("t2 start");
    #20ns;
    $display("t2 finish");
    $display("@%0t t2 finish", $time);
  endtask
```

```
    task t3();
      $display("t3 start");
      #10ns;
      $display("@%0t t3 finish", $time);
    endtask
    initial begin
      fork
        t1();
      join_none
      fork
        t2();
      join_none
      fork
        t3();
      join_none
      #12ns $display("@%0t disable all descendant fork threads", $time);
      disable fork;
    end
  endmodule
```

输出结果为：

```
# t3 start
# t2 start
# t1 start
# @10 t3 finish
# @12 disable all descendant fork threads
```

接下来看线程的暂停和恢复功能，用户可以通过 SV 的内建类 process 以及它的常用方法来对线程进行终止、暂停、恢复等操作。下面是几种常用的方法：

- function state status()
- task await()
- function void suspend()
- function void resume()

用户可以通过 status()方法来得知线程目前的状态：

- FINISHED 表示线程正产结束。
- RUNNING 表示线程还在执行中。
- WAITING 表示线程在一个等待语句中。
- SUSPENDED 表示线程被暂停，等待恢复。
- KILLED 表示线程被强制终止。

例如，下面这段代码是对线程 t1 的暂停和恢复的用法。需要注意的是，p1 和 p2 只能用作句柄，无法用来创建新的 process 对象，在线程内部可以通过 self()来返回当前线程的句柄。

```
    module proc_case1;
      process p1;
      process p2;
```

```
    task t1();
      p1 = process::self();
      $display("@%0t t1 started", $time);
      #15ns;
      $display("@%0t t1 running", $time);
      #15ns;
      $display("@%0t t1 finished", $time);
    endtask
    task t2();
      p2 = process::self();
      $display("@%0t t2 started", $time);
      #20ns;
      $display("@%0t t2 finished", $time);
    endtask
    initial begin
      fork: thread_trigger
        t1();
        t2();
      join_none
      fork
        begin
          #5ns;
          p1.suspend();
          $display("@%0t t1 state is %s", $time, p1.status());
        end
        begin
          #5ns;
          p2.kill();
          $display("@%0t t2 state is %s", $time, p2.status());
        end
      join
      #20ns;
      p1.resume();
    end
  endmodule
```

输出结果为：

```
# @0 t1 started
# @0 t2 started
# @5 t1 state is SUSPENDED
# @5 t2 state is KILLED
# @25 t1 running
# @40 t1 finished
```

在上面的例子中，p1 和 p2 分别是 t1() 和 t2() 线程的句柄。我们在 5 ns 时对 t1() 进行了暂停，由于此时 t1() 还在等待一段延迟（#15 ns），所以 t1 进入了暂停状态。只有线程在等待某些事件或延迟的时候调用 suspend() 才会让线程在特定的时间片（time-slot）中进入

SUSPENDED 状态，如果线程本身在 RUNNING 状态，那么无法预计线程执行到哪一语句时会进入 SUSPENDED 状态。我们也在 5 ns 时停止 t2，使 t2 的状态显示为 KILLED，被 KILLED 的线程是无法再恢复的。接下来在 25 ns 时，我们对 t1 进行恢复，这时 t1 实际上已经越过从 0 ns 到 15 ns 的延迟（时间点已经是 25 ns），所以 t1 在 25 ns 时显示 "t1 running"，紧接着，再经过 15 ns 即 40 ns 时显示的是 "t1 finished"。

线程的停止、暂停、恢复等手段，对于 fork-join 线程块可以使用上述功能，对于其他线程例如 task/function 也同样可以使用这些功能，因为调用 task/function 也相当于在开辟新的"子线程"。因此，对于线程的概念，无论是 fork-join、task/function 还是 initial begin-end，都可以看做是开辟新的线程，而一旦有新的线程开辟，则可以考虑使用上面的线程终止或更精细的线程控制方式来满足不同的要求。

9.3.4 动态测试向量

介绍了对线程进行精细控制之后，我们来看动态测试向量的生成方式以及多个向量调度的常用方式。如果创建了一个 vector 类，它的任务就是产生随机数据并交给 stimulator，那么是一次性创建多个数据对象，还是按照 ping-pong 的传输方式生成数据交给 stimulator，等其"消化"后再生成下一个呢？依照我们之前对多个 vector 控制的思路，为了便于实时对 vector 群落做整体控制，应使用 ping-pong 的方式控制 vector 与 stimulator 之间的数据传输。用一个定长的 FIFO 或 mailbox 就可以实现这样的传输方式。在下面这个例子中，vector 和 stimulator 简化了 vector 数据生成的过程以及 stimulator 数据驱动的方法实现，主要就它们之间的数据传输展开讨论。

```
class trans;
  ...
endclass
class vector;
  mailbox #(trans) put_port;
  trans t;
  task run();
    fork
      forever begin
        gen_trans();
        put_trans();
      end
    join_none
  endtask
  function void gen_trans();
    t = new();
    t.randomize();
    $display("@%0t vector:: generated one trans", $time);
  endfunction
  task put_trans();
    put_port.put(t);
    $display("@%0t vector:: put one trans", $time);
  endtask
```

```
    endclass
    class stimulator;
      mailbox #(trans) get_port;
      trans t;
      function new();
        get_port = new(1);
      endfunction
      task run();
        fork
          forever begin
            get_trans();
            drive();
          end
        join
      endtask
      task drive();
        #5ns;
        $display("@%0t stim:: drive the trans", $time);
      endtask
      task get_trans();
        get_port.get(t);
        $display("@%0t stim:: got one trans", $time);
      endtask
    endclass
    module tb;
    vector v;
    stimulator s;
    ...
    initial begin: run
      v.put_port = s.get_port;
      fork
        v.run();
        s.run();
      join_none
    end
    endmodule
```

输出结果为:

```
# @0 vector:: generated one trans
# @0 vector:: put one trans
# @0 vector:: generated one trans
# @0 stim:: got one trans
# @0 vector:: put one trans
# @0 vector:: generated one trans
# @5 stim:: drive the trans
...
```

从上面的例子和图 9.8 可以看出,vector 类通过方法 gen_trans() 和 put_trans() 生成新的 trans

对象并传递给 stimulator，stimulator 则通过 get_trans()从 vector 得到一个 trans 对象，再通过 drive()将 trans 对象的数据（内含一个完整的数据包）驱动到接口信号。顶层 tb 中分别例化和连接了 vector v 和 stimulator s，它们之间的数据传输通过在 stimulator 内创建的一个定长为 1 的 mailbox，这使得该 mailbox stimulator::get_port 只有 1 个存储深度的空间。从输出结果看，vector 首先产生一个 trans 对象传递给 stimulator，在 stimulator "消化"了该数据对象之后才从 mailbox 中取得下一个 trans 对象。在 stimulator 消化现有数据对象之前，mailbox 的深度为 1，使得 vector 无法持续将对象句柄写入到 stimulator::get_port 中。通过这种定长的存储方式完成了 vector 与 stimulator 之间在传输每个对象时握手的需求。

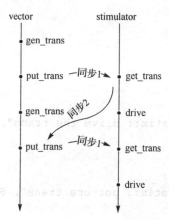

图 9.8　vector 与 stimulator 之间的握手通信

9.3.5　向量群落的并发控制

在介绍了 vector 同 stimulator 的数据传输同步机制后，我们来看如何调配 vector 群落，使其奏出美妙的"交响音乐"。为了模拟 MCDF 实际的激励场景，我们考虑如下的 vector 和其对应的 stimulator：

- slv_vec & slv_stm：用来生成 slave 接口对应的激励向量。
- reg_vec & reg_stm：用来生成 registers 接口对应的激励向量。
- fmt_vec & fmt_stm：用来生成 formatter 接口对应的激励向量。

在下面的测试平台中，继续简化了验证环境的结构，剔除了 monitor、agent 和 environment，为了说明如何调度 vector 群，只保留了 vector 和 stimulator 的连接和传输关系。

```
module tb;
    slv_vector slv_vec[3];
    reg_vector reg_vec;
    fmt_vector fmt_vec;
    slv_stimulator slv_stm[3];
    reg_stimulator reg_stm;
    fmt_stimulator fmt_stm;
    event build_end_e;
    event connect_end_e;
    initial begin: build
        foreach(slv_vec[i]) slv_vec[i] = new();
```

```
    reg_vec = new();
    fmt_vec = new();
    foreach(slv_stm[i]) slv_stm[i] = new();
    reg_stm = new();
    fmt_stm = new();
    -> build_end_e;
  end
  initial begin: connect
    wait(build_end_e.triggered());
    foreach(slv_vec[i]) slv_vec[i].put_port = slv_stm[i].get_port;
    reg_vec.put_port = reg_stm.get_port;
    fmt_vec.put_port = fmt_stm.get_port;
    ->connect_end_e;
  end
  initial begin: run
    wait(connect_end_e.triggered());
    fork
      foreach(slv_stm[i]) slv_stm[i].run();
      reg_stm.run();
      fmt_stm.run();
    join_none
    reg_vec.run();
    fork
      fmt_vec.run();
    join_none
    fork
      foreach(slv_vec[i]) slv_vec[i].run();
    join_none
  end
  endmodule
```

本例首先声明了多个 vector 和 stimulator，并在 build 和 connect 阶段分别对其进行例化和组件之间的连接，而在 run 阶段，对 vector 的调度体现在如何使用线程的并行方式上。首先让 stimulator 组件运行起来，这可以保证环境结构中的组件保持在"待命"状态，等待从 vector 对象传递过来的数据对象。接下来进入调度 vector 对象的阶段，测试场景需要先等待 reg_vec 执行完毕，这是为了让 DUT 进入特定的配置模式。完成寄存器配置之后，程序对 MCDF 下行 stimulator fmt_stm 进行配置即发送 fmt_vec，使 fmt_stm 进入预定义的工作模式，如阻塞状态（blocking）或忙碌状态（busy）。程序最后命令三个 slv_vec 向量向 MCDF 发送数据，模拟数据同时进行传输的情景，测试 MCDF 内部 arbiter 的仲裁逻辑。从这个例子可以发现几个值得考虑的地方：

● 无论是 stimulator、monitor、agent 还是 environment，都属于环境结构组件，在 vector 进行数据生成和传输之前都要建立起来。这就像在给一栋房子通水通电之前，应先将房子盖好一样。

● 在调度 vector 测试向量时，需要考虑不同 vector 之间的顺序关系。从 MCDF 这个例子来看，应先考虑 register vector，再考虑 formatter vector，最后考虑 slave vector 的生成和传输。

- 上面的代码对 reg_vec、slv_vec 和 fmt_vec 进行了简化。实际上由于需求的差别，存在更加丰富的 vector 向量，组合这些 vector 类可以实现更多的测试场景。
- 另外，对于运行过程中的 vector，可以通过外部的变量、条件和外部约束产生不断变化的测试向量，提高覆盖率收敛的效率。

9.4 灵活化的配置

在 9.2 节中提到，将 stimulator 与 monitor 封装在一个 agent 组件中，更易于从模块级到 MCDF 子系统一级的环境复用。在有时并不需要 agent 中的 stimulator，只需要 monitor。比如，要监视 MCDF 内 arbiter 的输入和输出信号，只需要 arb_ini_mon 和 arb_rsp_mon，并不需要 arb_ini_stm 和 arb_rsp_stm。考虑到面向对象软件设计的 OCP 原则（开放-封闭原则），应对"修改 agent 从而只例化 monitor，不例化 stimulator 的行为"说不。OCP 原则提倡的是"对于扩展是开放的，对于更改是封闭的"，所以不应修改 agent 原有的行为，而是在原有基础上添加一些变量来控制是否例化 stimulator。

9.4.1 Agent 的两面性

对于上述要求，我们将含有 stimulator 对象的 agent 称为 active agent，因为其不仅监视数据，也激励端口；而将只监视数据的 agent 称为 passive agent。根据所在验证环境要求，一个 agent 会被配置为 active 模式或 passive 模式。因此，我们在每一个 agent 中添加一个变量对其内部结构进行可配置化的控制。

```
class arb_ini_agent;
  bit active;
  arb_ini_stm stm;
  arb_ini_mon mon;
  function new(bit mod = 1);
    active = mod;
    mon = new();
    if(active)
      stm = new();
  endfunction
  function void connect(virtual interface arb_ini_if intf);
    mon.vif = intf;
    if(active)
      stm.vif = intf;
  endfunction
endclass
```

从上面简化的代码来看，可以在 arb_ini_agent 中添加一个变量 active，默认值为 1。在默认情况下，arb_ini_agent 为 active 模式，分别例化 mon 和 stm 对象，同时在 connect()阶段分别对两个子对象的虚接口进行赋值操作。要例化一个 passive agent，可以在例化时通过传递参数实现，例如：

```
arb_ini_agent passive_agt = new(0);
```

通过这个例子可以看到，在初始化阶段借助组件内部预留的变量按照条件进行例化，可以改变环境的结构。

9.4.2　各个组件的模式配置

既然在 agent 中设置变量可以改变单元组件的内在元素，便于仿真时动态调整环境结构，那么也可以在组件中设置其他变量达到控制组件行为的目的。例如，在设计 fmt_rsp_stm 时可以考虑驱动 grant 信号的延迟时间，使其在接收到 formatter packet request 信号时做出或快或慢的响应，以此模拟下行数据通道的状态。

```
interface fmt_rsp_if;
  logic clk;
  logic rstn;
  logic req;
  logic grant;
endinterface
class fmt_rsp_stm;
  typedef enum {FMT_BUSY, FMT_BLOCK, FMT_FREE} mode_t;
  mode_t mode = FMT_BUSY;
  virtual interface fmt_rsp_if vif;
  task run();
    fork
      drive();
    join_none
  endtask
  task drive();
    forever begin
      int delay;
      @(posedge vif.clk iff vif.rstn === 1 && vif.req === 1);
      case(mode)
        FMT_BUSY: delay = $urandom_range(6, 12);
        FMT_BLOCK: delay = $urandom_range(20, 30);
        FMT_FREE: delay = $urandom_range(0, 2);
      endcase
      $display("when mode=%s , grant delay is %0d", mode, delay);
      repeat(delay) @(posedge vif.clk);
      vif.grant <= 1;
      @(posedge vif.clk);
      vif.grant <= 0;
    end
  endtask
endclass
module tb;
  bit clk;
  logic rstn;
  initial begin
```

```
     forever #5ns clk <= !clk;
   end
   initial begin
     #15ns rstn <= 0;
     #5ns rstn <= 1;
   end
   fmt_rsp_stm stm;
   fmt_rsp_if intf();
   assign intf.clk = clk;
   assign intf.rstn = rstn;
   initial begin
     stm = new();
     stm.vif = intf;
     fork
       stm.run();
     join_none
     @(posedge intf.rstn);
     @(posedge intf.clk) intf.req <= 1;
     @(posedge intf.grant) intf.req <= 0;
     stm.mode = fmt_rsp_stm::FMT_BLOCK;
     @(posedge intf.clk) intf.req <= 1;
     @(posedge intf.grant) intf.req <= 0;
     stm.mode = fmt_rsp_stm::FMT_FREE;
     @(posedge intf.clk) intf.req <= 1;
     @(posedge intf.grant) intf.req <= 0;
   end
 endmodule
```

输出结果为：

```
# when mode=FMT_BUSY , grant delay is 10
# when mode=FMT_BLOCK , grant delay is 28
# when mode=FMT_FREE , grant delay is 1
```

这段代码在 fmt_rsp_stm 中添加了模式控制变量 mode，通过设置不同的模式更改 fmt_rsp_stm 从接收到 intf.req 到拉高 intf.grant 的延迟时间，这一变化是在 fmt_rsp_stm::drive() 方法中完成的。在输出结果中可以看到，不同的模式设置有不同的组件行为响应，而组件的模式配置可以发生在仿真中的任何时间，这一点要与环境结构设置只能发生在环境建立时的限制加以区别。

9.4.3 验证结构的集成顺序

在介绍了组件的模式配置之后，还要考虑构建高层次的环境时如何组织环境。在之前的例子中，我们的思路是从底层模块环境到顶层子系统的集成。这一集成过程符合项目的执行规律，因为模块环境是先完成的，我们称其为 bottom-up（自底向上）集成方式。对应的，有没有可能进行 top-down（自顶向下）的集成方式呢？即首先决定顶层的验证结构，而后通过不同的配置情况对顶层的环境进行裁剪，将其拆分为每个底层的模块验证环境呢？通过这种方式，验证师董可以在更早期的阶段就对顶层环境做出可配置化的结构设计，而底层的模块环境则不再各自为政开辟迥异的模块环境。这种 top-down 的验证结构集成顺序，使得环境从顶层到底层环境的风格趋于一致，在整体上减少了环境构建的工作量。这样顶层环境变得更易配置，便于将其剪裁成为各个模块环境。我们来看下面简化过的代码：

```
typedef enum {MCDF_TB, REGS_TB, SLV_TB, ARB_TB, FMT_TB} tb_mode_t;
class mcdf_env;
  regs_ini_agent regs_ini_agt;
  regs_rsp_agent regs_rsp_agt;
  regs_checker regs_chk;
  virtual interface regs_ini_if regs_ini_vif;
  virtual interface regs_rsp_if regs_rsp_vif;
  slv_ini_agent slv_ini_agt[3];
  slv_rsp_agent slv_rsp_agt[3];
  slv_checker slv_chk;
  virtual interface slv_ini_if slv_ini_vif[3];
  virtual interface slv_rsp_if slv_rsp_vif[3];
  arb_ini_agent arb_ini_agt[3];
  arb_rsp_agent arb_rsp_agt;
  arb_checker arb_chk;
  virtual interface arb_ini_if arb_ini_vif[3];
  virtual interface arb_rsp_if arb_rsp_vif;
  fmt_ini_agent fmt_ini_agt;
  fmt_rsp_agent fmt_rsp_agt;
  fmt_checker fmt_chk;
  virtual interface fmt_ini_if fmt_ini_vif;
  virtual interface fmt_rsp_if fmt_rsp_vif;
  mcdf_checker chk;
  virtual interface mcdf_if vif;
  tb_mode_t tb_mode;
  function new(tb_mode_t m = MCDF_TB);
    tb_mode = m;
    if(tb_mode == MCDF_TB) begin
      regs_ini_agt = new();
      foreach(slv_ini_agt[i]) slv_ini_agt[i] = new();
      fmt_rsp_agt = new();
      chk = new();
    end
    else if(tb_mode == REGS_TB) begin
      regs_ini_agt = new();
      regs_rsp_agt = new();
      regs_chk = new();
    end
    else if(tb_mode == SLV_TB) begin
      slv_ini_agt[0] = new();
      slv_rsp_agt[0] = new();
```

```
      slv_chk = new();
    end
    else if(tb_mode == ARB_TB) begin
      foreach(arb_ini_agt[i]) arb_ini_agt[i] = new();
      arb_rsp_agt = new();
      arb_chk = new();
    end
    else if(tb_mode == FMT_TB) begin
      fmt_ini_agt = new();
      fmt_rsp_agt = new();
      fmt_chk = new();
    end
    else
      $fatal("env:: tb_mode is out of enum type");
  endfunction
  function void connect();
    if(tb_mode == MCDF_TB) begin
      chk.connect();
      regs_ini_agt.mon.mb = chk.regs_ini_mb;
      foreach(slv_ini_agt[i]) slv_ini_agt[i].mon.mb = chk.slv_ini_mb[i];
      fmt_rsp_agt.mon.mb = chk.rsp_mb;
    end
    else if(tb_mode == REGS_TB) begin
      regs_ini_agt.mon.mb = regs_chk.ini_mb;
      regs_rsp_agt.mon.mb = regs_chk.rsp_mb;
    end
    else if(tb_mode == SLV_TB) begin
      slv_ini_agt[0].mon.mb = slv_chk.ini_mb;
      slv_rsp_agt[0].mon.mb = slv_chk.rsp_mb;
    end
    else if(tb_mode == ARB_TB) begin
      foreach(arb_ini_agt[i]) arb_ini_agt[i].mon.mb = arb_chk.ini_mb[i];
      arb_rsp_agt.mon.mb = arb_chk.rsp_mb;
    end
    else if(tb_mode == FMT_TB) begin
      fmt_ini_agt.mon.mb = fmt_chk.ini_mb;
      fmt_rsp_agt.mon.mb = fmt_chk.rsp_mb;
    end
  endfunction
  task run();
    if(tb_mode == MCDF_TB) begin
      fork
        regs_ini_agt.run();
        foreach(slv_ini_agt[i]) slv_ini_agt[i].run();
        fmt_rsp_agt.run();
        chk.run();
      join_none
```

```
    end
    else if(tb_mode == REGS_TB) begin
      regs_ini_agt.run();
      regs_rsp_agt.run();
      regs_chk.run();
    end
    else if(tb_mode == SLV_TB) begin
      slv_ini_agt[0].run();
      slv_rsp_agt[0].run();
      slv_chk.run();
    end
    else if(tb_mode == ARB_TB) begin
      foreach(arb_ini_agt[i]) arb_ini_agt[i].run();
      arb_rsp_agt.run();
      arb_chk.run();
    end
    else if(tb_mode == FMT_TB) begin
      fmt_ini_agt.run();
      fmt_rsp_agt.run();
      fmt_chk.run();
    end
  endtask
  function void assign_vi(virtual interface mcdf_if intf);
    vif = intf;
    chk.vif = intf;
  endfunction
endclass
```

在这段代码中，通过添加新的 enum 类型 tb_mode_t，使 MCDF 的顶层环境 mcdf_env 可以支持多种配置模式。例如，在默认情况下例化 mcdf_env，其结构为 MCDF 的子系统验证结构模式，mcdf_env::tb_mode 为 MCDF_TB。在这种模式下，将例化相应的子组件，并进行对应的连接关系和运行模式。而对于其他模块验证环境，可以在 mcdf_env 例化时传递相应的数值，即可以更改环境结构为 register、slave、arbiter 和 formatter 对应的模块验证结构，同时组件连接关系和运行模式也有相应变化。从这个例子可以看到，自顶向下的验证环境管理模式，可以通过不同的配置使得环境在例化时发生结构性的变化。从上面列出的可配置实例中，我们可以发现配置化环境的特点以及存在的一些瑕疵：

- 通过配置变量，可以保持验证结构的灵活性，以及组件运行模式的实时更新。
- 对于验证结构的改变，如果遵循父一级组件只能在构建函数 new()中例化子一级组件的做法，那么必须将结构配置变量在 new()函数调用时进行传递，这对于结构的配置有局限性。
- 可以通过层次化的配置修改组件的模式更新，这可在顶层 TB 中实现，也可考虑在 vector 类中实现。

配置的灵活性利于验证环境的维护，这也意味着好的结构设计在项目迭代过程中能减少环境更新的人力。在 9.5 节会接着结构设计的话题，进一步考虑参数化设计在验证结构中的应用。

9.5　初论环境的复用性

随着模块验证和 MCDF 的子系统集成的进展，在最终的芯片级验证中，MCDF 与其他模块一并组合嵌入到芯片级验证环境。在之前的底层验证过程中，我们主要将功能验证侧重于模块或子系统一级，而在芯片级验证中则侧重于子系统之间的连接和互动测试。随着验证系统的逐层提高，验证环境发生变化，这一点在 9.2 节已做说明。不管验证什么子系统，它的验证环境都包括 stimulator、monitor 和 checker 等。为最大限度降低验证环境构建的工作量，我们期望使用 9.4 节中提到的易于复用的验证组件和 9.3 节中提到的易于组合调度的测试向量。可复用的验证组件能够减少重复工作，同时补充验证师测试场景构成和检查的时间。

9.5.1　复用的策略

复用的好处在于避免"重复发明轮子"。用造好的车做更重要的事情，让验证团队降低重复开发验证环境的成本，将资源更多投入到实现验证场景和检查中。从 MCDF 的例子看，一个有规模的公司在同一时间段可能运行两个以上集成 MCDF 的项目。如果 MCDF 的设计复用性好，那么设计的集成时间就会很快。

在图 9.9 中，芯片 A 和芯片 B 都将集成 MCDF。芯片 A 中的 MCDF slave 接口是三个，输入数据位宽是 32 位，对应之前的设计，而在芯片 B 中的 MCDF slave 接口是 4 个，输入数据位宽是 64 位。如果芯片 B 的设计组已有一个参数化的 MCDF 设计，那么调整 slave 接口数量和数据位宽不是难事。一旦 MCDF 的接口发生变化，对验证环境则带来新的要求。在芯片 B 中，MCDF 的接口变化要求 MCDF 子系统验证的环境也要相应调整。如果验证环境像设计一样可以参数化配置，做出快速响应和验证检查，那么不同项目之间的验证环境就可以更好地完成水平复用。无论在芯片 A 中还是在芯片 B 中，MCDF 一旦被集成到芯片系统中，它的接口就完全"浸入"芯片结构，不再需要对其提供任何激励。如图 9.10 所示，MCDF 的子系统验证环境在芯片一级是否还有用武之地，可以继续依靠它来检查 MCDF 的功能呢？这需要考虑从低层验证环境到高层验证环境的复用性，即垂直复用性。

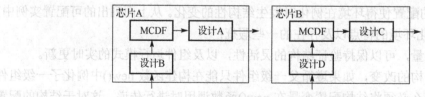

图 9.9　MCDF 在两个系统中被集成

9.2 节讨论了通过 agent 单元组件集成 stimulator 和 monitor 的必要性，这使得模块级组件可以跨接复用到 MCDF 子系统一级。类似地，可以参考 9.4 节中通过结构化控制变量来完成 MCDF 从子系统一级到芯片一级的垂直复用，让 MCDF 子系统验证环境在芯片级验证中继续发挥它的作用。下面两段例码来初步讨论验证环境在水平复用和垂直复用上的一些考虑，希望对读者有一点启发。

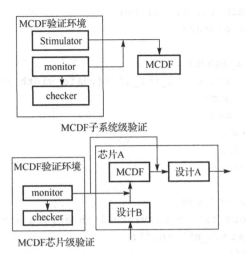

图 9.10　MCDF 子系统验证环境在芯片级验证环境中的复用

9.5.2　水平复用的应用

下面这段代码是经过简化的，以此说明，MCDF 的 slave 接口数目从芯片 A 中的 3 个变化为芯片 B 中的 4 个，以及数据宽度从 32 位拓宽为 64 位的模块 arbiter 验证环境的水平复用情况。

```
package mcdf_global_pkg;
  parameter data_width_p = 64;
  parameter slave_num_p = 4;
endpackage
interface arb_ini_if;
  parameter data_width_p = mcdf_global_pkg::data_width_p;
  logic [data_width_p-1 :0] data;
endinterface
interface arb_rsp_if;
  parameter data_width_p = mcdf_global_pkg::data_width_p;
  logic [data_width_p-1 :0] data;
endinterface
```

首先定义了 MCDF 的参数包 mcdf_global_pkg，其中规定数据的宽度为 64，MCDF slave 接口数目是 4。接下来是对 arbiter 的两个接口 arb_ini_if 和 arb_rsp_if 的定义，关于信号端口 data 的宽度通过参数进行位宽的可变控制，且来自于 mcdf_global_pkg::data_width_p。

```
package arb_pkg;
  import mcdf_global_pkg::*;
  class arb_ini_trans; endclass
  class arb_ini_stm;
    virtual interface arb_ini_if #(.data_width_p(data_width_p)) vif;
    task run(); endtask
  endclass
  class arb_ini_mon;
    virtual interface arb_ini_if #(.data_width_p(data_width_p)) vif;
```

```
      mailbox #(arb_ini_trans) mb;
      task run(); endtask
    endclass
    class arb_ini_agent;
      virtual interface arb_ini_if #(.data_width_p(data_width_p)) vif;
      arb_ini_stm stm;
      arb_ini_mon mon;
      function new();
        stm = new();
        mon = new();
      endfunction
      task run(); endtask
      function void assign_vi(virtual interface arb_ini_if #(.data_width_
          p(data_width_p)) intf);
        vif = intf;
        stm.vif = intf;
        mon.vif = intf;
      endfunction
    endclass
    class arb_rsp_trans; endclass
    class arb_rsp_stm;
      virtual interface arb_rsp_if #(.data_width_p(data_width_p)) vif;
      task run(); endtask
    endclass
    class arb_rsp_mon;
      virtual interface arb_rsp_if #(.data_width_p(data_width_p)) vif;
      mailbox #(arb_rsp_trans) mb;
      task run(); endtask
    endclass
    class arb_rsp_agent;
      virtual interface arb_rsp_if #(.data_width_p(data_width_p)) vif;
      arb_rsp_stm stm;
      arb_rsp_mon mon;
      function new();
        stm = new();
        mon = new();
      endfunction
      task run(); endtask
      function void assign_vi(virtual interface arb_rsp_if #(.data_width_p
          (data_width_p)) intf);
        vif = intf;
        stm.vif = intf;
        mon.vif = intf;
      endfunction
    endclass
    class arb_checker;
      mailbox #(arb_ini_trans) ini_mb[slave_num_p];
```

```
    mailbox #(arb_rsp_trans) rsp_mb;
    function new();
      foreach(ini_mb[i]) ini_mb[i] = new();
      rsp_mb = new();
    endfunction
    function void connect(); endfunction
    task run(); endtask
  endclass
  class arb_env;
    arb_ini_agent arb_ini_agt[slave_num_p];
    arb_rsp_agent arb_rsp_agt;
    arb_checker chk;
    function new();
      foreach(arb_ini_agt[i]) arb_ini_agt[i] = new();
      arb_rsp_agt = new();
      chk = new();
    endfunction
    function void connect();
      foreach(arb_ini_agt[i]) begin
        arb_ini_agt[i].mon.mb = chk.ini_mb[i];
      end
      arb_rsp_agt.mon.mb = chk.rsp_mb;
    endfunction
    task run(); endtask
  endclass
endpackage
```

上面的 arb_pkg 中定义了各个组件，而最后 arb_env 将各组件进行例化和连接。值得注意的是，接口 arb_ini_if 和 arb_rsp_if 是参数化的接口，所以在各个组件中声明虚接口时，应该使用的是

```
virtual interface arb_ini_if #(.data_width_p(data_width_p)) vif
virtual interface arb_rsp_if #(.data_width_p(data_width_p)) vif
```

而不是

```
virtual interface arb_ini_if vif
virtual interface arb_rsp_if vif
```

因为 SV 关于虚接口传递的规定是，传递的接口类型必须严格一致。如果是参数接口，则虚接口的类型中应表明接口的参数传递值与随后传入的物理接口的参数值一致。再来看由于 MCDF slave 接口数量的变化导致的 arbiter 输入端口组数的变化，这一变化使得 arbiter arb_env::arb_ini_agt[slave_num_p]数组和 arb_checker::ini_mb[slave_num_p]数组声明参数化了，并且在 arb_env 中 monitor 与 checker 的通信管道连接通过 foreach 循环语句块完成了全部连接。

```
module arb_tb;
  import arb_pkg::*;
```

```
event build_end_e;
event connect_end_e;
arb_env env;
arb_ini_if arb_ini_if0();
arb_ini_if arb_ini_if1();
arb_ini_if arb_ini_if2();
arb_ini_if arb_ini_if3();
arb_rsp_if arb_rsp_if();
... // DUT 例化
initial begin : build
  env = new();
  -> build_end_e;
end
initial begin : connect
  wait(build_end_e.triggered());
  env.arb_ini_agt[0].assign_vi(arb_ini_if0);
  env.arb_ini_agt[1].assign_vi(arb_ini_if1);
  env.arb_ini_agt[2].assign_vi(arb_ini_if2);
  env.arb_ini_agt[3].assign_vi(arb_ini_if3);
  env.arb_rsp_agt.assign_vi(arb_rsp_if);
  env.connect();
  ->connect_end_e;
end
initial begin : run
  wait(connect_end_e.triggered());
  fork
    env.run();
  join_none
end
endmodule
```

最后看 arb_env 在顶层 arb_tb 中的例化和连接关系。在例化了 4 个 arb_ini_if 接口之后，需要在 connect 过程语句块中连接对应的接口到正确的 agent。其他非参数化的例化和连接则不需变动。上面的 arb_tb 完成了从之前的芯片 A MCDF arbiter 模块环境到芯片 B MCDF arbiter 模块环境的水平复用。类似地，我们相信可以在 MCDF 子系统一级的验证环境中做出同样的水平复用，使得在芯片 A 到芯片 B 的 MCDF 子系统验证复用中，不但可以很好地复用设计，也可以复用验证环境。

9.5.3 垂直复用的应用

下面的例码是从 9.2 节移植过来的代码，稍加改善，使得 mcdf_env 的环境结构能够同时支持 MCDF_TB 模式（MCDF 子系统验证）和 CHIP_TB 模式（芯片系统验证）。我们做的更新是添加模式变量 mcdf_env::tb_mode，并在例化 mcdf_env 时传递该模式值。如果是 MCDF_TB 模式，那么在子组件的例化中令子组件变为 active 模式；如果是 CHIP_TB 模式，那么在子组件的例化中让其例化为 passive 模式。**这种层次化的模式传递，可以在顶层例化时灵活地控制整体的环境结构**。在后面的 connect 和 run 阶段则不需更新，因为对

mcdf_env 子组件而言，各 agent 在内部就基于 active 模式还是 passive 模式对自身结构做出进一步调整。

```systemverilog
typedef enum {MCDF_TB, CHIP_TB} tb_mode_t;
class mcdf_env;
  regs_ini_agent regs_ini_agt;
  slv_ini_agent slv_ini_agt[3];
  fmt_rsp_agent fmt_rsp_agt;
  mcdf_checker chk;
  tb_mode_t tb_mode;
  virtual interface mcdf_if vif;
  function new(tb_mode_t m = MCDF_TB);
    bit active_mode;
    tb_mode = m;
    if(m == MCDF_TB)
      active_mode = 1;
    else
      active_mode = 0;
    regs_ini_agt = new(.mod(active_mode));
    foreach(slv_ini_agt[i]) slv_ini_agt[i] = new(.mod(active_mode));
    fmt_rsp_agt = new(.mod(active_mode));
    chk = new();
  endfunction
  function void connect();
    chk.connect();
    regs_ini_agt.mon.mb = chk.regs_ini_mb;
    foreach(slv_ini_agt[i]) slv_ini_agt[i].mon.mb = chk.slv_ini_mb[i];
    fmt_rsp_agt.mon.mb = chk.rsp_mb;
  endfunction
  task run();
    fork
      regs_ini_agt.run();
      foreach(slv_ini_agt[i]) slv_ini_agt[i].run();
      fmt_rsp_agt.run();
      chk.run();
    join_none
  endtask
  function void assign_vi(virtual interface mcdf_if intf);
    vif = intf;
    chk.vif = intf;
  endfunction
endclass
```

9.6 本章结束语

至此，我们关于 SV 的系统集成讲解就结束了。在这一章中，读者懂得了 package 的意义，也知道如何在 package 中定义底层模块。在整理了各个模块环境之后，我们利用各个模块环境组件进一步搭建成为 MCDF 子系统验证环境。有了房子之后，如何"通水通电"，让这个大房子能够正常运转，则要考虑测试场景如何生成和调度的问题。最后，在验证环境的水平复用和垂直复用的考量环节，我们用结构变量和模式变量提供更加灵活的结构配置方式。

同时，我们关于 SV 的知识和应用部分就梳理完毕了。接下来，我们将带领读者领略验证方法学的魅力。从山脚出发，一路攀登，感受 UVM 的精髓和实际应用。让我们在 UVM 的篇章中再会！

## 第 10 章

UVM 世界观

方法学之所以被称为方法学，是因为它有一套完善的世界观，这套世界观用来处理特定领域的常见问题。对于 UVM 初学者，面对这些世界观难免会产生困惑，因为他们不知道为什么会有这些特性设定；对于 UVM 精通者，可以在梳理这些特性的同时，思考这些特性是否存在一些有待提高的地方。阅读了之前关于 SV 章节的读者，可以结合接下来的 UVM 章节，深入考虑 UVM 的特性是否是 SV 所不具备的，新增添的这些特性给验证环境的构建带来哪些好处。本章依然结合 MCDF 案例，分析面临的验证实际问题和 UVM 特性，引导读者理解：UVM 的世界观并不是空中楼阁，而是从验证实际问题出发所总结出来的一套有效方案。

10.1　我们所处的验证时代

如果你即将或已经在一家超过 20 年的 IC 公司工作，那么作为一名验证师，你会有幸像参观验证"历史博物馆"一样阅读过去 20 年的验证代码。说不定由于历史和其他不得而知的原因，这些代码仍然躺在你所在的项目库里面，整个公司内真正了解它们的人并不多，而项目的执行却又离不开它们。这些"老古董"放在那里，与已经被 silicon proven 的设计一样，一方面供人参观，另一方面供人使用。

品酒师懂得什么年份的红酒好喝，陈年的苏格兰威士忌靠着那浓浓的"泥煤味"口感征服了全世界的威士忌酒友。那么，对于笔者来讲，哪个年份的验证代码最"迷人"呢？要我说，代码也是"陈"的美，无论是 C++ 以前的 C 还是 SV 以前的 Verilog，它们能够在有限的特性中创造并满足高级的需求。这除了让感叹十多年以前 Verilog 的专家如何实现随机环境和字符串巧妙处理方式的同时，也为现在验证师所处的时代感到高兴，因为硬件的验证技术目前已经明显趋向于软件化了。在第 5 章我们就不断提到 IP 的复用性，其重要性关乎项目的执行节点，而这一挑战对 IP 验证和芯片验证来说更甚。Verilog 和 VHDL 时代的语言依然受限制于静态例化，无法随仿真场景做动态变换；同时，天生的随机约束短板也让后期发展的功能覆盖率驱动验证方式没有可以依靠的专用验证语言。所以，在意识到验证环境需要一种更"软"的语言之后，当年的 EDA 厂商开发出了良好的平台限定性语言：Specman/e 语言和 Vera 语言就是非常优秀的两款语言，这些平台专用语言的特性推动了功能覆盖率的发展。

然而，所谓天下"合久必分，分久必合"的定律也适用于 IC 验证领域。SystemVerilog 从早先的 Accellera 2002 年的 SystemVerilog 3.0 标准逐步发展到 IEEE-1800 SystemVerilog 2012

标准，经历了十多年的更新和完善，已经全面雄起为 IC 验证领域的霸主，这一点在图 3.5 关于验证语言的使用比例和趋势方面一览无遗。

除了底层语言的逐步统一以外，上层的高级验证方法也在 2011 年 2 月之后逐步融合，即 UVM（Universal Verification Methodology）1.0 的发布。讲到这里，我们更应该为现如今从零搭起的验证环境干杯，祝贺你们没有一点儿历史包袱，我们也应该为 EDA 厂商干杯，感谢你们终于不再各自为战，将 AVM、VMM、OVM 融合为 UVM。读者在这里需要认识，此举的意义在于打通了各家的门户，极大地方便了用户。这就好比"三网"融合成为"一网"，移动通信网络的制式统一为一种。那么，三大 EDA 厂商拼的是什么？自然是工具、设计和验证服务的质量。厂商们能做到这一点，不得不为他们的觉悟点个赞。验证语言 SystemVerilog 和验证方法学 UVM 的统一使得语言和方法学不再局限于特定的工具，用户不再受限于特定的仿真器以至于无法方便地切换到另一家。通过 UVM 编写的验证 IP，可以实现跨平台的应用。

在之前关于 SV 的核心介绍篇章，读者可以理解验证语言 SystemVerilog 的面向对象、随机约束、线程通信管理等核心特性，这些特性为建立一个验证环境提供足够多的便利。一种验证方法学的思想并不必与某一种语言绑定。因此，UVM 的验证方法学通过吸取 eRM（Specman/e 验证方法学）、AVM、VMM、OVM 等不同方法学的优点，集众家之所长。要认识到的是，所有验证方法学的服务目的都在于，提供一些可重用的类减轻项目间水平复用和垂直复用的工作量，同时给验证新人提供一套可靠的框架，帮助他们摆脱搭建房子构思图纸的苦恼。

UVM 面向所有数字设计，涵盖从模块级到芯片级，从 ASIC 到 FPGA，从控制逻辑、数据通路到处理器的全部场景。UVM 中的"U"（Universal，通用）代表的是该方法学适用于大多数验证项目，提供的基础类库（basic class library）和基本验证结构可以让具有不同软件编程经验的验证师快速构建结构可靠的验证框架。UVM 自定义的框架构建类和测试类能够帮助验证师减轻环境构建的负担，将更多的精力集中在制定验证计划和创建测试场景。

UVM 的诞生，是在 2010 年 UVM 发展委员会提出从 OVM（Open Verification Methodology）基础中构建 UVM 的第一个版本 UVM 1.0EA（Early Adopter），该版本几乎是 OVM 的直接跨接。随着 UVM 的快速发展，它汲取了 VMM 的特性例如寄存器层（Register Layer），以及其他被证明有效的验证理念。目前，UVM 标准已经制定到 UVM1.2[17]，并在 2017 年被 IEEE 宣布为正式标准，即 IEEE 1800.2。这里有一份对 UVM 过去每个版本的信息统计，见表 10.1。在这些版本中，具有重要意义的是 UVM1.1 和 UVM1.2。UVM1.1 之前的演变进化更多的是在汲取 OVM 的方法学框架以及创建 UVM 的寄存器模型，UVM1.2 版本的重要变化是 UVM 的消息机制更新和 transaction 记录能力的增强[24]。

表 10.1   各个 UVM 版本的大小和复杂度

	Classes	Files	Lines
UVM1.0-p1	288	125	65534
UVM1.1	311	131	66660
UVM1.1a	324	135	67307
UVM1.1b	317	134	67724
UVM1.1c	317	135	67969
UVM1.1d	316	133	67967
UVM1.2	351	144	75070

在 UVM 的演变发展历史中，在新版本中新的构建平台方式和测试方式可以同旧的方法并存。UVM 的新版本在兼容老版本用法的同时，也注毁了一些之前的陈旧用法。关于这一点我们会在后面的具体用法中为大家详述。在探索 UVM 世界时，我们将遵循下面的结构来全面认识业界统一的验证方法学：

- 认识 UVM 世界的版图（类库）和核心机制；
- 学习核心的 UVM 组件和层次构建方式；
- 了解常见的 UVM 组件间的通信方式；
- 深入 UVM 测试场景的构成；
- UVM 的寄存器模型应用。

10.2 节将统览 UVM 世界的地图，看看不同 UVM 类的继承和联系。心中有一张 UVM 的类库地图，可以为后面的学习提供一份指南。

10.2　类库地图

在之前 SV 的章节，我们随几位验证师新人一起从底层模块的验证组件搭建到通信和激励生成，认识了验证环境的构成元素。这些元素无论软件对象的创建、访问、修改、配置，还是组件之间的通信，都是通过用户自定义的方式来实现的。UVM 验证方法学作为之前所有方法学的融合版本，初衷就是将验证过程中可重用和标准化的部分规定在其方法学的类库中，通过标准化的方式减轻验证人员构建环境的负担。从第 9 章对 SV 验证环境构成的介绍可以看到对验证环境的共同需求是：

- 组件的创建和访问；
- 环境的结构创建、组件之间的连接和运行；
- 不同阶段的顺序安排；
- 激励的生成、传递和控制；
- 测试的报告机制。

软件环境中对象的生成是动态的，验证环境中的组件需要 UVM 提供底层功能完成对象的创建和访问。除了组件的创建，UVM 需提供环境上下层次中创建、连接和运行组件的顺序控制方法；只有在底层机制上有效地保证这一点，才会避免可能发生的句柄悬空问题。在组件通信中，UVM 提供了功能更丰富的 TLM（Transaction Level Model）接口，这可以保证相邻组件的通信不再通过显式句柄引用，而是独立于组件的通信方式。TLM 的通信方式为验证组件的复用提供了很好的封闭性。在各个 TLM 通信管道中流通的是高层次抽象级的数据即事务（transaction），一个事务可以包含丰富的内容如传输指令、数据整包、状态等，完成从事务发起端到事务接收端的请求之后，通过返回响应的方式完成通信同步。测试序列（sequence）的生成和传输也利用 TLM 传输在 sequence 和 driver 之间完成。不同 sequence 的发送顺序控制类似于 SV 测试 MCDF 子系统的要求，需要实现 sequence 之间的灵活调度。为便于验证环境的调试，UVM 的报告机制将来自于不同组件、不同级别的信息加以过滤，生成测试报告。图 10.1 是 UVM 类库地图[16]，按照 UVM 的核心机制将地图进行了分块：

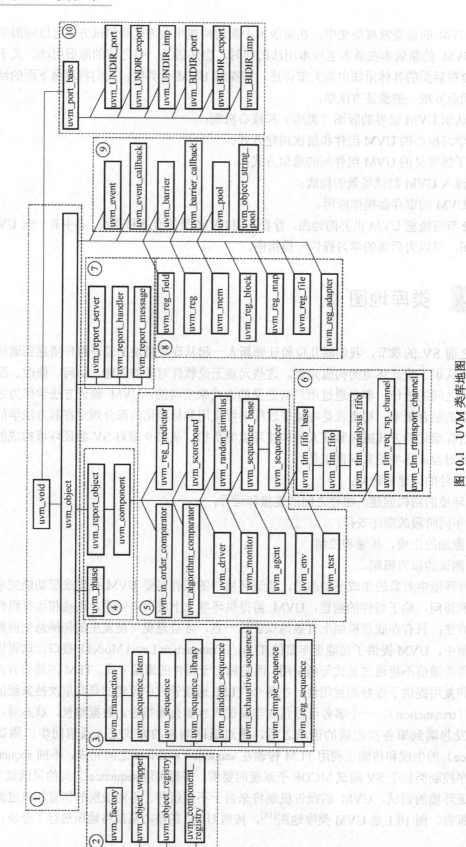

图 10.1　UVM 类库地图

- 核心基类；
- 工厂（factory）类；
- 事务（transaction）和序列（sequence）类；
- 结构创建（structure creation）类；
- 环境组件（environment component）类；
- 通信管道（channel）类；
- 信息报告（message report）类；
- 寄存器模型（register model）类；
- 线程同步（thread synchronization）类；
- 事务接口（transaction interface）类。

首先，核心基类提供最底层的支持，包括一些基本的方法，如复制、创建、比较和打印。在核心类之上发展了支持 UVM 特性的各个相关的类群。工厂类提供注册环境组件、创建组件和覆盖组件类型的方法。事务类和序列类用来规定在 TLM 传输管道中的数据类型和数据生成方式。环境组件类则是构成验证结构的主要部分，组件之间的嵌套关系通过层层例化和连接形成结构层次关系。事务接口类和通信管道类则共同实现组件之间的通信和存储。线程同步类则比 SV 自身的同步方法更方便，发生同步时可传递的信息更多。信息报告类使得从 UVM 环境报告的信息一致规范化，便于整体的控制和过滤。最后，寄存器模型类用来完成对寄存器和存储的建模、访问和验证。UVM 可以帮助验证师更快搭建出结构良好、便于复用的验证环境。层次化的组件通过 phase 机制可以有序完成环境的创建、连接和运行，同样，层次化的 sequence 通过 test 可以完成不同的测试场景。在这里需要提醒读者的是，我们接下来对于 UVM 类和机制的分析是建立在 UVM-1.2 上的，UVM-1.2 在 UVM-1.1 上添加了一些类，并对部分机制做了改进。

10.3　工厂机制

如果读者作为一名观光游客来到 UVM 世界，那么笔者作为导游，首先应该介绍的是 UVM 世界中各个类的角色扮演，它们如何搭建 UVM 的高层建筑，还有这些高层建筑的特色和应用场景是什么。所谓走马观花，先引起游客的兴致，是个推销 UVM 的好手段，而不巧的是，笔者是一个稍显严肃的工程实践者。如果用轻松的话先带着游客到 UVM 大观园浏览一圈，而后又经过少量的过渡来讲 UVM 的几种核心机制，可能要被读者抱怨："为什么刚讲完 1+1 就开始 100 以内的加法呢？"所以，与其先易后难，不如将本书从一开始就定义为一本题材严肃的案头书，陪伴诸君的验证生涯，也是极好的。

在考虑选择深入探讨哪种 UVM 机制作为打开 UVM 世界大门的钥匙时，笔者认为工厂机制是 UVM 的真正魅力所在，故领诸君先一探其原理。本书对 UVM 的介绍偏重于应用，同时兼顾基本原理，目的在于使读者在应用的同时知其所以然。这样，读者在之后自己搭建测试平台时可以少一点与 UVM 环境机制的纠葛，在测试用例编写和功能覆盖率收集时多一些轻松，毕竟，这才是 UVM 服务于验证师的初衷。在本书的高级应用章节，以单独的第 15 章介绍如何建立一套自动化测试平台，这一需求在验证愈加快速的时代愈发凸显。同 SV 核心篇章的技术前提一致，UVM 的这些篇章假定读者已经具备 UVM 的一些基本概念，最好做过一些基本的实例，懂得 UVM 江湖的行话和简单的套路把式。这样，我们能更好地、适当地解构 UVM（够用就好，这贴合实际工作的要求）。笔者认为，如果本书从 ABC 开始介绍，除了有点赚稿费的嫌疑，还使书的篇幅太大，这样对读者恐怕显得不太友好，浪费纸张对环境就更不好了。言归正传，本章对工厂机制的介绍将从下面几点展开：

- 工厂的意义；
- 工厂提供的便利；
- 覆盖方法；
- 确保正确覆盖的代码要求。

10.3.1　工厂的意义

UVM 工厂的存在就是为了更方便地替换验证环境中的实例或已注册的类型，同时工厂的注册机制带来配置的灵活性。这里的实例或类型替代在 UVM 中称为覆盖（override），用来替换的对象或类型应满足注册（registration）和多态（polymorphism）的要求，我们下面具体谈到如何编写这些要求的代码。UVM 的验证环境构成分为两部分，一部分构成环境的层次，这部分代码通过 uvm_component 类完成，另一部分构成环境的属性（例如配置）和数据传输，这一部分通过 uvm_object 类完成。这两种类的集成关系从 UVM 类库地图可以看到，uvm_component 类继承于 uvm_object 类，而这两种类也是进出工厂的主要模具和生产对象。之所以称为模具，是因为通过注册，可以利用工厂完成对象创建；而之所以对象由工厂生产，也是利用了工厂生产模具可灵活替代的好处，这使得在不修改原有验证环境层次和验证包的同时，实现对环境内部组件类型或对象的覆盖。

10.3.2　工厂提供的便利

在介绍了工厂的意义之后，我们通过实际代码了解工厂提供的一些常用方法和背后机制。

```
class comp1 extends uvm_component;
  `uvm_component_utils(comp1)
  function new(string name="comp1", uvm_component parent=null);
    super.new(name, parent);
    $display($sformatf("%s is created", name));
  endfunction: new
  function void build_phase(uvm_phase phase);
    super.build_phase(phase);
  endfunction: build_phase
endclass
class obj1 extends uvm_object;
  `uvm_object_utils(obj1)
  function new(string name="obj1");
    super.new(name);
    $display($sformatf("%s is created", name));
  endfunction: new
endclass
comp1 c1, c2;
obj1 o1, o2;
```

```
initial begin
  c1 = new("c1");
  o1 = new("o1");
  c2 = comp1::type_id::create("c2", null);
  o2 = obj1::type_id::create("o2");
end
```

上面的例码分别定义了两个类——comp1（component 类）和 obj1（object 类）。后面 c1 和 o1 的例化通过 new()函数进行；而 c2 和 o2 的例化，则通过较为复杂的方式进行。这两种方式都实现了对象的例化，这一点可以从仿真输出得到印证：

```
c1 is created
o1 is created
c2 is created
obj1 is created
```

可以看到，c2 和 o2 的例化方式也是最后通过调用 new()函数实现的。没错，毕竟任何对象的例化都要通过 new()构建函数来实现。那么除此以外，这一串长长的句子还做了些什么呢？要探寻这一点，我们就要回到"打开 factory 的正确步骤"，一般来说运用 factory 的步骤可分为：

- 将类注册到工厂；
- 在例化前设置覆盖对象和类型（可选的）；
- 对象创建。

在上面的例码中，为了说明对象的创建机制而暂时省略了"设置覆盖"的流程。在两种类 comp1 和 obj1 的注册中，分别使用了 UVM 宏`uvm_component_utils 和`uvm_object_utils，在要展开这两个宏开始剖析前，我想一些读者恐怕要对这些宏抱怨起来了，因为这些宏的厚实包装，不但隐藏了更多的细节、降低了仿真速度，竟然还影响了调试（断点在宏上设置时有的仿真器无法很好支持），关于 UVM 宏的优劣我们会在本章最后讨论。还是先忍住吐槽，展开这两个宏，分析其主要动作：

```
`define uvm_component_utils(T) \
  `m_uvm_component_registry_internal(T,T) \
  `m_uvm_get_type_name_func(T) \
  ...
`define uvm_object_utils(T) \
  `m_uvm_object_registry_internal(T,T) \
  `m_uvm_object_create_func(T) \
  `m_uvm_get_type_name_func(T) \
  ...
```

这两个宏做的事情就是将类注册到 factory 中。在解释注册函数之前，要懂得 factory 在整个仿真中是独有的，即有且只有一个，这保证了所有类的注册都在一个"机构"中。可是在上面的代码中并没有出现 factory 例化，那么这个 factory 何时被例化、隐藏在哪里呢？相较于 UVM-1.1，UVM-1.2 将 UVM 核心机制都浓缩在了一个 uvm_coreservice_t 类，该类内置了 UVM 世界核心的组件和方法，主要包括：

- 唯一的 uvm_factory，该组件用来注册、覆盖和例化；

- 全局的 report_server，该组件用来做消息统筹和报告；
- 全局的 tr_database，该组件用来记录 transaction 记录；
- get_root()方法用来返回当前 UVM 环境的结构顶层对象。

在之前的 UVM-1.1 中，uvm_factory 也是唯一的，但它的例化是独立进行的；而在 UVM-1.2 中，明显的变化是通过 uvm_coreservice_t 将最重要的机制（也是必须做统一例化处理的组件）放置在 uvm_coreservice_t 类中。该类并不是 uvm_component 或 uvm_object，它也并未在 UVM 环境中例化，而是独立于 UVM 环境的。

```
`ifndef UVM_CORESERVICE_TYPE
`define UVM_CORESERVICE_TYPE uvm_default_coreservice_t
`endif
typedef class `UVM_CORESERVICE_TYPE;
virtual class uvm_coreservice_t;
  local static `UVM_CORESERVICE_TYPE inst;
  ...
    static function uvm_coreservice_t get();
      if(inst==null)
        inst=new;
      return inst;
    endfunction // get
endclass
class uvm_default_coreservice_t extends uvm_coreservice_t;
  local uvm_factory factory;
  local uvm_tr_database tr_database;
  local uvm_report_server report_server;
  ...
    virtual function uvm_factory get_factory();
      if(factory==null) begin
      uvm_default_factory f;
        f=new;
        factory=f;
      end
      return factory;
    endfunction
endclass
uvm-1.2/base/uvm_coreservice.svh
```

在 UVM 组件定义中，很多方法都会调用函数 uvm_coreservice_t::get()，进而在验证环境建立过程中创建或得到唯一的 uvm_coreservie_t::inst，该对象是 uvm_default_coreservice_t 类型。同时不单单 uvm_default_coreservice_t 只例化了一次，uvm_default_coreservice_t::factory，uvm_default_coreservice_t::tr_database 和 uvm_default_coreservice_t::report_server 通过方法 uvm_default_coreservice_t::get_factory()，uvm_default_coreservice_t::get_report_server()和 uvm_default_coreservice_t::get_default_tr_database()也都只例化了一次。因此，在仿真器中寻找这个隐藏的核心服务组件对象时，可以先搜寻类 uvm_coreservice_t，再在其内部搜寻静态成员变量 uvm_coreservice_t::inst，找到之后可以发现其内部主要组件实例 factory、report_server 和 tr_database。无论是 uvm_coreservice_t::inst，还是 uvm_default_coreservice_t 的成员变量 factory、 report_server 和 tr_database，都遵循一个原则：如果被"需要"，进行例化且只例化一次。

在上面的例码中，由于两个宏`define uvm_component_utils(T)和`define uvm_object_utils(T)需要 uvm_coreservie_t::inst，所以在仿真开始后，可以从仿真器的对象浏览窗口中看到下面的对象关系图。图 10.2 从 Synopsys VCS 'object'窗口中截取，而今后用来表示对象关系、UVM 结构层次关系图时，我们也将从 VCS 工具中截取说明。需要补充一点的是，之前 SV 章节的实例仿真均是在 Mentor QuestaSim 中进行的，而 UVM 章节的实例仿真均在 Synopsys VCS 仿真器中进行。在图 10.2 中有 4 列，从左至右分别是层次、类型、对象 ID 和对象创建时间。对于对象 ID 和对象创建时间，我们可以从图 10.2 的对象中看到，已经被创建的对象均是在 0 时刻创建的，而且都是对应类型的第一个实例（用@1 表示，也是唯一的实例）。

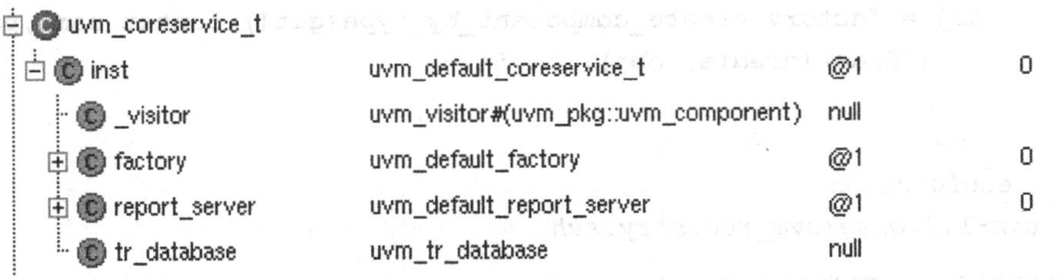

图 10.2　仿真器的对象窗口

了解了 UVM 核心组件的建立，我们来继续分解上面的宏`define uvm_component_utils(T)和`define uvm_object_utils(T)。这里，以 uvm_component_utils(T)为例，其注册机制发生在该宏的进一步拆解中：

```
`define m_uvm_component_registry_internal(T,S) \
  typedef uvm_component_registry #(T,`"S`") type_id; \
  static function type_id get_type(); \
    return type_id::get(); \
  endfunction \
  virtual function uvm_object_wrapper get_object_type(); \
    return type_id::get(); \
  endfunction
```

通过 typedef uvm_component_registry #(T,`"S`") type_id 定义一个新的类型：

```
class uvm_component_registry #(type T=uvm_component, string
  Tname="<unknown>") extends uvm_object_wrapper;
  typedef uvm_component_registry #(T,Tname) this_type;
  const static string type_name = Tname;
  virtual function string get_type_name();
    return type_name;
  endfunction
  local static this_type me = get();
  static function this_type get();
    if (me == null) begin
      uvm_coreservice_t cs = uvm_coreservice_t::get();
      uvm_factory factory=cs.get_factory();
      me = new;
      factory.register(me);
```

```
    end
   return me;
  endfunction
  ...
  static function T create(string name, uvm_component parent, string
   contxt="");
  uvm_object obj;
  uvm_coreservice_t cs = uvm_coreservice_t::get();
  uvm_factory factory=cs.get_factory();
  if (contxt == "" && parent != null)
   contxt = parent.get_full_name();
  obj = factory.create_component_by_type(get(),contxt,name,parent);
  if (!$cast(create, obj)) begin
   ...
  end
 endfunction
uvm-1.2/base/uvm_registry.svh
```

通过调用宏而实现类型定义 typedef uvm_component_registry #(T,`"S`") type_id，类型注册的行为即 type_id::me = type_id::get()，这是通过 uvm_factory::register() 来注册 type_id 并得到实例。暂时撇开如何在 factory 中注册类型不谈，一旦发生了注册，上面例码中的 type_id::create() 函数就可以最终通过 factory::create_component_by_type() 来实现。解释完上面的 uvm_component（或者 uvm_object）通过 UVM 宏来完成注册之后，我们继续深入 uvm_factory 了解注册方法 uvm_factory::register() 的实现，以及上面创建 uvm_component 对象的方法 uvm_factory::create_component_by_type()。希望通过这两个方法的联系，读者可以大致了解如何将产品模板在工厂内注册，然后通过注册的模板完成批量化生成。

```
function void uvm_default_factory::register (uvm_object_wrapper obj);
 if (obj == null) begin
  ...
 end
 if (obj.get_type_name() != "" && obj.get_type_name() != "<unknown>") begin
  if (m_type_names.exists(obj.get_type_name()))
   ...
  else
   m_type_names[obj.get_type_name()] = obj;
 end

 if (m_types.exists(obj)) begin
  if (obj.get_type_name() != "" && obj.get_type_name() != "<unknown>")
   ...
 end
 else begin
  m_types[obj] = 1;
  ...
 end
```

```
endfunction
function uvm_component uvm_default_factory::create_component_by_type
(uvm_object_wrapper requested_type, tring parent_inst_path="",
 string name, uvm_component parent);
  string full_inst_path;
  ...
  requested_type = find_override_by_type(requested_type, full_inst_path);
  return requested_type.create_component(name, parent);
endfunction
```

uvm-1.2/base/uvm_factory.svh

从上面简化的 uvm_default_factory（UVM factory 的默认实现类型）提供的两个方法，读者可以解读出的重要信息是：

● uvm_default_factory::register()方法在该类没有被注册过或覆盖过时，将该类例化过的对象句柄放置到 factory 内的类型字典（关联数组）uvm_default_factory::m_type_names 中，同时将对象句柄作为 uvm_default_factory::m_types 字典的索引键，而键值设置为 1。从这个方法的操作来看，我们所谈的"注册"并不是真正地将一个类型（空壳）抽象地放置在什么地方，而是通过例化该类的对象来完成。由于一种类型在通过宏调用时只注册一次，那么在不考虑覆盖的情况下，uvm_default_factory 就将每一个类对应的对象都放置到 factory 的字典中。这里我们将 SV 的关联数组称之为字典（借鉴 Python 的称谓），是为了更好地体现"注册"的含义。

● uvm_default_factory::create_component_by_type()经过代码简化，读者可以看到关键语句，它们首先检查处在该层次路径中需要被例化的对象，是否受到了"类型覆盖"或"实例覆盖"的影响，进而将最终类型对应的对象句柄（正确的产品模板）交给工厂。有了正确的产品模板，接下来就可以通过 uvm_component_registry::create_component() 来完成例化。实际上，uvm_component_registry:: create_component()就是通过调用 uvm_component 的构建函数 uvm_component:: new(name, parent)来实现的。

工厂注册和创建 uvm_component 的机制对于 uvm_object 类也是相似的。那么为什么要将 uvm_component 和 uvm_object 区分开来呢？这里需要再次强调的是，uvm_component 和 uvm_object 在创建时虽然都需要调用 create()函数,但最终创建出来的 uvm_component 是会表示在 UVM 层次结构中的，而 uvm_object 则不会显示在层次结构中。这一点也可以从 uvm_component::new(name, parent) 和 uvm_object::new(name) 中看得出来，之所以 uvm_component::new(name, parent)保留两个参数，就是为了通过类似"钩子"的做法，一层层由底层勾住上一层，这样就能够将整个 UVM 结构串接起来了；而 uvm_object::new(name) 则没有 parent 参数，因此也不会显示在 UVM 层次中，只能作为 configuration 或者 transaction 等用来做传递的配置结构体或抽象数据传输的数据结构体,成为 uvm_component 的成员变量。除了简化 UVM 源代码来提取 factory 精华，我们还有一种更直观的方式就是绘图[19]。

虽然在实际的 uvm_default_factory 中，它用来注册所有 uvm_component 和 uvm_object 的词典只有一个，但是用来覆盖类型的方式却有不止一种。在图 10.3 中我们将这些可能用来覆盖的类，抽象到一个词典中，以简化注册、创建和覆盖的关系。

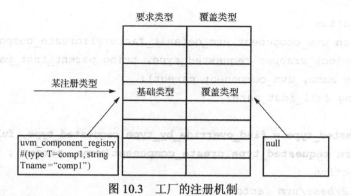

图 10.3　工厂的注册机制

在注册过程中，我们通过 uvm_component_registry 或 uvm_object_registry（如图 10.4 所示，均继承于 uvm_object_wrapper）来分别注册 uvm_component 和 uvm_object。上面的例子以 uvm_component_registry 来说明，对于这样一种用来注册的类而言，它们自身的方法是专门为配合 factory 的注册、创建和覆盖而生的，这些方法分别是：

- create()
- create_component()
- get()
- get_type_name()
- set_inst_override()
- set_type_override()

每一个 uvm_component 的类在注册时都定义一个新的 uvm_compoent_registry 类，该类的定义形式为：

```
typedef uvm_component_registry #(T,Tname) this_type;
```

这样在定义注册类 this_type 的同时，该类内部成员静态变量也在同一时间将自己例化，并将例化对象（即模板）注册到 factory 中去：

```
local static this_type me = get();
```

那么 uvm_component_registry 之于 uvm_component 的关系像什么呢？它就像一个轻量化的外壳，一个包装模板的纸箱，只不过在工厂注册时，该纸箱是一个实例，因为必须经过实例才可以携带参数化信息 #(T=comp1, Tname="comp1")，而其内部的模板，无论是 uvm_component comp1 还是模板的默认名称 "comp1"，都还只是个空空的产品图纸，箱子里面只有图纸而没有一个产品实例。所以，通过一个用来注册、创建和覆盖的小型盒子就可以注册每一个 uvm_component 或 uvm_object。那么，创建的过程用上面的图怎么来理解呢？结合代码我们发现，如果 factory 的覆盖词典中没有替换这个类型的 "箱子"，那么依旧可以通过这个箱子创建对象，而实际上创建的过程间接调用了 uvm_component 的构建函数 uvm_component::new(name, parent)：

```
requested_type.create_component(name, parent);
```

细心的读者可以发现，我们在注册 component 或 object 时将其类型 T 和类型名 Tname 同时传递给 factory。因此，通过 factory 创建对象时，可以使用的方法有：

```
create_component_by_name()
create_component_by_type()
create_object_by_name()
create_object_by_type()
```

为了避免不必要的麻烦，我们在使用宏`uvm_component_utils 和`uvm_object_utils 注册类型时，在宏内部就将类型 T 作为类型名 Tname='T'注册到 factory 中。这样，使用上面的任何一种方法创建对象都不会受困于类型与类型名不同的苦恼。

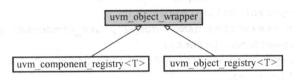

图 10.4　uvm_object_wrapper 的子类

10.3.3　覆盖方法

从上面 UVM 的对象创建，读者知道了利用 factory 中已经注册的类型，可以通过类型 T（类型 "箱子"）或类型名 Tname（字符串）来进行。与之类似，factory 提供了覆盖（override）特性，用户可以通过类型覆盖或实例名覆盖两种方式进行：

```
set_inst_override(uvm_object_wrapper override_type, string inst_path)
set_type_override(uvm_object_wrapper override_type)
```

上面两种方法由类型箱子 uvm_component_registry 和 uvm_object_registry 来提供，剪辑代码如下：

```
    static function void set_inst_override(uvm_object_wrapper override_type,
                                 string inst_path,
                                 uvm_component parent=null);
      string full_inst_path;
      uvm_coreservice_t cs = uvm_coreservice_t::get();
      uvm_factory factory=cs.get_factory();
      ...
      factory.set_inst_override_by_type(get(),override_type,inst_path);
    endfunction
    static function void set_type_override (uvm_object_wrapper override_type,
                                 bit replace=1);
      uvm_coreservice_t cs = uvm_coreservice_t::get();
      uvm_factory factory=cs.get_factory();
      factory.set_type_override_by_type(get(),override_type,replace);
    endfunction
    uvm-1.2/base/uvm_registry.svh
```

在这里介绍覆盖方法时，我们的例码通过类型覆盖方法 set_type_override()来说明。

```
module factory_override;
    import uvm_pkg::*;
    `include "uvm_macros.svh"
    class comp1 extends uvm_component;
    `uvm_component_utils(comp1)
```

```
    function new(string name="comp1", uvm_component parent=null);
      super.new(name, parent);
      $display($sformatf("comp1:: %s is created", name));
    endfunction: new
    virtual function void hello(string name);
      $display($sformatf("comp1:: %s said hello!", name));
    endfunction
  endclass
  class comp2 extends comp1;
    `uvm_component_utils(comp2)
    function new(string name="comp2", uvm_component parent=null);
      super.new(name, parent);
      $display($sformatf("comp2:: %s is created", name));
    endfunction: new
    function void hello(string name);
      $display($sformatf("comp2:: %s said hello!", name));
    endfunction
  endclass
  comp1 c1, c2;
  initial begin
    comp1::type_id::set_type_override(comp2::get_type());
    c1 = new("c1");
    c2 = comp1::type_id::create("c2", null);
    c1.hello("c1");
    c2.hello("c2");
  end
endmodule
```

输出结果为：

```
comp1:: c1 is created
comp1:: c2 is created
comp2:: c2 is created
comp1:: c1 said hello!
comp2:: c2 said hello!
```

在上面的例码中，comp2 类型覆盖了 comp1 类型：

```
comp1::type_id::set_type_override(comp2::get_type());
```

紧接着对 c1 和 c2 对象进行了创建，可以从输出结果看到，c1 的所属类型仍然是 comp1，c2 的所属类型则变为了 comp2。这说明了 factory 的覆盖机制只会影响通过 factory 注册并且创建的对象。所以，通过 type_id::create() 和 factory 的类型覆盖可以实现对象所属类型在例化时的灵活替换。在上面的例子中，有几点需要读者注意：

- 在例化 c2 之前，首先应该用 comp2 来替换 comp1 的类型。只有先完成了类型替换，才可以在后面的例化时由 factory 选择正确的类型。
- 上面的例码中较好地反映了一些实际情况。首先在声明 c2 时，由于验证师不知道今后可能存在覆盖，所以类型为 comp1。在后面发生了类型替换以后，如果原有的代码不做更新，那么 c2 句柄的类型仍然为 comp1，却指向了 comp2 类型的对象。这就要求，comp2 应该是 comp1 的子类，只有这样，句柄指向才是安全合法的。

- c2 在调用 hello()方法时，由于首先是 comp1 类型，那么会查看 comp1::hello()，又由于该方法在定义时被指定为虚函数，这就通过了多态性的方法调用，转而调用了 comp2::hello()函数。因此，显示的结果也是"comp2:: c2 said hello！"。

在 uvm_default_factory 提供的方法 set_type_override_by_type()中，我们可以抽取其要义部分。在该方法中，首先看置于 uvm_default_factory 的一个队列 uvm_factory_override m_type_overrides[$]，该队列中的单元 uvm_factory_override 保存了原始类型和覆盖类型。那么在执行覆盖方法时，从下面源代码可以看到，主要在于检查是否原类型已经被覆盖过，如果是，则更新已覆盖的信息，满足一种类型被多次覆盖的情况，而最后只按照最终被覆盖的类型为准；如果该类型没有被覆盖过，则新创建一个覆盖类型，用来保存原始类型和覆盖类型的信息。

```
function void uvm_default_factory::set_type_override_by_type (
  uvm_object_wrapper original_type,
  uvm_object_wrapper override_type,
  bit replace=1);
  bit replaced;
  ...
  // check for existing type override
  foreach (m_type_overrides[index]) begin
    if (m_type_overrides[index].orig_type == original_type ||
        (m_type_overrides[index].orig_type_name != "<unknown>" &&
         m_type_overrides[index].orig_type_name != "" &&
         m_type_overrides[index].orig_type_name == original_type.get_type_
            name())) begin
      ...
      replaced = 1;
      m_type_overrides[index].orig_type = original_type;
      m_type_overrides[index].orig_type_name = original_type.get_type_
         name();
      m_type_overrides[index].ovrd_type = override_type;
      m_type_overrides[index].ovrd_type_name = override_type.get_type_name();
    end
  end
  // make a new entry
  if (!replaced) begin
    uvm_factory_override override;
    override = new(.orig_type(original_type),
                   .orig_type_name(original_type.get_type_name()),
                   .full_inst_path("*"),
                   .ovrd_type(override_type));
    m_type_overrides.push_back(override);
  end
endfunction
uvm-1.2/base/uvm_factory.svh
```

有了注册类型词典和覆盖类型队列的信息之后，从图 10.5 可以看出，当 c2 通过 factory 创建时，会查看被创建类型是否已覆盖，如果被覆盖则从 uvm_default_factory::m_type_overrides 中取得覆盖类型的信息。从这个例子来看，comp2 类型已经覆盖了 comp1 类型，因此最终创建的类型属于 comp2 类型。

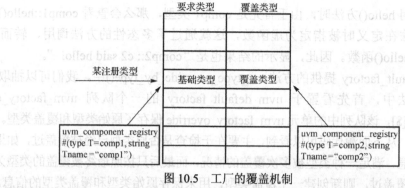

图 10.5　工厂的覆盖机制

无论是对 uvm_component 还是对 uvm_object 进行覆盖，或者无论是通过类型覆盖还是通过实例路径覆盖，覆盖的机制与上面的例子都是相近的。接下来，我们就上面覆盖时需要注意的代码要求给出一些建议，使覆盖可以避免一些错误，顺利实现。

10.3.4　确保正确覆盖的代码要求

从之前的例码可以看出，factory 提供了简单有效的方式来定制验证环境，同时这也使环境易于维护。为了保证环境中例化的组件都享受到工厂覆盖的便利，实现更多的代码复用，应养成这些习惯：

- 将 UVM 环境中所有的类都注册到工厂中，并通过工厂创建对象。这一方法可以提高验证结构的灵活性，因为注册类是在编译时段完成的（不影响运行速度），而创建对象只是额外引入了类索引的方式，实现了按照正确的类型创建。

- 引入通过工厂注册后的类包（class package）。这一点容易理解，如果在一些环境没有引入包和其定义的类，那么则无法通过该类来声明，或者通过该类来创建对象。常见的错误有，在顶层环境中没有引入定义 test 类的包，这使得 run_test()方法无法从工厂中识别注册过的类，因此提示错误，无法识别要运行的 test 名称。

- 通过工厂创建对象时，句柄名称应该同传递到 create()方法中的字符串名称相同。无论是通过层次路径名称来覆盖还是配置，将例化组件的句柄名称同创建时 create()方法中的字符串名称保持一致，都可以带来显而易见的好处。这种做法会减少调试时的困惑，让环境建立尽量简单。

- 由于覆盖采用的是 parent wins 模式，因此要注意，在同一个顶层 build_phase()中覆盖方法应发生在对象创建之前。覆盖的配置应该在 build_phase 中调用，由于 build_phase 的优先顺序是自顶向下的，而覆盖采用的是 parent wins 模式，所以顶层的覆盖如果与底层的覆盖冲突，那么顶层的覆盖会最终有效。这种方式也符合环境复用的观点。但是如果在同一个 build_phase 函数中既有覆盖方法也有创建方法，且引用同一个注册类，应保证覆盖方法先发生再调用创建方法，这也符合处于同一函数按顺序执行的原则。

- 为了尽量保证运行时覆盖类可以替换原始类，覆盖类最好是原始类的子类，而调用成员方法也应当声明为虚方法。这一点可以从上面的例码中得到证明，原始代码中的句柄 c2 的类型为 comp1，而在覆盖之后，c2 指向了 comp2 对象。为了保证句柄类型正确，comp2 应当为 comp1 的子类型，同时为了通过多态性正确调用方法，comp1 中的方法应当声明为虚方法。

● 另一种确保运行时覆盖类型句柄正确使用的方式，需要通过$cast()进行动态类型转换。上面的例子也可以将 c2 声明为 uvm_component 类型句柄，而在创建覆盖类 comp2 对象后，应该将 c2 句柄类型转换为 factory 中注册的 "comp1" 类型。这种转换会按照情况而定，如果 "comp1" 类型没有被覆盖，那么转换的句柄类型应该为 comp1 类型；如果 "comp2" 类型覆盖了 "comp1" 类型，那么转换的句柄类型应该为 comp2 类型。通过$cast()进行动态类型转换，也可以保证运行时句柄调用的类型正确。

浏览完 UVM 工厂后，读者有没有觉得它就像一个大大的乐高世界，一旦注册了那些组件装载盒子，UVM 环境的搭建就变得更容易、更方便日后的维护。这离不开 factory 的三个核心要素：注册、创建和覆盖。

10.4　核心基类

在 10.2 节中，读者可以看到 UVM 世界中的类最初都是从一个 uvm_void 根类（root class）继承来的，而实际上这个类并没有成员变量和方法。如图 10.6 所示，uvm_void 只是一个虚类（virtual class），还在等待将来继承于它的子类去开垦。在继承于 uvm_void 的子类中，有两个类，一个为 uvm_object 类，另一个为 uvm_port_base 类。

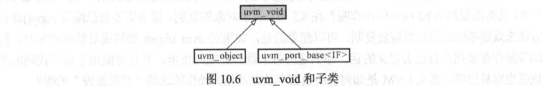

图 10.6　uvm_void 和子类

在第 12 章中 TLM 传输部分我们会讲解 uvm_port_base，本节重点分析 uvm_object 这个类的核心功能和扮演的角色是什么。要知道，在 UVM 世界的类库地图中除了事务接口（transaction interface）类继承于 uvm_port_base，其他所有的类都是从 uvm_object 类一步步继承而来的。从 uvm_object 提供的方法和相关的宏操作来看，它的核心方法主要提供与数据操作的相关服务：

● Copy
● Clone
● Compare
● Print
● Pack/Unpack

对于一个将来可能含有多种成员变量的类而言，其对象的复制和克隆要复杂很多，定义类的验证师更多需要自己去定义 copy 和 clone 等方法，这就为编码带来不便。在介绍 uvm_object 如何实现规模化的数据复制和对象克隆之前，要再次提醒初识面向对象编程的读者，下面这个操作并不是复制对象：

```
typedef enum {RED, WHITE, BLACK} color_t;
class box extends uvm_object;
  int volume = 120;
  color_t color = WHITE;
  string name = "box";
```

```
`uvm_object_utils(box)
  function new(string name="box");
    super.new(name);
    this.name = name;
  endfunction
endclass
box b1, b2;
initial begin
  b1 = new("box1");
  b2 = b1;
  b2.name = "box2";
  $display("b1 box name is %s", b1.name);
  $display("b2 box name is %s", b2.name);
end
```

输出结果为：

```
b1 box name is box2
b2 box name is box2
```

在 8.2.6 节中读者已经见过类似的例子，将 b1 赋值于 b2，并不是将 b1 内的数据复制给 b2，而只是将 b1 的句柄复制给 b2。由于 b2 与 b1 指向同一个对象，所以通过 b2 或 b1 进行对象的数据操作都是对同一个对象成员变量的修改，最终的输出结果也反映了这一点。那么，将 b1 的数据复制到 b2 应如何操作呢？在 8.2 节，关于对象的复制，读者需要自己编写 copy() 成员方法来规定哪些成员数据需要复制。可以想象的是，如果对 uvm_object 类的成员数据的复制、打印等操作都要用户自己去定义的话，那么这会带来额外的编码负担，并且可能由于用户代码的不规范也容易出错。那么 UVM 是如何解决数据存放以及相关操作的这些"基础建设"的呢？

10.4.1　域的自动化

UVM 通过域的自动化（Field Automation），使得用户在注册 UVM 类的同时也可以声明今后会参与到对象复制、克隆、打印等操作的成员变量。利用上面的例子，我们来看通过 UVM 域的自动化相关的宏，如何简化了对象的复制。

```
class box extends uvm_object;
  int volume = 120;
  color_t color = WHITE;
  string name = "box";
  `uvm_object_utils_begin(box)
    `uvm_field_int(volume, UVM_ALL_ON)
    `uvm_field_enum(color_t, color, UVM_ALL_ON)
    `uvm_field_string(name, UVM_ALL_ON)
  `uvm_object_utils_end
...
endclass
box b1, b2;
initial begin
  b1 = new("box1");
  b1.volume = 80;
  b1.color = BLACK;
```

```
    b2 = new();
    b2.copy(b1);
    b2.name = "box2";
end
```

从这个域的自动化宏的例子来看，在注册 box 的同时声明了将来参与 uvm_object 数据操作的成员变量。凡是声明了的成员变量，都将在数据操作时自动参与进来。如果一些数据没有通过域的自动化来声明，它们将不会自动参与到数据的复制、打印等操作，除非用户自己定义这些数据操作方法。这里，我们按照域的类型，将在域的自动化时声明的宏进行分类[17]，如表 10.2 所示。

表 10.2　域的自动化宏列表

域　类　型		域自动化的宏声明	成　员　类　型
标量		\`uvm_field_int(ARG, FLAG)	整形
		\`uvm_field_object(ARG, FLAG)	继承与 uvm_object 的类型句柄
		\`uvm_field_string(ARG, FLAG)	字符串类型
		\`uvm_field_enum(T, ARG, FLAG)	枚举类型
		\`uvm_field_event(ARG, FLAG)	事件类型
		\`uvm_field_real(ARG, FLAG)	实数类型
静态数组		\`uvm_field_sarray_int(ARG, FLAG)	包含整形的一维静态数组
		\`uvm_field_sarray_object(ARG, FLAG)	包含 uvm_object 的一维静态数组
		\`uvm_field_sarray_string(ARG, FLAG)	包含字符串的一维静态数组
		\`uvm_field_sarray_enum(T, ARG, FLAG)	包含枚举类型的一维静态数组
动态数组		\`uvm_field_array_int(ARG, FLAG)	包含整形的一维动态数组
		\`uvm_field_array_object(ARG, FLAG)	包含 uvm_object 的一维动态数组
		\`uvm_field_array_string(ARG, FLAG)	包含字符串的一维动态静态数组
		\`uvm_field_array_enum(T, ARG, FLAG)	包含枚举类型的一维静态数组
队列		\`uvm_field_queue_int(ARG, FLAG)	包含整形的队列
		\`uvm_field_queue_object(ARG, FLAG)	包含 uvm_object 的队列
		\`uvm_field_queue_string(ARG, FLAG)	包含字符串的队列
		\`uvm_field_queue_enum(T, ARG, FLAG)	包含枚举类型的队列
关联数组	键类型：字符串	\`uvm_field_aa_int_string(ARG, FLAG)	包含整形的关联数组
		\`uvm_field_aa_object_string(ARG, FLAG)	包含 uvm_object 的关联数组
		\`uvm_field_aa_string_string(ARG, FLAG)	包含字符串的关联数组
	键类型：整形	\`uvm_field_aa_object_int(ARG, FLAG)	由 int 索引的包含 uvm_object 的关联数组
		\`uvm_field_aa_int_int(ARG, FLAG)	由 int 索引的包含 int 的关联数组
		\`uvm_field_aa_int_int_unsigned(ARG, FLAG)	由 int_unsigned 类型索引
		\`uvm_field_aa_int_integer(ARG, FLAG)	由 integer 类型索引
		\`uvm_field_aa_int_integer_unsigned(ARG, FLAG)	由 integer_unsigned 类型索引
		\`uvm_field_aa_int_byte(ARG, FLAG)	由 byte 类型索引
		\`uvm_field_aa_int_byte_unsigned(ARG, FLAG)	由 byte_unsigned 类型索引
		\`uvm_field_aa_int_shortint(ARG, FLAG)	由 shortint 类型索引
		\`uvm_field_aa_int_shortint_unsigned(ARG, FLAG)	由 shortint_unsigned 类型索引
		\`uvm_field_aa_int_longint(ARG, FLAG)	由 longtin 类型索引
		\`uvm_field_aa_int_longint_unsigned(ARG, FLAG)	由 longting_unsigned 类型索引
		\`uvm_field_aa_int_key(ARG, FLAG)	由任何整形类型索引
		\`uvm_field_aa_int_enumkey(ARG, FLAG)	由任何枚举类型索引

这些用于域的自动化的宏声明应在 uvm_object 或 uvm_component 注册时发生，即在 `uvm_object_utils_begin 和 `uvm_object_utils_end 之间，或者在 `uvm_component_utils_begin 和 `uvm_component_utils_end 之间声明要自动化的域。在声明自动化的域时，除了要注意运用正确的宏来匹配域的成员类型（ARG），还应声明这些域在将来参与的数据操作（FLAG），这一声明由表 10.3 的枚举类型来表示。

表 10.3 域自动化的数据操作列表

数据操作方法	属 性	描 述
复制	UVM_COPY	该域被自动复制（默认）
	UVM_NOCOPY	该域不会被自动复制
	UVM_DEEP	对象域将被深复制，对象应当实现 copy 方法（默认）
	UVM_SHALLOW	对象域将被浅复制
	UVM_REFERENCE	对象域只会复制句柄
比较	UVM_COMPARE	该域会被自动比较（默认）
	UVM_NOCOMPARE	该域不会被自动比较
打印	UVM_PRINT	该域会被自动打印（默认）
	UVM_NOPRINT	该域不会被自动打印
	UVM_NODEFPRINT	该域的值如果等于默认值则不会被打印
	UVM_BIN, UVM_DEC, UVM_UNSIGNED, UVM_OCT, UVM_HEX, UVM_STRING, UVM_TIME, UVM_ENUM	规定打印该域时的字符串输出格式
记录	UVM_RECORD	该域会被自动记录（默认）
	UVM_NORECORD	该域不会被自动记录
打包	UVM_PACK	该域会被自动打包（默认）
	UVM_NOPACK	该域不会被自动打包
其他	UVM_DEEP	对象域进行深层次回归操作（复制/比较/打印/记录/打包）
	UVM_SHALLOW	对象域进行浅层次回归操作（复制/比较/打印/记录/打包）
	UVM_REFERENCE	对象域只对句柄操作（复制/比较/打印/记录/打包）
	UVM_READONLY	对象域不会被自动配置
	UVM_ALL_ON	使能该域参与所有的数据操作
	UVM_DEFAULT	采取默认的域操作方法

UVM"小白们"在刚开始使用时，不妨将 FLAG 写为 UVM_ALL_ON 或 UVM_DEFAULT。目前，UVM_ALL_ON 和 UVM_DEFAULT 的功能是一致的，即将所有的数据操作方法打开，而 UVM 推荐的是 UVM_DEFAULT，因为不排除日后添加一些其他的数据操作方法而被默认关闭。如果用户不写 UVM_ALL_ON 或 UVM_DEFAULT，那么只需写出哪些操作是应关闭的。例如，FLAG 设置为 UVM_NOCOMPARE，那么该域会被排除出比较操作，但其他操作仍然是默认执行的。此外，各种数据操作属性也可以进行多项指定，这里我们只推荐使用按位或操作符"|"。例如，"UVM_NOCOPY|UVM_NOCOMPARE"，即将该域的复制操作和比较操作关闭而保留其他操作。笔者不推荐使用加法操作符"+"的原因在于，如果有多个相同属性参与到属性运算中，则容易导致无法预期的行为。

因此，通过上述的域自动化的方法，可以给读者省去一大笔编码的时间，同时 uvm_object 也具备了进行常用数据操作的方法。不过，上面的宏虽然节省了用户编码的时间，却因使用宏额外引入上百行代码而对仿真造成大量的隐形消耗。关于宏的这把双刃剑，我们将在 10.8 节详细分析。接下来我们分别深入这几种数据操作方法，掌握它们的基本用途。

10.4.2　复制

在之前的例码中，读者初步认识到，声明了域的自动化，自动复制时可以省去不少麻烦。在这里，我们额外需要讲解的是，如果域的成员类型是对象，那么自动复制时是否将该对象的内容也全部复制下来呢？通过上面的数据操作方法默认类型可以看到，复制对象时，默认进行的是深复制，即执行 copy() 和 do_copy()。读者可以首先看下面这个例子：

```
class ball extends uvm_object;
  int diameter = 10;
  color_t color = RED;
  `uvm_object_utils_begin(ball)
    `uvm_field_int(diameter, UVM_DEFAULT)
    `uvm_field_enum(color_t, color, UVM_NOCOPY)
`uvm_object_utils_end
...
  function void do_copy(uvm_object rhs);
    ball b;
    $cast(b, rhs);
    $display("ball::do_copy entered..");
    if(b.diameter <= 20) begin
      diameter = 20;
    end
  endfunction
endclass
class box extends uvm_object;
  int volume = 120;
  color_t color = WHITE;
  string name = "box";
  ball b;
  `uvm_object_utils_begin(box)
    `uvm_field_int(volume, UVM_ALL_ON)
    `uvm_field_enum(color_t, color, UVM_ALL_ON)
    `uvm_field_string(name, UVM_ALL_ON)
    `uvm_field_object(b, UVM_ALL_ON)
  `uvm_object_utils_end
    ...
endclass
box b1, b2;
initial begin
  b1 = new("box1");
  b1.volume = 80;
  b1.color = BLACK;
  b1.b.color = WHITE;
  b2 = new();
  b2.copy(b1);
  b2.name = "box2";
  $display("%s", b1.sprint());
```

```
    $display("%s", b2.sprint());
  end
```

输出结果为：

```
ball::do_copy entered..
-----------------------------------
Name          Type      Size  Value
-----------------------------------
box1          box        -    @336
  volume      integral   32   'h50
  color       color_t    32   BLACK
  name        string     4    box1
  b           ball       -    @337
    diameter  integral   32   'ha
color         color_t    32   WHITE

box           box        -    @338
  volume      integral   32   'h50
  color       color_t    32   BLACK
  name        string     4    box2
  b           ball       -    @340
    diameter  integral   32   'h14
    color     color_t    32   RED
-----------------------------------
```

这段例码新添加了一个类 ball，并且在 box 中例化了一个 ball 的对象。在复制的过程中，box 的其他成员都正常复制了，但对 box::b 的复制则是通过 ball 的深复制方式进行的。即先执行自动复制 copy() 来复制允许复制的域，由于 ball::color 不允许复制，所以只复制了 ball::diameter。接下来，再执行 do_copy() 函数，这个函数是需要用户定义的回调函数（callback function），即在 copy() 执行完后执行 do_copy()。如果用户没有定义该函数，那么则不执行额外的数据操作。从 ball::do_copy() 函数可以看到，如果被复制对象的 diameter 小于 20，则将自身的 diameter 设置为 20。因此，对象 b2.b 的成员与 b1.b 的成员数值不同。

在介绍完 copy() 方法之后，接下来要介绍的三个方法 compare()、print() 和 pack()，与 copy() 有相似的地方，也有不同的地方。相似的地方在于，这些方法也有各自对应的回调函数，供用户在默认的数据自动操作无法满足需要时，附加执行回调函数。不同的地方在于，这些方法需要对数据操作做出额外的配置，下面是三个方法的声明：

```
function bit compare (uvm_object rhs, uvm_comparer comparer=null)
function void print (uvm_printer printer=null)
function int pack (ref bit bitstream[], input uvm_packer packer=null)
```

▶▶ 10.4.3　比较

对于比较方法，默认情况下，如果不对比较的情况做出额外配置，可以在调用 compare() 方法时省略第二项参数，即采用默认的比较配置。首先来看一个简单的例子：

```
class box extends uvm_object;
```

```
            int volume = 120;
            color_t color = WHITE;
            string name = "box";
            `uvm_object_utils_begin(box)
              ...
            `uvm_object_utils_end
            ...
        endclass
        box b1, b2;
        initial begin
          b1 = new("box1");
          b1.volume = 80;
          b1.color = BLACK;
          b2 = new("box2");
          b2.volume = 90;
          if(!b2.compare(b1)) begin
            `uvm_info("COMPARE", "b2 comapred with b1 failure", UVM_LOW)
          end
          else begin
            `uvm_info("COMPARE", "b2 comapred with b1 succes", UVM_LOW)
          end
        end
```

输出结果为：

```
    UVM_INFO  @ 0: reporter [MISCMP] Miscompare for box2.volume: lhs = 'h5a :
      rhs = 'h50
    UVM_INFO  @ 0: reporter [MISCMP] 1 Miscompare(s) for object box1@336 vs.
      box2@337
    UVM_INFO  @ 0: reporter [COMPARE] b2 comapred with b1 failure
```

　　在上面的两个对象比较中，比较每一个自动化的域，所以在执行 compare() 函数时，内置的比较方法也会输出比较的错误。从结果来看，比较发生了错误，返回 0 值。那么，b1.color 和 b2.color 虽然不相同，为什么没有比较错误的信息呢？原因在于，默认的比较器，即 uvm_package::uvm_default_comparer 最大输出的错误比较信息是 1，也就是说，当比较错误发生时，不再进行后续的比较。实际上，在 uvm_object 使用到的方法 compare()、print() 和 pack()，如果没有指定数据操作配置对象作为参数时，会使用在 uvm_pkg 中例化的全局数据操作配置成员。在这里我们可以从图 10.7 看到，在 uvm_pkg 中例化了不少全局对象，而在本节中我们会使用到的全局配置对象包括 uvm_default_comparer，uvm_default_printer 和 uvm_default_packer。

　　如果用户不想使用默认的比较配置而是自己对比较进行设定，可以考虑创建一个 uvm_comparer 对象，或者修改全局的 uvm_comparer 对象。下面的这段例码，采取了第一种方法：

```
        box b1, b2;
        uvm_comparer cmpr;
        initial begin
```

```
...
cmpr = new();
cmpr.show_max = 10;
if(!b2.compare(b1)) begin
    ...
end
```

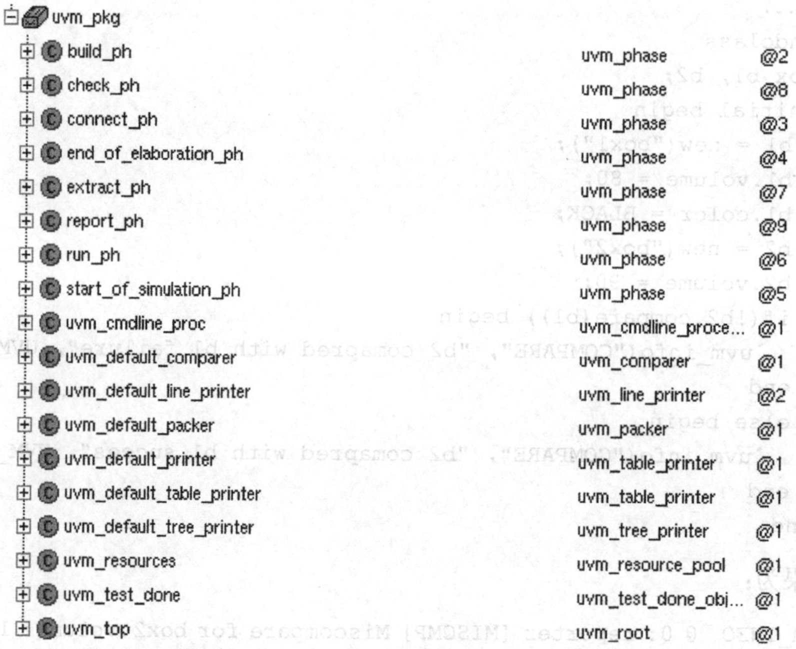

uvm_pkg		
build_ph	uvm_phase	@2
check_ph	uvm_phase	@8
connect_ph	uvm_phase	@3
end_of_elaboration_ph	uvm_phase	@4
extract_ph	uvm_phase	@7
report_ph	uvm_phase	@9
run_ph	uvm_phase	@6
start_of_simulation_ph	uvm_phase	@5
uvm_cmdline_proc	uvm_cmdline_proce...	@1
uvm_default_comparer	uvm_comparer	@1
uvm_default_line_printer	uvm_line_printer	@2
uvm_default_packer	uvm_packer	@1
uvm_default_printer	uvm_table_printer	@1
uvm_default_table_printer	uvm_table_printer	@1
uvm_default_tree_printer	uvm_tree_printer	@1
uvm_resources	uvm_resource_pool	@1
uvm_test_done	uvm_test_done_obj...	@1
uvm_top	uvm_root	@1

图 10.7 uvm_pkg 的全局对象

在这段例码中，额外创建了一个比较配置对象 cmpr。这个对象是 uvm_comparer 类，此类并不继承于任何其他的 UVM 类，只是单纯的一个用于存放比较配置信息的类。在设定了最大的比较错误次数之后，b1 与 b2 进行比较后的信息将给得更加全面，全部的比较错误信息都会输出。关于 uvm_comparer 的其他比较设置，用户可以阅读 UVM 类参考文档[18]。

10.4.4 打印

打印方法是核心基类提供的另一种便于开发和调试的功能。field automation 使得声明之后的各个成员域在调用 uvm_object::print() 函数时自动打印出来，下面是一段例码：

```
class box extends uvm_object;
    int volume = 120;
    color_t color = WHITE;
    string name = "box";
    `uvm_object_utils_begin(box)
    ...
endclass
box b1;
uvm_table_printer local_printer;
initial begin
```

```
        b1 = new("box1");
        local_printer = new();
        $display("default table printer format");
        b1.print();
        $display("default line printer format");
        uvm_default_printer = uvm_default_line_printer;
        b1.print();
        $display("default tree printer format");
        uvm_default_printer = uvm_default_tree_printer;
        b1.print();
        $display("customized printer format");
        local_printer.knobs.full_name = 1;
        b1.print(local_printer);
    end
```

打印结果为：

```
    default table printer format
    Name       Type      Size  Value
    box1       box        -      @336
      volume   integral  32     'h78
      color    color_t   32     WHITE
      name     string    4      box1
    default line printer format
    box1: (box@336) { volume: 'h78  color: WHITE  name: box1 }
    default tree printer format
    box1: (box@336) {
      volume: 'h78
      color: WHITE
      name: box1
    }
    customized printer format
    Name           Type      Size  Value
    box1           box        -      @336
      box1.volume  integral  32     'h78
      box1.color   color_t   32     WHITE
      box1.name    string    4      box1
```

从这段例码可以发现，在 field automation 中声明了的域在稍后的 print() 函数执行时，都将打印出它们的类型、大小和数值。如果用户不对打印的格式做出修改，UVM 会按照 uvm_default_printer 规定的格式来打印。在 10.4.3 节，读者已经知道 uvm_pkg 在仿真一开始就会例化不少全局对象，这其中就包括了 uvm_default_printer 和其他几个用于打印的对象，它们分别是：

- uvm_default_tree_printer：可以将对象按照树状结构打印。
- uvm_default_line_printer ：可以将对象数据打印到一行上面。
- uvm_default_table_printer ：可以将对象按照表格的方式打印。
- uvm_default_printer：UVM 环境默认的打印设置，该句柄默认指向了 uvm_default_table_printer。

所以通过给全局打印机 uvm_default_printer 赋予不同的打印机句柄，就可以在调用任何 uvm_object 的 print()方法时，得到不同的打印格式。如果用户需要自定义一些打印属性，可以自己创建一个打印机，进而通过修改其属性 uvm_printer::knobs 中的成员来定制打印格式。每一台打印机都有打印属性，用户可以通过查看 UVM 类的参考手册[18]，查找详细的打印属性类 uvm_printer_knobs。除了简单的 print()函数，用户还可以通过 uvm_object::sprint()将对象的信息作为字符串返回，或者自定义 do_print()函数来定制一些额外的打印输出。

10.4.5　打包和解包

我们最后来看另一个核心功能打包和解包，类似于之前的复制和打印，uvm_object 也提供了通过 field automation 实现的打包和解包方法：

```
function int pack (ref bit bitstream[], input uvm_packer packer=null);
function int unpack (ref bit bitstream[], input uvm_packer packer=null);
```

以及用户可以自定义的回调函数：

```
virtual function void do_pack (uvm_packer packer);
virtual function void do_unpack (uvm_packer packer);
```

首先来看一段打包和解包的例码：

```
class box extends uvm_object;
  int volume = 120;
  int height = 20;
  color_t color = WHITE;
  `uvm_object_utils_begin(box)
    ...
endclass
box b1, b2;
bit packed_bits[];
initial begin
  b1 = new("box1");
  b2 = new("box2");
  b1.volume = 100;
  b1.height = 40;
  b1.color = RED;
  b1.print();
  b1.pack(packed_bits);
  $display("packed bits stream size is %d \n", packed_bits.size());
  b2.unpack(packed_bits);
  b2.print();
end
```

输出结果为：

```
Name      Type     Size  Value
box1      box      -     @336
  volume  integral 32    'h64
```

```
    height    integral  32    'h28
    color     color_t   32    RED
  packed bits stream size is          96
  box2      box       -      @337
    volume    integral  32    'h64
    height    integral  32    'h28
    color     color_t   32    RED
```

上面的例码中 b1 将声明过的域通过 pack() 进行打包, 打包好的数据存入到一个比特数组 packed_bits, 这个数组存放着所有经过 field automation 的域值。接下来 b2 又从 packed_bits 中解包, 将数据存入到自己的各个域中。这么看起来, 这个例子是完成一次对象数值的复制。如果是这样, 那么为什么不使用 uvm_object::copy() 函数, 而是费这么大周折将 b1 内的域值先打包, 再通过 b2 解包完成数值的复制呢? 实际上, 打包和解包的方式并不是主要为软件对象之间的数值复制服务的, 而是为从软件对象到硬件接口赋值服务的。在硬件接口中, 所有的接口都是按照一定的比特宽度定义的, 并不像软件对象内的各个域那样声明。因此要完成一次从软件对象到硬件接口的赋值, 一种方法就是利用 uvm_object::pack() 来实现。同样, 要完成对硬件信号的采样, 也可以将排列好的硬件信号数值保存, 继而通过 uvm_object::unpack() 来完成从硬件接口信号到软件对象的数值复制。在 pack() 和 unpack() 的参数中, 有一个是可以默认的参数即 uvm_packer, 如果用户不做特别指定, 那么打包和解包的 uvm_packer 将会使用 uvm_pkg 中例化的全局对象 uvm_default_packer。此外, 用户如果要自行打包, 例如规定将 b1.volume 打包成多少长度的比特数组, 来匹配硬件信号的位宽, 则需要自己定义 do_pack() 回调函数。关于如何通过 uvm_packer 来完成自定义的打包方式和解包方式, 用户可以阅读 UVM 类的参考手册[18], 查看 uvm_packer 提供的方法。

至此我们已经将 UVM 核心类 uvm_object 在注册时伴随的 field automation 以及由此带来的福利: 复制、比较、打印、打包和解包为读者们介绍完毕。有了这样完善的基础方法, 接下来要进一步搭建房屋为读者们介绍 uvm_component 类时, 我们将讨论 UVM 的 phase 机制并带领读者思考, 为什么需要 phase 机制, 以及在实际使用过程中需要注意哪些地方。

10.5　phase 机制

在之前 SV 的章节中读者可以看到, 传统的硬件设计模型在仿真开始前已经完成例化和连接; 而 SV 的软件部分对象例化则在仿真开始后执行。虽然对象例化通过调用构建函数 new() 来实现, 但是单单通过 new() 函数无法解决的一个重要问题, 就是验证环境在实现层次化时如何保证例化的先后关系, 以及各个组件在例化后的连接。此外, 如果需要实现高级功能, 例如在顶层到底层的配置时, SV 也无法在底层组件例化之前完成对底层的配置逻辑。因此, UVM 在验证环境构建时引入了 phase 机制, 通过该机制我们可以很清晰地将 UVM 仿真阶段层次化。这里的层次化, 不只是各个 phase 的先后执行顺序, 处于同一 phase 中的层次化组件之间的 phase 也有先后关系。本文将从机制和应用层面介绍 phase 概念, 最后就 UVM 仿真的开始和结束方式进行阐述。

10.5.1 phase 执行机制

如果暂时抛开 phase 的机制剖析，UVM 组件的开发者主要关心各个 phase 执行的先后顺序。在定义了各个 phase 虚方法后，UVM 环境会按照 phase 的顺序分别调用这些方法。首先我们来看 UVM 的 phase 有哪些，如表 10.4 所示。

表 10.4 UVM 的 phase 列表

phase	函数/任务	执行顺序	功　能	典型应用
build	函数	自顶向下	创建和配置测试平台的结构	创建组件和寄存器模型，设置或获取配置
connect	函数	自底向上	建立组件之间的连接	连接 TLM/TLM2 的端口，连接寄存器模型和 adapter
end_of_elaboration	函数	自底向上	测试环境的微调	显示环境结构，打开文件，为组件添加额外配置
start_of_simulation	函数	自底向上	准备测试环境的仿真	显示环境结构，设置断点，设置初始运行的配置值
run	任务	自底向上	激励设计	提供激励、采集数据和数据比较，与 OVM 兼容
extract	函数	自底向上	从测试环境中收集数据	从测试平台提取剩余数据，从设计观察最终状态
check	函数	自底向上	检查任何不期望的行为	检查不期望的数据
report	函数	自底向上	报告测试结果	报告测试结果，将结果写入到文件中
final	函数	自顶向下	完成测试活动结束仿真	关闭文件，结束联合仿真引擎

关于上述的执行顺序，我们可以从下面这段例码中得到佐证：

```
class subcomp extends uvm_component;
  `uvm_component_utils(subcomp)
  function new(string name, uvm_component parent);
    super.new(name, parent);
  endfunction
  function void build_phase(uvm_phase phase);
    `uvm_info("build_phase", "", UVM_LOW)
  endfunction
  function void connect_phase(uvm_phase phase);
    `uvm_info("connect_phase", "", UVM_LOW)
  endfunction
  function void end_of_elaboration_phase(uvm_phase phase);
    `uvm_info("end_of_elaboration_phase", "", UVM_LOW)
  endfunction
  function void start_of_simulation_phase(uvm_phase phase);
    `uvm_info("start_of_simulation_phase", "", UVM_LOW)
  endfunction
  task run_phase(uvm_phase phase);
    `uvm_info("run_phase", "", UVM_LOW)
  endtask
  function void extract_phase(uvm_phase phase);
    `uvm_info("extract_phase", "", UVM_LOW)
  endfunction
  function void check_phase(uvm_phase phase);
    `uvm_info("check_phase", "", UVM_LOW)
  endfunction
  function void report_phase(uvm_phase phase);
    `uvm_info("report_phase", "", UVM_LOW)
```

```
      endfunction
    function void final_phase(uvm_phase phase);
      `uvm_info("final_phase", "", UVM_LOW)
    endfunction
  endclass
  class topcomp extends subcomp;
    subcomp c1, c2;
    ...
    function void build_phase(uvm_phase phase);
      `uvm_info("build_phase", "", UVM_LOW)
      c1 = subcomp::type_id::create("c1", this);
      c2 = subcomp::type_id::create("c2", this);
    endfunction
  endclass
  class test1 extends uvm_test;
    topcomp t1;
    ...
    function void build_phase(uvm_phase phase);
      t1 = topcomp::type_id::create("t1", this);
    endfunction
  endclass
```

输出结果为：

```
UVM_INFO @ 0: uvm_test_top.t1 [build_phase]
UVM_INFO @ 0: uvm_test_top.t1.c1 [build_phase]
UVM_INFO @ 0: uvm_test_top.t1.c2 [build_phase]
UVM_INFO @ 0: uvm_test_top.t1.c1 [connect_phase]
UVM_INFO @ 0: uvm_test_top.t1.c2 [connect_phase]
UVM_INFO @ 0: uvm_test_top.t1 [connect_phase]
UVM_INFO @ 0: uvm_test_top.t1.c1 [end_of_elaboration_phase]
UVM_INFO @ 0: uvm_test_top.t1.c2 [end_of_elaboration_phase]
UVM_INFO @ 0: uvm_test_top.t1 [end_of_elaboration_phase]
UVM_INFO @ 0: uvm_test_top.t1.c1 [start_of_simulation_phase]
UVM_INFO @ 0: uvm_test_top.t1.c2 [start_of_simulation_phase]
UVM_INFO @ 0: uvm_test_top.t1 [start_of_simulation_phase]
UVM_INFO @ 0: uvm_test_top.t1.c1 [run_phase]
UVM_INFO @ 0: uvm_test_top.t1.c2 [run_phase]
UVM_INFO @ 0: uvm_test_top.t1 [run_phase]
UVM_INFO @ 0: uvm_test_top.t1.c1 [extract_phase]
UVM_INFO @ 0: uvm_test_top.t1.c2 [extract_phase]
UVM_INFO @ 0: uvm_test_top.t1 [extract_phase]
UVM_INFO @ 0: uvm_test_top.t1.c1 [check_phase]
UVM_INFO @ 0: uvm_test_top.t1.c2 [check_phase]
UVM_INFO @ 0: uvm_test_top.t1 [check_phase]
UVM_INFO @ 0: uvm_test_top.t1.c1 [report_phase]
UVM_INFO @ 0: uvm_test_top.t1.c2 [report_phase]
UVM_INFO @ 0: uvm_test_top.t1 [report_phase]
```

```
UVM_INFO @ 0: uvm_test_top.t1 [final_phase]
UVM_INFO @ 0: uvm_test_top.t1.c1 [final_phase]
UVM_INFO @ 0: uvm_test_top.t1.c2 [final_phase]
```

从这个例子可以看出，上面的 9 个 phase 对测试环境的生命周期而言有固定的先后执行顺序；同时，对于同一个 phase 中的组件，执行也会按照层次的顺序，或者自顶向下，或者自底向上。在这个简单的环境中，顶层测试组件 test1 例化了一个 t1 组件，而 t1 组件又例化了 c1 和 c2 组件。从执行结果来看，需要注意的地方有：

- 对于 build phase，执行顺序为自顶向下，这符合验证结构建设的逻辑。只有先例化高层组件，才会创建空间来容纳低层组件。
- 只有 uvm_component 及其继承于 uvm_component 的子类，才会按照 phase 机制将上面的 9 个 phase 先后执行完毕。

在 9 个 phase 中，常用的 phase 包括 build、connect、run 和 report，它们分别完成了组件的建立、连接、运行和报告。这些 phase 在 uvm_component 中通过 _phase 的后缀完成了虚方法的定义，比如 build_phase() 可以定义一些组件例化和配置的任务。在所有 phase 中，只有 run_phase 方法是一个可以耗时的任务，这意味着该方法可以完成一些等待、激励、采样的任务。对于其他 phase 对应的方法都是函数，必须立即返回（0 耗时）。在 run_phase 中，用户如果要完成测试，通常需要组织下面的激励序列：

- 上电；
- 复位；
- 寄存器配置；
- 发送主要测试内容；
- 等待 DUT 完成测试。

用户发送激励的一种简单方式是在 run_phase 中完成上面所有的激励；另一种方式是，如果用户可以将上面几种典型序列划分到不同区间，让对应的激励按区间顺序发送，则可以让测试更有层次。因此，run_phase 又分为 12 个 phase：

- pre_reset_phase
- reset_phase
- post_reset_phase
- pre_configure_phase
- configure_phase
- post_configure_phase
- pre_main_phase
- main_phase
- post_main_phase
- pre_shutdown_phase
- shutdown_phase
- post_shutdown_phase

上面 12 个 phase 的执行顺序是从前到后的，那么这 12 个 phase 与 run_phase 是什么关系呢？我们通过这段例码来理解：

```
class test1 extends uvm_test;
  `uvm_component_utils(test1)
  function new(string name, uvm_component parent);
    super.new(name, parent);
  endfunction
  function void start_of_simulation_phase(uvm_phase phase);
    `uvm_info("start_of_simulation", "", UVM_LOW)
  endfunction
  task run_phase(uvm_phase phase);
    phase.raise_objection(this);
    `uvm_info("run_phase", "entered ..", UVM_LOW)
    #1us;
    `uvm_info("run_phase", "exited ..", UVM_LOW)
    phase.drop_objection(this);
  endtask
  task reset_phase(uvm_phase phase);
    `uvm_info("reset_phase", "", UVM_LOW)
  endtask
  task configure_phase(uvm_phase phase);
    `uvm_info("configure_phase", "", UVM_LOW)
  endtask
  task main_phase(uvm_phase phase);
    `uvm_info("main_phase", "", UVM_LOW)
  endtask
  task shutdown_phase(uvm_phase phase);
    `uvm_info("shutdown_phase", "", UVM_LOW)
  endtask
  function void extract_phase(uvm_phase phase);
    `uvm_info("extract_phase", "", UVM_LOW)
  endfunction
endclass
```

输出结果为：

```
UVM_INFO @ 0: uvm_test_top [start_of_simulation]
UVM_INFO @ 0: uvm_test_top [run_phase] entered ..
UVM_INFO @ 0: uvm_test_top [reset_phase]
UVM_INFO @ 0: uvm_test_top [configure_phase]
UVM_INFO @ 0: uvm_test_top [main_phase]
UVM_INFO @ 0: uvm_test_top [shutdown_phase]
UVM_INFO @ 1000000: uvm_test_top [run_phase] exited ..
UVM_INFO @ 1000000: uvm_test_top [extract_phase]
```

从这个例子可以看到，实际上 run_phase 任务和上面细分的 12 个 phase 是并行的，即在 start_of_simulation_phase 任务执行以后，run_phase 和 reset_phase 开始执行，而在 shutdown_phase 执行完成之后，需要等待 run_phase 执行完才可以进入 extract_phase[25]。它们的执行顺序关系可以参考图 10.8。

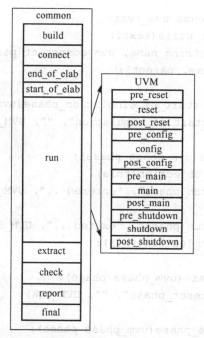

图 10.8 UVM_run phase 对应的 12 个细分 phase

　　需要提醒的是，虽然 run_phase 与细分的 12 个 phase 是并行的，但 12 个 phase 也是按先后顺序执行的。为了避免不必要的干扰，可以选择 run_phase 或 12 个 phase 中的若干来完成激励，但不要将它们混合起来使用，因为这样容易导致执行关系的不明确。如果要进一步深入 phase 机制，要清楚下面的概念：phase、schedule 和 domain。

- phase 即上面介绍的部分，特定的 phase 会完成特定的功能。
- schedule 是包含 phase 的关联数组，即若干个 phase 会由 schedule 按照顺序先后执行。
- domain 则内置一个 schedule。
- schedule 所属类 uvm_schedule 和 domain 所属类 uvm_domain 均继承于 uvm_phase。

　　上面首先介绍的 9 个 phase 共同构成了 common domain，另外 12 个 phase 则共同构成了 uvm domain。无论是 domain 还是 phase，它们在 UVM 环境中都只生成一个唯一的对象。common domain 和 uvm domain 的联系和区别是：

- common domain 无法被扩展或取代，这是 UVM phase 机制的核心。也就是说，构成它的 9 个 phase 的顺序不能更改，也无法添加新的 phase。同时，这一核心 domain 也是为了与 OVM 的 phase 机制保持兼容，方便 OVM 代码移植到 UVM。
- uvm domain 则包含了上面的 12 个 phase，其调度也是按照先后顺序执行的。这一部分与 common domain 不同的是，它们的执行是与 run_phase 同时开始，并且最后共同结束。同时用户还可以自定义一些 phase，添加到 uvm domain 中，并且设置与其他 phase 执行的先后关系。

　　上面的 common domain 和 uvm domain 中包含的 phase 在 uvm_pkg 中例化的 phase 实例群如图 10.9 所示。

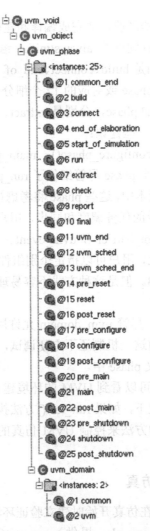

图 10.9　common phase 和 uvm phase 的实例群

在详细介绍完 UVM 的各个 phase 以及它们之间的执行顺序之后，读者可以结合之前硬件和软件的编译以及例化部分来统一理解 UVM 世界中的编译运行顺序，如图 10.10 所示：

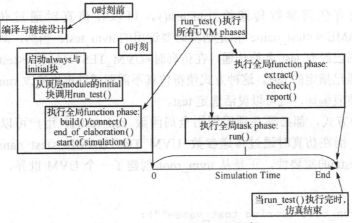

图 10.10　UVM 的编译运行顺序

- 在加载硬件模型调用仿真器之前，要完成编译和建模阶段。
- 在开始仿真之前，分别执行硬件的 always/initial 语句，以及 UVM 的调用测试方法 run_test 和几个 phase，分别是 build、connect、end_of_elaboration 和 start_of_simulation。
- 在开始仿真后，执行 run_phase 或对应的 12 个细分 phase。
- 在仿真结束后，执行剩余的 phase，分别是 extract、check、report 和 final。

对于使用 phase 机制，这里有一些建议：

- 避免使用 reset_phase()、configure_phase()、main_phase()、shutdown_phase()和其他 pre_/post_ 等 phase。这 12 个 phase 尽管细化了 run_phase()，但也使得 phase 的跳转过为冗余，在将来的 UVM 版本中，这些 phase 将考虑被废除。为了控制 reset、configure、main 和 shutdown 各个阶段的任务调度和同步，用户可以考虑 fork-join 语句块，或者高级的同步方式，例如 uvm_barrier 和 uvm_event。
- 避免 phase 的跳跃。实际上，用户可以指定个别组件在 phase 执行中，从 phaseA 跳跃到 phaseC，而忽略 phaseB。但是这种方式不容易理解和调试，所以不建议使用这一特性。
- 避免自定义 phase 的使用。尽管 uvm domain 允许用户自定义 phase 并设置新添加的 phase 执行顺序，但是目前这一机制还不方便调试，用户应该尽量将置于新 phase 中的任务剥离到 UVM 预定义 phase 中。

从之前的例子和图 10.10 中，可以看到 UVM 的环境建立和各个 phase 先后调用的入口，都是从 run_test()进入的。默认情况下，如果 run_test()方法执行完毕，那么系统函数$finish 会被调用来终止仿真。然而有更多的方法来控制 UVM 仿真的开始和结束，接下来我们分别介绍这些方法的应用。

10.5.2 如何开始 UVM 仿真

仅从 UVM 的应用角度出发，在仿真开始时建立验证环境，可以考虑选择下面几种方式：

- 可以通过全局函数（由 uvm_pkg 提供）run_test()来选择性地指定要运行哪一个 uvm_test。这里的 test 类均继承于 uvm_test。这样的话，指定的 test 类将被例化并指定为顶层的组件。一般而言，run_test()函数可以在合适 module/program 中的 initial 进程块中调用。
- 如果没有任何参数传递给 run_test()，可以在仿真时通过传递参数+UVM_TESTNAME = <test_name>指定仿真时要调用的 uvm_test。当然，即便 run_test()函数在调用时已经有 test 名称传递，在仿真时+UVM_TESTNAME=<test_name>也可以从顶层覆盖已指定的 test。这种方式使得仿真不需要通过再次修改 run_test()调用的 test 名称和重复编译，就可以灵活选定 test。

无论哪一种方式，都必须在顶层调用全局函数 run_test()，用户可以考虑不传递 test 名称作为参数，而在仿真时通过传递参数+UVM_TESTNAME=<test_name>来选择 test。全局函数 run_test()的重要性，正是从 uvm_root 创建了一个 UVM 世界，我们来看以下这段代码：

```
task run_test (string test_name="");
    uvm_root top;
```

```
    uvm_coreservice_t cs;
    cs = uvm_coreservice_t::get();
    top = cs.get_root();
    top.run_test(test_name);
  endtask
  uvm-1.2/base/uvm_globals.svh
```

这里需要先了解 UVM 顶层类 uvm_root。该类继承于 uvm_component，是 UVM 环境结构中的一员，可以作为顶层结构类。它提供了一些像 run_test() 的这种方法来充当 UVM 世界中的核心角色。在 uvm_pkg 中，有且只有一个顶层类 uvm_root 所例化的对象，即 uvm_top。这就同"道生一，一生二，二生三，三生万物"的古语一般，在 UVM 的世界中，"道"就是 uvm_pkg，"一"就是 uvm_top，而后来的"万物"就是 uvm_top 下例化的 uvm_test 以及更多的子组件。uvm_top 承担的核心职责包括：

● 作为隐形的 UVM 世界顶层，任何其他的组件实例都在它之下，通过创建组件时指定 parent 来构成层次。如果 parent 设定为 null，那么它将作为 uvm_top 的子组件。
● phase 控制。控制所有组件的 phase 顺序。
● 索引功能。通过层次名称来索引组件实例。
● 报告配置。通过 uvm_top 来全局配置报告的繁简度（verbosity）。
● 全局报告设备。由于可以全局访问到 uvm_top 实例，因此 UVM 报告设备在组件内部和组件外部（例如 module 和 sequence）都可以访问。

通过 uvm_top 调用方法 run_test(test_name)，uvm_top 做了如下的初始化：

● 得到正确的 test_name。
● 初始化 objection 机制。
● 创建 uvm_test_top 实例。
● 调用 phase 控制方法，安排所有组件的 phase 方法执行顺序。
● 等待所有 phase 执行结束，关闭 phase 控制进程。
● 报告总结和结束仿真。

下面是精简过的 UVM 源代码，可以用来对照上面所述 uvm_root::run_test() 的初始化内容：

```
  task uvm_root::run_test(string test_name="");
    uvm_report_server l_rs;
    uvm_coreservice_t cs = uvm_coreservice_t::get();
    uvm_factory factory=cs.get_factory();
    bit testname_plusarg;
    int test_name_count;
    string test_names[$];
    string msg;
    uvm_component uvm_test_top;
    process phase_runner_proc; // 存储 forked 线程用于最终的进程清理
    testname_plusarg = 0;
    uvm_objection::m_init_objections();
    ... // 获得 test_name
```

```
        // if test now defined, create it using common factory
        if (test_name != "") begin
          uvm_coreservice_t cs = uvm_coreservice_t::get();
          uvm_factory factory=cs.get_factory();

          ...
      // 创建 uvm_test_top
        $cast(uvm_test_top, factory.create_component_by_name(test_name,
            "", "uvm_test_top", null));
        ...
        end
      ...
      // phase 控制方法，按 phase 顺序执行所有组件的 phase
      fork begin
        // spawn the phase runner task
        phase_runner_proc = process::self();
        uvm_phase::m_run_phases();
      end
      join_none
      #0; // let the phase runner start
      // 等待组件的 phase 执行完毕
      wait (m_phase_all_done == 1);
      // 关闭 phase 控制线程
      phase_runner_proc.kill();
      // 报告总结
      l_rs = uvm_report_server::get_server();
      l_rs.report_summarize();
      // 结束仿真
      if (finish_on_completion)
        $finish;
    endtask
    uvm-1.2/base/uvm_root.svh
```

10.5.3 如何结束 UVM 仿真

UVM 的开始仿真相对于结束仿真要容易一些，毕竟只需要在仿真时传递 test 名字，就可以在仿真开始时创建对应的 test 顶层实例。而对于结束仿真，要理解和合理地利用 UVM 结束机制就显得困难一些。在之前介绍的所有 phase 中，只有 run phase（对应 12 个细分的 runtime phase）是 task，而何时可以结束仿真，实际上与 run phase 何时结束直接相关。UVM-1.1 已将仿真结束机制做了大量简化，为了对比仿真结束机制，我们分别介绍 UVM-1.0 和 UVM-1.1 之后的 run phase 执行机制，以了解和比较这两种不同版本的机制[20]。

1．UVM-1.0 版本的结束机制

我们将 run phase 执行分为两个阶段和三种执行的线程。这两个阶段是活跃期（active stage）和停止中断期（stop-interrupt stage），如图 10.11 所示。

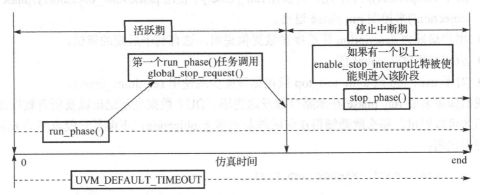

图 10.11　UVM-1.0 run phase 的执行分析

从这一版本的结束机制可以看到：

- 默认情况下，如果没有 objection 反停止标记挂起，所有 run_phase 任务在执行时直接放入到 fork-join_none 进程中，run_phase() 中的任务在后台执行，但不会阻止 run_phase() 结束，进入下一个 phase。因此，objection 机制是控制仿真退出 run_phase 的一种办法。

- 另外，如果在任何组件中设置了 enable_stop_interrupt 比特，那么要退出 run_phase()，除了考虑之前的 objection 机制，还可以在 run_phase() 中调用 global_stop_request()。调用 global_stop_request() 后，run_phase() 立即结束活跃期进入停止中断期，继而执行用户自定义的 stop_phase() 任务。但是，如果在调用 global_stop_request() 时已有组件挂起了 objection 反停止标记，那么 global_stop_request() 的停止活跃期的要求会被忽略，结束机制只遵循 objection 机制。

2．UVM-1.1 版本之后的结束机制

上面的 UVM-1.0 主要有两种控制 run_phase() 的结束方式，同 OVM 的结束机制是一致的。而到了 UVM-1.1 版本以后，结束机制得到了更多的简化。上面的两种结束方式，global_stop_request() 的结束方式已经被废除，也就是说 run_phase 不再拥有停止中断期，只依靠 objection 机制来结束仿真。uvm_objection 类提供了一种供所有 component 和 sequence 共享的计数器。如果有组件来挂起 objection，那么它还应该记得落下 objection。参与到 objection 机制中的参与组件，可以独立的各自挂起 objection 来防止 run_phase 退出，但是只有这些组件都落下 objection 后，uvm_objection 共享的 counter 才会变为 0，这意味 run_phase 退出的条件满足，因此可以退出 run_phase。对于 uvm_objection 类，用来反停止的控制方法包括：

```
raise_objection ( uvm_object obj = null, string description = "" , int
    count = 1) 挂起 objection
drop_objection ( uvm_object obj = null, string description = "" , int count
    = 1) 落下 objection
```

```
set_drain_time ( uvm_object obj = null, time drain) 设置退出时间
```

对这几种方法，在实际应用中的建议有：

- 对于 component() 而言，用户可以在 run_phase() 中使用 phase.raise_objection() /phase.drop_objection() 来控制 run phase 退出。
- 用户最好为 description 字符串参数提供说明，这有利于后期的调试。
- 应该使用默认 count 值。
- 对于 uvm_top 或 uvm_test_top 应该尽可能少地使用 set_drain_time()。

我们如果需要 run phase 在激励全部发送完毕、DUT 数据全部送出以及所有数据比较结束之后才可以退出，那么就要懂得在何时挂起和落下 objection，下面是一段典型的 objection 机制应用代码：

```
class test1 extends uvm_test;
  ...
  task run_phase(uvm_phase phase);
    phase.raise_objection(this);
    `uvm_info("run_phase", "entered ..", UVM_LOW)
    #1us;
    `uvm_info("run_phase", "exited ..", UVM_LOW)
    phase.drop_objection(this);
  endtask
endclass
```

输出结果为：

```
UVM_INFO @ 0: uvm_test_top [run_phase] entered ..
UVM_INFO @ 1000000: uvm_test_top [run_phase] exited ..
UVM_INFO @ 1000000: reporter [TEST_DONE] 'run' phase is ready to proceed
    to the 'extract' phase
UVM_INFO @ 1000000: reporter [UVM/REPORT/CATCHER]
```

从输出结果来看，uvm_pkg::uvm_test_done 实例会在 test1 的 run_phase() 执行完毕之后，才退出 run phase。这得益于 test1::run_phase() 在仿真一开始就挂起了 objection，而在执行完毕后才落下 objection。这时 uvm_pkg::uvm_test_done 认为 run phase 已经可以退出，进而转向下一个 extract phase。直到退出所有 phase 之后，UVM 进入了报告总结阶段。那么如果没有挂起 objection，UVM 仿真会怎么样呢？

```
class test1 extends uvm_test;
  ...
  task run_phase(uvm_phase phase);
    `uvm_info("run_phase", "entered ..", UVM_LOW)
    #1us;
    `uvm_info("run_phase", "exited ..", UVM_LOW)
  endtask
endclass
```

输出结果为：

```
UVM_INFO @ 0: reporter [RNTST] Running test test1...
UVM_INFO @ 0: uvm_test_top [run_phase] entered ..
UVM_INFO @ 0: reporter [UVM/REPORT/CATCHER]
```

这个简单例码说明，如果在整个 test 及其子组件和 sequence 中，都没有通过 objection() 机制来控制 run_phase 退出，那么所有组件的 run_phase 都会通过 fork-join_none 线程提交之后，立即转入到 extract phase，所以为了准确控制仿真何时可以结束，objection 机制的应用是必不可少的。那么，在什么时间点应该挂起 objection 呢？我们再来看下面这段例码：

```
class test1 extends uvm_test;
  ...
  task run_phase(uvm_phase phase);
    #1ps;
    phase.raise_objection(this);
    `uvm_info("run_phase", "entered ..", UVM_LOW)
    #1us;
    `uvm_info("run_phase", "exited ..", UVM_LOW)
    phase.drop_objection(this);
  endtask
endclass
```

输出结果为：

```
UVM_INFO @ 0: reporter [UVM/REPORT/CATCHER]
```

这段代码中，看起来挂起 objection 已经晚了，因为 run_phase 还是立即退出了。这是因为在挂起 objection 之前已经运行了 1ps，而处于 fork-join_none 的 run_phase 任务在 0 时刻被调用后，如果 run_phase 退出机制在 0 时刻没有发现任何挂起的 objection，那么就会终止所有的 run_phase() 任务，继而转入了 extract phase。所以如果要在 component 中挂起 objection，建议在一进入 run_phase() 后就挂起，保证 objection counter 及时被增加；另外，用户需要习惯在 sequence 中挂起 objection，由于 sequence 不是 uvm_component 类，而是 uvm_object 类，因此它只有 body() 方法，而没有 run_phase() 方法。所以在 sequence 中使用 objection 机制时，可以在 body() 中的首尾部分挂起和落下 objection。有的用户习惯在 pre_body() 和 post_body() 中使用类似的 objection 挂起机制，当然在多数情况下可以起到防退出作用，但是在一些情况下，sequence 的 pre_body() 和 post_body() 并不会被在 body() 前后调用，因此我们建议更安全的方式是在 sequence body() 任务中使用 objection 机制。

对于有 OVM 经验的用户，在使用 objection 机制时，他们会通过 uvm_test_done.objection()/uvm_test_done.drop_objection() 来控制 run_phase 退出。这与 phase.raise_objection()/phase.drop_objection() 的作用是一致的，背后都是通过 uvm_pkg 的全局变量 uvm_test_done（全局唯一的 uvm_test_done_objection 类的实例）来控制的，不过 OVM 这种防退出控制方法已经在 UVM 中废止，不再建议使用。关于 uvm_objection 类与 uvm_test_done_objection 类的关系，可以通过图 10.12 得到。

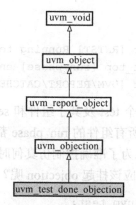

图 10.12　uvm_objection 与子类

10.6　config 机制

在验证环境的创建过程 build phase 中，除了组件的实例化，配置也是必不可少的。为了验证环境的复用性，通过外部的参数配置，使得环境在创建时可以根据不同参数来选择创建的组件类型、组件实例数目、组件之间的连接以及组件的运行模式等。在更细致的环境调节（environment tuning）中有更多的变量需要配置，例如 for-loop 的阈值、字符串名称、随机变量的生成比重等。无论配置哪些参数，用户都可以在编译时或仿真时进行设置。编译时要调整这些变量，可以通过修改参数或引入预编译指令（compiler directive，例如 `ifdef/`ifndef/`else/`elsif/`endif）来修改。不过比起重新编译，在仿真中通过变量设置来修改环境就更灵活了，而 UVM config 机制正提供了这样的便捷。UVM 提供了 uvm_config_db 配置类以及几种方便的变量设置方法来实现仿真时的环境控制，常见的 uvm_config_db 类的使用方式[26]包括：

- 将 virtual interface 传递到环境中；
- 设置单一变量值，例如 int、string、enum 等；
- 传递配置对象（config object）到环境。

下面几段例码分别对上述的使用方式进行了说明。

10.6.1　interface 传递

首先来看 interface 传递，这种方便的传递方式很好地解决了连接硬件世界和软件世界的问题。在之前 SV 的章节中可以看到，虽然 SV 可以通过层次化的 interface 的索引完成传递，但是这种方式不利于软件环境的封装和复用。下面这种方式使接口的传递和获取彻底分离开，在后台对 virtual interface 的传递立下功劳的便是 uvm_config_db。

```
interface intf1;
    logic enable = 0;
endinterface
class comp1 extends uvm_component;
    `uvm_component_utils(comp1)
```

```
    virtual intf1 vif;
    ...
    function void build_phase(uvm_phase phase);
      if(!uvm_config_db#(virtual intf1)::get(this, "", "vif", vif)) begin
        `uvm_error("GETVIF", "no virtual interface is assigned")
      end
      `uvm_info("SETVAL", $sformatf("vif.enable is %b before set",
          vif.enable), UVM_LOW)
      vif.enable = 1;
      `uvm_info("SETVAL", $sformatf("vif.enable is %b after set",
          vif.enable), UVM_LOW)
    endfunction
  endclass
  class test1 extends uvm_test;
    `uvm_component_utils(test1)
    comp1 c1;
    ...
  endclass
  intf1 intf();
  initial begin
    uvm_config_db#(virtual intf1)::set(uvm_root::get(), "uvm_test_top.c1",
        "vif", intf);
    run_test("test1");
  end
```

输出结果为:

```
  UVM_INFO @ 0: reporter [RNTST] Running test test1...
  UVM_INFO @ 0: uvm_test_top.c1 [SETVAL] vif.enable is 0 before set
  UVM_INFO @ 0: uvm_test_top.c1 [SETVAL] vif.enable is 1 after set
```

从上面的例子可以看到，接口传递从硬件世界到 UVM 环境可以通过 uvm_config_db 来实现，在实现过程中需要注意:

● 接口传递应该发生在 run_test()之前。这保证了在进入 build phase 之前，virtual interface 已经被传递到 uvm_config_db 中。

● 用户应当把 interface 与 virtual interface 的声明区分开来，在传递过程中的类型应当为 virtual interface，即实际接口的句柄。

10.6.2 变量设置

在各个 test 中，可以在 build phase 对底层组件的变量加以配置，进而在环境例化之前完成配置，使得环境可以按照预期运行。

```
  class comp1 extends uvm_component;
    `uvm_component_utils(comp1)
    int val1 = 1;
    string str1 = "null";
    ...
```

```
        function void build_phase(uvm_phase phase);
          `uvm_info("SETVAL", $sformatf("val1 is %d before get", val1), UVM_LOW)
          `uvm_info("SETVAL", $sformatf("str1 is %s before get", str1), UVM_LOW)
          uvm_config_db#(int)::get(this, "", "val1", val1);
          uvm_config_db#(string)::get(this, "", "str1", str1);
          `uvm_info("SETVAL", $sformatf("val1 is %d after get", val1), UVM_LOW)
          `uvm_info("SETVAL", $sformatf("str1 is %s after get", str1), UVM_LOW)
        endfunction
      endclass
      class test1 extends uvm_test;
        `uvm_component_utils(test1)
        comp1 c1;
        ...
        function void build_phase(uvm_phase phase);
          uvm_config_db#(int)::set(this, "c1", "val1", 100);
          uvm_config_db#(string)::set(this, "c1", "str1", "comp1");
          c1 = comp1::type_id::create("c1", this);
        endfunction
      endclass
```

输出结果为：

```
    UVM_INFO @ 0: uvm_test_top.c1 [SETVAL] val1 is 1 before get
    UVM_INFO @ 0: uvm_test_top.c1 [SETVAL] str1 is null before get
    UVM_INFO @ 0: uvm_test_top.c1 [SETVAL] val1 is 100 after get
    UVM_INFO @ 0: uvm_test_top.c1 [SETVAL] str1 is comp1 after get
```

10.6.3 config object 传递

在 test 配置中，需要配置的参数不只是数量多，可能还分属于不同的组件。对这么多层次中的变量做出类似上面的变量设置，需要更多的代码，容易出错且不易于复用，甚至底层组件的变量被删除后也无法通过 uvm_config_db::set()得知配置是否成功。然而，如果整合每个组件中的变量，首先将其放置到一个 uvm_object 中，再对中心化的配置对象进行传递，将更有利于整体环境的修改维护。

```
        class config1 extends uvm_object;
          int val1 = 1;
          int str1 = "null";
          `uvm_object_utils(config1)
          ...
        endclass
        class comp1 extends uvm_component;
          `uvm_component_utils(comp1)
          config1 cfg;
          ...
          function void build_phase(uvm_phase phase);
            uvm_object tmp;
            uvm_config_db#(uvm_object)::get(this, "", "cfg", tmp);
```

```
      void'($cast(cfg, tmp));
        `uvm_info("SETVAL", $sformatf("cfg.val1 is %d after get", cfg.val1),
            UVM_LOW)
        `uvm_info("SETVAL", $sformatf("cfg.str1 is %s after get", cfg.str1),
            UVM_LOW)
      endfunction
    endclass
    class test1 extends uvm_test;
      `uvm_component_utils(test1)
    comp1 c1, c2;
    config1 cfg1, cfg2;
    ...
    function void build_phase(uvm_phase phase);
      cfg1 = config1::type_id::create("cfg1");
      cfg2 = config1::type_id::create("cfg2");
      cfg1.val1 = 30;
      cfg1.str1= "c1";
      cfg2.val1 = 50;
      cfg2.str1= "c2";
      uvm_config_db#(uvm_object)::set(this, "c1", "cfg", cfg1);
      uvm_config_db#(uvm_object)::set(this, "c2", "cfg", cfg2);
      c1 = comp1::type_id::create("c1", this);
      c2 = comp1::type_id::create("c2", this);
      endfunction
    endclass
```

输出结果为:

```
    UVM_INFO @ 0: uvm_test_top.c1 [SETVAL] cfg.val1 is 30 after get
    UVM_INFO @ 0: uvm_test_top.c1 [SETVAL] cfg.str1 is c1 after get
    UVM_INFO @ 0: uvm_test_top.c2 [SETVAL] cfg.val1 is 50 after get
    UVM_INFO @ 0: uvm_test_top.c2 [SETVAL] cfg.str1 is  c2 after get
```

10.6.4 config 机制

在使用 uvm_config_db::set()/get()时,实际发生了这些后台操作:

- uvm_config_db::set()通过层次和变量名,将这些信息放置到 uvm_pkg 唯一的全局变量 uvm_pkg::uvm_resources。
- 全局变量 uvm_resources 用来存储和释放配置资源信息 (resource information)。 uvm_resources 是 uvm_resource_pool 类的全局唯一实例,该实例中有两个 resource 数 组用来存放配置信息,这两个数组中一个由层次名字索引,一个由类型索引,通过这两 个关联数组可以存放通过层次配置的信息。同时,底层的组件也可以通过层次或类型来 取得来自高层的配置信息。这种方式使信息的配置和获取得到剥离,便于调试复用。
- 在使用 uvm_config_db::get()方法时,通过传递的参数构成索引层次,然后在 uvm_resource 已有的配置信息池中索引该配置,如果索引到,方法返回 1,否则返回 0。

在使用 uvm_config_db 的配置方法时,笔者给出下面一些建议:

- 在使用 set()/get() 方法时，传递的参数类型应当上下保持一致。对于 uvm_object 等实例的传递，如果 get 类型与 set 类型不一致，应当首先通过 $cast() 完成类型转换，再对类型转换后的对象进行操作。

- set()/get() 方法传递的参数可以使用通配符 "*" 来表示任意的层次，类似于正则表达式的用法。同时用户需要懂得 "*.comp1" 与 "*comp1" 的区别，前者表示在当前层次以下所有名称为 "comp1" 的组件，而后者表示包括当前层次及当前层次以下所有名为 "comp1" 的组件。

- 在 module 环境中如果要使用 uvm_config_db::set()，则传递的第一个参数 uvm_component cntxt 一般用来表示当前的层次。如果当前层次为最高层，用户可以设置为 null，也可以设置为 uvm_root::get() 来表示 uvm_root 的全局顶层实例。

- 在使用配置变量时，应当确保先进行 uvm_config_db::get() 操作，在获得了正确的配置值以后再使用。

- 应当尽量确保 uvm_config_db::set() 方法在相关配置组件创建前调用。这是因为只有先完成配置，相关组件在例化前才可以得到配置值继而正确地例化。

- 在 set() 方法第一个参数使用当前层次的前提下，对于同一组件的同一个变量，如果有多个高层组件对该变量进行设置，那么较高层组件的配置会覆盖较低层的配置；但是如果是同一层次组件对该变量进行多次配置时，应该遵循后面的配置会覆盖前面的配置。

- 用户应该在使用 uvm_config_db::get() 方法时，添加便于调试的语句，例如通过 UVM 报告信息得知 get() 方法中的配置变量是否从 uvm_config_db 获取到，如果没有获取，是否需要采取其他措施。

▶▶ 10.6.5 其他配置方法

对于有 OVM 经验的用户，可能习惯于 OVM 的配置方法 set_config_*()/get_config_*()，通过这些方法也可以完成类似于 uvm_config_db set()/get() 的功能。尽管从 UVM-1.1 开始，set_config_*/get_config_* 已经列入到了旧有方法废除的行列，但是这一方式仍然大量存在于从 UVM-1.0 开始就延续的旧代码中。因此，笔者认为有必要对这些方法做出讲解，最后通过前后两种配置方法的不同，给出读者们一些建议。上面提到的 set_config_*()/get_config_*() 方法是成对出现的，这些散列成对的 API 函数可以分别针对于 int、string 和 object 类型做出了配置，然而对于其他的类型例如 real、数组等类型，则无法通过这些 API 进行传递，而只能封装在 uvm_object 中进行间接传递，先给出这些 API 函数的列表：

```
set_config_int(string name, string field_name, int value)
set_config_string(string name, string field_name, string value)
set_config_object(string name, string field_name, uvm_object object, bit
    clone=1);
get_config_int(string field_name, inout int value);
get_config_string(string field_name, inout string value);
get_config_object(string field_name, inout uvm_object object, input bit
    clone=1);
```

下面的例码用来说明这些 API 的日常使用：

```
class comp1 extends uvm_component;
    int val1 = 1;
    string str1 = "null";
    `uvm_component_utils_begin(comp1)
        `uvm_field_int(val1, UVM_ALL_ON)
    `uvm_component_utils_end
    ...
    function void build_phase(uvm_phase phase);
        super.build_phase(phase);
        `uvm_info("SETVAL", $sformatf("val1 is %d before get", val1), UVM_LOW)
        `uvm_info("SETVAL", $sformatf("str1 is %s before get", str1), UVM_LOW)
        get_config_string("str1", str1);
        `uvm_info("SETVAL", $sformatf("val1 is %d after get", val1), UVM_LOW)
        `uvm_info("SETVAL", $sformatf("str1 is %s after get", str1), UVM_LOW)
    endfunction
endclass
class test1 extends uvm_test;
    `uvm_component_utils(test1)
    comp1 c1;
    ...
    function void build_phase(uvm_phase phase);
        uvm_component::print_config_matches = 1;
        set_config_int("c1", "val1", 100);
        set_config_string("c1", "str1", "comp1");
        c1 = comp1::type_id::create("c1", this);
    endfunction
endclass
```

输出结果为：

```
UVM_WARNING @ 0: uvm_test_top [UVM/CFG/SET/DPR] get/set_config_* API has
    been deprecated. Use uvm_config_db instead.
UVM_INFO @ 0: uvm_test_top.c1 [CFGAPL] applying configuration settings
UVM_INFO @ 0: uvm_test_top.c1 [CFGAPL] applying configuration to field val1
UVM_INFO @ 0: uvm_test_top.c1 [SETVAL] val1 is 100 before get
UVM_INFO @ 0: uvm_test_top.c1 [SETVAL] str1 is null before get
UVM_INFO @ 0: uvm_test_top.c1 [SETVAL] val1 is 100 after get
UVM_INFO @ 0: uvm_test_top.c1 [SETVAL] str1 is comp1 after get
```

从这个例子可以看到,使用成对的 set_config_*()/get_config_*()方法与 uvm_config_db::set()/get()
方法的效果是相同的, 实际上 UVM 对 set_config_*()/get_config_*()方法的封装也是调用了
uvm_config_db::set()/get()方法。这些需要淘汰的方法对 UVM 新用户而言不算苦恼, 但对已
经有 OVM 使用经验的用户来讲, 我们还需要加以对比, 明确这些方法之间的联系和不同,
这样才会正确地兼容旧有代码 set_config_*()/get_config_*()方法, 同时更多地转换到
uvm_config_db::set()/get()方法上来。下面是对这两种方法的联系和比较：

● 对于常见的类型 int、string、object, 这两种方法都可以实现信息的配置和获取。

● 从 OVM 方法迁移过来的用户需要注意, set_config_*/get_config_* 必须成对出现。这

么一句看起来正确的话，在 OVM 应用时就变得不那么必要了。由于 OVM 配置机制与 UVM 配置机制的不同，如果在 OVM 中通过 field automation 实现了配置变量的域自动化，那么就不需要通过 get_config_*来获取配置，而是在 build 阶段会自动获取，这样的"便利"在 UVM 中也保留了下来。从上面的例码可以看到，在对 comp1::val1 做了 field automation 之后，即使没有调用 get_config_int()，仍然也可以得到从高层传递的配置值。对于这一"便利"，用户除了记得需要对相应的变量进行 field automation，也必须在 build_phase 中调用 super.build_phase(phase)。如此调用父类的方法实际上是在进入 build phase 时，首先调用 uvm_component::apply_config_settings()方法，该方法会在 uvm_factory 创建组建时，检查 uvm_resources 中是否存有与该组件相关的配置信息，如果有的话，那么该组件中相关变量的默认值会被覆盖为高层传递的配置值。

● 由于原有的 set_config_*()/get_config_*()的类型限制，一些其他变量类型就无法直接传递，尤其对于 virtual interface，这恐怕是 OVM 时代的"遗憾"。在 OVM 时代我们只能通过将 virtual interface 包含在 uvm_object 中，然后通过 uvm_object 进行间接传递才可以实现 virtual interface 的传递，而到了 UVM 时代，uvm_config_db::set()/get()则提供了显著的便利使得 virtual interface 可以完成直接传递。

10.6.6 uvm_resource_db 的使用

很多有经验的 UVM 用户习惯于使用 uvm_config_db 进行配置，而对它的父类 uvm_resource_db 的特性了解较少。在这里，笔者对 uvm_resource_db 的特性加以说明，并将其与 uvm_config_db 做以对比，给出实际使用的建议。我们首先来看 uvm_resource_db 及其子类的 UML 类图，如图 10.13 所示。

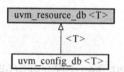

图 10.13　uvm_resource_db 与子类

uvm_resource_db 虽然也是一种用来共享数据的类，但是层次关系在该类中没有作用[27]。与 uvm_config_db 相比，尽管 uvm_resource_db 也有内建的数据库通过字符串或类型来索引配置数据，但一个缺点就是层次的缺失和因此带来的自顶向下的配置覆盖关系的缺失。uvm_resource_db 的一些常用的 API 方法包括：

```
function void set(input string scope, input string name, T val, input
    uvm_object accessor = null);
function rsrc_t get_by_name(string scope, string name, bit rpterr=1);
function rsrc_t get_by_type(string scope);
function bit read_by_name(input string scope, input string name, inout
    T val, input uvm_object accessor = null);
function bit read_by_type(input string scope, inout T val, input uvm_object
    accessor = null);
function bit write_by_name(input string scope, input string name, input
    T val, input uvm_object accessor = null);
function bit write_by_type(input string scope, input T val, input
```

```
uvm_object accessor = null);
```

通过下面这段例码，读者可以看到 uvm_resource_db 也可以实现配置的读写。

```
class comp1 extends uvm_component;
  `uvm_component_utils(comp1)
  int val1 = 1;
  string str1 = "null";
  ...
  function void build_phase(uvm_phase phase);
    `uvm_info("SETVAL", $sformatf("val1 is %d before get", val1), UVM_LOW)
    `uvm_info("SETVAL", $sformatf("str1 is %s before get", str1), UVM_LOW)
    uvm_resource_db#(int)::read_by_name("cfg", "val1", val1);
    uvm_resource_db#(string)::read_by_name("cfg", "str1", str1);
    `uvm_info("SETVAL", $sformatf("val1 is %d after get", val1), UVM_LOW)
    `uvm_info("SETVAL", $sformatf("str1 is %s after get", str1), UVM_LOW)
  endfunction
endclass
class test1 extends uvm_test;
  `uvm_component_utils(test1)
  comp1 c1;
  ...
  function void build_phase(uvm_phase phase);
    uvm_resource_db#(int)::set("cfg", "val1", 100);
    uvm_resource_db#(string)::set("cfg", "str1", "comp1");
    c1 = comp1::type_id::create("c1", this);
  endfunction
endclass
```

输出结果为：

```
UVM_INFO @ 0: uvm_test_top.c1 [SETVAL] val1 is 1 before get
UVM_INFO @ 0: uvm_test_top.c1 [SETVAL] str1 is null before get
UVM_INFO @ 0: uvm_test_top.c1 [SETVAL] val1 is 100 after get
UVM_INFO @ 0: uvm_test_top.c1 [SETVAL] str1 is comp1 after get
```

虽然 uvm_resource_db 也可以实现配置数据的读写，但是我们建议用户保持使用 uvm_config_db 的习惯。这是因为层次化的配置关系以及覆盖原则，符合验证环境复用的思想，即顶层集成时有更高的权利来覆盖底层组件的配置。之所以我们建议用户使用 uvm_config_db，而不使用 uvm_resouce_db，是基于下面的几个原因：

- uvm_resource_db 采取的是 "last write wins" 即对同一个配置，最后的写入有效；而 uvm_config_db 采取的是 "parent wins"，它会按照层次采取最顶层的配置优先。
- uvm_resource_db 给人带来的困惑是，如果高层次和低层次都对同一个配置变量进行写入，那么在 build 阶段，由于是采取 top-down 的执行顺序，低层次的配置写入发生在最后，反而会作为有效值写入。因此 uvm_resouce_db 无法实现层次化的覆盖，这就不利于集成和复用。
- 另外 uvm_resource_db 只需要 scope 字符串参数，同时上下文的 set()/get() 中的 scope

必须保持一致。对于较简单和透明的环境，这一要求并不难，但是对于复杂的和封装完善的环境，这就对用户提出了更高的要求。因为用户需要对底层环境的验证 IP 了解更多，得知它们采用的 scope 参数，才能在顶层做出准确的参数匹配来完成配置。

因此，实际中的 UVM 配置，读者们尽可以只使用 uvm_config_db::set()/get() 方法，依赖它们就可以方便地完成配置，并且这一方式也有利于日后环境的集成和复用。

10.7　消息管理

我们在 8.7 节中提出，一个好的验证系统应该具有消息管理特性，它们是：
- 通过一种标准化的方式打印信息；
- 过滤（重要级别）信息；
- 打印通道。

这些特性在 UVM 中均有支持，UVM 提供了一系列丰富的类和方法来生成和过滤消息。接下来，本节分别就基本的消息方法、消息处理和消息机制给出分析。

10.7.1　消息方法

在 UVM 环境中或环境外，只要有引入 uvm_pkg，均可以通过下面的方法来按照消息的严重级别和冗余度来打印消息。

```
function void uvm_report_info(string id, string message, int verbosity =
    UVM_MEDIUM, string filename = "", int line = 0);
function void uvm_report_warning(string id, string message, int verbosity =
    UVM_MEDIUM, string filename = "", int line = 0);
function void uvm_report_error(string id, string message, int verbosity =
    UVM_LOW, string filename = "", int line = 0);
function void uvm_report_fatal(string id, string message, int verbosity =
    UVM_NONE, string filename = "", int line = 0);
```

上面的 4 个消息函数有若干共同的信息，它们是严重级别（severity）、冗余度（verbosity）、消息 ID、消息、文件名和行号：
- 严重级别：从函数名本身也可以得出，这 4 个严重级别分别是 UVM_INFO、UVM_WARNING、UVM_ERROR、UVM_FATAL。不同的严重级别在打印的消息中有不同的指示，同时，仿真器对不同严重级别消息的处理方式不同。例如，对于 UVM_FATAL 的消息，默认情况下仿真会停止。
- 消息 ID：该 ID 可以是任意的字符串，用来标记该消息。这个标记与消息本身一起打印出来，同时不同的标记也可以用来进行消息处理。
- 消息：即消息文本的主体。
- 冗余度：冗余度与消息处理中的过滤直接相关。冗余度的设置如果低于过滤的开关，那么该消息会打印出来，否则不会被打印出来。但是无论信息是否会被打印出来，这都与对消息采取的其他措施没有关系，例如仿真停止。

- 文件名和行号：这些信息用来提供消息发生时所在的文件和行号。用户可以使用默认值，而 UVM 后台会自动填补它们原本的文件名和行号，同时也在打印时将文件名和行号输出。

10.7.2　消息处理

与每一条消息对应的是如何处理这些消息。通常情况下，消息处理的方式是同消息的严重级别对应的。如果用户有额外的需求，也可以修改对各个严重级别的消息处理方式。我们首先来看有哪些消息处理方式，如表 10.5 所示。

表 10.5　消息处理方式列表

处 理 方 式	说　　明
NO_ACTION	不做任何处理
UVM_DISPLAY	将消息输出到标准输出端口
UVM_LOG	将消息写入到文件中
UVM_COUNT	增加退出计数变量 quit_count。当 quit_count 达到一定数值时，停止仿真
UVM_EXIT	立刻退出仿真
UVM_CALL_HOOK	调用对应的回调函数
UVM_STOP	停止仿真

而不同的严重级别消息，用户可以使用默认的消息处理方式，如表 10.6：

表 10.6　各严重级别默认的消息处理方式

严　重　级　别	默认处理方式
UVM_INFO	UVM_DISPLAY
UVM_WARNING	UVM_DISPLAY
UVM_ERROR	UVM_DISPLAY | UVM_COUNT
UVM_FATAL	UVM_DISPLAY | UVM_EXIT

如果要做自定义的消息处理方式，用户可以通过 uvm_report_object 类提供的方法进行配置。如图 10.14 所示，uvm_report_object 类是介于 uvm_object 类与 uvm_component 类之间的中间类，它的主要功能是完成消息打印和管理。

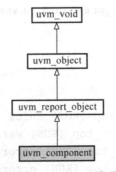

图 10.14　uvm_object 和子类

uvm_report_ojbect 类对消息的管理主要结合消息的严重级别和 ID，用户可以通过下面的方法进行消息处理：

```
set_report_severity_action()
set_report_id_action()
set_report_severity_id_action()
set_report_default_file()
set_report_verbosity_level()
set_report_id_verbosity_level()
set_report_serverity_id_verbosity_level()
set_report_severity_file()
set_report_id_file()
set_report_severity_id_file()
```

下面的例码是上面信息处理方法的应用：

```
class test1 extends uvm_test;
  integer f;
  `uvm_component_utils(test1)
  ...
  function void build_phase(uvm_phase phase);
    f = $fopen("logfile", "w");
    set_report_default_file(f);
    set_report_severity_action(UVM_INFO, UVM_DISPLAY | UVM_LOG);
    set_report_severity_action(UVM_WARNING, UVM_DISPLAY | UVM_LOG);
    set_report_severity_action(UVM_ERROR, UVM_DISPLAY | UVM_LOG | UVM_COUNT);
    set_report_severity_action(UVM_FATAL, UVM_DISPLAY | UVM_LOG | UVM_STOP);
    set_report_verbosity_level(UVM_LOW);
  endfunction
  task run_phase(uvm_phase phase);
    uvm_report_info("RUN", "info1", UVM_MEDIUM);
    uvm_report_info("RUN", "info2", UVM_LOW);
    uvm_report_warning("RUN", "warning1", UVM_LOW);
    uvm_report_error("RUN", "error1", UVM_LOW);
    uvm_report_error("RUN", "error2", UVM_HIGH);
    uvm_report_error("RUN", "error3", UVM_LOW);
  endtask
  function void report_phase(uvm_phase phase);
    $fclose(f);
  endfunction
endclass
```

输出结果为：

```
UVM_INFO @ 0: uvm_test_top [RUN] info2
UVM_WARNING @ 0: uvm_test_top [RUN] warning1
UVM_ERROR @ 0: uvm_test_top [RUN] error1
UVM_ERROR @ 0: uvm_test_top [RUN] error3
```

上面的输出结果显示在仿真器对话窗口中，也会打印在文件 logfile 中。从例码可以看到，可以对不同 severity 信息给出不同的处理方式，也可以根据不同 verbosity 设置过滤等级。上面对于 UVM_ERROR 的处理方式设置为 UVM_COUNT，即需要等待 UVM_ERROR 信息数量达到一定值（max_quit_count）时，仿真才会停止。默认情况下，这个 max_quit_count 为 0，即没有上限，因此仿真在出现 3 次 UVM_ERROR 信息之后仍然没有停止。同时，uvm_component 类也提供了与 uvm_report_object 类对应的处理消息方法。而它们的不同在于，uvm_component 提供的方法可以针对层次进行回归式设定，而不必要对其每个组件都进行消息处理设定。包括：这些对应的常见消息处理方法如表 10.7 所示。

表 10.7　消息处理方法列表

uvm_report_object	uvm_component
set_report_severity_action()	set_report_severity_action_hier()
set_report_id_action()	set_report_id_action_hier()
set_report_severity_id_action()	set_report_severity_id_action_hier()
set_report_default_file()	set_report_default_file_hier()
set_report_verbosity_level()	set_report_verbosity_level_hier()
set_report_id_verbosity_level()	set_report_id_verbosity_level_hier()
set_report_severity_id_verbosity_level()	set_report_severity_id_verbosity_level_hier()
set_report_severity_file()	set_report_severity_file_hier()
set_report_id_file()	set_report_id_file_hier()
set_report_severity_id_file()	set_report_severity_id_file_hier()

　　从这些对应关系来看，uvm_component 类提供的方法与类本身构建验证环境层次的特性是互相关联的，下面这段例码可以看出消息管理的层次化：

```
class comp1 extends uvm_component;
  `uvm_component_utils(comp1)
  ...
  task run_phase(uvm_phase phase);
  uvm_report_info("RUN", "info1", UVM_HIGH);
  uvm_report_info("RUN", "info2", UVM_MEDIUM);
  uvm_report_warning("RUN", "warning1", UVM_LOW);
  uvm_report_error("RUN", "error1", UVM_NONE);
  uvm_report_error("RUN", "error2", UVM_HIGH);
  uvm_report_error("RUN", "error3", UVM_LOW);
  endtask
endclass
class test1 extends uvm_test;
  integer f;
  comp1 c1;
  `uvm_component_utils(test1)
  ...
  function void build_phase(uvm_phase phase);
    f = $fopen("logfile", "w");
  set_report_default_file_hier(f);
  set_report_severity_action_hier(UVM_INFO, UVM_DISPLAY | UVM_LOG);
  set_report_severity_action_hier(UVM_WARNING, UVM_DISPLAY |
    UVM_LOG);
  set_report_severity_action_hier(UVM_ERROR, UVM_DISPLAY | UVM_LOG |
    UVM_COUNT);
```

```
        set_report_severity_action_hier(UVM_FATAL, UVM_DISPLAY | UVM_LOG |
            UVM_STOP);
        set_report_verbosity_level_hier(UVM_LOW);
        c1 = comp1::type_id::create("c1", this);
    endfunction
    task run_phase(uvm_phase phase);
        uvm_report_info("RUN", "info1", UVM_MEDIUM);
        uvm_report_info("RUN", "info2", UVM_LOW);
        uvm_report_warning("RUN", "warning1", UVM_LOW);
        uvm_report_error("RUN", "error1", UVM_LOW);
        uvm_report_error("RUN", "error2", UVM_HIGH);
        uvm_report_error("RUN", "error3", UVM_LOW);
    endtask
    function void report_phase(uvm_phase phase);
        $fclose(f);
    endfunction
endclass
```

输出结果为：

```
UVM_WARNING @ 0: uvm_test_top.c1 [RUN] warning1
UVM_ERROR @ 0: uvm_test_top.c1 [RUN] error1
UVM_ERROR @ 0: uvm_test_top.c1 [RUN] error3
UVM_INFO @ 0: uvm_test_top [RUN] info2
UVM_WARNING @ 0: uvm_test_top [RUN] warning1
UVM_ERROR @ 0: uvm_test_top [RUN] error1
UVM_ERROR @ 0: uvm_test_top [RUN] error3
```

　　这段例码同 UVM test 在顶层对消息处理的配置是一致的。通过这种方便的消息配置就可以管理和过滤整个验证环境的消息，因为此时是在 uvm_top.uvm_test_top 这一顶层做出的配置，所以结构化的消息配置也是针对整个环境的。同时要注意的是，在 uvm_sequence （uvm_object）中打印的消息，由于 uvm_sequence 类本身并不具有消息处理方法，而是间接通过 uvm_root 的消息方法来实现的。如果要对整体环境即无论是 uvm_component、uvm_object 乃至是 UVM 环境外部（例如 interface、module）的 UVM 信息统一做出管理的话，我们建议用户应该从 uvm_root 这一层（最顶层）做出消息管理的配置。因此，上面例码关于消息处理的配置可以修改为：

```
    function void build_phase(uvm_phase phase);
        uvm_root top;
        f = $fopen("logfile", "w");
        top = uvm_root::get();
        top.set_report_default_file_hier(f);
        top.set_report_severity_action_hier(UVM_INFO, UVM_DISPLAY | UVM_LOG);
        top.set_report_severity_action_hier(UVM_WARNING, UVM_DISPLAY | UVM_LOG);
        top.set_report_severity_action_hier(UVM_ERROR, UVM_DISPLAY |
            UVM_LOG | UVM_COUNT);
        top.set_report_severity_action_hier(UVM_FATAL, UVM_DISPLAY | UVM_LOG |
            UVM_STOP);
```

```
        top.set_report_verbosity_level_hier(UVM_LOW);
        c1 = comp1::type_id::create("c1", this);
    endfunction
```

如果用户在 uvm_component 类之外，使用了 uvm_report_* 的消息报告函数，这其实是间接由 uvm_top（uvm_component 类）来做的消息处理，所以如果要做全局的消息管制，从 uvm_top 这一层出发是最合适的。此外 UVM 也提供了一些宏来对应上面的消息方法，如表 10.8 所示，用户也可以使用这些宏来处理消息。

表 10.8　消息方法和对应的宏列表

方 法 调 用	宏 调 用
uvm_report_info()	`uvm_info(ID, MESSAGE, VERBOSITY)
uvm_report_warning()	`uvm_warning(ID, MESSAGE)
uvm_report_error()	`uvm_error(ID, MESSAGE)
uvm_report_fatal()	`uvm_fatal(ID, MESSAGE)

10.7.3　消息机制

消息处理是由 uvm_report_handler 类来完成的，而每一个 uvm_report_object 类中都有一个 uvm_report_handler 实例。上面的 uvm_report_object 消息处理方法或 uvm_component 消息处理方法，都是针对于这些 uvm_report_handler 做出的配置。除了上面的常见使用方法，用户还可以做出更高级的消息控制。

仿真停止控制

在上面的例码中，UVM_ERROR 信息之所以不会导致仿真停止，是因为 max_quit_count 的默认值为 0。如果用户做出设定，就可以完成对仿真停止的控制。例如，在 build_phase 函数中调用 set_max_quit_count(10) 来指定 max_quit_count，而这一操作无论发生在哪一个层次，都是对 uvm_pkg 中的共享变量 uvm_report_server 做出的操作。考虑到 build phase 中层次从上到下的构建顺序，建议只在 test 层中调用函数 set_max_quit_count，防止底层调用函数时的配置覆盖。

消息回调函数

用户在处理信息时还希望做出额外的处理，这时回调函数就显得很有必要了，uvm_report_object 类提供了下面的回调函数满足用户更多的需求：

```
function bit report_hook(string id, string message, int verbosity, string
    filename, int line);
function bit report_info_hook(string id, string message, int verbosity,
    string filename, int line);
function bit report_warning_hook(string id, string message, int verbosity,
    string filename, int line);
function bit report_error_hook(string id, string message, int verbosity,
    string filename, int line);
function bit report_fatal_hook(string id, string message, int verbosity,
    string filename, int line);
```

report_hook() 函数通过结合消息管理时的 UVM_CALL_HOOK 参数，结合用户自定义的

回调函数，就可以实现更丰富的配置。这样用户在调用回调函数时，首先调用 report_hook()
函数，接下来才按照 severity 级别选择更细致的回调函数 report_SEVERITY_hook()。默认情
况下，report_hook()函数返回值为 1，再转入 severity hook 函数。如果 report_hook()函数由用
户自定义且返回 0，那么后续 report_SEVERITY_hook()函数不会执行。下面是一段关于消息
回调函数应用的代码：

```
class test1 extends uvm_test;
  integer f;
  `uvm_component_utils(test1)
  ...
  function void build_phase(uvm_phase phase);
    set_report_severity_action(UVM_ERROR, UVM_DISPLAY | UVM_CALL_HOOK);
    set_report_verbosity_level(UVM_LOW);
  endfunction
  task run_phase(uvm_phase phase);
    uvm_report_info("RUN", "info1", UVM_MEDIUM);
    uvm_report_info("RUN", "info2", UVM_LOW);
    uvm_report_warning("RUN", "warning1", UVM_LOW);
    uvm_report_error("RUN", "error1", UVM_LOW);
    uvm_report_error("RUN", "error2", UVM_HIGH);
    uvm_report_error("RUN", "error3", UVM_LOW);
  endtask
  function void report_phase(uvm_phase phase);
    $fclose(f);
  endfunction
  function bit report_hook(string id, string message, int verbosity,
      string filename, int line);
    uvm_report_info("RPTHOOK", $sformatf("%s : %s", id, message),
      UVM_LOW);
    return 1;
  endfunction
  function bit report_error_hook(string id, string message, int
      verbosity, string filename, int line);
    uvm_report_info("ERRHOOK", $sformatf("%s : %s", id, message),
      UVM_LOW);
    return 1;
  endfunction
endclass
```

输出结果为：

```
UVM_INFO @ 0: uvm_test_top [RUN] info2
UVM_WARNING @ 0: uvm_test_top [RUN] warning1
UVM_INFO @ 0: uvm_test_top [RPTHOOK] RUN : error1
UVM_INFO @ 0: uvm_test_top [ERRHOOK] RUN : error1
UVM_ERROR @ 0: uvm_test_top [RUN] error1
UVM_INFO @ 0: uvm_test_top [RPTHOOK] RUN : error3
UVM_INFO @ 0: uvm_test_top [ERRHOOK] RUN : error3
```

```
UVM_ERROR @ 0: uvm_test_top [RUN] error3
```

除每一个 uvm_report_object 中都内置一个 uvm_report_handler 实例之外，所有的 uvm_report_handler 实例都依赖于 uvm_pkg 中 uvm_report_server 的唯一实例，但该实例并没有作为全局变量直接暴露给用户，需要用户自行调用 uvm_report_server::get_server()方法来获取。uvm_report_server 是一个全局的消息处理设备，用来处理从所有 uvm_report_hanlder 中产生的消息。这个唯一的 report server 之所以没有暴露在 uvm_pkg 中供用户使用，一个原因在于对消息的处理方式。从图 10.15 的继承关系来看，用户可以通过 uvm_report_object 和 uvm_component 提供的消息处理函数完成，而不必对 uvm_report_server 做出额外的配置。

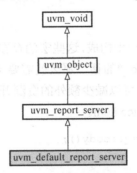

图 10.15　uvm_report_server 和子类

下一节我们将对 UVM 提供的宏做出分类介绍，以及就这些宏对于仿真时资源的额外开销做出分析。

10.8 宏的优劣探讨

对于 UVM 初级用户而言，学习 UVM 的困难之一就是种类繁多的宏（macro）。对于软件开发而言，宏可以减少重复编码，易于阅读，但宏也隐藏了更多的细节。实际上隐藏的这些细节对于理解 UVM 在每个环节的机制都有帮助。这样来看，宏对于 UVM 小白的初级"临摹"阶段大有裨益，而越过这一阶段之后就显得不那么"友好"了；因为这些隐藏的细节，是阻碍用户升级到高级用户的一个障碍，比如，用户不能很好地脱离宏而灵活使用底层函数，或者在断点调试时一些仿真器不支持展开宏的语句设置断点。所以，尽管 UVM 宏的长处明显直接，便于初学者，但其固定的形式也不利于用户去灵活使用。本节会对 UVM 以及 OVM 宏的隐藏开销进行说明[21]，笔者也会从这些隐藏开销来给出一些建议，比如哪些宏可以使用，哪些宏不建议使用。

`uvm_*_utils
应该使用。

这些配对的宏用来将类注册到 factory 中，定义 create()方法。由于类型的注册必须准确，而这些宏代码简短、易于分析，也难以出错，所以这些宏是很方便的方法，应该使用。

`uvm_info | warning | error | fatal
应该使用。

与 uvm_report_* 函数相比，这些宏最大的便利就是在选择处理字符串之前，先判断其 verbosity 是否可以过滤，如果可以过滤则不会调用 UVM_report_* 函数，这就节省了一些字符串处理的资源，因此推荐使用该类宏。

`uvm_*_imp_decl

可以使用。

这些宏定义了一些特殊的 imp 类型端口，使得组件可以定义多个 TLM 接口和内置多个 TLM 处理方法。比起自己定义参数化类和方法，还是使用该类宏的方法简易。

`uvm_do_*

可以避免。

`uvm_do_* 由多个内置的宏进一步构成，这些宏的存在是为了通用于 sequence 或 sequence item。如果用户选择不使用 `uvm_do_* 的话，那么就需要考虑针对 sequence 或 sequence item 采取不同的方法，而使用底层方法可以减少额外的资源开支，下面的两种方法分别通过宏和底层函数来发送 sequence 和 sequence item。

```
virtual task parent_seq::body();
  my_item item;
  my_subseq seq;
  `uvm_do(item)
`uvm_do(seq)
endtask
task parent_seq::do_item(ovm_sequence_item item,...);
  start_item(item);
  randomize(item) [with { ... }];
  finish_item(item);
endtask
virtual task parent_seq::body();
  my_item item = my_item::type_id::create("item",,get_full_name());
  my_seq seq = my_seq::type_id::create("seq",,get_full_name());
  do_item(item);
  seq.start();
endtask
```

`uvm_sequence_XXX 相关宏

不应使用。

从 OVM 时代迁移过来的 sequence/sequencer 相关宏在 UVM-1.1 中已经进入了废止列表，用户不需要沿用下面这些宏来构建 sequence library。这些废止的宏包括但不限于：

```
`uvm_sequence_utils
`uvm_update_sequence_lib
`uvm_sequencer_utils
`uvm_declare_sequence_lib
`uvm_declare_p_sequencer
```

如果要注册 uvm_sequence，可以使用 `uvm_object_utils 来替换；如果要注册 uvm_sequencer，可以使用 `uvm_component_utils 来替换。

`uvm_field_*`

可以使用。

在 10.4 节中可以得知，uvm_object 类提供的众多简便方法例如复制、打印、比较等都与 field automation 有关，而要使能 field automation，`uvm_field_*`相关的宏是必不可少的。然而这些宏恐怕是对于资源开销最多的宏之一，关于这些相关宏展开以后的行数比较结果如表 10.9 所示。

表 10.9　OVM 和 UVM 中宏的代码量统计

宏	OVM 代码行数	UVM 代码行数
`ovm_field_int|object|string|enum	51,72,17,41	50,75,43,45
`ovm_field_sarray_*	75～100	117～128
`ovm_field_array_*	127～191	131～150
`ovm_field_queue_*	110～187	133～152
`ovm_field_aa_*_string	76～87	75～102
`ovm_field_aa_object_int	97	111
`ovm_field_aa_int_*	85	85
`ovm_field_event	16	29

在使用这些宏来完成 field automation 时，首先需要替换为众多底层函数来实现，这已经是一次开销了。而在实际运行中，如果要做复制、打印、比较等操作，那么后台额外消耗的资源会更多。幸运的一点是，与 OVM 宏相比，UVM 宏在性能上已经明显提升很多，几乎可以替代人为的底层函数实现。表 10.10 分别是 OVM 宏以及 UVM 宏调用函数和人为调用函数的对比。

表 10.10　OVM 和 UVM 数据相关的宏操作和人为操作对比

操　作	OVM 宏调用/人为调用	UVM 宏调用/人为调用
Copy	43/2	8/2
Compare	60/6	9/6
sprint-table	1345/1335	165/159
sprint-tree	215/165	137/137
sprint-line	195/165	137/132
pack/unpack	100/19	37/18
record(begin_tr/end_tr)	533/40	413/37

从中可以看到，UVM 的宏与 OVM 相比，已经有显著的性能提升。对于复制、比较、打印和打包而言，我们可以使用预定义函数 copy()、compare()、sprint()、pack()/unpack()函数。对于记录而言，建议用户自己定义回调函数 do_record()，可以取得更好的效果。

同时，`uvm_field_*`宏也存在一些限制：

● 无法支持一些类型，例如从 uvm_object 继承的对象、unpacked 结构体、事件和枚举类型的关联数组、多维数组，等等。

● 调试困难。预定义的 copy()、compare()等函数可能会处理失败，但是用户如果深入内部探究处理为什么失败，那么大量的内置方法嵌套会让人苦不堪言，然而回调函数例如 do_copy()和 do_compare()的调试会容易得多。

● 整形变量不能超过`UVM_MAX_STREAMBITS（4096），修改这个宏会影响整体的运行效率。

- uvm_packer 打包之后的整体大小不能超过`UVM_MAX_PACKED_BITS，修改这一全局的宏也会影响整体运行效率。

从 OVM 过渡到 UVM，一些常规的宏已经被优化，而且从实验结果来看，性能也确实得到了提升。通过上面对这些常规宏的介绍和性能分析，读者可以更好地知道哪些宏应该使用、哪些宏应该避免。

10.9 本章结束语

至此，奇幻的 UVM 世界观光已经完毕，相信读者会从中领会到一些 UVM 的魅力。这一章可以作为日常回顾 UVM 的内容常读常新。只有懂得了提出方法学的背景，理解方法学的各个核心特性分别用来解决什么问题，才能做到对于 UVM 验证环境的整体掌握。而当你着手从零开始构建一个环境的时候，这一章的 UVM 核心特性内容和下一章的 UVM 结构内容将会助你一臂之力。从下一章开始，笔者将对 UVM 环境中的常用类以及它们的特性做出介绍，而在该章末尾也会给出待测设计 MCDF 的 UVM 验证结构方案供读者参考。

## 第 11 章

UVM 结构

这一章我们将介绍 UVM 的各个组件，读者可以对照之前 SV 中的各个组件，看 UVM 和 SV 各自组件的异同，比对的重点可以从各组件的功能实现、组件的创建连接入手。比对组件的异同时不妨思考一下，为什么 UVM 需要 sequencer 这样的角色存在呢？在 SV 中，产生激励的组件被称为 generator，那么为什么需要 sequence 和 sequencer 来共同扮演 generator 的角色，产生激励并且将激励发送给 driver（即 stimulator）呢？在掌握了 UVM 的核心组件之后，可以对照 SV 的验证环境结构方案和 UVM 的验证环境结构方案，考察 UVM 环境与 SV 环境的不同之处。本章开始分别结合 UVM 和 SV 的验证环境，考察 UVM 的哪些特性优于 SV，这些优势使 UVM 在验证环境的水平复用和垂直复用方面占据优势。

11.1　组件家族

在第 8 章，几位验证师分别就 MCDF 的各个模块实现了验证环境的组件，这些验证组件按照功能分别被称为激励发生器（stimulator）、监测器（monitor）和检查器（checker）。这三个核心组件与验证环境的三个关键特性对应，即激励、监测和检查。过去的验证方法学都有与其对应的组件（component）。接下来介绍 UVM 组件家族，首先回顾 10.2 节，可以看到从 UVM 基类继承的一个核心分支即 uvm_component 类，如图 11.1 所示。

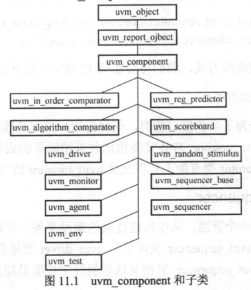

图 11.1　uvm_component 和子类

从 uvm_component 类继承的类均可以构成验证环境,因为它们从 uvm_component 类继承了 phase 机制,都会经历各个 phase 阶段。本节主要介绍构成环境的常见组件类:

- uvm_driver
- uvm_monitor
- uvm_sequencer
- uvm_agent
- uvm_scoreboard
- uvm_env
- uvm_test

11.1.1 uvm_driver

uvm_driver 类从 uvm_sequencer 中获取事务(transaction),经过转化在接口中对 DUT 进行时序激励。需要注意的是,任何继承于 uvm_driver 的类都是参数化类,在定义时需声明参数的类型。首先看 uvm_driver 类的定义:

```
class uvm_driver #(type REQ=uvm_sequence_item, type RSP=REQ) extends
uvm_component;
```

在定义新的 driver 类时,应声明该类所要获取的事务参数 REQ 类型。默认情况下,RSP 参数类型与 REQ 类型保持一致。uvm_driver 在 uvm_component 基础上未扩展新的函数,只扩展了一些用来通信的端口和变量:

```
uvm_seq_item_pull_port #(REQ, RSP) seq_item_port;
uvm_analysis_port #(RSP) rsp_port;
REQ req;
RSP rsp;
```

driver 类与 sequencer 类之间的通信就是为了获取新的事务对象,这一操作是通过 pull 的方式实现的:

```
driver.seq_item_port.connect(sequencer.seq_item_export);
driver.rsp_port.connect(sequencer.rsp_export);
```

更多关于组件之间的通信方式,我们将会在第 12 章中详细介绍。

11.1.2 uvm_monitor

从名字看,这个类是为了监测接口数据,任何需用户自定义数据监测行为的 monitor 都应继承于该类。虽然 uvm_monitor 与其父类相比并未增添新的成员和方法,但将新定义的 monitor 类继承于 uvm_monitor 类有助于实现父类 uvm_monitor 的方法和特性。

11.1.3 uvm_sequencer

uvm_sequencer 就像一个管道,从中传送连续的激励事务,并最终通过 TLM 端口送至 driver 一侧。如果需要,uvm_sequencer 也可以从 uvm_driver 那里获取随后的 RSP 对象以得知数据通信是否正常。uvm_sequencer 恐怕是这些组件中技能最超凡的一个成员了,单从它的继承层级就可见一斑。如图 11.2 所示，从 uvm_sequencer 类的定义看，它与 uvm_driver 一样是一个参数类，需在定义 sequencer 时声明 REQ 的类型。

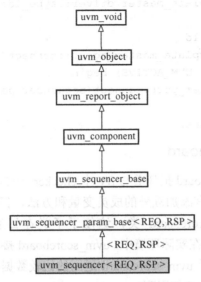

图 11.2 uvm_sequencer 的继承关系

uvm_sequencer 与 uvm_component 之间还多了两个中间类 uvm_sequencer_base 类和 uvm_sequencer_param_base 类。sequencer 既管理着 sequence，同时将 sequence 中产生的 transaction item 传送到 driver 一侧，可以说是整个激励环节中的"路由器"。关于 sequence、sequencer 与 driver 之间的缠绵悱恻的故事，将在第 13 章详细介绍。

11.1.4 uvm_agent

uvm_agent 本身不具备什么神技，但它是一个标准的验证环境"单位"。这样的标准单位通常包含一个 driver、一个 monitor 和一个 sequencer。这三个小伙伴经常聚在一起，组成一个小团伙 agent。同时为了复用，有时 uvm_agent 中只需包含一个 monitor，而不需 driver 和 sequencer，这就需要通过一个变量来进行有条件的例化。

```
uvm_active_passive_enum is_active = UVM_ACTIVE;
```

is_active 是 agent 的一个成员，默认值是 UVM_ACTIVE，这表示处在 active 模式的 agent 需要例化 driver、monitor 和 sequencer；is_active 的值是 UVM_PASSIVE 则表示 agent 是 passive 模式，只可以例化 monitor。active 模式的 agent 既有激励功能也有监测功能，passive 模式的 agent 只具有监测功能。active 模式对应着 DUT 的接口暴露给 agent 且需要激励的场景，而 passive 模式对应着 DUT 的接口已经与其他设计连接而只需要监测的场景。通过 is_active 变量，agent 需要在 build_phase() 和 connect_phase() 等函数中通过选择语句来对 driver 和 sequencer 进行有条件的例化和连接。下面这段例码即作为如何对 agent 内三个组件进行有条件例化的参考。

```
function void template_master_agent::build();
    super.build();
    monitor = template_master_monitor::type_id::create("monitor",this);
```

```
    if(is_active == UVM_ACTIVE) begin
        sequencer = template_master_sequencer::type_id::create("sequencer",this);
        driver = template_master_driver::type_id::create("driver",this);
    end
endfunction : build
function void template_master_agent::connect();
    if(is_active == UVM_ACTIVE) begin
        driver.seq_item_port.connect(sequencer.seq_item_export);
    end
endfunction : connect
```

11.1.5 uvm_scoreboard

从名字来看，uvm_scoreboard 担任着与 SV 中 checker 一样的功能，即进行数据比对和报告。uvm_scoreboard 本身没有添加额外的成员变量和方法，但 UVM 建议用户将自定义的 scoreboard 类继承于 uvm_scoreboard 类，这便于子类在日后自动继承于可能被扩充到 uvm_scoreboard 类中的成员。在实际环境中，uvm_scoreboard 接收来自于多个 monitor 的监测数据，进行比对和报告。由于 uvm_scoreboard 通用的比较数据特性，UVM 自带的其他两个用来做数据比较的类其实很少被使用到：

```
    uvm_in_order_comparator #(type T)
    uvm_algorithm_comparator #(type BEFORE, type AFTER, type TRANSFORMER)
```

uvm_in_order_comparator 是一个参数类，它的两个端口 before_export 和 after_export 分别从 DUT 的输入端 monitor 和输出端 monitor 获取观测的数据事务。这些数据事务是将多个时钟周期中的数据整合为更高抽象级的数据对象，而且要求前后端监测到数据事务类型相同。为了进行数据比对，应事先定义好所需的事务 type T 类，并为其定义必要的 T::compare() 函数和 T::convert2string() 函数。这是因为 uvm_in_order_comparator 类间接调用 T 类的 T::compare() 函数进行数据比对，并记录数据比较成功和失败的次数；在比较数据不匹配时，调用 T::conver2string() 函数将两个数据事务的内容进行报告。

uvm_algorithm_comparator 也是一个参数类，它的参数数目更多，这是为了贴合在更多实际场景中，DUT 的输入端监测数据格式不同于输出端数据格式。因此，type BEFORE 与 type AFTER 两个事务类可以不同，用户应提供将 BEFORE 类转换为 AFTER 类的转换类 type TRANSFORMER。uvm_algorithm_comparator 类的内嵌了一个 uvm_in_order_comparator 作为数据比对的基础，在比较之前，需实现 BEFORE 类和 AFTER 类的 compare()、conver2string() 函数，同时应实现 TRANSFORMER 类的 transform() 函数。这样便可以将接收到的 BEFORE 类事务，通过 TRANSFORMER::transform() 函数转化为 AFTER 类事务送到内置的 uvm_in_order_comparator 对象，保证提供给 uvm_in_order_comparator 对象的输入端和输出端的数据类型一致，最终完成数据比对。

在更多的项目实践中，上面这两种类很少被使用的一个主要原因是，"一千个验证者就有一千个比较器"。UVM 标准在开发初期希望通过统一化地提取比较方式来给用户提供更具可维护性的类，但这仍然难以阻止用户们打扮自己的 scoreboard，他们也并不怎么热衷于使用这些有碍他们发挥"才华"的盒子。

11.1.6　uvm_env

从环境层次结构而言，uvm_env 可能包含多个 uvm_agent 和其他 component，这些不同的组件共同构成完整的验证环境，而这个环境在将来复用中可以作为子环境被进一步集成到更高的环境中。比如图 11.3 就定义了一个高层的环境，其中包含 sub_env、agent 和 scoreboard 等。

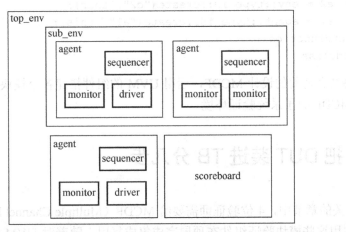

图 11.3　uvm_env 的集成环境

从这个例子可以看出，uvm_env 的角色是一个结构化的容器，它可以容纳其他组件，同时可以作为子环境在更高层的集成中被嵌入。在实际使用中，用户容易混淆 uvm_env 与 uvm_agent 之间的嵌套关系，而且容易在创建对象阶段出现错误。建议的嵌套关系是：

- uvm_agent 作为一个标准单元，在更上层的集成中应该被例化到 uvm_env。
- uvm_env 在更高层的复用中，可以被其他 uvm_env 所嵌套。

11.1.7　uvm_test

uvm_test 类本身没有什么新成员，但是作为测试用例的"代言人"，它不但决定着环境的结构和连接关系，也决定着使用哪一个测试序列。如果没有这个代言人，整个环境无从建立，所以 uvm_test 是验证环境建立的唯一入口，只有通过它才能正常运转 UVM 的 phase 机制。我们从下面的示例看到，在一个顶层 test 中可以例化多个组件，如 uvm_env 或 uvm_agent，而在仿真时通过 uvm_test 可以实现验证环境的运转。我们推荐在 uvm_test 中只例化一个顶层 uvm_env，这便于提供一个唯一环境节点以形成树状的拓扑结构，而这种树状环境结构对应着一种树状配置结构。

```
class env extends uvm_env;
  `uvm_component_utils(env)
  ...
endclass
class agent extends uvm_agent;
  `uvm_component_utils(agent)
  ...
endclass
class test1 extends uvm_test;
```

```
    `uvm_component_utils(test1)
    env e1, e2;
    agent a1;
    ...
    function void build_phase(uvm_phase phase);
      e1 = env::type_id::create("c1", this);
      e2 = env::type_id::create("c2", this);
      a1 = agent::type_id::create("a1", this);
    endfunction
endclass
```

11.2 节将结合之前的设计 MCDF，运用 UVM 的组件搭建各个模块的验证环境，并通过复用来集成 MCDF 的子系统验证环境。

11.2 把 DUT 装进 TB 分几步

在 SV 相关的章节中，4 位验证师需要给 MCDF（Multiple Channel Data Formatter）搭建验证环境，利用这些模块验证组件在顶层完成集成复用。随着对 UVM 机制和组件家族的了解和掌握，他们开始将原有 SV 验证组件移植到 UVM 组件。回顾之前介绍的 MCDF 的功能，我们知道 MCDF 的主要功能是将输入端的三个通道数据经数据整形和过滤后输出。我们将 MCDF 的设计结构分为 4 个模块：

- 上行数据的通道从端（Channel Slave）；
- 仲裁器（Arbiter）；
- 整形器（Formatter）；
- 控制寄存器（Control Registers）。

验证师梅、尤、娄、董分别运用 UVM 组件搭建模块环境。接下来分别看一看这些模块验证环境的构成。寄存器模块的 UVM 验证环境结构如图 11.4 所示。

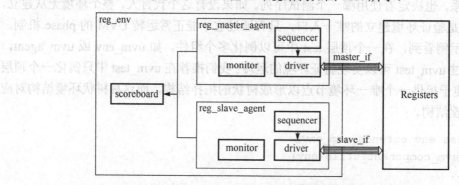

图 11.4 寄存器模块的 UVM 验证环境结构图

寄存器模块的验证环境 reg_env 的组织包括：

- reg_master_agent，提供寄存器接口驱动信号。
- reg_slave_agent，提供寄存器接口反馈信号。

- scoreboard，分别从 reg_master_agent 内的 monitor 和 reg_slave_agent 内的 monitor 获取监测数据，并且进行数据比对。

上行数据通道从端模块的 UVM 验证环境结构如图 11.5 所示。

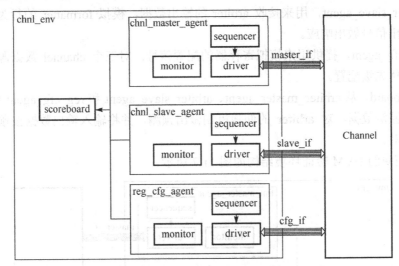

图 11.5　数据通道从端模块的 UVM 验证环境结构图

上行数据通道从端的验证环境 chnl_env 的组件包括：

- chnl_master_agent，提供上行的激励数据。
- chnl_slave_agent，提供用来模拟 arbiter 的仲裁信号，并接收流出数据。
- reg_cfg_agent，提供用来模拟寄存器的配置信号，并接收内置 FIFO 的余量信号。
- scoreboard，分别从 chnl_master_agent、chnl_slave_agent 和 reg_cfg_agent 的 monitor 接收监测数据，并比对 channel 的流入流出数据。

仲裁器模块的 UVM 验证环境结构如图 11.6 所示。

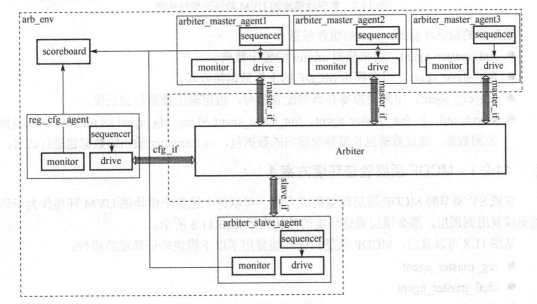

图 11.6　仲裁器模块的 UVM 验证环境结构图

仲裁器的验证环境 arb_env 的组件包括：

● 模拟 channel 输出接口的 arbiter_master_agent 的三个实例，用来对 arbiter 提供并行数据输入，同时对 arbiter 反馈的仲裁信号做出响应。

● arbiter_slave_agent，用来接收 arbiter 的输出数据，模拟 formatter 的行为，对 arbiter 的输出信号做出响应。

● reg_cfg_agent，提供用来模拟寄存器的配置信号，对三个 channel 数据源分别做出不同的优先级配置。

● scoreboard，从 arbiter_master_agent、arbiter_slave_agent 和 reg_cfg_agent 中的 monitor 获取监测数据，对 arbiter 的仲裁机制做出预测，并将输入输出数据按预测优先级做出比对。

整形器模块的 UVM 验证环境结构如图 11.7 所示。

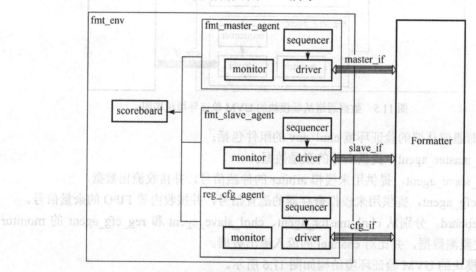

图 11.7　整形器模块的 UVM 验证环境结构图

整形器的验证环境 fmt_env 的组件包括：

● fmt_master_agent，用来模拟 arbiter 的输出数据。

● fmt_slave_agent，用来模拟 MCDF 的下行数据接收端。

● reg_cfg_agent，用来模拟寄存器的配置信号，指定输出数据包的长度。

● scoreboard，从 fmt_master_agent、fmt_slave_agent 和 reg_cfg_agent 的 monitor 获取数据监测数据，通过数据包长度预测输出的数据包，与 formatter 输出的数据包进行比对。

11.2.1　MCDF 顶层验证环境方案 1

参照 SV 章节的 MCDF 顶层环境集成方式，可以将上述各个模块的 UVM 环境作为子环境集成复用到顶层，那么顶层验证环境的结构大致如图 11.8 所示。

从图 11.8 可以看出，MCDF 顶层验证环境复用了以下模块验证环境的组件：

● reg_master_agent

● chnl_master_agent

● fmt_slave_agent

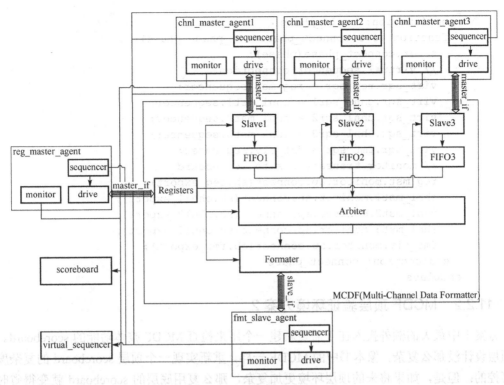

图 11.8　MCDF 顶层验证环境方案 1

通过这三个激励组件可以有效生成新的激励序列，在将各个 agent 的 sequencer 句柄合并在一处时，virtual sequencer 的作用就体现出来了。我们可以通过这个中心化的序列分发管道，将各个 agent 的 sequence 集中管理。MCDF 的 scoreboard 提供一个完整的数据通路覆盖方案，即从各个 agent 的 monitor 数据监测端口将数据收集起来，建立 MCDF 的参考模型，预测输出数据包，最终进行数据比对。这个顶层环境的集成可以参考下面的例码：

```
class mcdf_env1 extends uvm_env;
  `uvm_component_utils(mcdf_env1)
  reg_master_agent reg_mst;
  chnl_master_agent chnl_mst1;
  chnl_master_agent chnl_mst2;
  chnl_master_agent chnl_mst3;
  fmt_slave_agent fmt_slv;
  mcdf_virtual_sequencer virt_sqr;
  mcdf_scoreboard sb;
  ...
  function void build_phase(uvm_phase phase);
    super.build_phase(phase);
    reg_mst = reg_master_agent::type_id::create("reg_mst", this);
    chnl_mst1 = chnl_master_agent::type_id::create("chnl_mst1", this);
    chnl_mst2 = chnl_master_agent::type_id::create("chnl_mst2", this);
    chnl_mst3 = chnl_master_agent::type_id::create("chnl_mst3", this);
    fmt_slv = fmt_slave_agent::type_id::create("fmt_slv", this);
    virt_sqr = mcdf_virtual_sequencer::type_id::create("virt_sqr", this);
    sb = mcdf_scoreboard::type_id::create("sb", this);
```

```
              endfunction: build_phase
              function void connect_phase(uvm_phase phase);
                 super.connect_phase(phase);
                 // virtual sequencer connection
                 virt_sqr.reg_sqr = reg_mst.sequencer;
                 virt_sqr.chnl_sqr1 = chnl_mst1.sequencer;
                 virt_sqr.chnl_sqr2 = chnl_mst2.sequencer;
                 virt_sqr.chnl_sqr3 = chnl_mst3.sequencer;
                 virt_sqr.fmt_sqr = fmt_slv.sequencer;
                 // monitor transactions to scoreboard
                 reg_mst.monitor.ap.connect(sb.reg_export);
                 chnl_mst1.monitor.ap.connect(sb.chnl1_export);
                 chnl_mst2.monitor.ap.connect(sb.chnl2_export);
                 chnl_mst3.monitor.ap.connect(sb.chnl3_export);
                 fmt_slv.monitor.ap.connect(sb.fmt_export);
              endfunction: connect_phase
           endclass
```

11.2.2　MCDF 顶层验证环境方案 2

方案 1 中最大的额外投入在于需要新建一个用来检查 MCDF 整体功能的 scoreboard。如果顶层设计没那么复杂，像本书中的 MCDF 一样，重新实现一个顶层 scoreboard 的复杂度还是可控的；但是，如果将来的顶层环境更加复杂，那么复用底层的 scoreboard 就变得省时省力了。因此，方案 2 的目的在于复用底层模块环境的 scoreboard，减少顶层环境的额外成本。方案 2 的结构框图如图 11.9 所示。

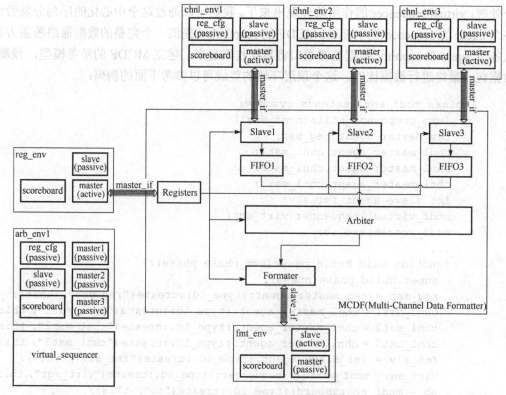

图 11.9　MCDF 顶层验证环境方案 2

从图 11.9 所示的环境可以看出，方案 2 不同于方案 1 的几点在于：

● 顶层环境的组件直接复用各个模块验证环境。

● 顶层环境在集成模块验证环境时需将各子模块中的 agent 配置为不同模式（active 或 passive），以适应顶层场景。

● 不再需要实现新的 scoreboard，可以复用原有模块验证环境的 scoreboard。

方案 1 与方案 2 相同的地方在于，它们的顶层都需要新建用来生成顶层的测试序列的 virtual sequencer 和 virtual sequence。virtual sequence 也不是从零创建的，它本身也是利用原有模块环境的序列库进行了有机的组合，最后协调生成新的测试序列。关于 virtual sequence 与 virtual sequencer，将在第 13 章详细讲解。下面的例码是方案 2 的顶层环境集成实现。

```
class mcdf_env1 extends uvm_env;
  `uvm_component_utils(mcdf_env1)
  reg_env reg_e;
  chnl_env chnl_e1;
  chnl_env chnl_e2;
  chnl_env chnl_e3;
  fmt_env fmt_e;
  mcdf_virtual_sequencer virt_sqr;
  ...
  function void build_phase(uvm_phase phase);
    super.build_phase(phase);
    // 将子环境配置为 active 或者 passive 模式
    uvm_config_db#(int)::set(this, "reg_e.slave", "is_active", UVM_PASSIVE);
    uvm_config_db#(int)::set(this, "chnl_e1.slave", "is_active", UVM_
        PASSIVE);
    uvm_config_db#(int)::set(this, "chnl_e1.reg_cfg", "is_active", UVM_
        PASSIVE);
    uvm_config_db#(int)::set(this, "chnl_e2.slave", "is_active", UVM_
        PASSIVE);
    uvm_config_db#(int)::set(this, "chnl_e2.reg_cfg", "is_active", UVM_
        PASSIVE);
    uvm_config_db#(int)::set(this, "chnl_e3.slave", "is_active", UVM_
        PASSIVE);
    uvm_config_db#(int)::set(this, "chnl_e3.reg_cfg", "is_active", UVM_
        PASSIVE);
    uvm_config_db#(int)::set(this, "arb_e.master1", "is_active", UVM_
        PASSIVE);
    uvm_config_db#(int)::set(this, "arb_e.master2", "is_active", UVM_
        PASSIVE);
    uvm_config_db#(int)::set(this, "arb_e.master3", "is_active", UVM_
        PASSIVE);
    uvm_config_db#(int)::set(this, "arb_e.slave", "is_active", UVM_
        PASSIVE);
```

```
          uvm_config_db#(int)::set(this, "arb_e.reg_cfg", "is_active", UVM_
            PASSIVE);
          uvm_config_db#(int)::set(this, "fmt_e.master", "is_active", UVM_
            PASSIVE);
          uvm_config_db#(int)::set(this, "fmt_e.reg_cfg", "is_active", UVM_
            PASSIVE);
          // 创建子环境
          reg_e = reg_env::type_id::create("reg_e", this);
          chnl_e1 = chnl_env::type_id::create("chnl_e1", this);
          chnl_e2 = chnl_env::type_id::create("chnl_e2", this);
          chnl_e3 = chnl_env::type_id::create("chnl_e3", this);
          fmt_e = fmt_env::type_id::create("fmt_e", this);
          virt_sqr = mcdf_virtual_sequencer::type_id::create("virt_sqr", this);
        endfunction: build_phase
        function void connect_phase(uvm_phase phase);
          super.connect_phase(phase);
          // virtual sequencer connection
          virt_sqr.reg_sqr = reg_e.master.sequencer;
          virt_sqr.chnl_sqr1 = chnl_e1.master.sequencer;
          virt_sqr.chnl_sqr2 = chnl_e2.master.sequencer;
          virt_sqr.chnl_sqr3 = chnl_e3.master.sequencer;
          virt_sqr.fmt_sqr = fmt_e.slave.sequencer;
        endfunction: connect_phase
      endclass
```

　　从方案 2 可以看出，mcdf_env 的子组件不再是 uvm_agent 类，而是各模块的验证环境 uvm_env 类。通过直接复用这些子环境，我们也间接复用了它们内部的 scoreboard。在 build 阶段，需将各子环境中不再产生激励的 agent 配置为 passive 模式，而默认情况下这些 agent 均为 active 模式。这种复用方式使得我们不需要再新建一个 MCDF scoreboard，只要确保 MCDF 的各个子模块均有 scoreboard 检查功能，这样便从整体上覆盖了完整的数据通路。读者可以从上面框图和代码中观察到，相比于之前 SV 验证环境，UVM 的环境复用有下面几个优势：

- 各模块的验证环境是独立封装的，对外不需要保留数据端口，因此便于环境的进一步集成复用。
- 由于 UVM 自身的 phase 机制，在顶层协调各个子环境时，无须考虑由于子环境间的例化顺序而导致的对象句柄引用悬空的问题。
- 由于子环境的测试序列是相对独立的，这使得顶层在复用子环境测试序列而构成 virtual sequence 时，不需要其他额外的迁移成本。
- UVM 提供的 config_db 配置方式，使得整体环境的结构和运行模式可以从树状的 config 对象中获取，这也使得顶层环境可以在不同 uvm_test 进行集中管理配置。

　　11.3 节将带领读者从抽象的角度考虑在构建验证环境时有哪些核心要素，希望读者可以通过这种化繁为简的方式参悟出一些构建验证平台的内经心法。

11.3　构建环境的内经

11.3.1　环境构建的四要素

在 11.2 节关于建立 MCDF 子模块和顶层环境复用方案的介绍中,可以看到在发送测试序列之前要创建一个结构化的环境。将环境建立的核心要素拆解开来,可以分为 4 个部分:

- 单元组件的自闭性;
- 回归创建;
- 通信端口连接;
- 顶层配置。

单元组件的自闭性

自闭性指的是单元组件(如 uvm_agent 或 uvm_env)自身可以成为独立行为、不依赖于其他并行的组件。比如 driver 和 sequencer 之间,虽然 driver 需获取 sequencer 的 transaction item,但它本身可以独立例化,它们之间的通信也是基于 TLM 端对端的连接实现的。这种单元组件的自闭性为日后的组件复用提供了好的基础。再比如,在 11.2.2 节中,各子环境可以独立集成于顶层环境,不需要额外的通信连接,各自划分为"小世界",施行自治。

回归创建

环境的框架建立主要就依靠这一技能了。通过这种方式,上一级的组件在例化自身(执行 new()函数)之后执行各个 phase 阶段,通过 build phase 进一步创建子组件,而这些子组件也通过一样的过程创建下一级组件。回归创建的实现依赖于自顶向下执行顺序的 build phase。10.3 节详细介绍了各 phase 的功能特点,build phase 这种结构化执行顺序可以保证父组件必先于子组件创建,而创建过程还包含这些步骤:

- 在定义成员变量时赋予默认值,或者在 new()函数中赋予初始值。
- 结构配置变量用来决定组件的条件生成,如 uvm_agent 依靠 is_active 变量判断是否需要例化 uvm_sequencer 和 uvm_driver。
- 模式配置变量用来决定各个子组件的工作模式。
- 子组件按照自顶向下、从前到后的顺序依次生成。

通信端口连接

完成整个环境创建后,各组件通过通信端口的连接进行数据通信。常见的端口通信用途包括:

- driver 的端口连接到 sequencer,并对 sequencer 采取 blocking pull 的形式获取 transaction item。
- monitor 的端口连接到 scoreboard 内部的 analysis fifo,将监测的数据写入其中。

TLM 通信的更多细节将在第 12 章介绍。

顶层配置

正是由于单元组件的自闭性，UVM 结构不建议用户通过引用子环境句柄继而索引更深层次的变量进行顶层配置，这样做无疑会增加顶层环境同子环境的黏性，无法做到更好的分离。更好的方式是通过配置化对象，将其作为绑定于顶层环境的部分传递到子环境，子环境的各组件从结构化的配置对象获取自身的配置参数，从而在 build phase、connect phase 和 run phase 中决定它们的结构和运行模式。顶层配置对象可以在子环境未例化时就将其配置到将来创建的子环境当中，不需要考虑顶层配置对象可能先于子环境生成，这也为 UVM 用户提供了安全的配置方式：

● 无论在哪一层使用配置，都应尽量将所有配置置于子组件创建之前，保证配置已经完成。

● 配置的作用域应只关注当前层次及以下，而不涉及更高的层次。

● 配置的对象结构也应尽量独立，最好与环境结构一样形成一个树状结构。这样带来的好处在于，独立的配置对象对应独立的子环境，如果将独立的配置合并为一个树状顶层配置结构，那么顶层配置对象更便于使用和维护。

● config_db 的配置特性使得高层的配置覆盖低层的配置，这也使得在 uvm_test 层次做出的配置可以控制整体的结构和模式。

在抽离出这些核心要素以后，再来看一个典型的验证环境中的变量、组件和配置是如何存在和相互作用的。这些互动关系可以一一对应到一个实体环境中。如图 11.10 所示，我们依旧将 MCDF 的一个模块环境 reg_env 作为参考，考察一个环境中的生态系统是怎么运行的。

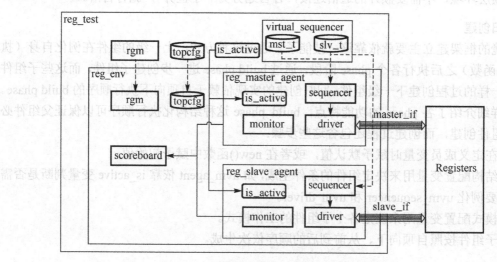

图 11.10　寄存器模块验证环境中的互动关系

11.3.2　环境元素分类

在图 11.10 的环境中有更多的细节，笔者将 uvm_test 层作为比 uvm_env 更高的层次绘制出来，这是因为 uvm_test 层会有一些配置的部分传递给子环境。包括构成环境的组件 uvm_component 在内，环境元素可以分为以下部分：

● 成员变量

　　○ 一般变量

　　　　○ 结构变量
　　　　○ 模式变量
　　● 子组件
　　　　○ 固定组件
　　　　○ 条件组件
　　　　○ 引用组件
　　● 子对象
　　　　○ 自生对象
　　　　○ 克隆对象
　　　　○ 引用对象

成员变量

　　一般变量用于对象内部的操作，或者为外部访问提供状态值。结构变量则用来决定内部子组件是否需要创建和连接，如图 11.10 中顶层的 is_active 变量即用做该目的。模式变量用来控制组件的行为，如 driver 变量经过模式配置可以在 run phase 做出不同的激励行为。对于结构变量和模式变量，它们一般由 int 或 enum 类型定义，用户可以在 uvm_test 层通过 uvm_config_db 的配置方法直接设置，也可以通过结构化的配置对象来进行系统设置。对于复杂验证环境，配置对象的方式会容易操作和维护。

子组件

　　环境必须创建的组件称为固定组件，如 agent 中的 monitor 对于 active 模式或 passive 模式都需要创建；顶层环境中的 scoreboard 也需创建以用来比较数据。条件组件则是通过结构变量的配置来决定是否需要创建的，例如 sequencer 和 driver 只允许在 active 模式下创建。引用组件是内部声明的一个类型句柄，通过自顶向下的句柄传递使该句柄指向外部的一个对象。如图 11.10 中在 uvm_test 层，首先例化一个寄存器模型 rgm（固定组件），其后将该模型的句柄通过配置传递到 reg_env 层中的 rgm 句柄（引用组件）。利用引用组件的方式，环境的各层次在需要时可以共享一个组件。类似的共享方式，我们还将在第 12 章介绍 uvm_event 的特性和应用。

子对象

　　与子组件细分方式类似的是子对象（uvm_object）的细分。在某一层次中首先创建一个对象，称为自生对象。而在传递过程中，这一对象经克隆生成一个成员数值相同的对象，我们称之为克隆对象。如果该对象经过端口传递到达另一个组件，而该组件未对其未克隆而直接操作，则可称之为对引用对象的操作。一个典型例子就是，图 11.10 中 virtual sequence 生成送往 reg_master_agent 和 reg_slave_agent 的 transaction item，分别是 mst_t 和 slv_t，这些连续发送的 mst_t 和 slv_t 通过 uvm_sequencer 抵达 uvm_driver。uvm_driver 拿到这些 transaction 对象之后，克隆后利用克隆对象进行激励是一种方式；driver 也可以不克隆对象而直接对这些对象（引用对象）进行操作。对克隆后的对象进行操作，改变的数值不影响原来的自生对象属性；在引用对象上进行操作，也会修改自生对象的数据。

11.4 本章结束语

至此，笔者已经抽丝剥茧地将验证方法学的核心模式和环境构成元素展示给了读者，也许读者阅读后仍有无法将思维模式落地的窘处，要知道，坚持日常代码实践和对验证环境保持系统思考是需要不断修炼的。第 12 章将带领读者领略 TLM 通信的魅力，希望读者在学习了第 12 章后不仅掌握主要的 TLM 通信端口特点，而且能了解 UVM 与 SystemC 如何进行通信以及一些 UVM 同步元件。只有掌握了 TLM 通信的特性和意义，才可以为学习第 13 章打好基础。

UVM 通信

　　组件之间不是孤立的，而是需要同步和通信的。这一点在 8.5 节曾介绍过，通过本章我们可以理解什么是 TLM 通信，TLM 通信不同于 SV 通信的地方有哪些。TLM 通信为 UVM 组件的独立和封装提供底层的支持，降低了组件之间的依赖性。种类繁多的 TLM 端口类极大地方便了不同的通信需求，而进一步封装的通信管道也兼具了缓存的功能。TLM 端口是提高数据通信抽象级的必要条件，同时使得组件之间的通信频率下降，提高了整体的仿真效率。可以这样讲，如果没有标准化的 TLM 通信，那么 UVM 环境即使构建好，也无法完成高效的仿真任务。同时，标准化的 TLM 通信为接下来 UVM 与其他验证方法的混合使用提供了统一对话的基础。

12.1　TLM 通信概论

　　在目前芯片设计的几大挑战中，最令人关注的莫过于：爆炸性增长的复杂度，快速面向市场的压力，天价的流片费用和项目资金压力。因此，硬件公司真的是被逼得没有退路，只能为了生计，发自肺腑地喊出要最快、最准地流片，不允许流片失败（至少是个美好的愿望）。虽然承受了这么大的压力，但在芯片开发中很难有像软件开发那样的快速迭代流程，也没有软件敏捷开发，更没有频繁的芯片版本发布，因为芯片项目的流程环节与软件开发的小步走快速试错迭代是冲突的。每一代芯片都需要比上一代芯片在性能指标和功耗方面有显著提升，这样终端商、整机商才会买单。一个调动上百人的芯片硬件开发项目在实际执行过程中是极其复杂的，充满了非常多的不确定性。项目经理需要时刻照顾的就是人、时间和钱，这其中，时间往往首当其冲，关系整个芯片能否如期上市。在目前的芯片开发流程中，有两点对项目的助推起到关键作用：

- 系统原型；
- 芯片验证。

　　系统原型一般通过硬件功能描述文档模拟硬件行为，行为要求不同于 RTL 模型。系统原型提供一个准确到硬件比特级别、按照地址段访问、不依赖于时钟周期的模型，该模型通常基于 SystemC 语言，而系统原型中各模块通过 TLM 可以实现宽松时间范围内的数据包传输。芯片验证是在 RTL 模型初步建立后，通过验证语言和方法学如 SV/UVM 来构建验证平台。该平台的特点是验证环境整体基于面向对象开发，组件之间的通信基于 TLM，而在 driver 与硬件接口之间需将 TLM 抽象事务降解到基于时钟的信号级别。在验证过程中，系统原型也可以作为参考模型置入到 UVM 环境中，减轻验证人员重复构建参考模型的压力，提高整体开发的复用性。关于 SystemC 原型在 UVM 环境中嵌入的应用，我们将在 12.4 节详细介绍。

从图 12.1 可以看到，系统原型阶段和芯片验证阶段均使用了 TLM 通信方式。前者是为了更快地实现硬件原型之间的数据通信，后者是为了更快地实现验证组件之间的数据通信。仿真速度是 TLM 对项目进度的最大贡献，TLM 传输中的事务又可以保证足够大的信息量和准确性[22]。所以，读者首先需要明确的是，TLM 并不是某一种语言的产物，而是作为一种提高数据传输抽象级的标准存在的。高抽象级的数据通信可以用来表示宽松时间跨度内的硬件通信数据，通过将低颗粒硬件周期内的数据打包为一个大数据，非常有利于整体环境的仿真速度。TLM 的运用越来越广泛，现如今 emulator 与硬件仿真器的协同仿真框架中，也使用这种方式来降低混合环境之间的通信频率，提高整体的运算效率。

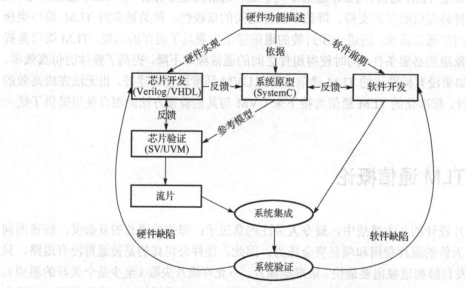

图 12.1　TLM 建模在芯片开发中的应用

TLM 是一种基于事务（transaction）的通信方式，通常在高抽象级语言如 SystemC 或 SV/UVM 中作为模块之间的通信方式。TLM 成功地将模块内的计算和模块之间的通信从时间跨度方面剥离开了。在抽象语言建模体系中，各模块通过一系列并行的进程实现，同时利用通信和计算模拟出正确的行为。要提高系统模型的仿真性能，需要考虑两个方面：建模自身的运算优化，模型之间的通信优化。前者依靠开发者的经验和性能分析工具来逐步优化模型，后者则可以通过将通信频率降低、内容体积增大的方式减少由不同进程之间同步带来的资源损耗。TLM 正是从通信优化角度提出的一种抽象通信方式。

TLM 通信需要两个通信的对象，分别称为 initiator 和 target。区分它们的方法在于，谁先发起通信请求，谁就属于 initiator，而谁作为发起通信的响应方，谁就属于 target。在初学过程中读者还应注意，通信发起方并不代表 transaction 的流向起点，即数据不一定是从 initiator 流向 target 的，也可能是从 target 流向了 initiator。因此，按照 transaction 的流向，又可以将两个对象分为 producer 和 consumer。区分它们的方法是，数据从谁那里产生，谁就属于 producer，数据流向了谁那里，谁就属于 consumer。

从图 12.2 可以看出，initiator 与 target 的关系和 producer 与 consumer 的关系不是固定的。

有了两个参与通信的对象，用户需要将 TLM 通信方法在 target 一端中实现，以便于 initiator 将来作为发起方调用 target 的通信方法，实现数据传输。在 target 实现了必要的通信方法之后，最后一步我们需要将两个对象进行连接，这需要在两个对象中创建 TLM 端口，继而在更高层次中将这两个对象进行连接[16]。

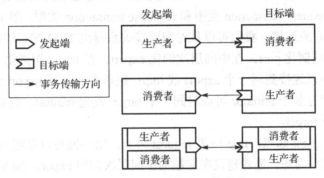

图 12.2　initiator 和 target 的关系

因此我们可以将 TLM 通信步骤分为：

● 分辨出 initiator 和 target，producer 和 consumer。
● 在 target 中实现 TLM 通信方法。
● 在两个对象中创建 TLM 端口。
● 在更高层次中将两个对象的端口进行连接。

上面列出的这些步骤，读者可以通过下面这个例子进一步消化，并加深对上述几个关键词的认识 initiator，target，producer，consumer 和 transaction direction。在深入这个例子之前，先认识一下 TLM 端口的通信方向和类型名称。从数据流向看，传输方向分为单向（unidirection）和双向（bidirection）传输。

● 单向传输：由 initiator 发起 request transaction。
● 双向传输：由 initiator 发起 request transaction，传送至 target；target 在消化了 request transaction 后，发起 response transaction，返回给 initiator。

端口按照类型可以划分为三种：

● port：经常作为 initiator 的发起端，initiator 凭借 port 才可以访问 target 的 TLM 通信方法。
● export：作为 initiator 和 target 中间层次的端口。
● imp：只能作为 target 接收 request 的末端，无法作为中间层次的端口，所以 imp 的连接无法再次延伸。

如果将传输方向和端口类型加以组合，便可以理解 10.2 节介绍 TLM 端口的继承树，如图 12.3 所示。

综合下来，TLM 端口一共分为 6 类：

```
uvm_UNDIR_port #(trans_t)
uvm_UNDIR_export #(trans_t)
uvm_UNDIR_imp #(trans_t, imp_parent_t)
uvm_BIDIR_port #(req_trans_t, rsp_trans_t)
uvm_BIDIR_export #(req_trans_t, rsp_trans_t)
```

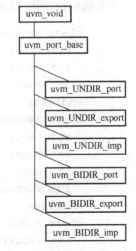

图 12.3　TLM 端口类的继承关系

```
uvm_BIDIR_imp #(req_trans_t, rsp_trans_t, imp_parent_t)
```

就单向端口而言，声明 port 和 export 作为 request 发起方，需要指定 transaction 类型参数，而声明 imp 作为 request 接收方，不但需要指定 transaction 类型参数，还需要指定它所在的 component 类型。就声明双向端口而言，指定参数需要考虑双向传输的因素，将传输类型 transaction 拆分为 request transaction 类型和 response transaction 类型。图 12.4 展示了 TLM 端口的类型、层次和对应连接，我们可以从对应连接关系得出 TLM 端口连接的一般做法：

- 在 initiator 端例化 port，在中间层次例化 export，在 target 端例化 imp。
- 多个 port 可以连接到同一个 export 或 imp；但单个 port 或 export 无法连接多个 imp。这可以理解为多个 initiator 可以对同一个 target 发起 request，但是同一个 initiator 无法连接多个 target。
- port 应为 request 起点，imp 应为 request 终点，而中间可以穿越多个层次。基于单元组件的自闭性考虑，笔者建议在穿越的中间层次声明 export，继而通过层层连接实现数据通路。
- port 可以连接 port、export 或 imp；export 可以连接 export 或 imp；imp 只能作为数据传送的终点，无法扩展连接。

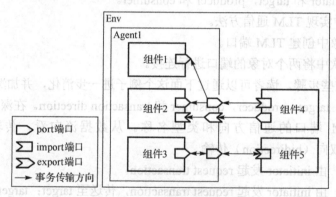

图 12.4 TLM 端口的连接关系

下面我们给出图 12.4 的 TLM 端口连接代码供读者参考。

```
class request extends uvm_transaction;
  byte cmd;
  int addr;
  int req;
endclass
class response extends uvm_transaction;
  byte cmd;
  int addr;
  int rsp;
  int status;
endclass
class comp1 extends uvm_agent;
  uvm_blocking_get_port #(request) bg_port;
  `uvm_component_utils(comp1)
  ...
```

```
    endclass
    class comp2 extends uvm_agent;
      uvm_blocking_get_port #(request) bg_port;
      uvm_nonblocking_put_imp #(request, comp2) nbp_imp;
      `uvm_component_utils(comp2)
      ...
      function bit try_put (request req);
      function bit can_put();
    endclass
    class comp3 extends uvm_agent;
      uvm_blocking_transport_port #(request, response) bt_port;
      `uvm_component_utils(comp3)
      ...
    endclass
    class comp4 extends uvm_agent;
      uvm_blocking_get_imp #(request, comp4) bg_imp;
      uvm_nonblocking_put_port #(request) nbp_port;
      `uvm_component_utils(comp4)
      ...
      task get (output request req);
    endclass
    class comp5 extends uvm_agent;
      uvm_blocking_transport_imp #(request, response, comp5) bt_imp;
      `uvm_component_utils(comp5)
      ...
      task transport (request req, output response rsp);
    endclass
    class agent1 extends uvm_agent;
      uvm_blocking_get_port #(request) bg_port;
      uvm_nonblocking_put_export #(request) nbp_exp;
      uvm_blocking_transport_port #(request, response) bt_port;
      comp1 c1;
      comp2 c2;
      comp3 c3;
      `uvm_component_utils(agent1)
      ...
      function void build_phase(uvm_phase phase);
        super.build_phase(phase);
        c1 = comp1::type_id::create("c1", this);
        c2 = comp2::type_id::create("c2", this);
        c3 = comp3::type_id::create("c3", this);
      endfunction
      function void connect_phase(uvm_phase phase);
        super.connect_phase(phase);
        c1.bg_port.connect(this.bg_port);
        c2.bg_port.connect(this.bg_port);
        this.nbp_exp.connect(c2.nbp_imp);
```

```
        c3.bt_port.connect(this.bt_port);
    endfunction
  endclass
class env1 extends uvm_env;
  agent1 a1;
  comp4 c4;
  comp5 c5;
  `uvm_component_utils(env1)
  ...
  function void build_phase(uvm_phase phase);
    super.build_phase(phase);
    a1 = agent1::type_id::create("a1", this);
    c4 = comp4::type_id::create("c4", this);
    c5 = comp5::type_id::create("c5", this);
  endfunction: build_phase
  function void connect_phase(uvm_phase phase);
    super.connect_phase(phase);
    a1.bg_port.connect(c4.bg_imp);
    c4.nbp_port.connect(a1.nbp_exp);
    a1.bt_port.connect(c5.bt_imp);
  endfunction: connect_phase
endclass
```

从这段例码可以得出建立 TLM 通信的常规步骤：

● 定义 TLM 传输中的数据类型，上面分别定义了 request 类和 response 类。

● 分别在各个层次的 component 中声明和创建 TLM 端口对象。上面的端口类型只选择了一小部分，完整的端口列表将在 12.2 节详细阐述。

● 通过 connect() 函数完成端口之间的连接。

● 在 imp 端口类中要实现需要提供给 initiator 的可调用方法。例如，在 comp2 中由于有一个 uvm_nonblocking_put_imp #(request, comp2) nbp_imp，因此需要实现两个方法 try_put() 和 can_put();而 comp4 中有一个 uvm_blocking_get_imp #(request, comp4) bg_imp，则需要实现对应的方法 get()。需要注意的是，必须在 imp 端口类中实现对应方法，否则端口即使连接也无法实现数据传输。对于更多 imp 端口类型与其对应方法，12.2 节将有更详细的描述。

12.2 单向、双向及多向通信

12.1 节通过实例帮助读者认识了建立 TLM 通信的几个步骤。首先需要明确 initiator 和 target 的区别，明白哪个组件首先发起了 request，其次需要按照 transaction 流动方向划分 producer 和 consumer，然后按照这两种划分的组合确定使用哪一种 TLM 端口类型。当然，在从 initiator 到 target 包括中间穿过的层次，都应该保持相同的 TLM 传输数据参数。本节我们还将通过将端口通信划分为单向、双向以及多向类型，深入到不同通信方向端口的应用场景和实现过程中。

12.2.1　单向通信

单向通信（unidirectional communication）指的是从 initiator 到 target 的数据流向是单一方向的，或者 initiator 和 target 只能扮演 producer 和 consumer 中的 一个角色。在 UVM 中，单一数据流向的 TLM 端口有很多类型：

```
uvm_blocking_put_PORT
uvm_nonblocking_put_PORT
uvm_put_PORT
uvm_blocking_get_PORT
uvm_nonblocking_get_PORT
uvm_get_PORT
uvm_blocking_peek_PORT
uvm_nonblocking_peek_PORT
uvm_peek_PORT
uvm_blocking_get_peek_PORT
uvm_nonblocking_get_peek_PORT
uvm_get_peek_PORT
```

这里的 PORT 代表了三种端口名：port、export 和 imp。这样计算的话，单一方向的传输端口共有 36 种，这么多的端口类型似乎对读者的记忆不太友好。实际上记忆这么多端口名是有技巧的，按照 UVM 端口名的命名规则，它们指出了通信的两个要素：

- 是不是阻塞的方式（即可以等待延时）；
- 何种通信方法。

如果将这两种组合为一个表格，这些端口对应的通信方式就很清楚了。参考表 12.1，读者可以根据需要选择端口类型。

表 12.1　TLM 单向通信端口列表

组合端口	单一端口	方法声明
uvm_put_PORT	uvm_blocking_put_PORT	task put(T t)
	uvm_nonblocking_put_PORT	function bit try_put(T t)
		function bit can_put()
uvm_get_PORT	uvm_blocking_get_PORT	task get(output T t)
	uvm_nonblocking_get_PORT	function bit try_get(output T t)
		function bit can_get()
uvm_peek_PORT	uvm_blocking_peek_PORT	task peek(output T t)
	uvm_nonblocking_peek_PORT	function bit try_peek(output T t)
		function bit can_peek()
uvm_get_peek_PORT	uvm_blocking_get_peek_PORT	task get(output T t)
		task peek(output T t)
	uvm_nonblocking_get_peek_PORT	function bit try_get(output T t)
		function bit can_get()
		function bit try_peek(output T t)
		function bit can_peek()

阻塞传输方式将 blocking 前缀作为函数名的一部分，而非阻塞方式则名为 nonblocking。阻塞端口的方法类型为 task，这保证了可以实现事件等待和延时；非阻塞端口的方式类型为 function，这确保方法调用可以立即返回。我们方法名也可以发现，例如 uvm_blocking_put_PORT 提供的方法 task put()会在数据传送完后返回，uvm_nonblocking_put_PORT 对应的两个函数 try_put()和 can_put()是立刻返回的。而 uvm_put_PORT 则分别提供了 blocking 和 nonblocking 的方法，这为通信方式提供了更多选择。blocking 阻塞传输的方法包含：

- Put()：initiator 先生成数据 T t，同时将该数据传送至 target。
- Get()：initiator 从 target 获取数据 T t，而 target 中的该数据 T t 则应消耗。
- Peek()：initiator 从 target 获取数据 T t，而 target 中的该数据 T t 还应保留。

与上述三种任务对应的 nonblocking 非阻塞方法分别是：

```
try_put()
can_put()
try_get()
can_get()
try_peek()
can_peek()
```

这 6 个非阻塞函数与对应阻塞任务的区别在于，它们必须立即返回，如果 try_xxx 函数可以发送或获取数据，那么函数应返回 1，执行失败则应返回 0。或者，通过 can_xxx 函数先试探 target 是否可以接收数据，如果可以，再通过 try_xxx 函数发送，提高数据发送的成功率。接下来我们给出一段例码，来看如何通过上述 TLM 端口实现数据传输。从图 12.5 可以看到，comp1 为 initiator，comp2 为 target。comp1 会将数据写入（put）到 comp2 中，待 comp2 处理完后，comp1 会再从 comp2 获取（get）处理过的数据。

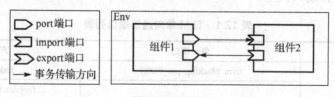

图 12.5　TLM 单向通信端口的连接

```
class itrans extends uvm_transaction;
    int id;
    int data;
    ...
    endclass
    class otrans extends uvm_transaction;
    int id;
    int data;
    ...
endclass
class comp1 extends uvm_component;
    uvm_blocking_put_port #(itrans) bp_port;
    uvm_nonblocking_get_port #(otrans) nbg_port;
    `uvm_component_utils(comp1)
```

```
...
    task run_phase(uvm_phase phase);
      itrans itr;
      otrans otr;
      int trans_num = 2;
      fork
        begin
          for(int i=0; i<trans_num; i++) begin
            itr = new("itr", this);
            itr.id = i;
            itr.data = 'h10 + i;
            this.bp_port.put(itr);
            `uvm_info("PUT", $sformatf("put itrans id: 'h%0x, data: 'h%0x",
                itr.id, itr.data), UVM_LOW)
          end
        end
        begin
          for(int j=0; j<trans_num; j++) begin
            forever begin
              if(this.nbg_port.try_get(otr) == 1) break;
              else #1ns;
            end
            `uvm_info("TRYGET", $sformatf("get otrans id: 'h%0x , data:
                'h%0x", otr.id, otr.data), UVM_LOW)
          end
        end
      join
    endtask
  endclass
  class comp2 extends uvm_component;
    uvm_blocking_put_imp #(itrans, comp2) bp_imp;
    uvm_nonblocking_get_imp #(otrans, comp2) nbg_imp;
    itrans itr_q[$];
    `uvm_component_utils(comp2)
    ...
    task put(itrans t);
      itr_q.push_back(t);
    endtask
    function bit try_get (output otrans t);
      itrans i;
      if(itr_q.size() != 0) begin
        i = itr_q.pop_front();
        t = new("t", this);
        t.id = i.id;
        t.data = i.data << 8;
        return 1;
      end
```

```
        else return 0;
      endfunction
      function bit can_get();
        if(itr_q.size() != 0) return 1;
        else return 0;
      endfunction
    endclass
    class env1 extends uvm_env;
      comp1 c1;
      comp2 c2;
      `uvm_component_utils(env1)
      ...
      function void build_phase(uvm_phase phase);
        super.build_phase(phase);
        c1 = comp1::type_id::create("c1", this);
        c2 = comp2::type_id::create("c2", this);
      endfunction: build_phase
      function void connect_phase(uvm_phase phase);
        super.connect_phase(phase);
        c1.bp_port.connect(c2.bp_imp);
        c1.nbg_port.connect(c2.nbg_imp);
      endfunction: connect_phase
    endclass
```

输出结果为：

```
uvm_test_top.env.c1 [PUT] put itrans id: 'h0 , data: 'h10
uvm_test_top.env.c1 [PUT] put itrans id: 'h1 , data: 'h11
uvm_test_top.env.c1 [TRYGET] get otrans id: 'h0 , data: 'h1000
uvm_test_top.env.c1 [TRYGET] get otrans id: 'h1 , data: 'h1100
```

首先 comp1 例化了两个 port 端口：

```
uvm_blocking_put_port #(itrans) bp_port;
uvm_nonblocking_get_port #(otrans) nbg_port;
```

comp2 作为 target 则相应例化了两个对应的 imp 端口：

```
uvm_blocking_put_imp #(itrans, comp2) bp_imp;
uvm_nonblocking_get_imp #(otrans, comp2) nbg_imp;
```

env1 环境将 comp1 与 comp2 连接之前，需要在 comp2 中实现两个端口对应的方法：

```
task put(itrans t)
function bit try_get (output otrans t)
function bit can_get();
```

接下来 env1 对两个组件的端口进行连接，使 comp1 在 run phase 可以通过自身端口间接调用 comp2 中定义的端口方法。要注意，调用端口方法之前的几个步骤是必不可少的：

- 定义端口；
- 实现对应方法；
- 在上层将端口进行连接。

12.2.2 双向通信

与单向通信相同的是，双向通信（bidirectional communication）的两端也分为 initiator 和 target，但是数据流向在端对端之间是双向的。也可以认为双向通信中的两端同时扮演 producer 和 consumer 的角色，而 initiator 作为 request 发起方，在发起 request 之后，还会等待 response 返回。UVM 双向端口分为以下类型：

```
uvm_blocking_transport_PORT
uvm_nonblocking_transport_PORT
uvm_transport_PORT
uvm_blocking_master_PORT
uvm_nonblocking_master_PORT
uvm_master_PORT
uvm_blocking_slave_PORT
uvm_nonblocking_slave_PORT
uvm_slave_PORT
```

这些双向端口按照阻塞方式和通信方式可以按照表 12.2 划分。

表 12.2　TLM 双向通信端口列表

组 合 端 口	单 一 端 口	方 法 声 明
uvm_transport_PORT	uvm_blocking_transport_PORT	task transport(REQ req, output RSP rsp)
	uvm_nonblocking_transport_PORT	task nb_transport(REQ req, output RSP rsp)
uvm_master_PORT	uvm_blocking_master_PORT	task put(REQ t)
		task get(output RSP t)
		task peek(output RSP t)
	uvm_nonblocking_master_PORT	function bit try_put(REQ t)
		function bit can_put()
		function bit try_get(output RSP t)
		function bit can_get()
		function bit try_peek(output RSP t)
		function bit can_peek()
uvm_slave_PORT	uvm_blocking_slave_PORT	task put(RSP t)
		task get(output REQ t)
		task peek(output REQ t)
	uvm_nonblocking_slave_PORT	function bit try_put(RSP t)
		function bit can_put()
		function bit try_get(output REQ t)
		function bit can_get()
		function bit try_peek(output REQ t)
		function bit can_peek()

此外双向端口按照通信握手方式分为：

● transport 双向通信方式；

● master 和 slave 双向通信方式。

transport 端口通过 transport() 方法在同一方法调用过程中完成 REQ 和 RSP 的发出和返回，master 和 slave 的通信方式必须分别通过 put、get 和 peek 的调用，使用两个方法才可以完成一次握手通信。master 端口和 slave 端口的区别在于，当 initiator 作为 master 时，发起 REQ 送至 target 端，再从 target 端获取 RSP；当 initiator 使用 slave 端口时，先从 target 端获取 REQ，而后将 RSP 送至 target 端。master 端口或 slave 端口的实现方式类似于之前介绍的单向通信方式，只是 imp 端口所在的组件需要实现的方法更多。接下来主要介绍 transport 双向通信方式，它明显区别于之前的单向通信方式（即调用方法所传送的数据是单向的），如图 12.6 所示。

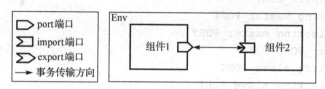

图 12.6　TLM 双向通信端口的连接

```
class comp1 extends uvm_component;
  uvm_blocking_transport_port #(itrans, otrans) bt_port;
  `uvm_component_utils(comp1)
  ...
  task run_phase(uvm_phase phase);
    itrans itr;
    otrans otr;
    int trans_num = 2;
    for(int i=0; i<trans_num; i++) begin
    itr = new("itr", this);
    itr.id = i;
    itr.data = 'h10 + i ;
    this.bt_port.transport(itr, otr);
    `uvm_info("TRSPT", $sformatf("put itrans id: 'h%0x , data: 'h%0x
        | get otrans id: 'h%0x , data: 'h%0x ",
            itr.id, itr.data, otr.id, otr.data), UVM_LOW)
    end
  endtask
endclass
class comp2 extends uvm_component;
  uvm_blocking_transport_imp #(itrans, otrans, comp2) bt_imp;
  `uvm_component_utils(comp2)
  ...
  task transport(itrans req, output otrans rsp);
    rsp = new("rsp", this);
    rsp.id = req.id;
    rsp.data = req.data << 8;
  endtask
endclass
class env1 extends uvm_env;
```

```
      comp1 c1;
      comp2 c2;
  `uvm_component_utils(env1)
  ...
      function void build_phase(uvm_phase phase);
        super.build_phase(phase);
        c1 = comp1::type_id::create("c1", this);
        c2 = comp2::type_id::create("c2", this);
      endfunction: build_phase
      function void connect_phase(uvm_phase phase);
        super.connect_phase(phase);
        c1.bt_port.connect(c2.bt_imp);
      endfunction: connect_phase
    endclass
```

输出结果为：

```
uvm_test_top.env.c1 [TRSPT] put itrans id: 'h0 , data: 'h10 | get otrans
    id: 'h0 , data: 'h1000
uvm_test_top.env.c1 [TRSPT] put itrans id: 'h1 , data: 'h11 | get otrans
    id: 'h1 , data: 'h1100
```

从上面的例码可以看出，双向端口对端口例化和连接的处理类似于单向端口，不同的只是要求实现对应的双向传输任务：

```
task transport(itrans req, output otrans rsp)
```

12.2.3 多向通信

多向通信（multi-directional communication）这个概念听起来容易让读者产生歧义，因为这种方式服务的仍然是两个组件之间的通信，而不是多个组件之间的通信，毕竟多个组件的通信可以由基础的两个组件的通信方式来构建。这里的多向通信指的是，如果 initiator 与 target 之间的相同 TLM 端口数目超过一个时的处理解决办法。例如，图 12.7 中的 comp1 有两个 uvm_blocking_put_port，而 comp2 有两个 uvm_blocking_put_imp 端口，我们可以给端口例化不同的名字，连接也可以通过不同名字来索引，但问题在于 comp2 中需要实现两个 task put(itrans t)，不同端口之间要求在 imp 端口一侧实现专属方法，这就造成了方法命名冲突，即无法在comp2 中定义两个同名的 put 任务。

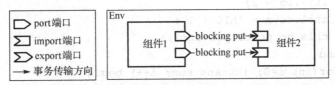

图 12.7 TLM 多向通信端口的连接

UVM 通过端口宏声明方式来解决这一问题，它解决问题的核心在于让不同端口对应不同名的任务，这样便不会造成方法名的冲突。UVM 为解决多向通信问题的宏按照端口名的命名方式分为：

```
`uvm_blocking_put_imp_decl(SFX)
`uvm_nonblocking_put_imp_decl(SFX)
`uvm_put_imp_decl(SFX)
`uvm_blocking_get_imp_decl(SFX)
`uvm_nonblocking_get_imp_decl(SFX)
`uvm_get_imp_decl(SFX)
`uvm_blocking_peek_imp_decl(SFX)
`uvm_nonblocking_peek_imp_decl(SFX)
`uvm_peek_imp_decl(SFX)
`uvm_blocking_get_peek_imp_decl(SFX)
`uvm_nonblocking_get_peek_imp_decl(SFX)
`uvm_get_peek_imp_decl(SFX)
`uvm_blocking_transport_imp_decl(SFX)
`uvm_nonblocking_transport_imp_decl(SFX)
`uvm_transport_imp_decl(SFX)
`uvm_blocking_master_imp_decl(SFX)
`uvm_nonblocking_master_imp_decl(SFX)
`uvm_peek_master_decl(SFX)
`uvm_blocking_slave_imp_decl(SFX)
`uvm_nonblocking_slave_imp_decl(SFX)
`uvm_peek_slave_decl(SFX)
```

下面这段例码就通过这些宏来解决多个同类端口连接到同一个 target 的问题：

```
`uvm_blocking_put_imp_decl(_p1)
`uvm_blocking_put_imp_decl(_p2)
class comp1 extends uvm_component;
  uvm_blocking_put_port #(itrans) bp_port1;
  uvm_blocking_put_port #(itrans) bp_port2;
  `uvm_component_utils(comp1)
  ...
  task run_phase(uvm_phase phase);
    itrans itr1, itr2;
    int trans_num = 2;
    fork
    for(int i=0; i<trans_num; i++) begin
      itr1 = new("itr1", this);
      itr1.id = i;
      itr1.data = 'h10 + i ;
      this.bp_port1.put(itr1);
    end
    for(int i=0; i<trans_num; i++) begin
      itr2 = new("itr2", this);
      itr2.id = 'h10 + i;
      itr2.data = 'h20 + i ;
      this.bp_port2.put(itr2);
    end
    join
```

```
      endtask
    endclass
    class comp2 extends uvm_component;
      uvm_blocking_put_imp_p1 #(itrans, comp2) bt_imp_p1;
      uvm_blocking_put_imp_p2 #(itrans, comp2) bt_imp_p2;
      itrans itr_q[$];
      semaphore key;
      `uvm_component_utils(comp2)
      ...
      task put_p1(itrans t);
        key.get();
        itr_q.push_back(t);
        `uvm_info("PUTP1", $sformatf("put itrans id: 'h%0x , data: 'h%0x",
             t.id, t.data), UVM_LOW)
        key.put();
      endtask
      task put_p2(itrans t);
        key.get();
        itr_q.push_back(t);
        `uvm_info("PUTP2", $sformatf("put itrans id: 'h%0x , data: 'h%0x",
             t.id, t.data), UVM_LOW)
        key.put();
      endtask
    endclass
    class env1 extends uvm_env;
      comp1 c1;
      comp2 c2;
      `uvm_component_utils(env1)
      ...
      function void build_phase(uvm_phase phase);
        super.build_phase(phase);
        c1 = comp1::type_id::create("c1", this);
        c2 = comp2::type_id::create("c2", this);
      endfunction: build_phase
      function void connect_phase(uvm_phase phase);
        super.connect_phase(phase);
        c1.bp_port1.connect(c2.bt_imp_p1);
        c1.bp_port2.connect(c2.bt_imp_p2);
      endfunction: connect_phase
    endclass
```

仿真结果为：

```
uvm_test_top.env.c2 [PUTP1] put itrans id: 'h0 , data: 'h10
uvm_test_top.env.c2 [PUTP1] put itrans id: 'h1 , data: 'h11
uvm_test_top.env.c2 [PUTP2] put itrans id: 'h10 , data: 'h20
uvm_test_top.env.c2 [PUTP2] put itrans id: 'h11 , data: 'h21
```

从这段例码可以看到，当一个组件的两个端口通过相同方法（比如 task put()）向另一个组件传输数据时，需要使用上述的宏，分别声明两个不同的 imp 类型，完整的实现步骤包括：

- 选择正确的 imp 宏来定义不同的 imp 端口类型，而宏的参数 SFX（后缀名）也会转化为相应的 imp 端口类型名。
- 在 imp 例化的组件中，分别实现不同的 put_SFX 方法。
- 在 port 例化的组件中，不需要对目标 imp 端口类型进行区分，例如 comp1 中的 bp_port1 和 bp_port2 为相同的端口类型。
- 对于 comp1 调用 put() 方法，它只需要选择 bp_port1 或 bp_port2，而不需要更替 put() 方法名，即仍然按照 put() 来调用而不是 put_p1() 或 put_p2()。
- 在上层环境应该连接 comp1 和 comp2 的 TLM 端口。

通过这种方式，用户只需要在例化多个 imp 端口的组件中实现不同名称的方法，使其与对应 imp 类型名保持一致。而对于 port 端口一侧的组件，则不需关心调用的方法名称，因为该方法名并不会发生改变。所以通过这种方式可以防止通信方法名的冲突，从而解决多向通信的问题。

12.3 通信管道应用

在 12.2 节了解了 TLM 通信的实现方式，这些通信有一个共同的地方，即都是端对端的，同时在 target 一端需要实现传输方法，例如 put() 或 get()。不过这种方式在实际使用中可能给用户带来一些烦恼，如何能够不自己实现这些传输方法同时可以享受到 TLM 的好处？monitor、coverage collector 等组件在传输数据时存在一端到多端的传输，如何解决这一问题？本节我们将继续深入通信方式，下面介绍的几个 TLM 组件和端口可以帮助读者免除这些烦恼。首先来看 TLM FIFO 的功能和用法。

12.3.1 TLM FIFO

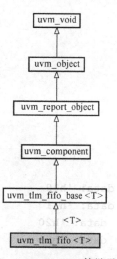

图 12.8 uvm_tlm_fifo 的继承关系

在一般 TLM 传输过程中，无论是 initiator 给 target 发起一个 transaction，还是 initiator 从 target 获取一个 transaction，transaction 最终都流向 consumer 中（initiator 和 target 都可以是 consumer）。consumer 在没有分析 transaction 时，我们希望将该对象先存储到本地 FIFO 中供稍后使用。如果按照 12.2 节介绍的方式，用户需要分别在两个组件中例化端口，同时在 target 中实现相应的传输方法。而多数情况下，需要实现的传输方法都是相似的，方法的主要内容即是为了实现数据缓存功能。TLM FIFO uvm_tlm_fifo 类是一个新组件，如图 12.8 所示，它继承于 uvm_component 类，且已预先内置多个端口、实现多个对应方法供用户使用。

从组件的内部实现来看，它内置了一个 mailbox #(T)。该 mailbox 没有尺寸限制，用来存储数据类型 T，而

uvm_tlm_fifo 的多个端口对应的方法均是利用该 mailbox 实现了数据读写。从图 12.9 可以看到，一个 uvm_tlm_fifo 会包含多个 TLM 端口，我们摘出常用端口供读者选择：

- put_export：用户可以通过该端口调用 put()、try_put()、can_put()。
- put_ap：调用了 put() 方法写入的数据同时也会通过该端口的 write() 函数送出。
- get_peek_export：用户可以通过该端口调用 get()、try_get()、can_get()、peek()、try_peek()、can_peek()。
- get_ap：调用了 get() 和 peek() 方法读出的数据也会通过该端口的 write() 函数送出。

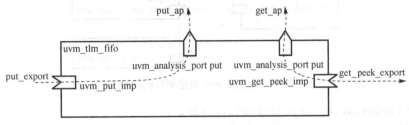

图 12.9 uvm_tlm_fifo 的内部结构

uvm_tlm_fifo 的功能类似于 mailbox，不同的地方在于 uvm_tlm_fifo 提供了各种端口供用户使用。我们推荐在 initiator 端例化 put_port 或 get_peek_port 来匹配 uvm_tlm_fifo 的端口类型。当然，如果用户例化了其他类型的端口，uvm_tlm_fifo 还提供 put、get 以及 peek 对应的端口：

```
uvm_put_imp       #(T, this_type) blocking_put_export;
uvm_put_imp       #(T, this_type) nonblocking_put_export;
uvm_get_peek_imp #(T, this_type) blocking_get_export;
uvm_get_peek_imp #(T, this_type) nonblocking_get_export;
uvm_get_peek_imp #(T, this_type) get_export;
uvm_get_peek_imp #(T, this_type) blocking_peek_export;
uvm_get_peek_imp #(T, this_type) nonblocking_peek_export;
uvm_get_peek_imp #(T, this_type) peek_export;
uvm_get_peek_imp #(T, this_type) blocking_get_peek_export;
uvm_get_peek_imp #(T, this_type) nonblocking_get_peek_export;
```

12.3.2 Analysis Port

除了端对端的传输，在一些情况下还有多个组件对同一个数据进行运算处理。如果这个数据是从同一个源的 TLM 端口发出到达不同组件的，就要求该种端口满足从一端到多端的需求。如果数据源端发生变化需要通知跟它关联的多个组件，可以利用软件的设计模式之一——观察者模式（observer pattern）来实现。observer pattern 的核心在于，第一，这是从一个 initiator 端到多个 target 端的方式；第二，analysis port 采取的是"push"模式，即从 initiator 端调用多个 target 端的 write() 函数实现数据传输。图 12.10 给出一个典型的 analysis port 类型端口的连接方式，可以看到，类似于其他 TLM 端口的是，按照传输方法和端口方向组合可以将 analysis port 分为 uvm_analysis_port、uvm_analysis_export 以及 uvm_analysis_imp。target 一侧例化了 uvm_analysis_imp 后还需要实现 write() 函数。最后，在顶层可以将 initiator 端的 uvm_analysis_port 同多个 target 端的 uvm_analysis_imp 进行连接。在 initiator 端调用 write()

函数时，实际上它是通过循环的方式将所有连接的 target 端内置的 write()函数进行了调用。由于函数立即返回的特点，无论连接多少个 target 端，initiator 端调用 write()函数总是可以立即返回的。这里稍微不同于之前单一端口函数调用的是，即使没有 target 与之相连，调用 write()函数时也不会发生错误。

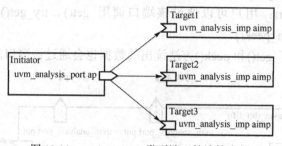

图 12.10　analysis port 类型端口的连接实例

```
initiator.ap.connect(target1.aimp);
initiator.ap.connect(target2.aimp);
initiator.ap.connect(target3.aimp);
```

12.3.3　Analysis TLM FIFO

由于 analysis 端口实现了一端到多端的 TLM 数据传输，一个新的数据缓存组件类 uvm_tlm_analysis_fifo 为用户提供了可以搭配 uvm_analysis_port 端口、uvm_analysis_imp 端口和 write()函数。从图 12.11 可以看出，uvm_tlm_analysis_fifo 类继承于 uvm_tlm_fifo，这表明它本身具有面向单一 TLM 端口的数据缓存特性，同时该类又有一个 uvm_analysis_imp 端口 analysis_export 且实现了 write()函数：

```
uvm_analysis_imp #(T, uvm_tlm_analysis_fifo #(T)) analysis_export;
```

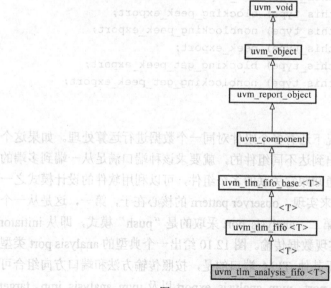

图 12.11　uvm_tlm_analysis_fifo 的继承关系

基于 initiator 到多个 target 的连接方式，用户如果想轻松实现一端到多端的数据传输，可以如图 12.12 那样插入多个 uvm_tlm_analysis_fifo。这里给出连接方式：

- 将 initiator 的 analysis port 连接到 tlm_analysis_fifo 的 analysis _export 端口，这样数据可以从 initiator 发起，写入到各个 tlm_analysis_fifo 的缓存中。
- 将多个 target 的 get_port 连接到 tlm_analysis_fifo 的 get_export，注意保持端口类型的匹配，这样从 target 一侧只需要调用 get() 方法就可以得到先前存储在 tlm_analysis_fifo 中的数据。

```
initiator.ap.connect(tlm_analysis_fifo1.analysis_export); target1.get_port.
    connect(tlm_analysis_fifo1.get_export);
initiator.ap.connect(tlm_analysis_fifo2.analysis_export);target2.get_port.
    connect(tlm_analysis_fifo2.get_export);
i nitiator.ap.connect(tlm_analysis_fifo3.analysis_export); target3.get_
    port.connect(tlm_analysis_fifo3.get_export);
```

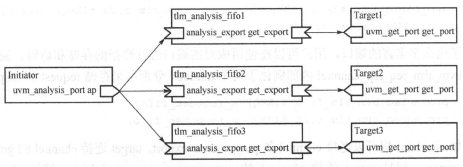

图 12.12　analysis TLM FIFO 的连接实例

12.3.4　Request & Response 通信管道

上节介绍了双向通信端口 transport，即通过在 target 端实现 transport() 方法可以在一次传输中既发送 request 又接收 response。如图 12.13 所示，UVM 提供两种简便的通信管道作为数据缓存区，既有 TLM 端口从外侧接收 request 和 response，也有 TLM 端口供外侧获取 request 和 response。这两种 TLM 通信管道分别是：

- uvm_tlm_req_rsp_channel
- uvm_tlm_transport_channel

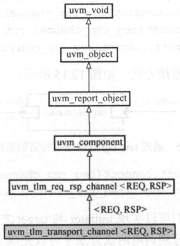

图 12.13　uvm_tlm_req_rsp_channel 的继承关系

uvm_tlm_req_rsp_channel 提供的端口首先是单一方向的，为了让端口列表清爽一些，我们只列出该类例化的端口：

```
uvm_put_export #(REQ) put_request_export;
uvm_put_export #(RSP) put_response_export;
uvm_get_peek_export #(RSP) get_peek_response_export;
uvm_get_peek_export #(REQ) get_peek_request_export;
uvm_analysis_port #(REQ) request_ap;
uvm_analysis_port  #(RSP) response_ap;
uvm_master_imp #(REQ, RSP, this_type, uvm_tlm_fifo #(REQ), uvm_tlm_fifo
    #(RSP)) master_export;
uvm_slave_imp  #(REQ, RSP, this_type, uvm_tlm_fifo #(REQ), uvm_tlm_fifo
    #(RSP)) slave_export;
```

有了这么多丰富的端口，用户可以在使用成对的端口进行数据的存储和访问。需要注意的是，uvm_tlm_req_rsp_channel 内部例化了两个 mailbox 分别用来存储 request 和 response：

```
protected uvm_tlm_fifo #(REQ) m_request_fifo;
protected uvm_tlm_fifo #(RSP) m_response_fifo;
```

例如，initiator 端可以连接 channel 的 put_request_export, target 连接 channel 的 get_peek_request_export，同时 target 连接 channel 的 put_response_export, initiator 连接 channel 的 get_peek_response_export 端口。如图 12.14 所示，这种对应使得 initiator 与 target 可以利用 uvm_tlm_req_rsp_channel 进行 request 与 response 的数据交换。

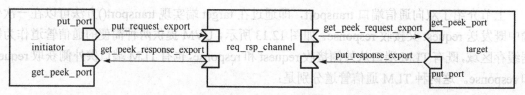

图 12.14　通过 req_rsp 双向通信管道的连接方式 1

```
initiator.put_port.connect(req_rsp_channel.put_request_export);
target.get_peek_port.connect(req_rsp_channel.get_peek_request_export);
target.put_port.connect(req_rsp_channel.put_response_export);
initiator.get_peek_port.connect(req_rsp_channel.get_peek_response_export);
```

或者，也可以利用另一种连接方式，如图 12.15 所示。

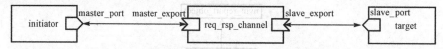

图 12.15　通过 req_rsp 双向通信管道的连接方式 2

```
initiator.master_port.connect(req_rsp_channel.master_export);
target.slave_port.connect(req_rsp_channel.slave_export);
```

通过所述的这些方式，我们可以实现 initiator 与 target 之间自由的 request 和 response 传输。这两种连接方式仍然需要分别调用两次方法才可以完成 request 和 response 的传输。在 uvm_tlm_req_rsp_channel 的基础上，UVM 添加了具备 transport 端口的管道组件

uvm_tlm_transport_channel 类。它继承于 uvm_tlm_req_rsp_channel，并且新例化了 transport 端口：

```
uvm_transport_imp #(REQ, RSP, this_type) transport_export;
```

新添加的这个 TLM FIFO 组件类型是针对于一些无法流水化处理的 request 和 response 传输，例如 initiator 一端要求每次发送完 request，必须等到 response 接收到以后才可以发送下一个 request，这时 transport()方法就可以满足这一需求。如果将上面的传输方式进行修改，那么可以得到图 12.16 的连接方式：

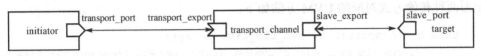

图 12.16　通过 transport 双向通信管道的连接方式

需要变化的是 initiator 端到 req_rsp_channel 的连接，应该修改为：

```
initiator.transport_port.connect(transport_channel.transport_export)
```

至于 transport_channel 和 target 之间的连接，则可以仍然保留之前的单向传输连接方式。

本节读者进一步了解了一端到多端的 TLM 传输方式，以及为了帮助用户节省时间，UVM 内建的一些用于 TLM 传输的 FIFO 组件，希望读者今后可以灵活使用。12.4 节将深入 TLM2 端口类型，并将它们与 TLM1 端口类型进行比较。

12.4　TLM2 通信

在本章之前的部分中，读者认识到 TLM 是一种构建更高级抽象模型的传输方式。虽然 SV 语言本身没有原生的 TLM 传输方式，但 UVM 将 TLM 集成进来，并在组件传输中得到充分运用。在这里需要注意的是，之前介绍的各组件之间的通信是通过 TLM1.0 方式实现的。随着 SystemC 模型的广泛引用，SystemC 通信机制 TLM2.0 引起了 UVM 标准委员会的关注。之前介绍过 TLM 协议本身并不依赖于某一种语言，可以跨语言实现其传输标准。TLM2.0 是 SystemC 模型之间的核心传输方式，它于 2009 年发布并随后成为 IEEE 标准 IEEE 1666-2011。与 TLM1.0 相比，TLM2.0 提供了更丰富、更强大的传输特性，主要包括：

- 双向的阻塞或非阻塞接口；
- 时间标记；
- 统一的数据包。

通过这些特性，TLM2.0 使得接口之间的通信更趋于标准化，更容易为系统构建抽象模型。虽然 TLM2.0 一开始作为 SystemC 标准库的一部分（由 C++实现），但是由于 RTL 与 SystemC 模型的混合仿真趋势，要求 SV 也能够有与之匹配的接口便于日后的互相嵌套。所以我们本节将重点介绍 TLM2.0 的特性、它在 UVM 中的实现方式以及通过一些例码使读者了解其使用方式。

12.4.1　接口实现

TLM2.0 的传输是双向的,意味着在一次完整传输中有 request 和 response 类型。这听起来和我们在 TLM1.0 中介绍的 transport 端口传输方式类似,先别急着下结论,我们继续往下看。TLM2.0 支持 blocking 和 nonblocking 两种 transport 方式。

- blocking 的传输方式要求在一次传输过程中,完成 request 和 response 的传输。
- nonblocking 的传输方式则将 request 和 response 的传输分为了两个独立的单向传输,而两次传输整体视为完成一次握手传输。

上面两种传输方式对应的 UVM 方法如下:

```
task b_transport(T t, uvm_tlm_time delay);
function uvm_tlm_sync_e nb_transport_fw(T t, ref P p, input uvm_tlm_time delay);
function uvm_tlm_sync_e nb_transport_bw(T t, ref P p, input uvm_tlm_time delay);
```

这里 T 代表统一的传输数据类 uvm_tlm_generic_payload,而 P 代表在 nonblocking 传输方式中用来做状态同步的类型。在定义 TLM2.0 的过程中,仍然有 initiator 和 target 的概念,也有 port、export 以及 imp 端口类型。如 12.3 节谈到的,port 类型是用来发起请求并调用 target 一端的传输方法,export 用来传导这一要求,最后由 imp 端口所在组件来实现数据传输方法。

为了区别于 TLM1.0 对端口类型的称谓,UVM 将 TLM2.0 端口类型称为 socket,它们是由 port、export 和 imp 组合而成的。一个 socket 首先是双向传输的,这一点类似于 12.3 节讲到的双向传输。例如 TLM1.0 的双向传输端口 transport 可以用来做单次完成的双向传输,master 和 slave 端口用来完成多次的单向传输。而 socket 则按照 blocking 和 nonblocking 的传输方式,并且组合 initiator 或 target,可以分为下面这些端口类型:

```
uvm_tlm_b_initiator_socket
uvm_tlm_b_target_socket
uvm_tlm_nb_initiator_socket
uvm_tlm_nb_target_socket
uvm_tlm_b_passthrough_initiator_socket
uvm_tlm_b_passthrough_target_socket
uvm_tlm_nb_passthrough_initiator_socket
uvm_tlm_nb_passthrough_target_socket
```

从图 12.17 来看,这些 socket 类型都继承于 uvm_port_base,具有同 TLM1.0 端口一样的基础函数,而在这些 socket 内部,它们是通过例化 port、export 以及 imp 最终实现数据双向传输的。

TLM2.0 的 port、export 和 imp 类型不同于 TLM1.0。首先,这些相关的端口类型是新引入的类,例如 uvm_tlm_b_transport_port、uvm_tlm_b_transport_export 和 uvm_tlm_b_transport_imp。这里没有改变的概念是不同端口类型之间的连接关系,改变的只是新的端口类型名所匹配的方法不再是 put()、get()、peek(),而是变为 b_transport()、nb_transport_fw() 和 nb_transport_bw()。socket 通过内置这些端口,可以实现数据的双向传输。上面的 socket 按照传输方式和发起方向来区分,见表 12.3[23]。

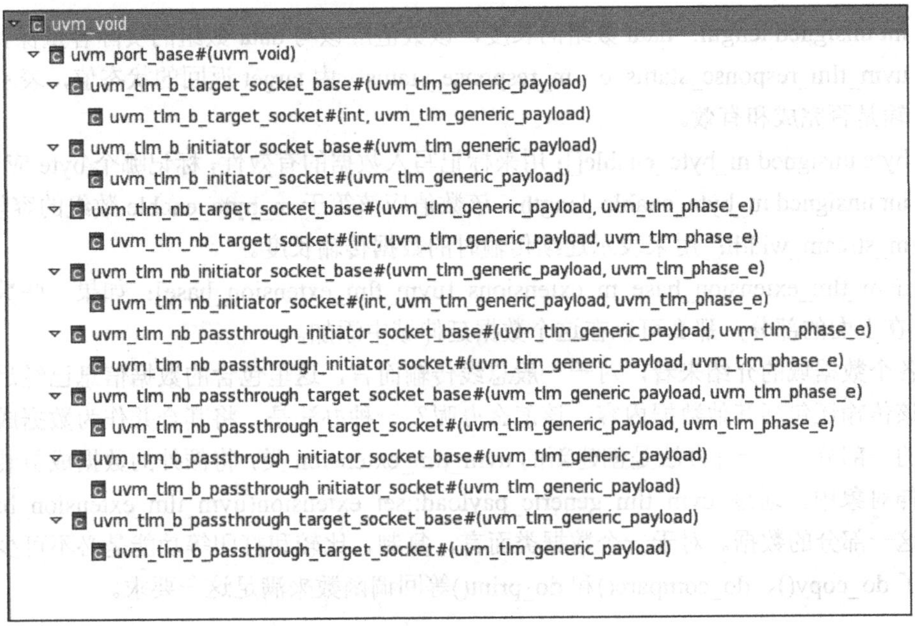

图 12.17 TLM2.0 通信端口类的继承关系

表 12.3 TLM2 socket 端口的分类

	blocking	nonblocking
initiator	IS-A fw port	IS-A fw port; HAS-A bw imp
target	IS-A fw port	IS-A fw imp; HAS-A bw port
pass-through initiator	IS-A fw port	IS-A fw port; HAS-A bw export
pass-through target	IS-A fw export	IS-A fw export; HAS-A bw port

这里 IS-A 代表继承关系，而 HAS-A 表示对象之间的关联。fw 表示 request 发送通道，bw 表示 response 发送通道。

12.4.2 传送数据

TLM1.0 传送的数据类型由用户自定义，这对组件之间的数据传输做出了更多限制。例如，端口传输数据类型不同，则端口无法连接，同时针对传输不同数据类型的 TLM 端口，相应的传送方法也要做出调整，因此这种方式不利于组件之间的快速连接和整个平台的搭建。TLM2.0 对传送数据类型提出了一致化要求，这里统一的数据类型由 uvm_tlm_generic_payload 表示，即传输方法中使用的数据类型都应该为 uvm_tlm_generic_payload。为了保持 TLM2.0 端口的良好连接性，我们不建议在 uvm_tlm_generic_payload 类的基础上做出更多扩展，因为该类本身可以容纳更多的扩展数据部分。接下来我们逐个分析这个类各个域的功能，在分析前读者需要了解，TLM2.0 的标准制定就是为了解决总线级别的抽象问题，所以它的统一数据格式也是按照总线数据的内容来定义的。

- bit [63:0] m_address：数据的读写地址。
- uvm_tlm_command_e m_command：数据的读写命令。
- byte unsigned data[]：写入的数据或读出的数据，由 byte unsigned 的类型构成动态数组，这是按照总线传输的最小粒度进行划分，便于 target 一侧进行数据整合。

- int unsigned length：data 数组的长度，该数值应该与 data 数组的实际容量保持一致。
- uvm_tlm_response_status_e m_response_status：由 target 返回的状态值，表示数据传输是否完成和有效。
- byte unsigned m_byte_enable[]：用来标记写入数据的有效性，标记哪个 byte 应该写入。
- int unsigned m_byte_enable_length：该数值应该等于 m_byte_enable 数组的容量值。
- m_stream_width：用来表示连续传输时的数据传输长度。
- uvm_tlm_extension_base m_extensions [uvm_tlm_extension_base]：如果一些数据域不在上面的部分，那么可以在这个数据延伸域中添加。

从各个数据域的介绍来看，对于一般总线传输而言，这里包含的数据信息已经足够，那么如果该传输还包括其他数据内容，该怎么办呢？一种办法是，将其合并作为数据成员 data 数组中的一部分，另一种办法是创建新的 uvm_tlm_extension 类，将额外的数据成员装入到该数据延伸对象中，通过 uvm_tlm_generic_payload::set_extension(uvm_tlm_extension_base ext) 来添加这一部分的数据。对于一个数据类而言，复制、比较和打印等功能是必不可少的，该类提供了 do_copy()、do_compare() 和 do_print() 等回调函数来满足这一要求。

12.4.3 时间标记

不同的时间标记间隔是 SystemC 构建不同时间精确度模型的重要手段。尽管原则上 SystemC 也可以通过自建时钟源利用时钟事件来驱动内部逻辑，但为了提高模型的运行效率，将数据传输和处理的时间通过标记时间来反映，可以很大程度上避免时钟依赖。在 TLM2 传输中，由于可以标定延迟时间，使得 target 端可以模拟延迟，并且在准确的延迟时刻做出响应。为了便于标记延迟时间，例如实数范围的延迟 1.1ns（SystemVerilog 继承与 Verilog 的时间精度方式，只能使用整数的延迟方式），UVM 新建了一个时间类 uvm_tlm_time。这个时间类的便捷之处在于用户可以随时设置它的时间单位（默认为 1ps），还可以进行时间的增减操作。这个类的存在，也是为了解决在不同模块或数据包之间出现的不同时间单位和精度单位的问题。有了这么灵活的时间类，target 一侧要进行时间等待这些操作就容易得多了，也不会出现时间单位或精度单位错误的问题。

12.4.4 典型使用

接下来我们利用 TLM2.0 的 socket 建立一个轻量级的例子，读者可以从这个例子体会一下，与 TLM1.0 相比，TLM2.0 传输有哪些特点的。

```
class comp1 extends uvm_component;
  uvm_tlm_b_initiator_socket b_ini_skt;
  `uvm_component_utils(comp1)
  ...
  task run_phase(uvm_phase phase);
    byte unsigned data[] = {1, 2, 3, 4, 5, 6, 7, 8};
    uvm_tlm_generic_payload pl = new("pl");
    uvm_tlm_time delay = new("delay");
    pl.set_address('h0000F000);
    pl.set_data_length(8);
```

```
      pl.set_data(data);
      pl.set_byte_enable_length(8);
      pl.set_write();
      delay.incr(0.3ns, 1ps);
      `uvm_info("INITRSP", $sformatf("initiated a trans at %0d ps",
         $realtime()), UVM_LOW)
      b_ini_skt.b_transport(pl, delay);
    endtask
  endclass
  class comp2 extends uvm_component;
    uvm_tlm_b_target_socket #(comp2) b_tgt_skt;
    `uvm_component_utils(comp2)
    ...
    task b_transport(uvm_tlm_generic_payload pl, uvm_tlm_time delay);
      `uvm_info("TGTTRSP", $sformatf("received a trans at %0d ps",
         $realtime()), UVM_LOW)
      pl.print();
      #(delay.get_realtime(1ps));
      pl.set_response_status(UVM_TLM_OK_RESPONSE);
      `uvm_info("TGTTRSP", $sformatf("completed a trans at %0d ps",
         $realtime()), UVM_LOW)
      pl.print();
    endtask
  endclass
  class env1 extends uvm_env;
    comp1 c1;
    comp2 c2;
    `uvm_component_utils(env1)
    ...
    function void build_phase(uvm_phase phase);
      super.build_phase(phase);
      c1 = comp1::type_id::create("c1", this);
      c2 = comp2::type_id::create("c2", this);
    endfunction: build_phase
    function void connect_phase(uvm_phase phase);
      super.connect_phase(phase);
      c1.b_ini_skt.connect(c2.b_tgt_skt);
    endfunction: connect_phase
  endclass
```

从这个例子可以看出，标准的传输数据包和准确的延迟时间，方便了模块之间的复用和更高层级模型的建立。尽管目前 UVM 组件之间的传输仍建立在 TLM1.0 的基础上，也不排除日后要求支持 TLM2.0 的传输方式。至少目前我们已经可以看到，一些成熟的商业 VIP 接口同时支持 TLM1.0 的 sequence item 传输方式和 TLM2.0 的 socket 接口方式。从实用角度来看，TLM2.0 在 UVM 的实现，是为了可以同 SystemC 的 TLM2.0 接口无缝衔接，关于 SystemC 模型在 UVM 中的嵌入和使用方式，将在第 17 章关于 SV/UVM 同其他语言接口的实现中介绍。

12.5　同步通信元件

8.5 节介绍了 SV 用来做线程同步的几种元件，分别是 semaphore、event 和 mailbox。然而在 UVM 中，需要同步线程不再只局限于在同一个对象中，还需要解决不同组件之间的线程同步问题。一旦线程同步要求发生在不同组件，就要求组件之间通过某种方法来实现同步。考虑到 UVM 组件的封闭性原则，我们并不推荐通过层次索引的形式在组件中来索引公共的 event 或 semaphore。UVM 为了解决封闭性的问题，定义了如下的类来满足组件之间的同步要求：

- uvm_event，uvm_event_pool 和 uvm_event_callback
- uvm_barrier，uvm_barrier_pool

这两组类分别用于服务两个组件之间的同步和多个组件之间的同步。此外，回调函数作为一种实现基类复用的手段，在 UVM 中也被进一步封装为一个类 uvm_callback，它不但具备普通回调函数可以在函数执行前后调用的特点，还增加了丰富的特性来完成层次化调用，uvm_callback 类作为我们对函数调用的同步手段来了解。下面我们给出实例来讲解这三组类的特性和用法。

12.5.1　uvm_event 应用

与 event 相比，uvm_event 类有下面几个重要特性：

- event 被->触发之后，触发使用@等待该事件的对象；uvm_event 通过 trigger() 来触发，触发使用 wait_trigger() 等待该事件的对象。要再次等待事件触发，event 只需再次用->触发，而 uvm_event 需要先通过 reset() 方法重置初始状态，再使用 trigger() 来触发。
- event 无法携带更多的信息，而 uvm_event 可以通过 trigger(T data = null) 的可选参数，将伴随触发的数据对象都写入到该触发事件中，而等待该事件的对象可以通过方法 wait_trigger_data(output T data) 来获取事件触发时写入的数据对象。
- event 触发时无法直接触发回调函数，而 uvm_event 可以通过 add_callback(uvm_event_callback cb, bit append = 1) 函数来添加回调函数。
- event 无法直接获取等待它的进程数目，而 uvm_event 可以通过 get_num_waiters() 来获取等待它的进程数目。

不同组件可以共享同一个 uvm_event，这不需要通过跨层次传递 uvm_event 对象句柄来实现共享，因为这不符合组件环境封闭的原则，该共享方式是通过 uvm_event_pool 这一全局资源池来实现的。这个资源池类是 uvm_object_string_pool #(T) 的子类，它可以生成和获取通过字符串来索引的 uvm_event 对象。通过全局资源池（唯一的），环境中的任何组件都可以从资源池获取共享的对象句柄，这就避免了组件之间的互相依赖。接下来我们就结合 uvm_event、uvm_event_pool 和 uvm_event_callback 来讲解一个典型用例。

```
class edata extends uvm_object;
    int data;
    `uvm_object_utils(edata)
```

```
      ...
    endclass
    class ecb extends uvm_event_callback;
      `uvm_object_utils(ecb)
      ...
      function bit pre_trigger(uvm_event e, uvm_object data = null);
        `uvm_info("EPRETRIG", $sformatf("before trigger event %s", e.
            get_name()), UVM_LOW)
        return 0;
      endfunction
      function void post_trigger(uvm_event e, uvm_object data = null);
        `uvm_info("EPOSTRIG", $sformatf("after trigger event %s", e.get_name()),
            UVM_LOW)
      endfunction
    endclass
    class comp1 extends uvm_component;
      uvm_event e1;
      `uvm_component_utils(comp1)
      ...
      function void build_phase(uvm_phase phase);
        super.build_phase(phase);
        e1 = uvm_event_pool::get_global("e1");
      endfunction
      task run_phase(uvm_phase phase);
        edata d = new();
        ecb cb = new();
        d.data = 100;
        #10ns;
        e1.add_callback(cb);
        e1.trigger(d);
        `uvm_info("ETRIG", $sformatf("trigger sync event at %t ps", $time), UVM_LOW)
      endtask
    endclass
    class comp2 extends uvm_component;
      uvm_event e1;
      `uvm_component_utils(comp2)
      ...
      function void build_phase(uvm_phase phase);
        super.build_phase(phase);
        e1 = uvm_event_pool::get_global("e1");
      endfunction
      task run_phase(uvm_phase phase);
        uvm_object tmp;
        edata d;
        `uvm_info("ESYNC", $sformatf("wait sync event at %t ps", $time), UVM_LOW)
        e1.wait_trigger_data(tmp);
        void'($cast(d, tmp));
        `uvm_info("ESYNC", $sformatf("get data %0d after sync at %t ps", d.
            data, $time), UVM_LOW)
```

```
        endtask
    endclass
    class env1 extends uvm_env;
      comp1 c1;
      comp2 c2;
      `uvm_component_utils(env1)
      ...
    endclass
```

输出结果为：

```
UVM_INFO @ 0: reporter [RNTST] Running test test1...
UVM_INFO @ 0: uvm_test_top.env.c2 [ESYNC] wait sync event at 0 ps
UVM_INFO @ 10000: reporter [EPRETRIG] before trigger event e1
UVM_INFO @ 10000: reporter [EPOSTRIG] after trigger event e1
UVM_INFO @ 10000: uvm_test_top.env.c1 [ETRIG] trigger sync event at 10000 ps
UVM_INFO @ 10000: uvm_test_top.env.c2 [ESYNC] get data 100 after sync at
    10000 ps
```

在上面的例子中，组件 c1 和 c2 之间完成了从 c1 到 c2 的同步，且在同步过程中通过 uvm_event e1 传递了数据 edata，还调用了回调函数类 ecb 的 pre_trigger()和 post_trigger()方法。关于这个用例，有几点需要读者注意：

- 无论有多少个组件，只要它们寻求同一个名称的 uvm_event，就可以共享该 uvm_event 对象。例如，上面的 c1 和 c2 通过 uvm_event_pool::get_global("e1")来获取同一个名称的 uvm_event 对象，即便该对象不存在，uvm_event_pool 资源池也会在第一次调用 get_global()函数时创建这样一个对象以供使用。
- 如果要传递数据，用户可以定义扩展于 uvm_object 的数据子类，并通过 uvm_event::trigger(T data = null)来传递数据对象。而在等待 uvm_event 一侧的组件，则需要通过 uvm_event::wait_trigger_data(output T data)来获取该对象。
- 用户也可以扩展 uvm_event_callback 类，定义 uvm_event 被 trigger 前后的调用方法 pre_trigger()和 post_trigger()。pre_trigger()需要有返回值，如果返回值为 1，则表示 uvm_event 不会被 trigger，也不会再执行 post_trigger()方法；如果返回值为 0，则会继续 trigger 该事件对象。
- 如果用户无法确定在等待事件之前，uvm_event 是否已经被 trigger，那么用户还可以通过方法 wait_ptrigger()和 wait_ptrigger_data()来完成等待。这样即便在调用事件等待方法之前该事件已经被触发，等待方法仍然不会被阻塞并且可以继续执行结束。

那么在日常应用中，什么情况下会使用 uvm_event 呢？第 12 章提到，组件之间的常规数据流向是通过 TLM 通信方法实现的，比如 sequencer 与 driver 之间，或者 monitor 与 scoreboard 之间。然而有些时候，数据传输是偶然触发的，并且需要立即响应，这个时候 uvm_event 就是得力的助手了。uvm_event 同时也解决了一个重要问题，那就是在一些 uvm_object 和 uvm_component 对象之间如果要发生同步，但是无法通过 TLM 完成数据传输，因为 TLM 传输必须是在组件（component）和组件之间进行的。然而，要在 sequence 与 sequence 之间进行同步，或 sequence 与 driver 之间进行同步，可以借助 uvm_event 来实现。

12.5.2　uvm_barrier 应用

在 SV 相关章节中我们了解到,多个线程的同步除了可以通过 semaphore 和 mailbox 来进行,也可以通过 fork-join 的结构控制语句块来控制整体的运行节奏。然而,对于 UVM 环境中的多个独立组件,SV 的这些方法都受到了作用域的局限。UVM 提供了一个新的类 uvm_barrier 对多个组件进行同步协调,同时为了解决组件独立运作的封闭性需要,定义了新的类 uvm_barrier_pool 来全局管理这些 uvm_barrier 对象。如图 12.18 所示,uvm_barrier_pool 与之前的 uvm_event_pool 一样,也是基于通用参数类 uvm_object_string_pool 来定义的。

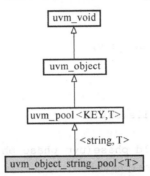

图 12.18　uvm_object_string_pool 的继承关系

```
typedef uvm_object_string_pool #(uvm_barrier) uvm_barrier_pool;
typedef uvm_object_string_pool #(uvm_event#(uvm_object)) uvm_event_pool;
```

uvm_barrier 可以设置一定的等待阈值(threshold),仅在有不少于该阈值的进程在等待该对象时才触发该事件,同时激活所有正在等待的进程,使其继续进行。下面我们给出一个实际用例供读者参考该类的使用方法:

```
class comp1 extends uvm_component;
  uvm_barrier b1;
  `uvm_component_utils(comp1)
  ...
  function void build_phase(uvm_phase phase);
    super.build_phase(phase);
    b1 = uvm_barrier_pool::get_global("b1");
  endfunction
  task run_phase(uvm_phase phase);
    #10ns;
    `uvm_info("BSYNC", $sformatf("c1 wait for b1 at %0t ps", $time), UVM_LOW)
    b1.wait_for();
    `uvm_info("BSYNC", $sformatf("c1 is activated at %0t ps", $time), UVM_LOW)
  endtask
endclass
class comp2 extends uvm_component;
  uvm_barrier b1;
  `uvm_component_utils(comp2)
  ...
```

```
function void build_phase(uvm_phase phase);
  super.build_phase(phase);
  b1 = uvm_barrier_pool::get_global("b1");
endfunction
task run_phase(uvm_phase phase);
  #20ns;
  `uvm_info("BSYNC", $sformatf("c2 wait for b1 at %0t ps", $time), UVM_LOW)
  b1.wait_for();
  `uvm_info("BSYNC", $sformatf("c2 is activated at %0t ps", $time), UVM_LOW)
endtask
endclass
class env1 extends uvm_env;
  comp1 c1;
  comp2 c2;
  uvm_barrier b1;
  `uvm_component_utils(env1)
  ...
  function void build_phase(uvm_phase phase);
    super.build_phase(phase);
    c1 = comp1::type_id::create("c1", this);
    c2 = comp2::type_id::create("c2", this);
    b1 = uvm_barrier_pool::get_global("b1");
  endfunction: build_phase
  task run_phase(uvm_phase phase);
    b1.set_threshold(3);
    `uvm_info("BSYNC", $sformatf("env set b1 threshold %d at %0t ps", b1.
      get_threshold(), $time), UVM_LOW)
    #50ns;
    b1.set_threshold(2);
    `uvm_info("BSYNC", $sformatf("env set b1 threshold %d at %0t ps", b1.
      get_threshold(), $time), UVM_LOW)
  endtask
endclass
```

输出结果为：

```
UVM_INFO @ 0: reporter [RNTST] Running test test1...
UVM_INFO @ 0: uvm_test_top.env [BSYNC] env set b1 threshold 3 at 0 ps
UVM_INFO @ 10000: uvm_test_top.env.c1 [BSYNC] c1 wait for b1 at 10000 ps
UVM_INFO @ 20000: uvm_test_top.env.c2 [BSYNC] c2 wait for b1 at 20000 ps
UVM_INFO @ 50000: uvm_test_top.env [BSYNC] env set b1 threshold 2 at 50000 ps
UVM_INFO @ 50000: uvm_test_top.env.c1 [BSYNC] c1 is activated at 50000 ps
UVM_INFO @ 50000: uvm_test_top.env.c2 [BSYNC] c2 is activated at 50000 ps
```

从这个例子来看，c1 和 c2 的 run_phase 任务之间需要同步，而同步它们的元件则是来自于顶层的一个 uvm_barrier b1。由于 c1、c2 和 env1 共享该对象，c1 和 c2 可以通过 wait_for() 来等待激活，而 env1 可以设置阈值来调控什么时间来"开阀"。从仿真结果可以看到，在一开始的时候，阈值设置为 3，但由于等待该 barrier 的进程只有 2 个，无法达到阈值条件，两个进程都无法激活。而在 env1 将 b1 的阈值设置为 2 时,等待该 barrier 的两个进程都被激活。因此通过 uvm_barrier::set_threshold()和 uvm_barrier::wait_for()这样的方式,可以实现多个组件之间的同步,同时可以保持各个组件之间的独立性。

12.5.3　uvm_callback 应用

UVM 提供新的类方便了组件之间的同步,另一种同步方式回调函数(callback)方便了类的封装复用。试想一下,通常情况下得到一个封闭的包,其中的类如果有些成员方法需要修改,或需要扩展新的方法时,应该怎么做呢?如果这个包是外来的,那么选择维护方法时不建议修改这个类本身。如果选择类的继承来满足这一要求,又无法在该包环境中用新的子类替换原来的父类,那么 UVM 的覆盖机制(override)可以帮忙。除了覆盖机制,callback 也提供自定义的处理方法;如果用户不需要添加新方法而只是延展之前的方法,则不需要通过继承类的方式而只需通过在后期定义 callback 方法来实现。10.4 节已谈到,uvm_object 本身提供了一些 callback 方法供用户定义:

```
copy()/do_copy()
print()/do_print()
compare()/do_compare()
pack()/do_pack()
unpack()/do_unpack()
record()/do_record()
```

默认情况下,这些回调函数 do_xxx 是定义为空的,如果用户执行了 uvm_object::copy()函数,那么在该函数执行末尾会自动执行 uvm_object::do_copy()。这里 do_copy()是 copy()的回调函数,uvm_object 会在 copy()的执行尾端勾住(hook)callback 函数即 do_copy()。如果用户自定义了这些回调函数,就可以在对应函数执行结束后执行扩展后的回调方法。那么,这种普通的回调函数定义就足够了,为什么还要专门定义一个 uvm_callback 类呢?可以说,这个新添加的类使得函数回调有了顺序和继承性。UVM 通过两个相关类 uvm_callback_iter 和 uvm_callbacks #(T, CB)来实现顺序和继承性。接下来,我们依然给出一个实例来说明,回调函数在 uvm_callback 的帮助下可以玩出什么新花样。

```
class edata extends uvm_object;
  int data;
  `uvm_object_utils(edata)
  ...
endclass
class cb1 extends uvm_callback;
  `uvm_object_utils(cb1)
  ...
  virtual function void do_trans(edata d);
    d.data = 200;
    `uvm_info("CB", $sformatf("cb1 executed with data %0d", d.data), UVM_LOW)
  endfunction
endclass
class cb2 extends cb1;
  `uvm_object_utils(cb2)
```

```
        ...
      function void do_trans(edata d);
        d.data = 300;
        `uvm_info("CB", $sformatf("cb2 executed with data %0d", d.data), UVM_LOW)
      endfunction
    endclass
    class comp1 extends uvm_component;
      `uvm_component_utils(comp1)
      `uvm_register_cb(comp1, cb1)
        ...
      task run_phase(uvm_phase phase);
        edata d = new();
        d.data = 100;
        `uvm_info("RUN", $sformatf("proceeding data %0d", d.data), UVM_LOW)
        `uvm_do_callbacks(comp1, cb1, do_trans(d))
      endtask
    endclass
    class env1 extends uvm_env;
      comp1 c1;
      cb1 m_cb1;
      cb2 m_cb2;
      `uvm_component_utils(env1)
      function new(string name, uvm_component parent);
        super.new(name, parent);
        m_cb1 = new("m_cb1");
        m_cb2 = new("m_cb2");
      endfunction
      function void build_phase(uvm_phase phase);
        super.build_phase(phase);
        c1 = comp1::type_id::create("c1", this);
        uvm_callbacks #(comp1)::add(c1, m_cb1);
        uvm_callbacks #(comp1)::add(c1, m_cb2);
      endfunction: build_phase
    endclass
```

输出结果为：

```
    UVM_INFO @ 0: reporter [RNTST] Running test test1...
    UVM_INFO @ 0: uvm_test_top.env.c1 [RUN] proceeding data 100
    UVM_INFO @ 0: reporter [CB] cb1 executed with data 200
    UVM_INFO @ 0: reporter [CB] cb2 executed with data 300
```

如果读者理解了回调函数的“钩子”属性，那么从这个例子可以看到，uvm_callback 类使得钩子属性更加容易控制和继承。在这个例子中，有下面一些需要读者注意的地方：

● uvm_callback 可以通过继承的方式满足用户更多的定制，例如上面的 cb2 继承于 cb1。
● 为了保证调用 uvm_callback 的组件类型 T 与 uvm_callback 类型 CB 保持匹配，建议用户在 T 中声明 T 与 CB 的匹配，该声明可以通过宏`uvm_register_cb(T, CB)来实现。

养成了注册的习惯，如果以后调用的 T 与 CB 不匹配，检查完匹配注册表后系统即打印 warning 信息，提示用户使用回调函数的潜在问题。

● uvm_callback 建立了回调函数执行的层次性，因此在实现方面，不再是在 T 的方法中直接呼叫某一个回调方法，而是通过宏`uvm_do_callbacks(T, CB, METHOD)来实现。该宏最直观的作用在于会循环执行已经与该对象结对的 uvm_callback 类的方法。此外宏`uvm_do_callbacks_exit_on(T, CB, METHOD, VAL)可以进一步控制执行回调函数的层次，简单来讲，回调函数会保持执行直到返回值与给入的 VAL 值相同才会返回，这一点使得回调方法在执行顺序上面有了更多的可控性。

● 有了`uvm_do_callbacks 宏还不够，需要注意的是，在执行回调方法时，依赖的是已经例化的 uvm_callback 对象。所以最后一步需要例化 uvm_callback 对象，上面的例子中分别例化了 cb1 和 cb2，通过"结对子"的方式，通过 uvm_callbacks #(T, CB)类的静态方法 add()来添加成对的 uvm_object 对象和 uvm_callback 对象。

从这个例子可以看到，uvm_callback 的灵活性不但在于可以利用继承性实现用户的自定义内容，还在于回调函数不再依赖于某一些固定程序，而是通过对象（uvm_object）和对象（uvm_callback）的绑定实现了精细化的回调函数指定，最后的例码执行顺序证明了通过 uvm_callbacks #(T, CB)::add()方法绑定回调函数的简便性。

到这里，本章已经就 TLM 通信模式、TLM1 和 TLM2 的通信应用和组件之间的同步方式给出了详细说明，希望读者可以利用这些便捷的类构建 UVM 环境中的信息快车道。下一章将进入 UVM 环境中的车流，看一看首当其冲的车流——sequence 如何贯穿于整个交通环境，作为顶层的交通指挥，又有哪些好的手段实现交通便利。

12.6　本章结束语

TLM 的通信端口和通信管道类别太多，不容易记忆。不过，读者可借助 UVM 开发工具 DVT 或其他类似的开发套件来协助查找 UVM 的类。同时，读者也需要区别 TLM1 和 TLM2 在通信内容上的区别。相比于 event，uvm_event 提供了更丰富的方法，在事件发生时可以携带更多的信息。在实现 UVM 环境时，验证师需要清楚端口连接方向和数据流向之间的不同，也需要清楚哪一端是数据发送的请求端、哪一端是数据发送的响应端。

## 第 13 章

UVM 序列

在 UVM 世界,利用其核心特性创建组件和顶层环境并完成组件之间的 TLM 端口连接后,就可以使整个环境开始运转了。运转的必要条件是组件之间有事务(transaction)传送,就像管道连接好之后要引入水流一样。可以从 sequence item 的生成和发送机制上思考,为什么 UVM 的测试结束是由 sequence 侧决定而不是 driver 侧决定的。同时,从 sequence、sequencer 与 driver 之间的通信时序,也可以掌握一个完整的事务传送通路经历了哪些步骤。最后,需要理解的是,层次化且中心化的 sequence,为什么可以更好地描述测试场景,最终成为不同测试之间的主要差异。

13.1　新手上路

有了 UVM 世界观,知道这座城市的建筑设计理念,和笔者一起建立了各种组件。经过一番实践,掌握了组件之间的 TLM 通信方式,开辟了建筑之间的道路、桥梁和河道以后,就可以进入紧张繁忙的物流期了。如果城市里没有交通,那么显然不会有多热闹。本章将主要围绕下面几个核心词,阐述它们的作用、分类以及相互之间的互动关系:

- sequence item
- sequence
- sequencer
- driver

以交通道路的车流来比喻,sequence 是道路,sequence item 是道路上行驶的货车,sequencer 是目的地的关卡,而 driver 则是最终卸货的地方。从软件实施层面来讲,这里的货车是从 sequence 一端出发的,经过 sequencer,最终抵达 driver。经过 driver 的卸货,每一辆货车就完成了使命。driver 对每一件到站的货物进行扫描处理,将它们分解为更小的信息量,提供给 DUT,如图 13.1 所示。在这个过程中,不同的角色之间进行下面这些互动:

- sequence 对象会产生目标数量的 sequence item 对象。借助于 SV 的随机化和 sequence item 对随机化的支持,产生的每个 sequence item 对象中的数据内容都不相同。
- 产生的 sequence item 经过 sequencer 流向 driver。
- driver 陆续得到每一个 sequence item,经过数据解析,将数据按照与 DUT 的物理接口协议写入到接口上,对 DUT 形成有效激励。
- 必要时,driver 在每解析并消化一个 sequence item 后,将最后的状态信息写回 sequence

item 对象再返回给 sequencer，最终抵达 sequence 对象。这么做的目的在于，有时 sequence 需要得知 driver 与 DUT 互动的状态，而这需要 driver 有一个回路将更新的 sequence item 对象写回至 sequence。

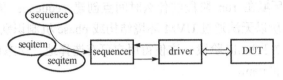

图 13.1　UVM 序列的连接传送

从上面的互动可以了解贯穿本章的几个重要概念。sequence item 是 driver 与 DUT 每一次互动的最小粒度内容。例如，DUT 若为一个 slave 端，driver 扮演 master 访问 DUT 的寄存器，那么 sequence item 要定义的数据信息至少包括访问地址、命令码、数据和状态值。driver 取得这样的信息后，通过时序方式在 interface 一侧发起激励送至 DUT。按照一般总线做寄存器访问的习惯，这种访问在时序上大致保持几个时钟周期，直至数据传送完毕，而由 driver 再准备发起下一次操作。用户除了可以在声明 sequence item 时添加必要的成员变量，也可以添加对这些成员变量进行操作的成员方法。这些添加了的成员变量，需要充分考虑在通过 sequencer 传递到 driver 前是否需要随机化，例如上面例子中的访问地址和数据等都应该通过 SV 关键词 rand 声明为随机化变量，以便后期进行随机化处理。

一个 sequence 产生多个 sequence item，也可以产生多个 sequence。从产生层次来看，sequence item 是最小粒度，它可以由 sequence 生成，而相关 sequence 也可以进一步组织继而实现层次化，最终由更上层的 sequence 进行调度。这么看来，sequence 可以看做是产生激励内容的载体。

在 sequence 与 driver 之间起桥梁作用的是 sequencer。sequencer 与 driver 都是 component 组件，它们之间的通信是通过 TLM 端口实现的。在第 12 章提到，TLM 端口在例化中要指定通信参数，driver 与 sequencer 之间的 TLM 通信参数就是 sequence item 类。这一限制使得不能改变 sequencer 到 driver 的传输数据类型，同时与 sequencer 挂接的 sequence 创建的 sequence item 类型也应为指定类型。这跟投币机的原理有些类似：顾客投递 1 元硬币，会被识别处理到相应的储币区域，而如果顾客投递的是 5 角硬币，则肯定会被以不同于投递 1 元硬币的方式区别对待。

激励驱动链的最后一道关卡是 driver。这家伙的胃口还蛮挑剔，它跟投币机一样，只认准同一类型的"钢镚儿"。对于常见用法，driver 往往是消化完一个 sequence item，报告给 sequencer 和 sequence，同时再请求消化下一个 sequence item。所以 driver 看起来永远喂不饱，同时还又对食物很挑剔。在消化每一个 sequence item 之前，该 item 中的数据是已经随机化好的，所以每个 item 内容一般各不相同。driver 自己并不轻易修改 item 中的值，它把 item 中的数据按照与 DUT 的物理协议时序关系驱动到接口上。例如，对于一个标准的写操作，driver 不但需要按照时序依次驱动地址总线、命令码总线和数据总线，还应该等待从端的返回信号和状态值，这样才算完成一次数据写传输。又如果是一个读操作，driver 还应该在驱动完地址总线和命令码总线之后，等待返回信号、状态值和读出的数据，并且在有需要的情况下，将读出的数据再写回到 sequence item 中，通过 sequencer 最后返回给 sequence。

从图 13.2 看，uvm_sequence_item 和 uvm_sequence 都基于 uvm_object，与 uvm_component 只在 build 阶段作为 UVM 环境的"不动产"进行创建和配置不同，它们可以在任何阶段创建。这种类的继承带来的 UVM 应用区别在于：

- 因为无法判定环境在 run 阶段的什么时间点创建 sequence 和将其挂载（attach）到 sequencer 上，所以无法通过 UVM 环境结构或 phase 机制识别 sequence 的运行阶段。
- uvm_object 独立于 build 阶段，这使得用户可有选择地、动态地在合适时间点挂载所需的 sequence 和 item。
- 考虑到 uvm_sequence 和 uvm_sequence_item 并不处于 UVM 结构当中，所以顶层在做配置时，无法按照层次关系直接配置到 sequence 中。sequence 一旦活动起来，必须挂载到一个 sequencer 上，这样 sequence 可以依赖于 sequencer 的结构关系，间接通过 sequencer 来获取顶层的配置和更多信息。

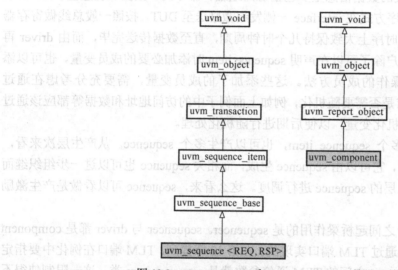

图 13.2   uvm_sequence 和 uvm_component 的继承关系

在本节最后，需要额外提出的一点是，从常规的认知方式看，用户可能更愿意将时序控制的权利赋予 sequence。这种从 sequence 产生 item，继而将 item 通过 sequencer 推送给 driver 的方式，实际上有一些"越俎代庖"的嫌疑。毕竟如果明确划分责任的话，sequence 应该只负责生成 item 的内容，而不应该控制 item 消化的方式和时序，而驱动激励时序的任务应当由 driver 来完成。读到这里也许一些读者会困惑，毕竟我们可以在实际应用中添加一些实用的时间延迟或事件触发来控制 item 的生成和传送，但请注意，item 的生成和传送并不表示最终的接口驱动时序，决定这一点的还包括 sequencer 和 driver。sequencer 之所以作为一个"路由"管道设立在 sequence 和 driver 之间，是因为我们看重它的两个特点：

- 作为一个组件，sequencer 可以通过 TLM 端口与 driver 传送 item 对象。
- 在面向多个并行 sequence 时，sequencer 有充分的仲裁机制来合理分配和传送 item，继而实现并行 item 数据传送至 driver 的测试场景。

那么是不是 sequencer 应从 sequence 侧得到 item 数据再推送给 driver 呢？或在 sequence、sequencer 与 driver 之间发生的数据传送请求应由谁首先发出？数据流向又是从谁到谁呢？关于这些更具体的 TLM 传输机制，将在接下来的 13.2 节详细介绍。在这里希望读者首先认清的是，数据传送机制采用的是 get 模式而不是 put 模式。我们在 TLM 传输中介绍了两种典型的数据传送场景，put 模式下是 sequencer 将数据 put 至 driver，get 模式下则是 driver 从 sequencer 获取 item。之所以选择 get 模式，UVM 是基于下面的考虑：

● get 模式下，当 item 从 sequence 产生、穿过 sequencer 到达 driver 时，我们可以结束该传输（假如不需要返回值的话）。而如果是 put 模式，则必须是 sequencer 将 item 传送至 driver，必须收到返回值才可以发起下一次的传输。这从效率上看，是有差别的。

● 如果需要让 sequencer 拥有仲裁特性，以使多个 sequence 同时挂载到 sequencer 上，那么 get 模式更符合"工学设计"。这是因为 driver 作为 initiator，一旦发出 get 请求，会先通过 sequencer，继而获得仲裁后的 item。

如果对究竟应该采用 get 模式还是采用 put 模式有疑问的话，不妨想象一种极端情况，sequence 的职责如果仅仅是个"水池"，那么，用水的权利应该交给终端的 driver 还是交给作为调度站的 sequencer 呢？作为一个开着 item 之车，或坐在 sequence 之车中浏览观光的新手，读者可以在 13.2 节中欣赏二者各种悱恻缠绵的关系。

13.2　Sequence 和 Item

无论是自驾 item，穿过 sequencer 交通站通往终点 driver，还是坐上 sequence 大巴，一路沿途观光，最终跟随导游停靠到风景点 driver，在介绍如何驾驶 item 和 sequence、遵守什么交规、有序穿过 sequencer 抵达 driver 之前，有必要首先认识 sequence 与 item 之间的关系。这里的 sequence 指的是 uvm_sequence 类，而 item 指的是 uvm_sequence_item 类。为了简洁，我们称其为 sequence 和 item。激励生成和场景控制是由 sequence 来编织的，而激励所需的具体数据和控制要求，则是从 item 的成员数据得来的。

13.2.1　Sequence Item

本节我们认识到 item 是基于 uvm_object 类的，这表明它具备 UVM 核心基类所必需的数据操作方法，例如 copy()、clone()、compare()、record() 等，这里不再赘述。还要了解的是，item 通常应具备什么类型的数据成员。我们将它们划分为如下几类：
● 控制类。比如总线协议上的读写类型、数据长度、传送模式等。
● 负载类。一般指数据总线上的数据包。
● 配置类。用来控制 driver 的驱动行为，例如命令 driver 的发送间隔或有无错误插入。
● 调试类。用来标记一些额外信息方便调试，例如该对象的实例序号、创建时间、被 driver 解析的时间始末等。
下面的例码是一段 item 定义，从这段代码可以理解上面所述各种类型数据的使用情况：

```
class bus_trans extends uvm_sequence_item;
  rand bit write;
  rand int data;
  rand int addr;
  rand int delay;
  static int id_num;
```

```
        `uvm_object_utils_begin(bus_trans)
          `uvm_field_int...
        `uvm_object_utils_end
        ...
    endclass
    class test1 extends uvm_test;
      `uvm_component_utils(test1)
      ...
      task run_phase(uvm_phase phase);
        bus_trans t1, t2;
        phase.raise_objection(phase);
        #100ns;
        t1 = new("t1");
        t1.print();
        #200ns;
        t2 = new("t2");
        void'(t2.randomize());
        t2.print();
        phase.drop_objection(phase);
      endtask
    endclass
```

输出结果为：

```
------------------------------------
Name      Type      Size  Value
------------------------------------
t1        bus_trans  -    @370
  write   integral   1    'h0
  data    integral   32   'h0
  addr    integral   32   'h0
  delay   integral   32   'h0
  id_num  integral   32   'h1
t2        bus_trans  -    @374
  write   integral   1    'h0
  data    integral   32   'h633b2c71
  addr    integral   32   'he309631a
  delay   integral   32   'hab31e005
  id_num  integral   32   'h2
```

这段代码不但给出了一个较为典型的 item 定义，同时也有 item 使用时的一些特点：

- 如果数据域属于需要用来做驱动，应考虑定义为 rand 类型，同时按照驱动协议给出合适的 constraint。

- 由于 item 本身的数据属性，为了充分利用 UVM 域声明的特性，建议通过 `uvm_field_xxx 宏声明必要的数据成员，以便日后 uvm_object 的基本数据方法的自动实现，例如上面的 print() 函数。

- 在上面的例子中，t1 没有被随机化而 t2 被随机化了，这种差别在 item 通往 sequencer

之前是很明显的。UVM 要求 item 的创建和随机化都发生在 sequence 的 body()任务中，而不是发生在 sequencer 或 driver 中。

- 按 item 对象的生命周期，它的生命开始于 sequence 的 body()方法，经历了随机化并穿越 sequencer 最终到达 driver，直到被 driver 消化之后，它的生命一般才会结束。之所以要突出这一点，是因为一些用户在使用中会不恰当地直接操作 item 对象，直接修改其中的数据，或者将它的句柄发送给其他组件使用，这会无形中修改 item 的数据基因，或延长 item 对象的寿命。需要注意这种不合适的对象操作方式，替代的方式则是合理利用 copy()和 clone()等数据方法。

接下来我们需要理清 item 和 sequence 以及 sequence 群落之间的关系。简而言之，一个 sequence 可以包含一些有序组织起来的 item 实例，考虑到 item 在创建后需要被随机化，sequence 在声明时需预留一些可供外部随机化的变量，这些随机变量一部分用来通过层级传递约束来控制 item 对象的随机变量，一部分用来对 item 对象之间加以组织和时序控制的。为了区分几种常见的 sequence 定义方式，我们在介绍 sequence 之前首先将其分类为：

- 扁平类（flat sequence）。这一类往往只用来组织更细小的粒度，即 item 实例构成的组织。
- 层次类（hierarchical sequence）。这一类是由更高层的 sequence 用来组织底层的 sequence，进而让这些 sequence 或按照顺序方式或按照并行方式，挂载到同一个 sequencer 上。
- 虚拟类（virtual sequence）。这一类则是最终控制整个测试场景的方式，鉴于整个环境中往往存在不同种类的 sequencer 和其对应的 sequence，我们需要一个虚拟的 sequence 来协调顶层的测试场景。之所以称这个方式为 virtual sequence，是因为该序列本身并不会固定挂载于某一种 sequencer 类型上，而是将其内部不同类型 sequence 最终挂载到不同的目标 sequencer 上面。这也是 virtual sequence 不同于 hierarchical sequence 的最大一点。

接下来将主要介绍 flat sequence 和 hierarchical sequence，而 virtual sequence 将在 13.5 节中重点阐述。

13.2.2　Flat Sequence

一个 flat sequence 往往由细小的 sequence item 群落构成，在此之上 sequence 还有更多的信息来完备它需要实现的激励场景。flat sequence 一般包含的信息有：

- sequence item 以及相关的 constraint 用来关联生成的 item 之间的关系，从而完善出一个 flat sequence 的时序形态。
- 除了限制 sequence item 的内容，各个 item 之间的时序信息也需要由 flat sequence 给定，例如何时生成下一个 item 并且发送至 driver。
- 对于需要与 driver 握手的情况（例如读操作），或等待 monitor 事件从而做出反应（例如 slave 的 memory response 数据响应操作），都需要 sequence 在收到另一侧组件的状态后，再决定下一步操作，即响应具体事件从而创建对应的 item 并且发送出去。

接下来我们给出一个例子，帮助读者理解 flat sequence 的大致结构和用法：

```
class bus_trans extends uvm_sequence_item;
  rand bit write;
```

```
        rand int data;
        rand int addr;
        rand int delay;
        static int id_num;
        `uvm_object_utils_begin(bus_trans)
            `uvm_field_int...
        `uvm_object_utils_end
        ...
    endclass
    class flat_seq extends uvm_sequence;
        rand int length;
        rand int addr;
        rand int data[];
        rand bit write;
        rand int delay;
        constraint cstr {
            data.size() == length;
            foreach(data[i]) soft data[i] == i;
            soft addr == 'h100;
            soft write == 1;
            delay inside {[1:5]};
        };
        `uvm_object_utils(flat_seq)
        ...
        task body();
            bus_trans tmp;
            foreach(data[i]) begin
                tmp = new();
                tmp.randomize() with {data == local::data[i];
                                addr == local::addr + i<<2;
                                write == local::write;
                                delay == local::delay;};
                tmp.print();
            end
        endtask
    endclass
    class test1 extends uvm_test;
        `uvm_component_utils(test1)
        ...
        task run_phase(uvm_phase phase);
            flat_seq seq;
            phase.raise_objection(phase);
            seq = new();
            seq.randomize() with {addr == 'h200; length == 2;};
            seq.body();
            phase.drop_objection(phase);
        endtask
```

```
    endclass
```

输出结果为：

```
--------------------------------
Name        Type       Size  Value
--------------------------------
bus_trans   bus_trans  -     @363
  write     integral   1     'h1
  data      integral   32    'h0
  addr      integral   32    'h800
  delay     integral   32    'h1
  id_num    integral   32    'h1
bus_trans   bus_trans  -     @380
  write     integral   1     'h1
  data      integral   32    'h1
  addr      integral   32    'h804
  delay     integral   32    'h1
  id_num    integral   32    'h2
```

在这个例子中，我们暂时没有使用 sequence 的宏或其他发送 item 的宏来实现 sequence/item 与 sequencer 之间的传送，而是用更直白的方式来描述这种层次关系。flat_seq 类可以看做是一个更长的数据包，数据包的具体内容、长度、地址等信息都包含在 flat_seq 中。在生成 item 过程中，通过将自身随机变量作为 constraint 内容来限定 item 随机变量，这是 flat sequence 的大致处理方法。上面例码没有给出例如`uvm_do/`uvm_do_with/`uvm_create 等宏是为了让读者首先认清 sequence 与 item 之间的关系。因此该例也只给出在 flat_seq::body() 任务中创建和随机化 item，而省略了发送 item。关于完整的 sequence 创建和发送过程，我们将在 13.4 节中阐述常见的方法和宏。

读者看到这里，可能会觉得实际上 bus_trans 理应容纳更多的时序内容，而不应该只作为一次数据传输。没错！作为数据传送的最小粒度，用户有权将它们扩展到更大的数据和时间范围，从而间接减小数据通信和处理的成本，提高整体运行效率。因此，可以通过下面这段例码改建之前的例码，实现同样的效果：

```
class bus_trans extends uvm_sequence_item;
  rand bit write;
  rand int data[];
  rand int length;
  rand int addr;
  rand int delay;
  static int id_num;
  constraint cstr {
    data.size() == length;
    foreach(data[i]) soft data[i] == i;
    soft addr == 'h100;
    soft write == 1;
    delay inside {[1:5]};
  }
```

```
    `uvm_object_utils_begin(bus_trans)
      `uvm_field_...
    `uvm_object_utils_end
    ...
endclass
class flat_seq extends uvm_sequence;
  rand int length;
  rand int addr;
  `uvm_object_utils(flat_seq)
  ...
  task body();
    bus_trans tmp;
    tmp = new();
    tmp.randomize() with {length == local::length;
                          addr == local::addr;};
    tmp.print();
  endtask
endclass
class test1 extends uvm_test;
  `uvm_component_utils(test1)
  ...
  task run_phase(uvm_phase phase);
    flat_seq seq;
    phase.raise_objection(phase);
    seq = new();
    seq.randomize() with {addr == 'h200; length == 3;};
    seq.body();
    phase.drop_objection(phase);
  endtask
endclass
```

输出结果为:

```
-------------------------------------
Name         Type        Size  Value
-------------------------------------
bus_trans   bus_trans     -    @363
  write      integral     1    'h1
  length     integral     32   'h3
  data       da(integral) 3    -
    [0]      integral     32   'h0
    [1]      integral     32   'h1
    [2]      integral     32   'h2
  addr       integral     32   'h200
  delay      integral     32   'h3
  id_num     integral     32   'h1
```

从修改后的例码可以看到,我们可以将一段完整发生在数据传输中的、更长的数据"收编"在一个 bus_trans 类中，提高这个 item 粒度的抽象层次，让它变得更有"气质"。而一旦拥有了更成熟的、更合适切割的 item，上层的 flat sequence 在使用过程中就会更顺手一些。比如在上面的例子中，flat_seq 类不再操闲心考虑数据内容，只考虑这个数据包的长度、地址等信息，因为扩充随机数据的责任一般由 item 负责就足够了，使用 flat_seq 的用户不需要考虑多余的数据约束。

13.2.3 Hierarchical Sequence

hierarchical sequence 区别于 flat sequence 的地方在于，它可以使用其他 sequence，当然还有 item，这么做是为了创建更丰富的激励场景。通过层次嵌套关系，可以让 hierarchical sequence 使用其他 hierarchical sequence、flat sequence 和 sequence item，这也就意味着，如果底层的 sequence item 和 flat sequence 的粒度得当，那么用户就可以充分复用这些 sequence/item 来构成形式更加多样的 hierarchical sequence。接下来我们就之前定义的 bus_trans 和 flat_seq 给出一个简单的 hier_seq 类，帮助读者理解这些 sequence/item 类之间的联系：

```
class hier_seq extends uvm_sequence;
    `uvm_object_utils(hier_seq)
    function new(string name = "hier_seq");
        super.new(name);
    endfunction
    task body();
        bus_trans t1, t2;
        flat_seq s1, s2;
        `uvm_do_with(t1, {length == 2;})
        fork
            `uvm_do_with(s1, {length == 5;})
            `uvm_do_with(s2, {length == 8;})
        join
        `uvm_do_with(t2, {length == 3;})
    endtask
endclass
```

从 hier_seq::body() 来看，它包含有 bus_trans t1, t2 和 flat_seq s1, s2，而它的层次关系就体现在了对于各个 sequence/item 的协调上面。例码中使用了 `uvm_do_with 宏，这个宏完成了三个步骤：

● sequence 或 item 的创建；
● sequence 或 item 的随机化；
● sequence 或 item 的传送。

区别于之前的例码，这个例码通过 `uvm_do_with 宏帮助读者理解，所谓的 sequence 复用就是通过高层的 sequence 来嵌套底层的 sequence/item，最后创建期望的场景。在上面的例子中，既有串行的激励关系，也有并行的激励关系，在更复杂的场景中还可以考虑加入事件同步（通过 uvm_event、uvm_barrier 或 interface 上的信号变化），或者一定的延迟关系（最好基于时钟）来构成 sequence/item 之间的时序关系。

13.3 Sequencer 和 Driver

我们在 13.1 节中讲过，driver 同 sequencer 之间的 TLM 通信采取 get 模式，即由 driver
发起请求，从 sequencer 一端获得 item，再由 sequencer 将其传递至 driver。按照 TLM 通信模
式的描述，该 TLM 通信可以绘制为图 13.3 所示。

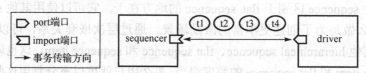

图 13.3　sequencer 和 driver 的 TLM 通信

13.3.1 双方的 TLM 端口和方法

driver 往往是一个 "永动机"，胃口很大，永远停不下来；只要可以从 sequencer 获取 item，
它就穿着红舞鞋一直跳下去。这与 13.2 节介绍的思想一致，即 sequencer 和 item 只在合适的
时间点产生需要的数据，至于怎么处理数据，则由 driver 来实现。为了便于 item 传输，UVM
专门定义了匹配的 TLM 端口供 sequencer 和 driver 使用：

```
uvm_seq_item_pull_port #(type REQ=int, type RSP=REQ)
uvm_seq_item_pull_export #(type REQ=int, type RSP=REQ)
uvm_seq_item_pull_imp #(type REQ=int, type RSP=REQ, type imp=int)
```

由于 driver 是请求发起端，所以在 driver 一侧例化了下面两种端口：

```
uvm_seq_item_pull_port #(REP, RSP) seq_item_port
uvm_analysis_port #(RSP) rsp_port
```

而 sequencer 一侧则为请求的响应端，在 sequencer 一侧例化了对应的两种端口：

```
uvm_seq_item_pull_imp #(REQ, RSP, this_type) seq_item_export
uvm_analysis_export #(RSP) rsp_export
```

通常情况下，用户可以通过匹配的第一对 TLM 端口完成 item 的完整传送，即
driver::seq_item_port 和 sequencer::seq_item_export。这一对端口在连接时同其他端口连接方式
一样，即通过 driver::seq_item_port.connect(sequencer::seq_item_export) 完成。这一种类型的
TLM 端口支持如下方法：

- task get_next_item(output REQ req_arg)：采取 blocking 的方式等待从 sequence 获取下
  一个 item。
- task try_next_item(output REQ req_arg)：采取 nonblocking 的方式从 sequencer 获取
  item，如果立即返回的结果 req_arg 为 null，则表示 sequence 还没有准备好。
- function void item_done(input RSP rsp_arg=null)：用来通知 sequence 当前的 sequence
  item 已经消化完毕，可以选择性地传递 RSP 参数，返回状态值。
- task wait_for_sequences()：等待当前的 sequence 直到产生下一个有效的 item。

- function bit has_do_available()：如果当前的 sequence 准备好而且可以获取下一个有效的 item，则返回 1，否则返回 0。
- function void put_response(input RSP rsp_arg)：采取 nonblocking 方式发送 response，如果成功返回 1，否则返回 0。
- task get(output REQ req_arg)：采用 get 方式获取 item。
- task peek(output REQ req_arg)：采用 peek 方式获取 item。
- task put(input RSP rsp_arg)：采取 blocking 方式将 response 发送回 sequence。

上面这一类端口功能主要用来实现 driver 与 sequencer 的 request 获取和 response 返回。读者在这里需要了解关于 REQ 和 RSP 类型的一致性，由于 uvm_sequencer 与 uvm_driver 实际上都是参数化的类：

```
uvm_sequencer #(type REQ=uvm_sequence_item, RSP=REQ)
uvm_driver #(type REQ=uvm_sequence_item, RSP=REQ)
```

自定义 sequencer 或 driver 时，可以使用默认类型 type REQ = uvm_sequence_item，以及 RSP 与 REQ 类型保持一致。这会带来一个潜在的类型转换要求，即 driver 得到 REQ 对象（uvm_sequence_item）在进行下一步处理时，需要进行动态的类型转换，将 REQ 转换为 uvm_sequence_item 的子类型才可以从中获取有效的成员数据；而另一种可行的方式是在自定义 sequencer 和 driver 时就标明其传递的具体 item 类型，这样就不用再进行额外的类型转换了。通常情况下 RSP 类型与 REQ 类型保持一致，这么做的好处是便于统一处理，方便 item 对象的复制、修改等操作。

driver 消化完当前的 request 后，可以通过 item_done(input RSP rsp_arg=null)方法来告知 sequence 此次传输已经结束，参数中的 RSP 可以选择填入，返回相应的状态值。driver 也可以通过 put_response()或 put()方法来单独发送 response。此外发送 response 还可以通过成对的 uvm_driver::rsp_port 和 uvm_driver::rsp_export 端口来完成，方法为 uvm_driver::rsp_port::write(RSP)。

▶▶ 13.3.2 事务传输实例

接下来我们就 sequencer 和 driver 之间典型的 item 传输过程给出一段例码，帮助读者理解整个传输过程的起点、各个重要节点以及最后的终点。读者一旦理解了这其中的朴素原理，这两个组件之间的握手就不再神秘。

```
class bus_trans extends uvm_sequence_item;
  rand int data;
  `uvm_object_utils_begin(bus_trans)
    `uvm_field_int(data, UVM_ALL_ON)
  `uvm_object_utils_end
  ...
endclass
class flat_seq extends uvm_sequence;
  `uvm_object_utils(flat_seq)
  ...
  task body();
```

```
    uvm_sequence_item tmp;
    bus_trans req, rsp;
    tmp = create_item(bus_trans::get_type(), m_sequencer, "req");
    void'($cast(req, tmp));
    start_item(req);
    req.randomize with {data == 10;};
    `uvm_info("SEQ", $sformatf("sent a item \n %s", req.sprint()), UVM_LOW)
    finish_item(req);
    get_response(tmp);
    void'($cast(rsp, tmp));
    `uvm_info("SEQ", $sformatf("got a item \n %s", rsp.sprint()), UVM_LOW)
  endtask
endclass
class sequencer extends uvm_sequencer;
  `uvm_component_utils(sequencer)
  ...
endclass
class driver extends uvm_driver;
  `uvm_component_utils(driver)
  ...
  task run_phase(uvm_phase phase);
    REQ tmp;
    bus_trans req, rsp;
    seq_item_port.get_next_item(tmp);
    void'($cast(req, tmp));
    `uvm_info("DRV", $sformatf("got a item \n %s", req.sprint()), UVM_LOW)
    void'($cast(rsp, req.clone()));
    rsp.set_sequence_id(req.get_sequence_id());
    rsp.data += 100;
    seq_item_port.item_done(rsp);
    `uvm_info("DRV", $sformatf("sent a item \n %s", rsp.sprint()), UVM_LOW)
  endtask
endclass
class env extends uvm_env;
  sequencer sqr;
  driver drv;
  `uvm_component_utils(env)
  ...
  function void build_phase(uvm_phase phase);
    sqr = sequencer::type_id::create("sqr", this);
    drv = driver::type_id::create("drv", this);
  endfunction
  function void connect_phase(uvm_phase phase);
    drv.seq_item_port.connect(sqr.seq_item_export);
  endfunction
endclass
class test1 extends uvm_test;
```

```
        env e;
        `uvm_component_utils(test1)
        ...
        function void build_phase(uvm_phase phase);
          e = env::type_id::create("e", this);
        endfunction
        task run_phase(uvm_phase phase);
          flat_seq seq;
          phase.raise_objection(phase);
          seq = new();
          seq.start(e.sqr);
          phase.drop_objection(phase);
        endtask
      endclass
```

输出结果为:

```
    UVM_INFO @ 0: uvm_test_top.e.sqr@@flat_seq [SEQ] sent a item
    ...
    UVM_INFO @ 0: uvm_test_top.e.drv [DRV] got a item
    ...
    UVM_INFO @ 0: uvm_test_top.e.drv [DRV] sent a item
    ...
    UVM_INFO @ 0: uvm_test_top.e.sqr@@flat_seq [SEQ] got a item
    ...
```

上面这段例码展示了从 item 定义, 到 sequence 定义, 最后到 sequencer 与 driver 的连接。这段精简的代码对于读者理解 driver 从 sequencer 获取 item, 经过时序处理再返回给 sequence 的握手过程很有帮助。为此我们做出详细的分析, 帮助读者理清例码中的关键处理:

- 在定义 sequencer 时, 默认了 REQ 类型为 uvm_sequence_item 类型, 这与稍后定义 driver 时采取默认 REQ 类型保持一致。
- flat_seq 作为动态创建的数据生成载体, 它的主任务 flat_seq::body() 做了如下的几件事情:
  - 通过方法 create_item() 创建 request item 对象。
  - 调用 start_item() 准备发送 item。
  - 在完成发送 item 之前对 item 进行随机处理。
  - 调用 finish_item() 完成 item 发送。
  - 有必要的情况下可以从 driver 那里获取 response item。
- 在定义 driver 时, 它的主任务 driver::run_phase() 也应通常做出如下处理:
  - 通过 seq_item_port.get_next_item(REQ) 从 sequencer 获取有效的 request item。
  - 从 request item 中获取数据, 进而产生数据激励。
  - 对 request item 进行克隆生成新的对象 response item。
  - 修改 response item 中的数据成员, 最终通过 seq_item_port.item_done(RSP) 将 response item 对象返回给 sequence。
- 对于 uvm_sequence::get_response(RSP) 和 uvm_driver::item_done(RSP) 这种成对的操

作，是可选的而不是必需的，即用户可以选择 uvm_driver 不返回 response item，同时 sequence 也无须获取 response item。

- 在高层环境中，应该在 connect phase 中完成 driver 到 sequencer 的 TLM 端口连接，比如例码在 env::connect_phase() 中通过 drv.seq_item_port.connect(sqr.seq_item_export) 完成了 driver 与 sequencer 之间的连接。

- 在完成了 flat_seq、sequencer、driver 和 env 的定义之后，到了 test1 层，除了需要考虑挂起 objection 防止提前退出，便可以利用 uvm_sequence 类的方法 uvm_sequence::start(SEQUENCER) 来实现 sequence 到 sequencer 的挂载。

上面是对例码的详细解释，在实现 flat_seq::body() 时，例码实际上是将以往的 `uvm_do 等常用的宏进行了拆解，这些常用的 sequence/item 宏和主要方法我们将在 13.4 节为大家介绍。

13.3.3　通信时序

无论是 sequence 还是 driver，通话的对象都是 sequencer。多个 sequence 试图挂载到同一个 sequencer 上时，则涉及 sequencer 的仲裁功能，这一点将在 13.4 节讲解。本节重点分析 sequencer 作为 sequence 与 driver 之间握手的桥梁是如何扮演好这一角色的。在图 13.4 中我们将抽取去这三个类的主要方法，利用时间箭头演示出完整的 TLM 通信过程。

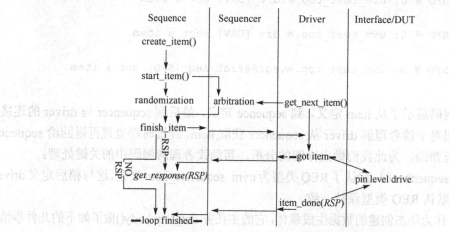

图 13.4　序列从发生到发送的完整 TLM 通信时序

在图 13.4 中可以结合之前的例码，找到各个关键节点的处理方式。

- 对于 sequence 而言，无论是 flat sequence 还是 hierarchical sequence，进一步切分的话，流向 sequencer 的都是 sequence item，所以就每个 item 的"成长周期"来看，它起始于 create_item()，继而通过 start_item() 尝试从 sequencer 获取可以通过的权限。

- 对于 sequencer 的仲裁机制和使用方法我们暂且略过，而 driver 一侧将一直处于"吃不饱"的状态，如果它没有了 item 可以使用，将调用 get_next_item() 来尝试从 sequencer 一侧获取 item。

- 在 sequencer 将通过权限交给某一个底层的 sequence 前，目标 sequence 中的 item 应该完成随机化，继而在获取 sequencer 的通过权限后，执行 finish_item()。

- 接下来 sequence 中的 item 将穿过 sequencer 到达 driver 一侧，这个重要节点标志着

sequencer 第一次充当通信桥梁的角色已经完成。driver 在得到新的 item 之后，会提取有效的数据信息，将其驱动到与 DUT 连接的接口上面。

- 在完成驱动后，driver 应当通过 item_done() 来告知 sequence 已经完成数据传送，而 sequence 在获取该消息后，则表示 driver 与 sequence 双方完成了这一次 item 的握手传输。在这次传递中，driver 可以选择将 RSP 作为状态返回值传递给 sequence，而 sequence 也可以选择调用 get_response(RSP) 等待从 driver 一侧获取返回的数据对象。

最后在结束本节前，是我们关于 sequence 与 driver 之间握手的代码建议。

- 在多个 sequence 同时向 sequencer 发送 item 时，就需要有 ID 信息表明该 item 从哪个 sequence 来，这个 ID 信息在 sequence 创建 item 时就赋值了，而在到达 driver 以后，这个 ID 也可以用来跟踪它的 sequence 信息，这就像食品加工从源头就标记二维码一样，可使运输和使用更加安全。这个 ID 信息在稍后 driver 返回 response item 时，需要给定正确的信息，如上面例码通过函数 set_sequence_id() 来标记，这也就使得 sequencer 可以根据 ID 信息来分发这些 response item 返回至正确的 sequence 源头。

- 建议在 driver 中通过 clone() 方式单独创建 response item，保证 request item 和 response item 两个对象的独立性。也许有的用户为了"简便"，使用 request item 后直接修改它的数据并作为要返回给 sequence 的 response item。这么做看来似乎节能环保，但实际上可能埋下隐患，一方面延长了本来应该丢进垃圾桶的 request item 寿命，另一方面无法对 request item 原始生成数据做出有效记录。所以讲到这里，请读者记住一点，clone() 和 copy() 是个好习惯，虽然多了那么几行代码，但无形中却提高了你的代码稳健性，这种代码方式可以帮助减少一些可能的隐患。

- 为了统一，可以不在定义 sequence 或 driver 时指定 sequence item 类型，使用默认类型 REQ = uvm_sequence_item，但要注意，在 driver 一侧的类型转换，例如对 get_next_item(REQ) 的返回值 REQ 句柄做出动态类型转换，待得到正确类型之后再进行接下来的操作。

- 有的时候如果要复用一些验证 IP，用户需要修改原有的底层 sequence item。从处于验证复用的角度，我们建议通过继承于原有 sequence item 的方式定义新的 item 子类，同时在顶层通过 factory override 的方式用新的 item 类型替换原有的 item 类型。

13.4 节将为读者提供常用的 sequence 和 item 挂载到 sequencer 的方法和宏，同时探讨 sequencer 的 arbitration 机制。

13.4　Sequencer 和 Sequence

之前我们了解了 sequencer 与 driver 之间传递 sequence item 的握手过程，掌握了 sequence 与 item 之间的关系，接下来我们需要就 sequence 挂载到 sequencer 的常用方法做出总结。对这些常用方法和宏的介绍，可以了解到它们不同的使用场景。另外，多个 sequence 要同时挂载到 sequencer，就需要进行仲裁，uvm_sequencer 自带有仲裁特性，结合 sequence 的优先级设定，最终可以实现想要的效果。

13.4.1　发送 sequence 及 item 的方法和宏

对于 UVM 的初学者，我们给出的建议往往是，能够正确区别方法 start() 和宏 `uvm_do，就拿下了 sequence 发送和嵌套的半壁江山。然而考虑到读者对技艺的高要求，我们这里会系统地阐述各种方法和宏之间的关系，讨论什么时候使用方法、什么时候使用宏。对于已经习惯于 sequence 宏使用的用户而言，当他们再切回到 sequence 方法或调试这些方法时，会有一种不适感，不过别太担心，路桑曾经也同你一样。要对 sequence 发送做出更准确的控制，必须正本清源，首先熟悉 sequence 的方法。下面给出一段代码，代码中的 top_seq 嵌套了其他 sequence 和 item，我们会就使用到的几种 sequence 方法做出说明。

```
class bus_trans extends uvm_sequence_item;
    rand int data;
    `uvm_object_utils_begin(bus_trans)
        `uvm_field_int(data, UVM_ALL_ON)
    `uvm_object_utils_end
    ...
endclass
class child_seq extends uvm_sequence;
    `uvm_object_utils(child_seq)
    ...
    task body();
        uvm_sequence_item tmp;
        bus_trans req;
        tmp = create_item(bus_trans::get_type(), m_sequencer, "req");
        void'($cast(req, tmp));
        start_item(req);
        req.randomize with {data == 10;};
        finish_item(req);
    endtask
endclass
class top_seq extends uvm_sequence;
    `uvm_object_utils(top_seq)
    ...
    task body();
        uvm_sequence_item tmp;
        child_seq cseq;
        bus_trans req;
        // create child sequence and items
        cseq = child_seq::type_id::create("cseq");
        tmp = create_item(bus_trans::get_type(), m_sequencer, "req");
        // send child sequence via start()
        cseq.start(m_sequencer, this);
        // send sequence item
        void'($cast(req, tmp));
        start_item(req);
        req.randomize with {data == 20;};
        finish_item(req);
    endtask
endclass
class sequencer extends uvm_sequencer;
```

```
            `uvm_component_utils(sequencer)
            ...
        endclass
        class driver extends uvm_driver;
            `uvm_component_utils(driver)
            ...
            task run_phase(uvm_phase phase);
                REQ tmp;
                bus_trans req;
                forever begin
                    seq_item_port.get_next_item(tmp);
                    void'($cast(req, tmp));
                    `uvm_info("DRV", $sformatf("got a item \n %s", req.sprint()), UVM_LOW)
                    seq_item_port.item_done();
                end
            endtask
        endclass
        class env extends uvm_env;
            sequencer sqr;
            driver drv;
            `uvm_component_utils(env)
            ...
            function void build_phase(uvm_phase phase);
                sqr = sequencer::type_id::create("sqr", this);
                drv = driver::type_id::create("drv", this);
            endfunction
            function void connect_phase(uvm_phase phase);
                drv.seq_item_port.connect(sqr.seq_item_export);
            endfunction
        endclass
        class test1 extends uvm_test;
            env e;
            `uvm_component_utils(test1)
            ...
            function void build_phase(uvm_phase phase);
                e = env::type_id::create("e", this);
            endfunction
            task run_phase(uvm_phase phase);
                top_seq seq;
                phase.raise_objection(phase);
                seq = new();
                seq.start(e.sqr);
                phase.drop_objection(phase);
            endtask
        endclass
```

输出结果为：

```
    UVM_INFO @ 0: uvm_test_top.e.drv [DRV] got a item
```

```
...
UVM_INFO @ 0: uvm_test_top.e.drv [DRV] got a item
...
```

在这段例码中，主要使用两种方法。第一种方法是针对将 sequence 挂载到 sequencer 上的应用。

```
uvm_sequence::start(uvm_sequencer_base sequencer,
                    uvm_sequence_base parent_sequence = null
                    int this_priority = -1, bit call_pre_post = 1)
```

在使用该方法的过程中，用户首先应该指明 sequencer 的句柄。如果该 sequence 是顶部的 sequence，即没有更上层的 sequence 嵌套它，则它可以省略对第二个参数 parent_sequence 的指定。第三个参数的默认值为-1，使得该 sequence 的 parent_sequence（若有）继承其优先级值；如果是顶部（root）sequence，则其优先级自动设定为 100，用户也可以指定优先级数值。第四个参数建议使用默认值，这样的话 uvm_sequence::pre_doby() 和 uvm_sequence::post_body() 两个方法会在 uvm_sequence::body() 的前后执行。在上面的例子中，child_seq 被嵌套到 top_seq 中，继而在挂载时需要指定 parent_sequence；而在 test 一层调用 top_seq 时，由于它是 root sequence，则不需要再指定 parent sequence，这一点用户需要注意。另外，在调用挂载 sequence 时，需要对这些 sequence 进行例化。

第二种发送方法是针对将 item 挂载到 sequencer 上的应用。

```
uvm_sequence::start_item (uvm_sequence_item item, int set_priority = -1,
                    uvm_sequencer_base sequencer=null);
uvm_sequence::finish_item (uvm_sequence_item item, int set_priority = -1);
```

对于 start_item() 的使用，第三个参数用户需要注意是否要将 item 挂载到"非当前 parent sequence 挂载的 sequencer"上面，有点绕口是吗？简单来说，如果你想将 item 和其 parent sequence 挂载到不同的 sequencer 上面，你就需要指定这个参数。默认情况下，"父"（sequence）与"子"（item）都是走的一条道路（virtual sequence 除外，我们会在 13.4 节中讨论）。在使用这一对方法时，用户除了需要记得创建 item，例如通过 uvm_object::create() 或 uvm_sequence::create_item()，还需要在它们之间完成 item 的随机化处理。从这一点建议来看，需要读者了解到，对于一个 item 的完整传送，sequence 要在 sequencer 一侧获得通过权限，才可以顺利将 item 发送至 driver。我们可以通过拆解这些步骤得到更多的细节：

- 创建 item。
- 通过 start_item() 方法等待获得 sequencer 的授权许可，其后执行 parent sequence 的方法 pre_do()。
- 对 item 进行随机化处理。
- 通过 finish_item() 方法在对 item 进行了随机化处理之后，执行 parent sequence 的 mid_do()，以及调用 uvm_sequencer::send_request() 和 uvm_sequencer::wait_for_item_done() 来将 item 发送至 sequencer 再完成与 driver 之间的握手。最后，执行了 parent sequence 的 post_do()。

这些完整的细节有两个部分需要注意。第一，sequence 和 item 自身的优先级，可以决定什么时刻可以获得 sequencer 的授权；第二，读者需要意识到，parent sequence 的虚方法 pre_do()、mid_do()和 post_do()会发生在发送 item 的过程中间。如果对比 start()方法和 start_item()/finish_item()，读者首先要分清它们面向的挂载对象是不同的。此外还需要清楚，在执行 start()过程中，默认情况下会执行 sequence 的 pre_body()和 post_body()，但是如果 start()的参数 call_pre_post = 0，那么就不会这样执行，所以在一些场景中，UVM 用户会奇怪为什么 pre_body()和 post_body()没有被执行。在这里，pre_body()和 post_body()并不是一定会被执行的，这一点同 UVM 的 phase 顺序执行是有区别的。笔者对此给出的建议是，用户可以在 base sequence 中自定义一些方法，确保它们会按照顺序执行，比如下面这段例码，用户可以分别在 user_pre_body()、user_post_body()和 user_body()中填充代码，确保这些方法会被顺序执行，或也可以考虑使用 pre_start()和 post_start()这两个预定义的方法。

```
virtual task user_pre_body();
endtask
virtual task user_post_body();
endtask
virtual task user_body();
endtask
virtual task body();
  user_pre_body();
  user_body();
  user_post_body();
endtask
```

下面一段代码是对 start()方法执行过程的自然代码描述，读者可以看到它们执行的顺序关系和条件：

```
sub_seq.pre_start()          (task)
sub_seq.pre_body()           (task)  if call_pre_post==1
  parent_seq.pre_do(0)       (task)  if parent_sequence!=null
  parent_seq.mid_do(this)    (func)  if parent_sequence!=null
sub_seq.body                 (task)  YOUR STIMULUS CODE
  parent_seq.post_do(this)   (func)  if parent_sequence!=null
sub_seq.post_body()          (task)  if call_pre_post==1
sub_seq.post_start()         (task)
```

对于 pre_do()、mid_do()、post_do()而言，子一级的 sequence/item 在被发送过程中会间接调用 parent sequence 的 pre_do()等方法。只要在参数传递过程中，确保子一级 sequence/item 与 parent sequence 的联系，那么这些执行过程是会按照上面的描述依次执行的。下面我们也给出一段 start_item()/finish_item()的自然代码描述，来表示执行发送 item 时的相关方法执行顺序：

```
sequencer.wait_for_grant(prior)   (task) \ start_item \
parent_seq.pre_do(1)              (task) /            \
                                              `uvm_do* macros
parent_seq.mid_do(item)           (func) \            /
sequencer.send_request(item)      (func) \finish_item /
```

```
sequencer.wait_for_item_done()        (task) /
parent_seq.post_do(item)              (func) /
```

在熟悉了 sequence/item 的传送方法之后，我们就可以进一步来看常见的宏有哪些，它们的主要作用是什么，表 13.1 是对这些宏做出的总结。

表 13.1　发送序列的相关宏

宏	执行顺序								
	create	sync	pre_do()	randomize()	constraint randomization	mid_do()	post-sync	body()	post_do()
Item uvm_do(item)	x	x	x	x		x			x
uvm_do_with(item, {constraints})	x	x	x		x	x			x
uvm_create(item)	x								
uvm_send(item)		x	x			x	x		x
uvm_rand_send(item)		x	x			x	x		x
uvm_rand_send_with(item, {constraints})		x	x		x	x	x		x
Sequence uvm_do(seq)	x	x		x		x		x	x
uvm_do_with{seq, {constraint}}	x		x		x	x		x	x
uvm_create(seq)	x								
uvm_send(seq)			x			x		x	x
uvm_rand_send(seq)			x			x		x	x
uvm_rand_send_with(item, {constraints})			x		x	x		x	x

针对表 13.1，给出几点说明：

● 正是通过几个 sequence/item 宏来打天下的方式，用户可以通过`uvm_do/`uvm_do_with 来发送 sequence 或 item。这种不区分对象是 sequence 还是 item 的方式，带来了不少便捷，但容易引起验证师的惰性。在使用之前，需先了解它们背后的 sequence 和 item 各自发送的方法。

● 不同的宏可能包含创建对象的过程也可能不会创建对象。例如`uvm_do/`uvm_do_with 会创建对象，而`uvm_send 则不会创建对象，也不会将对象做随机处理，因此要了解它们各自包含的执行内容和顺序。

● 此外还有其他的宏，可以在 UVM 用户手册[17]关于 sequence 的宏部分深入了解。例如，将优先级作为参数传递的`uvm_do_pri/`uvm_do_on_prio 等，还有专门针对 sequence 的`uvm_create_seq/`uvm_do_seq/`uvm_do_seq_with 等宏。不过，我们在列表中给出的宏已经可以满足大多数的场景应用，而且整齐统一，便于用户记忆和使用，所以我们在这里不再对其他一些宏做额外说明。

下面的这段例码，我们将之前例码中的方法对应到一些简单的宏，便于读者参照。

```
class child_seq extends uvm_sequence;
  ...
  task body();
    bus_trans req;
    `uvm_create(req)
    `uvm_rand_send_with(req, {data == 10;})
```

```
            endtask
        endclass
        class top_seq extends uvm_sequence;
          ...
            task body();
              child_seq cseq;
              bus_trans req;
              // send child sequence via start()
              `uvm_do(cseq)
              // send sequence item
              `uvm_do_with(req, {data == 20;})
            endtask
          endclass
```

最后是笔者给出的关于发送 sequence/item 的几点建议：

● 无论 sequence 处于什么层次，都应当让 sequence 在 test 结束前执行完毕。但这不是充分条件，一般而言，还应当保留出一部分时间供 DUT 将所有发送的激励处理完毕，进入空闲状态才可以结束测试。

● 尽量避免使用 fork-join_any 或 fork-join_none 来控制 sequence 的发送顺序。因为这背后隐藏的风险是，如果用户想终止在后台运行的 sequence 线程而简单使用 disable 方式，那么就可能在不恰当的时间点上锁住 sequencer。一旦 sequencer 被锁住而又无法释放，接下来也就无法发送其他 sequence。所以如果用户想实现类似 fork-join_any 或 fork-join_none 的发送顺序，还应当在使用 disable 前，对各个 sequence 线程的后台运行保持关注，尽量在发送完 item 完成握手之后再终止 sequence，这样才能避免 sequencer 被死锁的问题。

● 如果用户要使用 fork-join 方式，那么应当确保有方法可以让 sequence 线程在满足一些条件后停止发送 item。否则只要有一个 sequence 线程无法停止，则整个 fork-join 无法退出。面对这种情况，仍然需要用户考虑监测合适的事件或时间点，才能够使用 disable 来关闭线程。

在上面谈到的建议中，用户需要认识到，disable 的手段对于这种需要严格完成握手的传送方式，是需要额外处理的。否则，轻易停止 sequence 可能导致整体 sequence 与 sequencer 之间的传输瘫痪。

▶▶ 13.4.2　sequencer 的仲裁特性及应用

如图 13.5 所示，uvm_sequencer 类自建了仲裁机制用来保证多个 sequence 在同时挂载到 sequencer 时，可以按照仲裁规则允许特定 sequence 中的 item 优先通过。在实际使用中，我们可以通过 uvm_sequencer::set_arbitration(UVM_SEQ_ARB_TYPE val) 函数来设置仲裁模式，这里的仲裁模式 UVM_SEQ_ARB_TYPE 有下面几种值可以选择：

● **UVM_SEQ_ARB_FIFO**：默认模式。来自于 sequence 的发送请求，按照 FIFO 先进先出的方式被依次授权，和优先级没有关系。

● **UVM_SEQ_ARB_WEIGHTED**：不同 sequence 的发送请求，将按照它们的优先级权重随机授权。

- UVM_SEQ_ARB_RANDOM：不同的请求会被随机授权，而无视它们的抵达顺序和优先级。
- UVM_SEQ_ARB_STRICT_FIFO：不同的请求，会按照它们的优先级以及抵达顺序来依次授权，因此与优先级和抵达时间都有关。
- UVM_SEQ_ARB_STRICT_RANDOM：不同的请求，会按照它们的最高优先级随机授权，与抵达时间无关。
- UVM_SEQ_ARB_USER：用户可以自定义仲裁方法 user_priority_arbitration() 来裁定哪个 sequence 的请求被优先授权。

在上面的仲裁模式中，与 priority 有关的模式有 UVM_SEQ_ARB_WEIGHTED、UVM_SEQ_ARB_STRICT_FIFO 和 UVM_SEQ_ARB_STRICT_RANDOM。这三种模式的区别在于，UVM_SEQ_ARB_WEIGHTED 的授权可能会落到各个优先级 sequence 的请求上面，而 UVM_SEQ_ARB_STRICT_RANDOM 则只会将授权随机安排到最高优先级的请求上面，UVM_SEQ_ARB_STRICT_FIFO 则不会随机授权，而是严格按照优先级以及抵达顺序来依次授权。没有特别的要求，用户不需要再额外自定义授权机制，因此使用 UVM_SEQ_ARB_USER 这一模式的情况不多见，其他模式可以满足绝大多数的仲裁需求。

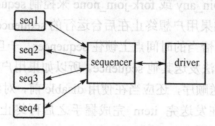

图 13.5　sequencer 的仲裁场景

鉴于 sequence 传送的优先级可以影响 sequencer 的仲裁授权，我们有必要结合 sequencer 的仲裁模式和 sequence 的优先级给出一段例码。通过这段例码，希望读者可以掌握如何设置 sequencer 仲裁模式和 sequence 优先级。

```
class bus_trans extends uvm_sequence_item;
    rand int data;
    ...
endclass
class child_seq extends uvm_sequence;
    rand int base;
    ...
    task body();
        bus_trans req;
        repeat(2) `uvm_do_with(req, {data inside {[base: base+9]};})
    endtask
endclass
class top_seq extends uvm_sequence;
    ...
    task body();
```

```
        child_seq seq1, seq2, seq3;
        m_sequencer.set_arbitration(UVM_SEQ_ARB_STRICT_FIFO);
        fork
          `uvm_do_pri_with(seq1, 500, {base == 10;})
          `uvm_do_pri_with(seq2, 500, {base == 20;})
          `uvm_do_pri_with(seq3, 300, {base == 30;})
        join
      endtask
    endclass
    class sequencer extends uvm_sequencer;
    ...
    endclass
    class driver extends uvm_driver;
    ...
      task run_phase(uvm_phase phase);
        REQ tmp;
        bus_trans req;
        forever begin
          seq_item_port.get_next_item(tmp);
          void'($cast(req, tmp));
          `uvm_info("DRV",
            $sformatf("got a item %0d from parent sequence %s",
                      req.data, req.get_parent_sequence().get_name()),
            UVM_LOW)
          seq_item_port.item_done();
        end
      endtask
    endclass
    class env extends uvm_env;
      sequencer sqr;
      driver drv;
      ...
      function void build_phase(uvm_phase phase);
        sqr = sequencer::type_id::create("sqr", this);
        drv = driver::type_id::create("drv", this);
      endfunction
      function void connect_phase(uvm_phase phase);
        drv.seq_item_port.connect(sqr.seq_item_export);
      endfunction
    endclass
    class test1 extends uvm_test;
      env e;
      ...
      task run_phase(uvm_phase phase);
        top_seq seq;
        phase.raise_objection(phase);
        seq = new();
```

```
        seq.start(e.sqr);
        phase.drop_objection(phase);
      endtask
    endclass
```

输出结果为：

```
UVM_INFO @ 0: uvm_test_top.e.drv [DRV] got a item 16 from parent sequence seq1
UVM_INFO @ 0: uvm_test_top.e.drv [DRV] got a item 22 from parent sequence seq2
UVM_INFO @ 0: uvm_test_top.e.drv [DRV] got a item 19 from parent sequence seq1
UVM_INFO @ 0: uvm_test_top.e.drv [DRV] got a item 23 from parent sequence seq2
UVM_INFO @ 0: uvm_test_top.e.drv [DRV] got a item 33 from parent sequence seq3
UVM_INFO @ 0: uvm_test_top.e.drv [DRV] got a item 32 from parent sequence seq3
```

上面的例码中，seq1、seq2、seq3 在同一时刻发起传送请求，通过 `uvm_do_prio_with 的宏，在发送 sequence 时可以传递优先级参数。由于将 seq1 与 seq2 设置为同样的高优先级，而 seq3 设置为较低的优先级，这样在随后的 UVM_SEQ_ARB_STRICT_FIFO 仲裁模式下，可以从输出结果看到，按照优先级高低和传送请求时间顺序，先将 seq1 和 seq2 中的 item 发送完毕，随后将 seq3 发送完。除了 sequence 遵循仲裁机制，在一些特殊情形下，有一些 sequence 需要有更高权限取得 sequencer 的授权来访问 driver。例如，在需要响应中断的情形下，用于处理中断的 sequence 应该有更高的权限来获得 sequencer 的授权。为此，uvm_sequencer 提供了两种锁定机制，分别通过 lock() 和 grab() 方法实现，这两种方法的区别在于：

- lock() 与 unlock() 这一对方法可以为 sequence 提供排外的访问权限，但前提条件是，该 sequence 首先需要按照 sequencer 的仲裁机制获得授权。而一旦 sequence 获得授权，则无须担心权限被收回，只有该 sequence 主动解锁（unlock）它的 sequencer，才可以释放这一锁定的权限。lock() 是一种阻塞任务，只有获得了权限，它才会返回。

- grab() 与 ungrab() 也可以为 sequence 提供排外的访问权限，而且它只需要在 sequencer 下一次授权周期时就可以无条件地获得授权。与 lock 方法相比，grab 方法无视同一时刻内发起传送请求的其他 sequence，而唯一可以阻止它的只有已经预先获得授权的其他 lock 或 grab 的 sequence。

这里需要注意的是，"解铃还须系铃人"，如果 sequence 使用了 lock() 或 grab() 方法，必须在 sequence 结束前调用 unlock() 或 ungrab() 方法来释放权限，否则 sequencer 会进入死锁状态而无法继续为其余 sequence 授权。下面给出一段例码，展示如何使用上述方法实现锁定的 sequence 传送方式。

```
    class bus_trans extends uvm_sequence_item;
      ...
    endclass
    class child_seq extends uvm_sequence;
      ...
    endclass
    class lock_seq extends uvm_sequence;
      ...
      task body();
        bus_trans req;
```

```
        #10ns;
        m_sequencer.lock(this);
        `uvm_info("LOCK", "get exclusive access by lock()", UVM_LOW)
        repeat(3) #10ns `uvm_do_with(req, {data inside {[100:110]};})
        m_sequencer.unlock(this);
    endtask
    endclass
    class grab_seq extends uvm_sequence;
        ...
        task body();
          bus_trans req;
          #20ns;
          m_sequencer.grab(this);
          `uvm_info("GRAB", "get exclusive access by grab()", UVM_LOW)
          repeat(3) #10ns `uvm_do_with(req, {data inside {[200:210]};})
          m_sequencer.ungrab(this);
        endtask
    endclass
    class top_seq extends uvm_sequence;
        ...
        task body();
          child_seq seq1, seq2, seq3;
          lock_seq locks;
          grab_seq grabs;
          m_sequencer.set_arbitration(UVM_SEQ_ARB_STRICT_FIFO);
          fork
            `uvm_do_pri_with(seq1, 500, {base == 10;})
            `uvm_do_pri_with(seq2, 500, {base == 20;})
            `uvm_do_pri_with(seq3, 300, {base == 30;})
            `uvm_do_pri(locks, 300)
            `uvm_do(grabs)
          join
        endtask
    endclass
```

输出结果为：

```
UVM_INFO @ 10000: uvm_test_top.e.drv [DRV] got a item 16 from parent
    sequence seq1
UVM_INFO @ 10000: uvm_test_top.e.drv [DRV] got a item 22 from parent
    sequence seq2
UVM_INFO @ 10000: uvm_test_top.e.sqr@@top_seq.locks [LOCK] get exclusive
    access by lock()
UVM_INFO @ 10000: uvm_test_top.e.drv [DRV] got a item 33 from parent
    sequence seq3
UVM_INFO @ 20000: uvm_test_top.e.drv [DRV] got a item 108 from parent
    sequence locks
UVM_INFO @ 30000: uvm_test_top.e.drv [DRV] got a item 110 from parent
```

```
            sequence locks
UVM_INFO @ 40000: uvm_test_top.e.drv [DRV] got a item 101 from parent
            sequence locks
UVM_INFO @ 40000: uvm_test_top.e.sqr@@top_seq.grabs [GRAB] get exclusive
            access by grab()
UVM_INFO @ 50000: uvm_test_top.e.drv [DRV] got a item 203 from parent
            sequence grabs
UVM_INFO @ 60000: uvm_test_top.e.drv [DRV] got a item 202 from parent
            sequence grabs
UVM_INFO @ 70000: uvm_test_top.e.drv [DRV] got a item 204 from parent
            sequence grabs
UVM_INFO @ 70000: uvm_test_top.e.drv [DRV] got a item 19 from parent
            sequence seq1
UVM_INFO @ 70000: uvm_test_top.e.drv [DRV] got a item 23 from parent
            sequence seq2
UVM_INFO @ 70000: uvm_test_top.e.drv [DRV] got a item 32 from parent
            sequence seq3
```

结合例码和输出结果，我们从中可以发现如下几点：

- sequence locks 在 10 ns 时与其他几个 sequence 一同向 sequencer 发起请求，按照仲裁模式，sequencer 授权给 seq1、seq2、seq3，最后才授权给 locks。locks 在获得授权后，就可以一直享有权限而无须担心权限被 sequencer 收回，locks 结束前，用户需要通过 unlock()方法返还权限。

- 对于 sequence grabs，尽管它在 20 ns 时就发起了请求权限（实际上 seq1、seq2、seq3 也在同一时刻发起了权限请求），而由于权限已经被 locks 占用，所以它也无权收回权限。因此只有当 locks 在 40 ns 结束时，grabs 才可以在 sequencer 没有被锁定的状态下获得权限，而 grabs 在此条件下获取权限是无视同一时刻发起请求的其他 sequence 的。同样地，在 grabs 结束前，也应当通过 ungrab()方法释放权限，防止 sequencer 的死锁行为。

至此我们就将 sequence/item 发送的方法和宏，以及 sequence 与 sequencer 之间的请求授权和仲裁方式为读者介绍完毕。下一节将作为本章的最后一部分，介绍层次化的 sequence 形式，了解 layering sequence、virtual sequence 和 virtual sequencer 等高层次的用法。

13.5　Sequence 的层次化

随着对 sequence/item 发送方式的了解，读者需要从之前 4 位初出茅庐的验证师梅、尤、娄和董他们的角度来看，如何完成验证的水平复用和垂直复用。在 MCDF 各个子模块的验证语境中，水平复用指的是如何利用已有资源完成高效的激励场景创建；垂直复用指的是，在 MCDF 子系统验证中，可以完成结构复用和激励场景复用两方面。第 11 章介绍了结构复用，因此这节的垂直复用主要关注于激励场景复用。无论是水平复用还是垂直复用，激励场景的复用很大程度上取决于如何设计 sequence，使得底层的 sequence 实现合理的粒度，帮助完成水平复用，进一步依托于底层激励场景，最终可以实现底层到高层的垂直复用。因此，本节从 MCDF 的实际验证场景出发，引申出下面几个概念来完善 sequence 的层次化：

- hierarchical sequence
- virtual sequence
- layering sequence

通过对这三个与 sequence 层次化有关的概念解读和实际场景分析，我们希望读者在本节后可以就不同 sequence 场景复用设计出适合自己验证场景的 sequence 结构。三者在特定情况下可有机组合，为整体的验证复用提供良好支持。

13.5.1　Hierarchical Sequence

在验证 MCDF 的寄存器模块时，验证师将 SV 验证环境进化到 UVM 环境之后，有了这样一幅验证框图，如图 11.4 所示。学习了验证结构之后，就进入构建验证场景的环节，在这里可以将测试寄存器模块的场景拆解为：

- 设置时钟和复位；
- 测试通道 1 的控制寄存器和只读寄存器；
- 测试通道 2 的控制寄存器和只读寄存器；
- 测试通道 3 的控制寄存器和只读寄存器。

也许读者对此会计划不同的测试环节，然而无论怎么设计，其中的理念都不会脱离对底层测试 sequence 的合理设计。上面的测试场景拆解下的 sequence 需要挂载的都是 reg_master_agent 中的 sequencer。这里我们给出一段代码用来说明底层 sequence 的设计和顶层 hierarchical sequence 对这些底层 sequence 的结构化使用。

```
typedef enum {CLKON, CLKOFF, RESET, WRREG, RDREG} cmd_t;
class bus_trans extends uvm_sequence_item;
  rand cmd_t cmd;
  rand int addr;
  rand int data;
  constraint cstr{
    soft addr == 'h0;
    soft data == 'h0;
  }
  ...
endclass
class clk_rst_seq extends uvm_sequence;
  rand int freq;
  ...
  task body();
    bus_trans req;
    `uvm_do_with(req, {cmd == CLKON; data == freq;})
    `uvm_do_with(req, {cmd == RESET;})
  endtask
endclass
class reg_test_seq extends uvm_sequence;
  rand int chnl;
```

```
    task body();
      bus_trans req;
      // write and read test for WR register
      `uvm_do_with(req, {cmd == WRREG; addr == chnl*'h4;})
      `uvm_do_with(req, {cmd == RDREG; addr == chnl*'h4;})
      // read for the RD register
      `uvm_do_with(req, {cmd == RDREG; addr == chnl*'h4 + 'h10;})
    endtask
  endclass
  class top_seq extends uvm_sequence;
    ...
    task body();
      clk_rst_seq clkseq;
      reg_test_seq regseq0, regseq1, regseq2;
      // turn on clock with 150Mhz and assert reset
      `uvm_do_with(clkseq, {freq == 150;})
      // test the registers of channel0
      `uvm_do_with(regseq0, {chnl == 0;})
      // test the registers of channel1
      `uvm_do_with(regseq1, {chnl == 1;})
      // test the registers of channel2
      `uvm_do_with(regseq2, {chnl == 2;})
    endtask
  endclass
  class reg_master_sequencer extends uvm_sequencer;
    ...
  endclass
  class reg_master_driver extends uvm_driver;
    ...
    task run_phase(uvm_phase phase);
      REQ tmp;
      bus_trans req;
      forever begin
        seq_item_port.get_next_item(tmp);
        void'($cast(req, tmp));
        `uvm_info("DRV", $sformatf("got a item \n %s", req.sprint()), UVM_LOW)
        seq_item_port.item_done();
      end
    endtask
  endclass
  class reg_master_agent extends uvm_agent;
    reg_master_sequencer sqr;
    reg_master_driver drv;
    ...
    function void build_phase(uvm_phase phase);
      sqr = reg_master_sequencer::type_id::create("sqr", this);
```

```
    drv = reg_master_driver::type_id::create("drv", this);
  endfunction
  function void connect_phase(uvm_phase phase);
    drv.seq_item_port.connect(sqr.seq_item_export);
  endfunction
endclass
```

在 sequence 与 driver 之间传送 item 时，item 应包含的数据内容在 13.2 节已有介绍，而在这段简单例码，item 类 bus_trans 包含了几个简单的域 cmd、addr 和 data。在后续的 clk_rst_seq 和 reg_test_seq 这两个底层的 sequence 在例化和传送 item 时，通过随机化 bus_trans 中的域来实现不同的命令和数据内容。这些不同数据内容的 item，实现不同的测试目的。在 top_seq 中，通过对 clk_rst_seq 和 reg_test_seq 这两个 element sequence 进行组合和随机化赋值，实现一个完整的测试场景，即先打开时钟和完成复位后，对寄存器模块中的寄存器完成读写测试。

将 clk_rst_seq 和 reg_test_seq 作为底层 sequence，或者称之为 element sequence，top_seq 作为一个更高层的协调 sequence，本身也会容纳更多的 sequence，并对它们进行协调和随机限制，将这些 element sequence 进行有机的调度，完成期望的测试场景。这样的 top_seq 就可以称为 hierarchical sequence，它内部包含多个 sequence 和 item，层层嵌套，完成测试序列的合理切分。从图 13.6 可以看到 element sequence 和 hierarchical sequence 之间的集成关系。有了粒度合适的 element sequence，验证师更容易在这些设计好的"轮子"上实现验证的加速过程。前面提到的水平复用，就非常依赖于 hierarchical sequence 的实现。

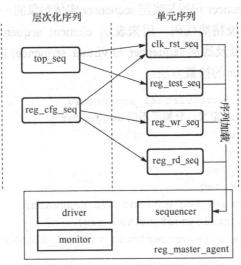

图 13.6　结构化序列实例

需要注意的是，如何区别接下来讲到的 virtual sequence，毕竟它们两者之间的共同点就是对于各个 sequence 的协调。它们的不同点在于，hierarchical sequence 面对的对象是同一个 sequencer，即 hierarchical sequence 本身也挂载到 sequencer 上面，而 virtual sequence 内部不同的 sequence 允许面向不同的 sequencer 种类，这一点我们将在接下来详细讨论。

13.5.2　Virtual Sequence

随着底层模块的验证周期趋于尾声，在 MCDF 子系统验证环境集成过程中，完成了前期的结构垂直复用，就需要考虑如何复用各个模块的 element sequence 和 hierarchical sequence。对于更上层的环境，可想而知的是，顶层的测试序列要协调的不再只是面向一个 sequencer 的 sequence 群，而是要面向多个 sequencer 的 sequence 群。那么面向不同 sequencer 的 sequence 群落在组织以后，如何分别挂接到不同的 sequencer 上呢？之前介绍的 sequence 都是面向单一 sequencer 的，因此挂载也很简单，即通过 uvm_sequence::start() 来挂载 root sequence，而在内部的 child sequence 则可以通过宏 `uvm_do 来实现。

面对 MCDF 子环境验证结构（见图 11.9），如果将各个模块环境的 element sequence 和 hierarchical sequence 都作为可复用的 sequence 资源，就需要一个可以容纳各个 sequence 的容器来承载它们，同时需要一个合适的 routing sequencer 来组织不同结构中的 sequencer，这样的 sequence 和 sequencer 分别称之为 virtual sequence 和 virtual sequencer。sequence 和 sequencer 之间的差别在于：

- virtual sequence 可以承载不同目标 sequencer 的 sequence 群落，而组织协调这些 sequence 的方式则类似于高层次的 hierarchical sequence。virtual sequence 一般只会挂载到 virtual sequencer 上面。

- virtual sequencer 与普通的 sequencer 相比有着很大的不同，它们起到了桥接其他 sequencer 的作用，即 virtual sequencer 链接所有底层 sequencer 的句柄，是一个中心化的路由器。同时，virtual sequencer 本身并不传送 item 数据对象，因此 virtual sequencer 不需要与任何 driver 进行 TLM 连接。所以，UVM 用户需要在顶层的 connect 阶段做好 virtual sequencer 中各 sequencer 句柄与底层 sequencer 实体对象的一一对接，避免句柄悬空。

接下来我们将给出一段精简代码，用来表示 element sequence/hierarchical sequence 与 virtual sequence 的关系，以及底层 sequencer 与 virtual sequencer 的联系，同时也说明 virtual sequence 与 virtual sequencer 的挂载方法。

```
typedef class mcdf_virtual_sequencer;
// 底层 sequence 定义，分属于不同 sequencer
// clk_rst_seq
// reg_cfg_seq
// data_trans_seq
// fmt_slv_cfg_seq
class mcdf_normal_seq extends uvm_sequence;
  `uvm_object_utils(mcdf_normal_seq)
  `uvm_declare_p_sequencer(mcdf_virtual_sequencer)
  ...
  task body();
    clk_rst_seq clk_seq;
    reg_cfg_seq cfg_seq;
    data_trans_seq data_seq;
    fmt_slv_cfg_seq fmt_seq;
    // 配置 formatter slave agent
    `uvm_do_on(fmt_seq, p_sequencer.fmt_sqr)
    // 打开时钟并完成复位
    `uvm_do_on(clk_seq, p_sequencer.cr_sqr)
    // 配置 MCDF 寄存器
```

```
    `uvm_do_on(cfg_seq, p_sequencer.reg_sqr)
    // 传送 channel 数据包
    fork
      `uvm_do_on(data_seq, p_sequencer.chnl_sqr0)
      `uvm_do_on(data_seq, p_sequencer.chnl_sqr1)
      `uvm_do_on(data_seq, p_sequencer.chnl_sqr2)
    join
  endtask
endclass
// 子一级的 sequencer 和 agent 定义
// cr_master_sequencer | cr_master_agent
// reg_master_sequencer | reg_master_agent
// chnl_master_sequencer | chnl_master_agent
// fmt_slave_sequencer | fmt_slave_agent
class mcdf_virtual_sequencer extends uvm_sequencer;
  cr_master_sequencer cr_sqr;
  reg_master_sequencer reg_sqr;
  chnl_master_sequencer chnl_sqr0;
  chnl_master_sequencer chnl_sqr1;
  chnl_master_sequencer chnl_sqr2;
  fmt_slave_sequencer fmt_sqr;
  `uvm_component_utils(mcdf_virtual_sequencer)
  function new(string name, uvm_component parent);
    super.new(name, parent);
  endfunction
endclass
class mcdf_env extends uvm_env;
  cr_master_agent cr_agt;
  reg_master_agent reg_agt;
  chnl_master_agent chnl_agt0;
  chnl_master_agent chnl_agt1;
  chnl_master_agent chnl_agt2;
  fmt_slave_agent fmt_agt;
  mcdf_virtual_sequencer virt_sqr;
  `uvm_component_utils(mcdf_env)
  function new(string name, uvm_component parent);
    super.new(name, parent);
  endfunction
  function void build_phase(uvm_phase phase);
    cr_agt = cr_master_agent::type_id::create("cr_agt", this);
    reg_agt = reg_master_agent::type_id::create("reg_agt", this);
    chnl_agt0 = chnl_master_agent::type_id::create("chnl_agt", this);
    chnl_agt1 = chnl_master_agent::type_id::create("chnl_agt", this);
    chnl_agt2 = chnl_master_agent::type_id::create("chnl_agt", this);
    fmt_agt = fmt_slave_agent::type_id::create("fmt_agt", this);
    virt_sqr = mcdf_virtual_sequencer::type_id::create("virt_sqr", this);
  endfunction
```

```
    function void connect_phase(uvm_phase phase);
      // virtual sequencer connection
      // but no any TLM connection with sequencers
      virt_sqr.cr_sqr = cr_agt.sqr;
      virt_sqr.reg_sqr = reg_agt.sqr;
      virt_sqr.chnl_sqr0 = chnl_agt0.sqr;
      virt_sqr.chnl_sqr1 = chnl_agt1.sqr;
      virt_sqr.chnl_sqr2 = chnl_agt2.sqr;
      virt_sqr.fmt_sqr = fmt_agt.sqr;
    endfunction
  endclass
  class test1 extends uvm_test;
    mcdf_env e;
    ...
    task run_phase(uvm_phase phase);
      mcdf_normal_seq seq;
      phase.raise_objection(phase);
      seq = new();
      seq.start(e.virt_sqr);
      phase.drop_objection(phase);
    endtask
  endclass
```

从这个例子可以看到，virtual sequence mcdf_normal_seq 可以承载各个子模块环境的 element sequence，而通过最后挂载的 virtual sequencer mcdf_virtual_sequencer 中的各个底层 sequencer 句柄，各个 element sequence 可以分别挂载到对应的底层 sequencer 上。这里要区分的是，尽管在最后 test1 中将 virtual sequence 挂载到了 virtual sequencer 上，但这种挂载的根本目的是给 virtual sequence 提供一个中心化的 sequencer 路由，而借助在 virtual sequence mcdf_normal_seq 中使用宏`uvm_declare_p_sequencer，virtual sequence 可以使用声明后的成员变量 p_sequencer（类型为 mcdf_virtual_sequencer），进一步回溯到 virtual sequencer 内部的各个 sequencer 句柄。在这里使用`uvm_declare_p_sequencer 是较为方便的，因为这个宏在后台，可以新创建一个 p_sequencer 变量，而将 m_sequencer 的默认变量（uvm_sequencer_base 类型）通过动态转换变为类型为 mcdf_virtual_sequencer 的 p_sequencer。只要声明的挂载 sequencer 类型正确，用户可以通过这个宏，完成方便的类型转换，因此才可以通过 p_sequencer 索引到在 mcdf_virtual_sequencer 中声明的各个 sequencer 句柄。读者可以从这段精简例码和图 13.7 了解到 virtual sequence 的协调作用，virtual sequencer 的路由作用，以及在顶层中需要完成 virtual sequencer 同底层 sequencer 的连接，并最终在 test 层实现 virtual sequence 挂载到 virtual sequencer 上。这种中心化的协调方式，使得顶层环境在场景创建和激励控制方面更加得心应手，而且在代码后期维护中，测试场景的可读性也得到了提高。

UVM 初学者在开始学习 virtual sequence 和 virtual sequencer 时容易出现编译错误和运行时句柄悬空的错误，还有一些概念上的偏差，这里给出一些建议：

- 区分 virtual sequence 与其他普通 sequence（element sequence、hierarchical sequence）。
- 区分 virtual sequencer 与其他底层负责传送数据对象的 sequencer。

- 在 virtual sequence 中用宏`uvm_declare_p_sequencer 创建正确类型的 p_sequencer 变量，方便接下来各目标 sequencer 的索引。
- 在顶层环境中创建 virtual sequencer，并完成 virtual sequencer 中各 sequencer 句柄与底层 sequencer 的跨层次链接。

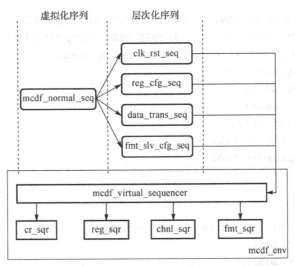

图 13.7　virtual sequence 的协调作用和 virtual sequencer 的路由作用

13.5.3　Layering Sequence

构建更加复杂的协议总线传输时，如 PCIe，USB3.0 等，通过单一的传输层级对以后的激励复用、上层控制不那么友好。对于这种更深层次化的数据传输，在实际中无论是 VIP 还是自开发的环境，都倾向于通过若干抽象层次的 sequence 群落来模拟协议层次。例如，通过层次化的 sequence 可以分别构建 transaction layer、transport layer 和 physical layer 等从高抽象级到低抽象级的 transaction 转化。我们将这种层次化的 sequence 构建方式称为 layering sequence。距离读者比较近的应用比如图 13.8，在进行寄存器级别的访问操作，其需要通过transport layer 转化，最终映射为具体的总线传输。

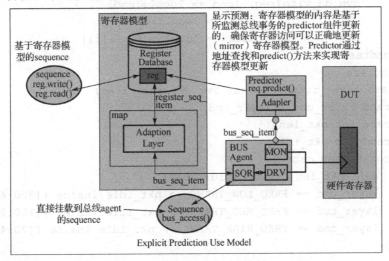

图 13.8　层次化序列应用在寄存器级别访问的实例

　　关于寄存器访问时的 sequence layer 转化，将在第 14 章详细介绍。第 15 章，出于标准化测试用例的考虑，我们引入 sequence layer 的理念，用标准化的测试命令弱化具体总线的命令传输，更多的实施细节也将在第 15 章介绍。本节将通过一段简单的例码阐述 sequence layer 的核心，突出 sequence 层级转换的思想。

```
typedef enum {CLKON, CLKOFF, RESET, WRREG, RDREG} phy_cmd_t;
typedef enum {FREQ_LOW_TRANS, FREQ_MED_TRANS, FREQ_HIGH_TRANS} layer_cmd_t;
class bus_trans extends uvm_sequence_item;
  rand phy_cmd_t cmd;
  rand int addr;
  rand int data;
  constraint cstr{
    soft addr == 'h0;
    soft data == 'h0;
  }
  ...
endclass
class packet_seq extends uvm_sequence;
  rand int len;
  rand int addr;
  rand int data[];
  rand phy_cmd_t cmd;
  constraint cstr{
    soft len inside {[30:50]};
    soft addr[31:16] == 'hFF00;
    data.size() == len;
  }
  ...
  task body();
    bus_trans req;
    foreach(data[i])
      `uvm_do_with(req, {cmd == local::cmd;
                         addr == local::addr;
                         data == local::data[i];})
  endtask
endclass
class layer_trans extends uvm_sequence_item;
  rand layer_cmd_t layer_cmd;
  rand int pkt_len;
  rand int pkt_idle;
  constraint cstr {
    soft pkt_len inside {[10: 20]};
    layer_cmd == FREQ_LOW_TRANS -> pkt_idle inside {[300:400]};
    layer_cmd == FREQ_MED_TRANS -> pkt_idle inside {[100:200]};
    layer_cmd == FREQ_HIGH_TRANS -> pkt_idle inside {[20:40]};
  }
  ...
```

```
      endclass
      class adapter_seq extends uvm_sequence;
        `uvm_object_utils(adapter_seq)
        `uvm_declare_p_sequencer(phy_master_sequencer)
        ...
        task body();
          layer_trans trans;
          packet_seq pkt;
          forever begin
            p_sequencer.up_sqr.get_next_item(req);
            void'($cast(trans, req));
            repeat(trans.pkt_len) begin
              `uvm_do(pkt)
              delay(trans.pkt_idle);
            end
            p_sequencer.up_sqr.item_done();
          end
        endtask
    virtual task delay(int delay);
      ...
      endtask
      endclass
      class top_seq extends uvm_sequence;
        ...
        task body();
          layer_trans trans;
          `uvm_do_with(trans, {layer_cmd == FREQ_LOW_TRANS;})
          `uvm_do_with(trans, {layer_cmd == FREQ_HIGH_TRANS;})
        endtask
      endclass
      class layering_sequencer extends uvm_sequencer;
        ...
      endclass
      class phy_master_sequencer extends uvm_sequencer;
        layering_sequencer up_sqr;
        ...
      endclass
      class phy_master_driver extends uvm_driver;
        ...
        task run_phase(uvm_phase phase);
          REQ tmp;
          bus_trans req;
          forever begin
            seq_item_port.get_next_item(tmp);
            void'($cast(req, tmp));
            `uvm_info("DRV", $sformatf("got a item \n %s", req.sprint()), UVM_LOW)
            seq_item_port.item_done();
```

```
      end
    endtask
  endclass
  class phy_master_agent extends uvm_agent;
    phy_master_sequencer sqr;
    phy_master_driver drv;
    ...
    function void build_phase(uvm_phase phase);
      sqr = phy_master_sequencer::type_id::create("sqr", this);
      drv = phy_master_driver::type_id::create("drv", this);
    endfunction
    function void connect_phase(uvm_phase phase);
      drv.seq_item_port.connect(sqr.seq_item_export);
    endfunction
  endclass
  class test1 extends uvm_test;
    layering_sequencer layer_sqr;
    phy_master_agent phy_agt;
    ...
    function void build_phase(uvm_phase phase);
      layer_sqr = layering_sequencer::type_id::create("layer_sqr", this);
      phy_agt = phy_master_agent::type_id::create("phy_agt", this);
    endfunction
    function void connect_phase(uvm_phase phase);
      phy_agt.sqr.up_sqr = layer_sqr;
    endfunction
    task run_phase(uvm_phase phase);
      top_seq seq;
      adapter_seq adapter;
      phase.raise_objection(phase);
      seq = new();
      adapter = new();
      fork
        adapter.start(phy_agt.sqr);
      join_none
      seq.start(layer_sqr);
      phase.drop_objection(phase);
    endtask
  endclass
```

从上面的这段例码中，可以得出一些实现 sequencer layer 协议转换的方法。

● 无论有多少抽象层次的 transaction 类定义，都应该有对应的 sequencer 作为 transaction 的路由通道。例如，layer_sequencer 和 phy_master_sequencer 分别作为 layer_trans 和 bus_trans 的通道。

● 在各个抽象级的 sequencer 中，需要有相应的转换方法，将高层次的 transaction 从高层次的 sequencer 获取，转换为低层次的 transaction，通过低层次的 sequencer 发送出去。例如 adapter_seq 负责从 layer_sequencer 获取 layer_trans，将其转换为 phy_master_sequencer 一侧对应的 sequence 或 transaction，最后将其从 phy_master_sequencer 发送出去。

● 这些 adaption sequence 应该运行在低层次的 sequencer 一侧，作为"永动"的 sequence 时刻做好服务准备，从高层次的 sequencer 获取 transaction，通过转化将其从低层次的 sequencer 一侧送出。例如上面在 test1 中，adapter sequence 通过 adapter.start(phy_agt.sqr)挂载到低层次的 sequencer，做好转换 transaction 并将其发送的准备。

● 至于需要定义多少个层次的 transaction item 类，上面的例子仅仅是为了说明 sequence layer 的一般方法，对于实际中的层次定义和 transaction item 定义，我们还需要具体问题具体处理。

图 13.9 是对上面例码的进一步说明。从中我们可以看到各个 sequence 类别对应的 sequencer，同时可看到 sequence item 发送和转换的方向。经过转化，高层次的 transaction 内容落实到低层次的 protocol agent 和 physical interface 上。例码中没有给出读回路的处理，即从 physical interface 经 physical agent 抵达 layering sequencer 的通信。在实际中，可以通过相同路径返回 response item 来实现（见 13.2 节），也可以通过不同层次的 monitor 采集 response transaction，再转化抽象级返回 item 的方式来实现。选择哪一种反馈回路与底层 agent 反馈回路的实现方式有关，即如果原有方式通过 driver 一侧返回 response，那么建议继续在该反馈链条上进行从低级 transaction 到高级 transaction 的转化；如果原有方式通过 monitor 一侧返回 response，那么也建议创建对应的高层次 monitor，实现抽象层次转化。

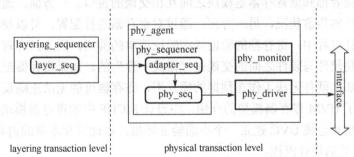

图 13.9 层次化序列到物理接口时序的抽象级转化

13.6 本章结束语

至此，关于 UVM 测试序列的讲解就结束了，我们认识到了 item、sequence、sequencer 和 driver 之间的连接和数据传输关系，同时掌握了普通情况下 sequence/item 传送的常用方法。完成 UVM 结构搭建、学习了 TLM 通信之后，UVM 世界的新手就可以正式上路了，一步步积累里程，朝着老司机的经验值努力。

举，例如 adapter_seq 作为从 layer_sequencer 获取 layer_trans，将其转化成为 phy_master_sequence 一图所需的 sequence 及 transaction。依托图 13 从 phy_master_sequencer 以及 adaption sequence 层次发生的有机联系，构建较为复杂的双层 sequencer 模型。

以上关系理清楚后，从高层次的 sequencer 获取 trans，在低层次转化成 phy_sequencer 一图表现出，例如上图中，test 中 adapter_sequence、adapter.start(phy_agent.sqr) 开发其层层级的 sequencer，进行转化并 transaction，并将其发送。

接下来，我们将从一个完整的 transaction item 来一上而解释如何工作以及如何 sequence 转换的相关过程。为了让读者可以理解上面的分层 sequencer 的作用原理，从高层次的 sequencer 获取 trans，从而有机地联系 sequencer — 图中上图，从而 adapter_sequence adapter.start(phy_agent.sqr)，就是那层层级的 sequencer，进行转化并 transaction，并将其发送。

接下来，我们将从一个完整的 transaction item 一上而解释如何工作以及如何 sequence 转换的相关过程。

physical response item 发送之后，它如何返回 monitor 采集 response transaction。再转化回高级别的 item 方式来实现，基本回顾这一环节及 agent 的 re回。 接回的逻辑方式相关，即如果某些分方式通过 driver 一 transaction 回放，上用于低级 transaction 到高级别 transaction 转化后，如果需有对方通过 monitor 回收回 response。那么步骤及回至中的高级 monitor，完成相关业务处理。

第 14 章

UVM 寄存器

之所以用独立的一章介绍寄存器模型，是因为它重要且可独立描述。UVM 寄存器的方案是综合以前方法学（如 eRM）的一种提升。阅读本章之前需要了解的是，UVM 寄存器方案并不是首创的。学习 UVM 寄存器基础之后，需要更多考虑的是，如何利用寄存器模型实现更便捷、复用性更好、覆盖率更高的寄存器测试序列。同时，读者也可以掌握一般的集成寄存器模型与总线模型的方法，实现不同抽象层次的寄存器访问转换。详尽的寄存器测试方法最终是为验证的量化和收敛服务的，所以在早期如何实现快速的寄存器模型检查，以及在后期如何实现功能覆盖率统计分析，也是需要了解的寄存器模型应用。

14.1   寄存器模型概览

了解硬件的读者都知道寄存器是模块之间互相交谈的窗口。一方面，通过读出寄存器的状态可以获取硬件的当前状况，另一方面，通过对寄存器进行配置，可以使寄存器工作在一定模式下。在验证过程中，寄存器的验证排在验证清单的前列，因为只有首先保证寄存器的功能正确，才能使硬件与硬件之间的交谈是"语义一致"的。如果寄存器配置结果与寄存器配置内容不同，那么硬件无法工作在预期的模式下，寄存器可能无法正确反映硬件的状态。

本章我们关于 UVM 寄存器模型的介绍，将设计 MCDF 中的寄存器模块简化出来，通过硬件的寄存器模型和总线 UVC 建立一个小的验证环境，以此贯穿本章的内容：

- 寄存器有关的设计流程。
- 寄存器模型的相关类。
- 如何将寄存器模型集成到现有环境，与总线 UVC 桥接，与 DUT 模型绑定。
- 寄存器模型的常用方法和预定义的 sequence。
- 寄存器测试和功能覆盖率的实际用例。

处理器可以配置硬件中各功能模块的功能和访问状态，而与处理器的对话就是通过寄存器的读写实现的。寄存器的硬件实现是通过触发器，每一个比特位的触发器都对应着寄存器的功能描述（function specification）。寄存器一般由 32 个比特位构成，单个寄存器可分为多个域（field），不同的域往往代表一项独立的功能。单个的域可能由多个比特位构成，也可能由单一比特位构成，这取决于该域的功能模式可配置的数量。对外部的读写而言，不同的域大致可以分为 WO（Write-Only，只写），RO（Read-Only，只读）和 RW（Read and Write，读写）。除了这些常见的操作属性，还有一些特殊行为（quirky）的寄存器，如读后擦除模式

（Clean-on-Read，RC）和只写一次模式（Write-one-to-Set，W1S）。本章主要讲通用属性的实现和使用，对于 quirky 属性，读者可以参考 UVM cookbook。

参考 6.2.5 节中关于 MCDF 的寄存器模块描述，如果将它们用寄存器位图来表示，那么地址 0x00 和 0x10 的寄存器可以描述如图 14.1 所示。

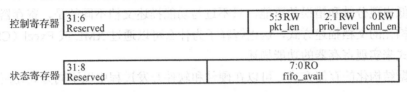

图 14.1　MCDF 寄存器位图

一般的，一个寄存器有 32 位宽，寄存器按照地址索引的关系是按字对齐的（word-align），图 14.1 中的寄存器有多个域，每个域的属性也可以不相同，reserved 域表示的是，该域包含的比特位暂时保留以作为日后功能的扩展使用，而对保留域的读写不起任何作用，即无法写入，且读出值是它的复位值。上面这些寄存器按照地址排列即构成寄存器列表，我们称之为寄存器块（register block）。实际上，寄存器块除了包含寄存器，也可以包含存储器，因为它们的属性都近乎于读写功能，以及表示为与外界通信的接口。如果将这些寄存器有机组合在一起，那么按照上面寄存器的地址描述，如图 14.2 所示，MCDF 的寄存器功能模块即可由这样一个 register block 来表示。

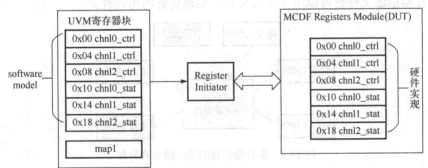

图 14.2　MCDF 的 UVM 寄存器模型

在验证 MCDF 寄存器模块的过程中，首先要理清寄存器相关的概念，即一个寄存器由多个域构成，而单个域包含多个比特位；一个功能模块中的多个寄存器组团构成一个寄存器模型（register model）。在图 14.1 中可以发现，除了 DUT 中的寄存器模块（由硬件实现），还有属于验证环境的寄存器模型。这两个模块包含的寄存器信息是高度一致的，属于验证环境的寄存器模型也可以抽象出层次化的寄存器列表，该列表包含的地址、域、属性等信息与硬件一侧的寄存器内容一致。而由软件来建立的寄存器模型对软件开发和功能验证都有帮助。对于功能验证而言，可以将总线访问寄存器的方式抽象为寄存器模型访问的方式，这种方式使得寄存器后期的地址修改（例如基地址更改）或域的添加都不会对已有的激励构成影响，从而提高已有测试序列的复用性。同时，寄存器模型在验证过程中还有其他优势，我们将在 14.3 节重点介绍。

那么，通过软件建立寄存器模型的方法如何保证与硬件寄存器的内容属性保持一致呢？这离不开一份中心化管理的寄存器描述文件，很多公司目前在使用 XML 格式的寄存器描述文件，也有一些公司在使用 Excel（CSV）或 DOC 等格式来保存寄存器的描述。为什么寄存器描述应该被中心化管理呢？如图 14.3 所示，这种管理也被称之为单一源方式（single-source mode）管理，与之相似的是在设计验证流程中，设计人员与验证人员都应该将功能描述文档作为唯一的功能实现和测试方案的参考。这两者之间相同的地方是都采用了单一源的管理方式来尽量降低出现分歧和错误的可能，只不过与功能描述文档不同的是，寄存器描述文档使用了更加结构化的文档描述方式，这也解释了为什么可以通过 XML 或 Excel（CSV）等数据结构化的方式来实现寄存器的功能描述。

通过数据结构化的存储方式，可以在硬件和软件开发过程中以不同方式使用寄存器描述文档：

- 系统工程师撰写并维护寄存器描述文件，而后归置到中心化存储路径供其他工程师开发使用。
- 硬件工程师利用寄存器描述文件生成寄存器硬件模块（包含各个寄存器的硬件实现和总线访问模块）。
- 验证工程师利用寄存器描述文件生成 UVM 寄存器模型，供验证过程中的激励使用、寄存器测试和功能覆盖率收集。
- 软件工程师利用该文件生成用于软件开发的寄存器配置的头文件（header file），从而提高软件开发的可维护性。
- 寄存器描述文件也可以用来生成文档，实现更好的可读性。

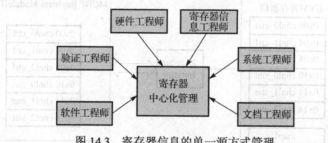

图 14.3　寄存器信息的单一源方式管理

验证工程师需要的 UVM 寄存器模型，既可以手写，也可以由脚本实现转换。笔者推荐读者找到适合自己的自动转换的流程，原因很简单，手动转换有潜在的错误，寄存器越多出现错误的可能性越大，这会使后期调试的难度更大，因为验证师首先需要定位寄存器模型的错误是来自于转换过程还是来自硬件。除此之外，推荐使用寄存器生成器（脚本）[29]的原因还包括：

- 一个广义的寄存器生成器（register generator），应该依据统一格式的寄存器描述文件，生成 UVM 寄存器模型（为验证）或硬件寄存器模块（被集成到设计中），或生成头文件（C 语言）用于开发软件等。
- 一个稳定的寄存器不但可以保证从文本信息到寄存器模型的无错误转换，还可以在转换过程中通过语义检查发现寄存器描述文件违规的情况，从而帮助修正寄存器描述文件内容。
- 如果寄存器描述文件内容有更新，寄存器生成器可以再次生成需要的相关文件格式，这对于流程化作业非常方便。

- 对于验证所需的寄存器模型而言，一个更有效的做法是，封装已有的寄存器生成器，使得可以通过指定多个寄存器模块和其对应基地址（base address）生成一个层次化的 top register block，包含多个 child register block。这种方式可以将更大的子系统级或系统级的寄存器模型归纳在一起，便于系统化的操作管理。

目前的 EDA 厂商都提供各自的寄存器生成器，例如 Mentor 的 Register Assistant、Synopsys VCS 工具自带的寄存器模型生成脚本 ralgen[28]等。这些商业工具一般需要一种统一的寄存器描述格式，而目前工业中主要推广的格式当属 IP-XACT（IEEE-1685）。

http://www.accellera.org/downloads/standards/ip-xact/

IP-XACT 不仅可以用来描述寄存器，也可以用来描述任何结构化的内容，而这种 XML 格式的数据内容可以用来开发、实现和验证电子系统。任何与 IP-XACT 类似的硬件描述结构化的数据方式都是为了便于生成器（generator）来快速构建一个准确的、灵活的硬件和软件开发环境。在 IP-XACT 还没有成为 IEEE 标准之前，大公司和小公司有各自数据格式化的方法，他们也许采用了基于 XML 而不同于 IP-XACT 规范的数据格式，也许采用了 Excel(CSV)、DOC 或其他方式。那么对于目前行业中依然没有采用 IP-XACT 规范的开发流程，笔者给出几点建议来帮助实现脚本自动化生成 UVM 寄存器模型：

- 实现从公司自有数据范式到 IP-XACT 规范的脚本转换，继而可以在完成格式转换之后通过现有的商业工具生成寄存器模型。
- 开发脚本解析自有数据范式，并映射到对应的 UVM 寄存器模型上，以此来实现公司内部流程的开发闭环，继而生成寄存器模型。
- 如果是初创公司，可以考虑采用 IP-XACT 数据结构，避免后期为了接入商业工具而二次开发的维护成本。

在构建 UVM 寄存器模型的过程中，读者需要了解表 14.1 中与模型构建相关的类及其功能。

表 14.1　寄存器模型的相关类及其功能

类　名	功　能
uvm_reg_field	用来针对寄存器功能域来构建对应的比特位
uvm_reg	与寄存器相匹配，其内部可以例化和配置多个 uvm_reg_field 对象
uvm_mem	匹配硬件存储模型
uvm_reg_map	用来指定寄存器列表中各个寄存器的偏移地址、访问属性以及对应的总线
uvm_reg_block	可以容纳多个寄存器（uvm_reg）、存储器（uvm_mem）和寄存器列表（uvm_reg_map）

简化后的 MCDF 寄存器模型定义如下：

```
class ctrl_reg extends uvm_reg;
  `uvm_object_utils(ctrl_reg)
  uvm_reg_field reserved;
  rand uvm_reg_field pkt_len;
  rand uvm_reg_field prio_level;
  rand uvm_reg_field chnl_en;
  function new(string name = "ctrl_reg");
    super.new(name, 32, UVM_NO_COVERAGE);
  endfunction
```

```
    virtual function build();
        reserved = uvm_reg_field::type_id::create("reserved");
        pkt_len = uvm_reg_field::type_id::create("pkt_len");
        prio_level = uvm_reg_field::type_id::create("prio_level");
        chnl_en = uvm_reg_field::type_id::create("chnl_en");
        reserved.configure(this, 26, 6, "RO", 0, 26'h0, 1, 0, 0);
        pkt_len.configure(this, 3, 3, "RW", 0, 3'h0, 1, 1, 0);
        prio_level.configure(this, 2, 1, "RW", 0, 2'h3, 1, 1, 0);
        chnl_en.configure(this, 1, 0, "RW", 0, 1'h0, 1, 1, 0);
    endfunction
endclass
class stat_reg extends uvm_reg;
    `uvm_object_utils(stat_reg)
    uvm_reg_field reserved;
    rand uvm_reg_field fifo_avail;
    function new(string name = "stat_reg");
        super.new(name, 32, UVM_NO_COVERAGE);
    endfunction
    virtual function build();
        reserved = uvm_reg_field::type_id::create("reserved");
        fifo_avail = uvm_reg_field::type_id::create("fifo_avail");
        reserved.configure(this, 24, 8, "RO", 0, 24'h0, 1, 0, 0);
        fifo_avail.configure(this, 8, 0, "RO", 0, 8'h0, 1, 1, 0);
    endfunction
endclass
class mcdf_rgm extends uvm_reg_block;
    `uvm_object_utils(mcdf_rgm)
    rand ctrl_reg chnl0_ctrl_reg;
    rand ctrl_reg chnl1_ctrl_reg;
    rand ctrl_reg chnl2_ctrl_reg;
    rand stat_reg chnl0_stat_reg;
    rand stat_reg chnl1_stat_reg;
    rand stat_reg chnl2_stat_reg;
    uvm_reg_map map;
    function new(string name = "mcdf_rgm");
        super.new(name, UVM_NO_COVERAGE);
    endfunction
    virtual function build();
        chnl0_ctrl_reg = ctrl_reg::type_id::create("chnl0_ctrl_reg");
        chnl0_ctrl_reg.configure(this);
        chnl0_ctrl_reg.build();
        chnl1_ctrl_reg = ctrl_reg::type_id::create("chnl1_ctrl_reg");
        chnl1_ctrl_reg.configure(this);
        chnl1_ctrl_reg.build();
        chnl2_ctrl_reg = ctrl_reg::type_id::create("chnl2_ctrl_reg");
        chnl2_ctrl_reg.configure(this);
        chnl2_ctrl_reg.build();
```

```
        chnl0_stat_reg = stat_reg::type_id::create("chnl0_stat_reg");
        chnl0_stat_reg.configure(this);
        chnl0_stat_reg.build();
        chnl1_stat_reg = stat_reg::type_id::create("chnl1_stat_reg");
        chnl1_stat_reg.configure(this);
        chnl1_stat_reg.build();
        chnl2_stat_reg = stat_reg::type_id::create("chnl2_stat_reg");
        chnl2_stat_reg.configure(this);
        chnl2_stat_reg.build();
        // map name, offset, number of bytes, endianess
        map = create_map("map", 'h0, 4, UVM_LITTLE_ENDIAN);
        map.add_reg(chnl0_ctrl_reg, 32'h00000000, "RW");
        map.add_reg(chnl1_ctrl_reg, 32'h00000004, "RW");
        map.add_reg(chnl2_ctrl_reg, 32'h00000008, "RW");
        map.add_reg(chnl0_stat_reg, 32'h00000010, "RO");
        map.add_reg(chnl1_stat_reg, 32'h00000014, "RO");
        map.add_reg(chnl2_stat_reg, 32'h00000018, "RO");
        lock_model();
    endfunction
endclass
```

从上面的定义中，可以整理出关于寄存器建模的基本要点和顺序：

● 在定义单个寄存器时，需要将寄存器的各个域整理出来，在创建之后还应当通过 uvm_reg_field::configure() 函数来进一步配置各自属性。考虑到 uvm_reg_field::configure 函数自身的参数较多，且都要求指定出来，读者需要保证参数的一一对应。

● 在定义 uvm_reg_block 时，读者需要注意 reg_block 与 uvm_mem、uvm_reg 以及 uvm_reg_map 的包含关系。首先 uvm_reg 和 uvm_mem 分别对应着硬件中独立的寄存器或存储，而一个 uvm_reg_block 可以用来模拟一个功能模块的寄存器模型，其中可以容纳多个 uvm_reg 和 uvm_mem 实例；其次 map 的作用一方面用来表示寄存器和存储对应的偏移地址，同时由于一个 reg_block 可以包含多个 map，各个 map 可以分别对应不同总线或不同地址段。在 reg_block 中创建了各个 uvm_reg 之后，需要调用 uvm_reg::configure() 去配置各个 uvm_reg 实例的属性。

● 考虑到 uvm_reg_map 也会在 uvm_reg_block 中例化，在例化之后需要通过 uvm_reg_map::add_reg() 函数来添加各个 uvm_reg 对应的偏移地址和访问属性等。只有规定了这些属性，才可以在稍后的前门访问（frontdoor）中给出正确的地址。

● uvm_reg_block 可以对更大的系统做寄存器建模，这意味着 uvm_reg_block 之间也可以存在层次关系，上层 uvm_reg_block 的 uvm_reg_map 可以添加子一级 uvm_reg_block 的 uvm_reg_map，来构建更全局的"版图"，继而通过 uvm_reg_block 与 uvm_reg_map 之间的层次关系来构建更系统的寄存器模型。

上面的寄存器模型 mcdf_rgm 在构建时暂时没有考虑功能覆盖率收集和后门访问路径指定，这些特性我们将在后面环节中进一步添加。那么拥有一个寄存器模型之后，接下来的使用步骤是什么呢？实际上不同的角色对寄存器模型有不同的关注点，比如，VIP 开发者主要关注实现总线适配器，TB 开发者关心如何将总线适配器与寄存器模型连接。但不管对于什么角色，寄存器模型从一开始的寄存器描述文档到最后的功能检查，都需要贯穿如图 14.4 所示的生命周期。

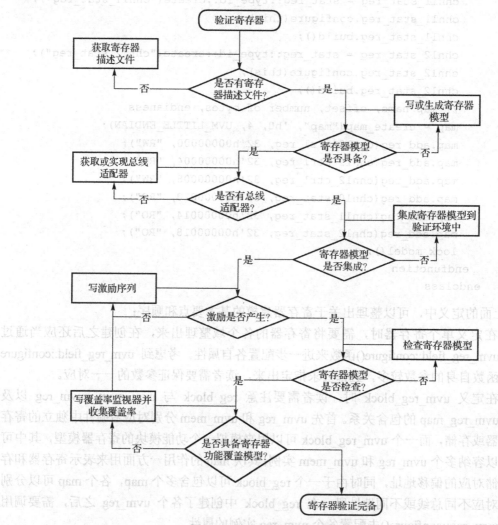

图 14.4　寄存器模型的生命周期

验证过程中的不同角色，参与上述流程的不同部分：

● 系统工程师需要提供寄存器描述文件。

● 模块验证人员需要生成寄存器模型。

● VIP 开发人员需要提供总线适配器。

● TB 构建人员（与模块验证人员有时不是同一个人）需要集成寄存器模型。

● 模块验证人员还需要完成后续的寄存器模型检查和功能覆盖率收集。

对于寄存器模型的生命周期，除了已介绍的如何生成寄存器模型外，接下来的环节会逐一介绍寄存器模型的集成和总线适配器、寄存器模型的常用方法、寄存器模型检查和功能覆盖率收集。

14.2　寄存器模型的集成

14.1 节大致讲解了与寄存器相关的流程，包括寄存器描述文件和 UVM 寄存器模型生成。从 14.1 节的寄存器模型流程图可以看到，接下来需要考虑选择与 DUT 寄存器接口一致的总线 UVC，该 UVC 会提供硬件级别的访问方式。要完成一次硬件级别的总线传输，往往需要考虑给出地址、数据队列、访问方式等，而寄存器模型可以使得硬件级别的抽象级上升到寄存器级别。由此带来最直观的好处在于，以往由具体地址来指定寄存器的方式，将由寄存器名称来替代，同时寄存器模型封装的一些函数使得可以对域做直接操作，这一升级使得转变后的测试序列更易读。而伴随着项目变化，无论寄存器基地址如何变化，寄存器级别实现的配置序列都要比硬件级别的序列具备更好的维护性。

那么如何将寄存器模型与总线 UVC 实现桥接呢？图 14.5 添加了更多的细节来表示寄存器桥接（adapter）的作用[30]。

● 从激励的流向来看，寄存器序列（而不是总线序列）将带有目标寄存器的相关信息存放到 uvm_reg_item 实例中，送往 adapter。

● adapter 在接收到 uvm_reg_item 之后，从中抽取出总线 UVC 所需的信息，同时生成总线 UVC 需要的 bus_seq_item 类型。在完成了数据内容抽取和二次写入之后，bus_seq_item 由 adapter 送往总线 UVC。

● 总线 UVC 从 bus_seq_item 获取地址、数据、操作模式等信息之后发起总线的读写访问。如果总线上有反馈信号标示访问是否成功，则该标示应当由总线 sequencer 按照 response item 的路径返回至 adapter，adapter 也应对该反馈信号做出处理。这一反馈路径在读访问时也会将总线读回的数据返回至 adapter，并最终作为返回值交回到与寄存器操作有关的方法。

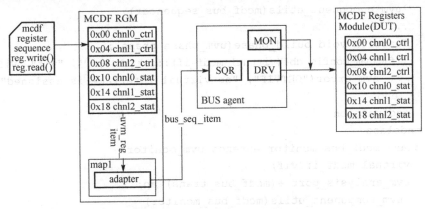

图 14.5　寄存器桥接的转换作用

寄存器模型生成时并不随之生成 adapter。因为 adapter 的转换上层是 UVM 的寄存器标准包，转换下层却可能是不同的总线 UVC。考虑到总线协议的不同带来的总线 sequence item 的不同，以及不同公司开发的同一种总线 UVC 也存在不小差异，因此 adapter 开发的责任就落到了总线 UVC 身上。而实际情况是，大多数商业总线 UVC 目前并没有自带寄存器 adapter，而多数自研的总线 UVC 也并未顾及到 adapter 的开发。这里，笔者提倡总线 UVC 的开发应将 adapter 一并囊括进去,这样就将寄存器模型与总线 UVC 集成时的各自边界划分得很清晰,否则只能由 TB 构建者来实现不同总线的 adapter,无疑增加了额外的 TB 构建开销。

面对这样的现状,现阶段要集成寄存器模型,恐怕仍然需要掌握实现 adapter 的一些基本技巧,同时理解 adapter 充当不同抽象层转化媒介的原理。我们本节的材料依然是 MCDF 寄存器模块,以及较为简单的寄存器访问总线 UVC 和对应的 adapter。希望通过本节的内容,读者可以懂得依靠 adapter 实现的前门(front-door)访问和后门(back-door)访问两种方式。

14.2.1　总线 UVC 的实现

MCDF 访问寄存器的总线接口时序较为简单。控制寄存器接口首先需要在每一个时钟解析 cmd,cmd 为写指令时,把数据 cmd_data_in 写入 cmd_addr 对应的寄存器中;cmd 为读指令时,从 cmd_addr 对应的寄存器中读取数据,在下一个周期,cmd_addr 对应的寄存器数据被输送至 cmd_data_out 接口。按照图 6.5 的时序,我们给出一段 8 位地址线,32 位数据线的总线 UVC 实现代码。

```
class mcdf_bus_trans extends uvm_sequence_item;
  rand bit[1:0] cmd;
  rand bit[7:0] addr;
  rand bit[31:0] wdata;
  bit[31:0] rdata;
  `uvm_object_utils_begin(mcdf_bus_trans)
   ...
  `uvm_object_utils_end
  ...
endclass
class mcdf_bus_sequencer extends uvm_sequencer;
  virtual mcdf_if vif;
  `uvm_component_utils(mcdf_bus_sequencer)
  ...
  function void build_phase(uvm_phase phase);
   if(!uvm_config_db#(virtual mcdf_if)::get(this, "", "vif", vif)) begin
      `uvm_error("GETVIF", "no virtual interface is assigned")
    end
  endfunction
endclass
class mcdf_bus_monitor extends uvm_monitor;
  virtual mcdf_if vif;
  uvm_analysis_port #(mcdf_bus_trans) ap;
  `uvm_component_utils(mcdf_bus_monitor)
  ...
  function void build_phase(uvm_phase phase);
   if(!uvm_config_db#(virtual mcdf_if)::get(this, "", "vif", vif)) begin
     `uvm_error("GETVIF", "no virtual interface is assigned")
    end
    ap = new("ap", this);
  endfunction
```

```
    task run_phase(uvm_phase phase);
      forever begin
        mon_trans();
      end
    endtask
    task mon_trans();
      mcdf_bus_trans t;
      @(posedge vif.clk);
      if(vif.cmd == `WRITE) begin
        t = new();
        t.cmd = `WRITE;
        t.addr = vif.addr;
        t.wdata = vif.wdata;
        ap.write(t);
      end
      else if(vif.cmd == `READ) begin
        t = new();
        t.cmd = `READ;
        t.addr = vif.addr;
          fork
            begin
              @(posedge vif.clk);
              #10ps;
              t.rdata = vif.rdata;
              ap.write(t);
            end
        join_none
      end
    endtask
  endclass
  class mcdf_bus_driver extends uvm_driver;
    virtual mcdf_if vif;
    `uvm_component_utils(mcdf_bus_driver)
    ...
    function void build_phase(uvm_phase phase);
      if(!uvm_config_db#(virtual mcdf_if)::get(this, "", "vif", vif)) begin
        `uvm_error("GETVIF", "no virtual interface is assigned")
      end
    endfunction
    task run_phase(uvm_phase phase);
      REQ tmp;
      mcdf_bus_trans req, rsp;
      reset_listener();
      forever begin
        seq_item_port.get_next_item(tmp);
        void'($cast(req, tmp));
        `uvm_info("DRV", $sformatf("got a item \n %s", req.sprint()), UVM_LOW)
        void'($cast(rsp, req.clone()));
        rsp.set_sequence_id(req.get_sequence_id());
```

```
        rsp.set_transaction_id(req.get_transaction_id());
        drive_bus(rsp);
        seq_item_port.item_done(rsp);
        `uvm_info("DRV", $sformatf("sent a item \n %s", rsp.sprint()), UVM_LOW)
      end
    endtask
    task reset_listener();
      fork
        forever begin
          @(negedge vif.rstn) drive_idle();
        end
      join_none
    endtask
    task drive_bus(mcdf_bus_trans t);
      case(t.cmd)
        `WRITE: drive_write(t);
        `READ: drive_read(t);
        `IDLE: drive_idle(1);
        default: `uvm_error("DRIVE", "invalid mcdf command type received!")
      endcase
    endtask
    task drive_write(mcdf_bus_trans t);
      @(posedge vif.clk);
      vif.cmd <= t.cmd;
      vif.addr <= t.addr;
      vif.wdata <= t.wdata;
    endtask
    task drive_read(mcdf_bus_trans t);
      @(posedge vif.clk);
      vif.cmd <= t.cmd;
      vif.addr <= t.addr;
      @(posedge vif.clk);
      #10ps;
      t.rdata = vif.rdata;
    endtask
    task drive_idle(bit is_sync = 0);
      if(is_sync) @(posedge vif.clk);
      vif.cmd <= 'h0;
      vif.addr <= 'h0;
      vif.wdata <= 'h0;
    endtask
  endclass
  class mcdf_bus_agent extends uvm_agent;
    mcdf_bus_driver driver;
    mcdf_bus_sequencer sequencer;
    mcdf_bus_monitor monitor;
    `uvm_component_utils(mcdf_bus_agent)
```

```
...
    function void build_phase(uvm_phase phase);
      driver = mcdf_bus_driver::type_id::create("driver", this);
      sequencer = mcdf_bus_sequencer::type_id::create("sequencer", this);
      monitor = mcdf_bus_monitor::type_id::create("monitor", this);
    endfunction
    function void connect_phase(uvm_phase phase);
      driver.seq_item_port.connect(sequencer.seq_item_export);
    endfunction
  endclass
```

上面给出的代码囊括了 mdf_bus_agent 的所有组件：sequence item、sequencer、driver、monitor 和 agent。我们对这些代码的部分实现给出解释：

- mcdf_bus_trans 包括了可随机化的数据成员 cmd、addr、wdata 和不可随机化的 rdata。rdata 之所以没有声明为 rand 类型，是因为它应从总线读出或观察，不应随机化。
- mcdf_bus_monitor 会观测总线，其后通过 analysis port 写出到目标 analysis 组件，在本节中它稍后将连接到 uvm_reg_predictor。
- mcdf_bus_driver 主要实现了总线驱动和复位功能，通过模块化的方法 reset_listener()、drive_bus()、drive_write()、drive_read() 和 drive_idle() 可以解析 mcdf_bus_trans 中的三种命令模式 IDLE、WRITE 和 READ，并且在 READ 模式下，将读回的数据通过 item_done(rsp) 写回到 sequencer 和 sequence 一侧。建议读者在通过 clone() 命令创建 RSP 对象后，通过 set_sequence_id() 和 set_transaction_id() 两个函数保证 REQ 和 RSP 的中保留的 ID 信息一致。

14.2.2　MCDF 寄存器模块代码

下面给出实现后的 MCDF 寄存器 RTL 设计代码：

```
`define  IDLE  2'b00
`define  WRITE 2'b01
`define  READ  2'b10
`define SLV0_RW_ADDR 8'h00
`define SLV1_RW_ADDR 8'h04
`define SLV2_RW_ADDR 8'h08
`define SLV0_R_ADDR  8'h10
`define SLV1_R_ADDR  8'h14
`define SLV2_R_ADDR  8'h18
`define SLV0_RW_REG 0
`define SLV1_RW_REG 1
`define SLV2_RW_REG 2
`define SLV0_R_REG 3
`define SLV1_R_REG 4
`define SLV2_R_REG 5
module ctrl_regs(
clk_i,rstn_i,
cmd_i,cmd_addr_i,cmd_data_i,cmd_data_o,
slv0_len_o,slv1_len_o,slv2_len_o,
slv0_prio_o,slv1_prio_o,slv2_prio_o,
```

```
        slv0_margin_i,slv1_margin_i,slv2_margin_i,
        slv0_en_o,slv1_en_o,slv2_en_o);
    input clk_i,rstn_i;
    input [1:0] cmd_i;
    input [7:0] cmd_addr_i;
    input [31:0] cmd_data_i;
    input [7:0] slv0_margin_i;
    input [7:0] slv1_margin_i;
    input [7:0] slv2_margin_i;
    output [31:0] cmd_data_o;
    output [2:0] slv0_len_o;
    output [2:0] slv1_len_o;
    output [2:0] slv2_len_o;
    output [1:0] slv0_prio_o;
    output [1:0] slv1_prio_o;
    output [1:0] slv2_prio_o;
    output slv0_en_o;
    output slv1_en_o;
    output slv2_en_o;
    reg [31:0] regs [5:0];
    reg [31:0] cmd_data_reg;
    always@ (posedge clk_i or negedge rstn_i) begin
        if(!rstn_i) begin
            regs [`SLV0_RW_REG] <= 32'h00000007;
            regs [`SLV1_RW_REG] <= 32'h00000007;
            regs [`SLV2_RW_REG] <= 32'h00000007;
            regs [`SLV0_R_REG] <= 32'h00000010;
            regs [`SLV1_R_REG] <= 32'h00000010;
            regs [`SLV2_R_REG] <= 32'h00000010;
        end
        else begin
            if (cmd_i== `WRITE) begin
                case(cmd_addr_i)
                `SLV0_RW_ADDR: regs[`SLV0_RW_REG][5:0]<= cmd_data_i;
                `SLV1_RW_ADDR: regs[`SLV1_RW_REG][5:0]<= cmd_data_i;
                `SLV2_RW_ADDR: regs[`SLV2_RW_REG][5:0]<= cmd_data_i;
                endcase
            end
            else if(cmd_i == `READ) begin
                case(cmd_addr_i)
                `SLV0_RW_ADDR: cmd_data_reg <= regs[`SLV0_RW_REG];
                `SLV1_RW_ADDR: cmd_data_reg <= regs[`SLV1_RW_REG];
                `SLV2_RW_ADDR: cmd_data_reg <= regs[`SLV2_RW_REG];
                `SLV0_R_ADDR: cmd_data_reg <= regs[`SLV0_R_REG];
                `SLV1_R_ADDR: cmd_data_reg <= regs[`SLV1_R_REG];
                `SLV2_R_ADDR: cmd_data_reg <= regs[`SLV2_R_REG];
                endcase
```

```
        end
        regs[`SLV0_R_REG][7:0] <= slv0_margin_i ;
        regs[`SLV1_R_REG][7:0] <= slv1_margin_i ;
        regs[`SLV2_R_REG][7:0] <= slv2_margin_i ;
      end
    end
    assign cmd_data_o = cmd_data_reg;
    assign slv0_len_o = regs[`SLV0_RW_REG][5:3];
    assign slv1_len_o = regs[`SLV1_RW_REG][5:3];
    assign slv2_len_o = regs[`SLV2_RW_REG][5:3];
    assign slv0_prio_o = regs[`SLV0_RW_REG][2:1];
    assign slv1_prio_o = regs[`SLV1_RW_REG][2:1];
    assign slv2_prio_o = regs[`SLV2_RW_REG][2:1];
    assign slv0_en_o = regs[`SLV0_RW_REG][0];
    assign slv1_en_o = regs[`SLV1_RW_REG][0];
    assign slv2_en_o = regs[`SLV2_RW_REG][0];
  endmodule: ctrl_regs
```

上面的设计中采用宏替代一些寄存器的序列号和地址，在稍后的寄存器模型映射硬件寄存器路径上也使用了这些宏。这么做使得设计和验证采用同一套宏，在后期寄存器地址、位置等修改时更易维护环境，保持设计和验证两侧的一致，另外，采用宏（或 parameter）的可读性也更好。

14.2.3　Adapter 的实现

在具备了 MCDF 总线 UVC 之后，需要实现 adapter。每个总线对应的 adapter 完成的桥接功能就是在 uvm_reg_bus_op（寄存器操作的 transaction）和总线 transaction（这里指 mcdf_bus_trans）之间的转换。用户在开发某一个总线 adapter 类型时，需要实现下面几点：

- uvm_reg_bus_op 与总线 transaction 中各自的数据映射。
- 实现 reg2bus() 和 bus2reg() 两个函数，这两个函数即实现了两种 transaction 的数据映射。
- 如果总线支持 byte 访问，可以使能 supports_byte_enable；如果总线 UVC 要返回 response 数据，则应当使能 provides_responses。在本例中，mcdf_bus_driver 在读数时会将读回的数据填入到 RSP 并返回至 sequencer，因此需要在 adapter 中使能 provides_responses。由此使得 bus2reg() 函数调用时得到的数据是总线返回时的 transaction，但读者需要注意如果总线 UVC 不支持返回 RSP（没有调用 put_response(RSP) 或 item_done(RSP)），那么不应该置此位，否则 adapter 将会使得验证环境挂起。默认情况下，上述的两个成员的复位值都是 0。

如表 14.2 所示，uvm_reg_bus_op 类的成员包含 6 个域。

表 14.2　uvm_reg_bus_op 类的成员

成　员	类　型	功　能
addr	uvm_reg_addr_t	地址，默认 64 位
data	uvm_reg_data_t	读取或者写入的数据，默认 64 位
kind	uvm_access_e	UVM_READ 或 UVM_WRITE
n_bits	unsigned_int	传输的比特位
byte_en	uvm_reg_byte_en_t	byte 操作使能
status	uvm_status_e	UVM_IS_OK, UVM_IS_X, UVM_NOT_OK

从下面给出的 MCDF 桥接类 reg2mcdf_adapter 的实现来看，该类在构建函数中使能了 provide_responses，这是因为 mcdf_bus_driver 在发起总线访问之后会将 RSP 一并返回至 sequencer。reg2bus()完成的桥接场景是，如果用户在寄存器级别做了操作，那么寄存器级别操作的信息 uvm_reg_bus_op 会被记录，同时调用 uvm_reg_adapter::reg2bus()函数。在完成了将 uvm_reg_bus_op 的信息映射到 mcdf_bus_trans 之后，函数将 mcdf_bus_trans 实例返回。而在返回 mcdf_bus_trans 之后，该实例将通过 mcdf_bus_sequencer 传入到 mcdf_bus_driver。这里的 transaction 传输是后台隐式调用的，不需要读者自己发起。寄存器无论读写都应知道总线操作后的状态返回，读操作时也要知道总线返回的读数据，因此 uvm_reg_adapter::bus2reg() 即是从 mcdf_bus_driver() 将数据写回至 mcdf_bus_sequencer，而一直保持监听的 reg2mcdf_adapter 一旦从 sequencer 获取了 RSP(mcdf_bus_trans)之后，就将自动调用 bus2reg() 函数。该函数的功能与 reg2bus()相反，完成了从 mcdf_bus_trans 到 uvm_reg_bus_op 的内容映射。在完成映射之后，更新的 uvm_reg_bus_op 数据最终返回至寄存器操作层面。寄存器的操作，无论是读操作还是写操作，都要经历调用 reg2bus()，继而发起总线事务，在完成事务发回反馈后调用 bus2reg()，将总线的数据返回至寄存器操作层面。

```
class reg2mcdf_adapter extends uvm_reg_adapter;
  `uvm_object_utils(reg2mcdf_adapter)
  function new(string name = "mcdf_bus_trans");
    super.new(name);
    provides_responses = 1;
  endfunction
  function uvm_sequence_item reg2bus(const ref uvm_reg_bus_op rw);
    mcdf_bus_trans t = mcdf_bus_trans::type_id::create("t");
    t.cmd = (rw.kind == UVM_WRITE) ? `WRITE : `READ;
    t.addr = rw.addr;
    t.wdata = rw.data;
    return t;
  endfunction
  function void bus2reg(uvm_sequence_item bus_item, ref uvm_reg_bus_op rw);
    mcdf_bus_trans t;
    if (!$cast(t, bus_item)) begin
      `uvm_fatal("NOT_MCDF_BUS_TYPE","Provided bus_item is not of the
                 correct type")
      return;
    end
    rw.kind = (t.cmd == `WRITE) ? UVM_WRITE : UVM_READ;
    rw.addr = t.addr;
    rw.data = (t.cmd == `WRITE) ? t.wdata : t.rdata;
    rw.status = UVM_IS_OK;
  endfunction
endclass
```

14.2.4　Adapter 的集成

在具备了寄存器模型 mcdf_rgm、总线 UVC mcdf_bus_agent 和桥接 reg2mcdf_adapter 之

后，就需要考虑如何将 adapter 集成到验证环境中去了，下面给出了 adapter 集成例码。在这
段例码中，注意下面几点：

- 对于 mcdf_rgm 的集成，我们倾向于顶层传递的方式，即最终从 test 层传入寄存器模
  型句柄。这种方式有利于验证环境 mcdf_bus_env 的闭合性，在后期不同 test 对 rgm
  做不同的配置时可以在顶层例化，而后通过 uvm_config_db 来传递。
- 寄存器模型在创建之后要显式调用 build() 函数。需要注意 uvm_reg_block 是
  uvm_object 类型，因此其预定义的 build()函数并不自动执行，还需要单独调用。
- 在还未集成 predictor 之前，我们采用了 auto prediction 的方式，因此调用了函数
  set_auto_predict()。关于 prediction 的几种方式我们将在 14.3 节中详细介绍。
- 在顶层环境的 connect 阶段中，需要将寄存器模型的 map 组件与 bus sequencer 和
  adapter 连接。这么做的必要性在于将 map（寄存器信息）、sequencer（总线侧激励驱
  动）和 adapter（寄存器级别和硬件总线级别的桥接）关联在一起。也只有通过这一
  步，adapter 的桥接功能才可以工作。

```
class mcdf_bus_env extends uvm_env;
  mcdf_bus_agent agent;
  mcdf_rgm rgm;
  reg2mcdf_adapter reg2mcdf;
  `uvm_component_utils(mcdf_bus_env)
  ...
  function void build_phase(uvm_phase phase);
    agent = mcdf_bus_agent::type_id::create("agent", this);
    if(!uvm_config_db#(mcdf_rgm)::get(this, "", "rgm", rgm)) begin
      `uvm_info("GETRGM", "no top-down RGM handle is assigned", UVM_LOW)
      rgm = mcdf_rgm::type_id::create("rgm", this);
      `uvm_info("NEWRGM", "created rgm instance locally", UVM_LOW)
    end
    rgm.build();
    rgm.map.set_auto_predict();
    reg2mcdf = reg2mcdf_adapter::type_id::create("reg2mcdf");
  endfunction
  function void connect_phase(uvm_phase phase);
    rgm.map.set_sequencer(agent.sequencer, reg2mcdf);
  endfunction
endclass
class test1 extends uvm_test;
  mcdf_rgm rgm;
  mcdf_bus_env env;
  `uvm_component_utils(test1)
  ...
  function void build_phase(uvm_phase phase);
    rgm = mcdf_rgm::type_id::create("rgm", this);
    uvm_config_db#(mcdf_rgm)::set(this, "env*", "rgm", rgm);
    env = mcdf_bus_env::type_id::create("env", this);
  endfunction
```

```
      task run_phase(uvm_phase phase);
        ...
      endtask
    endclass
```

14.2.5　前门访问

利用寄存器模型可以更方便地对寄存器做操作。两种访问寄存器的方式是前门访问（front-door）和后门访问（back-door）。前门访问，顾名思义指的是在寄存器模型上做的读写操作，通过总线 UVC 实现总线上的物理时序访问，是真实的物理操作；而后门访问，指的是利用 UVM DPI （uvm_hdl_read()、uvm_hdl_deposit()），将寄存器的操作直接作用到 DUT 内的寄存器变量，而不通过物理总线访问。

接下来给出一段前门访问的例码，下面的 sequence，继承于 uvm_reg_sequence。uvm_reg_sequence 除了具备一般 uvm_sequence 的预定义方法外，还具有与寄存器操作相关的方法。在下面对寄存器操作的例码中，可以看到两种方式：

- 第一种即 uvm_reg::read()/write()。在传递时，用户需要注意将参数 path 指定为 UVM_FRONTDOOR。uvm_reg::read()/write()方法可传入的参数较多，除了 status 和 value 两个参数需要传入，其他参数如果不指定，可采用默认值。
- 第二种即 uvm_reg_sequence::read_reg()/write_reg()。在使用时，也需要将 path 指定为 UVM_FRONTDOOR。

```
    class mcdf_example_seq extends uvm_reg_sequence;
      mcdf_rgm rgm;
      `uvm_object_utils(mcdf_example_seq)
      `uvm_declare_p_sequencer(mcdf_bus_sequencer)
      ...
      task body();
        uvm_status_e status;
        uvm_reg_data_t data;
        if(!uvm_config_db#(mcdf_rgm)::get(null, get_full_name(), "rgm",
          rgm)) begin
          `uvm_error("GETRGM", "no top-down RGM handle is assigned")
        end
        // register model access write()/read()
        rgm.chnl0_ctrl_reg.read (status, data, UVM_FRONTDOOR, .parent(this));
        rgm.chnl0_ctrl_reg.write(status, 'h11, UVM_FRONTDOOR, .parent(this));
        rgm.chnl0_ctrl_reg.read (status, data, UVM_FRONTDOOR, .parent(this));
        // pre-defined methods access
        read_reg (rgm.chnl1_ctrl_reg, status, data, UVM_FRONTDOOR);
        write_reg(rgm.chnl1_ctrl_reg, status, 'h22, UVM_FRONTDOOR);
        read_reg (rgm.chnl1_ctrl_reg, status, data, UVM_FRONTDOOR);
      endtask
    endclass
```

14.2.6　后门访问

在进行后门访问时，首先要确保寄存器模型在建立时将各个寄存器映射到了 DUT 一侧的 HDL 路径。下面的例码即实现了寄存器模型与 DUT 各个寄存器的路径映射：

```
class mcdf_rgm extends uvm_reg_block;
  ... // 寄存器成员和 map 声明
  virtual function build();
    ...// 寄存器成员和 map 创建
    // 关联寄存器模型和 HDL
    add_hdl_path("reg_backdoor_access.dut");
    chnl0_ctrl_reg.add_hdl_path_slice($sformatf("regs[%0d]", `SLV0_RW_REG),
      0, 32);
    chnl1_ctrl_reg.add_hdl_path_slice($sformatf("regs[%0d]", `SLV1_RW_REG),
      0, 32);
    chnl2_ctrl_reg.add_hdl_path_slice($sformatf("regs[%0d]", `SLV2_RW_REG),
      0, 32);
    chnl0_stat_reg.add_hdl_path_slice($sformatf("regs[%0d]", `SLV0_R_REG ),
       0, 32);
    chnl1_stat_reg.add_hdl_path_slice($sformatf("regs[%0d]", `SLV1_R_REG ),
      0, 32);
    chnl2_stat_reg.add_hdl_path_slice($sformatf("regs[%0d]", `SLV2_R_REG ),
      0, 32);
    lock_model();
  endfunction
endclass
```

例码中通过 uvm_reg_block::add_hdl_path() 将寄存器模型关联到了 DUT 一端，而通过 uvm_reg::add_hdl_path_slice 完成了将寄存器模型各个寄存器成员与 HDL 一侧的地址映射。例如，稍后对寄存器 SLV0_RW_REG 进行后门访问时，UVM DPI 函数通过寄存器 HDL 路径 "reg_backdoor_access.dut.regs[0]" 映射到正确的寄存器位置，继而对其进行读值或修改。另外，寄存器模型 build() 函数最后以 lock_model() 结尾，该函数的功能是结束地址映射关系，并且保证模型不会被其他用户修改。

在寄存器模型完成了 HDL 路径映射后，我们才可以利用 uvm_reg 或 uvm_reg_sequence 自带的方法进行后门访问。下面给出一段后门访问的例码，类似于前门访问，后门访问也有几类方法提供：

● uvm_reg::read()/write()，在调用该方法时需要注明 UVM_BACKDOOR 的访问方式。
● uvm_reg_sequence::read_reg()/write_reg()，在使用时也需要注明 UVM_BACKDOOR 的访问方式。
● 另外，uvm_reg::peek()/poke() 两个方法，也分别对应了读取寄存器（peek）和修改寄存器（poke）两种操作，而用户无须指定访问方式为 UVM_BACKDOOR，因为这两个方法本来就只针对于后门访问的。

```
class mcdf_example_seq extends uvm_reg_sequence;
  mcdf_rgm rgm;
  `uvm_object_utils(mcdf_example_seq)
```

```
`uvm_declare_p_sequencer(mcdf_bus_sequencer)
...
task body();
  uvm_status_e status;
  uvm_reg_data_t data;
  if(!uvm_config_db#(mcdf_rgm)::get(null, get_full_name(), "rgm",
      rgm)) begin
    `uvm_error("GETRGM", "no top-down RGM handle is assigned")
  end
  // register model access write()/read()
  rgm.chnl0_ctrl_reg.read (status, data, UVM_BACKDOOR, .parent(this));
  rgm.chnl0_ctrl_reg.write(status, 'h11, UVM_BACKDOOR, .parent(this));
  rgm.chnl0_ctrl_reg.read (status, data, UVM_BACKDOOR, .parent(this));
  // register model access poke()/peed()
  rgm.chnl1_ctrl_reg.peek (status, data, .parent(this));
  rgm.chnl1_ctrl_reg.poke (status, 'h22, .parent(this));
  rgm.chnl1_ctrl_reg.peek (status, data, .parent(this));
  // pre-defined methods read_reg()/write_reg()
  read_reg (rgm.chnl2_ctrl_reg, status, data, UVM_BACKDOOR);
  write_reg(rgm.chnl2_ctrl_reg, status, 'h22, UVM_BACKDOOR);
  read_reg (rgm.chnl2_ctrl_reg, status, data, UVM_BACKDOOR);
  // pre-defined methods peek_reg()/poke_reg()
  peek_reg (rgm.chnl2_ctrl_reg, status, data);
  poke_reg (rgm.chnl2_ctrl_reg, status, 'h33);
  peek_reg (rgm.chnl2_ctrl_reg, status, data);
endtask
endclass
```

▶▶▶ 14.2.7　前门访问和后门访问的比较

表 14.3 总结了前门访问和后门访问的主要差别。

表 14.3　前门访问和后门访问的比较

前门访问	后门访问
通过总线协议访问需要耗时，且在总线访问结束时才能结束前门访问	通过 UVM DPI 关联硬件寄存器信号路径，直接读取或修改硬件，不需要访问时间，零时刻响应
一般读写只能按字（word）读写，无法直接读写寄存器域	可以对寄存器或寄存器域直接做读写
依靠监测总线来对寄存器模型内容做预测	依靠 auto prediction 方式自动对寄存器内容做预测
正确反映了时序关系	不受硬件时序控制，对硬件做的后门访问可能发生时序冲突
通过总线协议，可以有效捕捉总线错误，继而验证总线访问路径	不受总线时序功能影响

从表 14.3 可以看出，后门访问较前门访问更便捷、更快一些，但单纯依赖后门访问也不能称之为"正道"。实际上，利用寄存器模型的前门访问和后门访问混合方式，对寄存器验证的完备性更有帮助。下面给出一些实际应用的场景：

● 通过前门访问的方式，先验证寄存器访问的物理通路工作正常，并且有专门的寄存器测试的前门访问序列来遍历所有的寄存器。在前门访问被验证充分的前提下，可以在后续测试中使用后门访问来节省访问多个寄存器的时间。

- 如果 DUT 实现了一些特殊寄存器,例如只能写一次的寄存器等,我们建议用物理方式去访问以确保反映真实的硬件行为。

- 寄存器随机设置的精髓不在于随机可设置的域值,而是为了考虑日常不可预期的场景,先通过后门访问随机化整个寄存器列表(在一定的随机限制下),随后再通过前门访问来配置寄存器。这么做的好处在于,不再只是通过设置复位之后的寄存器这种更有确定性的场景,而是通过让测试序列一开始的寄存器值都随机化来模拟无法预期的硬件配置前场景,而在稍后设置了必要的寄存器之后,再来看是否会有意想不到的边界情况发生。

- 有的时候,即便通过先写再读的方式来测试一个寄存器,也可能存在地址不匹配的情况。比如寄存器 A 地址本应该为 0x10,寄存器 B 地址本应该为 0x20;而在硬件实现中,寄存器 A 对应的地址为 0x20,寄存器 B 对应的地址为 0x10。像这种错误,即便通过先写再读的方式也无法有效测试出来,那么不妨在通过前门配置寄存器 A 之后,再通过后门访问来判断 HDL 地址映射的寄存器 A 变量值是否改变,最后通过前门访问来读取寄存器 A 的值。上述的方式是在前门测试的基础之上又加入了中途的后门访问和数值比较,可以发现地址映射到错误寄存器的问题。

- 对于一些状态寄存器,在一些时候外界的激励条件修改会依赖这些状态寄存器,并且在时序上的要求也可能很严格。例如,上面 MCDF 的寄存器中有一组状态寄存器表示各个 channel 中 FIFO 的余量,而 channel 中 FIFO 的余量对于激励驱动的行为也很重要。无论是前门访问还是后门访问,都可能无法第一时间反映 FIFO 当前时刻的余量。因此对于要求更严格的测试场景,除了需要前门和后门来访问寄存器,也需要映射一些重要的信号来反映更即时的信息。

在掌握了寄存器模型与 adapter 的集成、前门访问和后门访问之后,14.3 节将了解更多关于寄存器模型的使用细节。

14.3　寄存器模型的常规方法

▶▶ 14.3.1　mirrored、desired 和 actual value

在应用寄存器模型时,除了利用它的寄存器信息,还可以利用它来跟踪寄存器的值。跟踪寄存器的值,一方面是建立 mirrored value,另一方面是为建立 desired value。读到这里,读者们首先需要确立,寄存器模型中的每一个寄存器都应该有两个值,一个是镜像值(mirrored value),一个是期望值(desired value)。期望值是先利用寄存器模型修改软件对象值,而后利用该值更新硬件值;镜像值是表示当前硬件的已知状态值。镜像值往往由模型预测给出,关于预测,我们在 14.2 节给了一些基本概念,即在前门访问时通过观察总线或在后门访问时通过自动预测等方式来给出镜像值。然而,镜像值有可能与硬件实际值(hardware actual value)不一致,例如状态寄存器的镜像值就无法与硬件实际值保持同步更新。另外,如果其他访问寄存器的通路修改了寄存器,那么可能由于那一路总线没有被监测,导致寄存器的镜像值未得到及时更新。

接下来讨论的寄存器模型的预测方式，与上面的三种值相关，因为预测行为直接影响到如何更新镜像值和期望值。在介绍之前需要区别的是，mirrored value 与 desired value 是寄存器模型的属性，而 actual value 对应着硬件的真实数值。

14.3.2 prediction 的分类

UVM 提供了两种用来跟踪寄存器值的方式，我们将其分为自动预测（auto prediction）和显式预测（explicit）。自动预测的例码在上一节中给出，如果读者想使用自动预测的方式，还需要调用函数 uvm_reg_map::set_auto_predict()。两种预测方式的显著差别在于，显式预测对寄存器数值预测更为准确，我们可以通过下面对两种模式的分析得出具体原因。

自动预测（auto prediction）

如图 14.5 所示，如果读者没有在环境中集成独立的 predictor，而是利用寄存器的操作来自动记录每一次寄存器的读写数值，并在后台自动调用 predict()方法的话，则这种方式称为自动预测。这种方式简单有效，然而需要注意，如果出现其他一些 sequence 直接在总线层面上对寄存器进行操作（跳过寄存器级别的 write()/read()操作，或通过其他总线来访问寄存器等这些额外的情况，都无法自动得到寄存器的镜像值和预期值。

显式预测（explicit prediction）

更为可靠的一种方式是在物理总线上通过监视器来捕捉总线事务，并将捕捉到的事务传递给外部例化的 predictor（预测器），该 predictor 由 UVM 参数化类 uvm_reg_predictor 例化并集成在顶层环境中。如图 14.6 所示，在集成的过程中需要将 adapter 与 map 的句柄也一并传递给 predictor，同时将 monitor 采集的事务通过 analysis port 接入到 predictor 一侧。这种集成关系可以使得 monitor 一旦捕捉到有效事务，会发送给 predictor，再由其利用 adapter 的桥接方法，实现事务信息转换，并将转化后的寄存器模型有关信息更新到 map 中。默认情况下，系统将采用显式预测的方式，这就要求集成到环境中的总线 UVC monitor 需要具备捕捉事务的功能和对应的 analysis port，以便于同 predictor 连接。

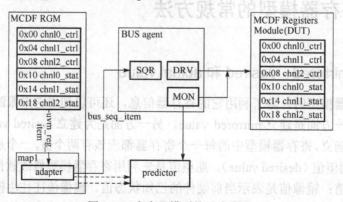

图 14.6 寄存器模型的显式预测

关于 predictor 在顶层环境中的集成，读者可以通过下面的一段例码片段来掌握集成时的几个要素：

```
class mcdf_bus_env extends uvm_env;
    mcdf_bus_agent agent;
```

```
                mcdf_rgm rgm;
                reg2mcdf_adapter reg2mcdf;
                uvm_reg_predictor #(mcdf_bus_trans) mcdf2reg_predictor;
                `uvm_component_utils(mcdf_bus_env)
                ...
                function void build_phase(uvm_phase phase);
                  agent = mcdf_bus_agent::type_id::create("agent", this);
                  if(!uvm_config_db#(mcdf_rgm)::get(this, "", "rgm", rgm)) begin
                    `uvm_info("GETRGM", "no top-down RGM handle is assigned", UVM_LOW)
                    rgm = mcdf_rgm::type_id::create("rgm", this);
                    `uvm_info("NEWRGM", "created rgm instance locally", UVM_LOW)
                  end
                  rgm.build();
                  reg2mcdf = reg2mcdf_adapter::type_id::create("reg2mcdf");
                  mcdf2reg_predictor = uvm_reg_predictor#(mcdf_bus_trans)::type_
                    id::create("mcdf2reg_predcitor", this);
                  mcdf2reg_predictor.map = rgm.map;
                  mcdf2reg_predictor.adapter = reg2mcdf;
                endfunction
                function void connect_phase(uvm_phase phase);
                  rgm.map.set_sequencer(agent.sequencer, reg2mcdf);
                  agent.monitor.ap.connect(mcdf2reg_predictor.bus_in);
                endfunction
              endclass
```

14.3.3　uvm_reg 的访问方法

在给出寄存器模型的常见应用模式之前，我们从表 14.4 中更全面地了解 uvm_reg_block、uvm_reg 和 uvm_reg_field 三个类提供的用于访问寄存器的方法。

表 14.4　寄存器模型相关类的访问方法

方法名	前门访问			后门访问			说明
	Block	Register	Field	Block	Register	Field	
read()	否	是	否	否	是	是	读寄存器，读回硬件实际值
write()	否	是	否	否	是	是	写寄存器，修改硬件实际值
peek()		否		否	是	是	后门方式读取硬件实际值
poke()		否		否	是	是	后门方式修改硬件实际值
mirror()	是	是	否	是	是	否	读回硬件实际值，更新或检查镜像值
update()	是	是	否	是	是	否	如果期望值/镜像值不同于实际值，则修改硬件实际值
reset()	是	是	是				复位 block/register/field 的期望值和镜像值
get_reset()	否	是	是				获取 register/field 的复位值
get()	否	是	是				获取 register/field 的期望值（不是硬件实际值）
set()	否	是	是				修改 register/field 的期望值（不是硬件实际值）

在上一节给出的例码中，已经类比了 uvm_reg_block、uvm_reg、uvm_reg_field 的方法和

uvm_reg_sequence 封装的方法。在上面给出寄存器模型相关类的详尽方法列表之后，我们再将 uvm_reg_sequence 提供的方法（均是针对寄存器对象的，而不是寄存器块或寄存器域）整理如表 14.5，方便读者进行对比使用。

表 14.5　寄存器序列提供的寄存器访问方法

方法	前门访问	后门访问	说明
read_reg()	是	是	读寄存器，读回硬件实际值
write_reg()	是	是	写寄存器，修改硬件实际值
peek_reg()	否	是	后门方式读取硬件实际值
poke_reg()	否	是	后门方式修改硬件实际值
mirror_reg()	是	是	读回硬件实际值，更新或检查镜像值
update_reg()	是	是	如果期望值/镜像值不同于实际值，则修改硬件实际值

在上一节中，我们对 uvm_reg 提供的 4 种方法即 read()、write()、peek()和 poke()如何进行前门访问和后门访问做了介绍。结合 mirrored value、desired value 和 actual value，我们需要理解这 4 种方法在调用时，三种数值的变化时序关系：

● 对于前门访问的 read()和 write()，在总线事务完成时，镜像值和期望值才会更新为与总线上相同的值，这种预测方式是显式预测。

● 对于 peek()和 poke()，以及后门访问模式下的 read()和 write()，由于不通过总线，默认采取自动预测的方式，因此在方法调用返回后，镜像值和期望值也相应修改。

关于 reset()和 get_reset()的用法，下面也给出部分例码。例如硬件在复位触发时，会将内部寄存器值复位，而寄存器模型在捕捉到复位事件时，为了保持同硬件行为一致，也应当对其复位。这里注意的是，复位的对象是寄存器模型，而不是硬件。

```
@(negedge p_sequencer.vif.rstn);
rgm.reset(); // register block reset for mirrored value and desired value
rgm.chnl0_ctrl_reg.reset(); // register level reset
rgm.chnl0_ctrl_reg.pkt_len.reset(); // register field reset
```

在复位之后，用户也可以通过读取寄存器模型的复位值（与寄存器描述文件一致），与前门访问获取的寄存器复位值进行比较，以此判断硬件各个寄存器的复位值是否按照寄存器描述去实现。这里的 get_reset()方法指的也是寄存器模型的复位值，而不是硬件。

```
// register model reset value get and check
rstval = rgm.chnl0_ctrl_reg.get_reset();
rgm.chnl0_ctrl_reg.read (status, data, UVM_BACKDOOR, .parent(this));
if(rstval != data)
    `uvm_error("RSTERR", "reset value read is not the desired reset value")
```

mirror()方法与 read()方法类似，也可以选择前门访问或后门访问，不同的是，mirror()不会返回读回的数值，但是会将对应的镜像值修改。在修改镜像值之前，用户还可以选择是否将读回的值与模型中的原镜像值进行比较。下面的例码在更新镜像值之前，首先将读回的值与上一次镜像值做了比对，随后再更新镜像值。比如，对于配置寄存器，可以采用这种方法来检查上一次的配置是否生效，又或者对于状态寄存器可以选择只更新镜像值不做比较，这是因为状态寄存器随时可能被硬件内部逻辑修改。

```
// get register value and check
rgm.chnl0_ctrl_reg.mirror(status, UVM_CHECK, UVM_FRONTDOOR,
    .parent(this));
```

　　下面的方法是运用 set() 和 update() 对寄存器做批量修改。首先 set() 方法的对象是寄存器模型自身，通过 set() 可以修改期望值，而在寄存器配置时不妨先对其模型随机化，再配置个别寄存器或域，当寄存器的期望值与镜像值不相同时，可以通过 update() 方法来将不相同的寄存器通过前门访问或后门访问的方式做全部修改。这种 set() 和 update() 的方式较 write() 和 poke() 的写寄存器方式更为灵活的是，它可以实现随机化寄存器配置值（先随机化寄存器模型，后将随机值结合某些域的指定值写入到寄存器），继而模拟更多不可预知的寄存器应用场景。另外，update() 强大的批量操作寄存器功能使得修改寄存器更为便捷。

```
// randomize register model, set register/field value and update to
// hardware actual value
void'(rgm.chnl0_ctrl_reg.randomize());
rgm.chnl0_ctrl_reg.pkt_len.set('h3);
rgm.chnl0_ctrl_reg.update(status, UVM_FRONTDOOR, .parent(this));
void'(rgm.chnl1_ctrl_reg.randomize());
rgm.chnl0_ctrl_reg.set('h22);
rgm.update(status, UVM_FRONTDOOR, .parent(this));
```

14.3.4　mem 与 reg 的联系和差别

　　UVM 寄存器模型也可以用来对存储建模。uvm_mem 类可以用来模拟 RW（读写）、RO（只读）和 WO（只写）类型的存储，并且可以配置存储模型的数据宽度和地址范围。uvm_mem 不同于 uvm_reg 的地方在于，考虑到物理存储一旦映射到 uvm_mem 会带来更大的资源消耗，因此 uvm_mem 并不支持预测和影子存储（shadow storage）功能，即没有镜像值和期望值。uvm_mem 可以提供的功能就是利用自带的方法去访问硬件存储，相比于直接利用硬件总线 UVC 进行访问，这么做的好处在于：

- 类似于寄存器模型访问寄存器，利用存储模型访问硬件存储便于维护和复用。
- 在访问过程中，可以利用模型的地址范围来测试硬件的地址范围是否全部覆盖。
- 由于 uvm_mem 也同时提供前门访问和后门访问，这使得存储测试可以考虑先通过后门访问预先加载存储内容，而后通过前门访问读取存储内容，继而做数据比对，这样做不但节省时间，同时也在测试方式上保持了前后一致性。同时这种方式相比于传统测试方式（利用系统函数或仿真器函数实现存储加载），要在 UVM 测试框架中更为统一。

　　与 uvm_reg 相比，uvm_mem 不但拥有常规的访问方法 read()、write()、peek() 和 poke()，也提供了 burst_read() 和 burst_write()。之所以额外提供这两种方法，不但是为了可以更高速地通过物理总线的 BURST 方式连续存储，也是为了尽可能贴合实际访问存储中的场景。要实现 BURST 访问形式，需要考虑下面这些因素：

- 目前挂载的总线 UVC 是否支持 BURST 形式访问，例如 APB 不能支持 BURST 访问模式。
- 与 read()、write() 方法相比，burst_read() 和 burst_write() 的参数列表中的一项 uvm_reg_data_t

value[]采用的是数组形式，不再是单一变量，即表示用户可以传递多个数据。而在后台，这些数据首先需要装载到 uvm_reg_item 对象中，装载时 value 数组可以直接写入，另外两个成员需要分别指定为 element_kind = UVM_MEM，kind = UVM_BURST_READ。

- 在 adapter 实现中，也需要考虑到存储模型 BURST 访问的情形，实现 4 种访问类型（uvm_access_e）的转换，即 UVM_READ、UVM_WRITE、UVM_BURST_READ 和 UVM_BURST_WRITE。对于 UVM_READ 和 UVM_WRITE 的桥接，已经在寄存器模型访问中实现，而 UVM_BURST_READ 和 UVM_BURST_WRITE 的转换，往往需要考虑写入的数据长度，例如长度是否是 4、8、16 或其他。比如 AHB 总线，支持连续 4 个、8 个、16 个数据的读写（INCR4、INCR8、INCR16），但是如果数据长度不是这些固定长度时，adapter 还需要自己处理来实现 INCR 的连续访问方式。

- 此外还需要考虑不同总线的其他控制参数，例如 AHB 支持 WRAP 模式，AXI 支持 out-of-order 模式等，如果想要将更多的总线控制封装在 adapter 的桥接功能里，需要将更多的配置作为扩展配置，在调用访问方法时作为扩展信息类，传入到形式参数 uvm_object extension。待传入后，adapter 将可以在桥接方法中抽取出扩展信息类，作为更准确的协议访问的限定依据。

- 对于更为复杂的 BURST 形式，如果需要实现更多的协议配置要求，那么笔者推荐直接在总线 UVC 层面去驱动。这样做的灵活性更大，且更能充分全面的测试存储接口的协议层完备性。因此，验证师在为存储模型访问实现 adapter 方法时，需要考虑的是，uvm_mem 层面的方法应该尽量便捷、必要的参数应该少量，以便于使用和维护；而另一方面，如果要首先测试存储接口协议，则应该在总线 UVC 的层面上完成更充分的验证。

▶▶ 14.3.5 内建 sequences

不少有经验的 UVM 用户可能会忽略 UVM 针对寄存器模型内建的（built-in）一些 sequence，实际上，将这些自建的序列作为验证项目开始前的健康检查必选项，对整个项目的平稳运行会有不小的贡献。这是因为，在项目的开始阶段，设计内部的逻辑尚不稳定，验证师要跟上设计的进度，可以展开验证的部分无外乎是系统控制信号（时钟、复位、电源）和寄存器的验证。在项目早期，寄存器模型的验证可以为后期各个功能点验证打下良好的基础。比如，通过内建的寄存器序列可以实现完善的寄存器复位值检查，又比如检查读写寄存器的读写功能是否正常等。

不过有一些寄存器即便可以测试，也建议将其作为例外而过滤出去，例如一些重要的系统控制信号（时钟、复位、电源），当写入某些值以后，会使得系统全部或局部复位、时钟也可能被关闭，这就可能阻碍寄存器的下一步检查。所以 UVM 提供了一些特殊域，用来禁止 sequence 检查这些寄存器或存储。接下来，我们从表 14.6 和表 14.7 来分别浏览整理出的寄存器和存储相关的自建 sequence。

表 14.6　寄存器模型内建序列

序　　列	禁止域名	测试级别	说　　明
uvm_reg_hw_reset_seq	NO_REG_HW_RESET_TEST	uvm_reg_block uvm_reg	检查寄存器模型复位值是否与硬件复位值一致
uvm_reg_single_bit_bash_seq	NO_REG_BIT_BASH_TEST	uvm_reg	检查所有支持读写访问的域，对每一个可读写域分别写入 1 和 0 并且读出后做比较，用来检查寄存器域属性的有效性
uvm_reg_bit_bash_seq	NO_REG_BIT_BASH_TEST	uvm_reg_block	对包含的所有 uvm_reg 或者子 uvm_reg_block 执行 uvm_reg_single_bit_bash_seq 检查
uvm_reg_single_access_seq	NO_REG_ACCESS_TEST	uvm_reg	先从前门写入寄存器，而后从后门读回数值比对；接下来从后门写入寄存器，又从前门读回写入值比对。这种方式要求寄存器的 HDL 路径已经完成映射，用来检查寄存器映射的有效性
uvm_reg_access_seq	NO_REG_ACCESS_TEST	uvm_reg_block	对包含的所有 uvm_reg 都执行 uvm_reg_single_access_seq
uvm_reg_shared_access_seq	NO_SHARED_ACCESS_TEST	uvm_reg	针对 uvm_reg 被包含在多个 uvm_reg_map 中时，先从一个 map 写入数值，其后从所有的 map 中读回这个寄存器数值，用来检查所有可能访问寄存器路径的有效性

表 14.7　存储模型内建序列

序　　列	禁止域名	测试级别	说　　明
uvm_mem_single_walk_seq	NO_MEM_WALK_TEST	uvm_mem	在目标存储指定的地址范围中的每一个地址写入数据，然后再读回比对
uvm_mem_walk_seq	NO_MEM_WALK_TEST	uvm_reg_block	对包含的所有 uvm_mem 执行 uvm_mem_single_walk_seq
uvm_mem_single_access_seq	NO_MEM_ACCESS_TEST	uvm_mem	类似于 uvm_reg_single_access_seq，用来检查硬件存储地址映射的有效性，前提需要存储模型的 HDL 路径已经指定
uvm_mem_access_seq	NO_MEM_ACCESS_TEST	uvm_reg_block	对包含的所有 uvm_mem 执行 uvm_mem_single_access_seq
uvm_mem_shared_access_seq	NO_SHARED_ACCESS_TEST	uvm_mem	类似于 uvm_reg_shared_access_seq，用来检查所有可能访问存储模型路径的有效性

接下来我们给出一段例码，来演示如何利用内建序列完成 MCDF 寄存器测试一开始的健康检查。下面的例码分别添加了 uvm_reg_hw_reset_seq、uvm_reg_bit_bash_seq 和 uvm_reg_access_seq 来测试寄存器模型，从代码的整洁性来看，用户并不需要额外再添加什么，这种使用方式非常方便，且又能完成寄存器的大规模集成测试。

```
class mcdf_example_seq extends uvm_reg_sequence;
  mcdf_rgm rgm;
  `uvm_object_utils(mcdf_example_seq)
  `uvm_declare_p_sequencer(mcdf_bus_sequencer)
  ...
  task body();
    uvm_status_e status;
```

```
            uvm_reg_data_t data;
            uvm_reg_hw_reset_seq reg_rst_seq = new();
            uvm_reg_bit_bash_seq reg_bit_bash_seq = new();
            uvm_reg_access_seq reg_acc_seq = new();
            if(!uvm_config_db#(mcdf_rgm)::get(null, get_full_name(), "rgm", rgm)) begin
                `uvm_error("GETRGM", "no top-down RGM handle is assigned")
            end
            // wait reset asserted and release
            @(negedge p_sequencer.vif.rstn);
            @(posedge p_sequencer.vif.rstn);
            `uvm_info("BLTINSEQ", "register reset sequence started", UVM_LOW)
            reg_rst_seq.model = rgm;
            reg_rst_seq.start(m_sequencer);
            `uvm_info("BLTINSEQ", "register reset sequence finished", UVM_LOW)
            `uvm_info("BLTINSEQ", "register bit bash sequence started", UVM_LOW)
            // reset hardware register and register model
            reg_bit_bash_seq.model = rgm;
            reg_bit_bash_seq.start(m_sequencer);
            `uvm_info("BLTINSEQ", "register bit bash sequence finished", UVM_LOW)
            `uvm_info("BLTINSEQ", "register access sequence started", UVM_LOW)
            // reset hardware register and register model
            reg_acc_seq.model = rgm;
            reg_acc_seq.start(m_sequencer);
            `uvm_info("BLTINSEQ", "register access sequence finished", UVM_LOW)
        endtask
    endclass
```

如果想将一些寄存器排除在某些内建序列测试范围之外，可以额外添加上面列表中提到的"禁止域名"。由于 uvm_reg_block 和 uvm_reg 均是 uvm_object 类而不是 uvm_component 类，所以可以使用 uvm_resource_db 来配置"禁止域名"。下面的代码摘自 mcdf_rgm::build() 方法，这相当于寄存器模型在自己的建立阶段设定了一些属性。当然，uvm_resource_db 的配置也可以在更高层指定，只不过考虑到 uvm_resource_db 不具备层次化的覆盖属性，我们建议只在一个地方进行"禁止域名"的配置。

```
    class mcdf_rgm extends uvm_reg_block;
    ...
    virtual function build();
    ...
        // disable built-in seq attributes
        uvm_resource_db#(bit)::set({"REG::", this.chnl0_stat_reg.get_full_name()},
            "NO_REG_ACCESS_TEST", 1);
        uvm_resource_db#(bit)::set({"REG::", this.chnl1_stat_reg.get_full_name()},
            "NO_REG_ACCESS_TEST", 1);
        uvm_resource_db#(bit)::set({"REG::", this.chnl2_stat_reg.get_full_name()},
            "NO_REG_ACCESS_TEST", 1);
    endfunction
    endclass
```

14.4　寄存器模型的场景应用

14.4.1　如何检查寄存器模型

在了解了寄存器模型的常规方法之后，我们需要考虑如何利用这些方法来检查寄存器，以及协助检查硬件设计逻辑和比对数据。要知道，在软件实现硬件驱动和固件层时，也会实现类似寄存器模型镜像值的方法，即在寄存器配置的底层函数中同时声明一些全局的影子寄存器（shadow register）。这些影子寄存器的功能就是暂存当时写入寄存器的值，而在后期使用时，如果这些寄存器是非易失的（non-volatile），那么便可以省略读取寄存器的步骤，转而使用影子寄存器的值，这么做的好处在于响应更迅速，而不再通过若干个时钟周期的总线发起请求和等待响应，但另一方面，这么做的前提与我们测试寄存器模型的目的是一样的，即寄存器的写入值可以准确地反映到硬件中的寄存器。

利用寄存器模型的另一个场景是，在对硬件数据通路做数据比对时，需要及时地知道当时的硬件配置状况，利用寄存器模型的镜像值可以实现实时读取，而不需要从前门访问。也许读者会有别的选择，为什么不从后门访问呢？毫无疑问，后门访问也可以在零时刻内完成，只是这么做会省略检查寄存器的步骤，即假设寄存器模型的镜像值同硬件中的寄存器真实值保持一致，而这一假设存在验证风险。所以只有这么做，才能为后期软件开发时使用影子寄存器扫清可能的硬件缺陷。

寄存器模型不但可以用来检查硬件寄存器，也可以用来配合 scoreboard 实时检查 DUT 的功能。用来检查寄存器时，结合上一节的常规方法和例码，我们总结出下面几种可行的方式：

- 从前门写，并且从前门读。这种方式最为常见，但无法检查地址是否正确映射，下面的前门与后门混合操作的方式可以保证地址的映射检查。
- 从前门写，再从后门读。即利用 write() 实现前门写，再使用 read() 或 peek() 从后门读。
- 从后门写，再从前门读。即利用 write() 或 poke() 从后门写，再利用 read() 从前门读。
- 对于一些状态寄存器（硬件自身信号会驱动更新其实际值），先用 peek() 来获取（并且会调用 predict() 方法来更新镜像值），再调用 mirror() 方法来从前门访问并且与之前更新的镜像值比较。
- 上面的这些方法，在寄存器模型的内建序列中都已经实现。与内建序列相比，自建序列可以更灵活，更贴近需求，但需要消耗更多的人力；内建序列使用简单，是全自动化的方式，但考虑到一些特殊的寄存器，在使用内建序列测试前，用户需要对一些寄存器设定"禁止域名"来将其排除在特定的寄存器检查范围以外。

在配合 scoreboard 实施检查 DUT 的功能时，需要注意如下几点：

- 无论是将寄存器模型通过 config_db 进行层次化配置，还是间接通过封装在配置对象（configuration object）中的寄存器模型句柄，都需要 scoreboard 可以索引到寄存器模型。
- 在读取寄存器或寄存器域的值时，用户需要加以区分。不少初学者默认 uvm_reg 类中应该对应有类似 value 的成员来表征其对应硬件寄存器的值，然而并没有。要知道，uvm_reg 并不是寄存器模型的最小切分单元，uvm_reg_field 才是。所以，uvm_reg 可以理解为 uvm_reg_field 的容器，一个 uvm_reg 可以包含多个顺序排列的 uvm_reg_field。在取值时，用户可以使用 uvm_reg_field 的成员 value 直接访问，但笔者更建议使用 uvm_reg 类和 uvm_reg_field 类都具备的接口函数 get_mirrored_value()。

14.4.2 功能覆盖率的实现

在测试寄存器以及设计的某些功能配置模式时，需要统计测试过的配置情况。就 MCDF 寄存器模型来看，除了测试寄存器本身，还要考虑在不同的配置模式下设计的数据处理、仲裁等功能是否正确，所以我们需要放置功能覆盖率 covergroup 在寄存器模型中。由于寄存器描述文件的结构化，我们可以通过扩充寄存器模型生成器（register model generator）的功能，使得生成的寄存器模型自动包含各个寄存器域的功能覆盖率。UVM 的寄存器模型已经内置了一些方法用来使能对应的 covergroup，同时在调用 write()或 read()方法时自动调用 covergroup::sample()来完成功能覆盖率收集。接下来我们给出两种可供选择的方式来实现寄存器功能覆盖率收集。

1. 内部自动收集模式

如果寄存器模型生成器可以一并生成 covergroup 和对应的方法，我们就可以考虑是否例化这些 covergroup 以及何时收集这些数据。从例码中摘出的 ctrl_reg 寄存器扩充的定义部分来看，value_cg 是用来收集寄存器中所有的域（包含 reserved 只读区域），而要例化 value_cg 以及何时采集数据，我们需要在实现过程中考虑下面几点：

- covergroup 在此模式下可以自动生成，在使能的情况下可以在每次 read()、write()方法后调用。从例化时的内存消耗以及每次采集时的内存消耗，从上百个寄存器内置的 covergroup 联动的情况出发，是否例化、是否使能采样数据都需要考虑。这里给出的建议是，在验证前期，可以不例化 covergroup，保证更好的资源利用；在验证后期需要采集功能覆盖率时，再考虑例化、使能采样。

- 上面讲到的例化，在 ctrl_reg 的构建函数中，通过 has_coverage()来判断是否需要例化的。该方法会查询成员 ctrl_reg::m_has_cover，是否具备特定的覆盖率类型，而该成员在例化时，已经赋予了初值 UVM_CVR_ALL，即包含所有覆盖率类型，因此，value_cg 可以例化。

- 在新扩充的 sample()和 sample_values()两个方法时，用户也需要注意。sample()可以理解为 read()、write()方法的回调函数，用户需要填充该方法，使得可以保证自动采样数据。sample_values()是供用户外部调用的方法，在一些特定事件触发时，例如中断、复位等场景，用户可以在外部通过监听具体事件来调用该方法，即 ctrl_reg::sampel_values()。

- 在 sample_values()方法中，可以通过 get_coverage()方法判断是否允许进行覆盖率采样。用户可能容易将 has_coverage()与 get_coverage()等方法混淆，就这两个方法而言，前者指是否具备对应的 covergroup，后者指是否允许使用对应的 covergroup 进行采样。UVM 将方法设计的如此多样（或者说别出心裁），在这里我们要体会它的良苦用心，即对是否例化以及是否采样做双重管理，以此来降低由于覆盖率采样对验证环境运行效率的负面影响。与这些方法类似的还包括 set_coverage()和 include_coverage()，读者可以参考源代码或 UVM 使用手册[17]。

```
class ctrl_reg extends uvm_reg;
  `uvm_object_utils(ctrl_reg)
  uvm_reg_field reserved;
  rand uvm_reg_field pkt_len;
  rand uvm_reg_field prio_level;
  rand uvm_reg_field chnl_en;
  covergroup value_cg;
    option.per_instance = 1;
    reserved: coverpoint reserved.value[25:0];
    pkt_len: coverpoint pkt_len.value[2:0];
    prio_level: coverpoint prio_level.value[1:0];
    chnl_en: coverpoint chnl_en.value[0:0];
  endgroup
  function new(string name = "ctrl_reg");
    super.new(name, 32, UVM_CVR_ALL);
    set_coverage(UVM_CVR_FIELD_VALS);
    if(has_coverage(UVM_CVR_FIELD_VALS)) begin
      value_cg = new();
    end
  endfunction
  virtual function build();
    reserved = uvm_reg_field::type_id::create("reserved");
    pkt_len = uvm_reg_field::type_id::create("pkt_len");
    prio_level = uvm_reg_field::type_id::create("prio_level");
    chnl_en = uvm_reg_field::type_id::create("chnl_en");
    reserved.configure(this, 26, 6, "RO", 0, 26'h0, 1, 0, 0);
    pkt_len.configure(this, 3, 3, "RW", 0, 3'h0, 1, 1, 0);
    prio_level.configure(this, 2, 1, "RW", 0, 2'h3, 1, 1, 0);
    chnl_en.configure(this, 1, 0, "RW", 0, 1'h1, 1, 1, 0);
  endfunction
  function void sample(
    uvm_reg_data_t data,
    uvm_reg_data_t byte_en,
    bit            is_read,
    uvm_reg_map    map
  );
    super.sample(data, byte_en, is_read, map);
    sample_values();
  endfunction
  function void sample_values();
    super.sample_values();
    if (get_coverage(UVM_CVR_FIELD_VALS)) begin
      value_cg.sample();
    end
  endfunction
endclass
```

借助于寄存器描述文件的良好格式，寄存器模型生成器通过模板的形式来生成可以控制例化和采样的寄存器模型。用户在开发寄存器模型生成器时，也考虑是否通过上述参考的变量来控制，或者在生成时导入一些特定的编译导向（compiler directive），例如`ifndef的语句块来判断是否需要将寄存器的covergroup进行编译。这些方法的目的都是为了更灵活的选择是否需要例化covergroup并采样数据，以此来保证仿真性能。

事件触发外部收集模式

自动收集覆盖率的形式不够灵活，而且不是很贴合实际场景。不灵活的地方在于，它默认会采样所有的域，包括那些保留域（reserved field），又或者对某一个域为2位时，它会自动分配bin_0、bin_1、bin_2和bin_3来对应4个可能的值，殊不知可能val_3是违法的（illegal bin），又或者采样上述的状态寄存器中的域fifo_avail[7:0]，那么是否要采集从0到63的所有可能值才能保证此域的完备性呢？另外，不贴合实际场景的地方在于，它不够"智能"，无法组合出更有意义的运用场景，例如在实际场景下，我们需要考虑3个通道是否同时使能、同时关闭、又或者有的使能有的关闭这些组合情形呢？3个通道在使能时，是否考虑到了不同优先级、相同优先级、又或者两个通道相同优先级、一个通道不同优先级的情况呢？这些场景，我们更应该在后期测试时考虑是否覆盖到。因此笔者建议，更贴合实际的、可作为覆盖率验收标准的covergroup定义还当采取自定义的形式，一方面来限定感兴趣的域和值、一方面来指定感兴趣的采样事件，即使用合适的事件来触发采样，通过这种方式，最后可以完成寄存器功能覆盖率的验证完备性标准。

下面我们就之前的例码，自定义一个覆盖率类，其中嵌入了对应的covergroup，以及指定的采样事件。这段例码中，定义了类mcdf_coverage，继承于uvm_subscriber，这么做的便利在于准备了一副"耳朵"来订阅从其他地方传来的信息。这里的信息稍后来自于mcdf_bus_monitor，接收信息的方式也将通过mcdf_bus_monitor的uvm_analysis_port发往mcdf_coverage的uvm_analysis_export。在mcdf_coverage::reg_value_cg的覆盖率定义中，不但指定了对各个寄存器感兴趣的域和值范围，也将各个相关的coverpoint进行cross组合，构成更复杂的场景实现要求。在覆盖率的采集事件中，我们利用了mcdf_bus_monitor监听到的前门访问读写事件来作为触发事件，对数据进行采样。当然，采样方式也可以通过内置其他的同步组件来扩展，例如利用uvm_event在中断等特殊事件发生时进行采样。

```
class mcdf_coverage extends uvm_subscriber #(mcdf_bus_trans);
  mcdf_rgm rgm;
  `uvm_component_utils(mcdf_coverage)
  covergroup reg_value_cg;
    option.per_instance = 1;
   CH0LEN: coverpoint rgm.chnl0_ctrl_reg.pkt_len.value[2:0] {bins len[] =
      {0, 1, 2, 3, [4:7]};}
   CH0PRI: coverpoint rgm.chnl0_ctrl_reg.prio_level.value[1:0];
   CH0CEN: coverpoint rgm.chnl0_ctrl_reg.chnl_en.value[0:0];
   CH1LEN: coverpoint rgm.chnl1_ctrl_reg.pkt_len.value[2:0] {bins len[] =
      {0, 1, 2, 3, [4:7]};}
   CH1PRI: coverpoint rgm.chnl1_ctrl_reg.prio_level.value[1:0];
   CH1CEN: coverpoint rgm.chnl1_ctrl_reg.chnl_en.value[0:0];
```

```
CH2LEN: coverpoint rgm.chnl2_ctrl_reg.pkt_len.value[2:0] {bins len[]=
    {0, 1, 2, 3, [4:7]};}
CH2PRI: coverpoint rgm.chnl2_ctrl_reg.prio_level.value[1:0];
CH2CEN: coverpoint rgm.chnl2_ctrl_reg.chnl_en.value[0:0];
CH0AVL: coverpoint rgm.chnl0_stat_reg.fifo_avail.value[7:0] {bins
    avail[] = {0, 1, [2:7], [8:55], [56:61], 62, 63};}
CH1AVL: coverpoint rgm.chnl1_stat_reg.fifo_avail.value[7:0] {bins
    avail[] = {0, 1, [2:7], [8:55], [56:61], 62, 63};}
CH2AVL: coverpoint rgm.chnl2_stat_reg.fifo_avail.value[7:0] {bins
    avail[] = {0, 1, [2:7], [8:55], [56:61], 62, 63};}
LEN_COMB: cross CH0LEN, CH1LEN, CH2LEN;
PRI_COMB: cross CH0PRI, CH1PRI, CH2PRI;
CEN_COMB: cross CH0CEN, CH1CEN, CH2CEN;
AVL_COMB: cross CH0AVL, CH1AVL, CH2AVL;
    endgroup
function new(string name, uvm_component parent);
    super.new(name, parent);
    reg_value_cg = new();
endfunction
function void build_phase(uvm_phase phase);
    if(!uvm_config_db#(mcdf_rgm)::get(this, "", "rgm", rgm)) begin
        `uvm_info("GETRGM", "no top-down RGM handle is assigned", UVM_LOW)
    end
endfunction
function void write(T t);
    reg_value_cg.sample();
endfunction
    endclass
```

14.5　本章结束语

　　寄存器的使用可以很浅显，例如只考虑模型的生成和寄存器抽象层次的总线访问；寄存器的使用也可以很深入，例如利用模型来实现寄存的全方位测试和覆盖率收集。不过，正如我们本章开头所说，寄存器模型和其测试序列都是可以移植到其他环境的，这种潜在的独立性要求验证师在测试或配置寄存器时，需要将寄存器模型和序列实现在独立文件中。这种考虑也使得在后期当模块级的寄存器模型和序列在集成到顶层环境中时能避免一些额外的移植维护工作。另外，由于寄存器模型的独立的特点，项目中所有的寄存器模型和集成工作可以考虑由专人来维护，保证寄存器模型按时更新，而不同模块或系统的验证师只要从寄存器模型库中找到需要的模型即可。这么做可以整体上降低人力成本，中心化的维护也免去了寄存器模型版本的更新和集成的烦恼。

第 15 章

验证平台自动化

从零开始搭建第一个验证平台时，你应该是兴奋的；搭建第二个验证平台时，你应该还是兴奋的；但是，搭建第 N 个验证平台时，恐怕你无法估计自己还能不能高兴得起来。验证师自学不息的气质会对有挑战的事务更感兴趣，可当不断重复做同一件事情时，他还能兴致勃勃地做下去吗？也许出于工作要求，他不得不做下去，但是如果我们给他提供第二个选项：一个自动化的验证平台生成器摆在他面前，可以帮助他在短时间完成验证平台的构建，将精力专注在测试序列和功能检查上，他有什么理由拒绝使用这款工具呢？验证平台自动化工具对公司和个人的效率提升都是有益的。

为什么单独介绍验证平台自动化工具呢？为什么不使用商业化的工具来满足企业需要呢？为的是在读者掌握了 UVM 验证结构的特点之后，可以进一步使用这样一款工具减少重复构建环境的时间，从更高的层面提升整体验证的效率。从 SoC 的集成速度来看，验证师需要将更多精力投入到实际测试场景上，而不是每个人都成为 UVM 专家。当然，这一点也不会与验证师的个人技术诉求有冲突，我们可以在提升验证效率的同时，深入理解自动化验证平台的结构特点。

15.1 为什么需要一款代码生成器

在介绍 UVM 的部分中，我们突出了它的结构性和复用性。UVM 作为基于 SystemVerilog 语言的验证框架，汇集了很多原有验证方法学的特征，在最近的几年中已经成为公认的验证方法学标准，而且 UVM-1.2 已经被 IEEE 批准为 1800.2 标准。这一认可也无疑让掌握着 IEEE-1800 标准（SystemVerilog）的验证师感到振奋，这意味着以后行业在底层验证环境的构建上有了统一标准。无论是 1800 还是 1800.2，可以说都是好东西，然而对于一个验证新人，要入门这两个标准，其难度一点也不亚于当年学习 C 语言。

新手学习 SystemVerilog 时，要一边熟悉语法一边实践，了解 SV 的语言特性；但这并不适用于 UVM 的学习，这一点在笔者授课的时候就能体会到。因为 SV 的语言特性是模块化的，可以分解传授，而 UVM 的不同在于，获得一张进入 UVM 世界的"门票"就颇有难度。比如，你要建立好 UVM 的世界观，懂得 UVM 世界是怎么运作的，其次要认识 UVM 中的各个组件、通信、序列方式等。从学生的上课签到表也可以看到，SV 部分有很多的同学坚持签到，到了 UVM 部分则有很大比例的缺席。这么看来，UVM 确实对它的初学者不那么友好。尽管在软件领域，也有别的基于某些语言的包（package），但是自成体系和标准的包并不多，而 UVM 绝对是那些标准包中的一个。

对 UVM 头疼的不仅是在校学生，也包括那些初次接手 UVM 项目的菜鸟验证师。一本 UVM 类的索引手册和方法子集就已经让人感到吃力了，再加上缺少贴心的 IDE 开发工具，还要快速地熟悉那些常用的类、方法和参数列表等，这些都对验证师的记忆力造成了不小的压力。UVM 提供了一个良好的环境结构，对于可行的结构搭建和序列控制提供了不止一种方法，这也使得验证师们在选择使用哪一种方法的时候手足无措。UVM 另一个对新人不友好的地方是，需要大量的培训、练习和经验才能够较好地将 UVM 中的各个组件、环境建立和场景创建，有机组合为自己的知识体系。这些要求对于一个新人而言很难满足，但公司的工作要求确实是这样描述的。

即使新人可以通过在校期间的实习来弥补一些差距，但也无法保证他搭建的验证环境对后期的复用显得友好，所需的时间为项目进度所允许。现在有很多公司提供 UVM 培训，比如 "90 天 UVM 从零到精通"，"UVM 实战" 等类似的项目，只要你花一些时间和金钱就能得到专业的培训。同时，网上也能搜索到不少 UVM 的代码生成器，比如 "UVM 模板"、"UVM 生成器"，用来协助生成一些公共的代码结构。培训是为了帮助应聘者进入一家好的公司工作，是从乙方的角度出发；而 UVM 模板和生成器则是从甲方的角度出发，目的是将 UVM 验证环境中好的代码规则和结构方式作为底层框架的成品交到验证师手中，这可以避免代码的凌乱不规则，提高效率。当然，代码生成器也有一些缺陷，比如会生成一些冗余的代码、不那么容易理解的代码，或者无法按照使用者的要求生成更准确的代码。

在介绍代码生成器之前，我们首先要考虑，验证师是不是需要代码生成器？拥有了它有什么好处呢？什么样的才算得上一款出色的代码生成器呢？我们可以从几个方面来评估：

- 好的编码风格。
- 代码有足够的**稳定性**和**可移植性**。可以在多个仿真器运行，且易于将来扩展和修改。
- **可读性强**，便于维护。
- **灵活性强**。用户自定义的代码部分可以很好地嵌入。
- **高产出**。即尽可能多地产生自动化生成的代码，并尽可能多地把这些代码作为验证环境的基础框架。
- **迭代性**。即当项目发生变化导致验证环境调整时，生成的代码可以做出快速的迭代反应，继而修改验证环境结构。

那么代码生成器的好处在哪里呢？对于 UVM 新用户来说，代码生成器可以快速地提供完整的工作环境，继而节省构建和调试验证环境的时间。对于搭建一个标准的模块验证环境，这往往可以节省 2 周到 3 周的时间。那么对于 UVM 老用户而言，它不仅可以帮助减少冗长乏味的结构搭建时间，还能在既有框架上很快地完成激励通路。另外，如果在整个项目组中都使用同一个代码生成器，那么它良好的结构和代码风格，使得代码在后续继承时容易维护，也不会出现继承新环境时要花太多时间去理解前人构建环境的"奇异思路"。所以无论对于新用户还是老用户，代码生成器都有它的优势。所以就提高工作效率来看，一个验证师应该掌握代码生成器的常规使用方法，有一款自己熟悉的代码生成器，而且最好其所在的公司可以推广同一款代码生成器。

那么一款代码生成器可以协助我们完成哪些场景需求呢？

- 首先它有助于 UVM 学习。因为通过快速的环境结构建立，可以使得用户不再拘束于某些代码的碎片，而是可以在一栋能够使用的"房子"中落脚，在此基础上他可以实现自定义的方法。当然也有一些 UVM 用户认为，代码生成器使得 UVM 小白无法经历从无到有的构建过程，丢失了深入 UVM 并且调试环境的机会。对于这种观点，笔者认为需要从两方面看待，一方面，代码生成器可以带小白们"一日看尽长安花"；另一方面，在小白们通读了生成的代码，知道了什么是"套路"、什么是好的代码风格以后，再参考这种代码形式，从零开始尝试构建环境也是好的学习途径，毕竟高手一开始也是从模仿别人开始的。

- 在项目过程中，代码生成器的介入期限往往只会在验证一开始的环节。在这个时候，需要收集 DUT 的接口类型、数量和其他信息，继而将这些信息作为生成器的输入文件，进而依靠它来生成环境框架。一旦产生之后，我们便不再需要生成器，而是手动来修改代码，添加自定义部分。那么有人会问，如果 DUT 的接口修改了怎么办呢？有没有可能使用生成器再生成一次新的代码框架，同时又可以保留合并之前的自定义代码呢？这要看代码生成器本身是否支持。如果代码生成器产生的代码结构，无法划分公共部分（自动生成部分）和自定义部分，文件也没有清晰剥离的话，那么我们就无法再次生成环境框架。如果两个部分剥离得清晰，那么生成器仍然可以实现框架的更新和自定义代码的合并。

其实有很多公司和组织提供了不错的代码生成器，无论是已经开源发布的，还是被囊括在商用套件中，又或是公司内部开发的。这些代码生成器一般都可以解决下面这些问题[31]：

- 生成模块化的 uvm_agent。
- 顶层的 uvm_env 将各个 agent 进行例化。
- 各个 agent 内的 monitor 到 scoreboard 的 TLM 端口连接。
- 按照 uvm_env 中各个组件的层次，生成相应的 config 对象和层次化的 config 结构，继而从顶层传递到目标对象，完成配置。
- 各个 driver 对应的 sequence 基类，和顶层的 virtual sequence。
- virtual sequencer 和各个 agent 中的 sequencer 在顶层环境中的连接。
- 虚接口的传递。

同时，不同的代码生成器也有一些个性化功能，比如：

- 将寄存器模型（已生成的）集成到顶层环境中。
- 创建寄存器模型与总线 UVC driver 之间的 adapter 桥接组件。
- 创建 subscriber 模板，为 scoreboard 服务。
- 创建顶层的 TB，包括例化 DUT，而 DUT 同 interface 之间的连接关系需要预先给定。

目前，有这样一些代码生成器可以供用户下载学习和使用。在使用的同时，请注意这些工具的 license 类型，避免使用冲突：

Easier UVM Code Generator @Doulos

https://www.doulos.com/knowhow/sysverilog/uvm/easier_uvm_generator/

VCS UVM Template Generator (uvmgen) @Synopsys

这个工具插件绑定于 VCS 工具，使用之前请确认你的机器是否已经安装有 VCS。

VerificationWorks envBuilder @Paradigm Works

http://paradigm-works.com/products/

UVM Framework @Mentor

https://verificationacademy.com/sessions/dvcon-2017/testbench-automation

Mentor 推出的 UVM 验证环境自动化工具，它的功能不再局限于生成空的模板盒子，而在于结合 Questa VIP，更快地建立可以直接使用（给出激励）的环境。这个工具的特性与接下来要重点介绍的验证平台自动化理念有很大的相似之处，我们会稍后进一步介绍该工具的特性。读者还可以在上面给出的网址中观看这个工具的特性介绍和视频，这个工具对于 Questa 仿真器和 Questa VIP 的用户是一大福利，因为它解决了基于 Questa 仿真工具和 VIP 验证环境快速构建的问题。该工具在 QuestaSim10.6 的基础上就集成到仿真器中了，作为一个验证环境自动化的工具相信对于 Questa 用户而言是一个卖点。

目前笔者推荐使用的一款开源代码生成器是 Doulos 的 "Easier UVM Code Generator"，除了免费之外，它的生成器代码可供读者参考和修改，更加贴合自己团队的使用要求。这一生成器的限制在于，它的假设是用户缺少可以直接应用的 VIP，无论是商用的还是自己公司内部的，可这一假设往往与公司的实际情况不符。大公司有足够的资金保证商业 VIP 的供应，并可在此基础上进一步开发，使资源配置效率最大化；小公司也会随着项目积累逐步完善自己的 VIP。无论哪一种情况，这种代码生成器都无法很好地贴合已有的 VIP 接口和公司的实际开发流程，要做到真正的代码生成器深度嫁接，仍然有不小的困难。而对于 UVM 新手或轻量级的验证场景，这一生成器又是不错的助手。因此，本章不再就普通代码生成器的开发进行更多的代码展示，读者可以下载上面提到的生成器，完成实例练习，掌握该生成器的使用。

在这一章，笔者就自己参与研发的验证平台自动化工具 Pangu（盘古），介绍它的设计理念和实现流程。舍弃 EDA 厂商的代码生成器而选择自己研发一款验证平台自动化工具虽然需要相当的精力，但在下一节 Mentor UVM Framework 的介绍中，用户可以理解到，开发一款贴合自己公司开发流程的自动化工具是多么为整个项目团队省心。如果读者你所在的公司已经拥有了这么一款工具，那么请感谢它的开发者吧！如果你的公司还没有，那么希望你在读完本章之后，可以从中获取开发的理念和所需要的相关技术，在将来合适的时机能够帮助公司填补这一项空白。

15.2　UVM Framework

一个 UVM 使用者，从新手到精通大致要经历三年的时间。而在经过这三年之后，验证师会有倦怠期。除了不可避免地进行 80%以上重复性劳动或称之为没有创新的劳动以外，剩下的那一点可以用来成长的时间也往往被日常项目事务切分地很凌乱。在与这些有经验的 UVM 验证工程师沟通过程中，我们了解到他们大致被哪些事情所困扰：

● 对于新的设计，需要构建新的验证平台，这往往需要两周甚至更多的时间。其实，环境的调试还要消耗很多的精力，这对于新人来讲尤甚。

- 对于原有的验证环境，如果设计更新了，比如接口的更新，需要在原有环境基础上进行扩展，同时复用已有的 sequence/test。
- 如果项目组中有新人，他们还需要帮助他们快速搭建环境。对于一个快公司（fast company），在人员的快速流动下，有经验的工程师在培养新人上面就会面临越来越多的传帮带任务。
- 在验证后期，需要对验证环境代码进行回顾检视（review），审视代码的风格、文档还有测试场景。

上面的这些困惑确实耗时耗力，而工程师在有限资源限制下又没有更好的办法。但是，如果这时有一款合适的验证平台自动化工具帮助工程师完成这些任务，想必工程师的日常事务开销比重会很快地从 80% 降下来：

- 根据设计接口、数据协议和验证需求给出一个快速构建好的验证环境。
- 有自动生成好的激励完成数据传输。
- 可以从仿真中观察分析更高抽象层的数据传输。
- 生成好的平台可以在项目间完成水平复用，在模块级到系统级完成垂直复用。
- 提供功能覆盖率管理。
- 同时支持随机测试和定向测试。

拥有这样一款验证平台自动化工具无疑是很具有吸引力的，而 Mentor 公司推出的 UVM Framework 就是这样一款"走心"的工具。如果想利用这款工具产生最大的验证产出，验证师所在的公司需要是 Questa 用户，不但是仿真器用户，同时也是 Questa VIP（QVIP）用户。Mentor 提供覆盖全面的 VIP 系列，比如常见的 AMBA 系列、PCIe、USB、DDR 等 VIP。在公司拥有了这些 VIP 的前提下，那要恭喜你，首先你拥有了这一张"门票"，可以进一步来使用 UVM Framework 这款工具。

读到这里，也许你们没有使用 QuestaSim 而是其他的仿真器，又或是你们仅仅使用了 QuestaSim 而没有购买它的商业 VIP，但笔者介绍这款工具是为了能够帮助读者理清一款优秀的验证平台自动化工具需要最终解决什么问题、利用哪些现有资源、而可行的工具开发计划是什么。在这个理念下，我们在下一节会带领读者理解笔者开发的验证平台自动化工具 Pangu（盘古）。

接下来看一看，Mentor 所需要解决的问题和拥有的资源有哪些：

- UVM Framework 工具可以帮助用户快速地建立一个验证平台，即完成标准的验证框架自动化。
- 这款工具需要整合已有的 QVIP 的配置工具，即 QVIP configurator，该工具可以快速集成 VIP 的验证环境。
- 这款工具也可以在生成了结构化的环境之后，利用结构化的用户自定义激励和 QVIP 的标准激励，配合 inFact 工具，实现可移植复用的激励。
- 在上面的前提下，已有资源是 QVIP configurator 工具和 Infact 工具。而新的工具 UVM Framework 则可以通过一致化的框架，给出一个中心化的解决方案。

关于上面提到的 QVIP configurator 工具和 inFact 工具，用户可以登录到 Mentor 官网，下载这两种工具的说明或观看它们的入门视频。从图 15.1 可以看到，这款工具最终可以有效地降低三个难度：

- UVM 的使用难度（从构建环境层面）
- VIP 的集成难度（从 VIP 的集成和应用层面）
- 激励的覆盖难度（从 VIP 常规意义下的激励覆盖不完整层面）

图 15.1　Mentor 的测试平台自动化解决方案架构

为了更好理解这一款工具，或者说是完整解决方案，即通过 UVM Framwork、QVIP configuration 来实现 testbench 自动化，同时利用 inFact 实现测试的可移植性和充分覆盖率。如图 15.2 我们给出一个例子来展示这个方案。

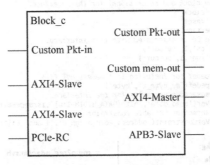

图 15.2　Block_c 模块接口

例如有一个模块 Block_c，它需要验证环境提供一些输入和输出接口。伴随着验证组件的生成和连接，需要自动生成的部分包括：

- 自定义接口：cpb_in、cpb_out 和 mem_out。
- 标准接口：axi4_master_0、axi_master_1、pcie_ep、axi4_slave 和 apb3_config_master。
- 自定义的 predictor 和 scoreboard：blk_c_pred、cpb_sb、mem_sb、axi4_slave_sb 和 apb3_cfg_sb。
- 顶层的环境：集成自定义接口、标准接口、predictor 和 scoreboard。
- 顶层 testbench：各个接口组件的 interface 同 DUT 的连接。

结合图 15.3，接下来读者可以理解 UVM Framework 这款工具是如何整合资源的。首先，它可以作为用户自定义接口（custom interface）的代码生成器，创建自定义接口组件。下面的例码是使用这款工具创建接口组件的 Python 脚本，以及生成的文件列表如图 15.4 所示。

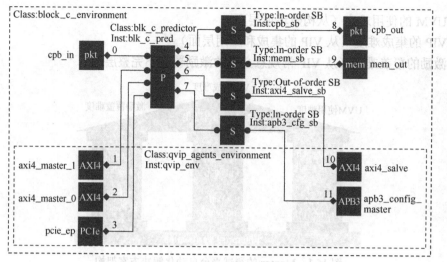

图 15.3　Framework 自动化生成的验证环境结构

```python
1   #! /usr/bin/env python
2   import uvmf_gen
3   ## The input to this call is the name of the desired interface
4   intf = uvmf_gen.InterfaceClass('mem')
5   ## Specify parameters for this interface package.
6   intf.addParamDef('DATA_WIDTH','int','220')
7   ## Specify the clock and reset signal for the interface
8   intf.clock = 'clock'
9   intf.reset = 'reset'
10  intf.resetAssertionLevel = True
11  ## Specify the ports associated with this interface.
12  intf.addPort('cs',1,'output')
13  intf.addPort('rwn',1,'output')
14  ...
15  ## Specify typedef for inclusion in typedefs_hdl file
16  intf.addHdlTypedef('my_byte_t','byte')
17  ## Specify transaction variables for the interface.
18  intf.addTransVar('read_data','bit [DATA_WIDTH-1:0]',isrand=False,iscompare=True)
19  ## Specify transaction variable constraint
20  intf.addTransVarConstraint('address_word_align_c','{ address[1:0]==0; }')
21  ...
```

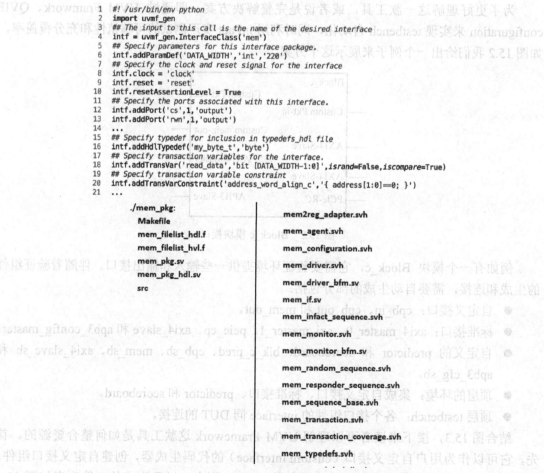

图 15.4　Framework 自动化生成的自定义接口文件

接下来需要利用 Questa VIP Configurator 工具来集成多个 VIP 组件。如图 15.5 所示，该工具支持 GUI 模式，用户可以很方便地在工具中选择需要的 VIP 类型、配置与 DUT 的连接关系，通过配置最终可以生成一个顶层环境为 qvip_agents 的环境，这个环境将作为子环境被集成到更上层的环境中。QVIP 所自动化生成的 qvip_agents 文件目录如图 15.6 所示。

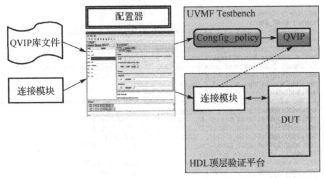

图 15.5　QVIP 的使用方式

```
qvip_agents_dir/                          qvip_agents_dir/uvmf:
    config_policies                           Makefile
    uvm_tb                                    default_clk_gen.sv
    uvmf                                      default_reset_gen.sv
                                              hdl_qvip_agents.sv
                                              hvi_qvip_agents.sv
qvip_agents_dir/config_policies:              questa_run
    apb3_config_master_config_policy.svh
    axi4_master_0_config_policy.svh           qvip_agents_env_configuration.svh
    axi4_master_1_config_policy.svh           qvip_agents_environment.svh
    axi4_slave_config_policy.svh              qvip_agents_filelist.f
    pcie_ep_config_policy.svh                 qvip_agents_pkg.sv
    qvip_agents_params_pkg.sv                 qvip_agents_test_base.svh
                                              qvip_agents_vseq_base.svh
                                              test_packages.svh
```

图 15.6　QVIP 自动化生成的 VIP 集成文件

在顶层环境的集成过程中，需要通过 UVM Framework 来创建、例化和集成 predictor 和 scoreboard，同时也包括之前的自定义接口组件和标准接口组件子环境。用来集成顶层环境的脚本和生成的文件列表如图 15.7 所示。

```
1   #! /usr/bin/env python
2   import uvmf_gen
3   env = uvmf_gen.EnvironmentClass('block_c')
4   ## The addQvipSubEnv() line below was copied from the comments in the QVIP
5   env.addQvipSubEnv('qvip_env', 'qvip_agents', ['pcie_ep', 'axi4_master_0', 'a:
6   ## Specify the agents contained in this environment
7   env.addAgent('mem_in',  'mem', 'clock', 'reset')
8   env.addAgent('mem_out', 'mem', 'clock', 'reset')
9   env.addAgent('pkt_out', 'pkt', 'pclk', 'prst')
10  ## Define the predictors contained in this environment (not instantiate, yet,
11  env.defineAnalysisComponent('predictor','block_c_predictor',
12      {'mem_in_ae':'mem_transaction #()',
13       'axi4_master_0_ae':'mvc_sequence_item_base',
14       'axi4_master_1_ae':'mvc_sequence_item_base'},
15      {'mem_sb_ap':'mem_transaction #()',
16       'pkt_sb_ap':'pkt_transaction #()',
17       'axi4_slave_ap':'mvc_sequence_item_base',
18       'apb3_config_master_ap':'mvc_sequence_item_base'})
19  ## Instantiate the components in this environment
20  ## addAnalysisComponent(<name>,<type>)
21  env.addAnalysisComponent('blk_c_pred','block_c_predictor')
22  ...
```

```
./block_c_env_pkg:                ./block_c_env_pkg/src:
    Makefile                          block_c_env_configuration.svh
    block_c_env_pkg.sv                block_c_env_sequence_base.svh
    src                               block_c_environment.svh
                                      block_c_infact_env_sequence.svh
                                      block_c_predictor.svh
```

图 15.7　Framework 自动化生成的顶层环境文件

在顶层环境和各个组件都通过脚本完成之后，我们还需要实现测试平台的物理接口连接，而这一步也可以通过 UVM Framework 实现，如图 15.8 所示。

```python
1   #! /usr/bin/env python
2   import uvmf_gen
3   ## The input to this call is the name of the desired bench and the name of the to
4   ## environment package
5   ##    BenchClass(<bench_name>,<env_name>)
6   ben = uvmf_gen.BenchClass('block_c','block_c',{})
7   ## Import QVIP protocol packages so that the test bench can use sequence items an
8   ben.addImport('mgc_apb3_v1_0_pkg')
9   ben.addImport('mgc_pcie_v2_0_pkg')
10  ben.addImport('mgc_axi4_v1_0_pkg')
11  ## The addQvipBfm() lines below were copied from comments in the QVIP Configurato
12  ben.addQvipBfm('pcie_ep', 'qvip_agents', 'ACTIVE')
13  ben.addQvipBfm('axi4_master_0', 'qvip_agents', 'ACTIVE')
14  ben.addQvipBfm('axi4_master_1', 'qvip_agents', 'ACTIVE')
15  ben.addQvipBfm('axi4_slave', 'qvip_agents', 'ACTIVE')
16  ben.addQvipBfm('apb3_config_master', 'qvip_agents', 'ACTIVE')
17  ## Specify the agents contained in this bench
18  ##    addBfm(<agent_handle_name>,<agent_type_name>,<clock_name>,<reset_name>,<acti
19  ben.addBfm('mem_in', 'mem', 'clock', 'reset', 'ACTIVE')
20  ben.addBfm('mem_out', 'mem', 'clock', 'reset', 'ACTIVE')
21  ben.addBfm('pkt_out', 'pkt', 'pclk', 'prst', 'ACTIVE')
22  ## This will prompt the creation of all bench files in their specified locations
23  ben.create()
```

```
./block_c:                    ./block_c/tb:                 ./block_c/tb/tests:
    docs                          parameters                    block_c_test_pkg.sv
    registers                     sequences                     src/
    rtl                           testbench                         example_derived_test.svh
    sim                           tests                             test_top.svh
    tb

./block_c/sim:                ./block_c/tb/sequences:
    Makefile                      block_c_sequences_pkg.sv
    default.rmdb                  src/
    run.do                            block_c_bench_sequence_base.svh
    tbx.config                        example_derived_test_sequence.svh
    testlist                          infact_bench_sequence.svh
    veloce.config
    velrunopts.ini            ./block_c/tb/testbench:
    wave.do                       hdl_top.sv
                                  hvl_top.sv
                                  top_filelist_hdl.f
                                  top_filelist_hvl.f
```

图 15.8　测试平台生成的顶层连接和测试文件

上面的例码演示了 Questa 两个工具 UVM Framework 和 QVIP Configurator 在互相配合的基础上，最终快速创建验证环境。如图 15.9 所示，生成的 testbench 结构采用的是"双 TB"的方式，将硬件信号驱动层 hdl_top 与软件信号驱动层 hvl_top 剥离开，实现了将来跨平台（simulator 和 emulator）运行的可能性[32]。关于跨平台运行的 TB 建立方式，我们将会在后面的第 16 章中详细介绍。

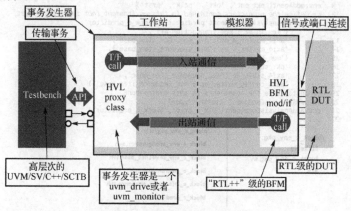

图 15.9　双 TB 顶层验证结构

另外，UVM Framework 还能够配置 Questa inFact 工具实现可跨平台复用的激励和更容易快速收敛的激励形式。更多关于跨平台激励复用的介绍，我们会在第 16 章中解释其理念。在这一节中，我们需要清楚的是，正是由于 Questa VIP 较为统一的 sequence/item 类，再配合 inFact 工具，可以帮助用户更快地创建系统级的激励和实现更完备的接口覆盖率，而不再受限于使用者无法掌握 VIP、或者测试代码可读性差、或者无法协调各个接口、又或者无法很好地去移植等潜在问题。

最后我们再来回顾一下 Mentor 提出的验证平台自动化的解决方案：

- 通过 QVIP Configurator 实现标准化商业 VIP 的快速集成。
- 通过 UVM Framework 实现自定义组件、顶层环境和测试平台的集成连接。
- 通过 inFact 工具实现测试场景的系统级介入、实现更好的移植性、操作性和可读性。

可以说，UVM Framework 这样一款工具实现了环境自动化以及测试平台和激励层面的移植性，这解决了当下验证领域所面临的挑战。也正是由于这样一款工具能够将原有工具资源整合起来，实现了效率的最大化。那么这一款工具对于 UVM 初级用户和高级用户分别带来了什么价值呢？

对于初级用户而言，它的优势在于：

- 节省创建验证平台的时间。
- 降低由于经验不足致使验证平台不成熟而给项目带来的风险。
- 对于整个验证团队和项目而言可以快速产生成效。

对于高级用户而言，它的优势在于：

- 节省创建验证平台的时间。
- 实现更大的产出，即搭建平台的时间可以节省下来投入到创建测试场景中去。
- 由于 inFact 工具的帮助使得接口协议的验证可以更充分、更快达到覆盖率。

用户要掌握上面的工具，在实际使用中需要掌握基本的 Python 语法，还需要了解 DUT 的接口、数据流和验证环境结构。在有了这些要求之后，就可以利用 UVM Framework 和 Python 脚本快速地生成验证环境了。所以 Mentor 给出的测试平台自动化解决方案是完整的，这具体表现在：

- 实现了各个组件、顶层环境的集成和连接（需要 UVM Framework 和 QVIP Configurator）。
- 激励场景的快速创建（需要 inFact 工具）。
- 实现更好地调试环境和系统层的数据流检查（QuestaSim UVM-Aware Debug 特性）。

在掌握了上面提到的工具和验证平台自动化方案的设计理念之后，我们将在下一节就笔者团队开发的 Pangu 进行介绍。希望读者可以在了解 Pangu 之后，也能够结合自己所在公司的实际要求，在合适的时间点，开发出符合公司需要的一款测试平台自动化工具来提高验证效率。

15.3 如何定制一款 TB 自动化工具

作为 QuestaSim10.6（2016 年发布）的新特性，UVM Framework 受到了不少的关注。它旨在将自家验证套件（QuestaSim、Questa VIP、inFact）进行资源整合，并协助建立 testbench

以此来实现效率最大化，完成资源的深度应用。毫无疑问，如果读者所在的公司正在使用 M 家系列的验证套件，同时还是深度绑定用户的话，那笔者建议你继续深入下去，使用这些更高层次的插件，以便实现快速应用 VIP，并且利用 inFact 实现更好复用性的激励。

然而三大厂商的客户都挺广泛，而且经常出现验证工具套件来源于几家不同厂商的情况，例如一边使用 C 家（Cadence）的 USB VIP，同时又在使用 S 家（Synopsys）的 PCIe VIP 和 M 家的 DDR VIP。遇到这种情况，那么上一节介绍的 Questa VIP configurator 就无法理想地发挥作用。与此同时，UVM Framework 也无法快速地集成，同时也不能依赖于 inFact 实现跨平台、跨层次的复用。除此以外，要建立一个开源或者说一个尽量贴合用户的自动化工具，首先要考虑到不同公司验证师们面临的情形：

- 使用的 VIP 是商业的，但可能来自于不同的公司。
- 使用的 VIP 是自主研发的，但不同的 VIP 来自于不同的团队和开发者，有不同的接口标准。
- 寄存器模型的生成和集成流程不同。寄存器描述文件的标准（可能是自定义的 word、excel、xml 或其他格式）不同，并且寄存器的访问总线接口（AHB、APB 等）也有可能不同。
- 当 DUT 在顶层 testbench 连线时，需要考虑自动化（或半自动）的连线方式，减少人为错误，同时也提高连线效率。
- 公司基于历史原因，可能无法直接使用基于可移植激励的新型验证方式（例如 inFact），但是验证师们仍然有激励复用的需求，即从模块级到子系统级、再到系统级，以及跨平台的需求。
- 当然 TB 自动化工具的基本要求，也少不了能够快速实现平台结构搭建、生成基本测试用例、降低调试的成本。

如果结合 M 家的 UVM Framework，我们可以说，这个工具的特性非常适合于 M 家的用户，而对于非 M 家用户、或者在环境中兼容其他 VIP 或自研发 VIP 时，能力就有限了。所以，一句老话运用到自定制的 TB 自动化工具上面来说，颇有几分契合——"金窝银窝不如自己的狗窝"。虽然笔者的 Pangu 团队都是兼职，都是运用了 8 小时以外的时间来完成这个工具，但值得高兴的是，我们获得的一线验证师反馈是及时充分的，而且我们作为自研发团队，可以就公司的实际情况对工具的特性做出添加和调整，这一点很关键，也正是这一点使得这一款 TB 自动化工具无法被 EDA 厂商的自动化工具所替代。

接下来，我们首先就 Pangu 可以解决的问题给出一个特性列表：

- 可以兼容任何公司的 VIP 和自研发 VIP。
- 可以依照公司专有流程创建寄存器模型并且集成到环境。
- 可以实现 testbench 顶层连线自动化。
- 可以实现激励从模块级到系统级的复用。

从这些特性来看，Pangu 是更广义的 TB 自动化工具。它的兼容性更强，而且也能够集成公司自身的寄存器创建流程。它解决的问题同 UVM Framework 有重合的地方，比如生成一致的验证环境结构、避免结构层面上出现不同的 UVM 使用习惯、快速集成不同 VIP 同时也能够生成对应文件和 makefile 编译文件。它更友好的地方还在于，无论哪家的 VIP，在经历一点小的"整容"之后就可以很快地融入到这个结构中来。它可以集成公司已有的寄存器模型创建流程（如果没有，也可以在这个框架中实现），同时也可以更快地完成 testbench 连线。此外 Pangu 还有一个重要特性，就是基于它的结构，可以给出激励跨层次复用（垂直复用）方案。当然这个工具还有一些要改进的地方，不过这仍然取决于客户实际的使用需求。还是那句话，只要有想法和用户，就没有实现不了的方案。在接下来的部分，我们就下面几个部分来介绍 Pangu 的特性：

- 验证环境的自动化创建。
- 测试框架和测试用例的垂直复用。
- 中心化的功能覆盖率管理。

15.3.1　验证环境的自动化创建

在进入 Pangu 自动创建的框架之前，我们需要来了解下面这些关键词，这对于稍后更深入地了解这款自动化工具有很大帮助：

- Pangu：测试平台自动化工具。
- uTB（unified testbench）：这是由 Pangu 自动化生成的测试平台。
- uIF（unified interface）：这是一个协议跨接桥，用来将 uNet 网络接收到的统一格式命令转化为对应 VIP 所识别的 sequence/item。
- uTB command：这是一种统一格式的命令集，用来创建测试用例，提高可读性和维护性。
- uNet：这是一个 AHB 的物理传输网络，负责从 uTB 的 master 端将 uTB command 以 AHB 协议穿过其网络，最终送达 uIF 接口的输入端。

假设如果要验证一个新的模块，在使用 Pangu 自动创建一个 uTB 之前，需要从 DUT 收集这些信息：

- 标准总线的类型、数目、地址范围、位宽等。
- 时钟和复位的数目、频率、同步关系等。
- 非标准总线（自定义总线）的信息。
- 其他零散接口信息。
- 寄存器描述文件、基地址等。

在收集到这些信息之后，将这些信息作为 Pangu 的 uTB 结构数据输入，继而自动生成 uTB。图 15.10 给出的便是一个生成的 uTB 框架。

结合之前 uTB 中的关键词汇，笔者再给出一些组成 uTB 框架的核心组件：

- uTB master：用来充当发送 uTB command 的角色，由它来控制各个 VIP 角色，如果有两个以上的 master 则可以实现并行控制 VIP 的要求。
- RGM（register model）：这是由之前给入的寄存器信息生成的寄存器模型。
- uNet（AHB network）：uNet 是一个 AHB 多点传输的物理网络，支持多个 master 到多个 slave 的 AHB 数据传输。在这里我们复用了 Synopsys AMBA 验证套件提供的 AHB 系统总线网络。
- uTB slave：这些 uTB slave 扮演了协议转换的角色。一方面它们从 uNet 接收统一格式的 uTB command，另一方面它们也需要解析这些命令，继而将获取的命令转化为不同 VIP 所识别的 sequence/item。
- VIP：这些 VIP 可以是任意公司的 VIP 和自家开发的 VIP，它们与其对应的 uTB slave 相连接。

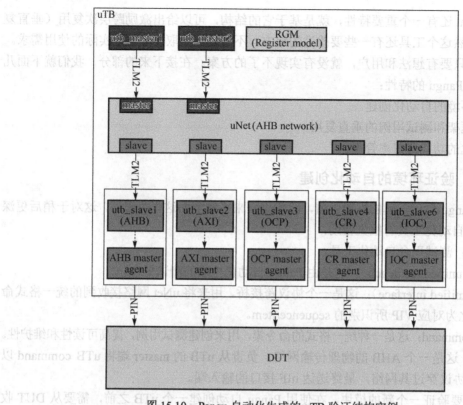

图 15.10　Pangu 自动化生成的 uTB 验证结构实例

在完成了验证结构从上到下的数据传输之后，就到了各个 VIP 的 interface 和 DUT 的连接，这一部分也可以由 Pangu 在自动化时生成对应的 testbench 文件和信号连接。对于这样的一个 uTB 结构，它最重要的部分是 uTB master 可以集中化地发送 uTB command 来控制任意一个 VIP master，同时这也离不开协议的转换，即 uTB command 在 uTB master 侧发出，接下来转化为标准的 AHB 网络数据抵达 uNet slave 端，稍后 uNet slave 端收到 AHB 数据包之后传递给 uTB slave。数据经过 uTB slave 的转换变为各个 VIP 识别的 sequence/item，从 VIP 的 sequencer 到 driver，最后在 interface 一侧驱动到 DUT。

要理解 uTB 结构的特点，首先需要理解数据传输中的协议转化。为了总结不同层次的协议转换，我们将其分为 4 个层面：

- Layer1：从 TLM2 socket 数据包转为 AHB pin。这里的 TLM2 socket 只是数据包的打包方式，而其内容则是 uTB command 数据。这种数据必须严格按照数据格式安排，有其内在的协议要求，通常 uTB command 需要包含目标 uTB slave 对应的地址、命令类型、发送数据和其他参数。在 uTB master 一侧需要将 uTB command 按照 TLM2 socket 包格式发送到 uNet AHB master 一侧，该 AHB master 接受这种数据格式，并且将其转化为 AHB system network 上的 pin level 信号。
- Layer2：AHB pin level 信号再次转换为 uTB command TLM2 socket 数据包，这恰好是 Layer1 转化的反方向形式。该转换发生在由 uNet AHB master 发起了 pin level 信号驱动，继而数据按照时序关系依次穿过 uNet AHB network 之后抵达了目标 uNet AHB slave 端，并且被 AHB slave 收集整合为 TLM2 socket 形式。

- Layer3：TLM2 socket uTB command 数据格式转化为 VIP 可识别的 sequence/item。这一层转化是重点转化部分，因为用户需要自己去实现从同一格式的 uTB command 数据内容中提取对应的命令符、传输数据和其他参数，继而创建和发送对应的 VIP sequence/item，传递到 VIP 的 sequencer 和 driver 端。

- Layer4：VIP sequencer/driver 接收到的 sequence/item 转化为 pin level 的信号激励。这一层则是由 VIP 本身实现的。

如图 15.11 所示，在层协议转化中，Layer1 和 Layer2 转化完成了 uTB command 数据从无时序信息的软件对象到 AHB pin level 的时序转化，或者反向的转化。这两层的转化是由中心化维护（Pangu 开发者）的，使用者无须关心它们背后的细节。Layer3 则是重点，因为它不但提取了 uTB command 软件对象中的有用信息，而且将其转化为 VIP 识别的 sequence/item。用户可能需要维护这一层转化，例如一个新的 VIP 加入时，这种转化关系需要为其做相应的准备。而对于 Layer4 则无须关心，因为它本身在 VIP sequencer/driver 的实现范围之内。

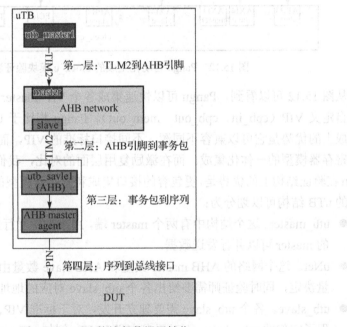

图 15.11 uTB 的抽象数据层转化

从上面给出的 uTB 框架的例子，读者可以看到它完成了跟 testench 自动化相关的几个方面：

- 验证框架的自动化生成。
- 寄存器模型的创建和集成。
- 所需 VIP 的快速集成。

为了使读者同上一节 UVM Framework 给出的示例有一个比较，我们仍然假定有同一款设计 Block_c，如图 15.12 所示。在给入了一些 Pangu 所需要的设计信息之后，我们可以将其生成的 uTB 框架绘制如下：

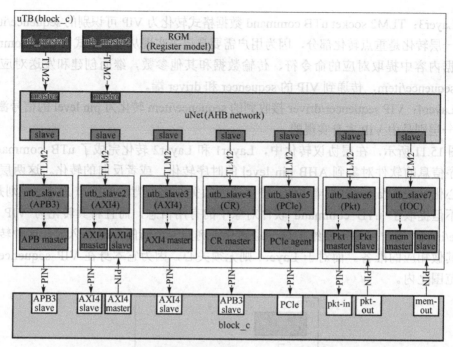

图 15.12　Pangu 自动化生成的 block_c 模块验证环境结构

从图 15.12 可以看到，Pangu 可以快速集成各个 VIP master 或 slave，同时生成空模板的用户自定义 VIP（cpb_in、cpb_out、mem_out）。Pangu 相比于 UVM Framework 在结构自动化生成上的优势是它可以兼容不同源、不同接口标准的 VIP，而非 M 一家的 VIP，它还可以实现寄存器模型的一体化集成。而在激励复用层面的对比，我们会在后面部分介绍。所以，Pangu 在验证结构上的优势是，更包容的接口集成和寄存器模型的一体化。针对 block_c，Pangu 生成的 uTB 结构可以划分为：

- utb_master。这个结构中有两个 master 端，用来支持并行发送指令，进而要求两个 VIP 的 master 可以并行发送数据。
- uNet。这个网络的 AHB master 数量和 AHB slave 数量由 utb_master 和 utb_slave 的数量决定，同时验证师需要给出各个 utb_slave 对应的地址段。
- utb_slave。各个 utb_slave 需要独立开发，对于标准 VIP，Pangu 在前期开发中已经实现了它们的 utb_slave，而对于自定义 UVC，例如 pkt-out agent，则需要用户在后期实现对应的 utb_slave，从而将 utb command 转化为 pkt-out agent 的 sequence/item。
- VIP。无论是商业 VIP、自研发 VIP 还是新定义的 VIP，Pangu 都需要将这些 VIP 的 agent 集成到 uTB 中。图 15.12 中既包括 master agent，用来接收 utb_slave 的转化指令，并继而对 DUT 做驱动；它也包括 slave agent，该组件用来嵌入到 uTB 环境中来模拟对应的总线从端，一般作为外接的 memory 使用。
- 顶层的 testbench。该模块即是将各个 VIP interface 同 block_c 的接口信号进行连接。

那么进入到工具开发层面，Pangu 是如何开发的，需要哪些知识技能和商业资源呢？从图 15.13 可以看到，Pangu 的工具开发离不开一些底层资源，它们包括：

- uTB common package：这包括了 uTB master、uTB slave、uTB command 等公共类的定义实现。

- 可用的 VIP 资源：商业 VIP 或自研发的 VIP。
- HAS（Hardware Architecture Specification）：硬件结构描述文档，该文档对应着 DUT 的结构和功能，验证师需要从该文档中提取必要的输入参数交给 Pangu。
- 在 Pangu 有了上面这些静态的和动态的底层资源之后，就能够生成不同结构的 uTB。

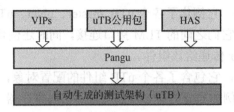

图 15.13 开发 Pangu 的资源构成

从具体实现层面来看，使用 Pangu 需要如何操作呢？Pangu 工具的结构如何？从技术层面而言，Pangu 的数据结构解析、操作、逻辑和用户界面由 Python/tkinter 实现，而文件自动化生成则是由 Python/Mako 来实现。关于基于 Python 的 Tk 和 Mako 用户可以在下面的网址中得到更多信息：

https://wiki.python.org/moin/TkInter

http://www.makotemplates.org/

对于 Python 图形界面编程和模板语言，开发者实际上有很多选择，而 Pangu 开发的原则是尽量选择简单的、稳定的、易学习和维护的开发库，毕竟好的木匠和好的瓦工专业有很大的差别。但只要选择一款足够使用的 Python 库，将我们需要的特性都能实现，那么就达到了开发一款工具的要求。

如图 15.14 所示，从 Pangu 的使用流程来看，用户可以通过 GUI 界面方式、或者表格（或文本）方式将结构信息作为验证环境参数给入 Pangu，Pangu 会将这些参数解析为内在的数据池 DataPool。在拥有了必要的数据信息之后，各个模板部分（配置模板、环境模板、寄存器模型模板和测试用例模板）会从中心化的数据资源中提取需要的数据，再结合各自的 Mako模板，在顶层模板生成器（main template generator）的控制下生成所有需要的文件。

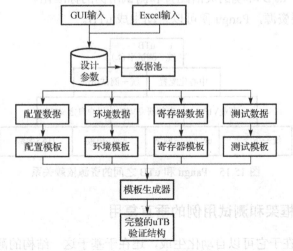

图 15.14 Pangu 的使用流程

在设计验证参数、Pangu Python 脚本和 Mako 模板的帮助下，生成的 uTB 文件可以覆盖下面的内容：

- 所有需要的 VIP 资源的链接。
- 寄存器模型文件。
- uTB 顶层环境文件，它例化了各个 uTB master、uNet、uTB slave、register model 和 VIP agent，完成了它们之间的 TLM 接口连接，同时还例化了 virtual sequencer，将各个 VIP 的 sequencer 传递给该组件。
- 结构化的配置文件，它包含了各个 uTB 组件的配置对象，协助中心化的功能配置。
- 基本的测试文件，例如设置时钟、发起复位、访问寄存器、读写数据的基本测试用例会相应生成，供读者参考。而为什么可以直接生成基本测试用例，这与测试用例的复用离不开，我们会在下一节介绍。
- 自动连接的 testbench，将 DUT 同各个 VIP interface 连接。
- makefile 脚本。该脚本提供了 DUT、TB 的编译和测试用例的调用命令，还包括覆盖率收集等后期应用。

在开发 Pangu 脚本和 uTB 测试平台原型的时候，这两者之间既是独立开发，又在一些里程碑上存在着依赖关系。首先只有在前期可以证明 uTB 的结构化和可行性，接下来才能够开发 Pangu 脚本。而当 Pangu 脚本开发到一定的时间节点，又可以利用 Pangu 来生成更多与 DUT 相关的 uTB，从而反向来证明 uTB 结构的合理和适用。在 Pangu 使用过程中也可以从用户那里得到反馈，进一步修改 uTB 结构和 Pangu 脚本。因此 Pangu 同 uTB 之间是一个相互依赖和促进的关系，图 15.15 给出了 Pangu 开发和 uTB 自动化测试平台的层级关系。

- 在最底层，uTB 指令集和 uNet 通信网络构成了测试标准化的基础，而 Mako 模板和 HAS 参数则用来生成结构化的 uTB 环境。
- 在底层的上一层中，商业 VIP、自开发 VIP 和用户自定义 VIP 用来提供底层的驱动组件。
- 通过生成 uTB 和复用 VIP，更高一层的中心化配置方法和由通用测试指令构成的测试用例实现了 uTB 环境的灵活配置和测试用例的标准化。
- 基于这些底层资源，Pangu 便可以自动生成 uTB。

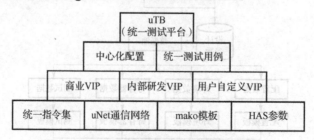

图 15.15　Pangu 和 uTB 之间的资源依赖关系

15.3.2　测试框架和测试用例的垂直复用

uTB 的优点不但在于它可以自动化生成，还在于基于这一结构的测试标准化。从我们上面介绍的 uTB 依赖的资源可以看到，统一的测试指令集和通信网络使得各个 VIP 都可以从

uTB master 一侧接收到命令，而这些统一的指令（TLM2 socket 数据包格式）在穿过了 uNet 抵达 uTB slave 之后，就会被解析为对应的 VIP sequence/item。下面这个表中给出了三种统一化的指令子集：

- 数据访问指令
- 寄存器访问指令
- 其他指令

如表 15.1 所示，利用这些 uTB command，uTB master 可以指挥任何一个 uTB slave VIP 发送数据、进行寄存器访问或施加其他的激励。这种统一化的指令集形式，使得 uTB 测试用例更加容易创建、维护和阅读。同时这些数量不多的指令也非常方便于 UVM 新手来使用，它们所构成的测试用例非常像 C 的测试代码。而考虑到从模块级到系统级的复用，这一套子集也与 C 测试用例兼容，即同样的一份测试代码，既可以用 UVM 语句来实现，也可以用 C 语句来实现。正因为这一套指令集的准确性定义，使得它从 UVM 层转化为 C 层非常容易，而用户用 C 语言写的寄存器配置序列，又可以在更高层的测试中被处理器所复用。

表 15.1　uTB 统一化的测试命令

Method	Arg1	Arg2	Arg3	Arg4
command_put	utb_command_type **cmd_type**	int unsigned **start_addr**	net_data_t **data[ ]**	
command_get	utb_command_type **cmd_type**	int unsigned **start_addr**	net_data_t **data[ ]**	output net_data_t **data[ ]**
wburst	int_unsigned **addr**	net_data_t **data[ ]**		
rburst	in unslgned **addr**	int **length**	output net_data_t **data[ ]**	
write8	int unsigned **addr**	bit[7:0]**data**		
write16	int unsigned **addr**	bit[15:0]**data**		
Write32	int unsigned **addr**	bit[31:0]**data**		
read8	int unsigned **addr**	output logic[7:0]**data**		
read16	int unsigned **addr**	output logic[15:0]**data**		
read32	int unsigned **addr**	output logic[31:0]**data**		
write_reg	uvm_reg **rg**	bit[31:0]**data**		
read_reg	uvm_reg **rg**	output bit[31:0]**data**		
write_reg_by_name	string **name**	bit[31:0]**data**		
read_reg_by_name	string **name**	output bit[31:0]**data**		

例如下面这段例码，测试指令是从 env.utb_master1 发出的，而在调用这些指令时需要按照要求传入相应的参数。

- 在使用 command_put 时，传入指令类型、uTB slave 地址和参数数组后，前两条指令操作分别要求对应的 CR（Clock & Reset）VIP master agent 设置时钟频率以及复位。
- 在接下来的两个操作命令时，通过 write_reg_by_name 和 read_reg 指令，对目标寄存器进行了写操作和读操作。验证师在这里只需要关心寄存器的名字，至于寄存器的地址（包含在寄存器模型中）和寄存器的访问总线类型（由寄存器地址匹配到对应的

uTB slave VIP），验证师并不需要关心。验证师并不需要考虑映射到的 VIP 是什么，这种映射关系和协议转换关系已经由 uNet 网络和 uTB slave 所解决。

- 后续的 4 个操作指令，是对目标地址做了读写操作。这里验证师仍然只需要考虑，往哪个地址段（即对应哪一个接口）上发送数据，其中'h2000_F000 和'h4000_F000 对应的接口分别是 AHB 和 AXI。
- 最后两条命令，是对另一个 IOC VIP 的操作，该 VIP 可以用来设置和检查 I/O 信号。

```
class lpddr4_basic_test extends lpddr4_base_test;
...
    task run_phase(uvm_phase phase);
    super.run_phase(phase);
    phase.raise_objection(this);
    // clock frequency set as 100MHz
    env.utb_master1.command_put(CLK_SET,'h100_F000,{100});
    // reset assertion after 100 ns
    env.utb_master1.command_put(RESET,'h100_F000,{100});
    // write register ty name
    env.utb_master1.write_reg_by_name("reg_dataport",'h9ABCDEF0);
    // read register
    env.utb_master1.read_reg(env.rgm.cp_host_sdmmc.reg_dataport,read_val);
    // ABH for register address
    env.utb_master1.wburst('h2000_F000,{'H11223344,'H55667788,'H99AABBCC});
    env.utb_master1.rburst('h2000_F000, 4, data);
    // AXI for data address
    env.utb_master1.wbrst('4000_F000,{'h11223344,'h55667788,'H99AABBCC});
    env.utb_master1.rbrst('4000_F000,4, data);
    // IOC
    env.utb_master1.command_put(IOC_SET,'h5000_F000,{1, 1, VAL_1});
    env.utb_master1.command_put(IOC_CHECK,'h5000_F000,{3, 2, VAL_1,VAL_1});
    phase.drop_objection(this);
  endtask:run_phase
endclass:1pddr4_basic_test
```

　　上面给出的是利用 uTB command 的 UVM 测试用例，同时在上文我们也提到过 uTB 支持 C 的指令集。那么从模块级到系统级，哪些测试例码部分会被复用呢？寄存器访问一定会被复用，因此如果将寄存器的操作部分一开始就由 C 来实现，而其余部分用 UVM 来实现。通过 C 和 UVM 的混合模式，在模块一级也可以使用，而 C 的寄存器操作代码可以无缝衔接到后续的系统级测试。下面我们也给出一段例码：

```
Int utb_c_thread0(void){
  unsigned int val;
  tbe_printf("utb_c_thread0 entered");
  writew(0x21000110,0x11223344);
  writew(0x21000118,0x11223344);
  writew(0x21000118,0x55667788);
  val = readw(0x21000110);
  val = readw(0x21000118);
```

```
    tbe_printf("utb_c_thread0 exited");
    return 1;
}
class lpddr4_command_c_combo_test estends refbos_base_test;
  ...

  task run_phase(uvm_phase phase);
    net_data_t data[];
    int unsigned rdata;
    super.run_phase(phase);
    phase.raise_objection(this);
    #lus;
    // Clock & reset set
    env.utb_reg_master.command_put(CLK_SET,'h1000_F000,{100});

    // C-DPI interface
    utb_c_therad0();

    // Data bys set vua command interface OR sequence directly

    // command interface
    env.utb_reg_master.write32('h2000_F004,'h11223344);
    env.utb_reg_master.read32('h2000_F004,rdata);
    env.utb_reg_master.wburst('h2000_F000,{'h55667788,'h99AABBCC,'hFFDDCCAA});
    env.utb_reg_master.rburst('h2000_F000,4, data);

    phase.drop_objection(this);
  endtast:run_phase
endclass:lpddr4 command c combo test
```

可以从这段例码中看到，将之前的寄存器访问 UVM 代码转化为 C 测试代码 utb_c_thread0。通过定义相应的 C-DPI 接口，使得 C 测试代码对环境中的 utb_master 发出指令操作。这一段 C 代码在 UVM 测试用例 lpddr4_command_c_combo_test 中将原有的 UVM 寄存器操作指令替换，而在 UVM 环境里调用 C 代码。稍后在系统级的测试用例中，寄存器操作部分即可以复用 utb_c_thread0 中的 C 代码。

15.3.3 中心化的功能覆盖率管理

之前的 UVM Framework 和 QVIP configurator 相结合，使得在集成标准 VIP 和自定义 VIP 到环境后，还可以将各个 VIP monitor 的 TLM analysis port 接入到相应的 predictor 和 scoreboard 中。而在 uTB 中，这一功能依然被保留了下来。如果我们再回过头来想一想，当初开发一个 TB 自动化工具时，一个重要的考量不就是希望建立一个具有一致化结构的 TB 和标准的验证流程吗？那么除了可以将测试用例标准化之外，还有什么可以标准化呢？在实际模块级验证过程中，除了验证结构被设得五花八门以外，对于验证完备性的考量也是因人而异，验证经理又很难做到体察入微，去检视每一个验证师的验证量化工作。那么如果可以在 uTB 这样一个中心化平台上面，将验证量化的部分考虑进去，从平台层面引入验证量化机制，会对整个验证流程标准化提供一个衡量标准。从图 15.16 可以看到，在仿真过程中可以通过中心化的 top coverage manager 来收集下面几种类型的覆盖率：

- 寄存器覆盖率；
- 总线协议覆盖率；
- 其他 I/O 跳转覆盖率；
- 设计内部的覆盖率。

top coverage manager 可以动态收集覆盖率，进一步将覆盖率分为累积覆盖率和增量覆盖率。累积覆盖率用来指示整体验证的进度，而增量覆盖率用来关联增加的覆盖率和激励序列。这两种覆盖率以及背后记录的相关数据可以用来进一步产生动态的随机偏置约束，继而引导生成更有效的随机激励来避免出现越是到后期，随机激励越是盲目无效的情况。因此这种中心化的覆盖率管理机制，不但可以对验证流程给出标准化要求，同时也可以通过其内部算法来产生更"智能"的随机激励。

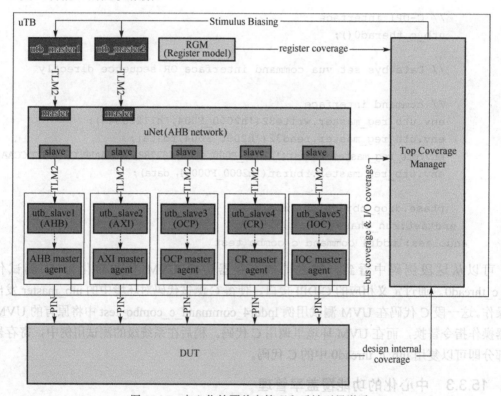

图 15.16　中心化的覆盖率管理和反馈引导激励

15.4　本章结束语

　　贯穿本章 TB 自动化的出发点在于，不但需要帮助验证师节省搭建和调试 TB 的时间、还需要根据公司和项目的实际情况，考虑如何实现跨平台、跨层次复用的问题。Mentor UVM Frameworks 提供的是双 TB 的结构，出发点是为了后期可以跨平台在 emulator 上面运行，同时依靠 inFact 可以实现图形化的激励描述以便实现跨层次的激励复用；笔者在本节介绍的自动化工具 Pangu，支持 C 接口也是为了模块级到系统级的复用，然而受制于项目实际情况，uTB 的结构并没有为跨平台做出更多考量，例如如何兼容 emulator 和 FPGA 的运行等。虽然说这对于 Pangu 和 uTB 看起来是一个"遗憾"，但还是那句话，鞋子合不合脚只有自己知道。自研发的工具优点在于可以解决当下项目所面临的问题，同时也考虑将现有的流程进一步规范起来。希望读者在阅读完这一章之后有自己的想法，从而实现贴合公司和项目的 TB 自动化工具。

下一章将进一步介绍如何考虑跨平台的激励描述和复用问题。这个热点话题会是接下来 5 年验证领域的重要研究方向，至于笔者为什么会给出这样一个判断，我们在下一章中会详细解读。

## 第 16 章

跨平台移植复用

UVM 用了近十年的时间统一了之前的各种动态验证工具、语言和方法学。这种统一使 IC 公司和 EDA 公司有更多的时间思考下一步提升验证效率的出路何在。从 SV 和 UVM 统一动态仿真领域这件事上我们可以学到，整个业界不应该再划分技术或方法学的边界，而应该一起合作，筹划如何迈出下一步。从目前纷繁的验证方法来看，不同的验证方法有其擅长的领域，然而如何统一这些验证方法以及这些方法背后的覆盖率是我们需要关心的。同时，芯片开发不断缩短的项目周期，要求软件开发周期与硬件开发周期实现更多的重合。所以，如何实现跨验证平台以及跨开发平台的验证方法学，都被迫切地提到了下一个系统层面的验证方法学筹备日程。

16.1　便携激励标准（PSS）

如果我们按照验证的生命历程来看的话，早先时候 IC 业界并没有将验证的重要性提到今天如此高的地位，甚至 30 年前人们大概还没有验证的完整概念，或者更多地停留在简单的测试层面。如果我们将镜头再拉近十年，那个时候随着仿真器的性能革新，HDL 语言几乎统治了数字 IC 设计的市场，而我们所学到的 "behavior code" 则是用来对设计进行测试的。由于受限制于 HDL 特性，那时的测试是清一色的定向测试。直到许多年以后的今天，我们高校的教育大多还停留在重设计、无验证的阶段，学生们会写 FIFO 和 FSM，而且用 HDL 写一点简单的定向测试用例。从学生的实践感受来看，他们也还认为，那些对硬件理解更深的人可以做设计，而其余的人则可以做验证。然而，外面的世界是这样的吗？笔者在大学授课时，只能讲 SystemVerilog 的语法和应用，而不能再深入下去讲一点 UVM 的知识，因为 SV 对验证世界的扩展和应用已经够同学们认真学习一个学期了。这么看来 UVM 对在校学生并不是那么友好，甚至对公司中的 UVM 初学者也是如此。

那么掌握了 UVM，就得到 "天下" 吗？我们应该首先祝贺你的是，你获得了 "码砖" 的资格证书，从此你将可以进入验证这个领域，然而验证师还有很多未知的东西要学习。如图 16.1 所示，目前对未来验证技术趋势的主流预测是，一个名为 "portable stimulus"（便携激励）的测试标准将在接下来的十年内逐渐普及。在本章后面的术语使用中，我们将用 "PSS" 作为 Portable Stimulus Standard 的简称。

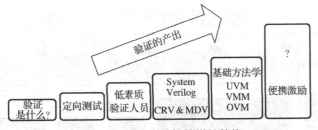

图 16.1　验证产出性的增长趋势

为什么 PSS 会成为下一个验证效率的增长点呢？这要从目前验证面临的问题说起。从仿真验证的项目周期开始，UVM 在模块级验证的优势是最明显的，一方面它的随机验证更易发现验证薄弱点，另一方面功能覆盖率可以量化验证过程。然而，到了子系统级别和芯片系统级别，UVM 的长处受到越来越多的限制，更多的测试场景逐渐交由 C 代码去完成，验证的重点也渐渐地从覆盖尽可能多的场景转为按优先级覆盖可能用到的场景。所以在芯片系统级的验证，随机变得不再那么重要，而模块集成、性能和效能的验证成为重点。这使得从模块级的 UVM 测试场景代码到系统级的 C 测试代码的复用既受到语言边界的影响，也受到不同驱动层次的测试代码复用影响。比如，UVM 的代码要转为 C 的代码，不单单是语言转化的问题，还要考虑 UVM 中的 virtual sequence 控制总线发送数据的驱动层（寄存器层？协议层？还是物理层？）是否可以更方便地跨接到 C 一侧的驱动层。所以，这是关于**从模块级到芯片系统级面临的垂直复用问题**。

仿真技术在越来越复杂的系统集成中受到各方面的挑战。比如在完备性测试中，无论从完整性还是效率上看，它都比形式验证逊色；而在大型或超大型 SoC 系统仿真中，它又受限于仿真时对 server 过重的负载，不得不将大型仿真和长耗时仿真的需求转移到 emulator 和 FPGA 上；早期的芯片架构评估需要 virtual prototype 和 virtualizer 的仿真技术，这也是 simulator 无法提供的。所以从验证的技术趋势看，目前的几种主流的验证技术都有专长的领域，且在快速发展。在 RTL 设计阶段，一个大型的 SoC 验证同时进行 simulation、emulation 和 FPGA prototype。除了要考虑在验证平台的构建上跨平台复用（即一个验证平台同时能够在 simulator 和 emulator，或者 simulator 和 FPGA 之间跨接），也需要考虑不同平台上的测试用例的复用。例如，在 emulator 或 FPGA 上测试时出现了错误，受制于这两种平台较为有限的调试手段，可以将该用例在 simulator 平台上仿真调试，利用更好的调试手段可以更快定位出硬件的问题所在。那么，在理想情况下，如果**在不同的验证平台上实现了跨平台复用**，进一步延伸就可以考虑，在芯片后期的驱动层和软件层开发中考虑引入 RTL 验证时的用例，或者在不同的开发阶段之间应该有统一的测试标准，从而实现更广义的测试复用。

也正因为如此，同样的测试场景存在着重复开发测试用例、不同平台和不同层次的测试代码无法复用的问题。所以，验证领域在过去的十年中逐步统一了验证方法学、实现了验证完备性之后，未来的十年需要提高的是验证效率。验证效率的提高是一个大的命题，从已有技术来看，我们仍然需要依赖于多种验证技术和工具来完成功能验证，如何实现不同技术、不同层次上验证产出的最大化将是一个重要考量。PSS 的提出就是为了缩短产品的测试时间，如图 16.2 所描绘的，通过产品功能描述来完成一个标准格式的翻译（包括设计和测试两部分），进而使得验证用例和验证计划在垂直复用和跨平台复用上具有连贯性[34]。

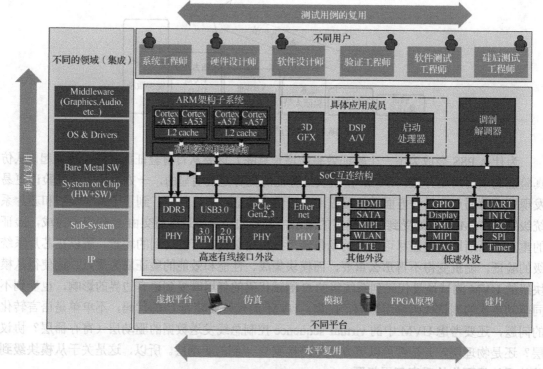

图 16.2　PSS 的高层次系统化验证视角

那么现有的语言标准是否可以提供"统一的测试描述"呢？业界不是没有想过。例如现有的 UVM，虽然它对于验证工程师而言是统一的验证方法学，但是其他平台和其他开发周期链条上的工程师并不熟悉 SV 和 UVM，而且 UVM 的学习成本也高。同时受限制于 SV 语言本身，UVM 无法在系统级验证层面提供很好的支持。或者 SystemC 或 C++ 呢？它们也有各自的语言优势，然而依然无法在更高的系统层面来描述一个测试场景。那么一个单独的 PSS 语言标准应该具备哪些特性呢[35]？

- 这个语言应该提供统一的库接口，该接口需要获得不同 EDA 公司的 VIP 所支持。这么做是为了加速 SoC 集成和测试。
- 一旦在不同 EDA 公司的各个平台和 VIP 上实现了统一接口，那么无论对于 EDA 公司还是验证师，它们将会拥有更上层的统一接口，继而在这个接口上面做开发。关于这个特性，是否让你想起了 UVM 的发展路径呢？EDA 公司们当年也是各自圈地，而后发现这么做不但没有形成各自的优势，反而给客户造成了困扰。如今验证方法学已不再是 EDA 公司建立的技术壁垒，而进一步走到了测试场景描述的需求层面，这一次 EDA 公司共同合作，准备推出一个 EDA 公司和工业界都认可的标准。我们期望的是下一个十年 EDA 公司在此基础上展开合作和竞争，这对整个行业是有益的。
- 如果实现了不同 EDA、不同平台、不同验证层次的测试机动性，可以预见的是，无论在产品哪个开发周期、哪个平台和层次的开发测试人员，都将采用一致的场景描述语言，这对产品开发中的沟通和产出都是有帮助的。
- PSS 并没有采用现有的语言而是另外设计出一种描述方式，这留给了 EDA 厂商足够的空间去联合它们现有平台和 VIP 资源。而这一点很重要，因为要实现统一的测试描述，从高层的描述到底层的验证方式，对于中间层的平台和 VIP 资源，各个 EDA 公司有着独立的架构和特点。PSS 只用来规定描述场景的语言和方法，而并没有规定 EDA 厂商如何实现从高抽象级到低抽象级测试的映射方式。

- PSS 语言采取了一种自然的（易读易学的）和准确的方式来帮助用户定义便携测试的场景。这种易学易读的特性也无形中扩大了它的潜在用户群体，比如对于系统工程师和硬件设计人员，他们在面对一个用 PSS 描述的场景时，几乎不用学习就能了解该测试的大致意思。

讲到这里，我们不妨再联系之前的第 15 章介绍的 Pangu TB 自动化工具和其生成的 uTB 特性：

- 可以快速集成现有的 VIP 资源，无论它来自任何一家 EDA 公司或是自开发的 VIP。
- 可以用统一的、易读的、易学的测试指令来描述测试场景，从而实现垂直复用和良好的可维护性。
- 由于结构化的特点，可以统一收集功能覆盖率，并且利用覆盖率实现智能的激励创建和覆盖率收敛。

从这些核心特性可以看出，Pangu 和 uTB 在开发伊始，也是充分考虑到了以后的资源和准备要实现的测试复用场景，那就是想在各个 VIP 资源上实现更快的验证环境搭建，以及用统一的测试指令来提供一种便携激励描述的可能。在 Pangu 实际使用经验中，我们已经得知它在垂直复用和测试描述一致性上面取得了成功。所以 Pangu 在开发时，已经将 PSS 理念融入其中，而它未能实现跨平台复用也是与笔者所在项目的各个平台的复杂历史原因有关。

再回到 PSS，从目前成功推出 PSS 产品的 EDA 公司来看，它们在 2015 年就达成一致与业界公司验证专家组成了 Accellera PSWG（Portable Stimulus Working Group）。该工作小组的创立目标就是综合业界需求并基于 EDA 公司已开发的 PSS 工具之上，推出大家一致认可的 PSS 标准。我们将在 16.2 节介绍目前几家 EDA 公司的 PSS 工具。也许读者还没有认识到这些工具将要产生的蝴蝶效应，但笔者相信，随着这些 PSS 工具和 EDA 公司已有资源的日益整合，未来这些 PSS 工具在高效验证场景的出镜率会越来越高。

16.2　PSS 工具集概览

在 16.1 节提到，主要的 EDA 厂商都开始在 PSS 上面布局，很可能把验证领域引入下一个时代，提高验证行业的效率，促进测试标准的统一。本节将介绍目前主流的 PSS 工具及其特性。首先进一步了解 portable stimulus 的概念和层次设置，无论 SV/UVM 的测试用例还是系统级 C 的测试用例，验证师关心的层次仍然是 transaction level。transaction level 是将一系列相关的事件结合到一起，构成一个在更宽泛时间意义上的大事件，例如一次寄存器的访问、一个数据包的传输。PSS 将继续拔高这个抽象级，因为它不想拘泥于某一特定 VIP 的控制，或者某一寄存器的访问，而是要在更高的层面完成操作，比如将 DMA 寄存器配置为从 memory 搬运数据到另一侧，又比如发送多少的数据量，而不关心发送这些数据量是花了多长时间来完成的。在这一层面上的操作，我们称之为 scenario level。例如在图 16.3 中，从测试的起点开始，我们可以看到一些 scenario level（SL）不同于 transaction level（TL）的地方：

- SL 中每一个元素更易读和维护。
- SL 中每一个元素应该包含更具体的 TL 操作，比如一系列寄存器操作和数据传输。

- 图 16.3 中的单个 SL 元素称为 action。借助于更高的抽象级，action 的跨平台复用性更好。在实际中不同的 action 也需要不同的输入输出数据和控制逻辑。
- 一个 scenario 由一系列的 action 构成，同时 action 之间的跳转也需要数据流的调度。比如，modem receive 何时跳转到 DMA Xfer 或跳转到 mem copy。

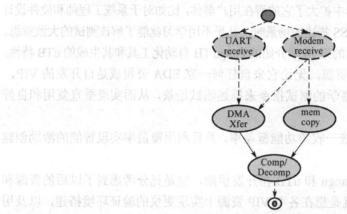

图 16.3　PSS 的 SL 抽象级描述

下面给出一个简单的例子，介绍使用 PSS 实现 SL 的测试需要完成哪几步。在图 16.4 中有 UART、DMAC、MEM，还有外接的 Data 端口和 Command 端口，利用这些资源可以实现这样一个 scenario：

- UART 从 Data 端收发数据。
- DMA 可以并发从 MEM 发送/获取数据。
- Command 端口可以配置 UART 和 DMA 的寄存器，也可以从 MEM 读写数据。

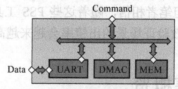

图 16.4　子系统级数据迁移的实例

这样一个典型的子系统，在实现 SL 测试之前，需要为各个模块定义将来被使用的 action：

- 对于 UART，需要定义读写数据的 action，read_in 和 write_out。
- 对于 DMA，需要定义搬迁数据的 action，从 UART 到 MEM 的 u2m_xfer 和从 MEM 到 UART 的 m2u_xfer。
- 在这些基本 action 之上，用户可以实现自定义的组合，构建自己的 action。

实际上 PSS 在实现中不仅仅需要 action，还需要其他辅助的资源定义，例如 struct，lock，share，pool 等。我们不在这里介绍它们的用法，相信在本书的下一版会出一个专题介绍 PSS 的第一版标准吧。即便是依靠 action 这样一个高层次的概念，读者也可以看到这些更大的"宏"已经封装了各种细节操作和对应测试场景的语言，这就使得操作更加模块化和方便移植。模块化的特点使得 PSS 语言在应用时既可以用写的方式，也可以用画的方式。为什么会有画的方式呢？因为它除了方便阅读整个场景的流程外，也便于拖曳绘制测试场景。这不禁让笔者想起了另一个很有发展潜力的"积木"语言——RobotC。如果读者有玩过 LEGO 机器人编程的话，会知道一种语言如果用来绘制间接生成代码，也是挺有趣的一件事情。

待测试的系统如果扩展为更大的 SoC 级别，读者可以从图 16.5 看到，我们仍然需要为各个系统模块定义好 action。例如 CPU 的 write、copy 和 read，Graphics SS 的 decode。接下来就是将这些 action 和更多的辅助资源、逻辑控制组合在一起，创建出各个特定的 scenario。

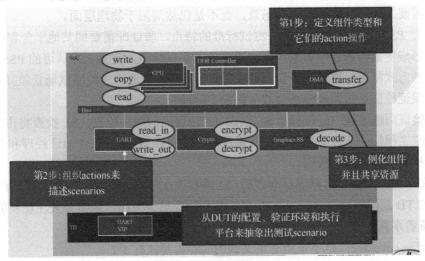

图 16.5　SoC 级数据迁移的实例

上面关于 action 和 scenario 的定义都是可以用 PSS 语言来定义的，而 PSWG 也正在积极筹备 PSS 语言标准。在语言层面，用户可以在符合 PSS 标准层面上自定义 action 来实现高层次的 scenario。如图 16.6 所示，有了 PSS scenario 之后就到了工具层面了，即 PSS 工具需要将 PSS model 转换为特定的测试代码（如 SV/UVM 或 C），或者调用特定的测试代码。从 SL 到 TL 的映射关系需要在 PSS 中指定，同时对应的 TL 方法（SV 或 C）也需要用户定义，或由 VIP 自身实现。

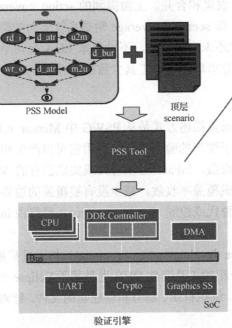

图 16.6　PSS 关于从 SL 到 TL 的映射

可以预见的是，验证师需要关注 SL 的这几个方面，它们不同于以往的 TL 级别验证：

- 需要适当地划分出 action 粒度。在 VIP 层面，EDA 公司将会把 PSS 的 action 定义绑定到 VIP 中，作为库的一部分。
- 更需要关注芯片在应用时的场景，而不是仍然局限于物理层面。
- 由于 PSS 具备跨平台和统一测试标准的特点，验证师需要同其他平台和测试开发人员形成更紧密的合作关系，来沟通一致的测试场景，定义大家认可的 PSS scenario。这种方式将更好地整合资源，同时避免因为缺乏沟通造成的测试场景差异，从而进一步保证验证场景即是将来会被应用的实际场景。
- 在验证回顾过程中，将分为 SL 层面和 TL 层面的两种检查。SL 检查将由验证经理、系统工程师、芯片测试工程师从系统层面检查；TL 检查将由验证经理和验证师们共同检查实现的底层代码。

那么在即将建立起新的测试标准之后，还需要关注哪些方面呢？一方面将是伴随 PSS 跨平台特性的 TB 结构组成，这一点将在 16.3 节介绍；另一方面，则需要关注在新的抽象级上面的新型覆盖率有哪些。

- Action coverage：是不是所有定义到的 action 都执行了？
- Scenario coverage：是不是所有合法的 action 序列所构成的 scenario 都执行过了？
- Datapath coverage：是不是在一个 datapath 上面所有合法的 source 端和 target 端都涵盖了？
- Value coverage：对于可能的配置寄存器和状态寄存器组合是否都覆盖了？
- Resource coverage：对于场景中借助的辅助资源，是否也都使用到了？
- Cross coverage：这一点同 SV cross coverage 一致，即需要将关心的 cross coverage 列举出来。

对于这些新型的 coverage，目前的 simulator 或其他平台的工具都无法提供，但是可以借助 PSS 工具来完成监视、收集和合并。上面提到的 action coverage 可以映射到 TL 级的一些 function coverage 的集合；而 scenario coverage 则是系统层面的覆盖率，可以映射系统集成的验证要求。尽管 PSS 标准还未正式推出，不过几家 EDA 公司早已经摩拳擦掌推出了各自的 PSS 工具，接下来我们看看市场上这些工具大致的特性吧。

16.2.1 inFact

PSS 基于图形验证的场景描述方式是从 PSWG 中 Mentor inFact 测试平台自动化工具借鉴来的。inFact 是一个基于图形的验证工具，利用它可以产生和引导测试激励，从而保证更好的测试复用性和覆盖率收敛。inFact 可以替代或集成已有的 VIP，它使用一种特殊的图形算法，从而可以更快地完成覆盖率收敛，减少没有被覆盖的边界场景。图 16.7 和图 16.8 说明，利用 inFact 工具可以替代或控制 VIP 的 sequence，最终由 inFact 实现基于图形的验证方式。

inFact IDE（interactive development environment）基于可扩展的 Eclipse 开发平台，我们在之前 SV/UVM 开发时介绍的工具套件 DVE 也是基于 Eclipse 平台。inFact 通过自定义的多个组件可以构成项目文件、组织目录、编辑和创建新的文件。针对已有验证环境如何与 inFact 集成，用户可以考虑：

- 集成原有的 UVM/OVM 的验证组件到环境中；

● 新创建一个 inFact 测试组件。

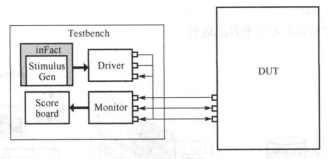

图 16.7　inFact 嵌入验证环境的用例 1

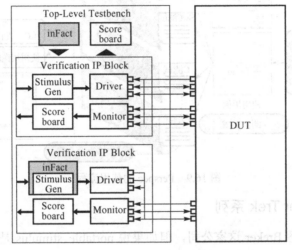

图 16.8　inFact 嵌入验证环境的用例 2

　　完成了上面的步骤后，接下来将 inFact OVM/UVM 序列集成到 testbench 中，从而使用图形随机选择 sequence，且有方向性地调整随机序列内容使其更快地完成覆盖率收敛。最后，用户还可以基于图形定义上面提到的新型覆盖率，完成 SL 和 TL 两种级别的覆盖率定义和收集。

16.2.2　Perspec

　　PSS 模型（即用 PS 语言描述 action、scenario）则是由 Cadence Perspec 提出的。Perspec 工具可以读入 PSS 模型，而 SL 层的模型又可以映射底层的 C、SV 等语言块。利用 PSS 模型，用户可以定义要测试的场景。图 16.9 的 SoC 系统中各模块的 action 都已定义完备，可以组合这些 action 模块实现一个 scenario。稍后 Perspec 可以读入这些 scenario，生成 scenario 图。在 scenario 图上，用户可以很方便地预览所有参与到场景中的 action 和可能的 datapath 等。

　　有了需要实现的 scenario，Perspec 结合 action 和它们自有的参数，产生随机化数据和控制逻辑，生成一个独一无二的测试场景。类似于 inFact，Perspec 也可以穷举出各种可能的、符合场景要求的随机数据和控制逻辑，进而在不浪费资源的情况下尽快实现覆盖率收敛。下面结合图 16.9 给出使用 Perspec 的流程：

● 建立 PSS 模型（完善各个模块的 action 库）。
● 定义 scenario。

- 由 Perspec 生成适用于各个平台的测试用例,例如 Simulator 上的 SV 和 C test,emulator 上适用的 C test。
- 利用生成的测试在各个平台上运行。
- 调试。

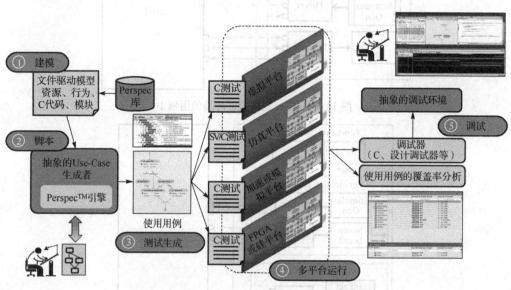

图 16.9　Perspec 的使用流程

16.2.3　Breker Trek 系列

　　读者也许不太熟悉 Breker 这家公司,但如果说 portable stimulus 是由它们一开始提出,大家都会对它肃然起敬吧。像这家公司网站的口号"The leader in portable stimulus"一样,他们知道如何在 EDA 大公司的阴影下生存,他们的工具保持聚焦在 portable stimulus。Breker 提供了第一套 portable stimulus 工具,可以由工具自动生成 C/C++测试代码或 UVM 序列,或者这两者的结合。如同上面两个工具生成的测试代码,这些代码可以实现不同测试级别的垂直复用,也可以实现不同测试平台的水平复用。

　　如图 16.10 和图 16.11 所示,在 Breker 提供的 Trek 工具系列中,TrekUVM 和 TrekSoC 分别针对模块级的 UVM 测试和系统级的 C/C++测试,而 TrekSoC-Si 则类似于 TrekSoC,但可以生成优化的且便于在 emulator、FPGA 等平台上执行的 C/C++代码[36]。

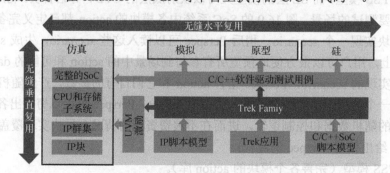

图 16.10　Breker 公司的 PSS 工具系列

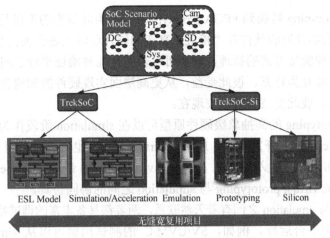

图 16.11　Trek 系列工具的平台应用

16.3　跨平台的验证结构考量

在之前关于验证各个平台的介绍中，我们涵盖 virtual prototyping、simulation、formal、emulation 和 FPGA prototyping 这几种验证平台。除了 formal 需要不同于其他平台的算法和技术之外，其余平台之间天然存在着共通测试平台和用例的可能性。接下来我们主要就目前已经为行业所应用的混合仿真或跨平台的验证方式展开介绍：

- virtual prototyping 与 simulation 的混合仿真；
- simulation 与 emulation 的混合仿真以及跨平台验证；
- virtual prototyping 与 FPGA prototyping 的混合仿真；
- virtual prototyping 与 emulation 的混合仿真。

在介绍这些不同验证平台组合的混合验证方法前，我们先回顾这些验证方式的主要应用场景，以及在什么情况下需要这样的混合验证和跨平台验证方式。

- virtual prototyping （由 SystemC/C/C++ 构成）这种验证方式往往服务于在硬件 RTL 还未稳定前给软件开发提供一个早期的平台，便于软件在其平台上开发，解耦硬件与软件之间的依赖关系，使得软件开发较为提前，而不严重依赖于硬件开发的进度。
- simulation 则主要为 RTL 功能验证服务，使得在流片之前尽量保证硬件实现的低缺陷率。
- emulation 的速度较 simulation 要快 10~100 倍。同时，它丰富便捷的调试特性，可以为性能测试提供平台，协助 simulation 的工作；另一方面，它较为出色的性能也能协助 post-silicon test，使流片后的硬件单元测试在更早期完成，以此提前片后测试的工作。以前只有片后测试可能发现的问题，现在便有了更多机会在流片前暴露出来。可以说，这种手段不但降低了风险，也减轻了片后测试的负担。
- FPGA prototyping 的性能较 emulation 要高出一个数量级，而它的调试能力则随之下降。从目前的应用情况看，受限于它的 partition、clocking 和 memory 等问题，下载到 FPGA 的系统越大，硬件出现问题时需要调试的难度越大。从 FPGA prototyping 受益最多的客户是软件开发，一旦 FPGA 环境建立起来，软件开发即可以在流片前从

virtual prototyping 转换到 FPGA prototyping 上，由此带来的不仅是性能的提高，同时也可以将前期开发的软件在"接近"真实的硬件逻辑上进行测试和后续开发。

通过对上面各种验证方式的梳理，读者可以看到这几种验证平台之间存在着交叠情况，或者说验证平台之间互为补充、彼此受益，从更高层面实现硬件的加速验证和软件的早期开发。这些互为补充、彼此受益的关系表现在：

- virtual prototyping 的高抽象级硬件原型可以在 simulation 阶段作为 reference model，从而节省 testbench 开发时间。或某些 virtual model 也可以在早期 RTL 的一些硬件设计还未发布之前，嵌入到 RTL 系统中。virtual model 嵌入到 testbench 或 RTL 系统，都需要实现 virtual prototyping 与 simulation 之间的协同仿真。

- simulation 与 emulation 之间有着天然联系，两者都具备丰富的调试特性，还可能实现测试用例的跨平台运行。例如，SV/UVM/C 的测试用例可以从 simulator 平台移植到 emulator，这种跨平台复用不但节省了时间，也将这两种验证平台紧紧绑定在一起，更好地为前端验证服务。无论是跨平台验证的复用问题，还是 simulation 与 emulation 的混合仿真，都离不开 testbench 的重新考量，以使一个 testbench 可以为这两种验证平台所共用。

- virtual prototyping 往往较 RTL 开发更为早期，使得软件开发可以在前期准备一些算法和通用的软件开发，而更底层的硬件驱动，则需要由 RTL 稳定之后的 FPGA prototyping 来实现。因此从 virtual prototyping 到 FPGA prototyping 的切换也显得很自然，它们都主要是为软件开发服务，同时这一切换有时也有混合 prototyping 的需要，即 virtual prototyping 和 FPGA prototyping 的混合仿真。

16.3.1 virtual prototyping 与 simulation 的混合仿真

上面提到的 virtual prototyping 中的 SystemC model 嵌入到 RTL model 时（见图 16.12），需考虑下面一些问题：

- SystemC 的建模抽象级可以到 pin 一级，然而，通常 SystemC 模型并不将边界具体到 pin 一级，而是采取 TLM 通信的方式。这使得 SystemC 模型嵌入到 RTL 系统时，需要为其准备 RTL wrapper。该 wrapper（SV module）的作用即是将 RTL input 转换为 TLM input，或将 TLM output 转换为 RTL output。这种转换需要 TLM 的非时序性到 RTL pin 的时序性关系的映射。

- 即便完成了 RTL wrapper，使得嵌入之后可以完成 RTL pin 到 TLM 之间的转换，也要考虑 SystemC model 本身的时序精确性。RTL 是 cycle accurate 模型，SystemC model 往往是 loose timing 模型，这对 RTL 测试用例提出了要求，那就是测试用例本身不能严格检查 SystemC 模型的时序，而应主要关注于内在逻辑关系，例如寄存器访问、数据格式等。

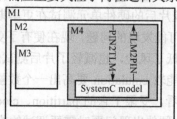

图 16.12　SystemC 模型与 RTL 模型的混合仿真实例

上面讲到的 SystemC model 到 RTL model 中的混合仿真，存在的限制在 SystemC model 到 SV/UVM testbench 的混合仿真时就不存在了。这要感谢 UVM 的 TLM2 通信接口与 SystemC TLM2 通信接口之间的天然对接，以及双方均侧重于 transaction 级别的通信验证方式。关于 SystemC 在 UVM 环境中的混合仿真接口应用，我们将在第 17 章详细介绍。

16.3.2　virtual prototyping 与 FPGA prototyping 的混合仿真

再来看 virtual prototyping 与 FPGA prototyping 的混合仿真方式。基于 TLM 通信的 virtual prototyping 和物理方式的 FPGA prototyping 较为独立，前者可以在 RTL 开发前就准备好 TLM 环境便于软件开发和调试，而 FPGA prototyping 则提供了更精确、高性能和和真实物理环境的接口。那么将这两者进行混合，会带来什么不一样呢？

- 这种混合方式在于更早期能够建立模型，同时又能够与真实世界的物理接口完成连接。
- 可以将 SoC 系统进行拆分（partition），分别拆分到 virtual prototyping 环境中和 FPGA prototyping 环境中，使整个 prototype 的性能最大化。
- 可以将 processor 子系统整个都划分到 virtual prototyping 环境中，提高调试的可视性和软件的可控性。这一优势很好地弥补了往常依赖于硬件 processor 子系统的开发周期以及在 FPGA 上进行软件调试的各种限制（例如无法设置断点、查看寄存器等）。
- 目前 processor 子系统很大一部分都在使用 ARM 系列，而为此开发的 ARM 系列 virtual processor 模型、AMBA transactor 以及其他验证 IP 分别在 virtual prototyping 和 FPGA prototyping 两个平台之间的快速建模能力使得混合仿真更加简单。

这些主流验证平台都基于三大 EDA 公司完成的工具套件，他们也针对提高跨平台验证效率给出了一些类似的实现方式。例如在图 16.13 中，Synopsys 针对自家的 virtual prototyping 平台 Virtualizer 的开发环境套件 VDK 与 FPGA prototyping 的开发套件 HAPS 提出了混合建模方案，其建模的通信方式是基于 AMBA TLM transactor 以及与真实世界的 UMRBus，而模型的构建采取的是 Virtualizer 与 ProtoCompiler，运行时的分析调试手段则依赖于 ProtoCompiler RTL Debugger 和 Virtualizer。

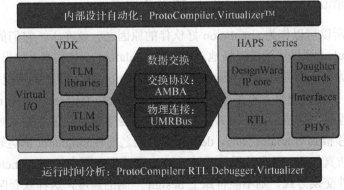

图 16.13　Synopsys 虚拟模型与 FPGA 平台混合仿真的解决方案

如图 16.14 所示，Synopsys 给出的一个典型 SoC prototyping 混合建模解决方案，其关键在于需要将整个 SoC 进行合适的拆分。有了合适的拆分，就能更早期地为软件开发提供易调试的环境。正如之前介绍的该混合方式融合了两种 prototyping 的优点，软件开发不但可以通过更快构建 virtual processor 来进行软件调试开发，也能够在早期实现同真实世界如 PHY 和测试设备的连接。这种混合方式给了开发者更多选择，使其可以在 TLM 级的 SystemC 模型和 RTL 模型之间进行选择，并可以随项目周期实现这些模型在两个平台之间的移动。

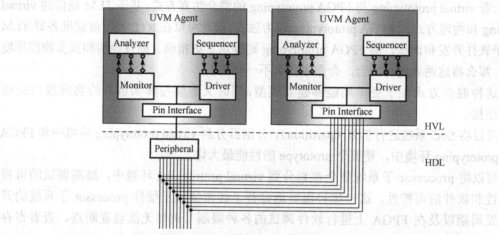

图 16.14　Synopsys 虚拟模型与 FPGA 的混合仿真实例

　　要实现这两种平台的高效混合仿真，高性能的通信方式是一个重点。除了考虑同物理世界的通信连接，virtual prototyping 与 FPGA prototyping 之间的连接方式主要采用了 AMBA 总线如 AHB/APB/AXI3/AXI4 等 transactor（C++ library），完成了从 virtual processor 到 FPGA 侧的高效通信。

　　如果对这种混合建模的方式感兴趣，可以从 Synopsys 的官方介绍获得更多细节。当然，这种混合建模方式也存在于其他 EDA 公司的解决方案中。

https://www.synopsys.com/content/dam/synopsys/verification/prototyping/datasheets/hybrid-prototyping-brochure.pdf

16.3.3　simulation 与 emulation 的混合仿真

　　emulation 之所以可以作为 simulation 好伙伴的原因之一就在于，它们的仿真速度没有差到太远，但是 emulation 仍然无法很好地"带动" simulation 一起仿真。如果我们对 simulation 环境做出更好的优化，则可以实现 simulation 与 emulation 在混合仿真情况下，simulation 不会拖慢 emulation 太多的速度。在平常仿真模式下，无论是 testbench 还是 design，都有相当多的时钟驱动进程块，这些活跃的时钟进程块正是拖慢整体仿真速度的元凶。当我们有条件将 design 部分都移植到 emulator 侧时，design 则要比之前在 simulator 侧运转得快得多，这要归功于硬件上的仿真加速。但在这种 co-simulation 模式下，原本的 testbench 运转方式如果还是基于时钟的事件交换方式，则不能再跟上 design 一侧的速度，这样就会明显拖慢整体的仿真速度。这里读者需要注意的是，在 simulator 一侧的 testbench 和在 emulator 一侧的 design 之间的通信，如果基于 testbench 一侧的时钟进程块，则使得 design 只能放慢太多的速度，等待 simulation 一侧的速度。所以，无论采用 Mentor 提供的如图 16.15 所示的混合仿真加速方案 TBX，还是 Synopsys 和 Cadence 提供的解决方案，混合仿真首要考虑的是不同仿真平台的性能调和。简单来看，性能调和就是慢的一方必须尽可能地加速，尽全力赶上快的一方，保证整体混合仿真效率不至于被 simulator 一侧拖慢太多。

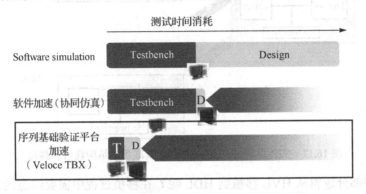

图 16.15　仿真和模拟在联合仿真时的速度考量

目前广泛使用的一种方式是"双顶层"（dual-top）测试结构。如图 16.16 所示，在 simulation 平台上，属于验证部分的 HVL 往往通过 pin interface 来驱动属于设计部分 HDL 的硬件，因此，HVL 与 HDL 之间的通信是通过 pin interface（基于时钟）的。

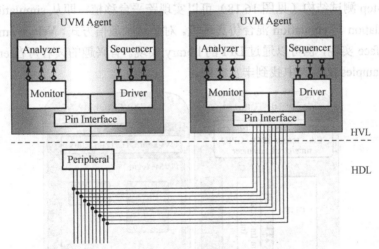

图 16.16　为跨平台复用所准备的双顶层测试结构

如果这种在 simulator 环境中常见的 HVL 和 HDL 分块的通信方式移植到 emulator，那么 HVL 一侧（simulation）的仿真会拖慢 HDL（emulation）太多。因此，需要将 HVL 与 HDL 之间的通信频率降低到极低，使 HVL 与 HDL 尽可能少地进行同步通信，才会更大程度地提高整体混合仿真效率。因此可以采取图 16.17 的方案，将这些 VIP 进行分块，把生成随机激励的部分置于 HVL 一侧，把执行 pin interface 驱动逻辑和按照时钟周期采样逻辑置于 HDL 一侧。这样便将原先 HVL 中的非时序部分保留在了 HVL，将需要按照时钟周期驱动和采样的逻辑移植到 HDL 部分。

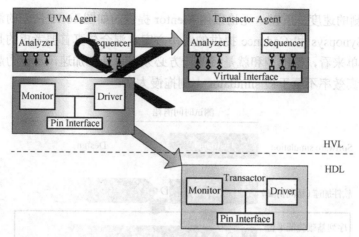

图 16.17　VIP 为与 emulation 联合仿真准备的结构裁剪和移植

如何将时序部分逻辑从 HVL 移植到 HDL 呢？在移植过程中需要注意的是，之前 driver 和 monitor 使用的软件编码方式因无法综合到 emulator 一侧而需将核心逻辑部分转换为可综合部分。为了区分 HVL 中的验证组件 driver 和 monitor，我们将移植到 HDL 一侧的组件称为 transactor。正是这些从 HVL 跳转到 HDL 的 transactor，使得 HVL 与 HDL 之间的通信频率从时钟级通信降低到 TLM 级通信，这一转变大大避免了通信同步导致的整体仿真速率的下降。

通过 dual-top 测试结构（见图 16.18）可以实现跨平台移植，即从 simulation 平台的纯仿真环境到 simulation 与 emulation 混合仿真环境。对于这种通信方式，Veloce emulation 平台既可以通过 interface 实现，也可以通过 DPI 的 library 实现。有兴趣的读者可在 emulator 工具安装目录下的 examples 文件夹中找到丰富实例。

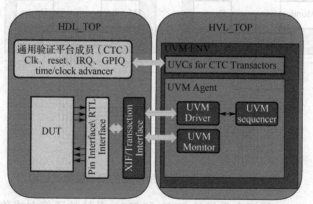

图 16.18　双顶层联合仿真的测试平台内部结构

16.3.4　virtual prototyping 与 emulation 的混合仿真

我们在 virtual prototyping 与 simulation 的混合仿真中介绍过，这两种平台的混合方式既可以采用 SystemC 模型替代 testbench 中的 reference model 以减轻验证的工作量，也可以由 SystemC 模型暂时替代部分硬件设计与其余的 RTL 进行设计上的混合仿真。对于后者针对设计的混合仿真，可供替代的方式还有 virtual prototyping 与 FPGA prototyping 的混合仿真，这一点已经在前面提到，同时也可以考虑 virtual prototyping 与 emulation 的混合仿真。无论哪一种方式，它们之间的接口都应采用非时钟通信模式，图 16.19 表示了 virtual prototyping 与 emulation 的混合仿真。

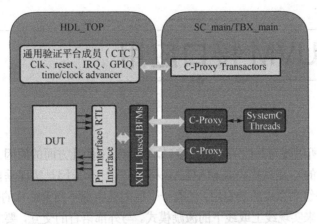

图 16.19　虚拟模型和模拟平台之间的混合仿真

Veloce 通过 SCEMI 2.0 的编程接口使得 C/C++/SystemC/SystemVerilog 可以通过该接口实现 HVL 与 HDL 的 TLM 通信。如果在 testbench 构建前期考虑到测试环境将来可能运行的其他平台，可以从一开始就设计好一个便于跨平台复用的 testbench 结构。

也许读者还流连于 simulator，那是因为它的仿真速度在中轻量级验证负载下还足够，或者你还没有听到软件开发人员对仿真速度低下的抱怨。但毫无疑问的一点是，测试平台的互相借力、优势互补、混合仿真是一个大的方向。如果你在其他平台上面也有一定经验，那么这种"交叉"使用经验会让你在测试平台构建上有着不可替代的优势。也许正因为你的独到眼光，为测试平台的复用在今后项目中养成良好的"体格"。

16.4　本章结束语

也许这一章对于你来说是属于"拔高"的部分，也许这一章的内容还不是你目前所面临的困境。不过我们可以从这一章来认识，验证效率的提升是有迹可循的。无论不同的验证工具还是不同的验证方法学，都是为了提升某些特定项目周期的执行效率。如果我们将视角放得更长远，从芯片整体的开发周期来看，将硬件开发、软件开发和平台开发都包括在内，那么我们需要压缩的则是整个项目周期。可以预见的是，PSS 能够协助缩短更广义的项目周期，但如何实现目前硬件和软件层面的既有代码与 PSS 的桥接则是一项挑战。同时，就眼前而言，如何实现不同验证方法之间的混合仿真，也需要纳入构建动态仿真验证平台的结构考量。

第 17 章

SV 及 UVM 接口应用

　　SV 与 UVM 之所以要与其他语言建立接口，可能有下面几方面的原因。一个原因是复用原有的环境，比如原有的 C 测试代码或 MATLAB 模型；另一个原因是实现垂直复用，例如 C 测试代码可以实现从模块级到系统级的复用；还有一个原因是实现不同于往常的验证结构，例如通过脚本与 UVM 的接口来实现线上或线下的激励模式。与外部语言的交互，要求实现稳定的通信机制。SV 与 UVM 与外部语言的接口核心是以 DPI 来实现的。本章归纳了 SV 及 UVM 使用中的多数混合语言接口应用。随着方法学和验证的进步，可能还会出现与其他语言混合验证的新要求。读者可以扫描本书的二维码，通过"路科验证"订阅号与笔者展开技术问答。

17.1　DPI 接口和 C 测试

SystemVerilog DPI（Direct Programming Interface）的应用越来越广泛，在硬件和软件跨边界通信场景应用中扮演着重要角色。就如第 16 章讲到的，DPI 可以运用在以下这些地方：

- virtual prototyping 与 simulation 的混合仿真；
- virtual prototyping 与 FPGA prototyping 的混合仿真；
- simulation 与 emulation 的混合仿真；
- virtual prototyping 与 emulation 的混合仿真。

　　读者或许对 simulation 之外的其他验证方式感到陌生，或者因实验条件限制而无法更方便地接触到 DPI 应用。本节将着眼于简单直观的实际场景来讲 DPI 的应用，讲一讲如何满足那些习惯于写 C 测试的"老测试员"，让他们可以在 C 环境下写 C 测试用例，而不用关注底层验证环境是由 UVM 实现的还是实际硬件执行 C 代码的。

　　如图 17.1 所示，本节将定义处于 UVM sequence 和 C 之间的转换层，通过这种方式降低 UVM 的使用复杂度，使验证环境对其他非 UVM 的验证师更加友好、更易于上手。在一些情况下，测试的随机化并不是最重要的，将同一个测试用例在不同的测试层次中移植复用反而更加重要。这里并不是否定随机测试的重要性，而是尝试将随机测试和定向测试分开，将有可能由 C 替代的测试部分从原有的 UVM 测试中剥离出来，同时在支持 C 测试的 UVM 环境中完成迁移[37]。这么做的好处明显，不但降低了验证师的学习难度，也为测试代码的复用打下基础。

　　子系统测试中的一个常见场景如下，分布的子系统有时自身没有处理器单元，或者即便有，处理器仍预留接口供外部处理器访问。在构建子系统测试平台时，往往要考虑如何实现子系统外部的 master 端（即处理器访问行为）来模拟芯片系统级别上的外部访问。一种可供选择的验证结构方案是，挂载一个小而轻便的硬件处理器子系统，如图 17.2 所示。该子系统具备下面这些特性：

- 可供参数化的多核以支持多核运算执行。
- 具备本地化的存储单元以便更快速地执行编译后的测试代码。
- 拥有中断处理响应单元，支持中断处理。
- 支持复位（reset）。
- 支持上电和掉电（power）。

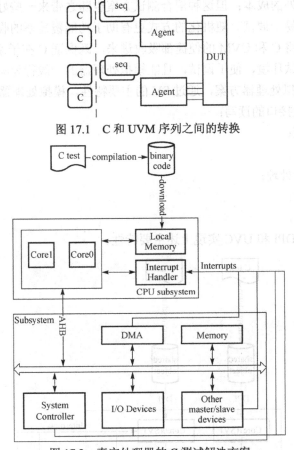

图 17.1　C 和 UVM 序列之间的转换

图 17.2　真实处理器的 C 测试解决方案

　　尽管有一个小而轻便的硬件处理器子系统，一个真实的硬件子系统用来模拟系统级的外部访问是个不错的主意，但也有一些限制和不便：

- 处理器子系统虽然"轻便"，但硬件的体积相较于软件仍显过大。
- 针对不同子系统可能预留的不同接口（AHB/AXI/OCP），处理器子系统需做出相应的接口调整。
- testbench 的开发者还需将 C 代码编译、转换二进制文件以及二进制文件下载到 memory 中的流程集成到原有测试环境中。
- 子系统的接口连接较为复杂，testbench 开发者需要额外的时间理清各信号的功能。
- 子系统的启动往往还需要额外的启动配置文件（例如 linker/scatter 链接文件、boot 代码），且仿真时需要额外的时间完成功能初始化。

　　所以，在这种情况下使用真实的处理器子系统并不是最好的选择。另一个可供选择的方案如图 17.3 所示，直接将已有的总线 UVC 如本方案中需要的 AHB UVC 集成到环境中，而用户在访问时需构建 UVM 测试用例，同时要考虑在子系统一级完成 UVM 与 C 的混合测试方案。UVM 在这里用来发起外部访问，而 C 则由子系统内部的处理器执行，UVM 与 C 之间的同步可以通过物理方式实现，例如寄存器的同步或 memory 内容的同步。这种混合测试方式尽管增加了一些成本，例如验证师学习 UVM 测试方法、学习完成 UVM 与 C 之间的同步以外，还有很重要的一点是，今后在系统级测试阶段，无法将子系统级的 UVM 测试用例直接复用，这会带来额外的成本；但这种混合测试方案也随之带来一些好处，例如测试环境更加轻量化、外部接口易于调试、随机化的方式更有助于功能覆盖率的收敛等。

　　那么有没有可能将 C 和 UVM 的便捷都吸收进来，既保证 C 在子系统到系统级的复用，又能带来轻量化的测试环境，便于调试，且能模拟处理器的一般行为呢？我们这里给出一个借助于 DPI 实现的虚拟处理器方案，通过 SV 的主要特性，模拟处理器的上述主要特性：

- 支持各种总线接口的读写；
- 支持中断响应；
- 支持时间等待；
- 支持多核并行处理；
- 支持系统复位；
- 支持上电掉电。

接下来我们使用 DPI 和 UVC 实现上述主要特性。

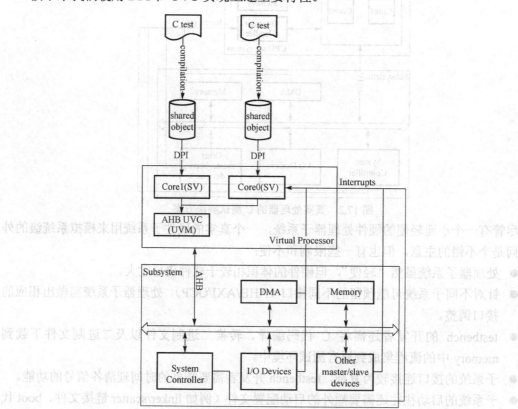

图 17.3　虚拟处理器的 C 测试解决方案

17.1.1　总线接口的读写实现

在实现一个虚拟处理器之前，需要为它定制一个外壳。为什么呢？有了外壳，使用起来更像真实的处理器，使用的人不需要知道它的内部机制。另外，一个合身的外壳也可以替代真实的处理器，这样，以前使用的"真核"（real core）更容易被"虚核"（virtual core）替代。试想一下，我们给虚核量身定制一个与真核一模一样的边界信号（见图 17.4），外壳能模拟真核做出诸如访问寄存器、处理中断等行为，那么真核与虚核之间的界限就不再那么明显了。当用户的 C 测试代码原封不动地在真核或虚核之间自由切换的时候，虚核的"演技"就值得授予最佳演员奖了。

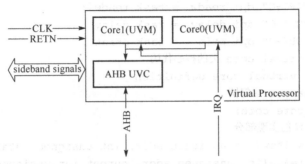

图 17.4　虚拟处理器的接口

我们来看一下一个好的演员需要具备的演技：

● 理清处理器子系统的核心时钟和复位信号。一般而言，处理器子系统的时钟和复位信号较多，需要从中找到处理器的核心时钟和复位信号。我们可以忽略其他时钟和复位信号。那么在处理器没有时钟时，应如何模拟虚核？当处理器被复位时，又应如何模拟虚核呢？

● 分清楚总线信号的类型和数量。一般而言，处理器子系统边界上会采用高速总线（如 AXI、OCP 等，这里为简单起见，以 AHB 总线为例）。同时需考虑清楚在多组总线的情况下，例如作为 master 端的 AHB0 和 AHB1，作用分别是什么？是 AHB0 用来访问 memory 做指令读取、AHB1 用来访问其他从端寄存器，还是 AHB0 和 AHB1 的访问权限和地址范围不同？上面的例子中只给了一组 AHB 总线。

● 如果是多核访问，针对公共的总线如上面的一组 AHB 总线，多核访问时如何实现 AHB UVC 的请求和仲裁处理，以此模拟真实的多核并行处理 C 程序。

● 对于中断处理，需要考虑一般情况下处理中断时处理器的行为，即何时进入中断、何时退出中断、何时再恢复到原始中断代码处。

大致考虑清楚了上面列举出来的问题可以说就为一个演员的良好自我修养打下了基础。那么就第一个话题，实现总线接口读写操作时要准备一些什么呢？首先需要一个合适的外壳和接口，这里省略了一些影响读者理解 DPI 使用方式的代码，只将核心代码整理出来，其他代码我们做了注释和省略。

```
package virtual_core_pkg;
  import uvm_pkg::*;
  `include "uvm_macros.svh"
  // 定义 AHB 总线 UVC
```

```
// AHB UVC definition
// ahb_master_agent
// ahb_master_driver
// ahb_master_monitor
// ahb_master_sequencer
// ahb_transaction (sequence)
// ...
// 建立 C 和 SV 之间的 DPI 链接
import "DPI-C" context task core0_thread();
export "DPI-C" dpi_writew = task writew;
export "DPI-C" dpi_readw  = task readw ;
export "DPI-C" dpi_delay  = task delay ;
export "DPI-C" dpi_print  = task print ;
// 定义 virtual_core 类的核心代码
// class virtual core definition
// virtual_core 句柄
virtual_core core;
// DPI 方法的实现部分
// task writew(int unsigned addr, int unsigned data);
// task readw(int unsigned addr, output int unsigned data);
// task delay(input int t);
// task print(input string message);
endpackage: virtual_core_pkg
```

从上面的代码 package virtual_core_pkg；可以看到，在假定 AHB UVC 是可复用的 VIP 前提下，virtual core 的代码分为三个主要部分：

- virtual_core 类的定义，用来实现模拟处理器的行为。
- 建立 C 和 SV 之间的 DPI 连接，同时引出一个 virtual_core 的句柄 virtual_core_pkg::core。
- DPI 方法的实现。

17.1.2 virtual_core 类的定义

```
class virtual_core extends uvm_component;
  virtual core_if vif;
  ahb_master_sequencer sqr;
  local int id;
  `uvm_component_utils(virtual_core)
  function new(string name, uvm_component parent);
    super.new(name, parent);
    core = this;
  endfunction
  extern task run_phase(uvm_phase phase);
  extern function void build_phase(uvm_phase phase);
  extern task writew(int unsigned addr, int unsigned data);
  extern task readw(int unsigned addr, output int unsigned data);
  extern task delay(input int t);
  extern task print(input string message);
endclass
```

```
function void virtual_core::build_phase(uvm_phase phase);
  uvm_config_db#(virtual core_if)::get(this, "", "vif", vif);
endfunction
task virtual_core::run_phase(uvm_phase phase);
  super.run_phase(phase);
  @(posedge vif.rstn);
  core0_thread();
endtask
task virtual_core::writew(int unsigned addr, int unsigned data);
  ahb_transaction t = new();
  t.addr = addr;
  t.data = data;
  t.wr_rd = 1;
  // t.start(sqr);
  `uvm_info("CORE", $sformatf("write addr=0x%32x, data=0x%32x", addr, data),
    UVM_LOW)
endtask
task virtual_core::readw(int unsigned addr, output int unsigned data);
  ahb_transaction t = new();
  t.addr = addr;
  t.wr_rd = 0;
  // t.start(sqr);
  // get data from response
  data = t.data;
  `uvm_info("CORE", $sformatf("read addr=0x%32x, data=0x%32x", addr, data),
    UVM_LOW)
endtask
task virtual_core::delay(input int t);
  repeat(t*10) @(posedge vif.clk);
endtask
task virtual_core::print(input string message);
  `uvm_info("CORE", message, UVM_LOW)
endtask
```

上面的 virtual_core 类实现了以下几个方法：

- extern task writew(int unsigned addr, int unsigned data)；
- extern task readw(int unsigned addr, output int unsigned data)；
- extern task delay(input int t)；
- extern task print(input string message)。

writew()和 readw()方法将接收到的参数利用 AHB UVC 转化为总线访问，这中间存在一些从 TLM 到物理接口的转化。为了简单起见，我们并没有深入 AHB UVC 的实现、sequence 的使用等，而是重点突出了 virtual_core 类该有的一些方法结构。delay()方法就是为了解决上述时间等待问题，这里要注意的是为了模拟与硬件处理器相同的等待时间，需随不同项目的进行调整 virtual_core::delay()方法中等待的单位周期数，这么做是为了保证与真核仿真时间的大致相同。考虑到硬件仿真中编译后的 C 无法在仿真中实现 print 函数，我们特意将该函数导出到 C 一侧，这样利用 DPI 和虚核就可以提供简单的调试打印方法。

17.1.3 DPI 方法的实现

在定义了 virtual_core 类之后，还需要将例化的虚核对象和 DPI 方法一同导出。这里建议在定义 DPI 方法时将它们实现在 package 中。实现 DPI 方法后，在 C 一侧便可以调用这些方法，依靠虚核句柄就能操作这些方法。下面是几个面向 C 侧导出的主要 SV 方法：

```
task writew(int unsigned addr, int unsigned data);
  core.writew(addr, data);
endtask
task readw(int unsigned addr, output int unsigned data);
  core.readw(addr, data);
endtask
task delay(input int t);
  core.delay(t);
endtask
task print(input string message);
  core.print(message);
endtask
```

这些方法只是进一步在 package 重复定义属于 virtual_core 的方法，而利用 virtual_core 句柄来间接调用方法。编译 virtual_core_pkg 之后，仿真编译器生成一些与 DPI SV 方法对应的 C 函数头文件。这些头文件与上述 SV DPI 方法相关的定义如下：

```
extern void dpi_writew(unsigned int addr, unsigned int data);
extern void dpi_readw(unsigned int addr, unsigned int *data);
extern void dpi_delay(int t);
extern void dpi_print(const char* message);
```

于是，C 利用这些函数实现与 SV 之间的 DPI 调用程序。下面给出一段 C 例码：

```
void core0_thread() {
  unsigned addr;
  unsigned val;
  dpi_print("core0_thread entered", 0);
  dpi_delay(100, 0);
  addr = 0x1000;
  val = 0x1234;
  dpi_writew(addr, val, 0);
  dpi_print("core0_thread exited", 0);
}
```

那么 C 侧和 SV 侧，哪一个先触发呢？还是它们一开始就并行运行呢？实际上，在 C 与 SV 联合仿真时，是由 SV 调用 C，毕竟 simulator 是 SV 的主场嘛。那么 SV 在哪里触发 C 呢？

```
task virtual_core::run_phase(uvm_phase phase);
  super.run_phase(phase);
  @(posedge vif.rstn);
  core0_thread();
endtask
```

就是这段代码，在 virtual_core::run_phase（UVM component phase 自动执行）中模拟等待复位信号，像真核一样执行 C 代码，这就是由 SV 触发 C 的"播放键"。那么接着这一段代码，我们通过图 17.5 进一步理解 C 与 SV 之间缠绵悱恻的关系。

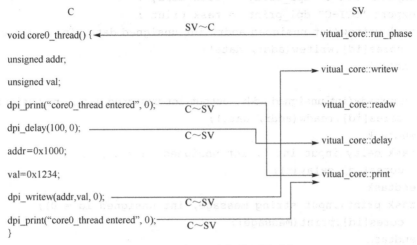

图 17.5　C 和 SV 之间的调用时序

可以看到的是，首先由 SV 触发 C，接下来 C 和 SV 开始并行运行。这里的 C 代码的执行并不像硬件执行时从存储读取指令再解析执行，也不需要对处理器系统进行初始化配置，可以直接进入正题执行主程序。C 与 SV 之间的"同步点"是由 C 导入 SV 或由 SV 导入 C 的方法，这样，C 与 SV 借助于 DPI 方法就能够很好地交谈了。从上面的简单例码可以了解如何实现较为原始的虚核行为。我们简单实现了虚核的这些特性：

- 总线访问；
- 时间等待；
- 调试打印。

》》17.1.4　多核并行处理实现

接下来考虑更复杂的部分，如何实现多核并行处理呢？多核处理往往遵循一些基本的规则：

- 假定它们在一个时钟域和电源域，它们对时钟供给和复位触发做出相同的反应。例如，在复位时同时跳转到程序入口执行。
- 在没有同步要求的情况下，不同的核各自执行自己的代码。在需占用处理器子系统对外访问总线时，由于总线的唯一性，需要总线对不同核的访问做出仲裁，继而授予访问权。
- 在真实情况下，系统的初始化由主核首先启动，继而依次初始化其他核。而在虚核的多核模拟仿真中，并不需要区分谁是主核以及启动的先后顺序。

在接下来的代码中我们模拟了一个基本的多核并行方式，该子系统由两个核组成，它们之间对系统总线的访问优先级是平等的。在 virtual_core_pkg 基础上，我们保留了 virtual_core 类的定义而修改了 SV DPI 方法的定义，使得它可以支持多核并行处理：

```
package virtual_core_pkg;
  virtual_core cores[int];
  import "DPI-C" context task core0_thread();
```

```
        import "DPI-C" context task core1_thread();
        export "DPI-C" dpi_writew = task writew;
        export "DPI-C" dpi_readw  = task readw ;
        export "DPI-C" dpi_delay  = task delay ;
        export "DPI-C" dpi_print  = task print ;
        task writew(int unsigned addr, int unsigned data, int unsigned id = 0);
          cores[id].writew(addr, data);
        endtask

        task readw(int unsigned addr, output int unsigned data, int unsigned id = 0);
          cores[id].readw(addr, data);
        endtask
        task delay(input int t, int unsigned id = 0);
          cores[id].delay(t);
        endtask
        task print(input string message, int unsigned id = 0);
          cores[id].print(message);
        endtask
      endpackage
```

当 virtual_core_pkg 声明了关联数组 virtual_core cores[int]后，在调用 DPI 方法时需要传入额外的参数 int id。该参数是从 C 一侧执行时传入虚核的 id，通过 id 参数即可有效索引正确的虚核并令它执行方法。额外的参数传递可以解决多核并行处理问题，virtual_core 类也做了相应更新以支持多核处理。

```
        class virtual_core extends uvm_component;
          local int id;
          // ... other fields
          `uvm_component_utils(virtual_core)
          function new(string name, uvm_component parent);
            super.new(name, parent);
            id = cores.size();
            cores[id] = this;
          endfunction
          task run_phase(uvm_phase phase);
            super.run_phase(phase);
            @(posedge vif.rstn);
            case(id)
              0: core0_thread();
              1: core1_thread();
            endcase
          endtask
          // ... other methods definitions
        endclass
```

virtual_core 类中添加了新成员 virtual_core::id，在例化虚核时自动为其分配一个独一无二的 id 值，同时将该实例的句柄装入到 virtual_core_pkg::cores 中，这一处理方便了 virtual_core_pkg::cores 索引正确的虚核句柄。在 virtual_core::run_phase 中也做了相应更新，这样，不同核在复位后执行相应的 C 函数，就像不同核执行各自的程序一样。在这里要注意的是，复位处理中并没有更多地完善复位的细节，但需要了解的是，处理器子系统在掉电之后的上电或软件复位时，都可能多次触发复位信号。因此，对复位的处理，应保持时刻监测、及时做出响应。

下面这段测试多核并行处理的 C 代码，其输出结果与我们希望的一致。在多核同时请求总线 UVC 的访问权限时，仲裁问题交给了 UVC 的 sequencer，sequencer 自带的多种仲裁机制和可配置方法能够很好地服务于多核访问总线，不论是按照轮询授权机制还是优先级授权机制。

```
void core0_thread() {
  dpi_print("core0_thread entered", 0);
  dpi_delay(100, 0);
  dpi_writew(0x1000, 0x1234, 0);
  dpi_print("core0_thread exited", 0);
}
void core1_thread() {
  dpi_print("core1_thread entered", 1);
  dpi_delay(200, 1);
  dpi_writew(0x2000, 0x5678, 1);
  dpi_print("core1_thread entered", 1);
}
```

输出结果为：

```
@ 195: uvm_test_top.env.c0 [CORE] core0_thread entered
@ 195: uvm_test_top.env.c1 [CORE] core1_thread entered
@ 10195: uvm_test_top.env.c0 [CORE] write addr=0x00001000, data=0x00001234
@ 10195: uvm_test_top.env.c0 [CORE] core0_thread exited
@ 20195: uvm_test_top.env.c1 [CORE] write addr=0x00002000, data=0x00005678
@ 20195: uvm_test_top.env.c1 [CORE] core1_thread entered
```

17.1.5　中断响应的实现

对于中断响应，需要回顾 9.3.3 节提到的线程的控制方法，如暂停、恢复和中断等。下面关于中断响应的实现仍然基于之前的代码，我们在 virtual_core_pkg 中分别添加新的 DPI 方法，同时更新了 virtual_core 类。新添加的主要代码如下：

```
package virtual_core_pkg;
...
import "DPI-C" context task serve_irq(int index);
export "DPI-C" dpi_install_irq = task install_irq;
...
task install_irq(input longint irq_routine, input int unsigned irq_num,
    int unsigned id=0);
  irq_info_t irq;
  irq.irq_routine = irq_routine;
  irq.irq_num = irq_num;
  cores[id].irq_queue_add_item(irq);
```

```
    endtask
    class virtual_core extends uvm_component;
      ...
      local irq_info_t irq_info_queue[$];
      local process main_proc;
      ...
      extern function void irq_queue_add_item(irq_info_t irq);
      extern function int get_triggerred_irq_routine();
      extern task pooling_irq();
      extern task suspend();
      extern task resume();
    endclass
    // put interrupt info
    function void virtual_core::irq_queue_add_item(irq_info_t irq);
      irq_info_queue.push_back(irq);
    endfunction


    // get interupt index
    function int virtual_core::get_triggerred_irq_routine();
      int idx[$];
      for(int i=0; i<16; i++) begin
        idx = irq_info_queue.find_index with (item.irq_num == i);
        if(vif.irq[i] == 1 && idx.size() > 0) begin
          return i;
        end
      end
      return -1;
    endfunction: get_triggerred_irq_routine
    // pooling service which monitors interrupt and process handlers
    task virtual_core::pooling_irq();
      int triggerred_irq_num;
      forever begin
        // Wait for the IRQ
        wait($countones(vif.irq) > 0 && irq_info_queue.size() > 0 && get_
            triggerred_irq_routine() >= 0);
        `uvm_info("IRQSERVICE", "IRQ triggerred", UVM_LOW)
        // Get the ISR
        triggerred_irq_num = get_triggerred_irq_routine();
        if (main_proc != null && main_proc.status != process::FINISHED) begin
          // Suspend main c-code execution
          suspend();
          // Execute ISR
          serve_irq(triggerred_irq_num);
          // Resume main c-code execution
          resume();
        end else
          serve_irq(triggerred_irq_num);
```

```
        end
    endtask: pooling_irq
    // Task that suspends main process execution
    task virtual_core::suspend();
      if (main_proc != null && main_proc.status != process::FINISHED &&
          main_proc.status != process::SUSPENDED) begin
        // Suspending main process
        main_proc.suspend();
        // Waiting for the process status to be updated
        wait (main_proc.status == process::SUSPENDED);
        `uvm_info("PROCESS", "Suspending main process", UVM_LOW)
      end
    endtask: suspend
    // Task that resumes main process execution
    task virtual_core::resume();
      if (main_proc != null && main_proc.status != process::FINISHED) begin
        // resuming main process
        main_proc.resume();
        // Waiting for the process status to be updated
        wait (main_proc.status == process::RUNNING);
        `uvm_info("PROCESS", "Resuming main process", UVM_LOW)
      end
    endtask: resume
    ...
    endpackage
```

从上面的代码中可以看到，新添加的部分包括：

- virtual_core 类添加的中断线程信息、暂停或恢复主线程 coreX_thread() 以及中断监测处理的方法。这些方法使得在 C 侧调用了中断安装方法 dpi_install_irq() 之后，可以留存中断信息（中断服务程序、中断号），在监测到有效中断时可以将主程序暂停继而转入中断 C 程序，中断结束后再次返回到主程序中断处。通过 SV 的线程控制方式，我们可以模拟虚核的中断行为。

- 分别导出 dpi_install_irq() 和导入 C 侧的 serve_irq() 方法。这两个方法分别用来从 C 到 SV 传入中断处理信息，以及从 SV 到 C 调用相关中断服务程序。

那么上面新添加的成员 virtual_core::main_proc 指向的是哪个线程呢？我们提到的"主线程"（main_proc）指的是正常的执行程序，这里 virtual_core::run_phase 进行如下更新：

```
    task virtual_core::run_phase(uvm_phase phase);
      super.run_phase(phase);
      @(posedge vif.rstn);
      fork
        pooling_irq();
      join_none
      case(id)
        0: begin main_proc = process::self(); core0_thread(); end
        1: begin main_proc = process::self(); core1_thread(); end
```

```
      endcase
   endtask
```

可以看到，virtual_core::main_proc 指向了 coreX_thread()所在的线程，而 virtual_core::suspend() 和 virtual_core::resume()的对象皆为 virtual_core::main_proc。通过最后在 test 中触发中断信号和恢复中断，可以模拟中断信号的触发过程，也可以在 C 侧的代码中看到有关函数定义和最终的仿真结果：

```
// SV 测试部分
class test extends uvm_test;
  virtual_core_subsys env;
  ...
  task run_phase(uvm_phase phase);
    phase.raise_objection(phase);
    repeat(150) @(posedge env.c0.vif.clk);
    env.c0.vif.irq[1] <= 1;
    repeat(10) @(posedge env.c0.vif.clk);
    env.c0.vif.irq[1] <= 0;
    #1ms;
    phase.drop_objection(phase);
  endtask
endclass

// C 测试部分
// 中断服务函数类型定义
typedef void (*isr_t)(void);
static isr_t irq_table[16];

void register_irq (int index, isr_t routine) {
    irq_table[index] = routine;
}
void serve_irq (int index) {
    (*(irq_table[index]))();
}
// 安装中断程序
void install_irq (unsigned long irq_routine, unsigned long irq_num,
        unsigned long id) {
    dpi_install_irq (irq_routine, irq_num, id);
    register_irq ((int) irq_num, (isr_t) irq_routine);
}
void irq_service() {
  dpi_print("core0 entered irq_service", 0);
  dpi_writew(0x2000, 0x5678, 0);
  dpi_delay(100, 0);
  dpi_print("core0 exited irq_service", 0);
}
void core0_thread() {
```

```
        dpi_print("core0_thread entered", 0);
        install_irq(irq_service, 1, 0);
        dpi_delay(100, 0);
        dpi_writew(0x1000, 0x1234, 0);
        dpi_delay(1000, 0);
        dpi_print("core0_thread exited", 0);
    }
```

输出结果为:

```
@ 0: reporter [RNTST] Running test test...
@ 195: uvm_test_top.env.c0 [CORE] core0_thread entered
@ 1495: uvm_test_top.env.c0 [IRQSERVICE] IRQ triggerred
@ 1495: uvm_test_top.env.c0 [PROCESS] Suspending main process
@ 1495: uvm_test_top.env.c0 [CORE] core0 entered irq_service
@ 1495: uvm_test_top.env.c0 [CORE] write addr=0x00002000, data=0x00005678
@ 11495: uvm_test_top.env.c0 [CORE] core0 exited irq_service
@ 11505: uvm_test_top.env.c0 [PROCESS] Resuming main process
@ 20195: uvm_test_top.env.c0 [CORE] write addr=0x00001000, data=0x00001234
@ 120195: uvm_test_top.env.c0 [CORE] core0_thread exited
```

在上面的 C 测试代码中，首先安装了中断，在触发中断信号后，主程序在执行中跳入中断服务程序 irq_service，中断结束后（中断信号也应当释放），虚核转回主程序。从上面这个简单例码读者可以看到，通过 SV 和 C 之间的 DPI 方法互相调用以及 SV 的线程控制方式，我们可以实现虚核来模拟真核的行为。

对于上述几种真核行为，我们在实际中需要考虑的因素和代码量远远多于上面的演示代码，但可以通过这些简单示例代码理解为何虚核可以做出与真核一样的行为。至于上电掉电，除了要考虑上电和掉电时不同的边界信号状态（固定值）外，还要模拟一些特殊的电源信号来表示不同状态（动态值）。不同公司对上电和掉电的状态定义实现各有不同，我们就不单独列举上电和掉电的实现方法了。

17.2 节将从 16.3 节讲到的 virtual prototyping 与 simulation 验证环境的混合仿真结构出发，展示 SystemC 与 UVM 通过 TLM2 通信实现混合仿真的方法。

17.2　SystemC 与 UVM 的 TLM2 通信

正如我们在 16.3 节中讲到的，SystemC/C++的用途广泛，在协助平台软件做驱动和固件开发时可以用来模拟硬件的行为（见图 17.6）。在硬件开发周期中，这些 virtual prototype 也可以应用到:

● 验证环境中（作为参考模型）;
● 设计环境中（暂时替代没有完善的硬件设计模块）。

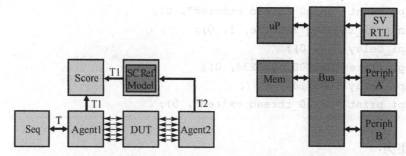

图 17.6　SystemC 与 UVM 之间的混合仿真

近些年功能验证报告显示，SV/UVM、SC、C/C++的使用率都在增长，对混合仿真的要求正是建立在这些语言应用的增长背景下的。它们有各自擅长的领域：

- C 和 C++模型是为了软件开发和 untimed model（UT）。
- SystemC 是为了早期的硬件结构建模和软件开发。
- TLM2 通信是为了在独立的模型之间建立 approximately timed（AT）和 loosely timed（LT）事务通信。
- SystemVerilog 在 RTL 级和门级仿真、随机约束激励、功能覆盖率和断言上发挥着重要作用。
- UVM 是为了开发模块化、可复用的、可剪裁的测试平台以及基于测试序列激励的验证方法学。

上面讲到的 UT、AT 和 LT 是针对 SystemC 建模的时间精准级别而言的。从精准级别来看，SystemC 有能力完成从 UT、AT、LT 再到 cycle-accurate，即从宽松到严格时钟周期的行为。从这些不同语言的使用场景来看，使用混合或多语言 SoC 测试平台的需求逐渐增多也不是什么新鲜事了。而在 2011 年 Open SystemC Initiative（OSCI）这个负责定义 SystemC TLM1.0/2.0 的组织与 Accellera 合并之后，SystemC 与 UVM 之间如何规范 TLM 通信就要从更高的层面来统筹了。

这种统筹的合作方式，带来了"UVM Connect"package。这个包集成了已有的 SystemC 和 UVM 的 TLM 通信标准，使得 SystemC 与 SystemVerilog 之间的 TLM 模型可以实现通信。首先来看 UVM Connect 通信包的一些特性[38]：

- 开源的，用户可以在其基础上进一步开发。
- 便于移植，对仿真器没有限制。
- 在最新的 UVM 标准基础上构建，不需要修改原有代码。
- 没有引入新的方法学，而是在不同的语言侧使用了转换接口。
- 上述特性使得 SystemC 和 SystemVerilog 可以很方便地融合另外一端的 TLM 模型。

这些特性使得 SC 与 SV 之间的模型可以通过这个标准库完成快捷通信，且不需修改原有的代码；同时它也将 UVM Command API 方法输出到 SystemC 一侧，使得 SystemC（C/C++）可以方便地控制 UVM 仿真。接下来围绕这两个主要特性，即 UVMC 连接和 UVM 指令 API，简单介绍 UVMC（UVM Connect）的特性。

17.2.1　UVMC 连接

从图 17.7 可以看到，UVMC 可以实现 SV 与 SC 之间的 TLM1 或 TLM2 通信。考虑到基于 UVMC 的 TLM1 和 TLM2 连接方式类似，我们在下面例码中只分析 TLM2 的连接。对于 SV 和 SC，UVMC 库提供类似的函数来完成相应的 TLM port 的注册[39]：

```
SV TLM2
uvmc_tlm#(trans)::connect(port_handle,"lookup")
uvmc_tlm#(trans)::connect_hier(port_handle,"lookup")
SV TLM2
Uvmc_connect(port_ret,"lookup");
Uvmc_connect_hier(port_ret,"lookup");
```

在上面的参数中 SV 需要额外的 transaction 类型参数，默认情况下它的类型是 uvm_tlm_gp；port_handle/port_ref 即在 SV/SC 中 port（export、imp 或 socket）的句柄；lookup 是用来注册该端口的字符串。在使用这些函数时，UVMC 会在 SV 和 SC 两侧都注册端口的句柄和名字（lookup），而在后期的连接阶段，只要有注册的端口名字匹配，那么 UVMC 就会将这两个端口连接起来，而并不关心它们是什么语言。借助了这一优势，用户在连接时不需要关心它们是 SV 到 SV 的连接、SV 到 SC 的连接、SC 到 SV 的连接还是 SC 到 SC 的连接，UVMC 都可以协助完成连接和传输。

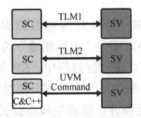

图 17.7　SC 和 SV 之间的通信方式

接下来我们从图 17.8 这样一个简单的例子来理解 SV 与 SC 之间的混合仿真。下面的 producer（SV）与 consumer（SC）在仿真过程中是双顶层结构，即在混合仿真中它们一开始并不会同步，例如 SV 触发 SC 一侧执行，或者 SC 触发 SV 一侧执行。在 producer 和 consumer 中，它们分别定义了 initiator socket 和 producer socket，而在 SV 和 SC 的顶层例化时，它们通过 UVMC 提供的函数完成了从 SV 到 SC 的连接。

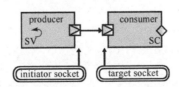

图 17.8　SC 与 SV 通过 TLM2 端口通信

SV 部分的 sv_main 创建了 producer 实例，而在执行 UVM test 之前（建立 UVM 环境之前），它先注册了 producer 的 out initiator socket。而在 SC 的 sc_main 一侧，它也创建了 consumer 实例，并且在仿真开始前也利用 UVMC 对 consumer 的 in target socket 进行了注册。在稍后的 elaboration 阶段（链接阶段），UVMC 会将 producer 与 consumer 的 socket 连接起来。

SystemVerilog：

```
import uvm_pkg::*
import uvmc_pkg::*
`include "producer.sv"
module sv_main;
 producer prod = new("prod");
 initial begin
   uvmc_tlm #()::connect(prod.out, "foo");
   run_test();
 end
endmodule
```

SystemC:

```
#include "uvmc.h"
using namespace uvmc;
#include "consumer.h"
int sc_main(int argc, char*argv[]){
 consumer cons("cons");
 uvmc_connect(cons.in, "foo");
 sc_start(-1);
 return 0;
}
```

在上面的连接中，SV 与 SC 两侧的传输数据是 SV::uvm_tlm_generic_payload 和 SC::tlm_generic_payload，这两个类之间是"天然相通"的，用户并不需要再做额外的类型转化即可以完成语言两侧边界的通信。在实际过程中，SV 与 SC 两侧的 TLM 传输类在一开始如果没有一致的规划，容易产生类型的不匹配。那么面对这种情况，我们首先需要做的是将 SV 与 SC 两侧不同的数据内容进行合并，继而生成不会丢失两侧信息的新的 TLM 传输数据类。所以在统一了两侧原本不一致的 TLM 数据结构之后，两侧传递的数据不再是之前的数据类而是自定义类。针对这种情况，我们需要完善创建相应的数据转化函数。例如在 SV 与 SC 之间我们需要完成一个 command、address 和动态长度的数据队列，那么两侧的数据类定义应该保持匹配。

SystemVerilog

```
class C;
 cmd_t cmd;
 int unsigned addr;
 byte data[$]
 ...
endclass
```

SystemC

```
class C{
 cmd_t cmd;
 unsigned int addr;
 vector<char> data;
}
```

　　尽管 SV 与 SC 两侧定义的成员类型看起来一致，但这无法直接完成数据传输，仍需要完善相应的转化函数。如图 17.9 所示，无论是 SV 侧还是 SC 侧，在完成从一端到另一端的数据传输之前，要通过 do_pack() 函数来生成比特队列（bit queue），这么做的好处在于可以通过严格的比特长度检查来确认两边数据是否匹配。同时，这样的传输方式较为节省内存空间（与 SV 的 unpacked 和 packed 的数据存储方式类似，后者更节省空间）。通过这种方式，由一端到达另一端时，又会先进行 do_unpack()，以此还原应有的数据结构，使操作运算更为方便。

　　SV/UVM 一侧在使用 `uvm_field 宏时会注册域成员（field member），考虑到宏的效率，推荐使用 `uvm_pack/`uvm_unpack 在 SV 一侧实现自定义的 do_pack() 和 do_unpack() 回调函数。即，不使用默认的 do_pack() 函数而使用自定义的 do_pack() 函数，这么做的另一个好处是调整输出比特队列的内容时有更多灵活性。需要注意的是，传送的数据应继承于 uvm_sequence_item，以便使用预定义的 do_pack()/do_unpack() 函数。

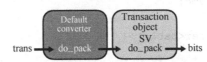

图 17.9　SV 通过转化比特队列与 SC 通信

```
class packet extends uvm_sequence_item;
  `uvm_object_utils(packet)
  rand cmd_t cmd;
  rand int unsigned addr;
  rand byte data[$];
  constraint C_data_size{
    data.size inside {[1:16]};
  }
  function new(string name="");
    super.new(name);
  endfunction
  function void do_pack(uvm_packer packet);
    super.do_pack(packer);
    `uvm_pack_int(cmd)
    `uvm_pack_int(addr)
    `uvm_pack_queue(data)
  endfunction
  function void do_unpack(uvm_packer packer);
    super.do_unpack(packer);
    `uvm_unpack_int(cmd)
    `uvm_unpack_int(addr)
    `uvm_unpack_queue(data)
  endfunction
  ...
endclass
```

　　在 SC 一侧并没有像 uvm_sequence_item 一样可以支持数据预处理的类，因此读者需要将数据定义的类和数据转化的类分开。如图 17.10 所示，数据转化的类可以使用预定义的模板类 uvmc_converter<T>，该类允许用户通过参数化的形式指定要处理的数据类 T，同时自定义 do_pack()/do_unpack()方法。

图 17.10　SC 通过拆分比特队列与 SV 通信

在下面的例码中，除了传递数据类对象 packet &t 之外，也需要传递一个 uvmc_packer &packer 实例。该实例的功能和 UVM 中的 uvm_packer 功能是一致的，都是将事务成员转化为比特位，或者与之相反。

```cpp
#include "uvmc.h"
using namespace uvmc;
template<>
class uvmc_converter<packet>{
  public:
  virtual void do_pack(const packet &t, uvmc_packer &packer){
    packer<<t.cmd<<t.addr<<t.data;
  }
  virtual void do_unpack(packet &t, uvmc_packer &packer){
    packer>>t.cmd>>t.addr>>t.data;
  }
};
```

通过上面 SV 和 SC 两侧的数据转化就可以在极少的更新情况下完成两侧的通信。也正是借助了 UVMC 这样一个开源库，SV 和 SC 两端的 TLM 模型可以更好地融合，构成更丰富统一的 VIP 资源。UVMC 降低了 SV 和 SC 的 TLM 模型复用的难度，且有如下优点：

- 原有的 TLM 模型不需要再继承其他基类，而是通过了外部代理（external agent）的设计模式解决了这一问题。
- SV/UVM 一侧的 transaction 类并不要求在 factory 中注册，减少了对 UVM factory 的依赖。
- 对于 SV 与 SC 两侧的数据转换，不需要额外的 API 函数。SV 只需要用户实现已有的 do_pack()/do_unpack()方法，而 SC 侧用户不需要修改原有 TLM 代码，只需要在新添加的 uvmc_converter 类中实现数据转换方法，对于不同的 transaction 类可以有不同的转换方法。
- SV 与 SC 两侧的 transaction 类并不要求严格的一致性。从 SV 到 SC 或从 SC 到 SV 的数据转换，都可以由各自的 converter 函数完成数据转换。这种方式也进一步提高了原有 TLM 模型的复用性。

》》 17.2.2　UVM 指令 API

UVMC 除了可以实现 SV 与 SC 的 TLM 通信外，还为 SystemC/C++提供了控制 UVM 特性的 API 接口。这些 API 分为：

- 等待 UVM 到一个特定的仿真阶段（phase）。
- 挂起或放下 objection，以此控制 UVM test 进程。

- 通过 UVM config_db 设置或得到配置对象。
- 通过 config_db 覆盖（override）类或实例的类型。
- 打印 UVM 环境组件的拓扑结构（topology）。

为了使能 SC 一侧的 UVMC API，需要在 SV 一侧调用 UVM test 前调用 uvmc_cmd_init()。这个函数在后台监听从 SystemC 传来的 UVM command 请求并做出响应。

```
module sv_main;
 import uvm_pkg::*;
 import uvmc_pkg::*;
 initial begin
   uvmc_cmd_init();
   run_test();
 end
endmodule
```

在 SC 一侧可以利用 UVMC 来使用 UVM 的报告机制，通过传入的参数设置报告的等级、文本和冗余度。这些信息在 SV 一侧也支持过滤等功能，如同 UVM 的宏一样，UVMC 也可以利用宏发送报告。

```
UVMC_INFO("SC-TOP/SET_CFG",
    "Setting config for SV-side producer",
    UVM_MEDIUM,"");
```

UVMC 也支持 set/get config 配置方法，而对象不只限于整型、字符串，还可以是对象。这里建议使用对象来配置，因为这种方式可以一次容纳多个变量（整型、字符串等）来完成配置。在传递配置对象前用户需要定义一个相应的配置类，并且将其在 SC 一侧完成转化，转化的方式如下：

```
#include "uvmc.h"
#include "uvmc_macros.h"
using namespace uvmc;

class prod_cfg{
  public;
  int min_addr,max_addr;
  int min_data_len,max_data_len;
  int min_trans,max_trans;
};
UVMC_UTILS_6(prod_cfg,min_addr,max_addr,
             min_data_len,max_data_len,
             min_trans,max_trans)
```

从下面例码可以看出，使用单一类型传递（整形、字符串）的出错概率要比使用配置对象传递的概率高，而且后者更容易调试。

```
uvmc_set_config_int("e.agent driver","",
             "max_error",10);
uvmc_set_config_string("e.agent.seqr",
```

```
                            "run_phase",
                            "default_sequence",
                            s.c_str());
      prod_cfg cfg = new();
      cfg.min_addr = 'h0100;cfg.max_addr = 'h0FFF;
      cfg.max_data_len = 10;cfg.max_trans = 100;
      uvmc_set_config_object("prod_cfg","e.prod",
                            "","config",cfg);
      if(!uvmc_get_config_int("sc_top","dut",
                            "max_error",max_error))
         UVMC_ERROR("NO_MAX_SET",
               "max_error not set",name());
```

UVMC 也可以用来等待 UVM phase 的状态，同时通过 objection 机制来控制 UVM test 的进程。

```
      uvmc_wait_for_phase("run",UVM_PHASE_STARTED);
      uvmc_raise_objection("run",
                           "SC producer active",);
         // 生成数据
         ...
      uvmc_drop_objection("run",
                          "SC producer done");
```

UVM facotry 的 override 机制通过 UVMC 也可以使用，而且 UVMC 还提供了调试方法来检查工厂中类的覆盖状况。

```
      uvmc_set_factory_type_override("producer",
                           "producer_ext","e*");
      uvmc_set_factory_inst_override("scoreboard",
                           "scoreboard_ext","e.*");
      // 工厂应该显示覆盖信息
      uvmc_print_factory();
      // 显示工厂选择了什么类型创建组件
      uvmc_debug_factory_create("producer",
                           "e.prod");
      uvmc_debug_factory_create("scoreboard",
                           "e.sb");
      // 从工厂中获取所要创建组件的类型并用于后面的类型覆盖
      string override = uvmc_find_factory_
                     override("producer","e.prod");
```

在使用 UVMC 来打印 UVM 的环境结构之前，需要等待 UVM 的 build phase 结束，再调用相应的打印函数。

```
      uvmc_wait_for_phase("build",UVM_PHASE_ENDED);
      cout<<"UVM Topolog:"<<endl;
      uvmc_print_topology();
```

关于 UVMC 更多的内容和培训资料，读者可以在下面的链接中得到。

https://verificationacademy.com/topics/verification-methodology/uvm-connect

17.3　MATLAB 及 Simulink 模型与 UVM 的混合仿真

在 virtual prototyping 的过程中，不单有 SystemC 参与进来将各个子系统独立开来，分而治之的方法，也有通过将 C/C++或 MATLAB/Simulink 等算法模型置入 SystemC 环境进行联合仿真的方法。这些置入到 SystemC 环境中的模型有着完善的接口，之前我们也介绍了如何将 C/C++和 SystemC 模型置入 SV/UVM 环境中进行联合仿真。对于一个纯粹的硬件算法模块，如果验证工程师得到的是 MATLAB/Simulink 模块，那么他在前期验证过程中就会有需求将算法模块置入 UVM 环境中进行联合仿真。在多数情况下，验证工程师应避免对算法模型进行二次转换为 C/C++模型或 SV 模型，因为这不但意味着额外的工作量，而且在模型转换过程中可能出现失误。如果转换的模型之间本身不匹配，无疑将增加后期调试的难度。

接下来从算法模型嵌入 UVM 环境的这一需求出发，看如何实现这两种模型之间的联合仿真。首先考虑的是，MATLAB 和 Simulink 模型在 MATLAB 软件中独立运行，而与 UVM 环境并行运行。这一点要与之前 C/C++/SystemC 与 SV/UVM 的联合仿真区分开，因为后面的这些仿真可以只依靠仿真器来实现（所有的仿真器都已经内嵌 C 调试器）。所以，无论单顶层（SV/UVM 调用 C/C++一侧）还是双顶层（SV/UVM 与 SC 独立运行），都不存在仿真器以外还需要别的软件参与联合仿真的情况。UVM 与 MATLAB 之间并没有直接的库实现通信，但可以使用 C 接口在它们之间扮演"中转站"的角色，因为 SV 与 C 的 DPI 接口、MATLAB 提供的 C 库可以直接控制 MATLAB 的执行引擎[40]。因此接下来主要围绕着 UVM-C-MATLAB 之间是如何完成通信的展开讨论。

由于 MATLAB 提供 C 的接口库，用户可以通过调用 C 函数来触发和结束 MATLAB、传递和得到数据、向 MATLAB 发送其他控制命令。MATLAB 提供的 C API 包括：

● 打开和关闭 MATLAB 的执行引擎；
● 传递和得到变量数据；
● 向 MATLAB 命令窗口（console）传递指令。

这些指令可以在 MATLAB 的安装头文件"engine.h"中找到，用户可以在 MATLAB 的安装目录中找到由 C 调用 MATLAB 的例子$MATLAB/extern/examples/eng_mat/engdemo.c。

```
#include "engine.h"
main () {
Engine *ep;
  ep = engOpen('')
}
```

有了 MATLAB 与 C 之间的通信，利用 SV DPI 的接口就顺利一些了。用户可以进一步将"engine.h"中定义的 C 函数再导入到 SV 中。

```
import "DPI-C" function void engOpen();
```

借助上面导入的函数，可以定义一个面向 MATLAB 控制的 engine class，这个类可以容纳上面导入的所有 DPI 函数。该类的实现方法如下：

```
class engine_example;
  function void engOpen ();
endclass : engine_example
```

通过由 UVM 导入 C 方法，间接导入 MATLAB 控制函数的方法，用户可以在 UVM 一侧通过例化上面的 engine class 调用它的方法，控制 MATLAB 的开始和结束。

```
import example_engine_pkg::*;
engine_example eng;
  initial begin
    eng = new();
    eng.engOpen();
  end
```

Simulink 模型无法与 MATLAB 引擎一起被 UVM 调起，但依然可以利用上面的 MATLAB C 的 API 接口将指令传递给 MATLAB 的命令窗口，继而从 MATLAB 一侧加载 Simulink 模块。如图 17.11 所示，API 函数 engEvalString()函数从 C 端发送命令到 MATLAB 端，将这些 API 接口引入到 SV DPI 的类中，就可以实现在 UVM 端通过 DPI 函数间接在 MATLAB 中加载 Simulink 模型。例如下面这个例子，将命令 open_system('<Simulink model>') 传递到 MATLAB 的命令窗口中，进而加载目标 Simulink 模块。

```
engEvalString("open_system('<Simulink model>');");
```

通过这个函数，我们可以在 UVM 和 MATLAB 命令窗口之间建立通信，以此控制 Simulink 模型。MATLAB 与 SV 之间没有直接的接口，使得 Simulink 向 SV 传送数据时也要考虑在传送前完成数据转换。这一点与上一节讲到的 SC 与 SV 的通信类似，即，不同语言之间的数据通信应尽量遵守统一的数据格式和低频次的传输，以保证传输的准确率和效率。

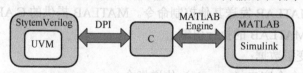

图 17.11　UVM 与 Simulink 利用 C 通信

例如图 17.12 中的例子，Simulink 模型的 Monitor 观测数据，将观测到的数据流发送到 MATLAB，保存在 MATLAB 的数据对象中，而 UVM 一侧则可以利用 DPI 方法 engGetVariable 从 MATLAB 一侧获得这些观测数据。可以看到，数据的中转站在 MATLAB 中。类似地，如果 UVM 一侧要传递数据到 Simulink 中，比如随机化生成的数据，需要将这些生成的数据首先传递到 MATLAB 的数据中转站，Simulink 模型才可以获取这些数据。

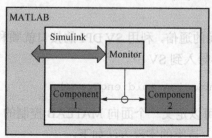

图 17.12　Simulink 与 UVM 混合仿真的实例

上面提供的 MATLAB/Simulink 与 UVM 的混合仿真方法，在 MATLAB 应用场景中，无论是作为参考模型置于验证环境还是作为早期 DUT 置于验证环境中，都可以节省额外创建模型的时间。这一方法的不足在于，如果 MATLAB 与 Simulator 在较大的模型仿真中发生过快的命令交互，将明显影响混合仿真的效率。当然这一现象不仅仅是 MATLAB 与仿真器混合仿真时需要考虑的问题，Simulator 与其他平台联合仿真时也需注意平台两侧数据交换的频率不能过快，这样才能提高整体的混合仿真效率。

17.4　脚本语言与 UVM 的交互

脚本语言在验证日常中是一位好帮手，除了在不同工具、环境和流程之间可以起到黏合剂的作用之外，也可以提高验证的灵活性。例如，脚本可以被用在激励的生成控制中。激励序列的产生分为：

- 线下生成（offline generation），即在仿真之前产生。
- 线上生成（online generation），即在仿真过程中产生。

控制也可以类似地分为线下控制和线上控制。如果将这两种测试元素组合在一起，那么会有图 17.13 所示的几种组合：

- 线下生成控制和激励：这部分往往由脚本语言来决定测试场景和激励数据，而在仿真时由 SV/UVM 解析文本发起激励。
- 线下生成控制而线上产生激励：这是典型的 SV/UVM 测试场景，线上生成激励是由每一个周期内新产生的随机数完成的，而每次测试所需的参数往往是在测试之前确定的。
- 线上生成控制和产生激励：为了给测试控制提供更多的灵活性，脚本可以在仿真时对 SV/UVM 环境发起命令控制，即线上控制的方式。
- 线上生成控制和线下产生激励：这一交互方式由 SV/UVM 一端首先发起仿真，在线生成随机配置模式，而在需要激励数据时与 Python 交互，要求 Python 生成激励数据文本，再分析该文本发送激励。

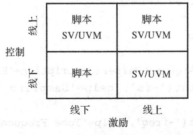

图 17.13　控制与激励的不同组合

本节主要针对脚本语言与 UVM 的交互场景，介绍线上控制和线下激励、线上控制和线上激励两种场景，包括它们交互的实现方式，同时给出实际应用场景来启发读者的思路。

▶▶ 17.4.1　线上控制和线下激励的交互应用

SV 语言的长处在于随机控制，而对于一些信号处理、浮点运算的应用，使用起来并不像 C 和脚本语言那么得心应手。比如，其他软件语言有信号处理方面的专业库，提供底层支持的同时，方便用户构建上层的算法，这一点对于 SV 而言就是一个门槛。那么，对数据运算要求更高的应用，在随机测试时如果使用 SV 生成相关数据，则意味着要先开发类似的数据计算库才能创建可用的随机数据。在这种会增加额外成本的选择之外，我们还可以考虑用其他语言在数据计算方面的优势来弥补 SV 这一点的不足。

另外，后期数据采样比较时，由于需要高等数据计算的介入，可以由外部语言完成数据比较。这样，数据的生成和比较由外部语言完成，而数据的激励和采样由 UVM 完成。在图17.14 中给出一个运用 Python 语言来实现生成测试数据的用例，在仿真开始时 UVM 一侧在线生成配置数据，影响测试数据的参数传入。由 UVM 调用 Python 生成测试数据，再通过文本方式由 UVM 一侧来分析并生成激励。在仿真过程中，环境中的 monitor 采样并将数据写入采样文本中，待仿真结束后，由 Python 一侧的线下 scoreboard 完成复杂的数据比较[41]。

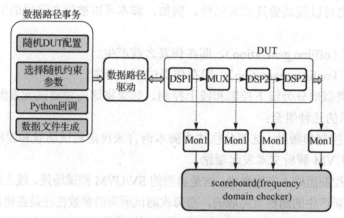

图 17.14　线上控制和线下激励的交互应用

在下面的例码中，我们主要摘出了与数据生成相关的例码。通过这段例码可以看到，借助 Python 丰富的库和文本处理，我们可以很方便地运用高等计算生成需要的数据和相应的配置参数，这一点在后期的数据比较中同样重要。

```python
// 用来生成数据的 Python 代码部分
from pylab import *
import numpy as np
import argparse
parser = argparse.ArgumentParser(description='Example signal generation')
parser.add_argument('-fs', help='Sampling Frequency',type=float,
    required=True)
parser.add_argument('-freq', help='Tone Frequency', type=float,default=0,
    required=False)
parser.add_argument('-nfft', help='FFT Length',default=4096,type=int,
    required=False)
parser.add_argument('-ns', help='Total number of samples',type=int,
    default=1000,required=False)
parser.add_argument('-nbits', help='Number of bits to quantize to ',type=int,
    default=16,required=False)
parser.add_argument('-fname', help='Output file name',type=str,default=
```

```
      "output",required=False)
args = parser.parse_args()
fs=args.fs
ns=args.ns
freq=args.freq
nbits=args.nbits
scale_factor=2**(nbits-1) -1
nts=np.arange(0,ns,dtype=float)/float(fs)
out=np.cos(2*np.pi*freq*nts)
out=out*scale_factor
out=np.round(out)
np.savetxt(args.fname,out,fmt='%d',delimiter='\n')
```

```
// 用来做数据分析的 UVM 代码部分
class pycmd extends uvm_object;
  `uvm_object_utils(pycmd)
  string script_name,script_path;
  string cmd;
  string cmd_type;
  function new(string name="");
    super.new(name);
    script_path=`CHK_SCRIPTS;
    cmd_type="python ";
  endfunction
  function void add(string opt);
    cmd={cmd,opt};
  endfunction
  function void rst();
    cmd="";
  endfunction
  function void exec();
    cmd={cmd_type,script_path,"/",script_name," ",cmd};
    $display("Executing Command:\n %s \n",cmd);
    $system(cmd);
  endfunction
endclass
```

```
// 在数据通路中传输的事务类
class tone_gen extends uvm_sequence_item;
  `uvm_object_utils(tone_gen)
  real freq;
  string fname;
  real fs;
  int nfft;
  int nbits;
  int ns;
  function new();
```

```
            super.new();
        endfunction
    virtual function void gen();
        pycmd c;
        c=new();
        c.script_name="example_gen.py";
        c.add($sformatf(" -fname %s",this.fname));
        c.add($sformatf(" -fs %f",this.fs));
        c.add($sformatf(" -nfft %0d",this.nfft));
        c.add($sformatf(" -nbits %0d",this.nbits));
        c.add($sformatf(" -freq %0f",this.freq));
        c.add($sformatf(" -ns %0d",this.ns));
        c.exec();
    endfunction
endclass

module tb();
    ...
    tone_gen t;
    initial begin
        //This sits inside transaction class
        t=dp_pkg::tone_gen::type_id::create("example_generation");
        t.fs=100e6;//100MHz
        t.nfft=100;//FFT size
        t.freq=10e6;//10MHz ==> bin=10
        t.ns=1000;//Number of samples
        t.fname="example";//Output filename
        t.nbits=16;//Number of bits
        t.gen();
        ...
    end
    ...
endmodule
```

从上面这段剪出的例码和图 17.15，可以观察到 Python 与 SV 的交互形式如下：

● Python 提供复杂数据的生成类，同时等待外部的参数传递，并最终将数据生成文本。

● UVM 一侧提供生成测试数据源的参数，继而通过$system()系统函数来调用 Python 脚本，利用 Python 脚本生成测试数据。

● UVM 接下来继续解析生成的数据文本，并将其送往 DUT 的数据接口，这一部分关于文本解析的代码我们在文中省略了。

这段例码主要解释了数据生成的流程，可以看到触发端是由 UVM 一侧发起的，而在发起之前，用于呼叫 Python 脚本的配置参数则是 UVM 随机生成的，这便是线上控制（UVM）和线下激励（Python）的交互方式。需要注意的一点是，数据可能并不是一次性全部生成的，可能在仿真时调用 Python，每次都生成新的数据供 UVM 用做激励。另外，可以从这个测试 DSP 的用例看到，数据的比较是在仿真结束时调用比较脚本完成的，这一交互关系也是由

UVM 呼叫 Python 来完成的。数据比较还有一种可行的方案是，为了保证数据检查的实时性，在两侧采样文本都达到一定要求时就开始周期性地比较，这种比较方式可以更好地"保鲜"，即第一时间锁定错误和"案发地点"，便于调试。

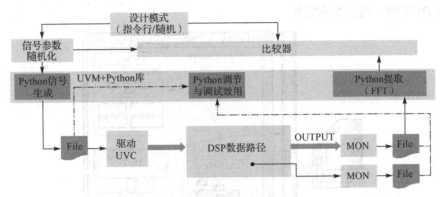

图 17.15　Python 与 SV 的交互

17.4.2　线上控制和线上激励的交互应用

在通常的 UVM 测试中，在测试前往往给定 UVM 环境的配置参数。无论是给固定值的配置方式，还是给随机限定条件的配置方式，都无法在仿真过程中对环境做动态改变。那么有没有场景需要动态调整测试时的配置情况呢？

- 如何实现仿真时动态控制验证结构和场景而又不重新编译呢？有时因修改了测试代码而需要额外编译和链接的时间过长，有时加载大型 SoC 仿真对象时间过长，那么在已启动的仿真环境中可以不做二次编译，且能够修改验证结构和配置参数，将是一种更好的选择。

- 让 UVM 新手编写 UVM 测试代码可能需要很多的学习时间。有没有其他好方法呢？第 15 章介绍了一个具备良好结构的测试平台方案 Pangu，该平台除了自动生成测试平台，也支持标准化的测试命令，这降低了 UVM 初级用户的使用门槛。如果可以在仿真时通过一些简易可读的脚本来控制测试环境，那么这种线上控制的方式也可以使 UVM 的验证更加容易。

无论是哪一种要求，在 UVM 仿真时让仿真器和脚本（通常是 Tcl）之间构建线上的命令接口，使从命令窗口（console）输入的 Tcl 指令控制验证环境，就可以让测试变得更容易、更灵活。Tcl 广泛用做各种仿真器的命令语言，控制仿真的开始、结束、打印报告信息和更多复杂的操作。Tcl 也是一种强大的脚本语言，Perl 和 Python 做的处理 Tcl 也可以代劳。如图 17.16 所示，为了让 Tcl 在线对 UVM 环境和 DUT 进行控制，需修改原有的 UVM 环境，添加一个面向 Tcl 的代理（agent）。通过这个代理，可以接收 Tcl 命令继而解析和执行，也可以将一些数据通过 Tcl 命令接口返回到仿真器一侧[42]。

对于 Tcl 的命令接口，考虑到 Tcl 可以实现信号和参数的修改、事件和时间的等待，我们可以利用这些丰富的功能实现具体要求，完成对 UVM 测试的线上控制。这些可实现的要求包括但不局限于：

- 定义基本的配置列表；
- 定义哪些参数可以随机化；

- 定义可随机化变量的边界值；
- 选择可以挂载到 sequencer 的 sequence；
- 修改和读回目标信号值；
- 对 DUT 做一些基本的配置。

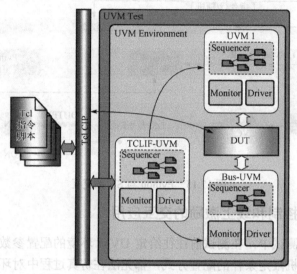

图 17.16　线上控制和线上激励的交互作用

　　下面给出在 Mentor QuestaSim 中建立 Tcl 的一些方法，通过这些方法可以实现一些简单的测试场景。如果对这些方法感兴趣，可以在不同仿真器支持的 Tcl 命令集上实现控制 UVM 环境的方法，并在仿真时完成对 UVM 环境的控制。

```
proc log_test { logfileid logtxt }{
    puts $logfileid $logtxt
    echo $logtxt
}
# LOG: Just a comment which is written to the transcript and to the file
proc LOG { args } {
    global Now
    global tb_g tb_g
    set args [join $args]
    set log "\# $args"
    log_test $tb_g(logfileid) $log
}
# Simply delay the simulation by calling therun command
proc DL {time args}{
…
    run_proc $time
}
# Set a signal directly
proc SS { name args }{
    global Now
    global tb_g tb_g
```

```
        set log "$Now : SS $name $args"
        log_test $tb_g(logfileid) $log
        upvar $name $name
        set namex [set $name]
        set log [set_signal $namex [lindex $args 0]]
    }
    # Cancle setting of a signal (NotSet)
    proc NS { name args } {
        …
        set log "$Now : NS $name $args"
        log_test $tb_g(logfileid) $log
        set namex [set $name]
        noset_signal $namex
    }
```

通过上面这些基本的命令，仿真时可以写出一些易用、易读的测试指令。如果这些指令控制 UVM 的配置变量、随机条件，就可以实现对 UVM 测试的控制。值得注意的是，如果上面这些基本指令易于维护移植，还可以作为 EDA 厂商 Tcl 指令的开源库。很多情况下，用户不只需要一个简单的信号赋值，而可能需要等待一个事件；用户可能不只需要读回信号的值，还需要将数值进行判断和记录。同时关于 UVM 控制的 Tcl 指令，EDA 厂商和 UVM 标准委员会也可以考虑在不久的将来推出更为广泛的 Tcl 指令集，以此来规范在线仿真时的 UVM 环境控制和随机数据生成。

```
LOG "Testcase: 000 Basic Test"
LOG "Author: MR.X"
SS MODE_A "01" ; # Set signal
DL 2500us ; # Delay for 2500us
LOG "Check power down signals"


for {set i 0} {$i < 10} {incr i 1} {
CL PD_ADC ; # Check low
CL PD_CPU
DL 100us
}
NS MODE_A ; # Cancel the Set command
LOG "Check power down signals"
# Wait until PD_MODE signal change to 1.
# If this does not happen within 1ms then go on and generate an error
WT PD_MODE 1 1ms ; # Wait until PD_MODE goes to '1' for 1ms
CH PD_ADC ; # Check High
CH PD_CPU
LOG "Test finished"
```

目前 UVM 支持的还只停留在内置的命令行处理器（command line processor）与仿真时传入的参数交互，这些参数都是预定义好的，通过仿真时命令行传入的特定参数可以用来设置 UVM 的测试名称（+UVM_TESTNAME）、冗余度（+UVM_VERBOSITY）、退出时间（+UVM_TIMEOUT）等，或者用户也可以实现自定义的参数传递的分析，例如：

```
uvm_cmdline_processor cmdline_proc = uvm_cmdline_processor::get_inst();
//get a string
string my_value = "default_value";
int rc = cmdline_proc.get_arg_value("+MENT_ABC=", my_value);
//Convert to an int
int my_int_value = my_value.atoi();
```

无论是使用上面预定义好的"UVM_"前缀命令行参数，还是用户自定义好的命令行参数来进行解析，这些仍然停留在仿真时的命令传入控制，无法满足在仿真时对 UVM 环境控制的要求。因此有必要在 EDA 厂商与 UVM 标准委员会之间设定新的 Tcl 命令标准，再由各个 EDA 厂商根据他们原有仿真环境和底层指令实现对一致化 Tcl 命令集的支持。这一要求类似于之前讲到的 SystemC 与 UVM 之间的 UVM Connect 开源库，该库同时也支持在 SC/C/C++一侧控制 UVM 的环境。只不过与 Tcl 脚本实现不同的地方在于，UVM 到 C 的控制命令接口是更直接和便于移植的，不会因为仿真器的差别而遇到移植的阻力；而 UVM 到 Tcl 的控制命令移植则更依赖于不同仿真器底层的 Tcl 指令集，因此有必要由 EDA 厂商和 UVM 标准委员会一起商定这件事情。

介绍完上面两种脚本语言与 UVM 的交互方式，我们可以发现这些交互都不是"直接"的方式，并不像 SV DPI-C 的命令接口一样属于"天生"的方法。如果再联想之前 SystemC 与 UVM 的交互，它们之间也是间接通过 DPI-C 接口，那么有没有可能脚本语言与 C 之间也有接口呢？关于这一问题我们需要对不同的脚本语言区别对待。例如 Python 与 C/C++之间的接口就可以通过 Python 官方提供的方式来实现，而一旦脚本语言与 C/C++有良好接口实现，那么就可以将 C/C++作为数据交换中转的地方，继而实现 Python 与 SV/UVM 之间更加丰富的相互调用了。

17.5　本章结束语

验证师并不是必须采用 SV、UVM 同外部语言的接口来完成"绚丽"的验证，而是我们可能基于历史原因、条件限制或测试复用等考虑，需要实现同外部语言的接口，从整体上提高验证效率。至此，我们就将目前主要的一些语言与 SV/UVM 的混合仿真和交互实例介绍完了。希望通过这些丰富的手段，读者可以在日后遇到其他语言模型时轻松地将它们装入到 UVM 环境中，实现快速集成和混合仿真。当然这些与项目联系紧密的实践经验，你可以通过微信订阅"路科验证"来阅读更多及时有用的技术文章。

## 第 18 章

SV 及 UVM 高级话题

在本书的最后一章，希望让读者认识到，目前芯片验证的代码方式虽已明显偏向软件化，但与软件开发相比仍有一些需完善的地方。比如接下来要介绍的 SV 的开源库，供验证师可方便地使用，但开源库的资源十分有限。又如，我们可以借鉴软件单元测试的方法引入 SV 的单元测试包 SVUnit，实现验证组件的快速开发迭代。在本章其余的部分，我们结合目前验证工作中的实际情况，就如何从 OVM 环境移植到 UVM 环境提供两种不同的方案，即完成 OVM 代码到 UVM 代码的转换，或者两种代码的共存。相信在未来几年，OVM 会进一步淡出动态仿真的视野，UVM 也会进一步实现动态仿真验证方法学的统一。关于更多新的 SV 和 UVM 的高级话题，可以扫描本书的二维码，关注"路科验证"订阅号，获得更多新的技术内容。

18.1　SystemVerilog 开源公共库

随着 SV 的推广，SV 已经不只是作为一种验证语言流行，也作为一种硬件描述语言、一种通用编程语言得到应用。在软件编程中，SV 与 Java 一样有丰富的数据类型和类的概念，这种面向对象编程思想使一些软件工程师"移民"到验证领域的阵痛期并不会太久，但随后他们会感到一些失望，因为 SV 尽管有着类似 Java 的编程方式、内存管理方式等，但又缺少一些东西，比如底层数据类型操作的函数，在使用时有点掣肘。表 18.1 是一些数据，是针对各主流编程语言对字符串类型的函数数量对比。习惯于软件编程的用户（同时精通于 Java、Python 等）经常会对 SV 的底层函数支持表示不满。这些软件用户更怀念过去在 Java、Python 中各种丰富底层函数的应用，而从硬件一侧迁移到 SV 的新用户则像"刘姥姥进大观园"，对 SV 新添加的特性有点应接不暇，够学几辈子的了（比起之前 HDL 硬件编程需要的语法数量）。

表 18.1　SV 与其他软语言关于字符串处理的对比

语言	Type/Class/Object	Number of Functions
SystemVerilog	string	18
SystemC/C++	std::string	25
Java	Java.lang.String	38
Python	Str	44
Perl	Str	22
Ruby	String	82
JavaScript	String	19

Python 的忠实粉丝都知道 Python 世界的一句谚语 "Batteries included"，指的是官方发行的 Python 版本自带了相当齐全的软件库，拿来就可以直接写程序，一般不需要安装额外的库，就同一出生就含着金钥匙为自己生命代言的天才一样，做什么都是手到擒来。而 SV 的用户，尤其在适应了软件编程思维同时熟悉一些其他编程语言特性时，就会对 SV 缺少像 Python 一样丰富底层函数的气质颇有微辞了。

所以，那些见识过"东西"的验证师局部地联合起来（公共的验证开源项目数量少而死亡率太高），在自己公司内部按所处项目的实际要求，尝试在 SV 基础上开发一些扩展库，代替本应 SV 提供的一些底层库；在这些库日渐完善的基础上，经公司的同意将这些库开源出来，并保持不断更新（或者被收入 SV 的标准第三方库）。本节为大家分享两个开源质量较高且至今保持活力的 SV 第三方库，简单介绍它们的特性，希望读者在后期项目使用中可以有机会快速安装它们，不再重新发明轮子。同时也希望读者在以后的工作中，可以有目的性地将库分为公共库（有更广的使用潜力）和 VIP 库（更有针对性），将过去那些有成为公共库潜力的方法、类整理到一起，做好单元测试（库开发的标准流程）和文档，造福更多的同行，或者在允许的情况下开源出来。

18.1.1　SV 开源库之一：svlib

Verilab 公司开源了他们开发的 SV 扩展底层库 svlib，这个库可以从下面的链接中找到。
www.verilab.com/resources

svlib 分成若干特性分支，不同分支具备相应的功能。这些可以拆解并独立开发的功能包括[43]：

- 通用字符串处理和正则表达式功能。
- 对文件和目录操作的功能，包括目录查找、列表、文件属性征询的功能。
- 与操作系统互动的功能，包括查找环境变量、传入命令行、时钟日期信息查询等功能。
- 其他各种方便的功能，例如与枚举类型相关的函数操作。
- 成套的插件用来从.ini 或 YAML 配置文件读入，继而存储为配置数据格式 DOM；或者反之，从 DOM 格式存为.ini 或 YAML 标准格式。

另外，svlib 也有类似 uvm_macros.svh 的宏文件 svlib_macros.svh，该文件定义了一些易用的宏，方便使用者。下面简单介绍上述几种主要的功能。

1. 字符串处理

正如之前比较字符串 string 相关函数的例子，有点尴尬的是，SV 的 string 并不允许用户直接在 string 类型上扩展。string 尽管看起来有点像类，但其无法继承。

```
string S = "  Some text   ";
int n = S.len();
S = S.toupper();
```

上面的字符串操作与对象使用方法相似。但如果想扩展 string 类型，只能考虑在 svlib 中添加一个新的类 Str，通过类的方法实现扩展，例如：

```
Str ss = Str::create("  Some text   ");
```

```
ss.trim(Str::Right);
$display("\"%s\"", ss.get());
```

输出结果为：

```
"  Some text"
```

通过添加新的字符串类 Str（内嵌 string 变量并且对其操作），可以在原有 string 类型基础上扩展更多方法，例如上面的函数 Str::trim() 可以去除字符串右边的空格。这种定义类的方法看起来可以带来更多新的特性，但同时也带来了一点麻烦。例如，原有的 SV 用户已经习惯于对 string 变量本身进行操作，通过操作符例如{}来合并字符串，或者直接赋值的形式来获取字符串内容等，这一点同新添加的 Str 类通过函数操作有明显的差别。

如果 SV 用户不习惯新的方式，又或者原有 SV 代码不想大规模改动的时候怎么办呢？svlib 同时也提供了经典的 package 内建函数的形式，将一些主要的函数同时也按照旧有函数操作的形式来实现。

```
$display("\"%s\"", str_strim(S, Str::BOTH));
```

输出结果为：

```
"Some text"
```

上面这个方式更贴近于原有的字符串操作，用户可以从中选择一种方式来实现字符串操作。

2．正则表达式处理

对于熟悉正则表达式，尤其是 Python 正则表达式的读者，关于 svlib 中的正则表达式类 Regex 和其处理函数应该不会感到陌生。

```
Regex re;
re = regex_match("06/07/17", "([0-9]+)/([0-9]+)/([0-9]+)");
if (re != null) begin
    $display("Looks like a data");
    void'(re.subst("$2-$1-20$3"));
    $display("data = %s", re.getStrContents());
end
```

输出结果为：

```
Look like a data
07-06-2017
```

svlib 提供非常全面的与正则表达式相关的匹配和替换方法，更多函数可以在 svlib 文档中找到。

3．文件和目录操作

文件和目录的操作在脚本语言中是会经常使用到的，而 SV 欠缺这一点（或说现有的文件打开、读写操作无法满足多样化需求）。svlib 提供了与路径相关的类、与文本信息相关的类等，比如 SV 无法批量地得到相关文件名，而针对这些与目录有关的操作，svlib 提供了方法。下面的例码可以将当前目录下所有以 sv 结尾的文件都找到，并写入到一个字符串队列中。

```
string dirList [$];
dirList = sys_fileGlob("*sv");
```

下面通过 Pathname 类来完成文件路径的有关操作，通过自带函数取得文件的扩展名、路径名以及文件名本身。

```
Pathname path = Pathname::create("/home/svlib/src/svlib_pkg.sv");
$display(path.extension()); // .sv
$diaplay(path.dirname()); // /home/svlib/src
$display(path.tail()); // svlib_pkg.sv
```

在得到了文件列表后，我们可以通过 svlib 提供的更多函数将文本状态信息获取，继而展开更多操作。下面的例码通过 file_mTime() 来获取所有文件最后修改的日期，同时将这一日期通过函数 sys_formatTime() 转化为更易读的形式。

```
longint mostRecentTime = sys_dayTime() - 24*60*60;
string mostRecentFile = "";
foreach (dirlist[i]) begin
  longint t = file_mTime(dirlist[i]);
  if (t > mostRecentTime) begin
    mostRecentTime = t;
    mostRecentFile = dirlist[i];
  end
end
if (mostRecentFile != "") begin
  $display("The most recent file is \"%s\"");
  $display("It was modified at %s",
  sys_formatTime(mostRecentTime, "%c");
end
```

4. 操作系统互动

svlib 也提供一些函数可以获得当前工作目录下的环境变量，以及查询调用 simulator 的完整命令行参数等。下面例码通过查询当前工作环境变量来修改一些变量值。

```
string cfgVar = "SIM_CFG_DIR";
string cfgDir = "../cfg"; // default value
if (sys_hasEnv(cfgVar))
  cfgDir = sys_getEnv(cfgVar);
  ...
```

5. 错误处理

精细化的软件编程方式一定离不开对各种可能出现的错误代码的排查处理，这可以提高代码的健壮性。尽管这对 Java、Python 编程来说是一种习惯，但 SV 用户可能还不习惯这么做。在充分考虑用户习惯的基础上，svlib 对错误的处理方式做出了既满足基础用户又满足高级用户的处理：

● 默认情况下，svlib 中的函数发生错误时会由内置的 assertion 发起断言错误提醒，继而在仿真器的命令窗口中提示。

● 用户可以通过$assertoff 的命令关闭 svlib 中内嵌的与错误处理相关的断言。

● 高级用户可以从函数参数列表中取得错误信号，继而做精细化的错误处理。

例如，上面的错误处理在默认情况下通过断言报告错误信息。

```
longint t = file_mTime("MISSING/FILE");
```

输出结果为：

```
<Assertion>: Failed to stat "MISSING/FILE", errno=2 (No such file or
directory)
```

用户可以用高级的错误处理方式，通过 error_userHandling(1)来使能这一处理方式。通过 error_getLast()来取得最近的一次处理结果，如果处理结果非 0 的话，那么可以根据错误信号来做具体的处理。下面是一段高级错误处理代码：

```
error_userHandling(1);
t = file_mTime("MISSING/FILE");
if (error_getLast() != 0)
  $display("whoops, my bad: %s", error_fullMessage());
```

6．原有随机处理的稳定性

在下面的例子中可以发现，svlib 并不建议直接调用 new()构建函数来创建对象，而是通过 create()函数交由 svlib 内部创建对象。这种创建对象的方式直接影响随机种子的创建，而当 svlib 作为基础库被引入原有代码时，我们并不希望一些底层函数操作影响随机数的生成。因此，为了消除 svlib 中对象创建可能对随机处理带来的影响，svlib 要求用户只使用 create()创建对象。下面是 create()函数的实现代码：

```
class svlib_C extends svlib_base;
  static function svlib_C create(...);
    std::process p = std::process::self();
    string rs = p.get_randstate();
    create = new(...);
    p.set_randstate(rs);
    ... // 其他初始化部分
  endfunction
  ...
```

例如，svlib 的类 svlib_C 的 create()函数在创建对象前保存了随机状态 get_randstate()，在例化对象后还原了随机状态 set_randstate()。这种方式可以避免因 svlib 的介入而在创建新的对象后对随机数产生的影响。因此，尽管引入 svlib 中的类创建新的对象，但依然可以保证原有仿真环境中随机处理的稳定性。

7．配置文件解析和输出

在 HDL 设计和验证环境的配置中，将结构化的文件格式如 YAML 或.ini 作为输入进行配置的情况很普遍。也许读者所在的公司还在使用 DOC、CSV 等格式，但结构化、层次化清晰的格式 YAML 或.ini 更为合适。这个文件格式需先转化为树状或队列状的软件对象配置信息，继而保存、修改和反向输出。Python 有第三方库的支持，方便了文件的解析，SV 也参照这一特性解析文件、存入配置对象（DOM，Document Object Model），并在需要时将 DOM 对象反向输出为需要的格式，例如 YAML、.ini。下面给出一段综合的例码介绍这一过程，这种读取 YAML 文件的方式可以用来配置验证环境的结构和变量。

```
largerConfig cfg; // 配置对象
cfgNode dom; // DOM 根节点
cfgFileINI fi; // INI 文件句柄
cfgFileYAML fy; // YAML 文件句柄
// 解析 YAML 文件，将其信息置入 DOM
fy = cfgFileYAML.create();
dom = fy.deserialize("src.yaml");
// 从 DOM 获取配置信息存入 cfg
cfg = new;
cfg.fromDOM(dom);
// 修改配置对象
cfg.scalarInt = 42;
cfg.objectSC.scalarString = "new value";
// 将信息再转换为 DOM 格式
dom = cfg.toDOM("NewCfg");
// 将 DOM 存为.ini 格式
fi = new;
fi.serialize("dst.ini", dom);
```

上面的例码首先解析了 YAML 文件格式，将配置信息存储到 DOM 结构对象中，稍后对其进行数据修改，并将更新后的数据输出为.ini 格式。存储到 dst.ini 文件的数据内容如下：

```
scalarInt=42
[objectSC]
scalarInt=1234
scalarString=new value
```

从介绍的第一个 SV 开源库可以看出，svlib 的开发者有着丰富的软件开发经验。当这些从软件世界迁移来的开发者面对 SV 受限制又不方便的方法时，会不由自主地怀念以前软件开发时各种可用的第三方库。在 svlib 的开发中，借用了 C 的一些库和系统接口，例如配置文件 YAML 的解析包是从 C 复用并导入到 svlib 中的。这些分类的方法、类都可以在 Python、Java 的标准库中找到原型，所以说这些类和函数并不是凭空产生的，而是在认识到其他软件编程语言标准库的一些类和方法对 SV 有帮助时，才移植到 SV 一侧的。又比如第 17 章在讲 SV 与其他语言的接口时，也讲到 SV 在处理浮点数计算和数学库上面的欠缺；如果 SV 暂时不提供这样的数学库，那么 SV 只能与其他支持数学库的语言 Python 或 MATLAB 等建立接口，进行混合仿真。

图 18.1 给出了 svlib 组织，可以看到 svlib 的一部分函数是由 SV 完全实现的，而另一部分函数则是间接调用了 DPI-C 函数，比如 C 的内存管理方案、复用其他 C 库（YAML）等。

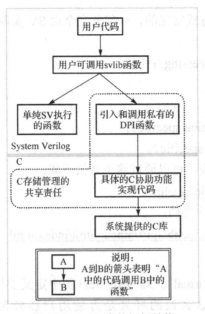

图 18.1　svlib 库的组织结构

读者如果对这个开源库感兴趣，可以下载查看源代码和文档。通过阅读源代码，读者也可以体会到一些开发标准库需要考虑的地方：

● 命名库、类、函数和参数等时要遵守一定的规则，这样做不但便于记忆和理解，也便于在文档中查找。

● 考虑到库可能在不同的仿真器和平台上使用，需要在可能的仿真器和平台上测试。

● 最好不要依赖于其他的库。svlib 只基于 SV 标准库和自带的 DPI-C 库，可以在其他方法学库中使用，比如 UVM、OVM。

● 如果你想让你的第三方库为更多的人使用，应开发得更规范化一些，包装起来并想办法让更多的人知道它。

18.1.2　SV 开源库之二：cluelib

cluelib 也是一个开源库，来自 ClueLogic 公司。开发者在介绍 cluelib 的论文[44]中谈到，SV 缺少的底层函数之所以目前开源的较少，归结于以下几个现实因素：

● 大多数验证师缺少时间开发完整的底层库。

● 开发一个稳定的库需要花足够多的测试时间。

● 定义一致的、可配置的函数和类并不是一件轻松的事。

● 验证师对一些只能重复去做的事情暂时还可以忍受，也就是说，他们还可以承受重复实现底层函数的代码。

● 由于技术和法律的限制，一些可靠的库依然无法对外公布和分享。

cluelib 是目前开源的相对有生命力（仍然在更新）的库，本书中摘录的是有品质保证的库，如果将来这些库停止更新，笔者也会在后续新的版本中更新这一节，推荐其他有品质的开源库。cluelib 在开发时也遵循了类似于 svlib 开发时的规则，比如尽量保持独立不依赖于其他 SV 库、可在多个仿真器和平台上移植、好的命名规则、参考已有的 Python、Java 的底层函数等。cluelib 是由两部分方式实现的，一部分完全由 SV 实现，另一部分由 DPI-C++实现。cluelib 的类可以分为[44]：

- 文本处理类（text processing）；
- 容器类（container）；
- 策略类（strategy）；
- 验证相关类（verification specific）；
- 领域相关类（domain specific）。

读者如果对这个库感兴趣，可以通过这个链接下载：

https://github.com/cluelogic/cluelib

可以在线查看 cluelib 库的文档：

http://cluelogic.com/tools/cluelib/api/framed_html/index.html

1. 文本处理类

cluelib 定义了一个虚类 virtual class text，text 类中定义了与字符串处理有关的函数，并且全部声明为静态函数。这么做的好处是方便用户在外部直接调用静态函数，例如 text::index()，同时这一点也符合 SV 用户对字符串操作的习惯。text 类支持的函数按照返回值可以分为表 18.2 中的几类。

表 18.2　文本类型处理函数

Returns string		
capitalize	join_str	slice
center	lc_first	slice_len
change	ljust	strip
chomp	lstrip	swap_case
colorize	replace	title_case
contains_str	reverse	trim
delete	rjust	uc_first
Insert	rstrip	untabity
insert	rstrip	untabify
Returns bit		
contains	is_lowse	is_upper
ends_with	is_printable	only
is_alpha	is_single_bit_type	starts_with
is_digit	is_space	
Returns other		
chop	indes	rpartition
count	partition	rsplit
find_any	rindes	split
hash	rindes	split_lines

2. 容器类

开发者借鉴了 C++、Python 与容器类有关的类和方法，新定义了一些有用的类。考虑到叙述的篇幅，这里给出容器类的大致划分：

- pair
- tuple
- tree_node
- route_node
- aggregate
  - packed_array
  - unpacked_array
  - dynamic_array
  - queue
  - data_stream
  - bit_stream
- collection
  - set
  - deque
  - tree
  - route

pair 和 tuple 可以存放数据，并且提供一些比较和克隆的功能。

```
pair#(int,string) p;
p = new( 123, "a pair of int and string" );
$display( "%d", p.first ); // first element
$display( "%s", p.second ); // second element
```

tree_node 和 route_node 在排序中经常会用到，因此如果读者需要构建图（diagram），用 tree 或 route 模式，那么可以考虑使用这两种类和随后配套的 tree 和 route 类来构建图。

对于 aggregate 大类按照存放数据的方式，又可以分为 packed_array、unpacked_array、dynamic_array、queue、data_stream 和 bit_stream。下面是这些类的一些使用例码：

```
bit[7:0] pa; // packed array
bit ua[7:0]; // unpacked array
ua = packed_array#(bit,8)::to_unpacked_array( pa );
my_class ua[8]; // unpacked array of my_class
unpacked_array#(my_class,8)::reverse( ua );
```

collection 类内部一般由 queue 或 associate array 来实现，而比起 SV 已有的 queue、associate array，它们提供更多的方法。

3. 策略类

对于上面的容器类在需要比较和格式化的时候，就需要用户自定义方法或类来实现，而 comparator 类用来比较两个容器对象，例如：

```
class pair_comparator #( type T = pair ) extends comparator #(T);
  virtual function bit eq( T x, T y );
    return x.first == y.first && x.second == y.second;
  endfunction: eq
```

```
    // ... other functions
endclass: pair_comparator
```

formatter 类用来将容器中的对象例如整型、枚举型或句柄转化为字符串。例如下面的例子中，comma_formatter 类将整型转化为由逗号间隔的字符串便于阅读：

```
comma_formatter#(longint) com_fmtr = comma_formatter#(longint)::get_instance();
$display( com_fmtr.to_string( 123456789 ) );  // 123,456,789
```

4. 验证相关类

一些与随机相关的类例如下面的类 random_4_bin_num 在例化之后，可以通过指定随机的范围和比重来实现随机约束，继而产生期望的数值。

```
random_4_bin_num n = new;
// min max wt
n.db = '{ '{ 100, 200, 1 }, // bin 0
          '{ 300, 400, 2 }, // bin 1
          '{ 500, 600, 3 }, // bin 2
          '{ 700, 800, 4 } }; // bin 3
assert( n.randomize() );
$display( n.val ); // the randomized value
```

对象 n 在给定约束 n.db 之后，产生的随机值 n.val 将在 100 和 200，300 和 400，500 和 600，700 和 800 之间，而 4 个区间的比重是 1、2、3 和 4。

另外还提供计时器 kitchen_timer。计时器的功能可以通过对仿真计时用做看门狗（watch-dog timer）或利用事件触发来处理其他事务。

5. 领域相关类

关于验证具体功能领域相关的类，可能是开发者总结了以往接触的项目，将它们整理到了一起。目前 cluelib 提供了三个类：

- crc
- scramblers
- network

以 crc 类为例，这个类或称为类簇，包含多个静态函数，每一个静态函数都根据不同协议标准返回需要的 crc 值。例如 crc::crc5_usb 返回 crc-5-usb 值，crc::crc7_mvb 返回 crc-7-mvb 值。也许这些有限的特定功能领域相关类并不是读者需要的，但这种将现有验证功能领域的函数汇总收集为一个类再放入一个完整库中的思路，值得验证师借鉴。

SV 标准委员在开始制定 SV 标准时可能考虑得较多，毕竟 SV 的首要使用者（即早期验证师）都是从古老的 HDL 世界迁移过来的。为让他们更快地掌握 SV 的特性，在底层函数制定时也许做了一些妥协。例如，字符串 string 是一个类型同时提供一些方法，但它又并不是一个类，这一点不同于 Java 的 String，或者 Python 的 Str。它这种尴尬的地位使得后期扩展 string 类型做遇到不小的麻烦，开发者不得不转而求其次重新定义字符串类。当然，SV 另外的一些特性，如内存管理、垃圾回收、对象句柄操作等，使用方式要尽量简单，不对使用者造成太多困扰，这一点值得肯定。

目前 SV 和 UVM 的现状就是开源生态圈没有建立起来，尽管一些 EDA 厂商例如 Mentor

在推进这件事情（Verification Academy），但与软件生态圈中丰富的第三方库比起来仍然有不小的差距。一方面这与验证从业人员的数量、编码方式、职业习惯有关，另外这也与半导体行业一直较为封闭的价值观有关（好的代码也无法开源出来）。我们本节希望通过介绍上面这些有限的但有质量的开源库，帮助读者可以更多地浏览源代码，了解开发公共库所需考虑的方向，也懂得如何测试发布维护库等，最终读者在所处团队和公司可以更多地促成这样的事情。所谓前人栽树后人乘凉，至少可以让公司在功能验证方面的资源都整合在一起、有章法可循，而通过这种方式进一步确立验证工程师属于"正规军"的形象，让公司知道它的价值不单在于设计 IP 资源，同时也包括完善的验证 IP 资源。

18.2　SV 单元测试方法 SVUnit

18.1 节介绍了目前还不算丰富的第三方 SV 开源库，开发者在 svlib 库的开发过程中提到了用于 SV 单元测试的插件 SVUnit[45]。单元测试在软件敏捷（agile）开发领域已经很普遍了，随着 SV 开发的软件特性越来越浓，软件开发领域的思想西风东渐不再稀奇。

单元测试（Unit testing）是将一个完整的模块（module、class、function）从原有的系统中隔离出来进行测试。验证师们一般忽略单元测试、组件测试（Component testing，测试多个类），甚至跳过集成测试（Integration testing，对多个类、包、组件和子系统进行联合测试），直接利用构建的环境（系统）对 DUT 进行测试。测试的概念在软件开发中是针对软件设计而言的，那么在硬件环境中如何实现测试概念的迁移呢？笔者认为有必要对硬件本身和验证环境分别进行小范围的测试（例如单元测试），从底层保证硬件设计和验证环境的基本功能正确。在以往的测试方式中，我们一般通过这些方法保证硬件设计和验证环境的基本功能：

● 在硬件设计中内建断言，来保证底层功能和时序的检查。

● 在验证环境中通过函数的返回值来判断是否成功，继而报告错误信息。

但第一个遗憾的事实是，在验证过程中占据三分之一时间的调试，不仅在调试设计功能，也在调试验证环境。所以，当验证师抱怨设计师发布未经基本测试的新设计版本时，验证师自己的验证环境（软件部分）也面临着同样的问题。在验证领域，测试包括硬件测试和验证环境测试。第二个遗憾的事实是，设计师没有写硬件的单元测试的习惯，或者在修改了设计之后也不会自己跑验证环境检查基本测试是否通过，而验证师也同样没有写验证环境的单元测试的习惯。

什么？验证环境还要测试自己吗？当然要测试自己！否则，一个鸡生蛋还是蛋生鸡的问题就会让你对自己的验证环境不再那么有信心———你的激励是否满足协议时序？你的采样是否按照协议进行？你的参考模型功能本身是否正确？你的计分板是否不会漏掉任何一个错误？验证师怎么保证验证环境自身的正确呢？

考虑到 UVM 验证环境是一个高度结构化的软件设计，在完成环境集成之前，是否有必要对各环境组件完成基本测试以保证它们自身的功能正确呢？验证工程师会随着经验的增长对自己的环境集成越来越保持审慎的态度，在他们眼里没有完美无瑕的环境。环境、组件、用户自定义的类，在集成到验证环境之前都要进行单元测试。单元测试是一个低级别的、关注到类或模块基本功能的方法，通过将目标模块进行隔离创建单独的环境进行测试，使得每一个由单元测试历练过的模块都有着更好的品质，而在后期集成中也会减少更多的低级错误。

"出来混，迟早是要还的"。对于从事验证工作的新人，这句话还需要更多的时间去体会。经历过几次 UVM 环境调试的工程师，对 UVM 这个"道可道，非常道"、难以名状的验证包常怀敬畏之心。如果没有几年验证经验，验证师在完成环境集成之后，即便完成编译，加载验证环境时的心情恐怕也只能是"自己的心情自己感受"了，因为调试 UVM 环境经常会出现各种稀奇古怪的问题。那么用什么来拯救一个将来要调试的庞大复杂的 UVM 系统呢？SVUnit 的分而克之理念，或者说贯穿于软件测试领域的单元测试理念，就是要求开发者在软件面前谦卑一点，承认自己容易犯错，继而就开发的验证组件首先进行单个测试，再进行集成和整体运行。那么具体来讲，SVUnit 可以为验证环境带来什么好处呢[46]？

- SVUnit 对于 UVM 组件的主要功能会测试它的正确性。这种测试方法可以为后期功能的修改、添加提供支援。比如我们在后期开发中更新了原有功能或者添加了新功能之后，运行这个组件的测试套件待全部通过之后，就不用担心组件类的更新会破坏原有功能。

- UVM 组件在高复用性要求的前提下，自身需要提供清晰方便的方法。在编写测试的过程中，验证师自己将采用不同视点，从验证 IP 集成者的角度来考虑自己写的组件，关注它提供的方法接口，这也会帮助验证师实现便于复用、结构清晰的组件。

- 通过编写测试，会让验证师进一步认识软件的接口隔离原则（ISP Interface Segregation Principle），即让组件具备多个专用接口而不是一个处理庞大功能总接口。测试的习惯使得验证师会有意识地将组件实现成为易于调用和可测试的，并且将它与周围环境解耦，降低对外部环境的依赖性。

- 同时测试本身也是一份重要文档。这份文档有时要胜过文本文档的实时性和参考价值，因为组件集成者对于组件使用方法不单通过文档，也可以通过单元测试来理解如何创建一个对象和调用组件的方法。

接下来关于 SVUnit，我们就它如何快速实现对 UVM component 的测试和自动化来介绍。SVUnit 也可以测试 Verilog 模块，而且测试方式接近于之前的定向测试，只不过将各测试场景进行分块，并通过自定义的宏实现单元测试的执行和报告。之前我们也讲到，SVUnit 的测试理念并不新颖，在软件开发世界中已有成功的单元测试框架，如 JUnit。验证世界希望通过引入单元测试理念，使硬件设计和验证环境两部分在项目一开始就有条不紊，在每一个节点都有交付标准，从源头上控制代码质量，而不是直到设计集成、验证环境集成之后才着手测试。有经验的验证师都知道将这些没有早期做单元测试的模块延展到后期集成阶段做测试，他将会遭遇什么可怕的事情。下面的例子我们围绕 SVUnit 安装包中 examples 的一个简单例子来介绍如何使用 SVUnit。读者可以从 https://sourceforge.net/projects/svunit 下载 SVUnit 软件包。

下载 SVUnit 压缩包并将其在 UNIX 环境中解压，执行 Setup.csh 或 Setup.bsh 完成环境变量的设置。接下来进入 examples/uvm/simple_model 目录，按照 README 文件中的指令，执行 runSVUnit -uvm -s <simulator>。这里<simulator>的命令参数可以选择 ius、questa 或 vcs 的任何一种。这个命令帮助用户完成编译和仿真工作，其后报告仿真结果。假如读者一开始希望测试一个 UVM 组件，该如何实现呢？这里我们将例子中的组件 simple_model 作为 UUT（Unit Under Test）来介绍。

```
class simple_model extends uvm_component;
  uvm_blocking_get_port #(simple_xaction) get_port;
  uvm_blocking_put_port #(simple_xaction) put_port;
  `uvm_component_utils(simple_model)
  function new(string name = "simple_model",
              uvm_component parent = null);
    super.new(name, parent);
    get_port = new("get_port", this);
    put_port = new("put_port", this);
  endfunction
  ...
endclass
```

如图 18.2 所示，这个模块是从验证环境中抽取出来的一个参考模型（reference model），它从 get_port 获取原始数据，经过计算后将数据从 put_port 送出。

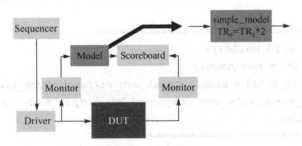

图 18.2 单元测试的模块实例

接下来需要利用 SVUnit 生成 simple_model 的测试模板，这一步可以通过 create_unit_test.pl 来帮助自动生成所需的测试框架。

```
create_unit_test.pl -uvm simple_model.sv
```

这样便可以对 uvm_component 类自动生成测试框架文件 simple_module_unit_test.sv，生成的框架代码如下：

```
class simple_model_uvm_wrapper extends simple_model;
  `uvm_component_utils(simple_model_uvm_wrapper)
  function new(string name = "simple_model_uvm_wrapper", uvm_component parent);
    super.new(name, parent);
  endfunction
  //===================================
  // Build
  //===================================
  function void build_phase(uvm_phase phase);
    super.build_phase(phase);
    /* Place Build Code Here */
  endfunction
```

```systemverilog
  //=================================
  // Connect
  //=================================
  function void connect_phase(uvm_phase phase);
    super.connect_phase(phase);
    /* Place Connection Code Here */
  endfunction
endclass
module simple_model_unit_test;
  import svunit_pkg::svunit_testcase;
  string name = "simple_model_ut";
  svunit_testcase svunit_ut;
  //=================================
  // This is the UUT that we're
  // running the Unit Tests on
  //=================================
  simple_model_uvm_wrapper my_simple_model;
  //=================================
  // Build
  //=================================
  function void build();
    svunit_ut = new(name);
    my_simple_model = simple_model_uvm_wrapper::type_id::create("", null);
    svunit_deactivate_uvm_component(my_simple_model);
  endfunction
  //=================================
  // Setup for running the Unit Tests
  //=================================
  task setup();
    svunit_ut.setup();
    /* Place Setup Code Here */
    svunit_activate_uvm_component(my_simple_model);
    //-----------------------------
    // start the testing phase
    //-----------------------------
    svunit_uvm_test_start();
  endtask
  //=================================
  // Here we deconstruct anything we
  // need after running the Unit Tests
  //=================================
  task teardown();
    svunit_ut.teardown();
    //-----------------------------
    // terminate the testing phase
    //-----------------------------
    svunit_uvm_test_finish();
```

```
        /* Place Teardown Code Here */
        svunit_deactivate_uvm_component(my_simple_model);
    endtask
    //====================================
    // All tests are defined between the
    // SVUNIT_TESTS_BEGIN/END macros
    //
    // Each individual test must be
    // defined between `SVTEST(_NAME_)
    // `SVTEST_END
    //
    // i.e.
    //    `SVTEST(mytest)
    //      <test code>
    //    `SVTEST_END
    //====================================
    `SVUNIT_TESTS_BEGIN

    `SVUNIT_TESTS_END
endmodule
```

从生成的框架来看会有一个 uvm_component 类 simple_model_uvm_wrapper 生成，这个类继承于 simple_model，它的目的是测试 simple_model 类，而在其内部定义了其他成员。随后有一个 module simple_module_unit_test，它的作用是例化软件类 simple_model_uvm_wrapper、完成 SVUnit 的测试环境结构，同时由单元测试者自定义一些可以用来测试的用例。从这个自动化生成的框架来看，用户无须再额外考虑如何导入 SVUnit 包、初始化测试框架、构建基本测试环境，因为这些可以通过 SVUnit 的 Perl 脚本完成，验证师只需要考虑如何针对 UUT 构建测试用例。

我们按照图 18.3 构建一个测试环境，在 simple_model_uvm_wrapper 中建立两个数据缓存，一端用来接收测试环境中的数据，另一端用来与 simple_model 的 TLM 端口连接。

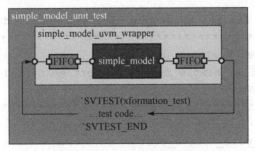

图 18.3　单元测试环境实例

```
class simple_model_uvm_wrapper extends simple_model;
    `uvm_component_utils(simple_model_uvm_wrapper)
    // Add some extra ports and FIFOs in order to verify the simple_model wrapper's
    // connect_phase().
    uvm_blocking_put_port #(simple_xaction) in_put_port;
    uvm_tlm_fifo #(simple_xaction)              in_put_fifo;
```

```
            uvm_tlm_fifo #(simple_xaction)               out_get_fifo;
            uvm_blocking_get_port #(simple_xaction) out_get_port;
            function new(string name = "simple_model_uvm_wrapper", uvm_component parent);
               super.new(name, parent);
               in_put_port = new("in_put_port", null);
               in_put_fifo = new("in_put_fifo", null);
               out_get_fifo = new("out_get_fifo", null);
               out_get_port = new("out_get_port", null);
            endfunction
            function void build_phase(uvm_phase phase);
               super.build_phase(phase);
               /* Place Build Code Here */
            endfunction
            function void connect_phase(uvm_phase phase);
               super.connect_phase(phase);
               /* Place Connection Code Here */
               // Connect the extra ports/FIFOs to the simple_model ports.
               get_port.connect(in_put_fifo.get_export);
               in_put_port.connect(in_put_fifo.put_export);
               out_get_port.connect(out_get_fifo.get_export);
               put_port.connect(out_get_fifo.put_export);
            endfunction // connect_phase
         endclass // simple_model_uvm_wrapper
```

从生成的框架代码来看，一个 uvm_component 将 simple_model、uvm_tlm_fifo 串接起来，装载了 simple_model。它名目的翻译其实就是做了我们在前面章节已经做过的事情，即构建了一个 module simple_model_unit_test。它内部实例化了一个 simple_model_uvm_wrapper。完成 SVUnit 的测试框架后，用户自己需要在这个文件中填充具体的测试用例了。同这个过程类似的，我们在前几章节里，用户实际需要不想重复地做这件事情。因此，SVUnit 提供了基本的测试代码框架，用以让用户可以直接在 SVUnit 的 Perl 脚本来完成测试框架的构建针对于 UUT 的搭建来完成测试用例。

我们给出测图 18.3 的话，在这个文档介绍，在 simple model 的这个示例中，将这个整个数据传入，一端用来将数据传入到整个数据，另一端用来将 simple model 的 TLM 端口引出。

```
module simple_model_unit_test;
   `SVUNIT_TESTS_BEGIN
      //**********************************************************
      // Test:
      //   get_port_not_null_test
      //
      // Desc:
      //   test for the existance of the simple_model::get_port
      //**********************************************************
      `SVTEST(get_port_not_null_test)
         `FAIL_IF(my_simple_model.get_port == null);
      `SVTEST_END
      //**********************************************************
      // Test:
      //   get_port_active_test
      //
      // Desc:
      //   ensure that objects put to the input do not remain in the
      //   input FIFO.
      //**********************************************************
      `SVTEST(get_in_port_active_test)
         begin
```

```systemverilog
    simple_xaction tr = new();
    my_simple_model.in_put_port.put(tr);
    #1;
    `FAIL_UNLESS(my_simple_model.in_put_fifo.is_empty());
  end
`SVTEST_END
//***********************************************************
// Test:
//   get_port_active_test
//
// Desc:
//   ensure that objects put to the input move through the input
//   FIFO to the output FIFO.
//***********************************************************
`SVTEST(get_out_port_active_test)
 begin
   simple_xaction tr = new();
   my_simple_model.in_put_port.put(tr);
   #1;
    `uvm_info("simple_model_unit_test",
              $psprintf("out_get_fifo empty : %0d", my_simple_model.
                 out_get_fifo.is_empty()),
              UVM_NONE)
   `FAIL_IF(my_simple_model.out_get_fifo.is_empty());
  end
`SVTEST_END
//***********************************************************
// Test:
//   xformation_test
//
// Desc:
//   ensure that objects going through the simple model have
//   their field property updated appropriately (multiply by 2)
//***********************************************************
`SVTEST(xformation_test)
  begin
    simple_xaction in_tr = new();
    simple_xaction out_tr;
    void'(in_tr.randomize() with { field == 2; });
    `FAIL_UNLESS(my_simple_model.out_get_fifo.is_empty());
    my_simple_model.in_put_port.put(in_tr);
    my_simple_model.out_get_port.get(out_tr);
    `FAIL_IF(in_tr.field != 2);
    `FAIL_IF(out_tr.field != 4);
  end
`SVTEST_END
`SVUNIT_TESTS_END
```

```
endmodule
```

可以看到，在`SVUNIT_TEST_BEGIN 和`SVUNIT_TEST_END 中间的位置可以添加多个测试单元，由`SVTEST 和`SVTEST_END 装载每一个单元测试名。测试的信息报告可以通过`FAILE_UNLESS、`FAIL_IF 来实现，这些信息会在稍后运行时通过 SVUnit 的测试框架来处理。在通过指令 "runSVUnit -uvm -s <simulator>" 执行单元测试之后，会打印出下面的信息：

```
INFO:  [0][__ts]: Registering Unit Test Case simple_model_ut
INFO:  [0][testrunner]: Registering Test Suite __ts
INFO:  [0][__ts]: RUNNING
INFO:  [0][simple_model_ut]: RUNNING
INFO:  [0][simple_model_ut]: get_port_not_null_test::RUNNING
UVM_INFO @ 0: reporter [RNTST] Running test svunit_uvm_test...
INFO:  [0][simple_model_ut]: get_port_not_null_test::PASSED
INFO:  [0][simple_model_ut]: get_in_port_active_test::RUNNING
INFO:  [1][simple_model_ut]: get_in_port_active_test::PASSED
INFO:  [1][simple_model_ut]: get_out_port_active_test::RUNNING
UVM_INFO @ 2: reporter [simple_model_unit_test] out_get_fifo empty : 0
INFO:  [2][simple_model_ut]: get_out_port_active_test::PASSED
INFO:  [2][simple_model_ut]: xformation_test::RUNNING
INFO:  [2][simple_model_ut]: xformation_test::PASSED
INFO:  [2][simple_model_ut]: PASSED (4 of 4 tests passing)
INFO:  [2][__ts]: PASSED (1 of 1 testcases passing)
INFO:  [2][testrunner]: PASSED (1 of 1 suites passing) [SVUnit v3.10]
```

需要注意这些报告信息中的几个关键词：test、testcase 和 test suit。一个测试模板可以定义多个 test，它们在测试中使按照先后顺序执行。在测试中，如果有任意一个测试失败，那么整个测试的最终状态也是失败的，即这个模板对应的 testcase 测试状态是失败的。为了方便用户管理多个测试模板和其中的 test，SVUnit 支持通过单次调用 runSVUnit 来实现按照先后顺序执行多个 UUT 的 testcase。这种将多个 testcase 合并起来测试的方式称为 test suite。

也许在 SVUnit 之前，验证师在开发验证环境的同时已经隐约感到应该对一些基本的 UVM 组件（或 module、interface）进行测试，但这种测试的方法还没有被规范化，也因此无法将这种单元测试方法在团队中推广开来。SVUnit 这样一个轻量级应用，既可以自动化生成测试模板，也可以在稍后的测试管理中方便测试启动、管理和报告。整个单元测试环节的规范使得验证师和设计师有机会在设计验证环境或硬件模块的同时也可以准备单元测试。尽管验证师也许还不适应测试驱动开发（test driven development）的方式，但通过 SVUnit 增强代码稳定性的这一点对验证师还是很有吸引力的。

单元测试的另一个帮助在于，当你作为有悠久历史的老代码的维护者时，测试代码是让你试图保证原有代码结构和功能的大管家。就像一座老房子，代码的注释也许都像家具的使用说明一样过期了，但单元测试代码还是像一个有问必答的管家帮着公司（而不是某一个开发者）来看管这些代码。无论这间老房子迎来哪一位新主人，单元测试代码都会给你一一介绍这所房子的结构、哪一处是大门、哪一处已经年久失修或哪一处有一个大坑。

因此软件世界到验证世界来的新移民，他们会本能地欢迎 SVUnit；对于验证世界的原住民，伴随着他们软件经验的增长，他们也逐渐认识到单元测试的重要性；而对于那些生活在一个"世外桃源"不知魏晋南北朝的硬件设计人员，如何说服他们接受单元测试的理念，恐怕还有很长的一段路要走。

18.3　OVM 到 UVM 的移植

　　过去几年，UVM 在几大 EDA 公司不遗余力地推广和工具支持下，迅速成为验证师的必备技术之一。那些大公司，有深厚技术储备的公司，在验证技术的演变中一直在扮演着迁徙者的角色，即从水草贫乏之地（曾经是牛奶与蜜之地）迁往丰饶的地方。这种迁移的例子有当年的 VMM 到 OVM、OVM 到 UVM 等。今天要介绍的 OVM 到 UVM 的转化，更贴近目前的演化阶段。在 OVM 迁移到 UVM 时，不少验证组都会评估代码迁移的好处和代价，如果有更多的好处、更小的代价，那是最好的。首先来看迁移后的好处是什么？

- 主流仿真器都将支持重心迁移到 UVM，而 OVM 的特性则不再主要考虑，这意味着后者最终会停止更新和支持。
- UVM 的寄存器模型成为验证领域的主流，而之前 OVM 的各个第三方寄存器模型不具有共通性，另外 OVM 在后期也引入了 UVM 寄存器模型。
- 主流 VIP 都是以 UVM 为主，从 VIP 的数量来看，UVM 逐渐占据多数，与 OVM 的 VIP 数量拉开了距离。
- 从接下来五年的验证潮流来看，目前还找不到会取代 UVM 的直接竞争对手，这也使得在迁移后整个团队保持了与最新技术的联系。

　　造成 OVM 与 UVM 在 2013 年前后势均力敌的原因之一在于，它们在 2013 年前后的受欢迎度是不分伯仲的。这也使得早年应用 OVM 的人已经习惯了 OVM，而 UVM 之初仅仅是迁移了 OVM 的所有特性并没什么自己的个性，这些 OVM 用户当时没有做出要迁移到 UVM 的决定。然而各领风骚四五年，UVM 而今已经不容置疑地统一了动态仿真界，在这一形势下即便 UVM 并不会从技术上有太多突破，但从外部资源和技术更新的角度考虑，越来越多的人选择了迁往 UVM，或者将新的 UVM VIP 置入到原有的 OVM 环境中，做两种方法学的混合仿真（这一点我们会在 18.4 节中讲到）。那做了迁移的决定之后，我们需要考虑什么样的方法会使得迁移成本最小呢？

- 在迁移之前我们需要审视现有的 OVM 环境代码，知道哪些方式在 UVM 中已经被废弃了（不建议使用）。我们应该替换掉这些废弃代码，转而使用推荐的代码方式。
- 一个合适的脚本可以帮助我们完成批量处理。
- 在脚本帮助完成转换之后，我们还需要再次完成编译和回归测试，确保转换前后的回归测试结果是一致的。
- 在转换过程中，我们应当遵守单元测试的原则，先完成从 OVC 到 UVC 的转化和测试，再完成 OVM 顶层转换到 UVM 顶层转换和测试的目标，逐级完成转换和测试。

　　在 2013 年初，Verilab 公司的 Litterick Mark 就推出了关于如何实现从 OVM 到 UVM 自动化转化的论文和相关脚本[47]。在他的论文中提出利用脚本实现从 OVM 到 UVM 转换的 4 个基本步骤：

● 检视原有的 OVM 代码，移除已经废止的用法和不建议的用法。
● 通过脚本实现从 OVM 到 UVM 的一些通用关键词的转换（批量处理）。
● 通过脚本或手动修改的方式将 OVM 的编码方式修改为 UVM 的编码方式。
● 使用新的 UVM 的特性。

在具体操作过程中，针对图 18.4 的 4 个步骤，Litterick Mark 分别给出 4 个脚本，通过这些脚本可以检查出需修改的地方，也可以帮助用户直接完成替换。从表 18.3 可以看到，通过脚本可以生成一些报告指出代码中需修改的部分，再通过后续脚本进行替换或手动替换。读者可以在本书的代码资源中找到这些脚本。

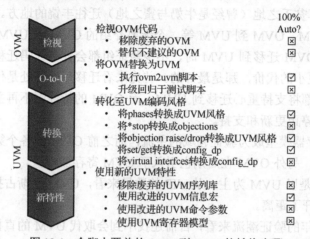

图 18.4 全脚本覆盖的 OVM 到 UVM 的转换步骤

表 18.3 脚本识别和修改的清单

步　骤	识　别	修　改
废弃的 OVM 代码	脚本	手动
不建议的 OVM 代码	脚本	手动
ovm2uvm 替换	脚本	脚本
回归和测试脚本	-	手动
转化 phase 代码	脚本	脚本
转化*stop 代码	脚本	手动
转化 objections	脚本	脚本
转化 config_db	脚本	脚本
转化 virtual interfaces 传递	脚本	手动
废弃的 UVM 代码	脚本	脚本
UVM 信息 macros	脚本	脚本
UVM 命令参数	脚本	手动
UVM 寄存器模型	-	手动

在推出这一方法后，UVM 委员会考虑并吸取了这一思想和部分脚本，经过简化后，包含在目前的 UVM-1.2 安装包中，用户可以通过$UVM_HOME/bin/ovm-to-uvm10.pl 完成上述步骤的第二步，即通过批量处理完成 OVM 关键词到 UVM 关键词的转换，更多的特性用法则需要用户自己检视代码和手动修改。因此如图 18.5 所示，目前 UVM 官方给出的转换步骤进化为下面的方式：

- 用户需要自己检视代码（而不再是通过脚本来检视和报告）；
- 通过脚本完成基本的关键词转换；
- 完成从 OVM phase 到 UVM phase 的编码转换；
- 抛弃原有的 OVM objection 方式转而使用 UVM objection 编码方式；
- 用 UVM configuration 替换原有的 OVM configuration 方式；
- 添加新的 UVM 特性。

可以看到，UVM 委员会给出的转换方式舍弃了之前 Litterick 建议的脚本检视和后续的自动替换，只保留了最"安全"的替换基本关键词的脚本，例如 ovm_component 到 uvm_component 的转换。笔者凭实际的转换经验建议读者在有需要的情况下使用"中和"的方式：

- 通过脚本完成检视，替换掉已经废止和不建议的 OVM 用法。
- 通过脚本完成从 OVM 到 UVM 的基本关键词转换。
- 剩余的部分考虑到需要更多的语义和结构分析，建议进行手动替换。

图 18.5　半自动实现的 OVM 到 UVM 的转换步骤

接下来我们就这一建议给出大致的操作步骤，相关脚本可以在本书附赠的代码中找到。

18.3.1　OVM 代码检视

这里的脚本 ovm_audit.pl 的作用是检视 OVM 代码和生成报告：

- 指出已经被废止的 OVM 代码；
- 指出不建议使用的代码；
- 指出在 OVM 中有效而在 UVM 已经废除的代码。

检视脚本的作用是生成报告，并不修改代码本身。在进行下一个步骤之前，应根据检视报告修改那些不合适的代码，修改后在 OVM 环境中编译运行，确保修改不影响原有功能。下面是脚本的使用范例：

```
audit one file:
% ovm_audit.pl file.svh
audit a set of files:
% ovm_audit.pl *.sv*
audit a whole tree of files:
% find . -name "*.sv*" | xargs -r ovm_audit.pl
```

这些关键词在 OVM-2.1.2 中已经废止或不建议使用：

- ovm_test_top
- ovm_top_levels
- ovm_phase_func
- post_new_ph
- export_connections_ph

- import_connections_ph
- configure_ph
- pre_run_ph
- ovm_find_component
- ovm_print_topology
- avm_
- global_reporter
- ovm_threaded_component
- do_sprint
- print_unit
- do_test
- m_do_test_mode
- do_task_phase
- set_parent_seq
- get_parent_seq
- seq_item pre_do
- seq_item body
- seq_item mid_do
- seq_item post_do
- seq_item wait_for_grant
- seq_item send_request
- seq_item wait_for_item_done
- start_sequence
- OVM_REPORT_
- ovm_seq_prod_if
- ovm_seq_cons_if
- ovm_seq_item_prod_if
- ovm_seq_item_cons_if
- ovm_virtual_sequencer
- ovm_scenario
- check_connection_size
- do_display
- absolute_lookup
- relative_lookup
- find_component
- get_num_components
- get_component
- do_set_env
- m_env
- add_to_debug_list
- build_debug_lists
- m_components
- m_ports
- m_exports
- m_implementations
- ovm_report_message
- report_message_hook

18.3.2　OVM 到 UVM 的代码自动转换

完成上面的检视和修改后，可以运行 UVM 安装包自带的脚本 ovm-to-uvm10.pl，这一脚本会将.sv/.svh 后缀扩展名文件代码中的 OVM 关键词转换为 UVM 关键词。通过这个脚本可以完成下面的自动化替换：

- 在.sv/.svh 后缀名文件中的 ovm 字符会被替换为 uvm 字符。
- 文件名本身含有 ovm 的文件会被替换为 uvm。
- 一个替换记录报告文件会生成，其中记录所有的替换历史。
- 用户可以通过--backup 选项来决定是否需要备份替换前的文件，或者通过--write 来决定是否需要直接在原文件上修改。
- --all_text_files 选项会将目录中的其他文件例如脚本文件中的 ovm 关键词也替换为 uvm。

18.3.3　替换 OVM phase 方法

完成上面的基本替换之后，还要考虑 OVM 的哪些特性无法通过替换关键词实现转换。接下来在第三个步骤中，需要替换 OVM phase 方法。下面是 OVM 和 UVM 中的一段例码：

OVM 中 phase 的代码

```
class my_component extends ovm_component
  `ovm_component_utils(my_component)
  ...
  extern function void build();
  extern function void connect();
  extern task run;
endclass
function void my_component::build();
  super.build();
  ...
endfunction
...
```

UVM 中 phase 的代码

```
class my_component extends uvm_component
  `uvm_component_utils(my_component)
  ...
  extern function void build_phase(uvm_phase phase);
  extern function void connect_phase(uvm_phase phase);
  extern task run_phase(uvm_phase phase);
endclass
function void my_component::build_phase(uvm_phase phase);
  super.build_phase(phase);
  ...
endfunction
...
```

熟悉两种方法学的用户可以从上面的不同代码看出，在迁移到 UVM 之后，建议将原有的 phase 方法名添加后缀名 "_phase"，同时添加参数 "uvm_phase phase"。

18.3.4　替换 OVM objection 方法

原本在 OVM 中适用的 stop()和 global_stop_request()方法已经废弃，取而代之的是通过在 phase 阶段挂起 objection 来控制仿真的结束。例如在原来顶层的 OVM test 中，使用 global_stop_request()在序列发送结束时结束仿真，而在 UVM 中需要使用 uvm_phase 来控制。

OVM 中使用 global_stop_request

```
task run();
    seq.start( m_virtual_sequencer );
    global_stop_request();
endtask
```

UVM 中使用 uvm_phase

```
task run_phase( uvm_phase phase );
    phase.raise_objection( this );
    seq.start( m_virtual_sequencer );
    phase.lower_objection( this );
endtask
```

类似地，以前通过 uvm_test_done 对象来实现全局控制结束的方式，在 UVM 中也交给了 uvm_phase 去控制，这就使得 objection 机制保持了风格统一。

OVM 中使用 ovm_test_done

```
task run();
    ovm_test_done.raise_objection( this );
    seq.start( m_virtual_sequencer );
    ovm_test_done.drop_objection( this );
endtask
```

UVM 中使用 run_phase

```
task run_phase( uvm_phase phase );
    phase.raise_objection( this , "started sequence" );
    seq.start( m_virtual_sequencer );
    phase.drop_objection( this , "finished sequence");
endtask
```

18.3.5　替换 OVM configuration 方法

习惯于 OVM 配置方法的用户，在配置过程中使用的是[set,get]_config_[int,string,object] 在组件层次中实现配置，尽管在 UVM 中这些方法仍然有效，但并不建议使用旧的方法，原因有二。首先，原来在 OVM 中并不支持 interface 通过配置的方式直接传递 interface，也因为这一种限制使得 interface 不得不找到其他的 ovm_object wrapper 将其二次包装，继而通过 object 的配置实现接口传递，这种传递也是 OVM 配置中为人诟病的一个地方，在 UVM 中 interface 被纳入了 uvm_config_db 可以传递的参数中，与 UVM 的配置方式完全兼容；其次, 在以前 set_config 与 get_config 的配置不是成对出现的, 这增加了 UVM 新手的调试难度, 如果一些域已经通过 OVM 宏注册, 那么就可以通过隐性的方式获取上层的配置数值; 尽管这一点在 UVM 中也保留下来了, 但我们依然建议通过 uvm_config_db::set/get 的方式实现成对的配置, 这会使配置的方式易于学习和调试。下面分别是 OVM 和 UVM 的配置方式。

OVM set/get config 配置方式

```
class my_env extends ovm_env;
  ...
  function void build();
    ahb_cfg = ahb_config::type_id::create("ahb_cfg");
    ahb_cfg.width = 16;    // set additional fields
    set_config_object("*","ahb_cfg",ahb_cfg);
  endfunction
  ...
endclass
class my_ahb_agent extends ovm_component;
  ...
  function void build();
    ovm_object cfg;
    ahb_config my_cfg;
    assert(get_config_object("ahb_cfg",cfg,0);
    if (!$cast(my_cfg, cfg))
      ovm_report_error(...);
    ...
  endfunction
  ...
endclass
```

UVM config_db set/get 配置方式

```
class my_env extends uvm_env;
  ...
  function void build();
    ahb_cfg = ahb_config::type_id::create("ahb_cfg");
    ahb_cfg.width = 16;      // set additional fields
    uvm_config_db#(ahb_config)::set(this,"ahb_agent","ahb_cfg",ahb_cfg);
  endfunction
  ...
endclass
class my_ahb_agent extends uvm_component;
  ...
  function void build();
    ahb_config my_cfg;
    if (!uvm_config_db::ahb_config::get(this,"","ahb_cfg",my_cfg))
      `uvm_error(...)
    ...
  endfunction
  ...
endclass
```

18.3.6　添加 UVM 的新特性

添加 UVM 新特性时，需要考虑修改下面的内容：

● 将 OVM 中的信息报告中的函数 ovm_report_info/warning/error/fatal 替换为宏`uvm_info/warning/error/fatal。这个建议在 10.8 节中提到过，考虑到后者宏的性能更好，建议用户使用信息报告宏。

● 上一个步骤的配置替换中我们提到，尽管 OVM 中 interface 的传递通过 object 进行二次封装可以实现，但由于其复杂度，在 UVM 中不再建议使用原有的 interface 传递方式，在允许的情况下考虑使用 config_db 简化 interface 的传递。

此外，关于 sequence 和 sequencer 的使用，从 OVM 到 UVM 的迁移中也有很多变化。比如，下面这些关键词在 UVM 中已经被废止：

OVM sequence 宏

- ● ovm_sequencer_utils
- ● ovm_sequencer_param_utils
- ● ovm_sequence_utils
- ● ovm_declare_sequence_lib
- ● ovm_update_sequence_lib
- ● ovm_sequence_lib_and_item

OVM 内建 sequence

- ● ovm_random_sequence
- ● ovm_exhaustive_sequence
- ● ovm_simple_sequence

OVM sequence API 方法

- ● seq_kind
- ● num_sequences
- ● get_seq_kind
- ● get_sequence
- ● do_sequence_kind
- ● get_sequence_by_name

OVM sequencer 的'count'和'default_sequence'的相关机制

- ● count (in context of set_config)
- ● max_random_count
- ● max_random_depth

上面这些已废止的方法，在 UVM 中有了新的特性和使用方式，接下来我们就 UVM 新特性中的重点——UVM sequence 和 sequencer 的新特性给出解读。

sequence 的变化

由于`ovm_sequence_utils 不再存在，需要将其替换为`ovm_object_utils。调整前后的代码如下。

调整前：

```
class my_seq extends my_base_sequence #(my_seq_item);
    `ovm_sequence_utils(my_seq, my_sequencer)
```

调整后:

```
class my_base_seq extends ovm_sequence #(my_seq_item);
  `ovm_object_utils(my_seq)
  `ovm_declare_p_sequencer(my_sequencer)
```

sequencer 的变化

类似地，`ovm_sequencer_utils 宏也已废止，需要将其替换为`ovm_component_utils，调整前后的代码如下:

调整前:

```
class my_sequencer extends ovm_sequence #(my_seq_item);
  `ovm_sequencer_utils(my_sequencer)
  `ovm_update_sequence_lib_and_item(my_seq_item)
```

调整后:

```
class my_sequencer extends ovm_sequence #(my_seq_item);
`ovm_component_utils(my_sequencer)
```

环境的变化

前面提到，与 sequencer 相关的'count'和'default_sequence'用法也已废止，用户需要额外注意这一点。

调整前:

```
class my_env extends ovm_env;
  set_config_int("*.i_sequencer", "count", 0);
  set_config_string("*.i_sequencer","default_sequence","my_seq");
  ...
```

调整后:

```
class my_env extends ovm_env;
  ...
```

test 执行 root sequence 的变化

移除了'count'和'default_sequence'用法，用户就不再需要关心默认序列如何指定。随着这一特性的改变，在顶层 test 中我们不再依赖于 default_sequence 指定 root sequence，而可以通过 sequence 自带的方法 start 实现 sequence 挂载到 sequencer 上。

调整前:

```
class tc_test_seq extends my_test_base_seq;
  ...
class my_test extends ovm_test;
  virtual function void build();
  super.build();
  set_config_string("top_env.i_top_sequencer",
    "default_sequence", "tc_test_seq");
```

调整后:

```
class tc_test_seq extends my_test_base_seq;
    ...
class my_test extends ovm_test;
    tc_test_seq test_seq;
    virtual task run();
    super.run();
    test_seq = tc_test_seq::type_id::create("test_seq");
    test_seq.start(top_env.i_top_sequencer);
```

在介绍完了 OVM 到 UVM 的迁移后，如果读者现在有完整的 OVM 环境且有向 UVM 迁移的计划，那么可以考虑通过上面详细的步骤和建议完成迁移。如果受限制于项目的人力、节点和技术等多因素的限制，无法完成短时间内的迁移，但又不能避免 OVM 与 UVM 之间的混合仿真，那么请阅读 18.4 节。

18.4　OVM 与 UVM 的混合仿真

UVM 在我们目前所处的验证潮流中占据动态仿真的绝对主导地位。将时间向前回溯 5 年，那时 OVM 与 UVM 在使用率上还是相差不多的。OVM 团队在过去已经认识到 UVM 统一动态验证领域只是时间的问题，然而由于整个项目的投入都是基于 OVM 的，在紧张的项目进度下要完成将整体 OVM 环境迁移到 UVM 并不是一件容易的事。所以从图 18.6 来看，如何实现 OVM 与 UVM 的混合仿真是一件贴合项目实情的诉求，只有通过这种过渡的方法，才能满足在一段时间内项目新增的模块验证环境基于 UVM，又可以复用原有其他模块的 OVM 环境，在顶层集成中实现 OVM 与 UVM 环境的混合仿真。同时，在时间和人力允许的情况下，逐步考虑将现有的 OVM 环境转换为 UVM 环境，这种循序渐进的方式对于项目而言是安全的，降低了风险，对技术团队而言，留出了更充裕的时间去拥抱从 OVM 到 UVM 的变化。

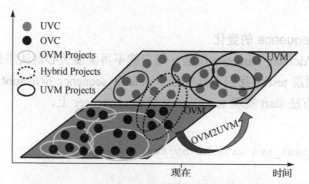

图 18.6　OVM 项目与 UVM 项目的发展和交叠

本节带来三种可实现 OVM 与 UVM 混合仿真的方式，这些方式已经通过项目的检验。基于商业的考虑，本节只做概念阐述，介绍大致的实现方式，抛砖引玉，希望读者可以了解三种方式各自的特点。如果读者有混合仿真的需求，可以扫描本书的路科验证二维码，与路桑团队取得联系，获取更多的增值服务。

18.4.1　UVM-ML 验证框架

UVM-ML（UVM Multi-Language）提供一种验证框架使各种语言、方法学实现的组件共容在一个验证环境当中。UVM-ML 是 AMD 公司与 Cadence 公司合作的产物，通过下面的链接可以下载这个开源软件包。通过 UVM-ML，它可以使得多种标准语言 IEEE-1800（SystemVerilog）、IEEE-1647（e）、IEEE-1666（SystemC）在同一仿真环境中共存，当然也能够使得 OVM 和 UVM 不同方法学结构下的环境实现混合仿真。在过去的技术会议中，已经有关于 UVM-ML 的实践，例如实现了 UVM 与 SystemC 之间的通信[48][49]。

http://forums.accellera.org/files/file/65-uvm-ml-open-architecture/

推出 UVM-ML 的背景在于，在验证发展过程中验证语言各自为战，新语言的发展和旧语言的衰落逐渐使公司的旧有语言和方法学环境的发展受限，也使不同语言和方法学构建的验证资源无法很好地整合。尽管验证思想在过往的十年中没有重大发展，但由于诸如 VMM、OVM、UVM 这些验证 IP 之间存在方法学的壁垒而无法共处在一个环境中。同时，如何欢迎 eRM 方法学验证环境和 SystemC，也成为整合验证资源的课题之一，图 18.7 是实现 e 与 UVM 混合仿真的示例结构。

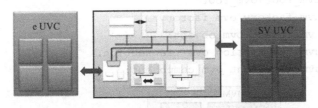

图 18.7　e 与 UVM 的混合仿真结构

同样，通过 UVM-ML 也可以实现作为中间转译层来实现 OVM 与 UVM 环境中间的数据中转，见图 18.8，这是通过 UVM-ML 提供的底层 C API 来实现数据中转交换的。更多的例子，读者可以通过给出的链接下载这个软件包，软件包中包含：

● UVM-ML 底层库提供的 API 函数。
● 示例结构框架和适配器（adapter）（三个例子，UVM-SV、UVM-e、UVM-SC）。
● 一些示例来演示这些混合框架之间是如何互动和协调测试的。
● 用户手册和类的参考文档。

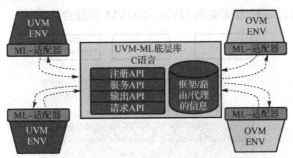

图 18.8　UVM-ML 实现 OVM 与 UVM 数据交互的机制

18.4.2　OVM 兼容层

2013 年，来自 Intel 的 Hassan Shehab 在 DVCon2013 大会的培训演示环节分享了他们在项目中的实践[50]。Hassan 指出，通过对 Mark Glasser 分享的 UVM-EA 开源包[51]做更多的改进，在几乎不改变原有 OVM 代码的情况下，实现了将 OVM 验证组件融入到 UVM 环境中。

这种不修改 OVM 代码而将其 OVC 直接融入 UVM 环境的核心思想在于创建一个 OVM 兼容层（Compatible Layer），如图 18.9 所示，该层的作用是将原有的一些 OVM 关键词和宏做二次定义，间接由 UVM 的内核去替代它们。例如，下面给出的一些 OVM 宏在这个兼容层下新的定义：

```
`define ovm_do_callbacks(CB,T,METHOD_CALL)
  `uvm_do_callbacks(T,CB,METHOD_CALL)
`define ovm_do_callbacks_exit_on(CB,T,METHOD_CALL,VAL)
  `uvm_do_callbacks_exit_on(T,CB,METHOD_CALL,VAL)
`define ovm_do_task_callbacks(CB,T,METHOD_CALL)
  `uvm_do_task_callbacks(T,CB,METHOD_CALL)
```

又或者 OVM 的关键词也间接由 UVM 的关键词取代：

```
typedef uvm_void ovm_void;
typedef uvm_root ovm_root;
typedef uvm_factory ovm_factory;
typedef uvm_object ovm_object;
typedef uvm_transaction ovm_transaction;
typedef uvm_component ovm_component;
```

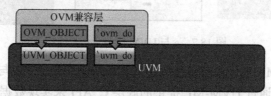

图 18.9　基于 UVM 的 OVM 兼容层

除了上面这些"暗度陈仓"的修改之外，还需要修改一些 UVM 文件以使它们兼容 OVM 的一些用法；或者，转而修改 OVM 的源代码，将一些废除的或者不建议的代码替换为兼容 UVM 的代码。如图 18.10 所示，OVM 兼容层通过修改 OVM 库而使内核间接使用 UVM 的类和宏，并让 OVM 的代码用法与 UVM 的用法保持兼容。因此，无论顶层是 UVM 环境还是 OVM 环境，都可以通过这种方式实现 OVM 与 UVM 的混合仿真。

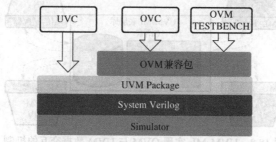

图 18.10　利用 OVM 兼容层与 UVM 兼容的混合仿真解决方案

从 OVM 兼容层的思想来看，它提供一个修改后的 OVM 包，这个包基于 UVM 包，将 OVM 环境中对应的类、宏和方法间接转换到 UVM 一侧。因此从实质上讲，用这种方式实现的 OVM 与 UVM 的混合仿真是一种伪装的混合仿真，背后仍然是纯粹的 UVM 环境支撑。而 OVM 兼容层的思路值得借鉴，因为它修改完善 OVM 兼容层，完成多个 OVC 到 UVC 的转变，从人力投入的性价比来看是一个好的选择，而这种方式对完善 OVM 兼容层的技术也提出了较高要求。

18.4.3　XVM

上面两种方法都存在一些不足，例如 UMV-ML 尽管照顾了多种语言和方法学的交互，却不得不将 C 作为数据中转站，这使得语言之间的资源开销较大；而 OVM 兼容层的思想则由于 OVM 原生的方法行为与 UVM 对应的方法并不严格一致，增加了后期在 OVM 兼容层上调试 OVM 代码的难度，同时虽然有 OVM 兼容层的帮助，仍然需要修改一部分已废止的 OVM 代码使其与 UVM 代码习惯保持一致。

在这个背景下，同样来自 Intel 公司的 Mohamed Elmalaki 提出了 XVM 的理念，并成功应用在项目中。如图 18.11 所示，该思想借鉴了 UVM-ML，解决的是 OVM 与 UVM 兼容，并不需要额外依靠 C 做数据中转，而是通过开发一个小型的数据适配软件包 XVM 实现 OVM 与 UVM 在仿真环境中并存，进行真正的混合仿真。虽然 XVM 软件包暂时没有开源，但路桑希望通过分享这一思想，使读者有实践经验可以参考，并考虑将这一思想运用到自己的 OVM、UVM 混合仿真中。

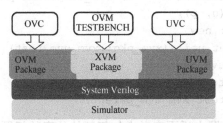

图 18.11　基于 XVM 的混合仿真解决方案

首先看一看 OVM 与 UVM 的组件如何实现共存。图 18.12 是一个例子，该环境的顶层是 OVM，在其中例化了一个 UVM 组件。XVM 的核心思想是，"尘归尘，土归土"，OVM 与 UVM 的组件在例化中应该属于不同的方法学环境。下面的 ovm scoreboard 的顶层是 soc_env(OVM)，而 uvm monitor 尽管也在 soc_env 中例化，但它无法挂靠在一个 OVM 组件上，因此它选择了全局的静态变量 xvm_pkg::xvm_uvm_parent。

```
class soc_env extends sla_tb_env;
    ...
    function void build();
        ...
        // OVM VIP Instantiation
        i_ovm_scbd = ovm_scbd::type_id::create("i_ovm_scbd", this);
        // UVM VIP Instantiation
        i_uvm_mon = uvm_mon::type_id::create(
            {get_type_name(), ".i_uvm_mon"},
            xvm_pkg::xvm_uvm_parent
        );
    endfunction : build
```

图 18.12　基于 XVM 的混合仿真实例

这种方式使得 OVM 与 UVM 的组件看似共存在一个顶层下（OVM 顶层或 UVM 顶层），但实际上它们无法保持混合的结构方式，即 OVM 组件无法将 UVM 环境作为自己的 parent，UVM 组件也无法将 OVM 环境作为自己的 parent。因此，上面例码中的 xvm_pkg::xvm_uvm_parent 的定义如下：

```
class xvm_ovm_test extends ovm_test;
   function new(string n = "", ovm_component p = null);
      super.new(n, p);
   endfunction : new
   `ovm_component_utils(xvm_pkg::xvm_ovm_test)
endclass : xvm_ovm_test
class xvm_uvm_test extends uvm_test;
   function new(string n = "", uvm_component p = null);
      super.new(n, p);
   endfunction : new
   `uvm_component_utils(xvm_pkg::xvm_uvm_test)
endclass : xvm_uvm_test
static xvm_ovm_test xvm_ovm_parent;
static xvm_uvm_test xvm_uvm_parent;
```

在解决了组件层次的问题之后再来考虑如何开始仿真的问题，XVM 提供的开始仿真的方式可以完成下面这些要素：

- 启动 UVM 的 phase 调度器（scheduler）。
- 启动 OVM 的 phase 调度器。
- 同步 OVM 与 UVM 之间的 phase。

```
// 单一的 OVM 测试平台
module ovm_tb_top;
   dut u_dut();
   initial begin
      run_test();
   end
endmodule
// 混合的 XVM 测试平台
module xvm_tb_top;
   dut u_dut();
   initial begin
      xvm_pkg::run_test();
   end
endmodule
```

第 10 章介绍了 UVM 的各个 phase，这些 phase 与 OVM 的 phase 通过 XVM 实现了同步，如图 18.13 所示，XVM 实现的同步是依靠两种方法学调度器之间的同步。

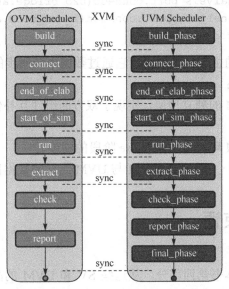

图 18.13 OVM 与 UVM 各 phase 的同步调度

在保证了 OVM 与 UVM 之间的 phase 同步，使它们在同一起跑线出发之后，还需要考虑 OVM 与 UVM 组件之间的通信问题。读者已经知道 OVM 与 UVM 的组件不能直接相见，隔窗而望的同时还要保持克制，以免发生意外。因此，XVM 也提供了中间的 TLM 缓冲通道，该缓冲通道可以实现从 OVM 到 XVM 到 UVM，或者从 UVM 到 XVM 到 OVM 的数据传输。

```
// Class: o2u_analysis_bridge
// OVM 和 UVM 之间的数据缓冲桥
class o2u_analysis_bridge #(type T=ovm_transaction) extends ovm_component;
   ovm_analysis_imp #(T, o2u_analysis_bridge#(T)) analysis_export;
   uvm_analysis_port #(T) analysis_port;
   function new(string name, ovm_component parent);
      super.new(name, parent);
      analysis_export = new("analysis_export", this);
      analysis_port   = new("analysis_port",   xvm_pkg::xvm_uvm_parent);
   endfunction: new
   function void write(T txn);
      analysis_port.write(txn);
   endfunction
   `ovm_component_param_utils(xvm_pkg::o2u_analysis_bridge#(T))
endclass : o2u_analysis_bridge
```

下面的例码即是利用 XVM 缓冲桥，实现不同方法学组件之间的通信：

```
function void connect();
   // ...
   // ...
   // OVM 到 OVM 的连接
```

```
    i_ovm_mon.analysis_port.connect(i_ovm_scbd.analysis_export);
    // UVM 到 OVM 的连接
    i_uvm_mon.analysis_port.connect(u2o_bridge.analysis_export);
    u2o_bridge.analysis_port.connect(i_ovm_scbd.analysis_export);
endfunction : connect
```

因此从上述对 XVM 的主要实现来看，它通过数据中转同步的方式（基于 SV），实现了 OVM 与 UVM 的混合仿真：

- 通过 OVM 与 UVM 的独立顶层，实现了双方的组件互补依赖，各自保持独立的层次关系。
- 保证 OVM 与 UVM 环境在各个 phase 阶段的同步。
- 通过中间数据缓存区，实现了 OVM 与 UVM 组件的数据同步。

18.5　本章结束语

结合本章及其所在的本书第四部分，从这些 SV 和 UVM 的高级话题读者可以领悟到，UVM 验证方法学只是提供了动态仿真领域的完善验证方案，但在其他不同的验证方法领域，仍然有很多问题需要与 SV 和 UVM 完成方法学结构上的桥接和通信。从广义层面来看，如果 UVM 方法学会迎来一次重要的版本更新，那么促成这次更新的原因很可能是与其他验证方法在系统结构层面的统一，或者从软件开发领域得到的经验借鉴等。可以肯定的是，UVM 作为动态仿真验证方法学的主流位置已经毋庸置疑，然而如何让它能够与其他验证方法达成更多的协调，将是接下来我们需要关注的地方。

参 考 文 献

[1] Bruce Wile, John C. Goss, Wolfgang Roesner, "Comprehensive functional verification-the complete industry cycle", Elsevier, 2005.

[2] Harry Foster, "Trends in functional verification: a 2016 industry study", Mentor, 2017.

[3] David C. Black, Jack Donovan, "SystemC: from the ground up", Kluwer Academic, 2004.

[4] Srivatsa Vasudevan, "Effective functional verification", Springer, 2006.

[5] Amiq, "DVT SystemVerilog IDE user guide", available at https://www.dvteclipse.com/.

[6] Gabe Moretti, "Verification choices: formal, simulation, emulation", Electronic Systems Design Engineering, 2016.

[7] Andrew Piziali, "Functional verification coverage measurement", Kluwer Academic, 2004.

[8] Microsoft, "Performance testing guidance for web applications", available at https: //msdn.microsoft.com/.

[9] Jun Yuan, Carl Pixley, Adnan Aziz, "Constraint-based verification", Springer, 2006.

[10] Paul Wilcox, "Professional verification-a guide to advanced functional verification", Kluwer Academic, 2004.

[11] Janick Bergeron, "Writing testbenches: functional verification of HDL models, 2nd edition", Kluwer Academic, 2003.

[12] Chris Spear, Greg Tumbush, "SystemVerilog for Verification-a guide to learning the testbench language features, 3rd edition", Springer, 2012.

[13] IEEE, "IEEE Std 1800-2012, SystemVerilog-unified hardware design, specification and verification language", 2013.

[14] Robert C. Martin, "Agile software development: principles, patterns, and practices", Pearson High Education, 2013.

[15] Stanley B. Lippman, Josee Lajoie, Barbara E. Moo, "C++ primer, 5th edition", Addison-Wesley Professional, 2012.

[16] Sasan Iman, "Step-by-step functional verification with SystemVerilog and OVM", Hansen Brown, 2008.

[17] Verification Academy, "UVM Cookbook", 2012.

[18] Accellera, "UVM-1.2 class reference", 2014.

[19] Mark Glasser, "Open Verification Methodology Cookbook", Springer, 2009.

[20] Clifford E. Cummings, Tom Fitzpatrick, "OVM & UVM techniques for terminating tests", DVCon, San Jose, USA, 2011.

[21] Adam Erickson, "Are OVM & UVM macros evil? a cost-benefit analysis", DVCon, San Jose, USA, 2011.

[22] Frank Ghenassia, "Transaction-level modeling with SystemC-TLM concepts and applications for embedded systems", Springer, 2005.

[23] Mark Glasser, Janick Bergeron, "TLM-2.0 in SystemVerilog", DVCon, San Jose, USA, 2011.

[24] Stuart Sutherland, Tom Fitzpatrick, "UVM rapid adoption: a practical subset of UVM", DVCon, San Jose, USA, 2015.

[25] John Aynsley, "Run-time phasing in UVM: ready for the big time or dead in the water?", DVCon, San Jose, USA, 2015

[26] Bob Oden, "Easy uvm_config_db use: a simplied and reusable uvm_config_db methodology for environment developers and test writers", DVCon, San Jose, USA, 2015.

[27] Vanessa R. Cooper, Paul Marriott, "Demystifying the UVM configuration database", DVCon, San Jose, USA, 2015.

[28] Synopsys, "UVM register abstraction layer generator user guide", 2017.

[29] Mark Litterick, Marcus Harnisch, "Advanced UVM Register Modeling-there's more than one way to skin a reg", DVCon, San Jose, USA, 2015.

[30] Ahmed Yehia, "Boosting simulation performance of UVM registers in high performance systems", DVCon, San Jose, USA, 2013.

[31] Rich Edelman, Shashi Bhutada, "UVM Sans UVM-an approach to automating UVM tstbench writing", DVCon, San Jose, USA, 2015.

[32] Anoop Saha, "From simulation to emulation, a fully reusable UVM framework", Mentor, 2012.

[33] Kathleen A Meade, "UVM testbench considerations for acceleration", DVCon, San Jose, USA, 2015.

[34] Matthew Balance, "Jump-start portable stimulus test creation with SystemVerilog reuse", Mentor.

[35] Pradeep Salla, Tom Anderson, Karthick Gururaj, "Leveraging portable stimulus across domains and disciplines", DVCon, Bangalore, India, 2015.

[36] Breker, "Portable Stimulus Solution", available at www.brekersystems.com.

[37] Rich Edelman, Raghu Ardeishar, "UVM schmooVM-I want my C tests!", DVCon, San Jose, USA, 2015.

[38] Tom Fitzpatrick, "Introducing UVM Connect", Verification Academy, 2012.

[39] Verification Academy, "UVM Connect and TLM 2.0 primer", 2015.

[40] Neal Okumura, Paul Yue, Glenn Richards, "Co-simulation MATLAB/Simulink models in a UVM environment", DVCon, San Jose, USA, 2015.

[41] Shabbar Vejlani, Ashok Chandran, "Challenges in UVM + Python random verification environment for digital signal processing datapath design", DVCon, San Jose, USA, 2016.

[42] Franz Pammer, "Use scripting language in combination with verification testbench to define powerful test cases", Verification Horizons, 2011.

[43] Jonathan Bromley, Andre Winkelmann, "SystemVerilog batteries included - a programmer's utility library for SystemVerilog", DVCon, San Jose, USA, 2014.

[44] Keisuke Shimizu, "Sharing generics class libraries in SystemVerilog makes coding fun again", DVCon, San Jose, USA, 2014.

[45] Neil Johnson, Nathan Albaugh, Jim Sullivan, "First time unit testing experience report with SVUnit", Verification Horizons, 2016.

[46] Neil Johnson, Mark Glasser, "Unit testing your way to a reliable testbench", Verification Horizons, 2015.

[47] Mark Litterick, "OVM to UVM migration, or 'there and back again: a consultant's tale'", Verification Horizons, 2013.

[48] David Long, John Aynsley, "UVM and SystemC transactions – an udpate", DVCon, San Jose, USA, 2016.

[49] Hannes Frohlich, Kishore Sur, "How to reuse sequences with the UVM-ML open architecture library", DVCon, Bangalore, India, 2014.

[50] Hassan Shehab, "Migrating from OVM to UVM-a case study", DVCon, San Jose, USA, 2013.

[51] Mark Glasser "UVM-EA OVM compatability kit", available at https://verificationacademy.com/forums/downloads/uvm-ea-ovm-compatibility-kit.